现代生态学讲座（X）

核心论题、研究进展与未来挑战

Lectures in Modern Ecology (X)

Key Topics, Advances, and Future Challenges

■ 主编　邬建国　康乐

中国教育出版传媒集团
高等教育出版社·北京

内容简介

本书由“第十届现代生态学讲座”的主题报告经过筛选和评审而著成。作者为国内外生态学、地理学和环境科学诸领域潜心治学、成果卓越的华人学者。本书内容包括理论生态学、古生态学、生态水文学、生物地球化学、景观生态学、生态系统服务科学以及生物多样性研究和监测。本书展现了现代生态学目前的重要发展方向、研究进展和面临的挑战，内容丰富，观点新颖，图文并茂，可供生物学、生态学、地理学、环境科学以及相关学科的研究和教学人员参考，也可作为相关专业本科生和研究生的教学用书和参考书。

图书在版编目(CIP)数据

现代生态学讲座. X，核心论题、研究进展与未来挑战/邬建国，康乐主编. --北京：高等教育出版社，2023.7

ISBN 978-7-04-060490-0

Ⅰ. ①现… Ⅱ. ①邬… ②康… Ⅲ. ①生态学-文集 Ⅳ. ①Q14-53

中国国家版本馆 CIP 数据核字(2023)第 089327 号

策划编辑 柳丽丽　　责任编辑 柳丽丽　贾祖冰　　封面设计 马天驰　　版式设计 马　云
责任绘图 黄云燕　　责任校对 刘娟娟　　责任印制 耿　轩

出版发行	高等教育出版社	网　　址	http://www.hep.edu.cn
社　　址	北京市西城区德外大街 4 号		http://www.hep.com.cn
邮政编码	100120	网上订购	http://www.hepmall.com.cn
印　　刷	河北信瑞彩印刷有限公司		http://www.hepmall.com
开　　本	787mm×1092mm 1/16		http://www.hepmall.cn
印　　张	24.5		
字　　数	520 千字		
插　　页	6	版　　次	2023 年 7 月第 1 版
购书热线	010-58581118	印　　次	2023 年 7 月第 1 次印刷
咨询电话	400-810-0598	定　　价	88.00 元

物 料 号　60490-00
XIANDAI SHENGTAIXUE JIANGZUO(X)

“现代生态学讲座系列”简介

“现代生态学讲座”由我国著名生态学家李博院士创办，旨在促进国内外华人生态学家相互交流，讨论现代生态学领域的热点和关键问题，进而促进我国生态学科的发展和青年人才队伍的成长。1998 年 5 月，李博院士在一次国际会议期间不幸罹难。为了弘扬李博院士创导的“讲座”精神，邬建国、于振良、葛剑平、韩兴国、黄建辉等于 2004 年在北京议定，将该讲座办成每两年举办一次的长期系列（即“现代生态学讲座系列”，ISOMES），作为对李博院士的永久纪念，也为国内外华人生态学者相互交流和研究生培养提供一个长期的高层次学术平台。从 1994 年创办以来，“现代生态学讲座”已经举办了 11 届。

- 第一届现代生态学讲座于 1994 年 9 月 4—12 日由内蒙古大学主办，主题为“现代生态学的新理论、新观点和新方法”。出版专著《现代生态学讲座》（李博，主编，1995，科学出版社，2016 年由高等教育出版社重新编辑后再次出版）。

- 第二届现代生态学讲座于 1999 年 6 月 15—19 日由中国环境科学研究院和中国科学院植物研究所主办，主题为“现代生态学的基础研究和环境问题”。出版专著《现代生态学讲座（Ⅱ）：基础研究与环境问题》（邬建国，韩兴国，黄建辉，主编，2002，中国科学技术出版社，2018 年由高等教育出版社重新编辑后再次出版）。

- 第三届现代生态学讲座于 2005 年 6 月 1—7 日由北京师范大学和中国科学院植物研究所承办，主题为“现代生态学的学科进展与热点论题”。出版专著《现代生态学讲座（Ⅲ）：学科进展与热点论题》（邬建国，主编，2007，高等教育出版社）。

- 第四届现代生态学讲座于 2007 年 5 月 28 日—6 月 3 日由内蒙古大学和中国农业科学院草原研究所承办，主题为“生物多样性与生态系统功能、服务、管理”。出版专著《现代生态学讲座（Ⅳ）：理论与实践》（邬建国，杨劼，主编，2009，高等教育出版社）。

- 第五届现代生态学讲座暨第一届国际青年生态学者论坛于 2009 年 6 月 25 日—7 月 2 日由兰州大学承办，主题为“宏观生态学与可持续性科学”。出版专著《现代生态学讲座（Ⅴ）：宏观生态学与可持续性科学》（邬建国，李凤民，主编，2011，高等教育出版社）。

- 第六届现代生态学讲座暨第二届国际青年生态学者论坛于 2011 年 8 月 1—6 日由南京大学承办，主题为“全球变化背景下现代生态学热点问题及其研究进展”。出版专著《现代生态学讲座（Ⅵ）：全球气候变化与生态格局和过程》（邬建国，安树青，冷欣,主编,2013,高等教育出版社)。

- 第七届现代生态学讲座暨第四届国际青年生态学者论坛于2013年6月9—15日由中国科学院华南植物园承办,主题为“全球变化背景下退化生态系统恢复的格局与过程”。

- 第八届现代生态学讲座暨第六届国际青年生态学者论坛于2015年6月11—14日由南开大学和天津师范大学承办,主题为“现代生态学与可持续发展”。出版专著《现代生态学讲座(Ⅷ):群落、生态系统和景观生态学研究新进展》(高玉葆,邬建国,主编,2017,高等教育出版社)。

- 第九届现代生态学讲座暨第七届国际青年生态学者论坛于2017年5月15—18日由华东师范大学承办,主题为“全球变化和城市化背景下的生态学进展”。出版专著《现代生态学讲座(Ⅸ):聚焦于城市化和全球变化的生态学研究》(邬建国,陈小勇,李媛媛,马群,主编,2021,高等教育出版社)。

- 第十届现代生态学讲座暨第八届国际青年生态学者论坛于2019年5月17—19日由河北大学承办,主题为“现代生态学之现状与前景:发展格局、研究热点与未来挑战”。出版专著《现代生态学讲座(Ⅹ):核心论题、研究进展与未来挑战》(邬建国,康乐,主编,2023,高等教育出版社)。

- 第十一届现代生态学讲座暨第九届国际青年生态学者论坛于2021年5月21—24日由浙江师范大学承办,主题为“全球化背景下的现代生态学挑战和机遇”。

有关“现代生态学讲座系列”的历史、现状及将来的学术活动,请访问现代生态学讲座系列(International Symposium on Modern Ecology Series,ISOMES)网站。

“现代生态学讲座系列”学术委员会

“第十届现代生态学讲座暨第八届国际青年生态学者论坛”联合组委会

大会主席：邬建国　美国亚利桑那州立大学

大会组织委员会

主　任

康现江　河北大学生命科学学院

唐剑武　美国芝加哥大学海洋生物研究所

副主任

黄建辉　中国科学院植物研究所

陈小勇　华东师范大学生态与环境科学学院

万师强　河北大学生命科学学院

刘存歧　河北大学生命科学学院

柳峰松　河北大学生命科学学院

委　员

李凤超　河北大学生命科学学院

李玉灵　河北农业大学林学院

刘桂霞　河北大学生命科学学院

张风娟　河北大学生命科学学院

贺学礼　河北大学生命科学学院

管越强　河北大学生命科学学院

魏建荣　河北大学生命科学学院

会务组

王　刚　河北大学生命科学学院

王军霞　河北大学生命科学学院

刘文敏　河北大学生命科学学院

刘云凤　河北大学生命科学学院

张亚娟　河北大学生命科学学院

武海鹏　河北大学生命科学学院

胡宪臣　河北大学生命科学学院

赵　昭　河北大学生命科学学院

夏学仓　河北大学生命科学学院

“第十届现代生态学讲座”大会特邀学术报告人（按姓氏汉语拼音排序）

葛剑平　北京师范大学

韩兴国　中国科学院植物研究所

何春阳　北京师范大学

何芳良　加拿大阿尔伯塔大学、华东师范大学

贺学礼　河北大学

康　乐　河北大学、中国科学院动物研究所

李春阳　杭州师范大学

刘存歧　河北大学

鲁显楷　中国科学院华南植物园

马克平　中国科学院植物研究所

倪　健　浙江师范大学

欧阳志云　中国科学院生态环境研究中心

仇江啸　美国佛罗里达大学

任安芝　南开大学

任国栋　河北大学

孙　阁　美国农业部林务局

唐剑武　美国芝加哥大学海洋生物研究所

万师强　河北大学

邬建国　美国亚利桑那州立大学、北京师范大学

徐柱文　内蒙古大学

于德永　北京师范大学

于贵瑞　中国科学院地理科学与资源研究所

张　庆　内蒙古大学

张小川　加拿大阿尔伯塔大学

张　鑫　美国马里兰大学

张知彬　中国科学院动物研究所

赵新全　中国科学院西北高原生物研究所

前　言

“现代生态学讲座”由我国著名生态学家李博院士创办，于 1994 年 9 月 4—12 日在内蒙古大学举办。从 1994 年创办，该讲座已经举办了多届，为促进国内外华人生态学家相互交流，为我国生态学科的发展和青年人才的培养作出了重要贡献。“第十届现代生态学讲座暨第八届国际青年生态学者论坛”于 2019 年 5 月 17—19 日在河北保定举办。此次会议由河北大学承办，主题为“现代生态学之现状与前景：发展格局、研究热点与未来挑战”。

来自中国、美国、加拿大等国家 70 多家科研院所和大学的近 500 名专家学者、青年科研人员和研究生出席了这次大会。共有 27 位生态学家做了大会主题报告，52 位青年学者做了分会场报告，36 位研究生做了墙报展示。内容涉及现代生态学中多领域、多层次的研究，包括生理生态学、行为生态学、进化生态学、种群生态学、群落生态学、生态系统生态学、景观生态学、生物多样性科学、恢复生态学、全球变化生态学以及城市生态学等。为了表彰在墙报展示和口头报告中表现突出的研究生和青年学者，会议颁发了“李博院士研究生论文奖”和“阳含熙院士生态学奖”。

本书内容主要选自“第十届现代生态学讲座”特邀报告，经过同行专家评审后编著而成。在此，我们向河北大学筹办这次会议的所有同仁致以诚挚的谢意。感谢为本书作出贡献的各位作者。同时感谢下列审稿人对各个章节所提出的宝贵修改意见：储诚进，任海，仇江啸，潘庆民，何念鹏，黄建辉，孔德良，鲁显楷，牛书丽，兰志春，张鑫，张云海，张小川，吕晓涛，贾彦龙，陈世苹，申卫军，周伟奇，牛建明，王红芳，马克明，陈利顶，高红凯，倪健，何春阳，刘芦萌，高峻，王德利，韩国栋，张知彬，蒋志刚。

非常感谢高等教育出版社李冰祥编审和柳丽丽编辑多年来对“现代生态学讲座”系列丛书出版的大力支持和付出的辛勤劳动！

邬建国　康乐　黄建辉

2022 年 4 月 15 日

目　录

从单调性到非单调性：生态学研究新视角

张知彬[①]　严川[②]

摘　要

经典生态学研究主要基于种间关系的单调性假设，即三种基本作用（正、负、零）和六种基本种间关系（竞争、互惠、捕食/寄生、偏利、偏害、中性），并据此建立了竞争模型、互惠模型、捕食模型等种群模型和随机互作网络模型、二分互惠网络模型、捕食网络模型等生态网络模型。在此基础上，发展了一系列的基础生态学概念和理论，如：竞争排斥法则、生态位理论、弱相互作用假说、模块性、嵌套性等。然而，自然界中种间关系并非固定不变的，正、负、零作用之间在一定条件下可以互相转化，呈非单调性。根据种间关系的非单调性假设，可定义6种基本作用（正/负、正/零、负/正、负/零、零/正、零/负）和21种种间关系（如竞争-互惠、捕食-互惠关系等），由此可形成竞争-互惠、捕食-互惠等非单调种间互作模型，并衍生出一系列新的概念和理论，如：两面性或双效性、合作与对抗协衡机制、适度原则、合作增稳机制、合作增产机制、多平衡点、多极限环、相对互惠、相对捕食、相对竞争、循环互惠等。经典生态学强调气候或环境的单调作用，而非单调生态学理论强调条件依赖的非单调双效作用，如短期和长期作用、直接和间接作用、胁迫和非胁迫环境等情况下的反向作用。尽管如此，经典生态学和非单调生态学的基本概念、方法和原理并非互相排斥而是相互补充的。在较小的研究尺度时，仅考虑单调（线性或者非线性单调）作用是合适的，而涉及更大时、空、数的尺度时，则应考虑非单调作用，并依赖复杂的非线性模型分析。因此，开展非单调生态学研究，要基于较大时、空、数范围的研究，避免简单的尺度整合；要突破小尺度、单调性研究的传统思维与方法，拓展至大尺度、非单调的研究范式，以期提高对复杂生态现象的解释和预测力。

---

① 中国科学院动物研究所农业虫害鼠害综合治理研究国家重点实验室，北京，100101，中国；

② 兰州大学生态学创新研究院，兰州，730000，中国。

Abstract

Conventional ecological studies are often conducted based on assumptions of monotonic interspecific interactions (i.e., six types of interspecific interactions (competition, mutualism, predation/parasitism, commensalism, amensalism, neutral) which are driven by three basic ecological effects (positive, negative and neutral). From these monotonic assumptions, mathematical population models (competition, mutualistic, or prey-predator models) or network models (random, mutualistic and prey-predator networks) are developed. From these models, a series of classic ecological concepts or theories are established including competitive exclusion principle, niche theory, weak interaction, modularity, nestedness, etc. However, the interspecific interaction is not always fixed in natural ecosystems. Instead, the positive, negative and neutral ecological effects may shift from one to another, thus interspecific interactions could be non-monotonic. Under the assumption of non-monotonicity, six basic ecological effects (+/−, +/0, −/+, −/0, 0/+ and 0/−) and twenty-one interspecific interactions (e. g., competition-mutualism, predation-mutualism, etc.) are defined. A series of novel concepts and theories can be derived from models with non-monotonic interactions, including duality or two-sidedness, balance between cooperation and antagonism, principle of moderation, cooperation-facilitated coexistence mechanism, cooperation-facilitated productivity mechansim, multiple equilibria, multiple limit cycles, relative mutualism or predation or competition, and circulatory mutualism. While conventional ecological studies focus on the monotonic effects of climate or environment, non-monotonic ecological studies emphasize on context-dependent opposite effects of short- and long-term effects, direct and indirect effects, stressful and non-stressful environments, etc. Nonetheless, the concepts, methodologies and principles of conventional and non-monotonic ecological studies are not exclusive, but complementary with each other. It is often appropriate to consider only monotonic effects at a small scale, but non-monotonic effects should be tested when large temporal, spatial and quantitative scales are involved. Therefore, we suggest that non-monotonic ecological studies should be conducted under the condition of large-scale by using nonlinear models, avoiding simplified integration of scales. It is necessary to extend the small-scale, monotonic conventional studies to large-scale and non-monotonic studies, so as to have a better explanation and prediction on the complex ecological phenomenon.

前言

现代科学是一门定量性和预测性很强的学问,其显著的特征是:可定义、可测量、可重复、可预测。生态学作为一门现代科学,其使命是研究和解释生物和非生物因子对生物种群数量、群落组成、生态系统结构与功能的影响及其内在机制,并较好地解释和预测这些变化。然而,总体来看,当代生态学更多的是停留在解释和描述阶段,其预测能力仍然十分薄弱。因此,从现代科学的标准看,生态学仍有待进一步的发展和完善,也说明生态学仍有很大的发展空间和前景。

一般认为,生态系统过于复杂是造成预测能力较差的原因。过于复杂是指系统组成的元素多种多样,影响系统的因素也很多,元素与元素之间存在很多的相互作用,元素的影响可能存在时滞或具有非线性作用,这些都可能是导致生态系统难以被准确预测的原因。

对于复杂系统的研究,一般都是通过系统简单化开始的。生态学的研究也不例外。例如,传统生态学都假定生物与生物之间存在正、负、零三种基本作用,从而构成六种基本关系,即竞争、互惠、捕食/寄生、偏利、偏害和中性关系。传统生态学的假定大都基于生态作用是单调性的,其正、负、零作用都是固定不变的。基于此,对种群动态的研究主要采用竞争、捕食/寄生模型,再引入气候因素的正、负作用等;关于群落构建的基本理论有高斯竞争排斥法则、生态位理论等;关于生态系统稳定性研究的基本理论有弱相互作用理论、分室理论等。

然而,自然界生态作用往往是可变的。比如,动物取食植物,对植物构成负的作用,但动物也帮助植物传粉、散布种子、加速养分循环,因而动物对植物又有正的作用。同样,植物作为食物,对动物具有正的作用,但植物又具有防止动物过度取食的物理、化学防御能力,如坚硬的外壳、刺或有毒次生物质等。气候对生物具有多种路径作用,这些作用往往相反。比如,温度升高对动物的生长发育、越冬存活具有正的作用,但持续增温导致积雪融化,影响动物觅食,也会产生负的作用。降水增加通过促进植物生长,有利于增加一些草原鼠类的食物资源,然而过多的降水可能破坏其洞穴,或者导致植被生长过高、过密,不利于鼠类发现捕食者,降低其存活率。这说明,在自然界中,正负生态作用并非固定不变的,而是随着条件的变化发生转化,这就是非单调生态作用(non-monotonic ecological effect)(Yan and Zhang, 2014; Zhang et al., 2015)。但是,长期以来,非单调作用在生态学研究中没有得到足够的重视。有关其非单调性的研究结果往往被认为不合理或者难以解释,而被简单地放弃掉了。由于非单调作用无法被线性模型探测到,或由于研究时间较短、空间范围局限,许多非单调生态现象没有被揭示。虽然近年来非线性统计模型的应用使更多的非单调作用被发现,但缺乏从理论上系统考虑非单调生态作用的基本概念和原理。

作者于2003年提出竞争–合作模型以来(Zhang, 2003),开始关注非单调生态作用及其进化、生态学意义。2014年,作者提出和定义了6种非单调生态作用,并研究了其在维持生态网络多样性与稳定性上的作用(Yan and Zhang, 2014)。2015年,作者提出生态非单调性(ecological non-monotonicity)概念,并探讨了其类型、内在机制和生态学意义(Zhang et al., 2015)。近年来,作者又开展了生态非单调性在多样性与稳定性维持机制、合作共存机制、合作增产机制、合作与对抗协衡机制中的作用等研究

(Yan and Zhang, 2018b, 2019b)。除了上述理论研究之外,作者以鼠类-植物种子系统为对象,研究了合作与对抗相互关系及其进化适应机制(Zhang et al., 2020; 张知彬, 2019);通过整理我国近两千年以来的历史资料以及野外长期定位监测资料等,探讨了大尺度气候因子对生物种群影响的复杂性(Tian et al., 2011, 2017)。经过 20 余年的持续探索和研究,作者逐步认识到非单调生态作用绝非是生态学中的配角或副产品,而有可能成为生态学研究的一个全新领域。

本文基于作者近年来在非单调生态学理论和实验方面的研究,吸收和归纳前人和同行的相关工作,进一步凝练了非单调生态学的基本概念、模型及其进化生态学意义,以期提出突破基于单调性的传统生态学研究的思路和范式,为生态学研究与发展提供新的思考和借鉴。

1.1 基于单调性的生态学研究

1.1.1 基本假设

传统生态学研究可以高度概括为三种作用、六种关系的研究(简称 3-6 框架)。三种作用分别是正(+)、负(-)、零(0),表明某种生物或非生物因素对物种的影响是正的、负的或是零(无作用)。生物或非生物因素对物种的影响可以是多方面的,比如生长、繁殖、存活、种群增长率等。六种关系是指基于生物与生物之间的三种作用,衍生出六种种间关系,即互惠关系(++)、竞争关系(--)、捕食/寄生关系(+-)、偏利关系(+0)、偏害关系(-0)和中性关系(00)。3-6 框架的基本假设是生态作用和生态关系是单调性的,即不随时、空、数的变化而发生质的改变,只发生量的变化。

1.1.2 基本模型

基于 3-6 框架,生态学家提出若干基本模型,构成了生态学研究的核心和基石。例如,Lotka(1925)和 Volterra(1926)提出如下著名的竞争模型:

$$\frac{\mathrm{d}N_1}{\mathrm{d}t}=r_1N_1\left(\frac{K_1-N_1-\alpha N_2}{K_1}\right)$$

$$\frac{\mathrm{d}N_2}{\mathrm{d}t}=r_2N_2\left(\frac{K_2-N_2-\beta N_1}{K_2}\right)$$

其中,N_1、N_2分别代表物种 1、2 的种群数量,K_1、K_2分别代表物种 1、2 的种群最大载荷量,r_1、r_2分别代表物种 1、2 的种群内禀增长率,α 代表物种 2 对物种 1 的竞争系数,β 代表物种 1 对物种 2 的竞争系数。K_1、K_2、r_1、r_2、α、β 为常数,且大于 0。模型的稳定性分析表明,只有当种间竞争系数的绝对值相对种内竞争系数较小时,两物种才能稳定共存(图 1.1b),否则就无法共存(图 1.1a)。$\mathrm{d}N/\mathrm{d}t$ 代表种群绝对增长率(简称种群增长率),$\mathrm{d}N/(N\mathrm{d}t)$ 代表种群相对增长率。

同样的,两物种的互惠模型可以表示如下:

$$\frac{\mathrm{d}N_1}{\mathrm{d}t}=r_1N_1\left(\frac{K_1-N_1+\alpha N_2}{K_1}\right)$$

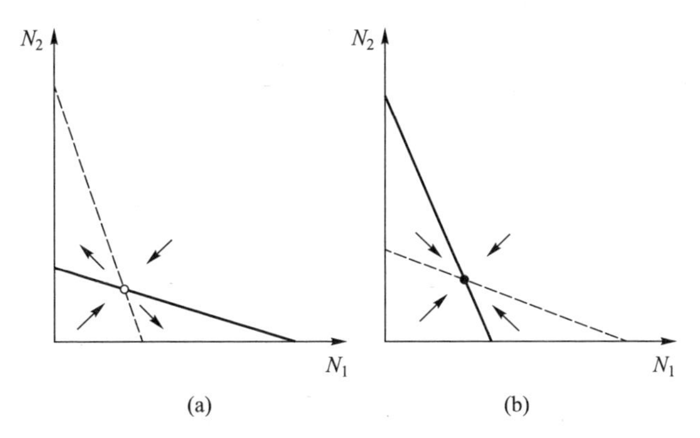

图 1.1　竞争模型的相平面稳定性分析。(a)不能稳定共存，(b)可以稳定共存。箭头表示种群变动趋势。空心圈表示不稳定平衡点。实心圈表示稳定平衡点。实线、虚线分别代表物种 1、2 种群的零增长曲线，即 $dN_1/dt=0$，$dN_2/dt=0$ 时的 N_2、N_1 关系。

$$\frac{dN_2}{dt}=r_2N_2\left(\frac{K_2-N_2+\beta N_1}{K_2}\right)$$

其中，模型参数意义类似竞争模型。对模型的稳定性分析表明，只有当种间互惠系数相对种内互惠系数较大时，两物种才能稳定共存(图 1.2a)，否则就无法共存(图 1.2b)。

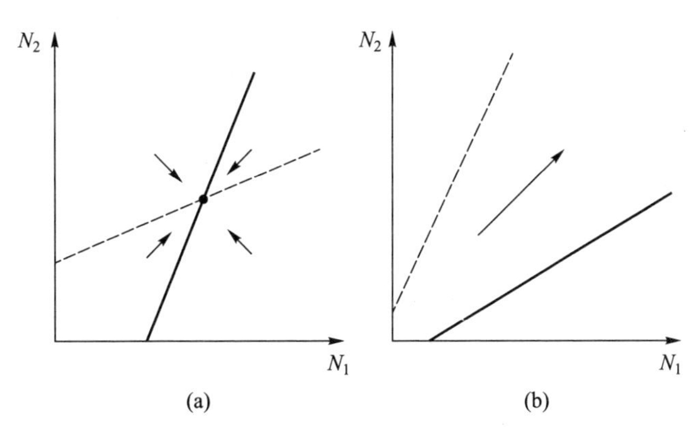

图 1.2　互惠模型的相平面稳定性分析。(a)可以稳定共存，(b)不能稳定共存。箭头表示种群变动趋势。实心圈表示稳定平衡点。实线、虚线分别代表物种 1、2 种群的零增长曲线，即种群增长率 $dN_1/dt=0$，$dN_2/dt=0$ 时的 N_2、N_1 关系。

Lotka(1925)和 Volterra(1926)提出如下猎物-捕食者模型：

$$\frac{dH}{dt}=(a_1-b_1P)H$$

$$\frac{dP}{dt}=(-a_2+b_2H)P$$

其中,H,P 分别代表猎物、捕食者的种群数量,a_1、a_2分别代表物种 1(猎物)、物种 2(捕食者)的种群最大增长率和下降率,b_1、b_2分别代表猎物、捕食者相互作用强度。a_1、a_2、b_1、b_2为常数,且大于零。对模型的稳定性分析表明,二者可以形成稳定的极限环(图 1.3a)。

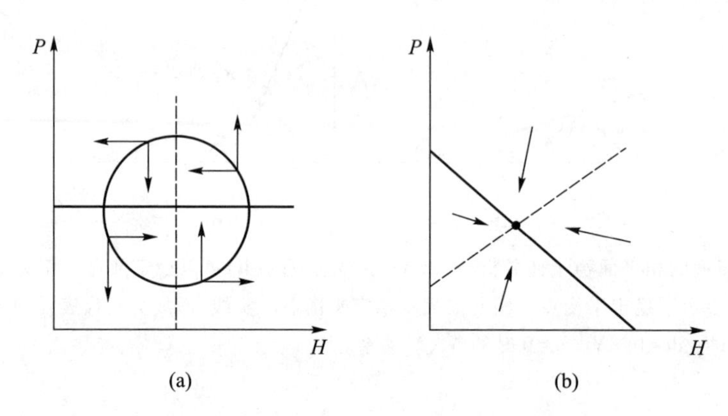

图 1.3 捕食模型的相平面稳定性分析。(a)非密度制约捕食模型中,猎物(H)和捕食者(P)可以极限环方式稳定共存。实线圆圈表示稳定极限环。实线、虚线分别代表猎物和捕食者种群的零增长曲线,即种群增长率 $\mathrm{d}H/\mathrm{d}t=0$, $\mathrm{d}P/\mathrm{d}t=0$ 时的 H、P 之间的关系。(b)密度制约捕食模型中,猎物和捕食者可以稳定共存。实线黑点表示稳定平衡点。

如果考虑猎物和捕食者的密度制约作用,则有如下模型:

$$\frac{\mathrm{d}H}{\mathrm{d}t}=(a_1-b_1H-c_1P)H$$

$$\frac{\mathrm{d}P}{\mathrm{d}t}=(a_2-b_2P+c_2H)P$$

其中,H,P 分别代表猎物、捕食者的种群数量,a_1、a_2分别代表猎物、捕食者种群内禀增长率,b_1、b_2代表猎物、捕食者的密度制约作用,c_1、c_2分别代表猎物、捕食者相互作用强度。a_1、a_2、b_1、b_2、c_1、c_2为常数,且大于零。根据对模型的稳定性分析,二者可以形成稳定平衡点(图 1.3b)。

可以看出,在传统生态学模型中,无论是竞争模型、互惠模型还是捕食模型,其种间作用、种内密度制约作用对种群相对增长率的影响始终是线性的、单调性的增加或减少。

1.1.3 基本原理

(1) 高斯竞争排斥法则和生态位理论

生态位最早被定义为物种在生物群落的角色、功能、空间和地位(Grinnell, 1917, 1924, 1928)。现代生态位的概念是物种生存所占据的各类资源维度的总和,是群落构建的重要理论之一。根据竞争模型,如果生态位重叠大,竞争系数就会大,则物种难以共存;因此,生态位分离是物种共存的基础。Gause (1934)以原生动物双小核草履虫和大草履虫为研究对象,提出两个相似的物种不能共享相似的生态位。高斯竞争排斥法则和生态位理论都强调亲缘关系接近的物种难以共存,因为近缘物种往往具有类似的生态位。然而,在自然界又经常看到近缘的物种往往生活在同一环境中或共享同类资源,这似乎与高斯竞争排斥法则和生态位理论不一致。

关于亲缘关系对群落构建的影响,有三个主要的理论,即环境过滤(environmental filter)理论、竞争排斥(competition exclusion)理论、中性理论(neutral theory)(Yan et al., 2016)。环境过滤理论认为,亲缘关系相近的物种具有类似的生态位,因此更容易生活在类似的环境中,但与竞争排斥法则矛盾。竞争排斥理论主要来自高斯竞争排斥法则和生态位理论,认为亲缘关系相近的物种由于生态位相近,竞争过于激烈而无法共存。中性理论认为物种是中性的,其在群落中的分布和扩散是随机的。最近更多研究发现,亲缘关系与物种共存概率通常呈正相关关系,似乎支持环境过滤理论,但无法否定竞争排斥法则。例如,Yan 等(2016)发现我国陆生脊椎动物在空间上的共发生概率与亲缘距离呈负相关(图 1.4)。

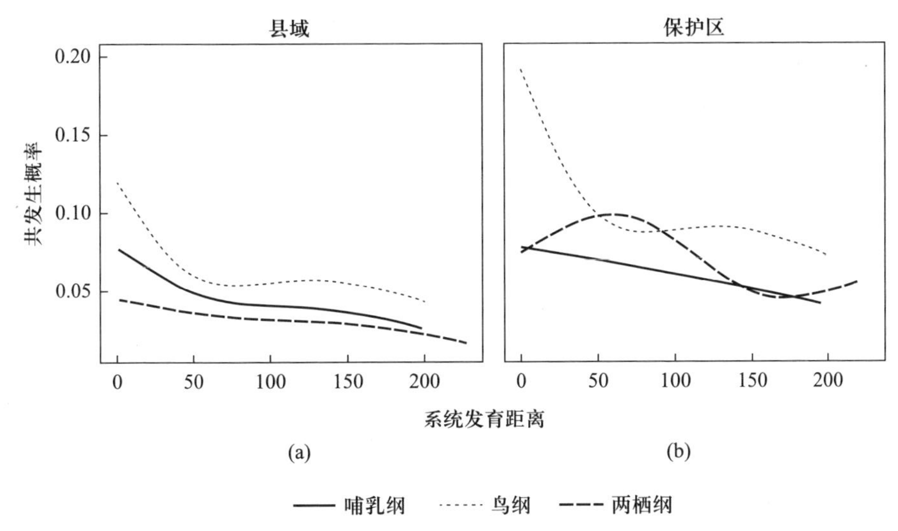

图 1.4　我国陆生脊椎动物在空间上的共发生概率与亲缘关系呈负相关。(a)县域,(b)保护区。(引自 Yan et al., 2016)

(2) 合作或互惠稳定性悖论

合作是生物界常见的现象。有关合作的起源及其进化适应意义是生态学研究的重要内容(Axelrod and Hamilton, 1981)。合作增加了竞争者的适合度,如果没有回报的话,必然减少自身的适合度,因而,自然选择不利于合作者,这与自然界看到的现象相矛盾,称之为"合作稳定性悖论"(Zhang et al., 2020)。为解释这种悖论,生态学家又提出若干假设,比如亲缘选择理论、群体选择理论、交叉合作理论等(Nowak, 2006)。这些有关合作的维持机制主要是基于适合度大小的比较,没有从种群动态的稳定机制上去考虑。

互惠也是生物界常见的现象。在多物种相互作用模型中,May (1972)发现互惠是一个不稳定的因素,这是因为互惠容易导致种群无节制增长,造成系统崩溃。这个模型的结论与自然界常见的互惠比较盛行的现象相矛盾,称之为"互惠稳定性悖论"(Zhang et al., 2020)。

(3) 多样性稳定性悖论

多样性和稳定性是生态系统最为本质的特征。多样性一般指生态系统内物种的多样性和连接度。稳定性的衡量指标很多,其中两个指标如下:一是一定时期内种群数量或生物量的波动性,二是物种稳定共存的比率(Yan and Zhang, 2014, 2018b)。关于多样性与稳定性的关系讨论,一直是生态学研究的热点和前沿。基于经验和实验的观测,一般认为生物多样性越高,生态系统越稳定,生产力水平越高。对此的解释是基于不同物种之间具有补偿关系和物种具有冗余性的假定,一些物种的消失、种群的减少不会影响生态系统的整体结构和功能。

然而,May (1972)通过对由 6 种基本关系组成的随机生态网络的研究发现,物种多样性越高,物种连接度越大,生态系统越不稳定,表现为物种稳定共存的概率降低。这个结果与实际观测结果相矛盾,称之为"多样性-稳定性悖论"(diversity-stability paradox)(Zhang et al., 2020)。Allesina 和 Tang (2012)分析比较了随机网络、互惠网络、竞争网络和捕食网络的稳定性与多样性的关系,同样发现,随着多样性增加(即物种数和连接度增加),物种共存概率急剧下降,其中稳定性排序:互惠网络<竞争网络<随机网络<捕食网络(图 1.5)。该研究也进一步证实互惠是生态系统最不稳定的一种生态关系。

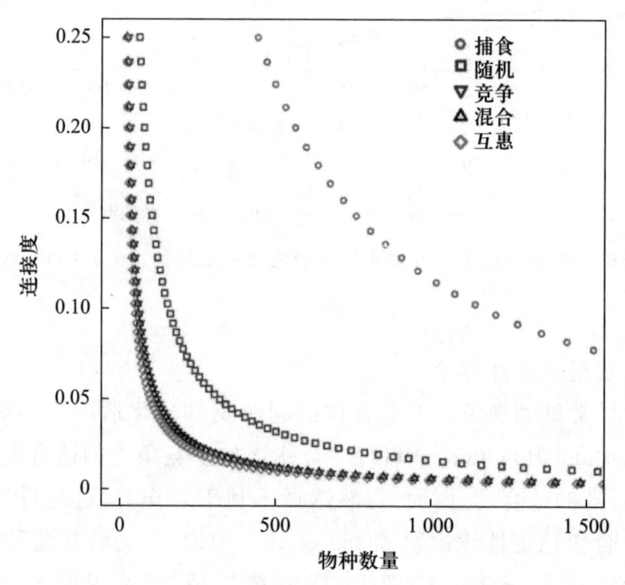

图 1.5 不同类型生态网络的多样性与稳定性关系的比较。虚线的右上为非稳定区域,左下为稳定区域。(引自 Allesina and Tang,2012)

为解决这一悖论,生态学家又提出多个假说,如模块结构假说(modularity hypothesis)(Yodzis, 1981)、弱相互作用假说(weak interaction hypothesis)(Berlow, 1999; Neutel et al., 2002)、嵌套结构假说(nestedness hypothesis)(Bascompte et al., 2006; Rohr et al., 2014)。模块结构假说认为模块内物种数有限、互作强度大,而模块之间的相互作用强度小。该结构可以允许更多的物种共存,从而提高了系统的生物多样性。弱相互作用假说认为降低物种相互作用强度,可以允许更多的物种共存。嵌套结构假说认为互惠网络往往具有嵌套结构特征,即少数物种具有更多的连接,而大部分物种具有较少的连接,并且是少数物种连接的子集。这些理论基本都是竞争或互惠模型的延伸,即只有弱相互作用才可能增加物种共存的可能性。如图 1.5 所示,如果想增加物种数,只有降低连接的强度。然而,降低物种连接强度,将减少物种之间的物质、能量流动,不利于生态系统生产力的增加(Yan and Zhang, 2018b),也不符合经验和实验观测结果。显然,这些假说仍然没有很好地解决多样性-稳定性悖论这一问题。

1.2　基于非单调性的生态学研究

1.2.1　基本假设

单调性指某一变量(y)随另一变量(x)的变化单调增加、减少或不变,而非单调性指某一变量(y)随另一变量(x)的变化超过某一阈值时,其单调增加、减少或不变发生了转换。如图 1.6 所示,左图虚线为单调性增加(包括线性和非线性单调性),实线为拱形非单调性;右图虚线为单调性减少(包括线性和非线性单调性),实线为 U 形非单调性。本文的非单调性变量 y 指种群的相对增长率,正、负、零作用指种群相对增长率增加、减少或不变。

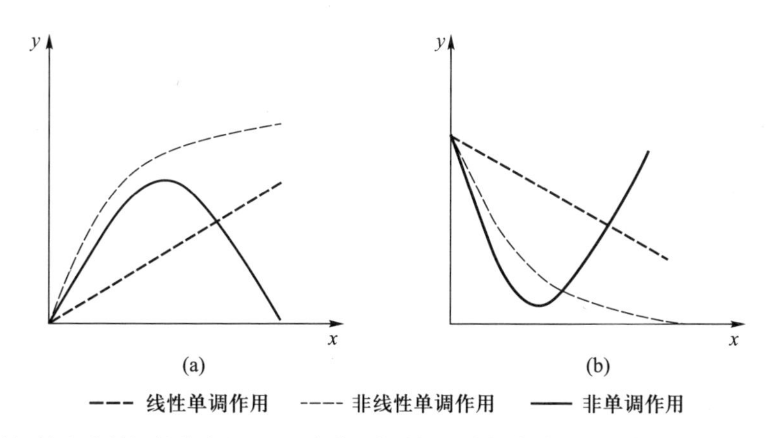

图 1.6　单调性和非单调性的定义。(a)虚线,种群相对增长率单调性增加;实线,拱形非单调性变化。(b)虚线,种群相对增长率单调性减少;实线,U 形非单调性变化。x 代表种群大小,y代表相对增长率。(引自 Zhang et al., 2015)

非单调性的生态学作用强调了正(+)、负(-)、零(0)三种作用随着时、空、数的转换。自然界中,生物或非生物因子对物种的作用并非一成不变的。例如,生物对环境因子有耐受极限,超过这个极限,物种的适合度就会下降。生态因子对生物的影响往往取决于环境条件。例如,降水增加对干旱地区的某些物种种群发生是有利的,但对于湿润地区的这些物种种群发生不利。生态因子对生物的影响往往是多方面的。例如,降水增加可以增加某些动物的食物资源,但过多降水可能形成洪水,破坏动物的洞穴,甚至导致动物溺死,抑或导致植被茂密,不利于动物防御天敌捕食。

种内密度制约也存在非单调作用。一般来说,随着种群密度的增加,种群增长率逐渐减少,这就是负密度制约效应(图 1.7a)。然而,物种的生存和繁衍依赖一定数量和密度的大小群体。当密度过低或群体过小时,随机灭绝、缺乏合作防御或捕食、遗传近交等会增加物种灭绝的风险。Allee 提出在低密度或小种群时,随着种群密度的增加,种群增长率逐渐增加,这就是正密度制约效应,又称 Allee 效应(图 1.7b)。Allee 效应在珍稀濒危物种保护和有害生物防控上均具有重要应用。例如,最小可生存种群(minimum viable population, MVP)理论认为,为了避免物种灭绝,必须维持一定大小的种群,需要考虑随机灭绝、遗传退化、环境灭绝、灾害灭绝等影响。生物入侵的成功取决于入侵种群的大小,入侵种群越大、次数越多,生物入侵的成功率就越高。这样,整合正、负密度制约作用,就形成了密度依赖的种内密度制约的非单调作用(图 1.7)。例如,Leslie (2005)发现藤壶的繁殖率在其中等密度时最大。

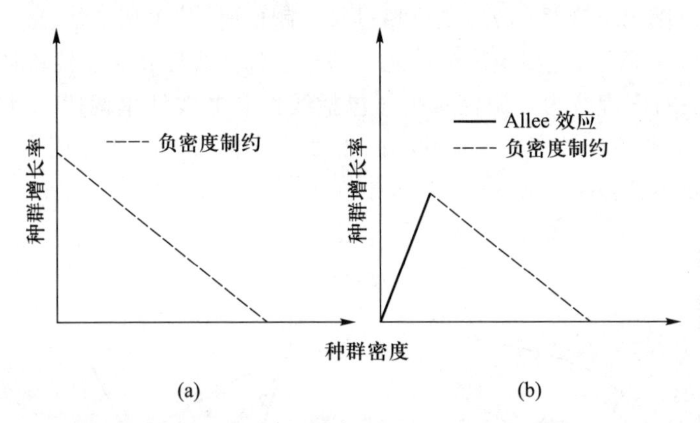

图 1.7 单调性负密度制约作用(a)和具有正、负密度制约的非单调作用(b)。虚线指负密度制约作用;实线指正密度制约作用,即 Allee 效应。(引自 Zhang et al., 2015)

植物个体间通常激烈地竞争水分、阳光、养分等资源,因此,过去一直认为是竞争关系。然而,过去 20 多年,植物之间正相互作用得到广泛研究(徐瑾等,2008)。胁迫梯度假说(stress gradient hypothesis, SGH)认为,植物之间正负相互作用会随着胁迫因子梯度(如水分、密度)的变化而转换(Bertness and Callaway, 1994)(图 1.8)。SGH 假说认为,在恶劣环境中,植物关系从竞争转化为合作。最近的一个理论和实验研究表明,植物之间正负作用转变与胁迫强度的关系依赖植物的密度;只有在高密度下,高盐胁迫才促进了拟南芥(*Arabidopsis thaliana*)个体之间的正作用和生物量的提高(Zhang and Tielbörger, 2020)(图 1.9)。同时,该研究也表明,植物个体在中等密度时倾向于

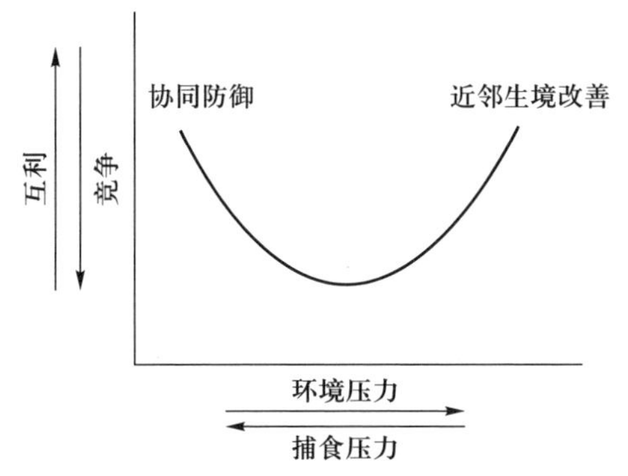

图 1.8　随胁迫(如环境或捕食)压力变化的互利-竞争转换。(引自 Bertness and Callaway, 1994)

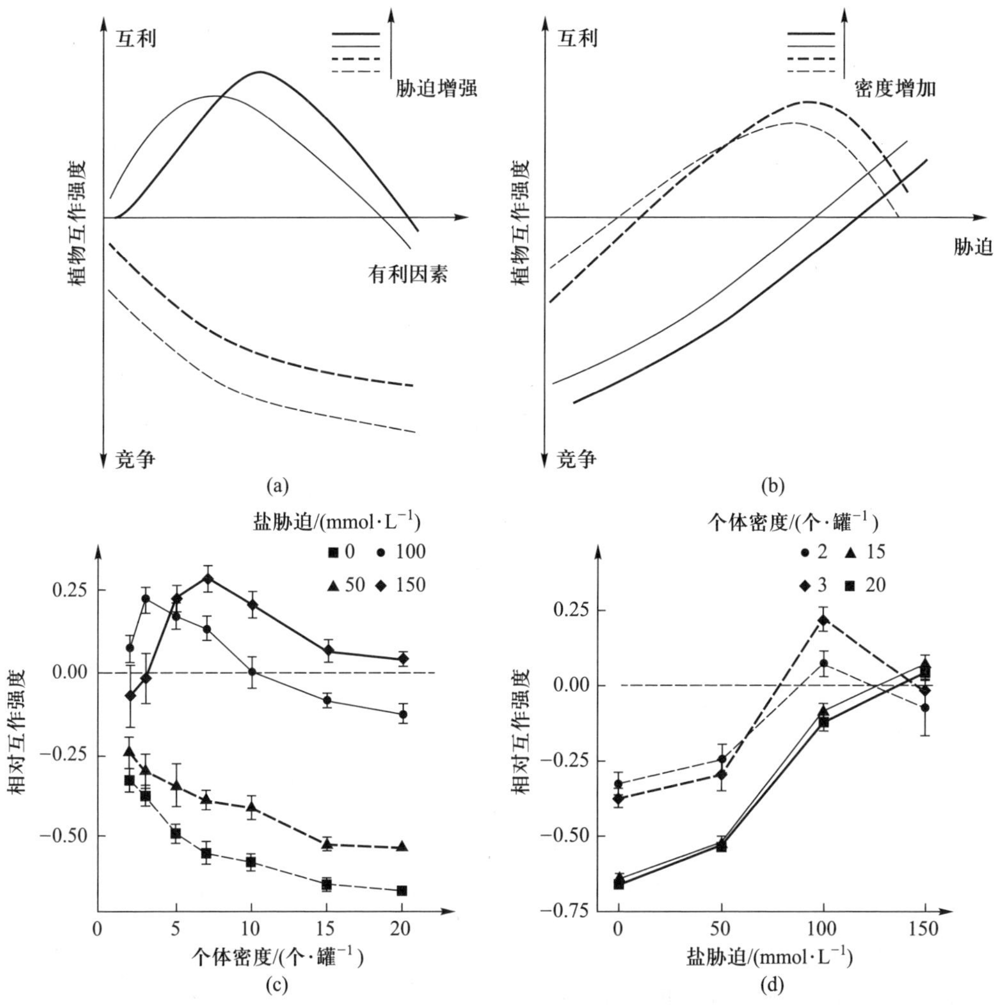

图 1.9　植物个体间正负作用转变与胁迫强度和植物密度的关系。(a,b)模型假设高密度时符合 SGH 预测。(c,d)不同盐胁迫和个体密度下拟南芥生物量的实验结果,支持模型预测,即高密度下,高胁迫促进植物正作用。(引自 Zhang and Tielbörger,2020)

合作,在高密度时倾向于竞争。因为密度过低,植物个体相邻过远,无法实现互利;高密度时,植物个体相邻过近,导致资源竞争、拥挤等效应。已有研究证实植物具有密度依赖的合作与竞争关系的转换。例如,Dickie 等(2005)发现森林边缘的幼树生长与树苗密度在其低密度时为正,高密度时为负。Chu 等(2008)发现,垂穗披碱草(*Elymus nutans*)平均生物量和总生物量在植株中等密度时最高(图 1.10)。这些研究符合种内密度依赖的拱形非单调作用的一般模式(Zhang et al., 2015)。

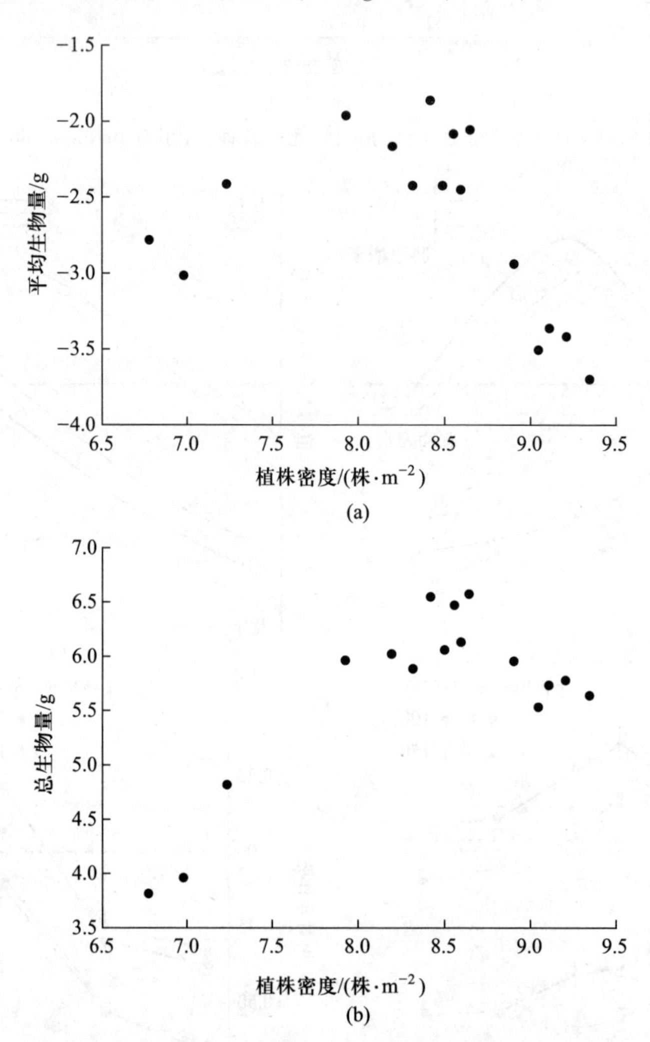

图 1.10 垂穗披碱草平均生物量和总生物量与植株密度的关系。(引自 Chu et al., 2008)

在种间相互作用研究方面,随着互作物种的种群密度变化,物种间的正负作用可发生转化。例如,蚂蚁和蚜虫之间(Addicott, 1979; Cushman and Addicott, 1991),海草和动物之间(Wahl and Hay, 1995)。Dedej 和 Delaplane (2003)发现蜜蜂对兔眼蓝浆果(*Vaccinium ashei* var.)的坐果率是密度依赖的,密度过高、过低都降低坐果率

(图 1.11)。Wang 等(2011)发现榕小蜂对榕树的传粉效率依赖花内的榕小蜂数量;适度数量的榕小蜂的传粉效率最高。Elliott 和 Irwin (2009)发现翠雀花(*Delphinium barbeyi*)结实率与开花植物的密度呈拱形关系。易现峰等(2019)发现围栏内种子分散贮藏率(有利于植物种子更新)与鼠类数量呈拱形关系(张知彬,2019)。Zeng 等(2019)发现自然条件下,枹栎(*Quercus serrata*)种子萌发率与鼠密度和种子产量比值的对数呈拱形关系(图 1.12)。

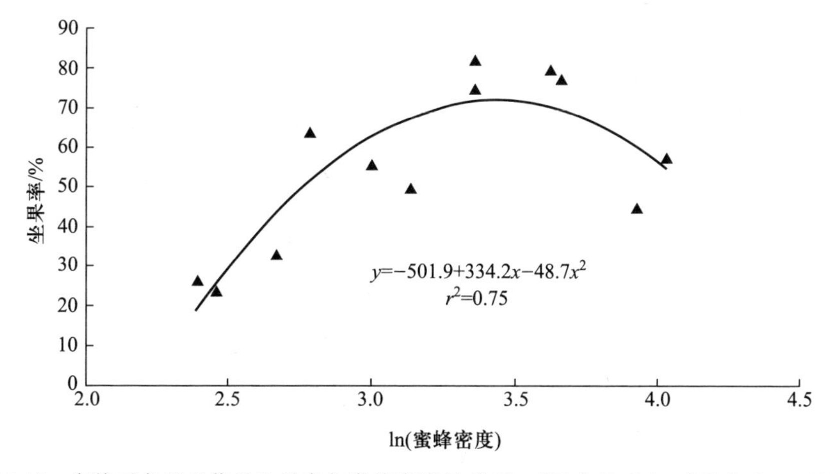

图 1.11 蜜蜂对兔眼蓝浆果坐果率与蜜蜂密度的关系。(引自 Dedej and Delaplane,2003)

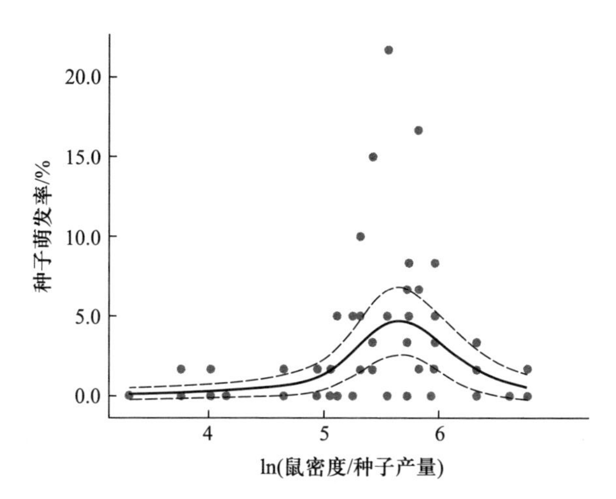

图 1.12 枹栎种子萌发率与鼠密度和种子产量比值的关系。(引自 Zeng et al., 2019)

Yan 和 Zhang (2014)将非单调作用归纳为 6 种类型(图 1.13),并定义如果物种 2 种群相对增长率(或零增长曲线)与物种 1 种群密度呈正、负、无相关关系,则物种 1 对物种 2 的生态作用分别为正、负、零。第一种类型表现为随着密度的增加,正作用转换为负作用,呈拱形(或正/负型,+/−)函数关系(图 1.13a)。第二种类型表现为随着密度的增加,正作用转换为中性作用,呈饱和型(或正/零型,+/0)函数关系

(图 1.13b)。第三种类型表现为随着密度的增加,中性作用转换为负作用,呈滑行下降型(或零/负型,0/-)函数关系(图 1.13c)。第四种类型表现为随着密度的增加,负作用转换为正作用,呈 V 形或 U 形(或负/正型,-/+)函数关系(图 1.13d)。第五种类型表现为随着密度的增加,中性作用转换为正作用,呈滑行上升型(或零/正型,0/+)函数关系(图 1.13e)。第六种类型表现为随着密度的增加,负作用转换为中性作用,呈下降滑行型(或负/零型,-/0)函数关系(图 1.13f)。

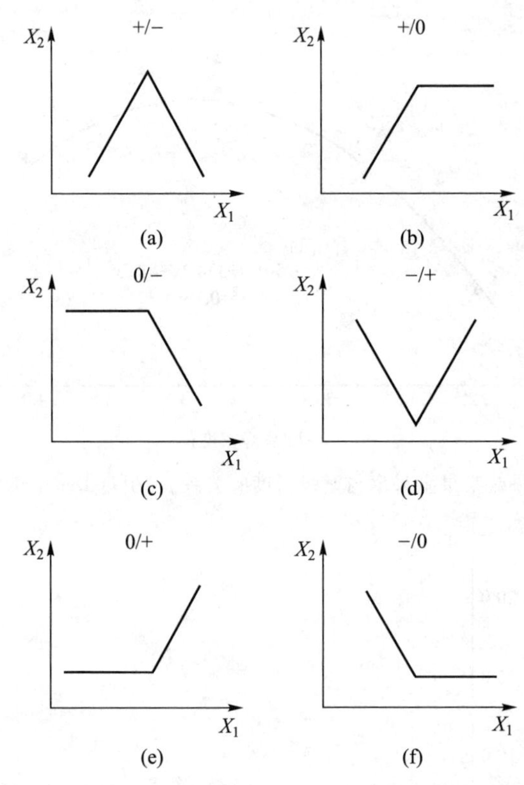

图 1.13　基于密度依赖的 6 种物种间非单调作用。X_1,X_2代表物种 1、2 的种群密度。图中曲线代表物种 2 的种群零增长曲线。(引自 Yan and Zhang,2014)

传统生态学模型中,基于 3 种单调作用仅可形成 6 种种间关系(简称 3-6 框架)(图 1.14)。然而,基于 6 种非单调作用,可以形成 21 种非单调的种间关系(简称 6-21 框架)(图 1.14)。此外,6 种非单调作用还可以与 3 种单调作用形成 18 种复合的种间关系(图 1.14)。这样 9 种作用(即 3 种单调作用和 6 种非单调作用)可以形成 45 种复杂种间关系。这说明,引入非单调作用,可以描述和解释更为复杂的生态关系。

与传统理论不同,非单调作用的正、负、零作用是相对的,不是绝对的。如图 1.15 所示,传统理论定义的物种正、负作用以绝对值划分,即当相对增长率(灰色曲线)小于 T_0时是正作用,大于 T_0时是负作用,正负转换发生在 T_0处。然而,非单调作用理论中,零增长曲线(黑色曲线)的正负转化发生在 T_0处。二者的意义是完全不同的。非

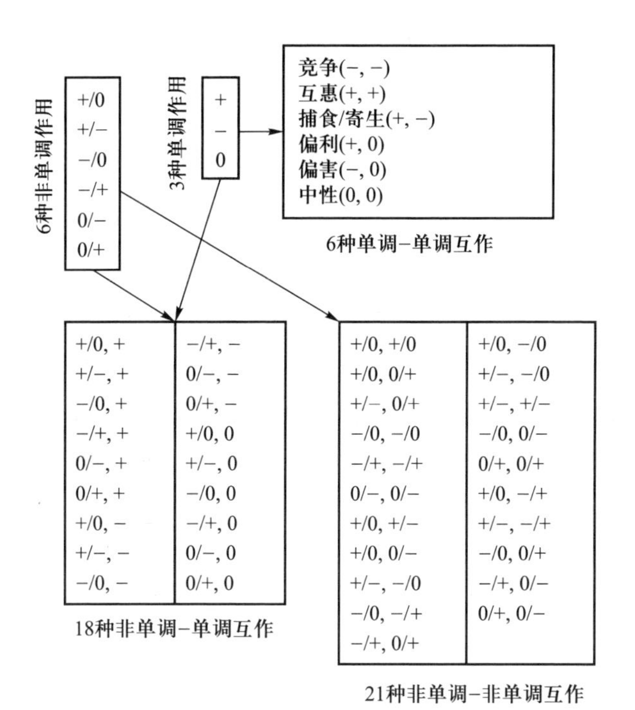

图 1.14　包含 3 种单调作用和 6 种非单调作用的种间关系。(引自 Zhang et al.,2015)

单调作用理论的正负作用转化决定相平面分析时两物种的共存或系统的稳定,而传统的正负作用转换点不具备这个特性。由于种群相对增长率曲线和零增长曲线一致,因此,可以定义:如果种群相对增长率与密度呈正相关,则定义其为相对正作用,否则为相对负作用;如果不相关,则为中性作用(Zhang, 2003; Zhang et al., 2020)。

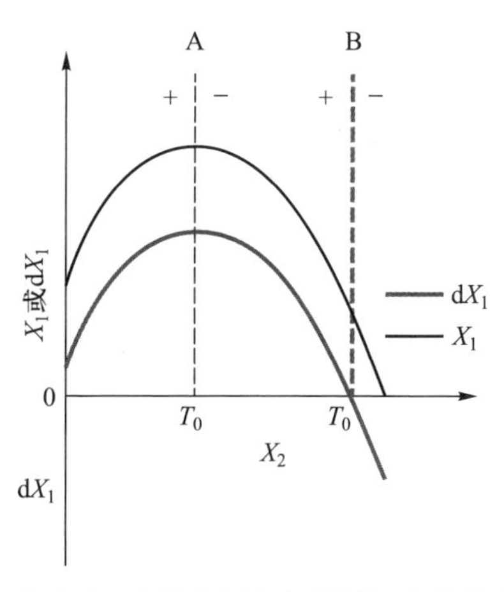

图 1.15　非单调生态学理论相对正、负、中性作用定义(黑线)与传统生态学理论绝对正、负、中性作用定义(灰线)的比较。T_0分别为各自的正负转换阈值。X_1,X_2代表物种 1、2 的种群密度。图中曲线代表物种 1 的种群增长率(dX_1)或零增长(X_1)曲线。(引自 Zhang et al.,2020)

例如,通常情况下,鼠类对植物种子扩散的正负作用采取去除鼠类(如利用围网)和没有去除鼠类(正常)情况下比较植物种子的出苗率来评估(图 1.16a,b,c)。若没有去除鼠类的种子出苗率高于去除鼠类的情况,则鼠类对植物的作用为正作用,二者构成绝对互惠(absolute mutualism)关系(图 1.16a);否则,鼠类对植物的作用为负作用,二者构成绝对捕食(absolute predation)关系(图 1.16b)。也可以根据植物种子出苗率与鼠密度的关系来确定,当密度小于或大于 X_0时鼠类对植物的作用为正或负的(图 1.16c)。然而,根据非单调生态学理论,当鼠密度小于或大于 X_0时,出苗率与密度的关系从正作用转换为负作用,因此,二者互惠和捕食关系的转换阈值(图 1.16d)不同于传统的基于有鼠和无鼠时的出苗率差别确定的阈值(图 1.16c)。非单调生态学理论所指的正、负、零作用是相对的,不是绝对的,由此延伸出相对互惠(relative mutualism)、相对捕食(relative predation)、相对竞争(relative competition)等概念。

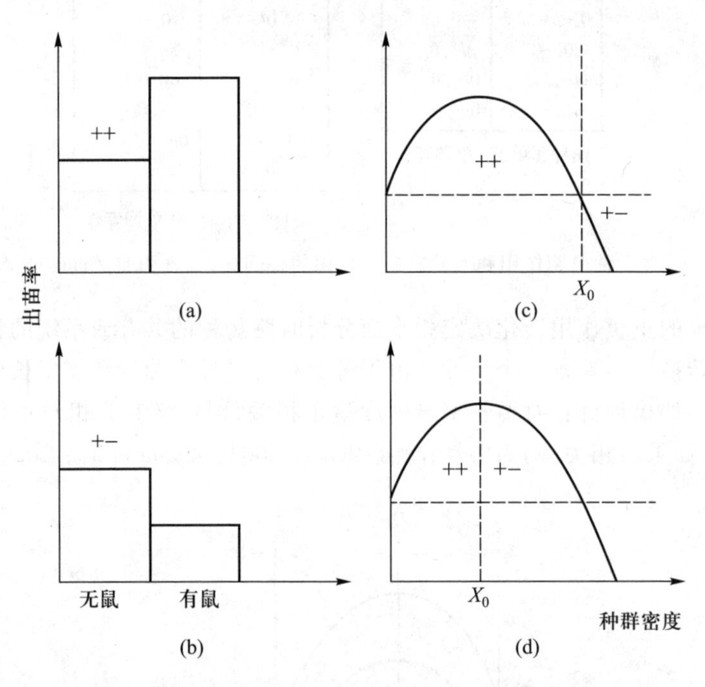

图 1.16 传统和非单调生态学理论中关于鼠类与植物之间正负作用的定义比较。(a),(b),(c)为传统定义,即依据鼠类存在与否情况下植物种子出苗率的差别,判断绝对的正、负作用,从而决定二者关系是(a)绝对的互惠关系或(b)绝对的捕食关系,或(c)当鼠密度超过 X_0时,鼠类的存在对植物具有绝对的负作用,从而实现绝对互惠关系和绝对捕食关系的转换。(d)非单调模型中,出苗率与鼠密度正相关时,定义为鼠对植物具有相对正作用,否则为相对负作用;二者相对互惠关系和相对捕食关系的转换出现在鼠密度为 X_0时。(引自 Zhang et al., 2020)

1.2.2 基本模型

(1) 含有种内非单调作用的种间互作模型

Wang 等(1999)提出并研究了具有种内非单调(拱形函数)作用的种间竞争模型:

物种 1

$$\frac{dN_1}{dt}=N_1\left[b_1\left(1-\frac{N_1+\alpha N_2}{R_1}\right)\left(\frac{N_1}{N_1+C_1}\right)-D_1\right]$$

物种 2

$$\frac{dN_2}{dt}=N_2\left[b_2\left(1-\frac{N_2+\beta N_1}{R_2}\right)\left(\frac{N_2}{N_2+C_2}\right)-D_2\right]$$

式中,N_1、N_2 分别为物种 1、物种 2 的种群密度,b_1、b_2、D_1、D_2、R_1、R_2、C_1、C_2、α、β 为常数。

研究结果表明,在相平面空间,拱形零增长曲线可以有四个相交点,但其中只有一个点是稳定平衡点(图 1.17)。这说明,与传统竞争模型相比,种内拱形非单调作用并不能增加两物种竞争系统的稳定性。

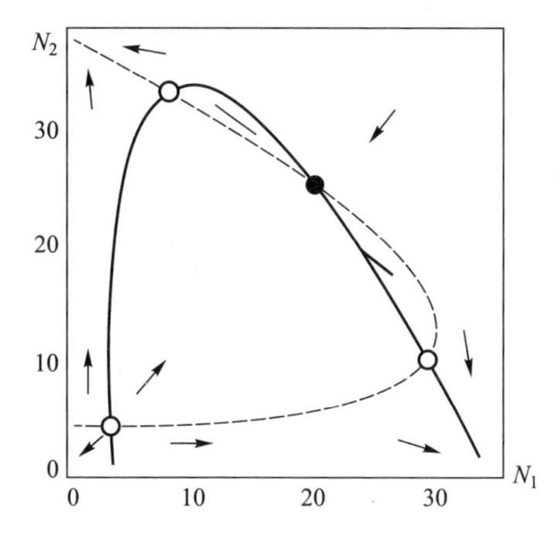

图 1.17　具有种内非单调(拱形函数)作用的竞争模型。空心圈表示不稳定平衡点,实心圈表示稳定平衡点。实线、虚线分别代表物种 1、2 种群的零增长曲线,即 $dN_1/dt=0$,$dN_2/dt=0$ 时的 N_2、N_1 关系。(引自 Wang et al., 1999)

Rosenzweig 和 MacArthur(1963)将猎物种内拱形非单调作用引入猎物-捕食者模型:

$$\frac{dV}{dt}=rV-\delta V^2-\frac{kPV}{x+V}$$

$$\frac{dP}{dt}=\frac{\beta kPV}{x+V}-mP$$

式中,V 代表猎物种群密度,t 代表时间,P 代表捕食者种群密度,r、x、β、δ、k、m 为常数。研究发现,猎物非密度制约捕食模型可产生稳定的极限环(图 1.18a),密度制约捕食模型具有稳定平衡点(图 1.18b),但随着拱形非单调作用的影响且捕食效率高(捕食者零增长曲线在拱形最高点的左侧),则导致系统不稳定(图 1.18c),如果捕食效率低(捕食者零增长曲线在拱形最高点的右侧),则系统趋于稳定(类似图 1.18d)。

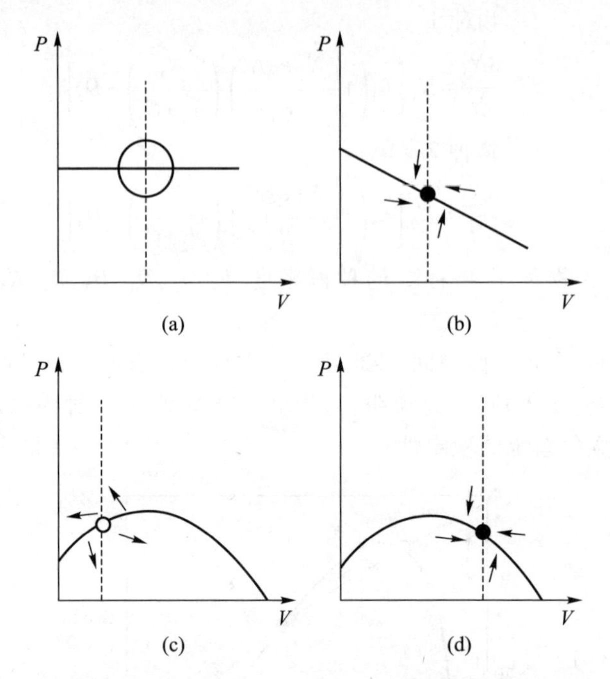

图 1.18 猎物非密度制约(a)、线性密度制约(b)以及种内拱形非单调作用(c, d)对猎物-捕食者种群动态的影响。虚线和实线分别代表捕食者(P)和猎物(V)的零增长曲线。大空心圆(a)代表极限环。实心圆(b,d)和小空心圆(c)分别代表稳定和不稳定平衡点。

上述这些研究表明,种内非单调性对两物种共存稳定性并无促进作用,甚至具有不稳定性作用。

(2) 含有种间非单调作用的种间互作模型

Vandermeer (1973)采用相平面分析方法,研究了两物种种间拱形非单调作用的稳定性,发现可形成1~2个稳定平衡点(图1.19)。

Hernandez (1998)提出 α-函数(Alpha-function)及如下模型:

$$\frac{\mathrm{d}N_i}{\mathrm{d}t}=r_iN_i\left[1-\frac{N_i}{K_i}+\alpha_{ij}\frac{N_j}{K_i}\right]$$

$$\frac{\mathrm{d}N_1}{\mathrm{d}t}=r_1N_1\left[1-\frac{N_1}{K_1}+\left(\frac{b_1N_2-c_1N_2^2}{1+d_1N_2^2}\right)\frac{N_2}{K_1}\right]$$

$$\frac{\mathrm{d}N_2}{\mathrm{d}t}=r_2N_2\left[1-\frac{N_2}{K_2}+\left(\frac{b_2N_1-c_2N_1^2}{1+d_2N_1^2}\right)\frac{N_1}{K_2}\right]$$

式中,r_i、N_i、K_i 分别代表物种 i 种群的内禀增长率、种群密度、最大承载量。N_j 代表物种 j 的种群密度。α_{ij}代表物种 j 对物种 i 的作用系数。N_1、N_2 分别为物种1、物种2的种群密度,r_1、r_2、K_1、K_2、b_1、b_2、c_1、c_2、d_1、d_2 为常数。模型分析证实,不同类型的 α-函数组合可形成1~2个稳定平衡点(图1.20)。随着密度的变化,a_{ij}正负值也发生变化,因此,两物种之间的关系可以在互惠和寄生之间转换(Hernandez, 1998)。

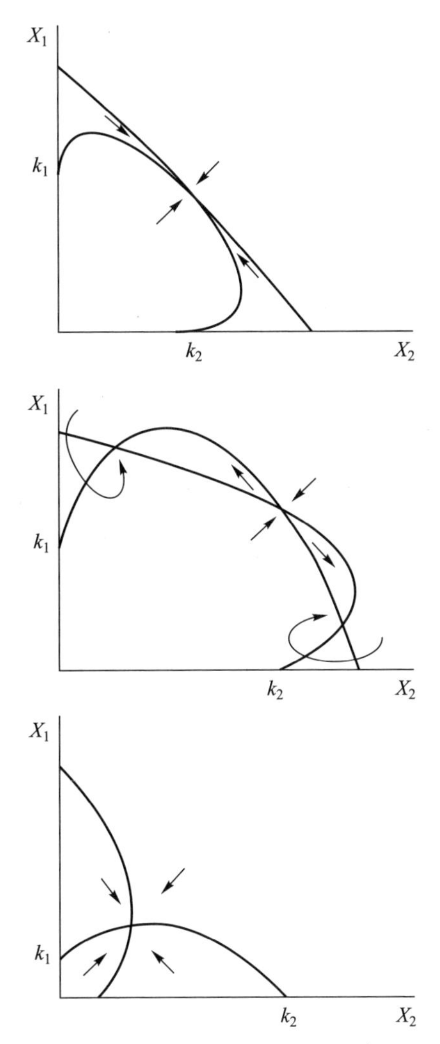

图 1.19　两物种种间非单调作用的稳定性分析。X_1 与 X_2 为两物种的种群密度,k_1、k_2 为零增长曲线与 X_1、X_2 的交点。(引自 Vandermeer,1973)

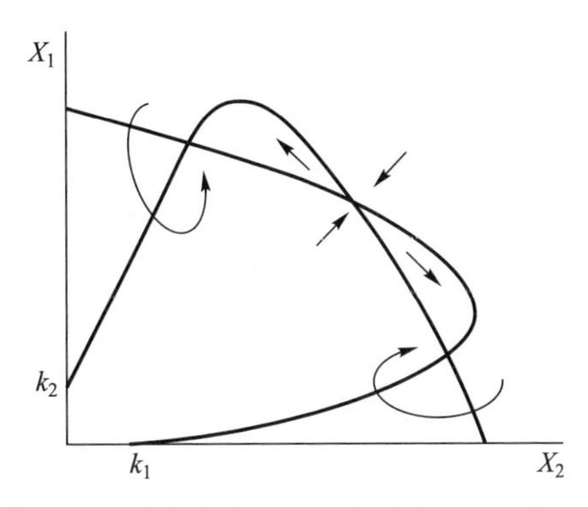

图 1.20　两物种种间非单调作用的稳定性分析。(引自 Hernandez,1998)

Zhang(2003)提出一个非单调性的竞争-互惠模型。假定竞争者密度达到一个阈值时,其对竞争者增长率的绝对作用从正转向负,即

$$\frac{dN_1}{dt}=R_1N_1[c_1-N_1+a_1(b_1-N_2)N_2]$$

$$\frac{dN_2}{dt}=R_2N_2[c_2-N_2+a_2(b_2-N_1)N_1]$$

式中,N_1、N_2 分别为物种 1、物种 2 的种群密度,R_1、R_2、c_1、c_2、a_1、a_2、b_1、b_2 为常数。从上述公式可以看出,如果竞争者的密度 $N_2>b_1$ 或 $N_1>b_2$,其对竞争者增长率的绝对作用则从正转向负;如果 $N_2=b_1$ 或 $N_1=b_2$,则作用为中性。物种 1、2 种群的零增长曲线分别为

$$N_1=c_1+a_1(b_1-N_2)N_2$$

$$N_2=c_2+a_2(b_2-N_1)N_1$$

对 N_1、N_2 分别求导:

$$(N_1)'=a_1b_1-2a_1N_2$$

$$(N_2)'=a_2b_2-2a_2N_1$$

令:

$$(N_1)'=0$$

$$(N_2)'=0$$

则:

$$N_2=\frac{b_1}{2}$$

$$N_1=\frac{b_2}{2}$$

由此可见,当竞争者的密度 $N_2>\frac{b_1}{2}$或 $N_1>\frac{b_2}{2}$时,其对竞争者零增长曲线的相对作用则从正转向负;如果 $N_2=\frac{b_1}{2}$或 $N_1=\frac{b_2}{2}$时,则相对作用为中性。

上述公式也可以写成如下形式(Zhang, 2003):

$$\frac{dN_1}{dt}=R_1N_1[C_1-N_1+A_1(N_2-B_1)N_2]$$

$$\frac{dN_2}{dt}=R_2N_2[C_2-N_2+A_2(N_1-B_2)N_1]$$

其中:$C_1=c_1-\frac{b_1}{2}$,$C_2=c_2-\frac{b_2}{2}$,$A_1=a_1$,$A_2=a_2$,$B_1=\frac{b_1}{2}$,$B_2=\frac{b_2}{2}$。

该模型假定种间相互作用函数符合抛物线,也是一种拱形非单调作用,相对正负作用转换的阈值在:$N_2=\frac{b_1}{2}$或 $N_1=\frac{b_2}{2}$;绝对正负作用转换的阈值在:$N_2=b_1$或 $N_1=b_2$。

该模型的生物学意义在于物种之间在低密度时合作、高密度时竞争。与传统的绝对正负作用不同,该模型根据零增长曲线与密度之间相关关系(即正、负、零),定义了物种之间的相对正、负、零作用(图 1.21)。同样,该模型可最多形成 4 个相交点,其中 2 个是稳定平衡点,2 个是不稳定平衡点。该模型也适合描述非单调的捕食或寄生关系(Zhang, 2003)。

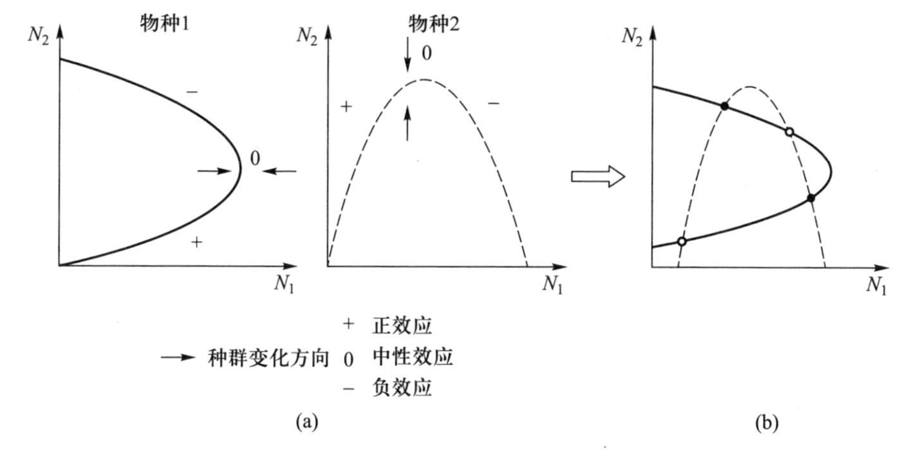

图 1.21　基于抛物线函数的非单调性竞争-互惠模型。(a)两物种的零增长曲线。(b)两物种相平面稳定性分析。实心点代表稳定平衡点,空心点代表不稳定平衡点。(引自 Zhang,2003)

上述的 Hernandez (1998)模型以及后面介绍的 Holland 和 DeAngelis (2009)模型,均包含着种内非单调作用,加之零增长曲线复杂,难以准确了解种间非单调作用的进化生态学意义。而 Zhang (2003)的竞争-互惠模型仅包括种间非单调作用,所采用的抛物线函数易于平面解析和理解,引入种内非单调函数后,统一了种内和种间非单调函数的各种组合,便于参数估计和模拟分析(见后文)。

(3) 包含种内和种间非单调作用的模型

基于 Zhang(2003)的竞争-互惠模型,Yan 和 Zhang(2018a)提出一个基于椭圆函数的包含种内和种间非单调作用的模型:

$$\frac{dN_1}{dt}=r_1N_1\left(1-\frac{(N_1-h_1)^2}{a_1^2}-\frac{(N_2-k_1)^2}{b_1^2}\right)$$

$$\frac{dN_2}{dt}=r_2N_2\left(1-\frac{(N_2-h_2)^2}{a_2^2}-\frac{(N_1-k_2)^2}{b_2^2}\right)$$

式中,N_1、N_2 分别为物种 1、物种 2 的种群密度,a_1、a_2、b_1、b_2、h_1、h_2、k_1、k_2 为常数。该模型由两个椭圆函数组成,其相平面如图 1.22 所示。图 1.22a,b,c,d 是该模型的特殊情形,即等同于只包含种内或种间非单调作用的模型,而图 1.22e,f,g,h 是同时包含种内和种间非单调作用的模型。椭圆的形状由参数 a_1,a_2,b_1,b_2,h_1,h_2,k_1,k_2所决定。

通过对包含种内和种间非单调作用模型的稳定性模拟分析发现,随着参数的变

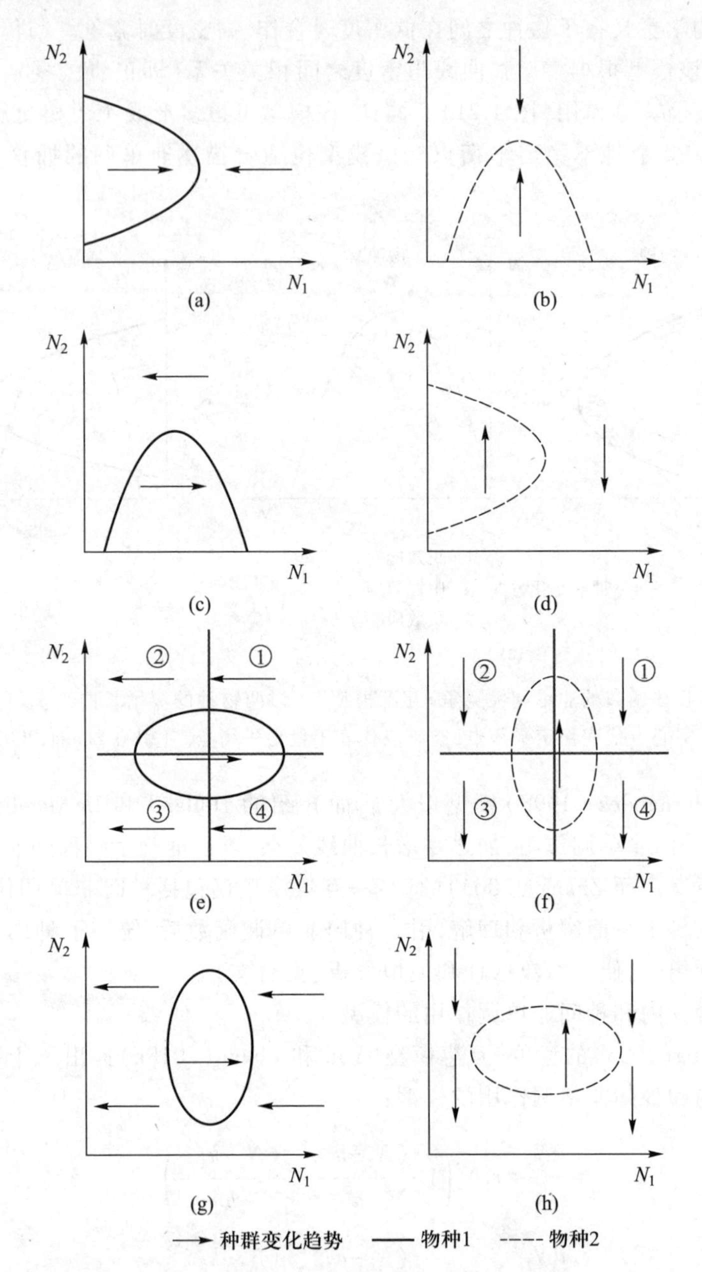

图 1.22 基于椭圆函数的包含种内和种间非单调作用模型的相平面分析。(a,b)只包含种间非单调作用的模型。(c,d)只包含种内非单调作用的模型。(e,f,g,h)同时包含种内和种间非单调作用的模型。(引自 Yan and Zhang,2018a)

化,物种1、2可以有2~4个交叉点,0~2个稳定平衡点(图1.23)。为简便起见,令a_1,a_2,b_1,b_2的值均为1,$h_1=h_2=h$, $k_1=k_2=k$,则该模型稳定性主要由h,k所决定,因此引入一个比例参数e,随着e的逐渐增大,两物种系统的稳定性由两个极限环,到两个稳定点,至一个稳定点(图 1.24)。此变化体现了从种间非单调性到种内非单调性的转化。由此可见,包含种内和种间非单调作用的模型,其稳定性与种间非单调作用模型相比有所降低,但比种内非单调作用模型的稳定性高。

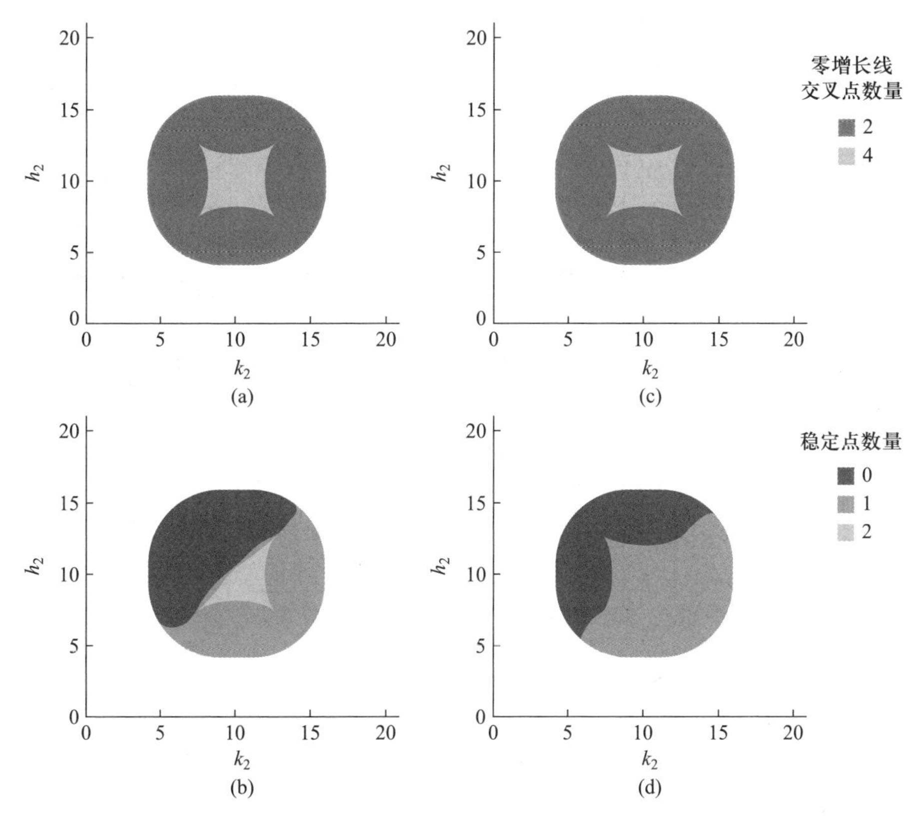

图 1.23　对包含种内和种间非单调作用模型的稳定性模拟分析。(引自 Yan and Zhang,2018a)

如图 1.25 所示,从稳定点数看,对于单纯线性竞争或互惠系统,只有 1 个稳定平衡点,占所有交叉点数的 1/2。对于种内非单调作用模型,只有 1 个稳定平衡点,占所有交叉点数的 1/11。对于种间非单调作用模型,有 9 个稳定平衡点,占所有交叉点数的 9/11。对于同时包含种内和种间非单调作用的模型,稳定点取决于两个物种零增长曲线交叉的位置,只有 1/4 的交叉情况才能形成稳定点。所以,从稳定点占交叉点的比例来看,各模型稳定性顺序:种间非单调作用>单纯竞争或互惠>包含种内和种间非单调作用>种内非单调作用。

Yan 和 Zhang (2018a)提出包含种内和种间非单调作用的模型,首次展现了封闭的零增长曲线、双极限环现象,并统一了种内和种间非单调作用模型。目前 Yan 和 Zhang (2018a)模型展现了种内和种间关系的独立作用,今后如引入椭圆函数的旋转项,即可反映种内和种间关系的互作。

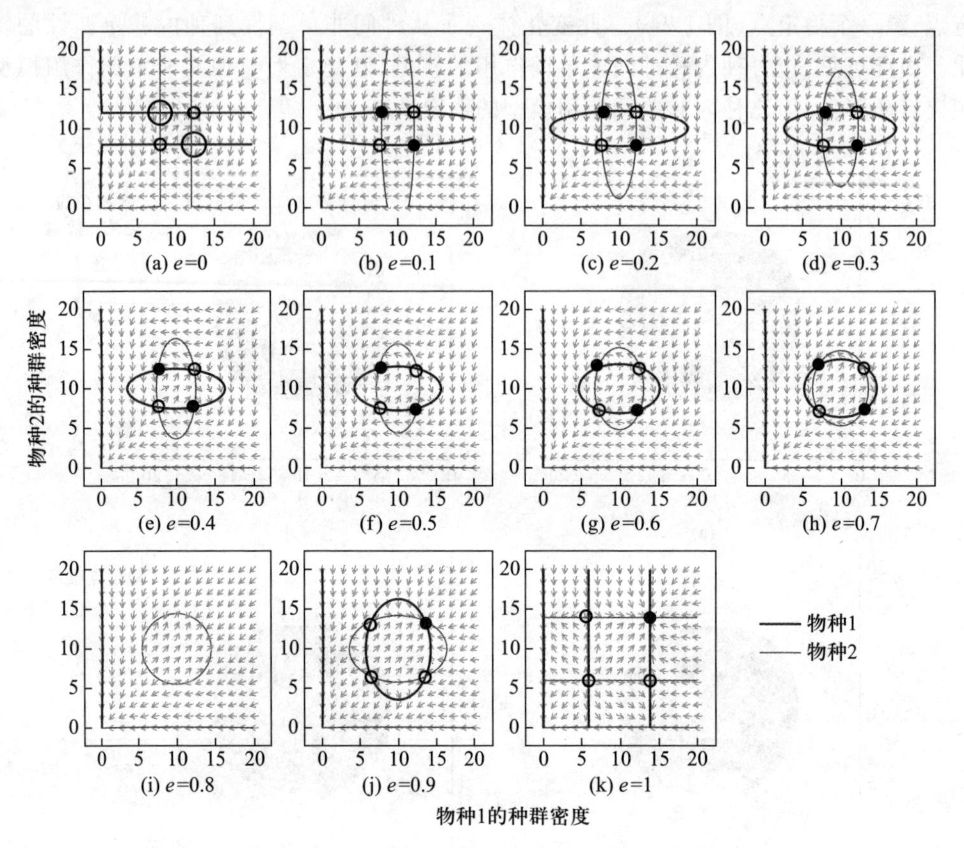

图 1.24 对包含种内和种间非单调作用模型的稳定性分析。大空心圆代表极限环。实心圆和小空心圆分别代表稳定和不稳定平衡点。粗细曲线分别代表两物种的零增长曲线。(引自 Yan and Zhang, 2018a)

Holland 和 DeAngelis (2009)提出一个两物种的非单调的资源-消费者模型:

$$\frac{\mathrm{d}N_1}{\mathrm{d}t}=N_1\left(r_1+\frac{\alpha_{21}N_2}{b_2+N_2}-\frac{\beta_{21}N_2}{e_1+N_1}-d_1N_1\right)$$

$$\frac{\mathrm{d}N_2}{\mathrm{d}t}=N_2\left(r_2+\frac{\alpha_{12}N_1}{b_1+N_1}-\frac{\beta_{12}N_1}{e_2+N_2}-d_2N_2\right)$$

式中,N_1,N_2 分别为物种 1、物种 2 的种群密度,t 为时间,r_1、r_2、α_{12}、α_{21}、β_{12}、β_{21}、b_1、b_2、e_1、e_2、d_1、d_2 为常数。该模型假定每个物种都可以同时是消费者和资源。随着 α,β 参数的变化,其零增长曲线的变化如图 1.26(Yan and Zhang, 2019a)。当资源作用弱、消费作用弱时,接近竞争关系;当资源作用强、消费作用弱时,接近饱和式的互惠关系;当资源作用弱、消费作用强时,接近拱形非单调关系;当资源作用强、消费作用强时,接近旋转椭圆关系。由此可见,这个模型包含比较复杂的相互作用,不单是包含资源和消费两个属性,还包含了非单调的密度制约作用,也包含种间和种内关系的互作(即椭圆函数旋转问题)。

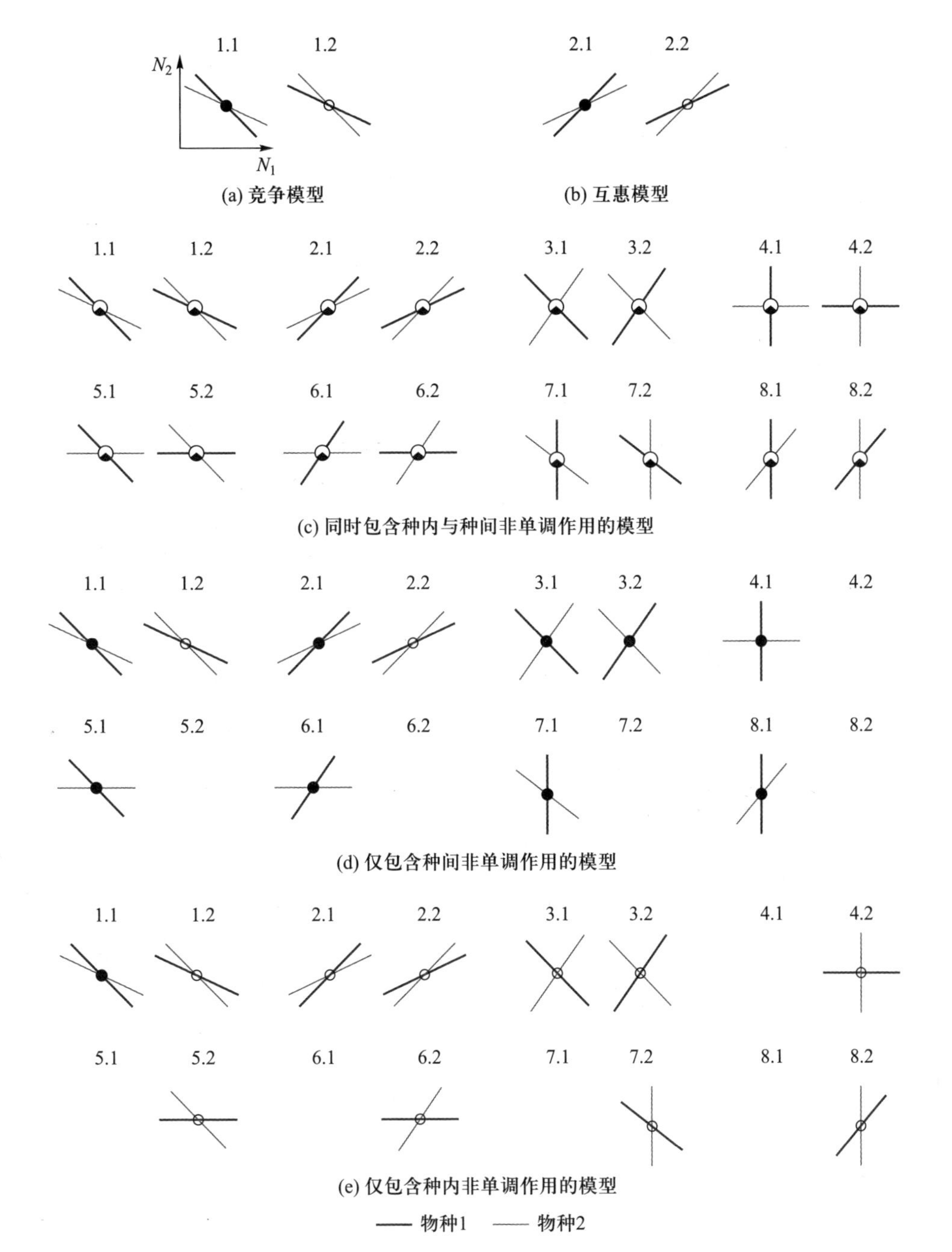

图 1.25　单纯线性竞争模型(a)和互惠模型(b),包含种内和种间非单调作用模型(c),种间非单调作用模型(d),种内非单调作用模型(e)的稳定性交叉点的比较。实心圆和小空心圆分别代表稳定和不稳定平衡点。粗细曲线分别代表两物种的零增长曲线。(引自 Yan and Zhang,2018a)

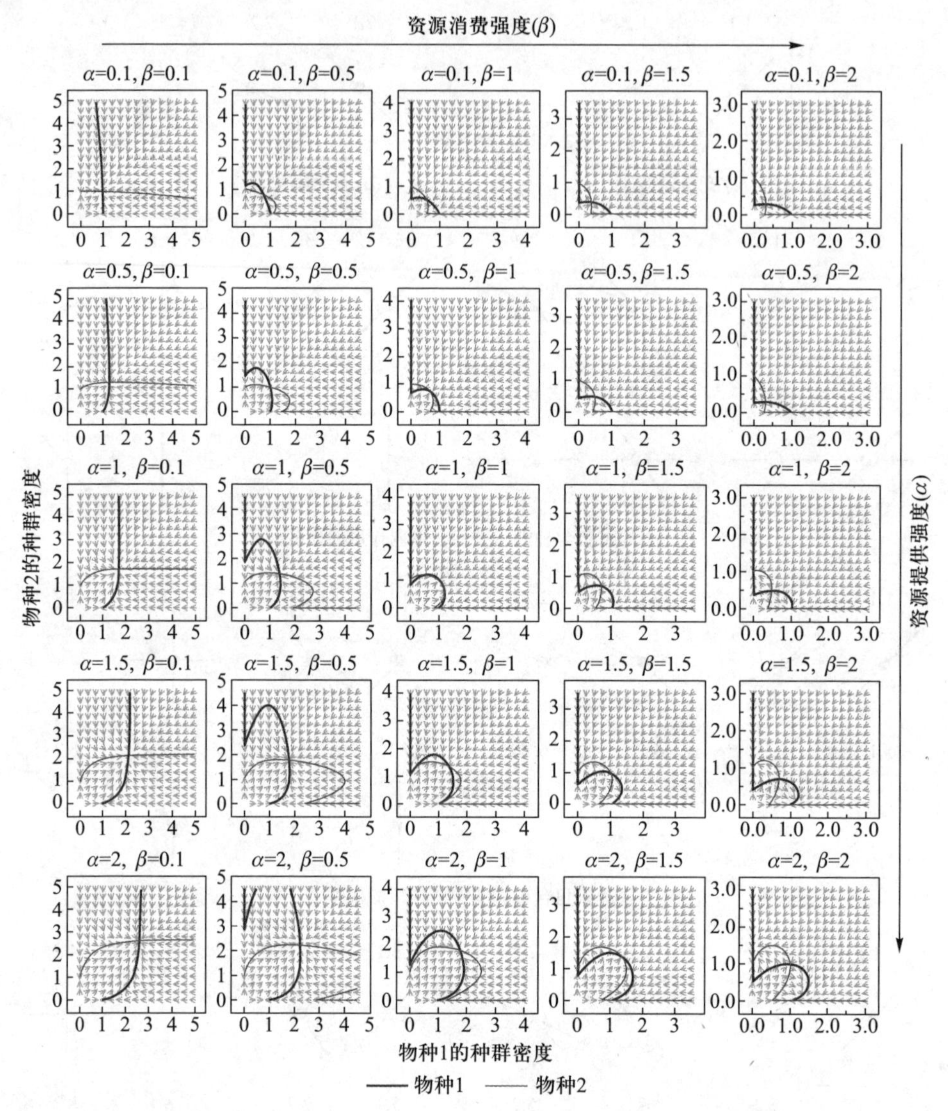

图 1.26 非单调的资源-消费者模型。α、β 分别代表一个物种对另一个物种的资源提供和消费作用强度。(引自 Yan and Zhang,2019a)

1.2.3 基本原理

(1) 多样性、生物量与稳定性特征

如果将非单调性引入生态网络模型,可显著改变生物多样性与稳定性关系的传统理论。Yan 和 Zhang (2014)提出如下包含种间非单调性的生态网络模型:

$$\frac{\mathrm{d}x_i}{\mathrm{d}t} = x_i\left(r_i + a_i x_i + \sum_{i=1,j\neq i}^{S} b_{i,j}x_j\right)$$

式中,x_i、x_j 分别为物种 i、j 的密度,t 为时间,r_i 为内禀增长率,a_i 为种群自反馈系数,S

为与物种 i 相互作用的物种数量，$b_{i,j}$ 为两物种互作系数。其中，$b_{i,j}$ 符号在 x_j 的某个阈值上发生正、负反转。分别将6种非单调关系引入随机网络、捕食网络和互惠网络中，发现随对方种群密度增加出现正作用向负作用转变的非单调作用可以显著增加系统的稳定性，即可以允许更多物种共存，而随对方种群密度增加出现负作用向正作用转变的非单调作用不利于系统的稳定性（图1.27）。正作用向负作用转变的非单调作用代表低密度合作、高密度对抗，因此合作可以促进物种共存，这就形成了合作促进共存机制（cooperation-facilitated coexistence mechanism）。

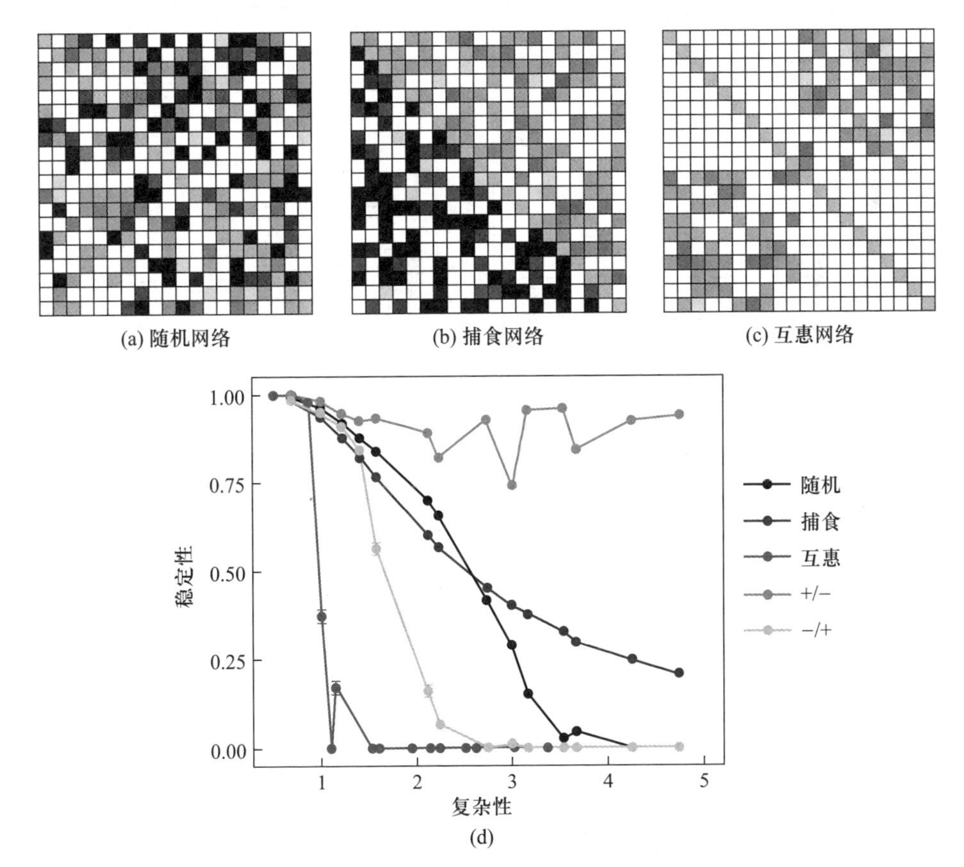

图1.27　非单调关系对随机网络（a）、捕食网络（b）和互惠网络（c）稳定性的影响。正作用向负作用转变的密度依赖的非单调作用（+/−）可以显著增加系统的稳定性，但负作用向正作用转变的非单调作用不利于增加系统的稳定性（d）。+/−代表正/负函数，−/+代表负/正函数。（引自 Yan and Zhang，2014）（参见书末彩插）

与线性种间作用相比，虽然种间非单调作用在群落水平上增加了生态网络的生物多样性和稳定性，但却增加了物种种群水平上的不稳定性，即波动性（图1.28）。这说明，系统以种群较大的波动性为代价容纳了物种的多样性。

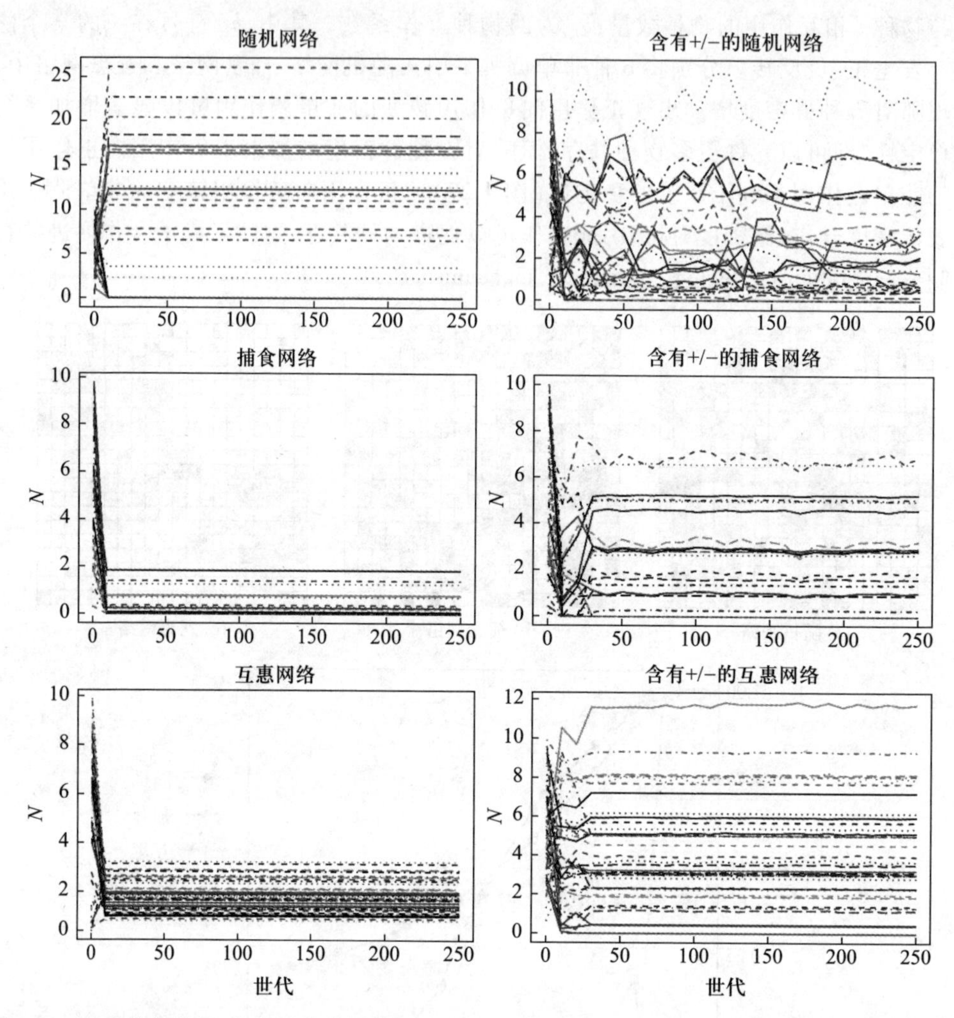

图 1.28　密度依赖的正/负作用非单调转变对种群波动性的影响。*N* 代表种群数量。左侧:线性种间作用。右侧:正/负函数(+/-)非单调作用。(引自 Yan and Zhang, 2014)(参见书末彩插)

Yan 和 Zhang (2018b)进一步研究了正/负函数(+/-)非单调作用对生态网络稳定性、生物量的影响。如图 1.29 所示,与线性正作用网络(L)相比,饱和非单调作用网络(H)可显著增加复杂网络的稳定性(即物种共存比例),引入正/负函数非单调作用可以显著增加复杂线性网络的稳定性,基本不改变或略降低 H 复杂网络的稳定性。但是,L 和 H 复杂网络的生物量都很低,引入正/负函数非单调作用后可以显著增加 L 和 H 复杂网络的生物量。该研究结果说明,正/负函数(+/-)非单调作用可显著增加生态网络的多样性、稳定性和生物量。正/负函数(+/-)非单调作用代表低密度合作、高密度对抗,因此合作可以促进群落的生物量,这就形成了合作增产机制(cooperation-facilitated productivity mechanism)。

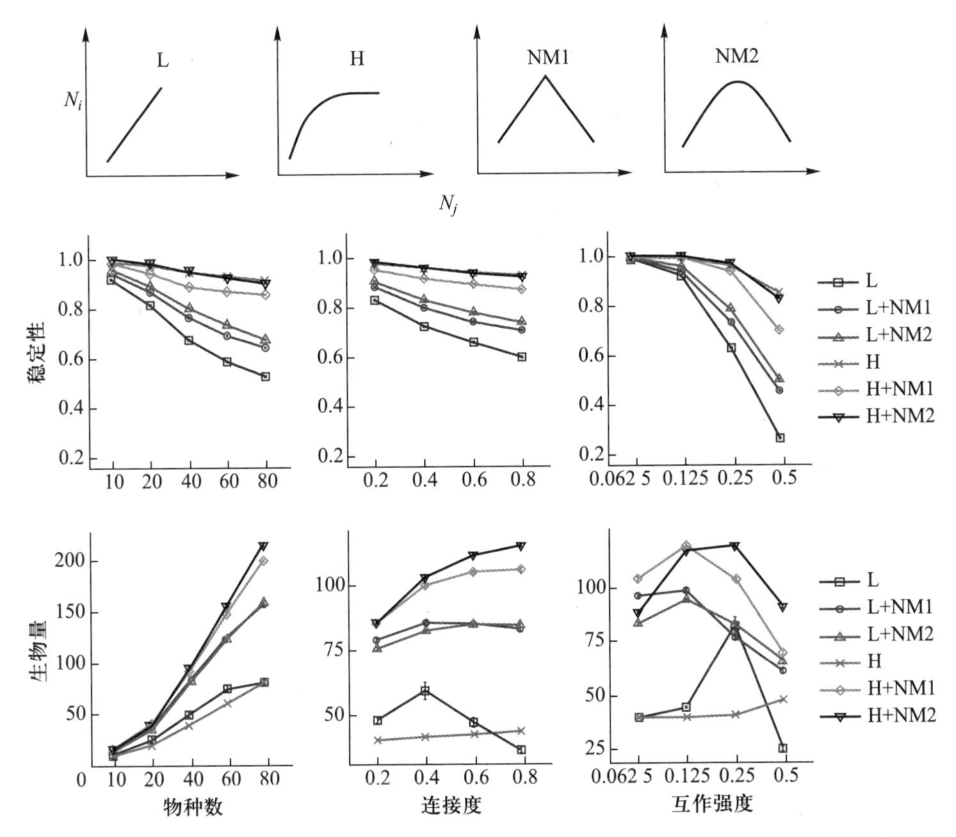

图 1.29 密度依赖的正/负(+/-)非单调作用对生态网络多样性、稳定性和生物量的影响。L, H, NM1, NM2 分别代表线性正作用函数、饱和作用函数、非平滑正/负函数和拱形函数(平滑正/负函数)。(引自 Yan and Zhang,2018b)

(2) 进化和生态学意义

① 合作的起源

合作是生物界普遍的现象。在个体水平上,合作者由于适合度降低,自然选择不利于合作的进化(Axelrod and Hamilton, 1981)。后来,有学者提出亲缘选择、群体选择、交叉合作(reciprocal cooperation)或互惠(mutualism)等理论来解释合作的起源和演化(Nowak, 2006)(图 1.30)。但这些理论都是基于个体适合度的计算,没有从种群稳定性和物种共存角度来分析。即使合作者或欺骗者的个体适合度很高,但是如果在种群和群落水平上不能实现共存和稳定,也无法得到自然选择的青睐。

在群落水平上,根据线性的单调生态学理论,互惠是不利于系统稳定和物种共存的(见上文)。弱相互作用理论虽然可以解释多样性和稳定性的悖论问题,但如 Yan 和 Zhang (2018b)研究所示,线性复杂网络很难增加系统的生物量,这显然与自然观察不符,因为复杂生态系统(如热带森林)往往具有更高的生物量。因此,线性网络系统内,自然选择不利于合作起源。

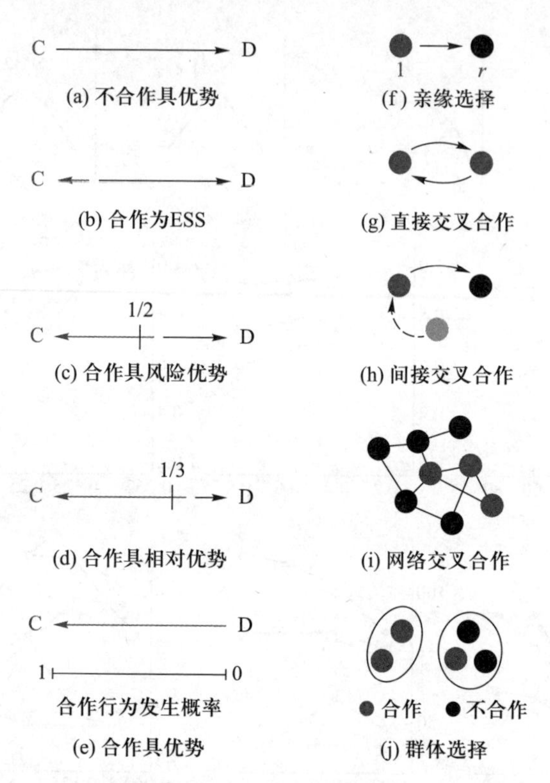

图 1.30 基于个体适合度的合作形成机制。左图:(a)缺乏有利于合作者的机制,(b)具有防止欺骗者侵入的稳定进化对策(evolutionary stable strategy,ESS),(c)具有 1/2 不利于欺骗者的风险优势,(d)具有 1/3 不利于欺骗者的优势,(e)具有完全优势的合作者。右图:(f)亲缘选择,(g)直接交叉合作,(h)间接交叉合作,(i)网络交叉合作,(j)群体选择。(引自 Nowak, 2006)

正/负函数非单调作用的实质是对抗者(即竞争者或捕食者-猎物)之间低密度合作、高密度对抗(Zhang et al., 2020)。由于正/负函数非单调作用可显著增加复杂生态网络的多样性、稳定性和生物量,因而容易受到正向的自然选择。因此,非单调系统可以很好地解释自然界所观察到的多样性、稳定性和生产量的一致性现象。需要注意的是,正/负函数非单调作用强调合作的起源是发生在低密度时相的。

② 合作的维持

在群落水平上,由于亲缘关系较远,因此交叉合作(即互惠)是维持合作稳定的基础。Yan 和 Zhang (2019b)根据正/负函数非单调网络研究发现,与欺骗或剥削相比,单向合作(unidirectional cooperation)并没有优势;只有交叉合作或互惠才具有竞争优势。然而,在一个封闭的系统,欺骗或剥削与互惠、单向合作相比仍具有很大的竞争优势,这与自然界的观察不符,因为自然界的合作者、互惠者多于欺骗者或剥削者。Yan 和 Zhang (2019b)发现,在集合群落(meta-community)水平上,群落通过物种迁移产生竞争,拥有更多互惠关系的群落(图 1.31b,e)将替代拥有更多欺骗者或剥削者的群落(图 1.31a,d)。这说明,景观水平上,集合群落有利于互惠关系的演化和维持,有利于抑制欺骗和剥削关系的盛行。

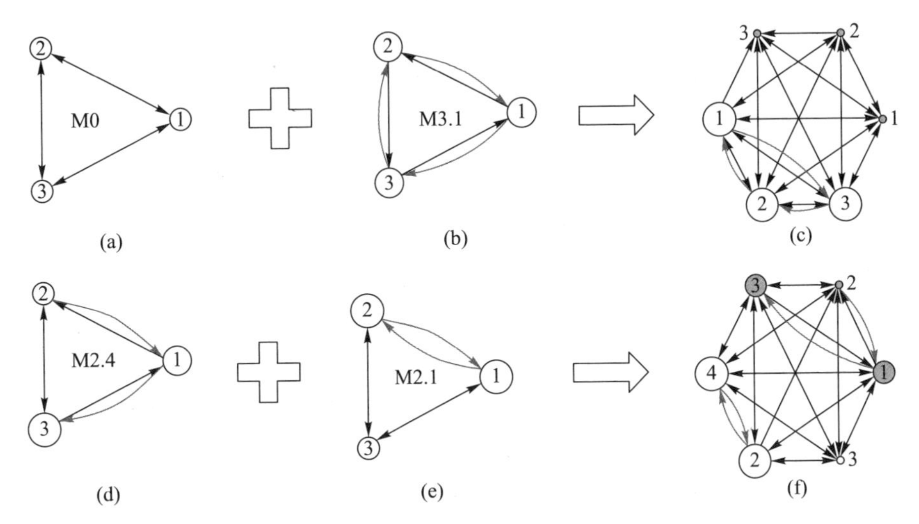

图 1.31　封闭群落内及集合群落竞争下合作（灰色箭头提供方）和欺骗（灰色箭头接受方）对种群密度的影响。（a）竞争群落，（b）循环互惠群落，（c）竞争群落和循环互惠群落竞争的结果，（d）单向合作群落，（e）含有互惠合作的群落，（f）单向合作群落与含有互惠合作的群落竞争的结果。M0、M3.1、M2.4、M2.1 代表集合群落的编号。灰色箭头代表提供低密度下的合作。圆圈大小代表种群密度大小。（c）（f）中实心圆代表含有欺骗者的群落，空心圆代表具有互惠关系的群落。（引自 Yan and Zhang，2019b）

传统的互惠关系往往是直接的相互回报，即直接互惠（direct mutualism）。然而，通过第三者也可产生间接互惠（indirect mutualism），即合作的回报是间接的（Zhang et al.，2020）。例如，似然互惠（apparent mutualism）就是两两之间的间接互惠（图 1.32b）。不同鼠类传播某一植物种子，鼠类之间可以产生间接互惠。还有一种间接互惠，即循环互惠（circulatory mutualism）（Zhang et al.，2020）（图 1.32a）。研究发现，在一个封闭群落系统内，循环互惠没有竞争优势，然而，在景观水平上（斑块群落），与单纯竞争相比，循环互惠具有竞争优势。这就解释了为什么在自然界有很多看似单向合作者。例如，植物对食草动物有利，食草动物产生的粪便对食粪动物有利，食粪动物通过将粪便埋入土壤，加速有机物循环，促进了植物的生长。植物、食草动物、食粪动物这三者构成了循环互惠关系（类似图 1.32a）。如果在一个斑块中，食粪动物不具备促进养分循环的行为而无法回报植物，那么循环互惠中断，导致这个斑块的植物生长较差，不能支持更多的食草动物、食粪动物。这样，具有循环互惠关系斑块内的植物、动物成分将通过扩散竞争取代不具循环互惠关系斑块的群落成分。由此推断，单纯的捕食、寄生未必对寄主或整个系统是有害的，也许可通过循环互惠提升系统竞争力。

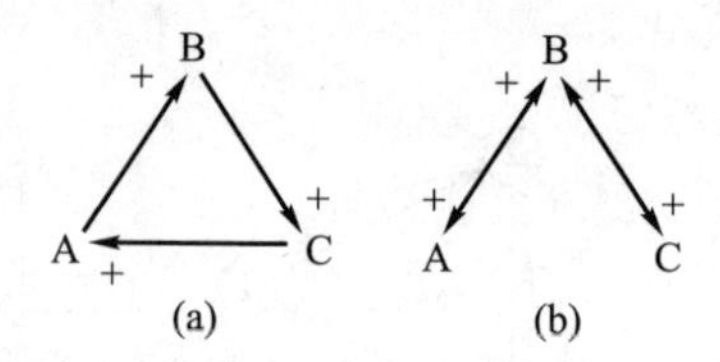

图 1.32 两种间接互惠关系。(a)物种 A、B、C 之间的循环互惠;(b)物种 A、C 之间的似然互惠。+表示正作用。(引自 Zhang et al.,2020)

(3) 功能特征的进化

在线性单调作用系统中,自然选择对合作或对抗特征的影响是单向的。比如,军备竞赛就是假定二者关系始终是对抗的。但在正/负函数非单调作用系统中,物种的功能特征进化受到两个相反方向(即合作与对抗)的选择。因此,许多物种的功能特征表现了两面性(two sidedness),既要有利于合作,又要保持对抗。例如,植物种子含有丰富的营养,对动物具有吸引作用;同时植物种子又具有坚硬的种壳、硬刺或有毒的次生物质,用于防止动物对其过度捕食。这样,在包含合作与对抗的系统中,动物和植物的功能特征面临矛盾性选择,既要考虑合作,又要考虑对抗。如图 1.33 所示,以鼠类和植物种子系统为例,鼠类取食种子,二者构成了捕食者-猎物关系。同时,鼠类扩散、埋藏种子,又促进了种子萌发,二者构成互惠关系。由于捕食和反捕食是强制性的,因此鼠类的捕食和种子防御相关功能特征通常存在协同进化关系。例如,种子为了防止鼠类捕食,进化出坚硬的种壳、有毒的次生化合物或快速萌发;鼠类为了取食种子,进化出尖利的牙齿、咬开种壳的技能、分解有毒物质的能力、切胚的行为等(张知彬, 2019)。这种进化关系,类似军备竞赛。同样,种子需要鼠类扩散种子,促进萌发和扩大分布区,因而进化出吸引鼠类取食的一些功能特征,比如营养丰富的胚乳等。鼠类的扩散、分散贮藏行为有利于种子萌发。这种交叉合作,又可能发展成协同进化关系,因为在正/负函数非单调系统中,自然选择有利于互惠的产生和维持。但是,由于合作不是强制性的关系,因而互惠的强度和稳定性一般小于捕食关系,其协同进化的程度可能要弱于捕食关系。

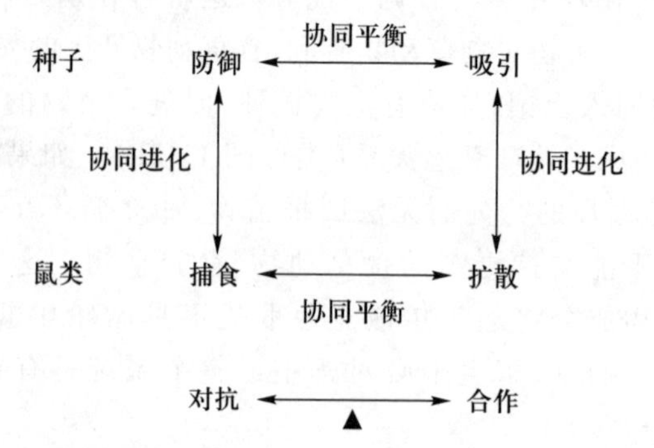

图 1.33 影响鼠类-植物种子合作与对抗特征进化的两个协同进化(coevolution)和两个协同平衡(co-balance),以实现二者互惠与对抗的平衡。(引自 Zhang et al.,2020)

除了捕食、互惠协同进化关系外，鼠类、植物均要考虑合作与对抗的协衡（co-balance between cooperation and antagonism）。如果种子防御能力过强，必然减少鼠类对种子的扩散，导致其适合度降低；同样，如果防御能力过弱，其种子的生存力下降，也会导致其适合度降低。如果鼠类过度捕食种子或者不分散贮藏种子（回报植物），短期看适合度提升，但这将导致合作者（植物）种群衰退，必然影响未来的食物资源，不利于长期生存。

如果种子吸引、防御特征面临合作或对抗的单纯性选择，那么其适合度会呈线性增加趋势，或者自然选择倾向选择最大吸引或防御特征（图 1.34a）。的确，由于大种子更易被鼠类搬运和贮藏，小种子更易被鼠类就地取食，所以过去一直都认为大种子更易受到正向自然选择。然而，如果种子吸引和防御特征面临合作与对抗的矛盾性选择，其适合度应该在中间最大，过度的吸引或过度的防御均会造成其适合度的减小（图 1.34b）。Cao 等（2016）提出大种子前期适合度大、后期适合度小；而小种子正好相反（图 1.35a）。通过多年释放和跟踪大量植物种子，发现中等大小的假海桐种子具有最高的出苗率，这是因为虽然大种子被鼠类搬运的概率高，但由于其营养价值高，被更多地集中贮藏于地下洞穴内，不利于其萌发（图 1.35b）。

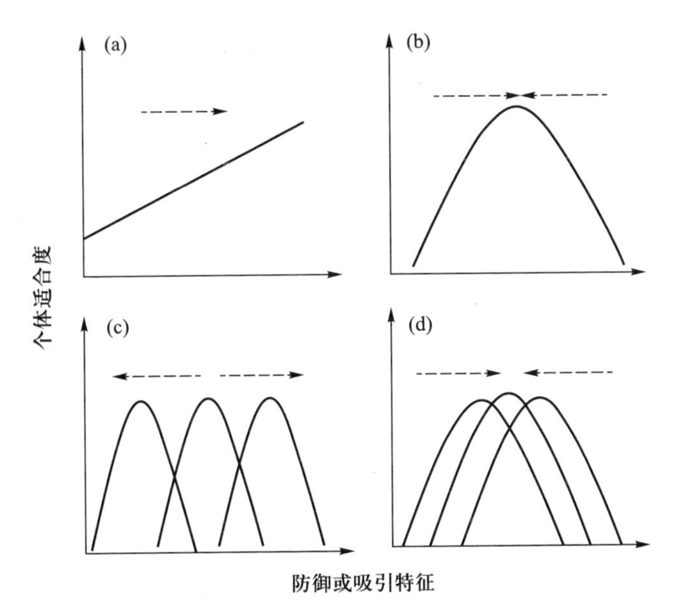

图 1.34　单纯合作或对抗系统中（a，c）和合作与对抗系统中（b，d）动物或植物的吸引或防御特征的适合度及进化。（引自 Zhang et al.，2020）

动物和植物系统通常涉及多个物种的互作。在单纯的合作或对抗系统中，动物或植物的吸引或防御特征将产生更多的分离，导致分歧进化（图 1.34c）。由于合作直接或间接地促进物种共存，因此动物或植物的吸引或防御特征可以有更多的重叠，导致趋同进化（图 1.34d）。

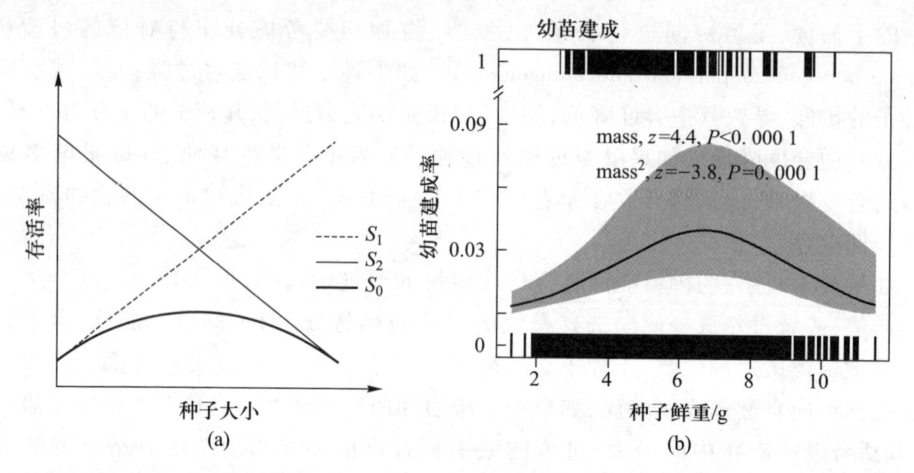

图 1.35 (a)模型假设:鼠类捕食、扩散压力下,大种子前期存活率高、后期适合度小(实线);而小种子存活率刚好相反(虚线)。S_0 为种子总传播成功率,S_1 为种子扩散成功率,S_2 为种子存活率。(b)自然情况下,释放的中等大小的假海桐种子具有最高的出苗率。mass 代表种子质量(一次方,线性;二次方,非线性),z 代表统计量,P 代表显著性。(引自 Cao et al.,2016)

1.2.4 气候和环境的非单调作用

在生理水平上,气候的非单调作用很早就引起生态学家的注意。Shelford 早在 1913 年就指出,生物对环境因子有一个耐受上限和下限,接近或超过这个耐受限度,生物的繁衍和生存就会受到威胁,甚至灭绝,这就是谢尔福德耐受定理(Shelford's law of tolerance)。因此,在个体水平上,非生物环境因子(如温度、湿度、光照等)对生物生长、繁殖、发育、存活等具有一个最适值或范围,低于或高于此阈值区间,其适合度就会显著降低,这实际上是一个随着环境梯度的增加,环境因子对生物的正作用逐渐转向负作用的过程(图 1.36)。其内在的机理是多方面的。比如:蛋白质等大分子物质的活性具有最适合的温度,激素等内分泌调控具有阈值作用等。

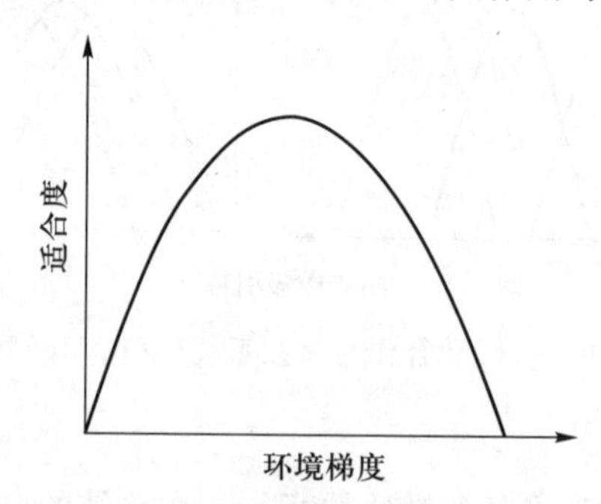

图 1.36 个体水平物种适合度与环境梯度的非单调关系。(引自 Zhang et al.,2015)

在种群水平上,气候的作用也可能是非单调性的(Zhang et al.,2015),即气候的作用在不同的条件下具有正负相反的双效作用(dual effect)。例如,Chen 等(2015)发现内蒙古达乌尔鼠兔的种群增长率与降水量呈拱形关系,这是因为达乌尔鼠兔喜欢高草环境，降水增加有利于达乌尔鼠兔的种群增长，但过大的降水，又会导致其洞穴被水淹没，甚至直接导致其死亡（图 1.37）。

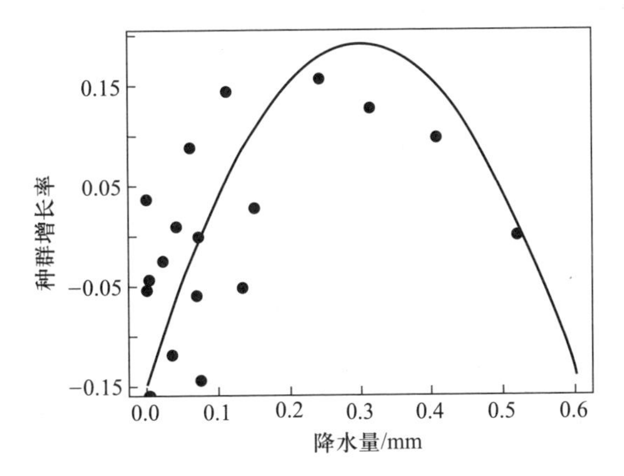

图 1.37　内蒙古达乌尔鼠兔种群增长率与降水量的关系。（引自 Chen et al.，2015）

气候对生物的影响往往具有多个通路，不同通路的作用可能相反，从而产生非单调作用（Zhang et al.，2015）。例如，Jiang 等（2011）发现拉尼娜年内蒙古草原的温度降低，而温度对草原鼠类具有直接的正作用，并通过影响归一化植被指数（NDVI）对鼠类具有 1 年时滞的负作用（图 1.38）。

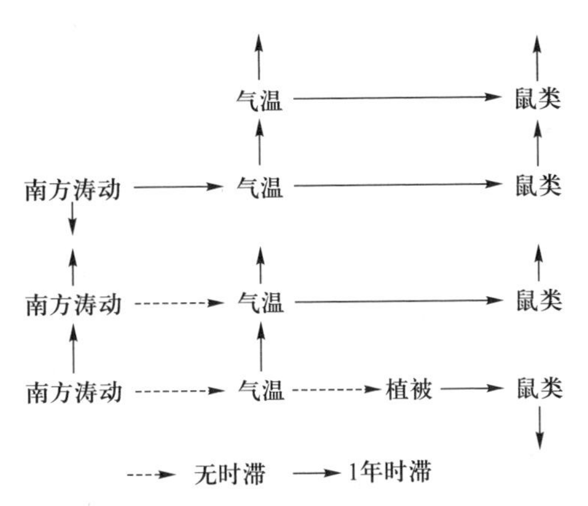

图 1.38　温度对内蒙古草原鼠类的直接和间接作用。实线和虚线分别代表无时滞、1 年时滞。上、下箭头分别代表上升和下降。（引自 Jiang et al.，2011）

温度对加拿大地区的雪兔具有直接的正作用，通过减少降雪促进捕食，有利于捕食者猞猁的种群（图 1.39）。然而，由于气候变暖加剧显著增加了加拿大地区夏季降水，不利于猞猁幼体的存活，可导致猞猁种群下降（Yan et al.，2013）（图 1.39）。

气候对生物的影响往往是尺度依赖的，不同尺度气候的作用可能相反，从而产生非单调作用（Zhang et al.，2015）。气候通常具有高频（high-frequency）和低频（low-frequency）信号。高频信号主要反映了短期气候的作用，而低频信号主要反映了长期

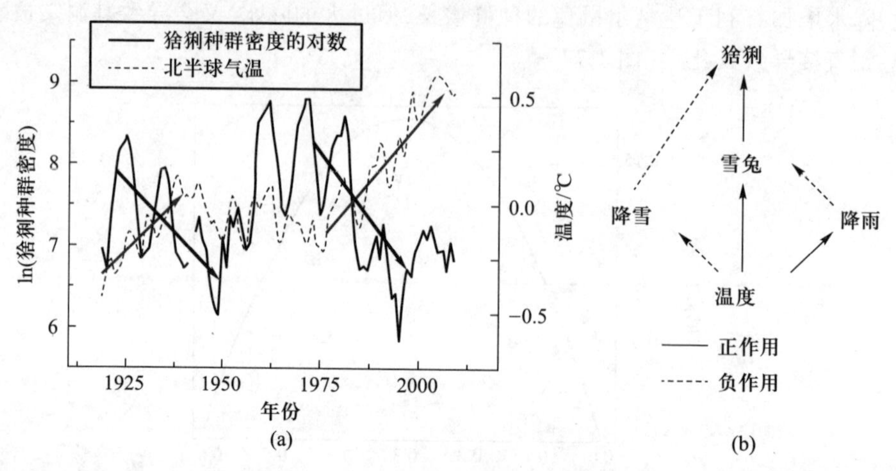

图 1.39　温度对雪兔和猞猁种群的多路径非单调作用。(a) 温度对加拿大地区的猞猁种群正、负作用路径。(b)持续气候变暖导致猞猁种群下降。细直线代表温度增长趋势。粗直线代表猞猁种群下降趋势。(引自 Yan et al.,2013)

气候的作用。例如,Koelle 等(2005)发现印度霍乱的暴发与不同频率的降水因素有关,厄尔尼诺引发的短期高频降水促进了霍乱的暴发,但长期低频降水趋势与霍乱暴发呈负相关关系,可能稀释了环境中霍乱弧菌的密度(图 1.40)。

一般认为,温度升高,有利于有害生物生长发育,繁殖期延长,增加繁殖代数,增加其越冬率,因此,气候变暖被广泛认为有利于有害生物的发生。然而,温度持续升高,会改变大气环流,从而影响降水,改变有害生物的栖息地或食物资源。例如,Tian 等(2011)发现我国历史上蝗灾的发生与冷气候有关,因为冷期导致我国旱涝灾害增加,扩大了蝗虫的栖息地,从而增加蝗灾发生的频次。进一步,Tian 等(2017)通过整理和分析我国历史疫病发生频次与温度的关系,也发现冷期加剧了我国疫病的发生和流行,可能是因为在冷期,农业歉收,饥荒盛行,人体营养和免疫力下降,抵御疾病的能力下降,加之战争不断,导致疫病频发和流行(图 1.41)。这说明,从短期看,温度变暖会增加生物灾害的发生;从长期看,气候变冷也会增加生物灾害的发生。

气候持续变暖或变冷,如果物种无法迁徙,将会导致物种局域灭绝。Wan 等(2019)通过整理我国历史上 2 000 多年以来十余种大中型哺乳动物的资料,发现人类活动和气候变化导致了这些物种的局域甚至全域灭绝,特别是自清朝以来,物种灭绝速度加快(图 1.42a)。研究发现,气候变暖或变冷,均增加了物种局域灭绝的概率(图 1.42),这可能是因为在人类影响加剧下,动物栖息地严重碎片化,动物无法正常迁移。由此提示,在当前气候变化大背景下,扩大动物的栖息地保护范围,沿纬度或海拔方向上建立野生动物走廊,有利于应对气候变化的影响。

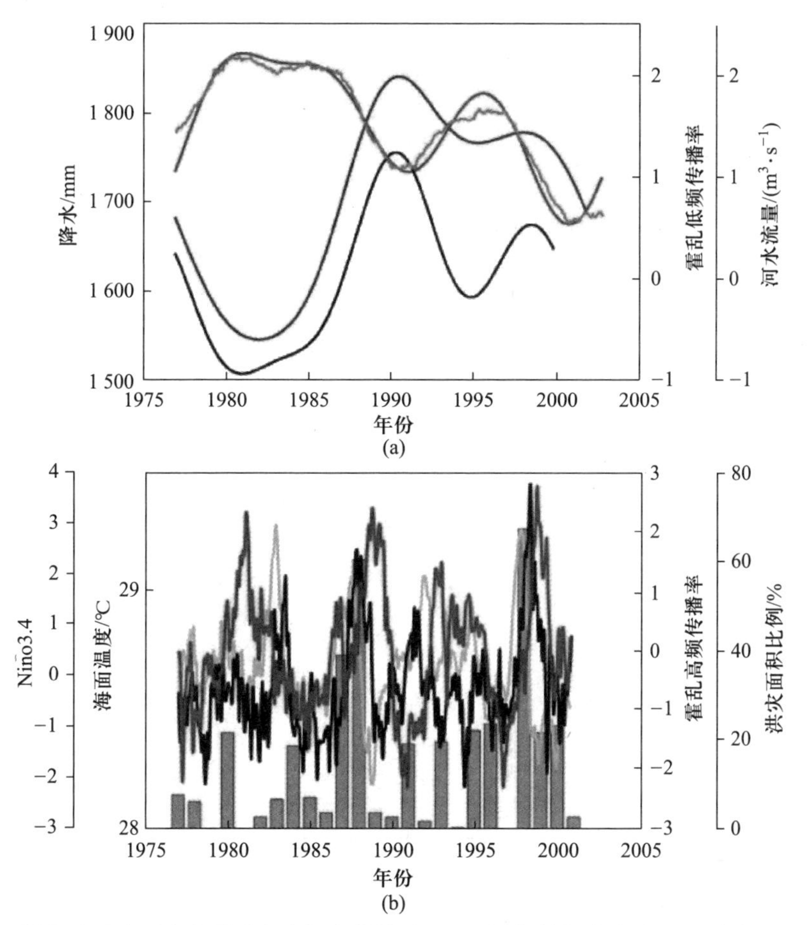

图 1.40　不同频率降水对印度霍乱发生频次的影响。(a)长期低频降水减少了霍乱的发生。图中绿线代表霍乱传播率的非季节组分(含低频与高频变化)，红线代表低频传播率，蓝线代表印度东北降水的低频变化，黑线代表布拉马普特拉河(上中游在中国境内，即雅鲁藏布江)流量的低频变化。(b)短期高频降水增加了霍乱的发生。图中红线代表高频传播率，灰线代表厄尔尼诺指数，黑线代表孟加拉湾海面温度，蓝色柱形代表洪灾面积比例。(引自 Koelle et al.,2005)(参见书末彩插)

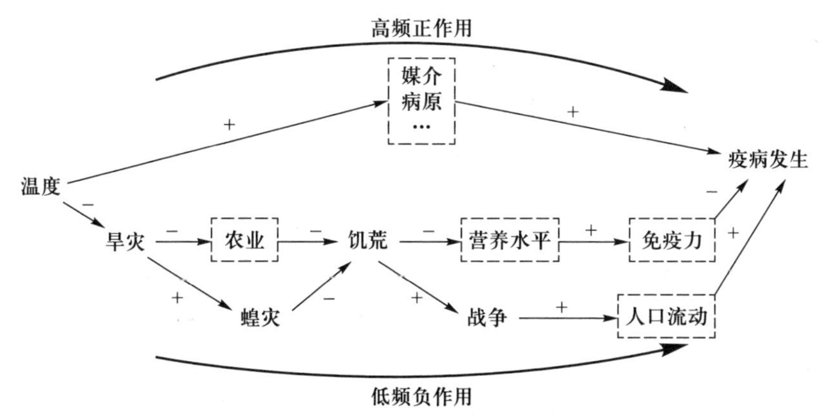

图 1.41　我国历史上疫病发生频次与温度的关系。短期看，温度升高通过促进宿主或媒介种群发生而增加疫病发生频次；长期看，温度降低通过增加旱灾、蝗灾，导致农业歉收、饥荒盛行、人体抵抗疾病能力减弱等，促进了疫病频次增加。(引自 Tian et al.,2017)

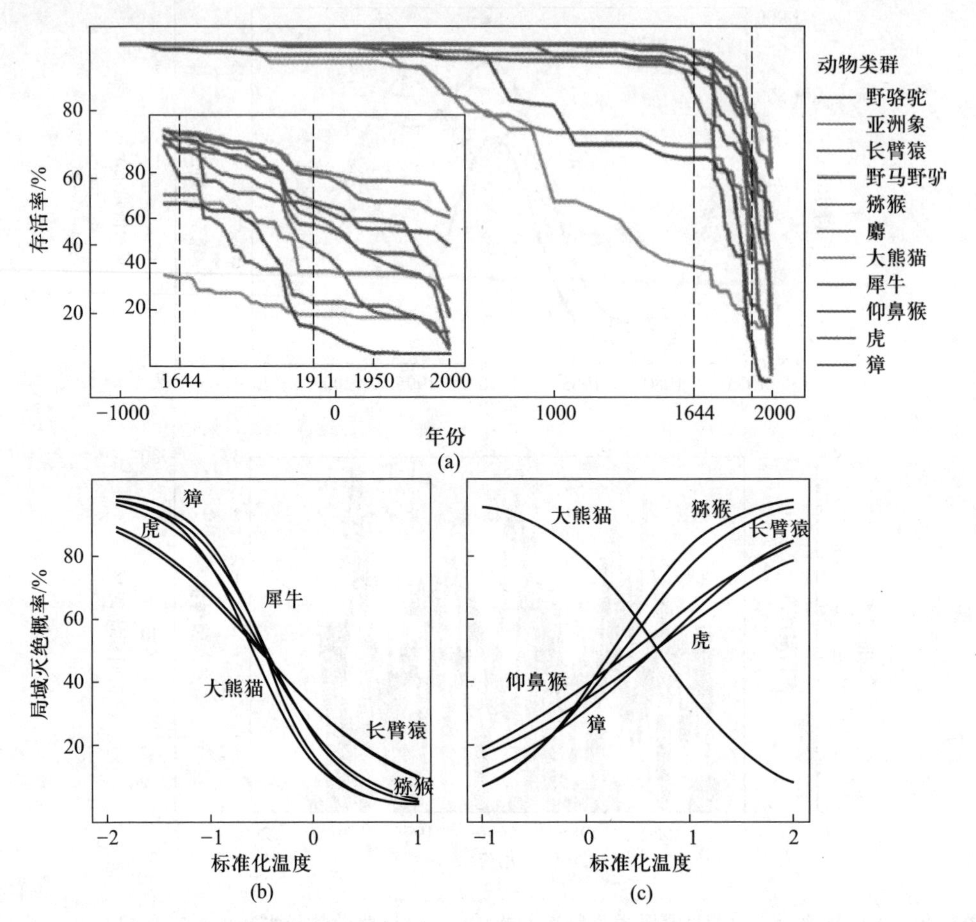

图 1.42 我国历史上 11 种大中型哺乳动物局域灭绝趋势(a)及局域灭绝率与温度变化的关系(b,1911 年前;c,1911 年后)。(引自 Wan et al.,2019)(参见书末彩插)

1.3 结论与展望

通过上述比较,可以看出非单调和单调生态学研究的基本概念、方法、原理有明显的不同,现将二者的区别列表对比如下(表 1.1)。首先,非单调生态学研究有关正、负、零作用的定义是相对的,不是绝对的。它不是基于因子对物种参数(如种群相对增长率)影响的绝对符号,而是基于种群相对增长率随着密度增加而增加(正)、或减少(负)或无变化(零)来确定的。与此同时,生态作用从过去的 3 种拓展至 6 种,从而将 6 种种间关系拓展至 21 或 45 种关系。说明生态系统需要用更复杂的种间关系来描述,这也符合自然界实际情况。然而,其两物种相平面交叉点和平衡点类型仍然是 6 种,但是非单调生态学所反映的互惠、捕食或寄生、竞争、偏利、偏害、中性关系却是相对的,而不是绝对的。

表1.1 单调和非单调生态学研究基本概念、方法和原理的比较

	单调生态学研究	非单调生态学研究
基本作用	3种:+,-,0	6种:+/-,+/0,-/+,-/0,0/+,0/-
作用意义	绝对的(相对增长率为正、负或零)	相对的(如:相对增长率与密度相关性为正、负、零)
基本关系	6种:互惠(++),捕食或寄生(+-),竞争(--),偏利(+0),偏害(-0),中性(00)	45种,即3种单调作用与6种非单调作用、6种非单调作用之间的两两组合
平衡点类型	6种:绝对的互惠、捕食或寄生、竞争、偏利、偏害、中性	6种:相对的互惠、捕食或寄生、竞争、偏利、偏害、中性
交叉稳定点比例	1/2	9/11
物种共存和群落构建机制	竞争排斥法则 生态位理论 环境过滤	合作共存机制 间接互惠机制 双效作用机制
系统稳定特征	合作、多样性和复杂性不利于增加系统稳定性和生物量 单平衡点、单极限环	低密度合作、高密度对抗有利于增加系统多样性、稳定性和生物量 多平衡点、多极限环
种群稳定特征	稳定	不稳定
多样性和稳定性维持机制	弱相互作用理论 模块理论	合作增稳机制 合作增产机制
合作和对抗的平衡	无	有
合作和对抗功能特征进化	最大化或极端化	适度原则、协衡原则
合作进化动力	个体和群体水平 亲缘选择 交叉互惠	种群和斑块群落水平 似然互惠、循环互惠 合作与对抗
气候和环境的作用	固定不变的	条件依赖的双效作用
研究方法	线性模型、单一尺度	非线性模型、多尺度
适应范围	局域、小尺度	全域、大尺度

正/负函数非单调作用显著增加了两物种稳定平衡点的比例,因而有利于物种共

存。这不同于过去群落构建和系统稳定的传统观点或理论。根据竞争排斥法则、生态位理论,近缘种或生态位相近的物种不易共存。然而,非单调生态学研究认为低密度合作有利于竞争者共存,近缘种或生态位相近的物种可通过间接互惠增加共存机会,形成了合作共存新机制。

线性单调作用模型研究认为,合作、多样性和复杂性不利于增加系统的稳定性和生物量,因此必须减少种间作用的强度,来实现多样性与稳定性目标。但非单调作用模型研究认为,正/负函数非单调作用(即低密度合作、高密度对抗)既有利于增加系统多样性、稳定性,又有利于增加其生物量,符合自然界的实际情况。但是,非单调作用却增加了种群的波动性,这也符合自然界的观测。单调作用模型强调弱相互作用、模块在维持多样性和稳定性上的关键作用,而非单调作用理论强调低密度合作、高密度对抗在维持多样性和稳定性、生物量上的关键作用,形成了合作增稳、合作增产新机制。

在合作的起源、进化和维持上,传统模型研究强调基于个体适合度的亲缘选择、群体选择、直接或间接互惠的作用,未考虑种群和群落水平上的稳定性和共存性;而非单调作用研究强调基于种群和群落水平上的稳定性和物种共存性的群落竞争、间接互惠(包括似然互惠、循环互惠)在促进合作、抑制欺骗或剥削上的作用。在功能特征进化上,单调作用强调合作或对抗功能特征最大化,导致同域物种功能特征分离。非单调作用强调合作与对抗两种矛盾选择压力作用下,合作和对抗功能特征趋于平衡和中间化,同域物种间功能特征趋同,形成了两面性、适度原则、合作对抗协衡等新机制。

在气候和环境因子的影响上,单调作用认为其对种群的作用是固定不变的,而非单调作用强调其尺度、环境和多通路依赖的双效性。不同条件下,气候和环境因子的短期和长期作用、直接作用和间接作用及不同环境梯度内的作用可能是相反的。因此,基于小尺度的研究预测大尺度的趋势变化时要十分谨慎。

研究单调作用,一般局限在较小的尺度,且主要依赖线性模型分析。这是因为,对非线性、非单调性的关系,在较小的尺度范围内,可以假定是线性或单调性的。而研究非单调作用,需要更大的尺度(包括更大时、空、数区间),且需要依赖复杂的非线性模型分析。

需要指出的是,单调和非单调研究的基本概念、方法和原理并不是互相排斥的,而是互相补充的。稳定性是任何一个系统存在和发展的前提。单调性理论强调竞争、生态位分离、弱相互作用在维持稳定性上的作用,而非单调性理论强调合作对抗、正负作用协衡在维持稳定性上的作用,因此其原理上是相辅相成的。在大部分观测的区间,单调作用研究应是合适的,而涉及更大时、空、数的区间时,应当考虑非单调作用,这样对于生态系统整体和宏观趋势走向会有更全面的了解。

为揭示生态系统中的非单调作用,要建立较大时、空、数范围的监测研究,要分析不同时、空、数尺度下的生态作用和规律,避免简单的尺度整合。要谨慎对待看似没有规律的非线性、非单调性结果,其内部可能包含条件依赖(context dependent)的非单调双效作用。要突破小尺度、单调性研究的传统思维、方法,拓展大尺度、非单调的研究范式,以期提高对复杂生态现象的解释和预测能力。

参考文献

徐瑾, 王刚, 肖洒. 2008. 植物群落中正相互作用的研究进展. 北京:中国科技论文在线(www. paper. edu. cn).

易现峰, 杨月琴, 张明明, 于飞, 潘永良, 王振宇. 2019. 东北小兴安岭地区森林鼠类与植物种子相互关系研究. 张知彬, 主编. 森林生态系统鼠类与植物种子关系研究——探索对抗者之间合作的秘密. 北京: 科学出版社.

张知彬. 2019. 森林生态系统鼠类与植物种子关系研究——探索对抗者之间合作的秘密. 北京: 科学出版社.

Addicott, J. F. 1979. A multispecies aphid-ant association: Density dependence and species-specific effects. Canadian Journal of Zoology, 57: 558-569.

Allesina, S. , and S. Tang. 2012. Stability criteria for complex ecosystems. Nature, 483: 205-208.

Axelrod, R. , and W. D. Hamilton. 1981. The evolution of cooperation. Science, 211: 1390-1396.

Bascompte, J. , P. Jordano, and J. M. Olesen. 2006. Response to comment on "Asymmetric coevolutionary networks facilitate biodiversity maintenance". Science, 313: 1887.

Berlow, E. L. 1999. Strong effects of weak interactions in ecological communities. Nature, 398: 330-334.

Bertness, M. D. , and R. Callaway. 1994. Positive interactions in communities. Trends in Ecology & Evolution, 9: 191-193.

Cao, L. , Z. Y. Wang, C. Yan, J. Chen, C. Guo, and Z. B. Zhang. 2016. Differential foraging preferences on seed size by rodents result in higher dispersal success of medium-sized seeds. Ecology, 97: 3070-3078.

Chen, L. J. , G. M. Wang, X. R. Wan, and W. Liu. 2015. Complex and nonlinear effects of weather and density on the demography of small herbivorous mammals. Basic and Applied Ecology, 16: 172-179.

Chu, C. J. , F. T. Maestre, S. Xiao, J. Weiner, Y. S. Wang, Z. H. Duan, and G. Wang. 2008. Balance between facilitation and resource competition determines biomass-density relationships in plant populations. Ecology Letters, 11: 1189-1197.

Cushman, J. H. , and J. F. Addicott. 1991. Conditional interaction in ant-plant-herbivore mutualism. In Huxley, C. R. , Cutler, D. F. , eds. Ant-Plant Interactions. New York: Oxford University Press, 92-103.

Dedej, S. , and K. S. Delaplane. 2003. Honey bee (Hymenoptera: Apidae) pollination of rabbiteye blueberry *Vaccinium ashei* var. "Climax" is pollinator density-dependent. Journal of Economic Entomology, 96: 1215-1220.

Dickie, I. A. , S. A. Schnitzer, P. B. Reich, and S. E. Hobbie. 2005. Spatially disjunct effects of co-occurring competition and facilitation. Ecology Letters, 8: 1191-1200.

Elliott, S. E. , and R. E. Irwin. 2009. Effects of flowering plant density on pollinator visitation, pollen receipt, and seed production in *Delphinium barbeyi* (Ranunculaceae). American Journal of Botany, 96: 912-919.

Gause, G. F. 1934. The Struggle for Existence. Baltimore: Williams & Wilkins.

Grinnell, J. 1917. The Niche-relationships of the California Thrasher. The Auk, 34: 427-433.

Grinnell, J. 1924. Geography and evolution. Ecology, 5: 225-229.

Grinnell, J. 1928. Presence and Absence of Animals. California: University of California Chronicle.

Hernandez, M. J. 1998. Dynamics of transitions between population interactions: A nonlinear interaction alpha-function defined. Proceedings of the Royal Society B-Biological Sciences, 265: 1433-1440.

Holland, J. N. , and D. L. DeAngelis. 2009. Consumer-resource theory predicts dynamic transitions between outcomes of interspecific interactions. Ecology Letters, 12: 1357-1366.

Jiang, G. , T. Zhao, J. Liu, L. Xu, G. Yu, H. He, C. J. Krebs, and Z. Zhang. 2011. Effects of ENSO-linked climate and vegetation on population dynamics of sympatric rodent species in semiarid grasslands of Inner Mongolia, China. Canadian Journal of Zoology, 89: 678-691.

Koelle, K. , X. Rodó, M. Pascual, M. Yunus, and G. Mostafa. 2005. Refractory periods and climate forcing in cholera dynamics. Nature, 436: 696-700.

Leslie, H. M. 2005. Positive intraspecific effects trump negative effects in high-density barnacle aggregations. Ecology, 86: 2716-2725.

Lotka, A. J. 1925. Elements of Physical Biology. Baltimore: Williams and Wilkins.

May, R. M. 1972. Will a large complex system be stable? Nature, 238: 413-414.

Neutel, A. M. , J. A. Heesterbeek, and P. C. de Ruiter. 2002. Stability in real food webs: Weak links in long loops. Science, 296: 1120-1123.

Nowak, M. A. 2006. Five rules for the evolution of cooperation. Science, 314: 1560-1563.

Rohr, R. P. , S. Saavedra, and J. Bascompte. 2014. On the structural stability of mutualistic systems. Science, 345: 1253497.

Rosenzweig, M. L. , and R. H. MacArthur. 1963. Graphical representation and stability conditions of predator-prey interactions. The American Naturalist, 97: 209-223.

Tian, H. , L. C. Stige, B. Cazelles, K. L. Kausrud, R. Svarverud, N. C. Stenseth, and Z. Zhang. 2011. Reconstruction of a 1910-y-long locust series reveals consistent associations with climate fluctuations in China. Proceedings of the National Academy of Sciences of the United States of America, 108: 14521-14526.

Tian, H. , C. Yan, L. Xu, U. Büntgen, N. C. Stenseth, and Z. Zhang. 2017. Scale-dependent climatic drivers of human epidemics in ancient China. Proceedings of the National Academy of Sciences of the United States of America, 114: 12970-12975.

Vandermeer, J. H. 1973. Generalized models of two species interactions: A graphical analysis. Ecology, 54: 809-818.

Volterra, V. 1926. Variazioni e fluttuazioni del numero d' individui in specie animali conviventi. Mem R Accad Naz dei Lincei, 2(2): 31-113.

Wahl, M. , and M. E. Hay. 1995. Associational resistance and shared doom: Effects of epibiosis on herbivory. Oecologia, 102: 329-340.

Wan, X. , G. Jiang, C. Yan, F. He, R. Wen, J. Gu, X. Li, J. Ma, N. C. Stenseth, and Z. Zhang. 2019. Historical records reveal the distinctive associations of human disturbance and extreme climate change with local extinction of mammals. Proceedings of the National Academy of Sciences of the United States of America, 116: 19001-19008.

Wang, G. , X. G. Liang, and F. Z. Wang. 1999. The competitive dynamics of populations subject to an Allee effect. Ecological Modelling, 124: 183-192.

Wang, R. W. , B. F. Sun, Q. Zheng, L. Shi, and L. Zhu. 2011. Asymmetric interaction and indeterminate fitness correlation between cooperative partners in the fig-fig wasp mutualism. Journal of the Royal Society Interface, 8: 1487-1496.

Yan, C. , N. C. Stenseth, C. J. Krebs, and Z. Zhang. 2013. Linking climate change to population cycles of hares and lynx. Global Change Biology, 19: 3263-3271.

Yan, C. , Y. Xie, X. Li, M. Holyoak, and Z. Zhang. 2016. Species co-occurrence and phylogenetic structure of terrestrial vertebrates at regional scales. Global Ecology and Biogeography, 25: 455-463.

Yan, C. , and Z. Zhang. 2014. Specific non-monotonous interactions increase persistence of ecological networks. Proceedings of the Royal Society B: Biological Sciences, 281: 20132797.

Yan, C. , and Z. Zhang. 2018a. Combined effects of intra- and inter-specific non-monotonic functions on the stability of a two-species system. Ecological Complexity, 33: 49-56.

Yan, C. , and Z. Zhang. 2018b. Dome-shaped transition between positive and negative interactions maintains higher persistence and biomass in more complex ecological networks. Ecological Modelling, 370: 14-21.

Yan, C. , and Z. Zhang. 2019a. Impacts of consumer-resource interaction transitions on persistence and long-term interaction outcomes of random ecological networks. Oikos, 128: 1147-1157.

Yan, C. , and Z. Zhang. 2019b. Meta-community selection favours reciprocal cooperation but depresses exploitation between competitors. Ecological Complexity, 37: 55-62.

Yodzis, P. 1981. The stability of real ecosystems. Nature, 289: 674-676.

Zeng, D. , R. K. Swihart, Y. Zhao, X. Si, and P. Ding. 2019. Cascading effects of forested area and isolation on seed dispersal effectiveness of rodents on subtropical islands. Journal of Ecology, 107: 1506-1517.

Zhang, R. , and K. Tielbörger. 2020. Density-dependence tips the change of plant-plant interactions under environmental stress. Nature Communications, 11: 1-9.

Zhang, Z. 2003. Mutualism or cooperation among competitors promotes coexistence and competitive ability. Ecological Modelling, 164: 271-282.

Zhang, Z. , C. Yan, C. J. Krebs, and N. C. Stenseth. 2015. Ecological non-monotonicity and its effects on complexity and stability of populations, communities and ecosystems. Ecological Modelling, 312: 374-384.

Zhang, Z. , C. Yan, and H. Zhang. 2020. Mutualism between antagonists: Its ecological and evolutionary implications. Integrative Zoology, 16: 84-96.

融合古生态学与现代生态学：构建时间连续体的长期生态学研究

第2章

倪健[1][2]　魏临风[1]

摘　要

时间尺度是生态学的重要概念,现代生态学着眼于现时(<50年)的生物及其与环境相互关系的研究,而古生态学延展了现代生态学的时间尺度,可研究过去(第四纪及更久远的深时)发生的生态学格局与过程。然而,长期以来二者分割、平行发展,造成我们对长时间序列上生态学过程理解的困难,缺乏一个真正长期的时间连续体之下一体化的生态学研究。本章从当前生态学的研究热点——全球变化生态学对长期生态学的需求出发,论述了古生态学的内涵及其对生态时间尺度的外延,以及对现代生态学理论与实践问题的潜在贡献,包括保护生物学与生态恢复、生物多样性与生物地理学、群落生态学、景观生态学、进化生态学、全球变化生态学等,由此可实现一个时间连续体下现代生态学和古生态学的融合,将长期生态学作为生态学研究的重要途径,解决古生态学记录本身的缺陷,基于成熟的现代生态学方法和技术,打破多时间尺度的观念,实现真正的长期生态学观测与研究。

Abstract

The time scale is an important concept in ecology. The modern ecology focuses on the ecological studies, within the real-time (< 50 years), about organisms and their relationships with environments. The palaeoecology, however, expands the time scale of modern ecology to investigate the past ecological patterns and processes in the Quaternary and

① 浙江师范大学生命科学学院,金华,321004,中国;

② 浙江金华山亚热带森林生态系统野外科学观测研究站,金华,321004,中国。

even longer, the deep-time. Unfortunately, the (modern) ecology and palaeoecology have been developed isolated and in parallel, making the difficulties in better understanding the ecological processes in a long time series. A real long-term ecology under a unique time continuum has being lacked. This chapter moves from the requirement of long-term ecological studies of global change ecology, a hot spot of modern ecology. We illustrates the definitions and contents of palaeoecology, and its extension of time scale in modern ecology. The potential contributions of palaeoecology to the theory and practice of modern ecology are further discussed, including the biological conservation and restoration ecology, biodiversity and biogeography, community ecology, landscape ecology, evolutionary ecology, and global change ecology. A fusion of modern ecology and palaeoecology under the time continuum could be achieved to produce a true long-term ecology as the most important part of ecology. By working out the weakness of palaeoecological records, and based on the definitive methodologies and techniques developed from modern ecology, a true long-term ecological monitoring and research will be finally brought about. The concept of multiple time scale will be broken, instead of a time continuum.

前言

自德国科学家 Ernst Haeckel 于 1866 年首创生态学一词,一个半世纪以来该学科得到了飞跃发展,目前已经成为现代文明建设的重要理论与实践支撑。生态学的分支学科很多,按照不同的分类体系便有不同的分支,如按照所研究的生物类别分类有微生物生态学、植物生态学、动物生态学、人类生态学,按照生物系统结构层次分类有个体生态学、种群生态学、群落生态学、生态系统生态学,按照研究对象分类有森林生态学、草原生态学、荒漠生态学、海洋生态学、湖沼生态学等,与生命科学其他分支相结合有生理生态学、行为生态学、遗传生态学、进化生态学、分子生态学、古生态学等,与非生命科学相结合有数学生态学、化学生态学、地理生态学、生态经济学等,以及应用性分支学科如农业生态学、环境生态学、城市生态学、景观生态学、可持续生态学等。而随着一些新研究领域的兴起,生态学也会产生一些新的分支学科,如全球变化生态学。

时间和空间尺度是生态学研究的重要理念,地球上所有有机体的生态过程,都在不同时间与空间尺度上发生(图 2.1)。从植物叶片和动物器官以秒、分和小时计的生理生态过程,到种群和群落以天、月、季节计的更新变化,以及生态系统和景观水平以年、十年和百年计的演替过程,到生物群区乃至区域、洲际和全球以百年、千年、万年至百万年计的演化进程,都贯穿在不同的时间尺度中。

生态学发展到今天,研究方法从理论推导到室内和野外实验,从调查与数据分析到模拟和预测,也从短时间尺度的生态过程如生物化学和生理生态学过程,到中时间尺度的群落和生态系统过程,以及长时间尺度的景观与生物群区演化过程研究。然而,大家通常所说的生态学,实际上都是指现代生态学(modern ecology)或者当代生态

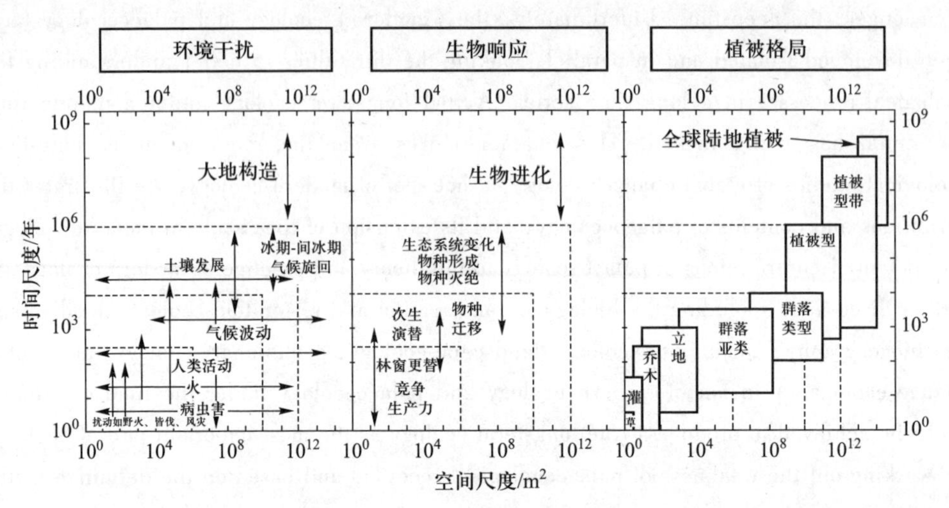

图 2.1　生态学的时间与空间尺度。(修改自 Delcourt and Delcourt, 1988)

学(contemporary ecology),其所研究的有机体及其与环境之间的相互关系,时间尺度通常较短,大都在 20~50 年,很少超过百年。目前蓬勃发展的生态学新分支——全球变化生态学(global change ecology),无论是观测研究还是实验研究,其时间尺度也不超过百年,这些时间尺度均在人类直接观测的时间范围内,即使模拟预测,也仅着眼于未来 100~200 年。尽管国际上对生态学科非常重视的长期生态学(long-term ecology)有一个相对狭义且被认可的定义:在一个或若干个生态站对某些生态现象或过程进行较长时间的连续观测和研究;观测和研究时间的长短,应当依据所观测对象的特征来确定,通常从几十年到数百年(Hobbie, 2003),但长期生态学研究到底应该是多长,目前还是一个有争议的命题(Rull and Vegas-Vilarrúbia, 2011)。

而作为生态学一个分支学科的古生态学(paleoecology),顾名思义,就是过去的生态学,也就是研究过去时间段的生物之间以及生物与其生存环境之间相互关系的科学(杨式溥,1993)。其涉及任何有生物存在的地质历史时期,包括第四纪,时间尺度跨度很长。因此,将现代生态学与古生态学研究结合起来,探讨与传统意义上狭义的长期生态学不同的、更长时间尺度的生态学过程与机制,具有十分重要的意义。

本章从现代生态学的全球变化生态学分支学科发现问题,从古生态学研究汲取灵感,以现代生态学方法和理念推动古生态学研究,将古生态学与现代生态学相融合,尝试建立一体化的、一个时间连续体下的真正长期生态学研究。

2.1　当代全球变化研究的长期生态学需求

在(现代)生态学蓬勃发展的今天,生态学已经渗透到各个学科的理论研究以及各个行业的生产实践中。20 世纪 80 年代兴起的全球变化研究,促成了现代生态学的另一个分支学科——全球变化生态学的诞生。

所谓全球变化生态学,顾名思义,就是在全球变化背景下的生态学,也就是研究全球变化对生物及其与环境相互关系影响的科学。众所周知,自18世纪中叶开始的工业革命以来,大量化石燃料的燃烧,自然植被的破坏,城市化进程的加速等,这些人为活动加剧导致以二氧化碳(CO_2)、甲烷(CH_4)、一氧化二氮(N_2O)等为主的温室气体在大气圈的浓度增加,温室效应增强,导致全球气候变化,并伴随其他全球环境的变化,由此对陆地和海洋生态系统产生了一系列影响。

从广义上来说,全球变化应该包括过去的全球变化;此处仅采用其狭义定义,特指工业革命以来人为活动造成温室气体大量排放而引起的全球气候变化。经过过去40年的研究,科学家们在全球变化对地球生态系统影响方面开展了大量工作,取得了丰硕的成果,从研究方法来看,可以分为直接观测、控制实验和模拟预测三个方面,在最近的10年里发表了诸多全球或区域整合分析(meta-analysis)结果。

2.1.1 观测证据

通过历史文献、地面观测和遥感分析、数据整合分析发现,全球陆地和海洋生态系统响应气候变化已经在物种、种群、群落、生态系统乃至景观和生物群区水平均发生了不同程度的改变(Burrows et al., 2011;Parmesan and Yohe, 2003;Parmesan, 2006;Poloczanska et al., 2013;Root et al., 2003;Walther et al., 2002):植物展叶期/花期提前(Abu-Asab et al., 2001;Fitter and Fitter, 2002)、落叶期推后(Chmielewski and Rötzer, 2001;Gordo and Sanz, 2005;Menzel et al., 2001),生长季延长(Linderholm, 2006;Schwartz et al., 2006);鸟类产卵提前(Crick et al., 1997),两栖类繁殖提前(Beebee, 1995),鸟类/哺乳类迁徙时间改变(Bradley et al., 1999;Jonzén et al., 2006);植物群落分布范围、森林界线北移/上移(Harsch et al., 2009),极地苔原灌木扩张(Sturm et al., 2001),林线植物生长发生改变(Gottfried et al., 2012);群落结构与组成发生一定变化;蝴蝶/鸟类分布范围北移(Parmesan et al., 1999);植物群落与生态系统地理范围扩大/减少,分布界线北移/上移(Peñuelas and Boada, 2003;Zier and Baker, 2006),植被生产力增加(Myneni et al., 1997;Nemani et al., 2003),物种减少/消失,生物多样性变化,尤其是山地生态系统(Pauli et al., 2012)。

基于多数据源和多指标的全球遥感证据也表明,20世纪80年代以来全球植被生长增加,即植被变绿,而且植被变绿一直持续至今,尤其是在北方高纬地区以及农田和植树造林区域。在全球尺度上,二氧化碳施肥效应是植被变绿的主要驱动因子;但不同区域植被变绿的主导因子不尽一致,例如升温是导致青藏高原和北方高纬地区植被变绿的关键机制,而植树造林活动是北半球温带地区植被变绿的关键因素(Piao et al., 2020;Zhu et al., 2016)。植被增绿表明植被生产力的提高及空间格局的改变,但植被生产力空间格局的变化与气温空间格局的变化并不同步,北半球高纬度地区植被生产力等值线北移速率为2.8 $km \cdot a^{-1}$,远低于该地区等温线北移速率(5.4 $km \cdot a^{-1}$),这意味着时间维度上植被生产力的温度敏感性小于空间梯度上植被生产力的温度敏感性(Huang et al., 2017)。

地面观测记录时间短,百年算是比较长的,大多数都在百年之下,站点较分散或者长时间尺度记录站点随机分布。遥感观测时间更短,归一化植被指数(Normalized Difference Vegetation Index,NDVI)仅有40年的记录,航空影像也不足百年,而且受天气影响大;气候变化影响往往与人类活动干扰混合产生效应,后者难以剔出。比如最近的整合分析证实,陆生昆虫丰度下降,但淡水昆虫丰度却增加,其主要原因是土地利用的改变,而与气候变化无关(van Klink et al., 2020)。

2.1.2 实验证据

室内和野外气候变化实验包括增温、降水增减、二氧化碳浓度增加、模拟极端天气事件,以及氮素添加、施肥等。从早期单一控制因子的开顶式气室(open top chamber, OTC),到单因子或双因子的开放式二氧化碳浓度增加(Free-Air CO_2 Enrichment, FACE)实验,再到近期的多因子控制实验(增温、增雨、二氧化碳浓度增加、施肥),科学家们在全球大多数生物气候带和生态系统开展了各种控制实验,在全球范围内取得了令人瞩目的成就。

FACE实验能以独特视角洞察控制陆地生态系统碳氮水循环的生态学机理,并能指导预测生态系统如何响应大气CO_2浓度的升高。全球10~20年的FACE实验发现,CO_2浓度升高导致净初级生产力(net primary productivity,NPP)增加,但这种响应随时间而减弱,碳的累积则由多种因素驱动,包括碳在植物和土壤中的分配,不同的碳周转速率,以及碳氮循环的相互作用。植物群落结构也发生改变,但CO_2浓度增加对地下微生物群落结构仅有较小影响(Norby and Zak, 2011)。

我国南方森林的十年长期氮沉降实验研究发现(Lu et al., 2018),长期氮沉降加剧了土壤酸化,并促进生物可利用性盐基离子(钙和镁)的损耗,但富氮生态系统中的植物可以通过提升自身蒸腾能力适应过量氮沉降来维持养分平衡,表明在富氮系统中,氮沉降增加对植物生长影响不大,但对系统水循环将产生显著影响。全国模拟氮沉降对植物物种丰富度影响的实验数据整合分析也揭示(Han et al., 2019),模拟氮沉降显著降低了物种丰富度、Shannon指数和Pielou指数,但影响植物多样性对氮沉降响应的驱动因子很多,包括气候区、生态系统类型、氮添加类型、氮添加水平和实验持续时间。

全球变暖促进陆地植被的总生态系统光合作用(gross ecosystem photosynthesis, GEP)、净初级生产力和地上与地下植物碳库,但实验增温加速凋落物质量的丧失、土壤呼吸减少和可溶性有机碳流失,而其中的部分影响在不同生态系统类型中存在差异(Lu et al., 2013)。我国生态学家还基于整合分析方法整理了过去40余年间(1973—2016)地球上大多数植被类型中的全球变化控制实验(温度、降水、CO_2、氮)的1 119项实验结果(Song et al., 2019),发现全球变化驱动力的增加会持续促进碳循环过程,但降水减少却减缓碳循环,罕见全球变化驱动因子间包括协同与拮抗的非线性效应。地下碳分配对降水增加和氮添加具有负效应,而对降水减少和CO_2增加具有正效应。不同碳变量对多种全球变化驱动因子的敏感性取决于气候背景和生态系统状况。

目前全球变化的控制实验,尤其是大型实验,都是在野外进行,其优势是可以通过控制不同的实验边界条件,更好地阐释不同气候变化因子对生态系统影响的生态机制。然而,控制实验耗费人力物力较高,实验本身时间短,边界条件有限,不一定能够代表野外真实情况,或者气候变化影响的真实倾向。同样,更长期的控制实验也是必需的。

2.1.3 模拟证据

从统计模型到机理模型,从林窗模型到过程模型,从静态模型到动态模型,不同类型和尺度的模拟都表明,气候变化会对不同地区的陆地生态系统产生不同的影响(Cao and Woodward, 1998;Cramer et al., 2001;Melillo et al., 1993;Ni, 2011;Sitch et al., 2008),这不仅包括生态系统的结构——物种组成和地理分布格局,也包括其功能——净第一性生产力和碳循环。通过模拟不同时间和空间尺度的植被动态、生物地球物理和生物地球化学循环过程、水循环和水文过程、自然干扰和人类活动等过程,陆地生物圈模型被广泛地应用于评估和归因过去陆地生物圈的时空变化和预测陆地生物圈对未来全球变化的响应和反馈(彭书时等, 2020)。大量模拟表明,气候变暖后生态系统的物种组成会发生较大改变,森林带纬向移动,草原和荒漠带经向变迁,植被生产力和植被与土壤碳有不同程度的增减。

将不同模型的模拟结果相比较,从植被带的推移来看,森林带北移、草原荒漠带西退和面积有可能增加以及高寒植被面积缩小的趋势都是一致的,但同种植被类型推移的幅度却因模型而异;相对应地,现状气候条件下的 NPP 和碳空间格局也是相似的,对气候变化和 CO_2浓度升高的响应大都是 NPP 和碳储量增加,但变化的幅度也存在一定的差异,植被碳储量和土壤碳储量有时表现出不一致的变化趋势(例如,Ni, 2013;Wang et al., 2011)。这主要是由于模型类型差异、模型内部机理和参数的差异,以及输入数据来源的不同所造成的,不同气候变化情景,或者,相同情景但驱动不同的陆地生态系统模型,也会导致模拟结果的差异。再者,模拟者对某些植被名称使用的差异和对植被定义理解的歧义,以及不同模拟者自身的学科背景差异,都在一定程度上引起对陆地生态系统未来变化阐述与引申的不一致现象。

虽然不同模型原理和结构框架存在差异的问题较难统一,但驱动数据来源不同、模拟规程不同的问题却是可以达成一致的。这就是目前诸多模型比较计划,如 ISIMIP(The Inter-Sectoral Impact Model Intercomparison Project)开展的研究(Warszawski et al., 2013)。最近的一项多模型比较研究发现,7个水文模型、12个农作物模型、8个植被模型大都低估了极端气候事件对全球农业、能源、人类健康、陆地和海洋生态系统的影响(Schewe et al., 2019)。

总而言之,从时间尺度来看,无论是观测、实验还是模拟,所反映的全球变化(气候变化)对生态系统影响的证据都是短期的,比如观测证据大都小于过去100年,控制实验小于现今的20~30年,而模拟预测也小于未来100~200年。因此,时间是反映气候变化影响的一个关键因素,随着时间的延展,短期获得的证据将会发生改变甚至颠覆性的反转(Norby and Zak, 2011)。而从结果来看,短期观测证据、多因子控制实验、模型模拟预测有共同趋势,但又存在质与量上的不一致现象。这种变化能否代表植被真正的长期变化?如何开展验证?这就需要古生态学的介入。

2.2 古生态学延展了现代生态学的时间尺度

触及古生态学,首先需要推介孢粉学(palynology),它是研究植物孢子与花粉的形态、分类及其在各个领域中应用的一门科学。1916 年瑞典科学家 Lennart von Post 首绘孢粉图谱,提出孢粉的定量分析,使得区域孢粉统计结果的比较成为可能,促进了古植被定性与定量研究的发展。

孢粉学按照学科分类,分为孢粉形态学(现代孢粉形态学、化石孢粉形态学)和地层孢粉学(即通常所说的"孢粉分析"),后者按照地质时期可划分为前寒武纪孢粉学、古生代孢粉学、中生代孢粉学、第三纪孢粉学和第四纪孢粉学。孢粉分析不仅能够重建地质历史时期植物与植被的地理分布格局及其分区、植被演变历史(生态学内容),也可辅助进行地层时代的鉴定、地层的对比(地质学),推测古地理特征(地理学),反演过去的气候变化规律,尤其是冰期-间冰期旋回(古气候学),以及反映古代人类的生活环境及其对生态系统的干扰(考古学)。可以说,孢粉学虽是小众学科,却是多个大众学科的基石,不仅研究古环境本身的演变规律,探索其与古气候变化和古人类活动的相互关系,而且可以反演古气候变化和古生物地球化学循环,是校验古植被和古气候模型的本底数据。

任何生态过程都发生在特定的时间和空间尺度上(Delcourt and Delcourt, 1988)。在巨时间尺度上($>10^6$年),板块运动引起生物界的进化;在大时间尺度上($10^6 \sim 10^4$年),土壤发育、气候循环、冰期和间冰期交替驱动生态系统演化及物种的形成和灭绝;在中时间尺度上($10^4 \sim 10^2$年),气候波动和人类活动导致物种迁移与群落演替;在小时间尺度上($<10^2$年),病虫害和火等改变群落内部的种间关系(图 2.1)。

第四纪距今约 250 万年,是研究与现代生态现象有关的生态过程最合适的时间尺度(Bennett, 1988)。在第四纪,随着冰川的进退,寒带和温带地区的物种也相应进退,未受到冰川直接影响的热带地区也发生着重要变化。因此,第四纪生态学着眼于第四纪(特别是晚冰期)以来的生态过程,改变了传统的古生态学仅局限于生物地层问题,同时也弥补了现代生态学研究在时间过程方面的不足(Birks and Birks, 1980;Cushing and Wright, 1967)。比如对于群落演替的研究,现代生态学一直采用"以空间序列代替时间序列"的方法,缺少可验证性,古生态学的证据能够在一定程度上弥补这一不足(刘鸿雁, 2002)。

因此,第四纪生态学(Quaternary ecology)应该是现代生态学与古生态学的结合点。第四纪古生态学(Quaternary palaeoecology)是将历史地植物学(historical geobotany)、孢粉分析(pollen analysis)和古湖沼学(palaeolimnology)相结合的一门科学,也是将现代生态学与古生态学相结合的学科(刘鸿雁,2002)。随着孢粉学的发展,尤其是 20 世纪 50 年代^{14}C 测年技术的突破,使得孢粉样品能够赋值年代数据,从而孢粉组成和数量能够真正用于古生态过程的分析。20 世纪 60—80 年代多部古生态学专著的出版,标志着该跨学科领域不断发展(Birks and Birks, 1980; Cushing and Wright,

1967)。20世纪80年代以来,随着学科交叉的不断深入,现代生态学与古生态学的结合日益得到关注,Delcourt和Delcourt(1991)的专著《第四纪生态学:古生态学透视》将现代生态学理论与古生态学证据结合起来,分析了第四纪以来物种迁移、群落演替和生态系统演化的生态学机制,开启了第四纪生态学的新篇章。他们将第四纪生态学定义为在现代生态学的基础上,利用古生态学证据探讨第四纪以来存在的种群、群落、生态系统、景观和生物群区的演化及其与自然和人为因素关系的学科(刘鸿雁,2002)。

基于古生物学对各门类化石的鉴定、描述和分类,以及年代学的精确定年,古生态学将古代化石生物与古代环境建立起相互关系。古生态学的理论基础有三个:① 均变学说,一切过去所发生的地质作用都和正在进行的作用方式相同,现在是过去的钥匙(The present is the key to the past);② 自然选择与适应理论,生物形态、结构和功能的形成必然与其生活环境相适应; ③ 埋藏学理论,分析和恢复原来的生物群落及其生活环境,必须首先判断化石群是生活在原地的群落,还是经过外力(水力、风力、冰川等)搬运的异地埋藏群,原地生活的群落可以提供解释古生态学直接的证据,而异地埋藏可供判断古地理环境和沉积条件(中国古生物学会,2014)。古生态学的理论基础与现代生态学研究生物与环境相互关系的概念框架相一致,通过现代与过去时间类比,研究生物个体与群落的组成与结构特征及其与环境的关系,生物进化与生物地理格局变迁等,是与现代生态学的个体、种群、群落和生态系统生态学相呼应的。

但由于取样困难,以较高分辨率、长序列孢粉学证据为基础的古生态学研究还十分匮乏,影响了在长时间尺度上对生态系统格局与过程的认知,然而,近期该方面的研究有所突破。例如,我国第四纪古生态学家基于青藏高原东部若尔盖地区573.39 m湖泊沉积岩芯,利用高分辨率的孢粉等多指标分析,建立了青藏高原1.74 Ma以来首个可分辨600年轨道——千年尺度变化的植被与气候序列,揭示了高-低纬过程如何驱动高原季风区植被与气候的完整图像,为研究轨道/千年尺度季风动力学机制提供了重要的证据(Zhao et al., 2020)。

而在区域古植被格局重建方面,目前已经从传统的、利用孢粉学方法定性描述单点的古植被类型和特征,逐渐将数学方法引入半定量、定量重建单点至区域的古植被格局(刘鸿雁,2002)。从20世纪90年代开始,随着国际上全球变化研究的发展以及大尺度全球变化生态学模型的建立,人们开始致力于利用孢粉数据完全定量重建区域和全球古植被。有两种较成熟且获得国内外科学家一致认可与广泛应用的方法:Prentice等创立的孢粉生物群区化(biomization)方法(Prentice and Webb, 1998; Prentice et al., 1996, 2000)和Sugita等创立的景观重建算法(landscape reconstruction algorithm, LRA)(Sugita et al., 2007a, b)。前者是以植物功能型作为纽带,利用孢粉数据重建生物群区的一种标准化数量方法,后者则是基于孢粉-植被定量关系的孢粉代表性,扩展R值模型和相对花粉源面积概念建立起来的估算植物丰度和盖度的一种方法。这两种方法在全球的推广,极大地促进了宏观尺度上古植被格局和古土地利用盖度的研究。依据生态学和生物学原理,利用数学公式和生态模型,定量重建而非定性描述古植被分布格局与孢粉类群丰度和盖度,已经成为当今国际古生态界研究的主流。不仅研究的空间尺度由点拓展到了区域和全球,也使得任意时间尺度的研究成为可能——只要有有效的古生态数据。

2.3 古生态学融入现代生态学研究:建立一个时间连续体的真正长期生态学研究

迄今为止,古生态学有很多定义(Rull, 2010),最简短的定义是根据其词源:古生态学是过去的生态学(Palaeoecology is the ecology of the past)(Birks and Birks, 1980)。少数定义则完全是描述性的,只关注过去生物和群落的重建,而没有涵盖生物与环境的关系;而有些定义虽然详细但不全面,大都只强调生物与环境的关系而忽视了生物间的相互作用。在这些定义中,最明晰且更完整的是:过去生态系统的重建与研究,包括生物体及其与环境的相互关系(Roberts, 1998)。但从更严格意义上来说,如果包括研究对象(代用指标或间接的环境因子)以及过去到现在生态系统的连续体,那么古生态学应该定义为基于化石和其他代用指标(proxies)研究过去生态系统及其随时间变化趋势的一个生态学分支(A branch of ecology that studies (the) past (of) ecological systems and their trends in time using fossils and other proxies)(Rull, 2010)。

如果单独定义"活"的生态系统研究,也就是现代生态学(如 neoecology、actuoecology 或 modern ecology),而以古生态学代表"死"的生态系统研究,那么在这种情况下,生态学必然是一个高一层次的学科,包含了现代生态学和古生态学,由此未来生态学(predictive ecology)也应该区分开来单独命名。而从另一个角度来说,如果定义长期生态学(long-term ecology)以研究超出传统生态学(traditional ecology)时间范围(或者称为生态时间)的生态学过程——长期生态学记录通常是多于 50 年(Willis et al., 2007)——那么生态学还应包括长期生态学和短期生态学(short-term ecology)。无论如何,生态学应该是研究生态系统的唯一名词,而不应该特意将时间尺度作为限定词,前缀 palaeo 和 neo 等只在考虑方法时使用(Rull, 2010)。

然而,(现代)生态学和古生态学在过去是分开、平行发展的,其主要原因有四个:一是我们对过去和现在时间段固有的分隔观念;二是古生态学家出身背景的多样化(多地质学、地理学背景,少生态学、生物学背景);三是二者在研究证据上相抵触及其相关的方法论差异;四是使用"古"这个前缀所造成的误解(Rull, 2010)。但均变论认为,过去、现在和未来不是分离的,而是一个时间连续体(time continuum),物种和群落的变化与演化是持续不断的。因此,生态学和古生态学研究的目标应该是一致的,即都是从生态学上理解生物圈,仅是方法不同而已。因此,我们需要从术语上进行澄清。从广义上来说,生态学应该包括过去推论(古生态学,palaeoecology)、现在研究(现代生态学,neoecology、modern ecology 或 contemporary ecology)和未来预测(预测生态学,predictive ecology),古生态学作为其中的一个分支学科,应该是指基于代用指标研究过去的生态学。

借助古生态学数据可解决一些现代生态学的难点,由此古生态学研究可应用于现代生态学的很多分支学科,比如,生物多样性保护、景观生态学、群落生态学、全球变化生态学,以及进化生态学和谱系生物地理学等。

2.3.1　保护生物学与生态恢复

古生态学可用于启示现代的生物多样性保护(Davies and Bunting, 2010)。当前的生物多样性保护工作较多依赖于现状和未来的生态学研究,但短期(少于 50 年)监测和实验研究的证据不足以支撑长期的保护实践,生物多样性保护政策需要一个长期视角才能符合可持续性、传统与继承(legacy)、恢复力(resilience,或称弹性)等现代理念。通过古生态学研究可有效获取长期的生态数据,可达百年、千年到万年时间尺度,而且这些数据可在相对较短的时间内(多月到几年)获取,记录于湖泊和泥炭沉积物中的这些生态记录,是一种自然实验或者历史实验,能够重建过去生态系统及其时间动态变化,这是对直接观测的短期生态系统结构与功能变化的直接证据,也是厘清生态系统演变和群落动态的驱动力和干扰历史(比如人为管理和气候变化)的有效工具。

Davies 和 Bunting(2010)列举了英国的一些研究实例,讲述古生态学研究是如何指导不同方面的生物多样性保护实践。例如,基于硅藻记录可追溯一个地区过去的淡水水质。利用孢粉和植物大化石等记录可重建高地沼泽的植被动态、优势物种变化及其物种贫化现象,从而有效指导当今的高地沼泽生态管理措施。而目前受损的高地沼泽生境的恢复,不能以现有半自然的沼泽植被作为参照物,而应以过去的疏林植被作为最终恢复的目标。孢粉的历史记录可重建一定地区的生物多样性变化,以及农牧活动(如种植和放牧)对生物多样性的长期影响,从而理解当今生物多样性丧失的长期历史,这是基于现状调查所无法获取的信息,能够更好地指导生物多样性的保护。当前一些相对原始、少人工管理的森林植被的自然更新和发展,也同样遭遇成熟林消失、耐阴树种扩张以及同质化等问题,而利用森林模型的预测是否合适,干扰管理是否有效等均存疑,孢粉研究却揭示出几百年前该森林植被就存在长期的木材管理和放牧历史,从而指出人类干扰与保护目标不是完全冲突的。

长期记录比当代记录能提供更科学、更合情合理的保护决策,因此长期生态学数据在生物多样性保护和实践中得到较多应用,比如物种灭绝,可识别进化寿命最末端的物种及其灭绝风险;识别生物多样性热点区域和受威胁区域,从而设定保护热点的现实目的和目标,确定维持或恢复预期生物状态的不同管理工具;还有气候变化和生物入侵,通过长期生态学记录可鉴别入侵物种在过去的非入侵性(Willis et al., 2007)。而古生态学与考古学和历史生态学等其他长期数据相结合,能够促进生物多样性的保护,维持生态系统的弹性(恢复力),提升人类福祉(Gillson, 2015;Hughes, 2017)。

生态与进化是相互连接、相辅相成的,物种在进化过程中适应或不适应环境变化,由此形成新物种或物种灭绝,也有可能导致孑遗物种的留存;对其研究也是保护生物学的重要实践,古生态学在此发挥重要作用。古生态学还可以提供生态记忆(ecological memory)的重要信息,过去发生的生态事件在群落或生态系统中遗留的痕迹,对群落的发展和生态系统动力具有重要作用,也可应用于生物多样性保护和生态恢复等生态实践中(Ogle et al., 2015;孙中宇和任海,2011)。此外,历史变域(historical range of variability)概念阐述了无人类干扰条件下的生态参数在时间和空间上的变异,尤其是火烧和景观历史变化,为生态系统管理提供参考和目标(李月辉等,2015),也是古生态学能够提供的长期时间记录。

由此看来,古生态学对保护生物学和生态恢复实践的重要贡献就是提供过去生态环境的证据,验明生态本底状况,作为保护或者恢复的真实、可行的预期目标。另外,过去已经发生的生态群落对气候变化的响应也是预测未来气候变化影响的模式,这也是古生态学记录对保护生物学的贡献之一(Rull et al., 2017)。

2.3.2 生物多样性与生物地理学

长期古生态学数据是反演生物多样性本底、阈值和弹性(恢复力)的基础(Willis et al., 2010)。群落生态学和谱系发生生物学融合产生的系统发生群落生态学(phylogenetic community ecology),可帮助我们解决现代生态学和古生态学证据中相互拮抗的问题,揭示驱动群落集群的多种过程,进化在集群过程中的重要性,以及群落相互作用对物种形成、适应和灭绝的影响,系统发生群落结构和组成还可用于预测生态系统过程和气候变化的影响(Cavender-Bares et al., 2009)。古生物地理学(paleobiogeography)就一直利用系统发生学的方法来研究生物地理格局,整合古生物学和分子系统学,发展古 DNA 技术和利用分子技术回溯进化分异事件,是研究生物地理格局(如分布范围扩展、地质扩散和地理隔离等)的新方法(Lieberman, 2003)。

当今的生物多样性研究是基于拥有足够遗传变异的物种以及亚种水平开展的,属和科及之上的分类单元并不是合适的生物多样性指示物,但对古生态学数据载体,比如孢粉而言,其鉴定水平大多在科和属的水平,因此,物种分类精度的问题束缚了我们将过去记录全面整合到现代生物学研究中。另外,由于孢粉产量在物种间的差异以及孢粉保存的问题,地层孢粉数量并不代表其母体植物的数量,因而孢粉多样性并不是生物多样性的直接证据。当今 DNA 分子谱系发生学技术的发展,提升了物种鉴定的分辨率,从而提高了古生态学记录的精度,及其与生物多样性的对应性(Rull, 2012a; Seppä and Bennett, 2003)。而从生态理论的发展来看,古生态学可聚焦于生态系统的进化理论,在解决生态演替、生物多样性格局与梯度变化、生态系统可预测性和稳定性等生态理论方面,具有很大的发展潜力(Rull, 1990)。

2.3.3 群落生态学

生态学与古生态学两个平行发展的学科正逐渐走在一起,宏生态学(macroecology)应该是连接不同时间尺度研究的最佳学科(Reitalu et al., 2014)。在群落生态学领域,定量化的植被重建可提供不同时空尺度的植被组成和土地覆被情况,适合于验证植被长期动态变化的假说,或作为研究现代植被格局的量化背景数据。古数据也可用于挖掘长期生物多样性变化的驱动力,而功能多样性研究可促进大陆间以及冰期-间冰期间的古生物多样性的相互比较。前面介绍的基于景观重建算法可反演古土地覆被和土地利用格局,阐释过去气候变化和人类活动对植被变化驱动的差异性,以及植被-环境相互关系如何影响现代植被景观格局,从而有效突显过去的过程和时滞对当代植被格局形成的重要性。在现代生物多样性成因方面,孢粉分析可揭示古生物多样性的变化,以及气候变化、人类活动等对多样性的影响,古生态学也利用植物功能型和植物性状概念来研究长期植被动态变化的功能特征,从而可用于揭示现代生物多样性的影响因素(Foster et al., 1990; Reitalu et al., 2014)。

基于详细的孢粉与化石记录,古生态学家可以定量重建过去地质与历史时期的植物群落结构与组成。例如,古生代二叠纪内蒙古地区的"植物庞贝城",是由高大原始松柏类、苏铁类、石松类、树蕨类等组成的远古森林群落(Wang et al., 2012);基于新生代气候和地质条件的变化以及生物的驱动,中亚地区草原与荒漠生态系统发生着交叠更替(Barbolini et al., 2020);距今9 000多万年前的白垩纪中期是地球历史上最温暖的时期之一,由于大气中的高浓度CO_2使得地球温度骤升,热带年均气温高达35 ℃,海平面比现今高170 m,南极洲的年均气温也升至12 ℃,在南极洲发现了热带雨林群落(Klages et al., 2020)。

孢粉与植物化石记录,结合植被模型,也很好地重建了过去全球和区域的古植物群落格局(Allen et al., 2020; Salzmann et al., 2008)。另外,物种分布模型(species distribution model, SDM)已经用于过去物种分布的模拟(Svenning et al., 2011),但这种模拟存在一定的缺陷,因为物种分布模型依赖于空间分辨率较低、不确定性较高的古气候模拟结果,导致模型模拟的过去物种格局与古生态学数据存在不匹配现象,而古生态学记录可以验证模型模拟结果,同时提示过去物种变化的其他非气候机制。

因此,从群落生态学角度来看,在一个统一的生态时间连续体上,需要从多时间尺度的视角理解生物圈的现状。对现代生态学家来说,要关注时间;而对古生态学家来说,更要关注生态学(Rull, 2012b)。

2.3.4 景观生态学

景观生态学有两大基本目标:一是评估自然景观的生态格局与过程随时间的变化,二是判定自然景观转换为人文景观的生态后果。在第四纪,当前的生物格局及现代生物群落均已形成,第四纪环境变化已经在百年到千年、万年时间尺度上影响了自然景观的发展,过去5 000年的人类耕种,也已经导致地球许多地方从自然景观转变为耕作景观。因此,古生态学可用于重建过去的景观及其随时间的变化,古生态学方法结合地貌、古生物数据、历史记载和短期生态数据,可在不同时空尺度上整合长期生态格局与过程,属于过去的"自然实验",可用于检验景观生态学的科学假说(Delcourt and Delcourt, 1988)。比如,等级斑块动态范式(hierarchical patch dynamics paradigm)是连接生态系统的格局、过程和尺度的重要景观生态学理论,利用古生态学记录(孢粉和碳稳定同位素)比较东非稀树草原在三个空间尺度和几百年来的植被异质性,发现植被格局变化在微尺度、局地尺度和景观尺度上存在差异,不同生态过程主导着不同空间尺度上的树木丰度,这对生物多样性保护和生态系统管理提供了有益信息(Gillson, 2004)。

当然,某些过去记录较简单或者片段化,或者所获取的信息并非正好是人们所感兴趣的,或者因人类活动的影响导致参考条件非常复杂,但这并不意味着长期时间系列数据是无用的,过去生态记录虽然不能简化管理目标的设定以及政策制定,但忽略过去却是危险的(Swetnam et al., 1999)。景观生态学具有时间维度,而古生态学过程则能改变景观,因此,景观生态学和古生态学的交叉结合有助于理解气候变化和过去人类活动对生态系统的影响,并在以下五个方面可协作共赢:动态景观镶嵌、弹性(恢复力)和阈值、生物复杂性、适应性循环、生物入侵扩张的景观生态学(Gillson, 2009)。

考古学(类似于历史生态学)如同古生态学一样,在景观生态学研究中也发挥着新兴作用,例如研究人类对景观及其异质性的影响,对土地利用的改变及其遗产,研究发现过去人类对森林资源的利用可影响未来森林可持续发展政策的制定(Rautio et al., 2016)。可以提供时间序列上的种群数量、种群结构、地理格局、死亡时间、迁徙等,从而有利于制定生态系统和野生动物管理政策。还可以鉴别本地种和外来种,指导生态恢复规划,以及揭示物种类群的现代分布,预测未来生物地理格局变化,阐明长期和短期生态过程的相互作用(Scharf, 2014)。

2.3.5 进化生态学

在全球变化研究的框架下,利用中期到长期的古生态学数据,古生态学家和现代生态学家应该联合起来,去发展和检验植被长期演变的生态假说,利用系统发生学(phylogenetics)研究将古生态学和现代生态学结合在一起,共同致力于生态与进化研究。

过去的第四纪生态学认为,相对于气候变化来说进化是一个相对缓慢的进程,因此假设生物对气候变化的响应是持续的,如果气候变化没有超出物种耐受的限度,物种可迁移至现有物种能够耐受的分布范围,或者不适应而灭绝。但越来越多的证据表明,这些变化均包含进化的过程,通过种群对不同环境条件的适应,种间的遗传分化是无处不在的;而且,物种适应分异也与气候变化的时间尺度一致而共同进化。因此在研究气候变化的生态响应时,进化响应也必须考虑在内(Davis et al., 2005)。古生态学可帮助我们理解生态与进化的相互作用,第四纪应该是最合适的时间维度来探讨生态与进化的交互作用,包括生态演替、群落-环境平衡、群落集群、生物响应环境变化、物种形成与灭绝、生物多样性保护(Rull, 2014a)。利用古 DNA 记录以及基于 DNA 的系统发生学和系统发生生物地理学(phylogeography),可更好地从生态学上理解发生在生态-进化界面的过程。通过大化石的形态研究以及来自孢粉和植物遗存的古 DNA 信息,可提高生物分类的精度,从而提供物种分布范围迁移、种群大小变化以及灭绝的额外信息。古生态学家和进化生物学家的合作能够改进对古生态记录的整合分析,提高我们对物种响应未来气候变化的预测能力(Davis et al., 2005; Rull, 2014a)。

2.3.6 全球变化生态学

前面已经论述过,当代全球变化生态学的研究需要长期生态学记录的支撑,而现代生态学也非常强调长期生态学研究(long-term ecological research, LTER),但我们仍需更长时间的视角,生物学家、生态学家和地球科学家需通力合作,关注深时及地质历史记录(Flessa and Jackson, 2005)。

地质记录作为自然的生态学实验结果,可提供与现今不同的生态格局的长期证据,通过地质记录可检验生态学原理的普遍性,以及现今环境的特殊性。地质记录是对过去气候变化的生态响应,可回溯地质时期物种和群落如何响应气候变化,揭示气候变化对物种、种群和群落的影响,包括物种个体的遗传结构和形态的变化、种群大小和分布、群落组成、大尺度生物多样性格局及其梯度等(MacDonald et al., 2008),作为研究未来气候变化时的参照,从而准确预测未来气候变化的影响。地质记录也是人类活动的生态遗产,可展示无人类活动时的地球本底环境条件,从而甄别人类活动和非人类活动对生态变化的驱动,而这些都是当前的长期生态学监测所无法做到的,该方面的研究对生态恢复的实践尤为重要(National Research Council, 2005)。

而从二氧化碳浓度增加的施肥效应来看,在过去的 80 万年里,大气 CO_2浓度在冰期(最低,170~200 ppm①)和间冰期(最高,280~300 ppm)间波动,而在末次冰盛期(Last Glacial Maximum,LGM)大气 CO_2浓度在 180~200 ppm,大约是当前 CO_2浓度的一半。研究揭示,低 CO_2浓度显著影响叶片性状、光合作用途径和农业生产等。CO_2浓度从冰期开始上升一直到未来可能加倍,也会影响气候变化及植物生理和生长,进而影响人类社会发展。因此,低 CO_2浓度的古生态学研究可以指导我们对未来 CO_2浓度升高影响的预测(Tissue and Lewis, 2012)。

当然,提高时间分辨率的准确性和精度,发展更精炼的大气圈-生物圈模型,探索重建过去物种分布和气候的生物学和地球化学新技术,建立化石形态分析的新方法,DNA 新技术的应用,等等,都将促进过去和未来气候变化影响的前沿研究(MacDonald et al., 2008)。

而人类活动又为过去气候变化的影响增添了不少变数。过去的人类活动如何影响土地利用,对未来气候变化影响预测至关重要。因此,将过去(如 8 000 年来)的土地利用信息与人类-环境相互关系整合到全球土地利用模型,由此可指导未来的土地利用变化的可持续发展(Ellis et al., 2013)。

2.4　时间连续体下的生态学:长期生态学的挑战与展望

将生态学和古生态学相融合,跨越时间尺度开展生态动态变化研究,是长期生态学的一个重要趋势。Jackson(2001)将生态学上的时间尺度划分为三类。① 生态学(ecology)为现时(real-time),从数周到数十年,偶尔到上百年,这是一个个体能直接体验的时间尺度,在这个尺度上发生种群和群落动态变化、生态演替、生物入侵、定殖和消亡等生态学过程,主要研究生物及其与环境的相互作用。② 第四纪生态学或称古生态学(Quaternary palaeoecology)为第四纪时间(Q-time,Q 时),在百年到千年时间尺度上发生演替、迁移、灭绝等生态过程,主要是利用古生物学工具研究第四纪时间尺度

---

① 1 ppm = 10^{-6}。

上对环境变化的生态响应。③ 深时古生物学(deep-time palaeobiology)为深时(deep-time),利用第四纪之前的化石记录研究更广阔时间范围内的生态动态变化,通常为万年至十万年甚至更久,着眼于进化、大尺度地理格局变化等。虽然三者在过去具有不同的科学氛围,有不同的语言、杂志、团体、方法和世界观,但这种隔离状态正在逐渐被打破。因此,如何整合三个时间尺度,开展跨时间尺度的生态学研究,是所有生态学家所面临的挑战。虽然跨尺度和多学科整合研究从来都非易事,但值得生态学家和古生态学家去积极尝试!

然而,如何真正实现生态学和古生态学的有机融合,开展真正的长期生态学研究?Rull 和 Vegas-Vilarrúbia(2011)以及 Rull(2014b)提出了一个时间连续体(time continuum)概念,也就是说,长期生态学时间不应以某个确定的数字界限来定义,而应该根据涉及的生态过程来定义,且因生物体及其群落动态而异。没有分割开的时间尺度,时间是一个连续体,是一个唯一的时间尺度(图 2.2)。在这个概念框架之下,构建一个"过去-现在-未来生态观测全球网络"(global network of past-present-future ecological observatories,PPFEO),以具有年际沉积层的湖泊为重点研究对象,利用高分辨率的古生态学技术以及长期生态学观测的常用方法,挖掘真正长期和连续的生态数据。此观测网络不需要设计新研究站点,可以直接利用现有的全球和国家 LTER 的野外观测台站,选择那些周边存在适合于古生态学和古湖沼学研究的湖泊台站开展工作,在同一个流域中进行研究则尤佳。

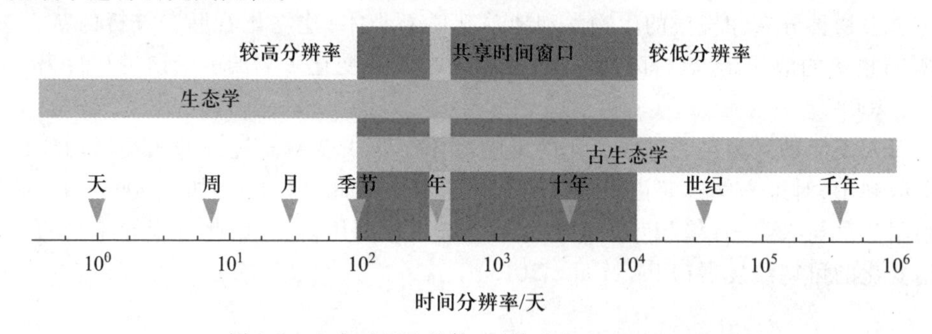

图 2.2 生态时间连续体。(修改自 Rull, 2014b)

最近,英国生态学会组织筛选了古生态学领域优先研究的 50 个科学问题(Seddon et al., 2014),为回顾过去展望未来提供了一个绝好框架,联合生物学、地球化学和分子生物学技术,可在数十年到数百万年的时间尺度上重建过去的生态与环境系统,主要包括 6 个方面:人类世时代的人与环境相互关系;生物多样性、生物保护与独特的生态系统;长时间尺度的生物多样性;生态系统过程与生物地球化学循环;多种代用记录的比较、结合与集成分析;以及古生态学的新发展。针对这些优先发展的科学问题,生态学家与古生态学家通力合作,有望在未来研究中实现生态学的一体化。

从操作层面上来说,建议生态学家和古生态学家共同设置联合课题,在相同的时间尺度和单一时间序列中,将过去(古生态学)、现在(现代生态学)和未来(生态监测)纳入一体化研究。比如,已经持续运行十年之久的 PalEON(The Paleo-Ecological

Observatory Network）课题，联合古生态学、生态统计学和生态模型三方科学家，旨在重建美国西北和阿拉斯加地区过去2000年的森林组成、火和气候，以驱动和检验陆地生态系统模型。于2016年启动的过去全球变化（Past Global Changes，PAGES）工作组EcoRe3（Resistance, Recovery and Resilience in Long-term Ecological Systems），同样联合古生态学、生态学和生态统计学三方科学家，旨在利用沉积记录，从定性走向定量度量生态系统抵抗力（resistance，干扰后的变化量）和恢复力（resilience，耐受干扰与维持现状的能力）。

以中国科学院为主体、1988年开始组建成立的中国生态系统研究网络（Chinese Ecosystem Research Network，CERN），其主要目标就是通过对我国主要类型生态系统的长期监测，揭示其不同时期生态系统及环境要素的变化规律及其动因，从而评价其生态系统服务，揭示不同区域生态系统对全球变化的作用及响应，探讨生态系统恢复重建的技术途径。2005年，科技部正式启动国家生态系统观测研究网络台站的建设任务，整合中国科学院等多部门乃至地方政府所建立的一批野外观测和试验研究站，成立了国家生态系统观测研究网络（National Ecosystem Research Network of China，CNERN），可有效地组织国家生态系统网络的联网观测与试验，构建国家的生态系统观测与研究的野外基地平台，数据资源共享平台，生态学研究的科学家合作与人才培养基地。目前，我国野外台站的生态监测时间仅有40～50年，基于统一的监测理念、技术、平台、管理和数据共享等，选择代表性台站，纳入古生态学的监测内容，坚持实施更长期的生态监测任务，可为真正的长期生态学研究作出自己的贡献。

古生态学家应更多地在生态学杂志和书籍发表文章，增加在生态学会议中的参与度，加强与（现代）生态学家的协作。也就是说，古生态学家不仅仅是一个从事过去研究的科学家（palaeoscientist），从根本上来看，古生态学家是一个基于不同方法致力于另一个时间尺度研究的生态学家（Rull, 2010）。

无论如何，古生态学是一个生机勃勃、兴旺繁荣的学科，拥有解决纯生态学议题（生态与进化、方法论）和应用生态学议题（环境与生物多样性保护）的巨大潜力。但我们也要清晰地认识到，古生态学本身仍存在很多不确定性，包括时间精度粗糙与连续性较低，记录不完整性与分类精度不足，物种丰度与多样性不匹配，物种形成、进化、灭绝与群落周转时间模糊，定量化研究不充分等（Rull, 2014b）。单从古生态学的重要支撑——孢粉学而言，花粉分析鉴定精度不高，花粉产量、花粉传播、搬运与沉积、花粉保存与埋藏等现代花粉过程尚不清晰，花粉与植被关系以及花粉与气候关系尚未充分掌握等（许清海等，2015），也在一定程度上限制了古生态学记录在长期生态学研究中的作用。而从另一方面来看，在现代生态学与古生态学的融合中，如何将现代生态学方法（尤其是宏生态学）应用于古生态学研究，也是需要深入思考的。例如，将当今流行的物种分布模型应用于第四纪古生态学甚至是深时古生物学研究，从而有效揭示物种和生态系统的过去变化，以及气候变化影响和指导生态恢复重建，是对当代生态学和保护生物学的巨大贡献（Svenning et al., 2011）。

因此，开展在全球变化框架下的生态化的古生态学研究，打破多时间尺度的观念，将现代生态学、古生态学与未来预测融合为一体,实现真正的长期生态学观测与研究,是未来生态学面临的重大挑战。

致谢

感谢"第十届现代生态学讲座"组委会的邀请并做大会报告。本文是作者在多年从事古生态学研究基础之上的一些思考,得到多个国家自然科学基金项目的资助(31870462、41471049、90102009、39700018)。感谢邬建国教授提供部分参考文献,并对本章草稿提出宝贵建议。感谢两位审稿专家提出的建设性意见。

参考文献

李月辉,吴文,吴志丰,常禹,陈宏伟. 2015. 森林景观的历史变域研究进展. 生态学报,35(12):3896-3907.

刘鸿雁. 2002. 第四纪生态学与全球变化. 北京:科学出版社.

彭书时,岳超,常锦峰. 2020. 陆地生物圈模型的发展与应用. 植物生态学报,44:436-448.

孙中宇,任海. 2011. 生态记忆及其在生态学中的潜在应用. 应用生态学报,22(3):549-555.

许清海,李曼玥,张生瑞,张娅红,张攀攀,卢静瑶. 2015. 中国第四纪花粉现代过程:进展与问题. 中国科学:地球科学,45(11):1661-1682.

杨式溥. 1993. 古生态学:原理与方法. 北京:地质出版社.

中国古生物学会. 2014. 中国古生物学学科史. 北京:中国科学技术出版社.

Abu-Asab, M. S., P. M. Peterson, S. G. Shetler, and S. S. Orli. 2001. Earlier plant flowering in spring as a response to global warming in the Washington DC area. Biodiversity and Conservation, 10: 597-612.

Allen, J. R. M., M. Forrest, T. Hickler, J. S. Singarayer, P. J. Valdes, and B. Huntley. 2020. Global vegetation patterns of the past 140 000 years. Journal of Biogeography, 47:2073-2090.

Barbolini, N., A. Woutersen, G. Dupont-Nivet, D. Silvestro, D. Tardif, P. M. C. Coster, N. Meijer, C. Chang, H. X. Zhang, A. Licht, C. Rydin, A. Koutsodendris, F. Han, A. Rohrmann, X. J. Liu, Y. Zhang, Y. Donnadieu, F. Fluteau, J. B. Ladant, G. Le Hir, and C. Hoorn. 2020. Cenozoic evolution of the steppe-desert biome in Central Asia. Science Advances, 6: eabb8227.

Beebee, T. 1995. Amphibian breeding and climate. Nature, 374: 219-220.

Bennett, K. D. 1988. Post-glacial vegetation history: Ecological considerations. In Huntley, B., Webb Ⅲ, T., eds. Vegetation History. Dordrecht: Kluwer Academic Publishers, 699-724.

Berglund, B. E. 1986. Handbook of Holocene Palaeoecology and Palaeohydrology. Chichester: John Wiley & Sons Ltd.

Birks, H. J. B., and H. H. Birks. 1980. Quaternary Palaeoecology. London: Edward Arnold.

Bradley, N. L., A. C. Leopold, J. Ross, and W. Huffaker. 1999. Phenological changes reflect climate change in Wisconsin. Proceedings of the National Academy of Sciences of the United States of America, 96: 9701-9704.

Burrows, M., D. Schoeman, L. Buckley, P. Moore, E. Poloczanska, K. M. Brander, C. Brown, J. F.

Bruno, C. M. Duarte, B. Halpern, J. Holding, C. V. Kappel, W. Kiessling, M. I. O'Connor, J. M. Pandolfi, C. Parmesan, F. B. Schwing, W. J. Sydeman, and A. J. Richardson. 2011. The pace of shifting climate in marine and terrestrial ecosystems. Science, 334: 652-655.

Cao, M. K., and F. I. Woodward. 1998. Dynamic responses of terrestrial ecosystem carbon cycling to global climate change. Nature, 393: 249-252.

Cavender-Bares, J., K. H. Kozak, P. V. A. Fine, and S. W. Kembel. 2009. The merging of community ecology and phylogenetic biology. Ecology Letters, 12: 693-715.

Chmielewski, F. M., and T. Rötzer. 2001. Response of tree phenology to climate change across Europe. Agricultural and Forest Meteorology, 108: 101-112.

Cramer, W., A. Bondeau, F. I. Woodward, I. C. Prentice, R. A. Betts, V. Brovkin, P. M. Cox, V. Fisher, J. A. Foley, A. D. Friend, C. Kucharik, M. R. Lomas, N. Ramankutty, S. Sitch, B. Smith, A. White, and C. Young-Molling. 2001. Global response of terrestrial ecosystem structure and function to CO_2 and climate change: Results from six dynamic global vegetation models. Global Change Biology, 7: 357-373.

Crick, H. Q. P., C. Dudley, D. E. Glue, and D. L. Thomson. 1997. UK birds are laying eggs earlier. Nature, 388: 526.

Cushing, E. J., and H. E. Jr. Wright. 1967. Quaternary Paleoecology. New Haven & London: Yale University Press.

Davies, A. L., and M. J. Bunting. 2010. Applications of palaeoecology in conservation. The Open Ecology Journal, 3: 54-67.

Davis, M. B., R. G. Shaw, and J. R. Etterson. 2005. Evolutionary responses to changing climate. Ecology, 86: 1704-1714.

Delcourt, H. R., and P. A. Delcourt. 1988. Quaternary landscape ecology: Relevant scales in space and time. Landscape Ecology, 2: 23-44.

Delcourt, H. R., and P. A. Delcourt. 1991. Quaternary Ecology: A Paleoecological Perspective. London: Chapman & Hall.

Ellis, E. C., J. O. Kaplan, D. Q. Fuller, S. Vavrus, G. K. Klein, and P. H. Verburg. 2013. Used planet: A global history. Proceedings of the National Academy of Sciences of the United States of America, 110: 7978-7985.

Fitter, A. H., and R. S. R. Fitter. 2002. Rapid change in flowering time in British plants. Science, 296: 1689-1691.

Flessa, K. W., and S. T. Jackson. 2005. Forging a common agenda for ecology and paleoecology. Bioscience, 55: 1030-1031.

Foster, D. R., P. K. Schoonmaker, and S. T. A. Pickett. 1990. Insights from paleoecology to community ecology. Trends in Ecology and Evolution, 5: 119-122.

Gillson, L. 2004. Evidence of hierarchical patch dynamics in an East African savanna? Landscape Ecology, 19: 883-894.

Gillson, L. 2009. Landscapes in time and space. Landscape Ecology, 24: 149-155.

Gillson, L. 2015. Biodiversity Conservation and Environmental Change: Using Palaeoecology to Manage Dynamic Landscapes in the Anthropocene. Oxford:Oxford University Press.

Gordo, O., and J. J. Sanz. 2005. Phenology and climate change: A long-term study in a Mediterranean locality. Oecologia, 146: 484–495.

Gottfried, M., H. Pauli, A. Futschik, M. Akhalkatsi, P. Barancok, J. L. B. Alonso, G. Coldea, J. Dick, B. Erschbamer, M. R. F. Calzado, G. Kazakis, J. Krajci, P. Larsson, M. Mallaun, O. Michelsen, D. Moiseev, P. Moiseev, U. Molau, A. Merzouki, L. Nagy, G. Nakhutsrishvili, B. Pedersen, G. Pelino, M. Puscas, G. Rossi, A. Stanisci, J. P. Theurillat, M. Tomaselli, L. Villar, P. Vittoz, I. Vogiatzakis, and G. Grabherr. 2012. Continent-wide response of mountain vegetation to climate change. Nature Climate Change, 2: 111–115.

Han, W. J., J. Y. Cao, J. L. Liu, J. Jiang, and J. Ni. 2019. Impacts of nitrogen deposition on terrestrial plant diversity: A meta-analysis in China. Journal of Plant Ecology, 12: 1025–1033.

Harsch, M. A., P. E. Hulme, M. S. McGlone, and R. P. Duncan. 2009. Are treelines advancing? A global meta-analysis of treeline response to climate warming. Ecology Letters, 12: 1040–1049.

Hobbie, J. E. 2003. Scientific accomplishments of the Long Term Ecological Research Program: An introduction. BioScience, 53: 17–20.

Huang, M. T., S. L. Piao, A. J. Ivan, Z. C. Zhu, T. Wang, D. H. Wu, P. Ciais, R. B. Myneni, P. Marc, S. S. Peng, H. Yang, and J. Peñuelas. 2017. Velocity of change in vegetation productivity over northern high latitudes. Nature Ecology & Evolution, 1: 1649–1654.

Hughes, P. 2017. Paleoecology and the conservation paradox. Landscape Ecology, 32: 227–228.

Jackson, S. T. 2001. Integrating ecological dynamics across timescales: Real-time, Q-time and deep-time. Palaios, 16: 1–2.

Jonzén, N., A. Lindén, T. Ergon, E. Knudsen, J. O. Vik, D. Rubolini, D. Piacentini, C. Brinch, F. Spina, L. Karlsson, M. Stervander, A. Andersson, J. Waldenström, A. Lehikoinen, E. Edvardsen, R. Solvang, and N. C. Stenseth. 2006. Rapid advance of spring arrival dates in long-distance migratory birds. Science, 312: 1959–1961.

Klages, J., U. Salzmann, T. Bickert, C. Hillenbrand, K. Gohl, G. Kuhn, S. Bohaty, J. Tischak, J. Mueller, T. Frederichs, T. Bauersachs, W. Ehrmann, T. Van De Flierdt, P. Simoes, R. Larter, G. Lohmann, I. Niezgodzki, G. Uenzelmann-Neben, M. Zundel, C. Spiegel, C. Mark, D. Chew, J. Francis, G. Nehrke, F. Schwarz, J. Smith, T. Freudenthal, O. Esper, H. Paelike, T. Ronge, R. Dziadek, and the Science Team of Expedition PS104. 2020. Temperate rainforests near the South Pole during peak Cretaceous warmth. Nature, 580: 81–86.

Lieberman, B. S. 2003. Paleobiogeography: The relevance of fossils to biogeography. Annual Review of Ecology, Evolution, and Systematics, 34: 51–69.

Linderholm, H. W. 2006. Growing season changes in the last century. Agricultural and Forest Meteorology, 137: 1–14.

Lu, M., X. H. Zhou, Q. Yang, H. Li, Y. Q. Luo, C. M. Fang, J. K. Chen, X. Yang, and B. Li. 2013. Responses of ecosystem carbon cycle to experimental warming: A meta-analysis. Ecology, 94: 726–738.

Lu, X. K., M. V. Peter, Q. G. Mao, S. G. Frank, Y. Q. Luo, G. Y. Zhou, X. M. Zou, B. Edith, M. S. Todd, E. Q. Hou, and J. M. Mo. 2018. Plant acclimation to long-term high nitrogen deposition in an N-rich tropical forest. Proceedings of the National Academy of Sciences of the United States of America, 115: 5187–5192.

MacDonald, G. M., K. D. Bennett, S. T. Jackson, L. Parducci, F. A. Smith, J. P. Smol, and K. J. Willis. 2008. Impacts of climate change on species, populations and communities: Palaeobiogeographical insights and frontiers. Progress in Physical Geography, 32: 139-172.

Melillo, J. M., A. D. McGuire, D. W. Kicklighter, B. Moore Ⅲ, C. J. Vorosmarty, and A. L. Schloss. 1993. Global climate change and terrestrial net primary production. Nature, 363: 234-240.

Menzel, A., N. Estrella, and P. Fabian. 2001. Spatial and temporal variability of the phonological seasons in Germany from 1951 to 1996. Global Change Biology, 7: 657-666.

Myneni, R. B., C. D. Keeling, and C. J. Tucker. 1997. Increased plant growth in the northern high latitudes from 1981-1991. Nature, 386: 698-702.

National Research Council. 2005. The Geological Record of Ecological Dynamics: Understanding the Biotic Effects of Future Environmental Change. Washington, DC: The National Academies Press.

Nemani, R. R., C. D. Keeling, and H. Hashimoto. 2003. Climate-driven increases in global terrestrial net primary production from 1982 to 1999. Science, 300: 1560-1563.

Ni, J. 2011. Impacts of climate change on Chinese ecosystems: Key vulnerable regions and potential thresholds. Regional Environmental Change, 11: S49-S64.

Ni, J. 2013. Carbon storage in Chinese terrestrial ecosystems: Approaching a more accurate estimate. Climatic Change, 119: 905-917.

Norby, R. J., and D. R. Zak. 2011. Ecological lessons from Free-Air CO_2 Enrichment (FACE) experiments. Annual Review of Ecology, Evolution, and Systematics, 42: 181-203.

Ogle, K., J. J. Barber, G. A. Barron-Gafford, L. P. Bentley, J. M. Young, T. E. Huxman, M. E. Loik, and D. T. Tissue. 2015. Quantifying ecological memory in plant and ecosystem processes. Ecology Letters, 18: 221-235.

Parmesan, C. 2006. Ecological and evolutionary responses to recent climate change. Annual Review of Ecology, Evolution, and Systematics, 37: 637-669.

Parmesan, C., and G. Yohe. 2003. A globally coherent fingerprint of climate change impacts across natural systems. Nature, 421: 37-42.

Parmesan, C., N. Ryrholm, C. Stefanescu, J. K. Hill, C. D. Thomas, H. Descimon, B. Huntley, L. Kaila, J. Kullberg, T. Tammaru, W. J. Tennent, J. A. Thomas, and M. Warren. 1999. Poleward shifts in geographical ranges of butterfly species associated with regional warming. Nature, 399: 579-583.

Pauli, H., M. Gottfried, S. Dullinger, O. Abdaladze, M. Akhalkatsi, J. L. B. Alonso, G. Coldea, J. Dick, B. Erschbamer, R. F. Calzado, D. Ghosn, J. I. Holten, R. Kanka, G. Kazakis, J. Kollar, P. Larsson, P. Moiseev, D. Moiseev, U. Molau, J. M. Mesa, L. Nagy, G. Pelino, M. Puscas, G. Rossi, A. Stanisci, A. O. Syverhuset, J. P. Theurillat, M. Tomaselli, P. Unterluggauer, L. Villar, P. Vittoz, and G. Grabherr. 2012. Recent plant diversity changes on Europe's mountain summits. Science, 336: 353-355.

Peñuelas, J., and M. Boada. 2003. A global change-induced biome shift in the Montseny mountains (NE Spain). Global Change Biology, 9: 131-140.

Piao, S. L., X. H. Wang, T. Park, C. Chen, X. Lian, Y. He, J. W. Bjerke, A. P. Chen, P. Ciais, H. Tømmervik, R. R. Nemani, and R. B. Myneni. 2020. Characteristics, drivers and feedbacks of global greening. Nature Reviews Earth & Environment, 1: 14-27.

Poloczanska, E. S., C. J. Brown, W. J. Sydeman, W. Kiessling, D. S. Schoeman, P. J. Moore, K. Brander, J. F. Bruno, L. B. Buckley, M. T. Burrows, C. M. Duarte, B. S. Halpern, J. Holding, C. V. Kappel, M. I. O'Connor, J. M. Pandolfi, C. Parmesan, F. Schwing, S. A. Thompson, and A. J. Richardson. 2013. Global imprint of climate change on marine life. Nature Climate Change, 3: 919-925.

Prentice, I. C., and T. Webb Ⅲ. 1998. BIOME 6000: Reconstructing global mid-Holocene vegetation patterns from palaeoecological records. Journal of Biogeography, 25: 997-1005.

Prentice, I. C., D. Jolly, and BIOME 6000 participants. 2000. Mid-Holocene and glacial-maximum vegetation geography of the northern continents and Africa. Journal of Biogeography, 27: 507-519.

Prentice, I. C., J. Guiot, B. Huntley, D. Jolly, and R. Cheddadi. 1996. Reconstructing biomes from palaeoecological data: A general method and its application to European pollen data at 0 and 6 ka. Climate Dynamics, 12: 185-194.

Rautio, A. M., T. Josefsson, A. L. Axelsson, and L. Östlund. 2016. People and pines 1555-1910: Integrating ecology, history and archaeology to assess long-term resource use in northern Fennoscandia. Landscape Ecology, 31: 337-349.

Reitalu, T., P. Kunes, and T. Giesecke. 2014. Closing the gap between plant ecology and Quaternary palaeoecology. Journal of Vegetation Science, 25: 1188-1194.

Roberts, N. 1998. The Holocene: An Environmental History. Oxford: Blackwell.

Root, T. L., J. T. Price, K. R. Hall, S. H. Schneider, C. Rosenzweig, and J. A. Pounds. 2003. Fingerprints of global warming on wild animals and plants. Nature, 421: 57-60.

Rull, V. 1990. Quaternary palaeoecology and ecological theory. Orsis, 5: 91-111.

Rull, V. 2010. Ecology and palaeoecology: Two approaches, one objective. The Open Ecology Journal, 3: 1-5.

Rull, V. 2012a. Palaeobiodiversity and taxonomic resolution: Linking past trends with present patterns. Journal of Biogeography, 39: 1005-1006.

Rull, V. 2012b. Community ecology: Diversity and dynamics over time. Community Ecology, 13: 102-116.

Rull, V. 2014a. Ecological palaeoecology: A missing link between ecology and evolution. Collectanea Botanica, 33: 65-73.

Rull, V. 2014b. Time continuum and true long-term ecology: From theory to practice. Frontiers in Ecology and Evolution, 2: 75.

Rull, V., and T. Vegas-Vilarrúbia. 2011. What is long-term in ecology? Trends in Ecology and Evolution, 26: 3-4.

Rull, V., T. Vegas-Vilarrúbia, and E. Montoya. 2017. Paleoecology as a guide to landscape conservation and restoration in the neotropical Gran Sabana. PAGES Magazine, 25: 82-83.

Salzmann, U., A. M. Haywood, D. J. Lunt, P. J. Valdes, and D. J. Hill. 2008. A new global biome reconstruction and data-model comparison for the Middle Pliocene. Global Ecology and Biogeography, 17: 432-447.

Scharf, E. A. 2014. Deep time: The emerging role of archaeology in landscape ecology. Landscape Ecology, 29: 563-569.

Schewe, J.,S. N. Gosling, C. Reyer, F. Zhao, P. Ciais, J. Elliott, L. Francois, V. Huber, H. K. Lotze,

S. I. Seneviratne, M. T. H. van Vliet, R. Vautard, Y. Wada, L. Breuer, M. Büchner, D. A. Carozza, J. Chang, M. Coll, D. Deryng, A. de Wit, T. D. Eddy, C. Folberth, K. Frieler, A. D. Friend, D. Gerten, L. Gudmundsson, N. Hanasaki, A. Ito, N. Khabarov, H. Kim, P. Lawrence, C. Morfopoulos, C. Müller, H. M. Schmied, R. Orth, S. Ostberg, Y. Pokhrel, T. A. M. Pugh, G. Sakurai, Y. Satoh, E. Schmid, T. Stacke, J. Steenbeek, J. Steinkamp, Q. Tang, H. Tian, D. P. Tittensor, J. Volkholz, X. Wang, and L. Warszawski. 2019. State-of-the-art global models underestimate impacts from climate extremes. Nature Communications, 10: 1005.

Schwartz, M. D., R. Ahas, and A. Aasa. 2006. Onset of spring starting earlier across the Northern Hemisphere. Global Change Biology, 12: 343-351.

Seddon, A. W. R., A. W. Mackay, A. G. Baker, H. J. B. Birks, E. Breman, C. E. Buck, E. C. Ellis, C. A. Froyd, J. L. Gill, L. Gillson, E. A. Johnson, V. J. Jones, S. Juggins, M. Macias-Fauria, K. Mills, J. L. Morris, D. Nogués-Bravo, S. W. Punyasena, T. P. Roland, A. J. Tanentzap, K. J. Willis, M. Aberhan, E. N. Asperen, W. E. N. Austin, R. W. Battarbee, S. Bhagwat, C. L. Belanger, K. D. Bennett, H. H. Birks, C. R. Bronk, S. J. Brooks, M. de Bruyn, P. G. Butler, F. M. Chambers, S. J. Clarke, A. L. Davies, J. A. Dearing, T. H. G. Ezard, A. Feurdean, R. J. Flower, P. Gell, S. Hausmann, E. J. Hogan, M. J. Hopkins, E. S. Jeffers, A. A. Korhola, R. Marchant, T. Kiefer, M. Lamentowicz, I. Larocque-Tobler, L. López-Merino, L. H. Liow, S. McGowan, J. H. Miller, E. Montoya, O. Morton, S. Nogué, C. Onoufriou, L. P. Boush, F. Rodriguez-Sanchez, N. L. Rose, C. D. Sayer, H. E. Shaw, R. Payne, G. Simpson, K. Sohar, N. J. Whitehouse, J. W. Williams, and A. Witkowski. 2014. Looking forward through the past: Identification of 50 priority research questions in palaeoecology. Journal of Ecology, 102: 256-267.

Seppä, H., and K. D. Bennett. 2003. Quaternary pollen analysis: Recent progress in palaeoecology and palaeoclimatology. Progress in Physical Geography, 27: 548-579.

Sitch, S., C. Huntingford, N. Gedney, P. E. Levy, M. Lomas, S. L. Piao, R. Betts, P. Ciais, P. Cox, P. Friedlingstein, C. D. Jones, I. C. Prentice, and F. I. Woodward. 2008. Evaluation of the terrestrial carbon cycle, future plant geography and climate-carbon cycle feedbacks using five Dynamic Global Vegetation Models (DGVMs). Global Change Biology, 14: 2015-2039.

Song, J., S. Q. Wan, S. L. Piao, K. K. Alan, T. C. Aimée, V. Sara, C. Philippe, J. H. Mark, L. Sebastian, B. Claus, K. Paul, J. Y. Xia, Q. Liu, J. Y. Ru, Z. X. Zhou, Y. Q. Luo, D. L. Guo, J. A. Langley, Z. Jakob, S. D. Jeffrey, J. W. Tang, J. Q. Chen, S. H. Kirsten, M. K. Lara, R. Lindsey, L. L. Liu, D. S. Melinda, H. T. Pamela, R. Q. Thomas, J. N. Richard, P. P. Richard, S. L. Niu, F. Simone, Y. P. Wang, P. S. Shao, H. Y. Han, D. D. Wang, L. J. Lei, J. L. Wang, X. N. Li, Q. Zhang, X. M. Li, F. L. Su, B. Liu, F. Yang, G. G. Ma, G. Y. Li, Y. C. Liu, Y. Z. Liu, Z. L. Yang, K. S. Zhang, Y. Miao, M. J. Hu, C. Yan, A. Zhang, M. X. Zhong, Y. Hui, Y. Li, and M. M. Zheng. 2019. A meta-analysis of 1119 manipulative experiments on terrestrial carbon-cycling responses to global change. Nature Ecology & Evolution, 3: 1309-1320.

Stephen, T. J., and W. W. John. 2004. Modern analogs in Quaternary paleoecology: Here today, gone yesterday, gone tomorrow? Annual Review of Earth and Planetary Sciences, 32: 495-537.

Sturm, M., C. Racine, and K. Tape. 2001. Increasing shrub abundance in the Arctic. Nature, 411: 546-547.

Sugita, S. 2007a. Theory of quantitative reconstruction of vegetation I: Pollen from large sites REVEALS regional vegetation composition. The Holocene, 17: 229-241.

Sugita, S. 2007b. Theory of quantitative reconstruction of vegetation II: All you need is LOVE. The Holocene, 17: 243-257.

Svenning, J. C., C. Fløjgaard, K. A. Marske, D. Nógues-Bravo, and S. Normand. 2011. Applications of species distribution modeling to paleobiology. Quaternary Science Reviews, 30: 2930-2947.

Swetnam, T. W., C. D. Allen, and J. L. Betancourt. 1999. Applied historical ecology: Using the past to manage for the future. Ecological Applications, 9: 1189-1206.

Teitalu, T., P. Kuneš, and T. Giesecke. 2014. Closing the gap between plant ecology and Quaternary palaeoecology. Journal of Vegetation Science, 25: 1188-1194.

Tissue, D. T., and J. D. Lewis. 2012. Learning from the past: How low [CO_2] studies inform plant and ecosystem response to future climate change. New Phytologist, 194: 4-6.

van Klink, R., D. E. Bowler, K. B. Gongalsky, A. B. Swengel, A. Gentile, and J. M. Chase. 2020. Meta-analysis reveals declines in terrestrial but increases in freshwater insect abundances. Science, 368: 417-420.

Walther, G. R., E. Post, P. Convey, A. Menzel, C. Parmesan, T. J. C. Beebee, J. M. Fromentin, O. Hoegh-Guldberg, and F. Bairlein. 2002. Ecological responses to recent climate change. Nature, 416: 389-395.

Wang, H., J. Ni, and I. C. Prentice. 2011. Sensitivity of potential natural vegetation in China to projected changes in temperature, precipitation and atmospheric CO_2. Regional Environmental Change, 11: 715-727.

Wang, J., H. W. Pfefferkorn, Y. Zhang, and Z. Feng. 2012. Permian vegetational Pompeii from Inner Mongolia and its implications for landscape paleoecology and paleobiogeography of Cathaysia. Proceedings of the National Academy of Sciences of the United States of America, 109: 4927-4932.

Warszawski, L., K. Frieler, V. Huber, F. Piontek, O. Serdeczny, and J. Schewe. 2013. The Inter-Sectoral Impact Model Intercomparison Project (ISI-MIP): Project framework. Proceedings of the National Academy of Sciences of the United States of America, 111: 3228-3232.

Williams, J. W., and S. T. Jackson. 2007. Novel climates, no-analog communities, and ecological surprises. Frontiers in Ecology and the Environment, 5: 475-482.

Willis, K. J., M. B. Araújo, K. D. Bennett, B. Figueroa-Rangel, C. A. Froyd, and N. Myers. 2007. How can a knowledge of the past help to conserve the future? Biodiversity conservation and the relevance of long-term ecological studies. Philosophical Transactions of the Royal Society B, 362: 175-186.

Willis, K. J., R. M. Bailey, S. A. Bhagwat, and H. J. B. Birks. 2010. Biodiversity baselines, thresholds and resilience: Testing predictions and assumptions using palaeoecological data. Trends in Ecology and Evolution, 25: 583-591.

Zhao, Y., P. C. Tzedakis, Q. Li, F. Qin, Q. Cui, C. Liang, H. J. B. Birks, Y. Liu, Z. Zhang, J. Ge, H. Zhao, V. A. Felde, C. Deng, M. Cai, H. Li, W. Ren, H. Wei, H. Yang, J. Zhang, Z. Yu, and Z. Guo. 2020. Evolution of vegetation and climate variability on the Tibetan Plateau over the past 1. 74 million years. Science Advances, 6: eaay6193.

Zhu, Z. C., S. L. Piao, B. M. Ranga, M. T. Huang, Z. Z. Zeng, G. C. Josep, C. Philippe, S. Stephen,

F. Pierre, A. Almut, C. X. Cao, L. Cheng, E. Kato, C. Koven, Y. Li, X. Lian, Y. W. Liu, R. G. Liu, J. F. Mao, Y. Z. Pan, S. S. Peng, P. Josep, P. Benjamin, A. M. P. Thomas, D. S. Benjamin, V. Nicolas, X. H. Wang, Y. P. Wang, Z. Q. Xiao, H. Yang, Z. Sönke, and Z. Ning. 2016. Greening of the Earth and its drivers. Nature Climate Change, 6: 791–795.

Zier, J. L., and W. L. Baker. 2006. A century of vegetation change in the San Juan Mountains, Colorado: An analysis using repeat photography. Forest Ecology and Management, 228: 251–262.

生物多样性与生态系统稳定性

第3章

徐柱文[①]

摘　要

生物多样性如何影响生态系统稳定性是长期以来生态学研究的重要命题。尽管以往的研究取得了重要进展，但由于这一问题的复杂性，生物多样性与生态系统稳定性关系及相关驱动机制仍存在较大争议。本文对生物多样性与生态系统稳定性关系研究的历史进行了回顾，对两者关系相关的超产效应、统计均衡效应、互补效应等机制和主要的争议进行了总结，在此基础上，对未来的生物多样性与生态系统稳定性关系的研究进行了展望。建议今后在不同的群落或生态系统类型中，尤其是在自然生态系统中，在环境和生物因子变化的背景下开展长期实验研究生物多样性与生态系统稳定性的关系，并考虑不同层次、不同方面、不同种类的多样性和稳定性指标，采用多点联网实验、整合分析等方法，以全面认识生物多样性与生态系统稳定性的关系和机制。

Abstract

How biodiversity affects ecological stability has long been the crucial question in ecology. Although great progress has been made during the past decades, there are still debates about the biodiversity-ecosystem stability relationship and the underlying mechanisms, due to the complexity of this question. This study reviews the research history of biodiversity-ecosystem stability, summarizes the relevant mechanisms—the overyielding effect, the statistical averaging effect, the complementary effect, and the main controversies on biodiversity-ecosystem stability relationship, and proposes future researches on this issue. I suggest

① 内蒙古大学生态与环境学院，呼和浩特，010021，中国。

that future biodiversity-ecosystem stability studies should be conducted in different types of communities and ecosystems, especially in natural ecosystems, and should explore the biodiversity-stability relationship under the background of changing environmental and biological factors using long-term manipulative experiment. Carrying out multi-site networking experiments and meta-analyses, and considering different levels, aspects, and types of index on diversity and stability should be helpful to fully understand the biodiversity-ecosystem stability relationship and the underlying mechanisms.

前言

人类活动引起的全球变化正在以前所未有的速度造成生物多样性的下降(Butchart et al., 2010)。全球性的环境变化同样加剧了生态系统的波动,使生态系统的稳定性下降。稳定性作为生态系统最重要的功能之一,反映了生态系统保持本质属性不变的能力、暂时的干扰之后恢复到干扰前状态的能力和系统的持久性(Grimm and Wissel, 1997)。生物多样性的下降是否会以及如何引起生态系统稳定性的下降,是生态学家关注的重要科学问题。从早期的理论假设、野外观察,再到控制实验验证和理论模型的发展,生物多样性与生态系统稳定性的研究经历了半个多世纪的历史,并取得了重大进展。然而,由于生物多样性与生态系统稳定性关系的复杂性,相关的很多问题尚存在激烈的争论。本文就生物多样性与生态系统稳定性关系的研究历史进行了回顾,对生物多样性与生态系统稳定性相关的主要机制及争论进行了分析和评述,并对以后的研究方向进行了展望。

3.1 生物多样性与生态系统稳定性研究的历史回顾

生物多样性可能影响生态系统稳定性的观点最早由 Elton (1927)提出。之后到20世纪50年代,生态学家才真正开始了生物多样性与生态系统稳定性的研究。MacArthur (1955)通过群落学研究认为,更高的物种多样性会增加生态系统的稳定性。Elton (1958)也认为,相对于物种丰富的群落,简单的群落更容易受到干扰的影响,种群更易波动,群落对入侵更敏感。Odum (1959)对自然群落观测的结果也支持了 MacArthur 和 Elton 的假说。20世纪70年代之前,生态学家普遍认为生物多样性的增加可以提高生态系统的稳定性。然而,这些早期的观点随后受到了挑战。May (1973)运用数学模型严格地检验了多样性和稳定性的关系,发现物种多样性会降低群落的稳定性,这一结果也得到了其他运用类似方法的学者研究结果的支持(Pimm and Lawton, 1978; Yodzis, 1981)。Goodman (1975)对当时已发表的超过200篇相关文献进行综述,认为并不存在生物多样性能够增强生态系统稳定性的证据。之后生物多样性与生态系统稳定性关系的研究淡出了人们的视野。到这一时期为止,生物多样性与生态系统稳定性相关的研究主要是基于对自然生态系统的调查(MacArthur, 1955;

Elton, 1958; Odum, 1959)和数学模型的分析(Gardner and Ashby, 1970; May, 1973; Angelis, 1975),而具体机制在这些早期的研究中都未被讨论。

到二十世纪末,在全球生物多样性加速丧失的背景下,生态学研究者重新审视了生物多样性与生态系统功能和稳定性的关系(Schulze and Mooney, 1994; Cardinale et al., 2012)。1982年,David Tilman 在明尼苏达州 Cedar Creek 草地率先建立了一项控制实验,研究多样性和植物群落功能及稳定性之间的关系。随后,以生态气候室(ecotron)实验(Naeem et al., 1994)、微宇宙(microcosm)实验(Naeem and Li, 1997)、美国加州草地实验(Hooper and Vitousek, 1997)、欧洲草地 BIODEPTH 实验(Hector et al., 1999)等为代表的一系列生物多样性实验被开展起来;生物多样性与生态系统稳定性关系的研究进入一个蓬勃发展的新时期。大多数生物多样性实验表明,物种多样性和群落的稳定性之间呈正相关关系(Tilman and Downing, 1994; Lawler, 1995; Tilman, 1996; Tilman et al., 1996; McGrady-Steed et al., 1997; Naeem and Li, 1997; Schlaepfer and Schmid, 1999),而多样性与种群稳定性的关系则复杂而多变(Tilman, 1996; McGrady-Steed and Morin, 2000; Valone and Hoffman, 2003; Romanuk et al., 2009; Hector et al., 2010)。同时,新的理论研究也在这一时期迅速兴起(McCann et al., 1998; Ives et al., 1999; Yachi and Loreau, 1999; Thébault et al., 2005; Otto et al., 2007),为实验研究的结果提供了机理上的解释。另一方面,持续增加的相关研究在丰富了生物多样性与生态系统稳定性成果的同时,也引发了在实验设计的有效性、多样性的作用机制、自然生态系统与人工生态系统结果的相关性方面不同观点之间的激烈争论(Loreau et al., 2001)。在不断的争论中,新的研究方法和理论被建立起来,又进一步推动了生物多样性与生态系统稳定性关系研究的发展。

3.2 生物多样性-生态系统稳定性关系的驱动机制

随着研究不断深入,生态学家对生物多样性与生态系统稳定性之间关系的驱动机制进行了探索,取得了重要进展。尤其是对多样性与变异性的关系,以及多样性与生态系统时间稳定性关系的驱动机制有了较为深刻的认识。相关的机制主要包括超产效应、统计均衡效应和互补效应三个大的方面。

3.2.1 超产效应

超产效应是指群落的生物量随多样性增加而增加,当生物量的增加速率大于其标准差的增加速率时,超产效应就导致稳定性随多样性增加而提高(Tilman, 1999)。超产效应的产生与互补效应(complementarity effect)和选择效应(selection effect)有密切关联(Hector et al., 2010)。群落中不同的物种具有不同的生态位,生物多样性增加有利于物种间的功能互补,可以更有效地利用资源,同时使群落内各物种之间存在相互促进作用的可能性增加,由此提高了系统的功能,从而产生超产效应(overyielding effect)(Tilman, 1999);群落中不同的物种竞争能力各不相同,竞争能力较强的物种可以创造出更高的生产力,而在多样性更高的群落中包含生产力高的物种的概率更大,即产生选择效应(selection effect)(Tilman et al., 1997),进而能影响群落的整体表现(Cardinale et al., 2007)。模型及实验的研究都证明超产效应是解释生物多样性与生态系统稳定性关系的重要机制(Jiang and Pu, 2009; Hector et al., 2010; Loreau and de Mazancourt, 2013; Schnabel et al., 2019)。

3.2.2 统计均衡效应

统计均衡效应(statistical averaging effect)是解释生物多样性与生态系统稳定性呈正相关关系的另一种重要机制。经济学认为多样化的投资结构使资产收益更稳定,这种关系与生物多样性和生态系统稳定性间的关系相似,因此生态学家将这一概念引入生态学研究中,又将其称为投资组合效应(portfolio effect)(Tilman et al., 1998)。假定群落中物种间不存在相互关联,即物种间的协方差之和为零,单纯从统计学的角度出发,就可以推导出群落的时间稳定性会随着物种数增加而增加的结论(Doak et al., 1998)。依据生物群落多度的方差和均值的指数关系(Taylor, 1961),Tilman (1999)用数学模型说明投资组合效应在多样性和稳定性关系中的作用,认为在自然群落中,其他因素保持不变时,多样性丧失将会使生态系统稳定性受损。假定物种间相互独立,不同组成的群落中物种的变异系数与单物种群落中相同,Doak 等(1998)同样用数学公式推导发现,群落的稳定性也受到均匀度的影响:均匀度越大,群落中每个物种的作用就越大,整体上群落波动的程度就越小;反之,均匀度下降使一个或少数几个物种对总生物量的贡献增加,降低了使群落变异性减小的统计均衡效应(Cottingham et al., 2001),进而使多样性对群落的稳定作用降低。均匀度的降低也会造成群落物种数的减少和对生产力的影响(Wilsey and Polley, 2004; Tilman et al., 2006),并由此间接地影响群落的时间稳定性。此外,均匀度也会影响到群落对外界干扰的抵抗力和恢复力,尽管不同的研究并未得到一致的结论(Hillebrand et al., 2008)。群落稳定性由其组成物种的稳定性决定(Caldeira et al., 2005),在自然生态系统中,通常群落的组成很不均匀,少数优势物种主导着群落,优势物种的稳定性决定了群落的稳定性,同时削弱了多样性和稳定性之间的关系(Polley et al., 2007a; Sasaki and Lauenroth, 2011; Xu et al., 2015; Ma et al., 2017)。

3.2.3 互补效应

动态互补是群落动态的一个长期特质,对于群落稳定性具有重要作用(Holling, 1973; Gonzalez and Loreau, 2009; Loreau and de Mazancourt, 2013)。理论和经验的研究都表明,群落中不耐胁迫的物种的丢失或下降会被其他物种的生长所补偿(Ives and Cardinale, 2004)。这种物种间的负相互作用被认为会降低群落多度的协方差之和,当协方差之和为负值时,补偿动态在维持稳定性方面将起到重要作用(Ives, 1995)。因此,一些生态学家在多样性实验中分析稳定性时,用负协方差去量化物种间的这种关系(即互补效应,complementary effect)(Tilman et al., 1998; Lehman and Tilman, 2000; Valone and Hoffman, 2003; Steiner et al., 2005),但并未在多样性更高的群落中发现更强的负协方差效应,他们由此推断物种间的竞争关系没有产生多样性的保险效应或投资组合效应(Hector et al., 2010)。通常,竞争会增加种群波动的幅度和异步性响应,而后者所引起的协方差效应的减小会被前者造成的方差效应的增加所抵消,因而对群落稳定性无显著影响(Ives et al., 1999; Loreau and de Mazancourt, 2013)。Loreau 和 de Mazancourt (2008)认为,在多物种的群落中,负协方差并不能作为补偿性竞争关系存在的依据,因为群落中某个物种与另外两个存在竞争的物种的关系不能同时为负,当群落中物种越多时,尽管物种间可能存在强烈的竞争,物种间的平均相关关系越趋近于零。理论模型预测物种间的竞争不会影响系统稳定性或者会使系统更加不稳定,减弱种间竞争才能提高系统的稳定性(Loreau and de Mazancourt, 2008, 2013)。经验研究也表明,只有弱的物种间相互作用才有利于生态系统稳定性的维持(Douda et al., 2018)。多样性的增加会减小物种之间的竞争,进而降低群落的变异性(Loreau and de Mazancourt, 2013)。

机理模型预测在波动的环境中,物种的异步性(species asynchrony)响应是多样性驱动群落稳定性的主要机制(Ives et al., 1999; Loreau and de Mazancourt, 2008; de Mazancourt et al., 2013)。不同物种对同样的环境波动的响应可能存在较大差异,或呈现相反的变化,或存在响应速度的不同(Loreau and de Mazancourt, 2013),进而降低了群落多度的协方差之和,减缓了群落在特定时期的总多度变化。多样性高的群落补偿动态就强,因而增加了群落的时间稳定性。对人工(Isbell et al., 2009; Hector et al., 2010; Wilsey et al., 2014)和自然生态系统(Hautier et al., 2014; Xu et al., 2015; Ma et al., 2017; Muraina et al., 2021)的研究都表明,物种对环境变化响应的异步性是草地生物多样性促进群落稳定性的重要机制之一。

驱动多样性和群落稳定性正相关关系的均衡效应(Doak et al., 1998)和负协方差效应(Tilman et al., 1998),本质上都认为多样性增加提高了群落中各物种对环境变化或干扰产生不同响应的概率,或增加了群落中包含功能上可替代其他重要物种的一些物种的概率,进而可增加系统功能冗余的可能性,从而形成了稳定的群落动态(Naeem and Li, 1997; Naeem, 1998; Yachi and Loreau, 1999; McCann, 2000)。

3.3 关于多样性与稳定性的争论

关于生物多样性与生态系统稳定性之间的关系,生态学家之间长期以来存在着激烈的争论。随着研究数量的增加,一些争论归于平息(Cardinale et al., 2012),但也引发了新的争论。目前,争论的焦点主要集中在三个方面。

3.3.1 生物多样性与生态系统稳定性之间的关系

许多理论和经验的研究认为,生物多样性是生态系统稳定性的驱动因素(Tilman and Downing, 1994; Naeem and Li, 1997; Tilman, 1999; Lehman and Tilman, 2000; Hector et al., 2010; Campbell et al., 2011),另一些研究则表明两者之间不存在相关性或存在不确定的关系(Goodman, 1975; Leps et al., 1982; Huston, 1997; Leps, 2004; Grman et al., 2010)。尤其是在自然生态系统和人工生态系统之间,多样性和生态系统稳定性关系有较大的争论。不同于群落稳定性,生物多样性对种群稳定性的影响在不同的研究中更加多变，或者降低（Tilman, 1996, 1999; Lehman and Tilman, 2000; Tilman et al., 2006; Hector et al., 2010）、或者不影响（McGrady-Steed and Morin, 2000; Romanuk and Kolasa, 2002; Kolasa and Li, 2003）、或者增加（Valone and Hoffman, 2003; Steiner, 2005; Jiang and Pu, 2009; Romanuk et al., 2009）种群的稳定性。这些多变的关系也使得生物多样性对种群稳定性的影响更具争议（Campbell et al., 2011）。

3.3.2 生物多样性对生态系统稳定性作用机制的不同观点

（1）统计学机制和生物学机制的争议。关于多样性对稳定性的作用机制，生态学家常用超产效应和互补效应等来解释。而 Doak 等（1998）的投资组合效应认为，在统计学上生物多样性增加会不可避免地导致生态系统稳定性的增加。投资组合效应是否影响生物多样性和生态系统稳定性之间的关系还取决于群落自身的性质（Tilman et al., 1998）。显然，统计学机制不可避免地会受到生物学机制的影响。区分生物学机制和统计学机制在自然生态系统的相对重要性，是生态学家面临的挑战。

（2）某一机制的作用强度在不同群落中并不相同。不同的群落其结构及所处的环境各不相同，而各种稳定性机制的作用强度会随着环境条件和群落结构的不同而发生变化。例如，在微宇宙系统中，群落稳定性主要由物种对环境波动响应的异步性和冗余机制决定（Naeem and Li, 1997; McGrady-Steed and Morin, 2000）；而在自然群落中，优势物种的稳定性往往是群落稳定性的主要决定因素（Polley et al., 2007a; Sasaki and Lauenroth, 2011; Xu et al., 2015; Ma et al., 2017）。在水生模式系统的研究中发现，多样性对稳定性的影响是随多样性水平递减的，只有在低多样性水平下，才会对群落稳定性产生强烈影响（Steiner et al., 2005）。

（3）同一机制可能对稳定性有正负两方面的影响，不同的稳定性机制之间往往互相关联。一些机制在提高稳定性的同时，还有使稳定性降低的作用。比如竞争在增加物种异步性响应的同时，也加剧了种群的波动，分别对群落稳定性有正和负的影响（Doak et al., 1998; Ives et al., 1999; Loreau and de Mazancourt, 2013）。竞争对稳定性的总效应（$S=\mu/\sigma$），取决于其引起的协方差之和效应（影响 σ 值）和超产效应（影响 μ 值）变化的相对强弱。此外，某些机制的变化也可能会引起其他机制的改变。例如，均匀度的降低会减小投资组合效应在维持系统稳定性方面的作用强度（Cottingham et al., 2001）；同时，均匀度降低会改变单个物种对群落的贡献，使多样性对群落稳定性的作用减弱，而优势种稳定性对群落稳定性的作用增强。

3.3.3 生物多样性与生态系统稳定性关系在研究方法上的争议

生物多样性与生态系统稳定性关系的研究方法可分为理论模型研究和实验研究两大类。模型方法有统计模型和种群动态模型之分，而实验方法也有对自然生态系统的观察实验和控制实验之分。而控制实验又有对多样性直接控制（Hector et al., 1999; Tilman et al., 2006; Chen et al., 2016）和间接控制（Tilman and Downing, 1994）的不同实验，有控制微宇宙系统（微生物、原生动物等）（Hairston et al., 1968; Naeem and Li, 1997; Jiang et al., 2009）多样性和控制植物系统多样性的区分。理论研究中假设的群落条件或特征往往并不符合现实生态系统中的群落特征,导致理论研究的结果往往与现实群落中观测的结果存在矛盾(Thibaut and Connolly, 2013)。在直接控制多样性的实验中,多样性多倾向于驱动生态系统的稳定性(Lawler, 1995; McGrady-Steed et al., 1997; Naeem and Li, 1997; Tilman et al., 2006);在自然生态系统的研究中,往往是优势物种的稳定性而非多样性对群落稳定性更加重要(Polley et al., 2007a; Xu et al., 2015; Ma et al., 2017)。生物多样性控制实验在实验设计及机制解释方面都受到了批评(Huston et al., 2000; Wardle et al., 2000; Cardinale et al., 2012),而对自然群落的观测和控制实验也因缺乏对照和研究区域的局限性而受到诟病(Tilman et al., 1996; Hector et al., 1999)。控制实验群落构建与自然群落构建的差异(Xu et al., 2015)、多样性、物种组成和物种生物学特性的相对重要性(Huston et al., 2000; Wardle et al., 2000)、观测实验中无法区分多样性与其他因素的效应(Huston, 1997; Bengtsson, 1998)等问题都成为争论的主题。不同的生态系统类型、多样性控制手段、理论与实验在研究方法上的不同等一系列的因素,必然导致不同研究结果存在较大的差别。

3.3.4 生物多样性与生态系统稳定性关系存在争论的原因

导致生物多样性与生态系统稳定性的关系存在诸多争论的原因,第一是生物多样性和生态系统稳定性在不同的研究中所指的含义不同。据报道,文献中关于稳定性的定义超过 70 种 163 个(Grimm and Wissel, 1997),而关于多样性的定义虽未有详细的统计,但也种类丰富,数量较多。并且随着研究的不断推进,新的生物多样性和稳定性的定义仍在不断出现。本文列举了多样性和稳定性的一些常见定义和指标(表 3.1;表 3.2),以方便读者理解。不同的稳定性与生物多样性指标之间可能存在不同甚至相反的关系(Pimm, 1984; Ives and Carpenter, 2007)。第二,生物多样性与生态系统稳定性的关系不一致可能与研究的系统类型有关。在直接控制多样性的人工生态系统中,生产力往往随多样性而增加,产生决定系统稳定性的超产效应(Cardinale et al., 2006);然而多样性和生产力的关系在自然生态系统中却并不一致(Adler et al., 2011),因此也不一定影响生态系统稳定性(Mittelbach et al., 2001; Grace et al., 2007; Adler et al., 2011)。另一方面,人工生态系统中物种多度一般较为均匀,有较强的统计均衡效应;而自然生态系统常形成少数优势物种主导的不均匀群落,这种多度格局增加了优势物种对生态系统的贡献(Grime, 1998),削弱了多样性的统计均衡效应(Doak et al., 1998; Tilman et al., 1998)。相应地,经验的研究常发现在自然生态系统中,优势物种在调节群落稳定性中起着重要的作用,而多样性并未影响生态系统的稳定性 (Leps, 2004; Polley et al., 2007b; Grman et al., 2010; Sasaki and Lauenroth, 2011; Yang et al., 2011; Xu et al., 2015)。第三,在不同的生态组织水平(物种和群落)上生物多样性与生态系统稳定性关系可能存在差异(Mcnaughton, 1977; Pimm, 1983; Tilman, 1996; Steiner et al., 2005)。例如,许多研究报道生物多样性可能会提高群落的稳定性而降低种群的稳定性(Tilman, 1996, 1999; Lehman and Tilman, 2000; Hector et al., 2010)。然而,早期的争论中并没有强调多样性对不同组织水平间

表 3.1 常见生物多样性的分类、指数、含义及计算公式

分类	定义	指数	含义	计算公式	注释	参考文献
物种多样性	一个群落或生境中物种数目的多寡，以及群落或生境中全部物种的个体数目分配状况	丰富度指数(R)	在样本中确定的物种数	$R=S$		
		Simpson 指数(H')	从群落中随机地抽取两个个体，它们属于不同种的概率	$H'=1-\sum_{i=1}^{S}P_i^2$	式中，P_i 为物种 i 的相对多度；S 为所在样地内物种种类的总数	牛翠娟等(2015)
		Shannon-Wiener 指数(H)	用于描述种的个体出现的紊乱和不确定性	$H=-\sum_{i=1}^{S}P_i\ln P_i$		
		Pielou 均匀度指数(E)	群落中不同物种的多度(生物量、盖度或其他指标)分布的均匀程度	$E=H/\ln S$		
		Whittaker 指数(β_{WS})	用于度量群落间物种组成的相似程度；只考虑某个物种存在与否，而不管其个体数目	$\beta_{WS}=S/m_a-1$	式中，S 为所研究系统中记录的物种总数；m_a 为各样方或样本的平均物种数	Whittaker (1960)
		Jaccard 指数(C_J)	用于测度群落或生境间相似性的指数	$C_J=j/(a+b-j)$	式中，j 为两个群落或样地共有的物种；a 和 b 分别为两个群落或者样地的物种数	Whittaker (1972)
		Sørensen 指数(C_S)		$C_S=2j/(a+b)$		
		Bray-Curtis 指数(C_N)	指沿着某一环境梯度物种被替代的程度或速率、物种周转率，也反映群落间物种组成的差异	$C_N=2j_N/(a_N+b_N)$	式中，a_N 为样地 A 的物种数；b_N 为样地 B 的物种数；j_N 为两块样地共有物种中个体数最小者之和	Bray and Curtis (1957)

续表

分类	定义	指数	含义	计算公式	注释	参考文献
功能多样性	某一指定生态系统中所有物种功能特征的数值和范围	功能丰富度(FR_{ci})	描述物种在群落中所占据的功能空间大小	$FR_{ci}=SF_{ci}/R_c$	式中,SF_{ci}为群落 i 内物种所占据的生态位;R_c为性状 c 的绝对性状值范围	Mason et al. (2005)
		功能均匀度(O)	描述群落内物种功能性状在生态空间中分布的均匀程度,体现群落内物种对有效资源的全方位利用效率	$O=\sum\min(P_i,1/S)$	式中,P_i为物种 i 的相对性状值;S 为物种数	Mouillot et al. (2005)
		功能趋异度(FD_{var})	定量描述群落内性状值的异质性,反应了一个群落中随机抽取的两个物种,其功能性状值相同的概率,同时也体现了物种间生态位的互补程度	$FD_{var}=2/\pi\arctan[5\times\sum(\ln C_i-\overline{\ln x})^2\times A_i]$	式中,C_i为第 i 项功能性状值;A_i为第 i 项功能性状的相对多度;$\overline{\ln x}$为物种性状值自然对数的加权平均	Mason et al. (2005)
		Rao's 二次熵指数(FD_Q)	Simpson 多样性指数的一般形式,它整合了物种多度与物种对之间功能性状差异的信息,用群落内物种间功能性状分布的差异程度来评估功能多样性	$FD_Q=\sum\sum d_{ij}p_ip_j$	式中,d_{ij}为物种 i 和物种 j 功能性状的差异,常用欧式距离表示;p_i和 p_j分别为物种 i 和物种 j 的相对多度	Mouchet et al. (2010)
		功能离散度指数(FD_{is})	用于定量描述群落内各物种间功能性状值的变化,通常与 Rao's 二次熵指数有很强的相关性	$FD_{is}=\sum(a_jz_j)/\sum a_j$	式中,a_j为物种 j 在群落中的多度;z_j为物种 j 到多度加权的中心的距离	Laliberté and Legendre (2010)
		群落水平的性状加权平均数指数(CWM)	表明生态系统功能或过程,主要受群落内优势种的功能性状所驱动,其每个性状被单独计算	$CWM=\sum p_i\times \text{trait}_i$	式中,p_i为群落内物种 i 的相对多度;trait_i为物种 i 的功能性状值	Garnier et al. (2004)

续表

分类	定义	指数	含义	计算公式	注释	参考文献
谱系多样性	群落中物种间系统发育距离的总和	谱系多样性(PD)	表示群落中物种在谱系树上进化枝长度总和	$PD=B\times\frac{\sum_i^B L_iA_i}{\sum_i^B A_i}$	式中,B为树中的分支数;L_i为共享分支i的长度;A_i为共享分支i的物种平均多度	Faith(1992)
		平均系统发育距离(MPD)	在聚类树上所有成对分类单元之间的平均谱系距离,可以说明进化树的整体聚类情况	$MPD=\frac{\sum_m\sum_n d_{mn}a_ma_n}{\sum_m\sum_n a_ma_n}$	式中,d_{mn}为物种m和物种n之间的系统发育距离;a_m和a_n指物种m和物种n的多度	Warwick and Clarke(1995)
		净谱系亲缘关系指数(NRI)	是对一个样本中分类群的平均成对系统发育距离的标准化度量,并量化分类群在树上的整体聚类。NRI随着聚类的增加而增加,并随着过度分散而变为负值	$NRI=-1\times[mn(X_{obs})-mnX(n)]/sdX(n)$	式中,X_{obs}为物种库中两个分类群之间的系统发育距离;$mn(X_{obs})$为n个分类群的所有可能成对的平均值;$mnX(n)$和$sdX(n)$为随机分布在物种库系统发育上的n个类群的平均值和标准偏差	Webb et al.(2002)
		最近分类群指数(NTI)	是对样本中每个分类群到最近分类群的系统发育距离的标准化度量,并量化终端聚类的程度,而不依赖于深层聚类。NTI随着聚类的增加而增加,并随着过度分散而变为负值	$NTI=-1\times[mn(Y_{obs})-mnY(n)]/sdY(n)$	式中,Y_{obs}为物种库系统发育中最近分类单元的系统发育距离;$mn(Y_{obs})$为n个分类群的所有可能成对的平均值;$mnY(n)$和$sdY(n)$为随机分布在物种库系统发育上的n个类群的平均值和标准偏差	

表 3.2 常见生态系统稳定性的分类、定义及计算公式

分类	定义	计算公式	参考文献
持久性	生态系统在一定边界范围内保持恒定或者维持某一状态的持续时间		Margalef (1975)
抵抗力	生态系统阻抑外界干扰的能力,常以生态系统属性偏离原有平衡点的程度衡量;可用群落相似度(the Bray-Curtis index)衡量组成抵抗力(compositional resistance)	抵抗力 = X_d/X_c 组成抵抗力 = $1-1/2(\sum_m \mid X_{ic}-X_{id} \mid)$ X_c和X_d分别为干扰前和干扰时群落的多度;m 为干扰前和干扰时群落中的物种总数;X_{ic}和 X_{id}分别为干扰前和干扰时物种 i 在群落中的多度	Bray and Curtis (1957);邬建国(1996);Kreyling et al. (2017);Wang et al. (2010)
恢复力	生态系统在外力干扰消除后恢复到原有状态的能力,包括恢复到原有状态的速率和与原有生态系统的相似程度两个方面;可用群落相似度衡量组成恢复力(compositional recovery)	恢复力 = X_r/X_c或 X_r/X_d 组成恢复力 = $1-1/2(\sum_m \mid X_{ic}-X_{ir} \mid)$ X_r为恢复之后群落的多度;X_{ic}和X_{ir}分别为干扰前和恢复后物种 i 在群落中的多度	Kreyling et al. (2017); Carter and Blair (2012); Hillebrand et al. (2018)
变异性(CV)	生态系统属性随时间的变化幅度	$CV = 100\sigma/\mu$ μ 和 σ 分别为某一时间段内多度的平均值和标准差	Pimm (1984)
时间稳定性(S)	生态系统属性随着时间推移所表现出的稳定性,它测量变量相对于平均值的恒定程度	$S=\mu/\sigma$	Tilman et al. (2006)

稳定性影响的差异(Jiang and Pu, 2009)。第四,生物多样性与生态系统稳定性的关系也受到生态系统营养级的影响(Jiang and Pu, 2009)。相关研究在陆地生态系统开展最多,在水生生态系统和微生物群落中的研究相对较少(Ives and Carpenter, 2007)。陆地生态系统的研究通常仅包含一个营养级,而水生生态系统往往会选择多个营养级。在单营养级群落中,生物多样性会增加群落稳定性而降低种群水平稳定性,而在多营养级群落,生物多样性对群落稳定性和种群稳定性均有提高的效应(Jiang and Pu, 2009)。第五,生物多样性与生态系统稳定性的关系可能会受到环境因子的影响(Shurin et al., 2007; Yang et al., 2012; Hautier et al., 2014; Tian et al., 2017; Garcia-Palacios et al., 2018; Verma and Sagar, 2020),而不同系统中生物多样性与生态系统稳定性的关系对环境因子变化的敏感性不同。比如,在 41 个自然草地生态系统施肥

实验中发现,增加养分会削弱生物多样性与生态系统稳定性之间的正相关关系(Hautier et al., 2014)。温带典型草原的研究表明,磷的添加提高了多样性与种群变异性的负相关关系,并使多样性对物种周转产生了负效应(Yang et al., 2012)。然而在另一项实验中,增加氮肥并没有改变草原植物多样性与群落稳定性的关系(Zhang et al., 2016)。同样地,一项对不同植被自然组合群落的调查表明,环境条件的变化并不改变生物多样性与生态系统稳定性的正相关关系(Kuiters, 2013)。可见,是否考虑环境因子的影响以及在不同系统中环境因子的不同作用,都可能造成多样性和稳定性关系结果出现差别。

3.4 未来关于两者关系研究的展望

近半个多世纪以来,生态学家投入了巨大的热情和努力研究生物多样性与生态系统稳定性的关系,在不断深入的研究过程中,发展了一系列理论,提高了我们对两者关系的认识,也极大地推动了生态学的发展(Pimm, 1984; 黄建辉, 1994; McCann, 2000; Jiang and Pu, 2009; 张景慧和黄永梅, 2016)。然而,由于生物多样性与生态系统稳定性关系的复杂性,我们对其认识仍有不足。在全球生物多样性加速丧失的大背景下,全面认识生物多样性与生态系统稳定性之间的关系及驱动机理,将是未来生态学研究的重要任务。

基于对之前研究的总结,笔者认为今后生物多样性与生态系统稳定性关系的研究还需要加强以下几个方面的工作。

(1) 已有的工作对很多问题的研究是零散的,缺乏系统的、全面的研究。因此,亟须将不同的研究结果整合分析,以求从不同系统、不同尺度、不同角度全面理解两者的关系及驱动机制。多个地点联网实验和整合分析为这一问题的解决提供了很好的途径。国外已经开展了这方面的工作,如 Jiang 和 Pu (2009)通过 Meta 分析的方法比较了几个稳定性机制的作用强度,Xu 等(2021)通过 Meta 分析讨论了多样性与群落及种群稳定性的关系以及相关的机制,Campbell 等(2011) 整合分析了 35 个实验中不同实验设计因素对多样性和稳定性关系的影响。这些研究很好地帮助我们提高了对生态系统稳定性机制的认识。国内目前采用整合分析的方法开展多样性-稳定性研究的报道还很少。

(2) 生物多样性和稳定性的关系也会随着环境因子(Shurin et al., 2007; Yang et al., 2012; Hautier et al., 2014; Tian et al., 2017)和生物因子(Hughes and Roughgarden, 1998; Baez and Collins, 2008; Krushelnycky and Gillespie, 2008; Douda et al., 2018; Wang et al., 2019a,b)的变化而改变。然而,多数研究并未考虑环境因子对两者关系的影响(Xu et al., 2015),相关的实验也很少将物种组成(Tilman et al., 1996; Steiner et al., 2005)、物种的属性(MacGillivray et al., 1995; Chapin et al., 1997; Majekova et al., 2014)等其他生物因子对稳定性的影响与多样性的影响进行区分,或者只关注单个因子的作用,这使得我们对稳定性的驱动因子及机制缺乏全面的认识。今

后的研究应该在环境变化的大背景下结合生物因子的改变,来探讨多样性和稳定性的关系。

(3) 当前的稳定性研究主要考虑生态系统的功能稳定性而较少关注其组成稳定性,并且对功能稳定性的研究也多聚焦变异性及时间稳定性,而较少探讨稳定性的其他方面,比如抵抗力、恢复力、持久性等。在极端气候事件日益增加(IPCC, 2014)的背景下,探讨环境胁迫下群落的抵抗力及恢复力与多样性的关系及相关机制,将有助于我们提高对全球变化生态后果的认识,提升我们应对气候变化的能力。另一方面,在研究生物多样性与生态系统稳定性的关系中多样性指标大多采用物种丰富度,很少分析其他层次和种类的多样性指标。把物种丰富度作为物种多样性的测度指标,即假定各个种群对生态系统的作用是等值的,这显然是一种高度简化(Bengtsson, 1998;张全国和张大勇, 2002)。即便是综合了丰富度和多度的均匀度及其他多样性指数,单一的指标仍不能反映多样性的完整信息。显然,采用不同层次、不同方面、不同种类的多样性和稳定性指标,将更有利于我们全面认识两者的关系和机制。

(4) 目前生物多样性-生态系统稳定性相关的机制更多的是基于理论模型或在人工生态系统开展的生物多样性实验的基础上提出的,常常不适用于解释自然生态系统中两者之间的相互关系(Adler et al., 2011; Xu et al., 2015; Ma et al., 2017)。虽然近年来在自然生态系统中的相关研究逐渐受到重视,但对于两者之间关系的机制仍缺乏认识。另一方面,生态系统稳定性的实验研究往往时间较短,短期的研究结果可能并不能用来预测生物多样性-生态系统稳定性之间的长期关系。生物多样性、生产力等生态系统属性对环境变化的响应在短期和较长时间尺度下存在不同(孔彬彬等, 2016; Reich and Hobbie, 2013; Ren et al., 2017),这种不同可能导致多样性和稳定性的关系发生变化。因此,有必要在自然生态系统开展长期的实验研究,从自然群落的角度更好地理解生物多样性和生态系统稳定性之间的关系及相关机理。

致谢

感谢中国科学院植物研究所黄建辉研究员对本文提供的宝贵意见。本研究得到国家自然科学基金(32060284)和内蒙古自治区自然科学基金(2019JQ04)的资助。

参考文献

黄建辉. 1994. 生态系统内的物种多样性对稳定性的影响. 钱迎倩, 马克平, 主编. 生物多样性研究的原理与方法. 北京: 中国科学技术出版社, 178-191.

孔彬彬, 卫欣华, 杜家丽, 李英年, 朱志红. 2016. 刈割和施肥对高寒草甸物种多样性和功能多样性时间动态的影响. 植物生态学报, 40(3):187-199.

牛翠娟, 娄安如, 孙儒泳, 李庆芬. 2015. 基础生态学. 北京:高等教育出版社,152-154.

邬建国. 1996. 生态学范式变迁综论. 生态学报,16(5):449-459.

张景慧，黄永梅. 2016. 生物多样性与稳定性机制研究进展. 生态学报,36(13):3859-3870.

张全国，张大勇. 2002. 生物多样性与生态系统功能:进展与争论. 生物多样性,10(1):49-60.

Adler, P. B., E. W. Seabloom, E. T. Borer, H. Hillebrand, Y. Hautier, A. Hector, W. S. Harpole, L. R. O'Halloran, J. B. Grace, and T. M. Anderson. 2011. Productivity is a poor predictor of plant species richness. Science, 333:1750-1753.

Angelis, D. L. D. 1975. Stability and connectance in food web models. Ecology, 56:238-243.

Baez, S., and S. L. Collins. 2008. Shrub invasion decreases diversity and alters community stability in northern Chihuahuan Desert plant communities. PLoS ONE, 3:e2332.

Bengtsson, J. 1998. Which species? What kind of diversity? Which ecosystem function? Some problems in studies of relations between biodiversity and ecosystem function. Applied Soil Ecology, 10:191-199.

Bray, J. R., and J. T. Curtis. 1957. An ordination of the upland forest communities of southern wisconsin. Ecological Monographs, 27:325-379.

Butchart, S. H. M., M. Walpole, B. Collen, A. van Strien, J. P. W. Scharlemann, R. E. A. Almond, J. E. M. Baillie, B. Bomhard, C. Brown, J. Bruno, K. E. Carpenter, G. M. Carr, J. Chanson, A. M. Chenery, J. Csirke, N. C. Davidson, F. Dentener, M. Foster, A. Galli, J. N. Galloway, P. Genovesi, R. D. Gregory, M. Hockings, V. Kapos, J. F. Lamarque, F. Leverington, J. Loh, M. A. McGeoch, L. McRae, A. Minasyan, M. H. Morcillo, T. E. E. Oldfield, D. Pauly, S. Quader, C. Revenga, J. R. Sauer, B. Skolnik, D. Spear, D. Stanwell-Smith, S. N. Stuart, A. Symes, M. Tierney, T. D. Tyrrell, J. C. Vie, and R. Watson. 2010. Global biodiversity: Indicators of recent declines. Science, 328: 1164-1168.

Caldeira, M. C., A. Hector, M. Loreau, and J. S. Pereira. 2005. Species richness, temporal variability and resistance of biomass production in a Mediterranean grassland. Oikos, 110:115-123.

Campbell, V., G. Murphy, and T. N. Romanuk. 2011. Experimental design and the outcome and interpretation of diversity-stability relations. Oikos, 120:399-408.

Cardinale, B. J., J. E. Duffy, A. Gonzalez, D. U. Hooper, C. Perrings, P. Venail, A. Narwani, G. M. Mace, D. Tilman, D. A. Wardle, A. P. Kinzig, G. C. Daily, M. Loreau, J. B. Grace, A. Larigauderie, D. S. Srivastava, and S. Naeem. 2012. Biodiversity loss and its impact on humanity. Nature, 486: 59-67.

Cardinale, B. J., D. S. Srivastava, J. E. Duffy, J. P. Wright, A. L. Downing, M. Sankaran, and C. Jouseau. 2006. Effects of biodiversity on the functioning of trophic groups and ecosystems. Nature, 443: 989-992.

Cardinale, B. J., J. P. Wright, M. W. Cadotte, I. T. Carroll, A. Hector, D. S. Srivastava, M. Loreau, and J. J. Weis. 2007. Impacts of plant diversity on biomass production increase through time because of species complementarity. Proceedings of the National Academy of Sciences of the United States of America, 104:18123-18128.

Carter, D. L., and J. M. Blair. 2012. High richness and dense seeding enhance grassland restoration establishment but have little effect on drought response. Ecological Applications, 22: 1308-1319.

Chapin, F. S., B. H. Walker, R. J. Hobbs, D. U. Hooper, J. H. Lawton, O. E. Sala, and D. Tilman. 1997. Biotic control over the functioning of ecosystems. Science, 277:500-504.

Chen, D., Q. Pan, Y. Bai, S. Hu, J. Huang, Q. Wang, S. Naeem, J. J. Elser, J. Wu, and X. Han.

2016. Effects of plant functional group loss on soil biota and net ecosystem exchange: A plant removal experiment in the Mongolian grassland. Journal of Ecology, 104:734-743.

Cottingham, K. L., B. L. Brown, and J. T. Lennon. 2001. Biodiversity may regulate the temporal variability of ecological systems. Ecology Letters, 4:72-85.

de Mazancourt, C., F. Isbell, A. Larocque, F. Berendse, E. De Luca, J. B. Grace, B. Haegeman, H. W. Polley, C. Roscher, B. Schmid, D. Tilman, J. van Ruijven, A. Weigelt, B. J. Wilsey, and M. Loreau. 2013. Predicting ecosystem stability from community composition and biodiversity. Ecology Letters, 16 (5): 617-625.

Doak, D. F., D. Bigger, E. K. Harding, M. A. Marvier, R. E. O'Malley, and D. Thomson. 1998. The statistical inevitability of stability-diversity relationships in community ecology. American Naturalist, 151: 264-276.

Douda, J., J. Doudova, J. Hulik, A. Havrdova, and K. Boublik. 2018. Reduced competition enhances community temporal stability under conditions of increasing environmental stress. Ecology, 99: 2207-2216.

Elton, C. S. 1927. Animal Ecology. London: Sidgewick & Jackson.

Elton, C. S. 1958. The Ecology of Invasions by Animals and Plants. London: Methuen.

Faith, D. P. 1992. Conservation evaluation and phylogenetic diversity.Biological Conservation, 61: 1-10.

Garcia-Palacios, P., N. Gross, J. Gaitan, and F. T. Maestre. 2018. Climate mediates the biodiversity-ecosystem stability relationship globally. Proceedings of the National Academy of Sciences of the United States of America, 115:8400-8405.

Gardner, M. R., and W. R. Ashby. 1970. Connectance of large dynamic (cybernetic) systems: Critical values for stability. Nature, 228:784.

Garnier, E., J. Cortez, G. Billès, M. L. Navas, C. Roumet, M. Debussche, G. Laurent, A. Blanchard, D. Aubry, and A. Bellmann. 2004. Plant functional markers capture ecosystem properties during secondary succession. Ecology, 85:2630-2637.

Gonzalez, A., and M. Loreau. 2009. The causes and consequences of compensatory dynamics in ecological communities. Annual Review of Ecology Evolution and Systematics, 40:393-414.

Goodman, D. 1975. The theory of diversity-stability relationships in ecology. Quarterly Review of Biology, 50:237-266.

Grace, J. B., T. M. Anderson, M. D. Smith, E. Seabloom, S. J. Andelman, G. Meche, E. Weiher, L. K. Allain, H. Jutila, M. Sankaran, J. Knops, M. Ritchie, and M. R. Willig. 2007. Does species diversity limit productivity in natural grassland communities? Ecology Letters, 10: 680-689.

Grime, J. P. 1998. Benefits of plant diversity to ecosystems: Immediate, filter and founder effects. Journal of Ecology, 86:902-910.

Grimm, V., and C. Wissel. 1997. Babel, or the ecological stability discussions: An inventory and analysis of terminology and a guide for avoiding confusion. Oecologia, 109:323-334.

Grman, E., J. A. Lau, D. R. Schoolmaster, and K. L. Gross. 2010. Mechanisms contributing to stability in ecosystem function depend on the environmental context. Ecology Letters, 13:1400-1410.

Hairston, N. G., J. D. Allan, R. K. Colwell, D. J. Futuyma, J. Howell, M. D. Lubin, and J. M. H. Vandermeer. 1968. The relationship between species diversity and stability: An experimental approach with protozoa and bacteria. Ecology, 49:1091-1101.

Hautier, Y., E. W. Seabloom, E. T. Borer, P. B. Adler, W. S. Harpole, H. Hillebrand, E. M. Lind, A. S. MacDougall, C. J. Stevens, J. D. Bakker, Y. M. Buckley, C. Chu, S. L. Collins, P. Daleo, E. I. Damschen, K. F. Davies, P. A. Fay, J. Firn, D. S. Gruner, V. L. Jin, J. A. Klein, J. M. H. Knops, K. J. La Pierre, W. Li, R. L. McCulley, B. A. Melbourne, J. L. Moore, L. R. O'Halloran, S. M. Prober, A. C. Risch, M. Sankaran, M. Schuetz, and A. Hector. 2014. Eutrophication weakens stabilizing effects of diversity in natural grasslands. Nature, 508:521-526.

Hector, A., Y. Hautier, P. Saner, L. Wacker, R. Bagchi, J. Joshi, M. Scherer-Lorenzen, E. M. Spehn, E. Bazeley-White, M. Weilenmann, M. C. Caldeira, P. G. Dimitrakopoulos, J. A. Finn, K. Huss-Danell, A. Jumpponen, C. P. H. Mulder, C. Palmborg, J. S. Pereira, A. S. D. Siamantziouras, A. C. Terry, A. Y. Troumbis, B. Schmid, and M. Loreau. 2010. General stabilizing effects of plant diversity on grassland productivity through population asynchrony and overyielding. Ecology, 91:2213-2220.

Hector, A., B. Schmid, C. Beierkuhnlein, M. C. Caldeira, M. Diemer, P. G. Dimitrakopoulos, J. A. Finn, H. Freitas, P. S. Giller, and J. Good. 1999. Plant diversity and productivity experiments in European grasslands. Science, 286:1123-1127.

Hillebrand, H., D. M. Bennett, and M. W. Cadotte. 2008. Consequences of dominance: A review of evenness effects on local and regional ecosystem processes. Ecology, 89:1510-1520.

Hillebrand, H., S. Langenheder, K. Lebret, E. Lindstrom, O. Oestman, and M. Striebel. 2018. Decomposing multiple dimensions of stability in global change experiments. Ecology Letters, 21:21-30.

Holling, C. S. 1973. Resilience and stability of ecological systems. Annual Review of Ecology and Systematics, 4:1-23.

Hooper, D. U., and P. M. Vitousek. 1997. The effects of plant composition and diversity on ecosystem processes. Science, 277:1302-1305.

Hughes, J. B., and J. Roughgarden. 1998. Aggregate community properties and the strength of species' interactions. Proceedings of the National Academy of Sciences of the United States of America, 95: 6837-6842.

Huston, M. A. 1997. Hidden treatments in ecological experiments: Re-evaluating the ecosystem function of biodiversity. Oecologia, 110:449-460.

Huston, M. A., L. W. Aarssen, M. P. Austin, B. S. Cade, J. D. Fridley, E. Garnier, J. P. Grime, J. Hodgson, W. K. Lauenroth, and K. Thompson. 2000. No consistent effect of plant diversity on productivity. Science, 289:1255a.

IPCC. 2014. Climate change 2014: Synthesis report. Contribution of Working Groups Ⅰ, Ⅱ and Ⅲ to the Fifth Assessment. IPCC, Geneva, Switzerland.

Isbell, F. I., H. W. Polley, and B. J. Wilsey. 2009. Biodiversity, productivity and the temporal stability of productivity: Patterns and processes. Ecology Letters, 12:443-451.

Ives, A. R. 1995. Predicting the response of populations to environmental change. Ecology, 75:926-941.

Ives, A. R., and B. J. Cardinale. 2004. Food-web interactions govern the resistance of communities after non-random extinctions. Nature, 429:174-177.

Ives, A. R., and S. R. Carpenter. 2007. Stability and diversity of ecosystems. Science, 317:58-62.

Ives, A. R., K. Gross, and J. L. Klug. 1999. Stability and variability in competitive communities. Science,

286:542-544.

Jiang, L., H. Joshi, and S. N. Patel. 2009. Predation alters relationships between biodiversity and temporal stability. American Naturalist, 173:389-399.

Jiang, L., and Z. C. Pu. 2009. Different effects of species diversity on temporal stability in single-trophic and multitrophic communities. American Naturalist, 174:651-659.

Kolasa, J., and B. L. Li. 2003. Removing the confounding effect of habitat specialization reveals the stabilizing contribution of diversity to species variability. Proceedings of the Royal Society B Biological Sciences, 270:S198-201.

Kreyling, J., J. Dengler, J. Walter, N. Velev, E. Ugurlu, D. Sopotlieva, J. Ransijn, C. Picon-Cochard, I. Nijs, P. Hernandez, B. Guler, P. von Gillhaussen, H. J. De Boeck, J. M. G. Bloor, S. Berwaers, C. Beierkuhnlein, M. A. S. Arfin Khan, I. Apostolova, Y. Altan, M. Zeiter, C. Wellstein, M. Sternberg, A. Stampfli, G. Campetella, S. Bartha, M. Bahn, and A. Jentsch. 2017. Species richness effects on grassland recovery from drought depend on community productivity in a multisite experiment. Ecology Letters, 20:1405-1413.

Krushelnycky, P. D., and R. G. Gillespie. 2008. Compositional and functional stability of arthropod communities in the face of ant invasions. Ecological Applications, 18:1547-1562.

Kuiters, A. T. 2013. Diversity-stability relationships in plant communities of contrasting habitats. Journal of Vegetation Science, 24:453-462.

Laliberté, E., and P. Legendre. 2010. A distance-based framework for measuring functional diversity from multiple traits. Ecology, 91:299-305.

Lawler, M. S. P. 1995. Food web architecture and population dynamics: Theory and empirical evidence. Annual Review of Ecology & Systematics, 26:505-529.

Lehman, C. L., and D. Tilman. 2000. Biodiversity, stability, and productivity in competitive communities. American Naturalist, 156:534-552.

Leps, J. 2004. Variability in population and community biomass in a grassland community affected by environmental productivity and diversity. Oikos, 107:64-71.

Leps, J., J. Osbornovakosinova, and M. Rejmanek. 1982. Community stability, complexity and species life-history strategies. Vegetatio, 50:53-63.

Loreau, M., and C. de Mazancourt. 2008. Species synchrony and its drivers: Neutral and nonneutral community dynamics in fluctuating environments. American Naturalist, 172:E48-E66.

Loreau, M., and C. de Mazancourt. 2013. Biodiversity and ecosystem stability: A synthesis of underlying mechanisms. Ecology Letters, 16:106-115.

Loreau, M., S. Naeem, P. Inchausti, J. Bengtsson, J. P. Grime, A. Hector, D. U. Hooper, M. A. Huston, D. Raffaelli, B. Schmid, D. Tilman, and D. A. Wardle. 2001. Ecology-biodiversity and ecosystem functioning: Current knowledge and future challenges. Science, 294:804-808.

Ma, Z. Y., H. Y. Liu, Z. R. Mi, Z. H. Zhang, and J. S. He. 2017. Climate warming reduces the temporal stability of plant community biomass production. Nature Communications, 8:15378.

MacArthur, R. 1955. Fluctuations of animal populations and a measure of community stability. Ecology, 36:533-536.

MacGillivray, C. W., J. P. Grime, S. R. Band, R. E. Booth, B. Campbell, G. A. F. Hendry, S. H. Hillier, J. G. Hodgson, R. Hunt, A. Jalili, J. M. L. Mackey, M. A. Mowforth, A. M. Neal, R. Reader, I. H. Rorison, R. E. Spencer, K. Thompson, and P. C. Thorpe. 1995. Testing predictions of the resistance and resilience of vegetation subjected to extreme events. Functional Ecology, 9:640–649.

Majekova, M., F. de Bello, J. Dolezal, and J. Leps. 2014. Plant functional traits as determinants of population stability. Ecology, 95:2369–2374.

Margalef, R. 1975. Diversity, stability and maturality in natural ecosystems. In Dobben, W. H., Lowe-Mcconnell, R. H., eds. Unifying Concepts in Ecology. Wageningen: Centre for Agricultural Publishing and Documentation, 151–160.

Mason, N., D. Mouillot, W. G. Lee, and W. H. Setl. 2005. Functional richness, functional evenness and functional divergence: The primary components of functional diversity. Oikos, 111: 112–118.

May, R. M. 1973. Stability and complexity in model ecosystems. Monographs in Population Biology, 6: 1–235.

McCann, K., A. Hastings, and G. R. Huxel. 1998. Weak trophic interactions and the balance of nature. Nature, 395:794–798.

McCann, K. S. 2000. The diversity-stability debate. Nature, 405:228–233.

McGrady-Steed, J., P. M. Harris, and P. J. Morin. 1997. Biodiversity regulates ecosystem predictability. Nature, 390:162–165.

McGrady-Steed, J., and P. J. Morin. 2000. Biodiversity, density compensation, and the dynamics of populations and functional groups. Ecology, 81: 361–373.

Mcnaughton, S. J. 1977. Diversity and stability of ecological communities: A comment on the role of empiricism in ecology. American Naturalist, 111: 515–525.

Mittelbach, G. G., C. F. Steiner, S. M. Scheiner, K. L. Gross, H. L. Reynolds, R. B. Waide, M. R. Willig, S. I. Dodson, and L. Gough. 2001. What is the observed relationship between species richness and productivity? Ecology, 82: 2381–2396.

Mouchet, M. A., S. Villéger, N. Mason, and D. Mouillot. 2010. Functional diversity measures: An overview of their redundancy and their ability to discriminate community assembly rules. Functional Ecology, 24: 867–876.

Mouillot, D., W. Mason, and O. Wilson. 2005. Functional regularity: A neglected aspect of functional diversity. Oecologia, 142:353–359.

Muraina, T. O., C. Xu, Q. Yu, Y. Yang, M. Jing, X. Jia, M. S. Jaman, Q. Dam, A. K. Knapp, S. L. Collins, Y. Luo, W. Luo, X. Zuo, X. Xin, X. Han, and M. D. Smith. 2021. Species asynchrony stabilises productivity under extreme drought across Northern China grasslands. Journal of Ecology, 109: 1665–1675.

Naeem, S. 1998. Species redundancy and ecosystem reliability. Conservation Biology, 12:39–45.

Naeem, S., and S. B. Li. 1997. Biodiversity enhances ecosystem reliability. Nature, 390:507–509.

Naeem, S., L. Thompson, S. Lawler, J. Lawton, and R. Woodfin. 1994. Declining biodiversity can affect the functioning of ecosystems. Nature, 368:734–737.

Norman, W. H., B. John, J. Bastow, N. W. H. Mason, and B. J. Wilson. 2003. An index of functional diversity. Journal of Vegetation Science, 14:571–578.

Odum, E. P., and H. T. Odum. 1959. Fundamentals of Ecology. Philadelphia: W. B. Saunders.

Otto, S. B., B. C. Rail, and U. Brose. 2007. Allometric degree distributions facilitate food-web stability. Nature, 450:1226-1229.

Pimm, K. S. L. 1983. Complexity, diversity, and stability: A reconciliation of theoretical and empirical results. American Naturalist, 122:229-239.

Pimm, S. L. 1984. The complexity and stability of ecosystems. Nature, 307:321-326.

Pimm, S. L., and J. H. Lawton. 1978. On feeding on more than one trophic level. Nature, 275:542-544.

Polley, H. W., B. J. Wilsey, and J. D. Derner. 2007a. Dominant species constrain effects of species diversity on temporal variability in biomass production of tallgrass prairie. Oikos, 116:2044-2052.

Polley, H. W., B. J. Wilsey, and C. R. Tischler. 2007b. Species abundances influence the net biodiversity effect in mixtures of two plant species. Basic and Applied Ecology, 8:209-218.

Ren, H., Z. Xu, F. Isbell, J. Huang, X. Han, S. Wan, S. Chen, R. Wang, D. H. Zeng, Y. Jiang, and Y. Fang. 2017. Exacerbated nitrogen limitation ends transient stimulation of grassland productivity by increased precipitation. Ecological Monographs, 87:457-469.

Reich, P. B., and S. E. Hobbie. 2013. Decade-long soil nitrogen constraint on the CO_2 fertilization of plant biomass. Nature Climate Change, 3:278-282.

Romanuk, T. N., and J. Kolasa. 2002. Environmental variability alters the relationship between richness and variability of community abundances in aquatic rock pool microcosms. Ecoscience, 9:55-62.

Romanuk, T. N., R. J. Vogt, and J. Kolasa. 2009. Ecological realism and mechanisms by which diversity begets stability. Oikos, 118:819-828.

Sasaki, T., and W. Lauenroth. 2011. Dominant species, rather than diversity, regulates temporal stability of plant communities. Oecologia, 166:761-768.

Schlaepfer, F., and B. Schmid. 1999. Ecosystem effects of biodiversity: A classification of hypotheses and exploration of empirical results. Ecological Applications, 9:893-912.

Schnabel, F., J. A. Schwarz, A. Danescu, A. Fichtner, C. A. Nock, J. Bauhus, and C. Potvin. 2019. Drivers of productivity and its temporal stability in a tropical tree diversity experiment. Global Change Biology, 25:4257-4272.

Schulze, E. D., and H. A. Mooney. 1994. Ecosystem Function of Biodiversity: A Summary. Berlin, Heidelberg: Springer.

Shurin, J. B., S. E. Arnott, H. Hillebrand, A. Longmuir, B. Pinel-Alloul, M. Winder, and N. D. Yan. 2007. Diversity-stability relationship varies with latitude in zooplankton. Ecology Letters, 10:127-134.

Steiner, C. F. 2005. Temporal stability of pond zooplankton assemblages. Freshwater Biology, 50: 105-112.

Steiner, C. F., Z. T. Long, J. A. Krumins, and P. J. Morin. 2005. Temporal stability of aquatic food webs: Partitioning the effects of species diversity, species composition and enrichment. Ecology Letters, 8: 819-828.

Taylor, L. R. 1961. Aggregation, variance and the mean. Nature, 189:732-735.

Thébault, E., and M. Loreau. 2005. Trophic interactions and the relationship between species diversity and ecosystem stability. American Naturalist, 166: E95-E114.

Thibaut, L. M., and S. R. Connolly. 2013. Understanding diversity-stability relationships: Towards a unified model of portfolio effects. Ecology Letters, 16:140-150.

Tian, W., H. Zhang, L. Zhao, F. Zhang, and H. Huang. 2017. Phytoplankton diversity effects on community biomass and stability along nutrient gradients in a eutrophic lake. International Journal of Environmental Research and Public Health, 14:95.

Tilman, D. 1996. Biodiversity: Population versus ecosystem stability. Ecology, 77:350-363.

Tilman, D. 1999. The ecological consequences of changes in biodiversity: A search for general principles. Ecology, 80:1455-1474.

Tilman, D., and J. A. Downing. 1994. Biodiversity and stability in grasslands. Nature, 367:363-365.

Tilman, D., C. L. Lehman, and C. E. Bristow. 1998. Diversity-stability relationships: Statistical inevitability or ecological consequence? American Naturalist, 151:277-282.

Tilman, D., P. B. Reich, and J. M. H. Knops. 2006. Biodiversity and ecosystem stability in a decade-long grassland experiment. Nature, 441:629-632.

Tilman, D., K. T. Thomson, and C. L. Lehman. 1997. Plant diversity and ecosystem productivity: Theoretical considerations. Proceedings of the National Academy of Sciences of the United States of America, 94:1857-1861.

Tilman, D., D. Wedin, and J. Knops. 1996. Productivity and sustainability influenced by biodiversity in grassland ecosystems. Nature, 379:718-720.

Valone, T. J., and C. D. Hoffman. 2003. A mechanistic examination of diversity-stability relationships in annual plant communities. Oikos, 103:519-527.

Verma, P., and R. Sagar. 2020. Responses of diversity, productivity, and stability to the nitrogen input in a tropical grassland. Ecological Applications, 30:e02037.

Wang, C., B. Wu, K. Jiang, J. Zhou, J. Liu, and Y. Lü. 2019a. Canada goldenrod invasion cause significant shifts in the taxonomic diversity and community stability of plant communities in heterogeneous landscapes in urban ecosystems in East China. Ecological Engineering, 127:504-509.

Wang, S., M. Wei, B. Wu, K. Jiang, D. Du, and C. Wang. 2019b. Degree of invasion of Canada goldenrod (*Solidago canadensis* L.) plays an important role in the variation of plant taxonomic diversity and community stability in eastern China. Ecological Research, 34:782-789.

Wardle, D. A., M. A. Huston, J. P. Grime, F. Berendse, E. Garnier, W. K. Lauenroth, H. Setl, and S. D. Wilson. 2000. Biodiversity and ecosystem function: An issue in ecology. Bulletin of the Ecological Society of America, 81:235-239.

Warwick, R. M., and K. R. Clarke. 1995. New "biodiversity" measures reveal a decrease in taxonomic distinctness with increasing stress. Marine Ecology Progress, 129:301-305.

Webb, C. O., D. D. Ackerly, M. A. McPeek, and M. J. Donoghue. 2002. Phylogenies and community ecology. Annual Review of Ecology and Systematics, 33:475-505.

Whittaker, R. H. 1960. Vegetation of the siskiyou mountains, oregon and california. Ecological Monographs, 30:279-338.

Whittaker, R. H. 1972. Evolution and measurement of species diversity. Taxon, 21:213-251.

Wilsey, B. J., P. P. Daneshgar, K. Hofmockel, and H. W. Polley. 2014. Invaded grassland communities have altered stability-maintenance mechanisms but equal stability compared to native communities. Ecology Letters, 17:92-100.

Wilsey, B. J., and H. W. Polley. 2004. Realistically low species evenness does not alter grassland speciesrichness-productivity relationships. Ecology, 85:2693-2700.

Xu, Q., X. Yang, Y. Yan, S. P. Wang, M. Loreau, and L. Jiang. 2021. Consistently positive effect of species diversity on ecosystem, but not population, temporal stability. Ecology Letters, 24:2256-2266.

Xu, Z., H. Ren, M. H. Li, J. van Ruijven, X. Han, S. Wan, H. Li, Q. Yu, Y. Jiang, and L. Jiang. 2015. Environmental changes drive the temporal stability of semi-arid natural grasslands through altering species asynchrony. Journal of Ecology, 103:1308-1316.

Yachi, S., and M. Loreau. 1999. Biodiversity and ecosystem productivity in a fluctuating environment: The insurance hypothesis. Proceedings of the National Academy of Sciences of the United States of America, 96:1463-1468.

Yang, H., L. Jiang, L. Li, A. Li, M. Wu, and S. Wan. 2012. Diversity-dependent stability under mowing and nutrient addition: Evidence from a 7-year grassland experiment. Ecology Letters, 15:619-626.

Yang, Z., J. Ruijven, and G. Du. 2011. The effects of long-term fertilization on the temporal stability of alpine meadow communities. Plant and Soil, 345:315-324.

Yodzis, P. 1981. The stability of real ecosystems. Nature, 289:674-676.

Zhang, Y., M. Loreau, X. Lü, N. He, G. Zhang, and X. Han. 2016. Nitrogen enrichment weakens ecosystem stability through decreased species asynchrony and population stability in a temperate grassland. Global Change Biology, 22:1445-1455.

生态系统功能性状及其对当代生态系统生态学研究的启示

何念鹏[①②]　刘聪聪[①]　于贵瑞[①②]

摘　　要

功能性状(functional trait)通常是指生物体(植物、动物、微生物等)经过对外界环境的长期适应或协同进化后,所表现出的相对稳定、可量度且与其生产力形成或环境适应策略密切相关的特征参数。以植物为例,植物功能性状(plant functional trait)在器官、物种、种群、群落和生态系统尺度可一定程度上揭示其环境适应机制和生产力形成机制。大量地面测定的植物功能性状数据和快速发展的高新技术观测数据,为当前生态系统生态学的发展提供了很好的机遇,例如,将为破解生态系统结构和功能对全球变化的响应机制这一科学命题提供全新的视角。然而,要实现这一美好愿景,科研人员却不得不面对"传统地面测试 *vs.* 宏观高新技术"在尺度和量纲上不匹配的科学难题。为了突破上述瓶颈,我们创新性地发展了群落功能性状(community trait)和生态系统功能性状(ecosystem trait)的概念、理论基础、参数和分析方法。生态系统功能性状是在群落尺度可被单位土地面积标准化的,能体现生物(植物、动物、微生物)对环境适应、繁衍和生产力形成的任何可量度的功能性状,以单位土地面积的强度或密度形式呈现。在所有生态系统中,生态系统功能性状均由一系列植物群落功能性状(plant community trait)、动物群落功能性状(animal community trait)、微生物群落功能性状(microbial community trait)等共同组成并相互作用,共同完成生态系统各项功能;群落功能性状是生态系统功能性状的具体操作单元或核心研究对象。以植物群落功能性状为例,它通过系统性的调查(典型群落内所有物种、叶-枝干-根、形态-解剖结构-多元素含量),结合比叶面积、群落结构数据和生物量异速分配方程等,可实现器官水平测定的植物功能性状在物种-功能群-群落间的科学推导,并能在群落尺度

① 中国科学院地理科学与资源研究所生态系统网络观测与模拟重点实验室,北京,100101,中国;
② 中国科学院大学资源与环境学院,北京,100049,中国。

建立功能性状与生态系统功能的定量关系。生态系统功能性状理论体系的建立,不仅拓展了生态系统生态学研究的新视角,还为"以功能性状为核心"的生态系统新研究模式奠定了坚实基础。在"结构-功能性状-功能"这一新模式指导下,研究人员不仅能更好地揭示生态系统对扰动、全球变化和环境变化的响应与适应,还能利用高速发展的遥感观测、通量观测、模型模拟等高新技术手段加速生态系统功能性状理论体系在相关领域的发展,更好地服务于区域生态环境问题的解决。

Abstract

Functional traits are usually measurable properties of organisms (i. e., plants, animals, and microbes) and are closely related to optimization of their productivity or are an adaptation to the environment that evolved due to long-term adaptation and co-evolution of organisms. Taking plant traits for example, most studies of plant traits are carried out at the level of individual plants or organs. At the individual level, scientists have made outstanding achievements in the past few decades to understand the productivity and nutrient acquisition traits, interrelationships among these traits, and other associated features. More importantly, climate change, land-use change, atmospheric nitrogen and acid deposition have strong ecological effects at the widest range of scales, from the region to the globe. Therefore, how to integrate these studies of traditional functional traits with new technologies of macro-ecological researches, especially for ecological modeling, eddy-flux observation, and remote sensing is urgent. To resolve the main challenge (unit and scale mismatch) between the studies of traditional traits and macro-ecology, we proposed a novel framework for quantifying "ecosystem traits" (ESTs). Here, ecosystem traits are traits representing characteristics of plants, animals, soil microbes, or other organisms, calculated as the intensity (or density) normalized per unit land area. Our hypothesis is that these traits would therefore contain information of variation in community species composition and structure, including adaptation and sorting of species according to the biotic and abiotic environment, as well as their plasticity, and would reflect optimization of processes that occur during evolution and ecological assembly. In practice, it can be represented community-scale information for plants, animals, and soil microbes under minor revision. In practice, ecosystem traits should be mainly treated as plant community trait, animal community trait, microbial community trait, and others. For plant community traits, scientists need to carry out a systematic survey of traits, including all species within typical plant communities such as leaf-branch-stem-root and leaf morphology-anatomical structure-multi-element contents. With the help of the specific leaf area, community structure, and biomass allometric equation, scientists could scientifically scale-up the plant traits measured at the organ level in species, plant functional groups (trees, shrubs, and herbs), and communities, and then establish relationships between the plant traits and components of ecosystem functioning. Moreover, systematic data of plant traits may help us to explore the mechanisms of community structure maintenance and productivity optimization in nature. The new concept of ecosystem traits can help to inter-relate and integrate data from field trait surveys, eddy-flux observation, remote sensing, and ecological models, and thereby provide new resolution of the responses and feedback at the regional to global scale. More importantly, the new concept of ecosystem traits provided new insights to expand the new framework of ecosystem ecology, as a core of community trait. The new framework of "structure, trait, and functioning", for ecosystem ecology, may help us to better explore the responses and feedback of terrestrial ecosystems at different scales, with help of the new technologies of eddy-flux observation, remote sensing, and ecological models, and to better deal with the resolution of current eco-environmental problems.

前言

植物性状(plant trait)或植物功能性状(plant functional trait)是植物对外界环境长期适应和协同进化后与植物生长、繁殖、竞争、环境适应等密切相关的、相对稳定的、可量度的特征参数(He et al., 2019)。在实际研究过程中,人们更多关注与环境适应或功能优化密切相关的关键功能性状。以植物为例,由于它是生态系统初级生产力的主要贡献者,因此绝大多数研究均围绕植物功能性状如何适应环境变化、优化资源利用或优化生产力形成开展(Wright et al., 2004)。在指标选择上,更多考虑了能体现植物对环境适应并(或)影响其生产功能的特定性状,如叶片形态特征(叶片大小、厚度、比叶面积和光合速率等)和根系功能性状(根大小、比根长和元素含量等)(Cornelissen et al., 2003)。

在过去几十年中,植物功能性状研究取得显著进展,主要体现在以下几个方面:种内和种间功能性状变异及其空间格局、植物多种功能性状协同与趋异及其与生产力优化机制、功能性状与群落结构维持与功能优化的关系、功能性状如何揭示植被对全球变化的响应与适应(Wright et al., 2004, 2017)。随着研究的深入,科研人员逐步确立了植物功能性状在器官-物种-种群-群落-生态系统水平上均具有其特定的适应或功能优化的意义;但也清楚指出,植物功能性状在不同层次的功能、作用机制和响应途径存在显著差异 (Violle et al., 2007)。虽然基于功能性状贯穿生态学不同层次的研究思路基本清晰,但真正实现"植物功能性状应用于生态系统结构和功能关系、时空变异及其影响机制研究"的途径和关键技术仍不清楚,亟须在传统器官水平测试的功能性状与宏观生态研究间搭建桥梁。

当前宏观生态环境问题解决的最基本尺度是群落或生态系统。全球变化对陆地生态系统结构和功能影响的评估,也应以群落或生态系统为重要对象(于贵瑞, 2009)。然而,现阶段大多数的植物功能性状研究主要集中在植物器官或者个体水平,虽然群落加权平均值等功能多样性指标已经应用于植物功能性状的研究,但依然没有在理论上突破植物功能性状与生态系统功能尺度匹配的壁垒(何念鹏等,2018,2020)。这些壁垒的存在和宏观生态学发展的现实需求,促使我们重新思考植物功能性状研究的尺度问题,需要我们将传统植物功能性状统一到群落尺度或单位土地面积上,真正与宏观生态学研究的主要观测手段(通量观测、模型模拟和遥感观测)紧密联系起来,推动相关学科协同发展(Reichstein et al., 2014; He et al., 2019)。

基于上述考虑,本章重点从生态系统功能性状(或植物群落功能性状)的时代需求、概念体系、理论价值和潜在应用等方面展开讨论,期望能推动"以群落功能性状为基础的生态系统生态学"新研究框架的形成,进而推动"基于群落功能性状"的宏观生态研究,更好地解决区域生态环境问题。

4.1 生态系统生态学的核心研究内容与研究体系

"生态系统(ecosystem)"概念最先由 A.G. Tansley 于 1935 年提出(Tansley, 1935)。它被定义为一个物理学意义上的整体系统,不仅包含了复杂生命有机体的组分和结构,还包含非生命环境的物理成分与复杂性。此后,在 C.S. Elton、G.E. Hutchinson、R.L. Lindeman、E.P. Odum 和 H.T. Odum 等前辈一系列划时代工作的引领下,针对生态系统的相关研究得到快速发展。E.P. Odum 经过一系列研究后,于 1973 年对生态系统进行了重新定义,即生态系统是特定地段的全部生物群落和物理环境相互作用的统一体,具有在系统内部由能量流动所驱动形成的营养结构、生物多样性和物质循环等重要特征(Odum, 1959, 1969, 1973)。

在 *Principles of Terrestrial Ecosystem Ecology*(2nd edition)这一经典专著中,F.S. Chapin 等将生态系统生态学(ecosystem ecology)定义为研究地球系统内部生物及其与物理环境之间关系的科学(Chapin et al., 2011)。无论定义如何变化,生态系统生态学均将特定地域或空间内的生物有机体及其所处环境作为一个整体,强调它们间的相互作用;其核心研究内容包括生态系统的组成要素、结构与功能、变化与演替,以及人为影响与调控机制(于贵瑞, 2009)。结合前期研究结果,生态系统生态学可被认为是以生态系统为对象,重点研究其内部的生物群落与非生物环境之间如何通过能量流动、物质循环、信息传递建立相互联系、相互作用的生态学分支学科,并兼顾生态系统合理化管理与可持续利用等科学范畴(图 4.1)。根据本文对生态系统的定义,"生物群落与非生物环境间的关系、生物群落间的关系以及群落间关系如何受非生物环境的调控等"应该是生态系统生态学的主要研究内容和核心对象。然而,在实际研究过程中,人们常常将器官、物种、种群在不同空间尺度的变化、影响因素及其调控机制的研究归于生态系统生态学研究范畴。这种现象在一定程度上混淆了个体生态学、种群生态学、群落生态学与生态系统生态学在概念与研究范畴上的差异,并不利于生态系统生态学的长远发展;未来需要进一步明确不同生态学分支学科的研究范畴,才能更好地推动其快速发展。

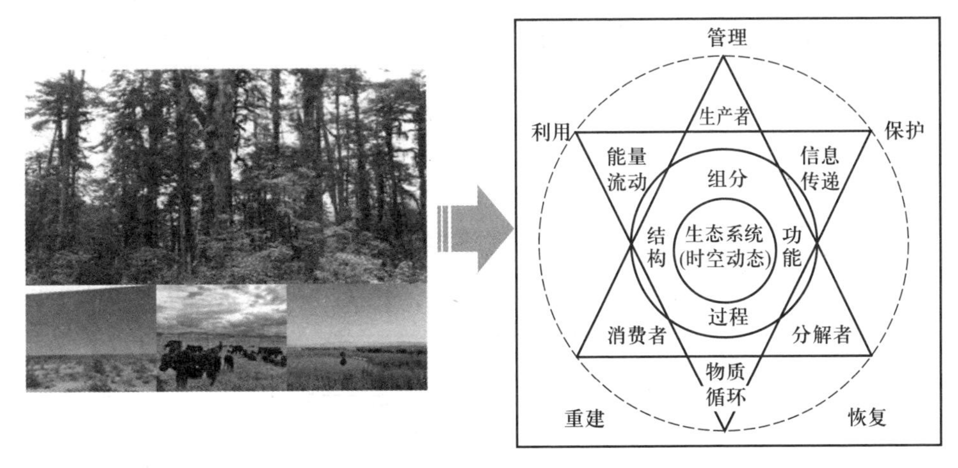

图 4.1　生态系统生态学的研究体系与内涵。

4.2　生态系统生态学的经典研究模式及其在新时代的挑战

在以往研究中,“结构-功能”或“结构-过程-功能”是国内外生态系统生态学研究的经典模式或框架(Odum, 1973; Chapin et al., 2011)。然而,随着社会经济快速发展,科学家、公众和政府均对生态系统以及生态系统生态学赋予了新的科学内涵和期待。根据定义,生态系统是在一定地理空间范围内的生物群落与非生物环境构成的具有特定组成、结构和功能的生态学系统(ecological system),是一个包含生物组分及环境之间相互作用,相互依存的动态复合体。近期,人们甚至将其拓展为包含区域内多样化的生态系统类型组合,强调山、水、林、田、湖、草、湿地、荒漠甚至城市等多种生态系统综合体及其协调发展。此外,生态系统生态学研究不仅强调生态系统的组分、结构、过程和功能,更多强调了生态系统整体(而非个别物种或种群)对人类活动、全球变化、环境变化以及极端事件等的响应、适应甚至预警,并与人类密切相关的生态系统可持续发展和生态服务功能相联系(图 4.2)。

如何才能使生态系统生态学研究更好地满足新时代需求,尤其是如何测定或定量化生态系统结构和功能对人类活动、气候变化和环境变化等的响应与适应,是当前生态系统生态学研究所面临的巨大挑战(图 4.2)。根据生态系统生态学的“结构-功能”经典研究模式,20 世纪 90 年代在世界各地兴起的生物多样性与生态系统功能关系(biodiversity and ecosystem functioning, BEF)的研究,无论是实验层面还是理论层面,科研人员均以物种多样性或丰富度(结构参数之一)对生产力(功能参数之一)的影响开展相关研究(Grace et al., 2016)。虽然近 30 年的研究取得了大量的学术成果,但正相关、不相关、负相关的研究结论均被大量观测到或理论推导发现,科学家依然难以获得一致性的认识(Liang et al., 2016)。为了从这些不同研究中寻找合理性或共性的结果,科学家分别提出了多个补丁式的假说,如功能互补假说、功能冗余假说、抽样效应

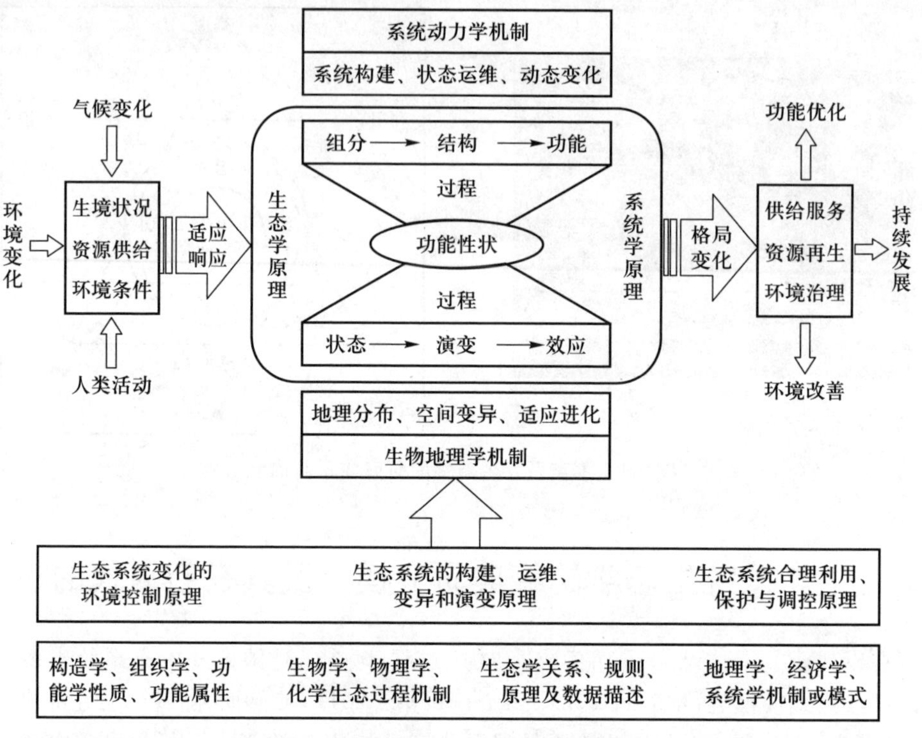

图 4.2 新时代生态系统生态学多维度研究体系的拓展。

等。与此同时,生态系统对全球变化的响应与适应研究也开始兴起,大多数研究均遵循了“结构-功能”或“结构-过程-功能”的经典模式。经过多年实验模拟与理论研究,科学家在如何揭示生态系统响应与适应方面明显遇到了瓶颈(Jochum et al., 2020)。如果仔细阅读这些相关的研究文献,人们会发现前期研究主要集中于物种(结构参数)和功能的研究,而后期研究大量使用了植物功能性状数据(或微生物功能性状数据),用来更好地解释相关研究结果,但在具体操作过程中仍没有明确这些对解释研究结果非常重要的功能性状数据的科学地位(Gross et al., 2017)。功能性状的研究进展表明,功能性状对器官、物种、种群、群落、生态系统均具有很重要的作用,不仅可用于探讨不同层次的生物对外界环境变化的响应与适应机制,还可揭示不同层次的功能的形成机制(Violle et al., 2007)。种种迹象启示我们:只有将(植物、动物、微生物)功能性状纳入生态系统生态学的研究框架,才能更好地揭示多种情景下生态系统对外界变化的响应过程与机制,满足新时代对生态系统生态学的迫切需求。

新时代最显著的特征就是各种高科技的突飞猛进。生态系统生态学必须包容或接纳高速发展的新型立体观测技术(图 4.3)。快速发展的天基和空基遥感观测技术、通量观测技术、模型模拟技术是生态系统生态学迎接新时代所必须要采用的,而生态系统生态学也必须要自我调整以更好地利用这些先进技术。然而,这些高新技术大都在单位空间(或单位土地面积)进行观测,其观测时间和空间尺度与地面生态观测通常并不匹配。此外,这些高新技术除了对传统生态系统功能物质和能量的高频观测外,还可大量观测到与传统植物功能性状相关但又不完全相同的参数(Croft et al., 2017),这是生态系统生态学发展的新生长点或新机遇。更好地应用这些高新技术来解决当代生态系统生态学所面临的复杂需求,需要创新性地发展相关的概念框架、理论基础和参数体系,甚至需要对生态系统生态学的经典研究模式进行补充,赋予其新的内涵。

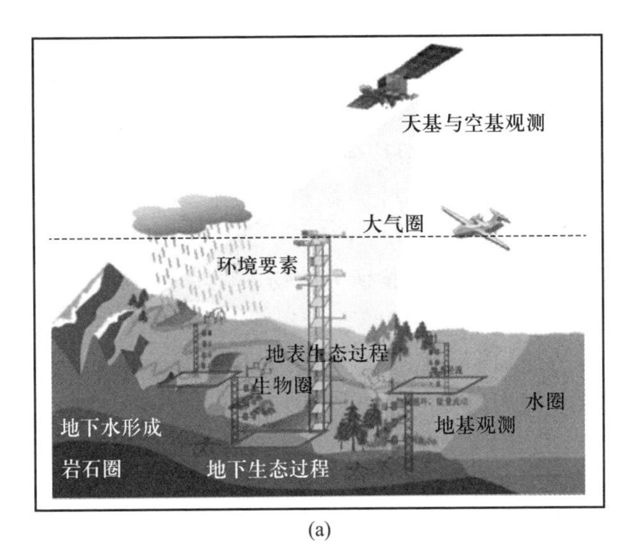

(a)

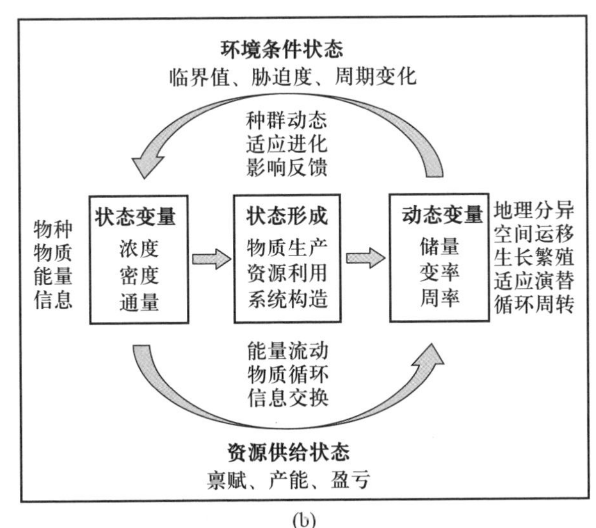

(b)

图4.3　新型立体观测技术需要生态系统状态与变化监测具有相对统一的空间尺度。

4.3　蓬勃发展的功能性状研究为生态系统生态学提供了新契机

功能性状的观测是人们认识自然界的重要途径,自生态学诞生以来它就成为科学家的重要研究对象。随着研究的深入,功能性状特征更成为揭示生物与环境变化间的关系以及生物适应机制的重要途径和前沿领域(Westoby and Wright, 2006; Violle et al., 2007)。本文重点从植物功能性状的视角来展开相关论述。由于植物是生态系统初级生产力的主要完成者,大多数研究聚焦在植物如何调整功能性状以更好地适应环境、优化资源利用或形成生产力(Gaudet and Keddy, 1988)。在功能性状指标的遴选上,也更多选择了能体现植物对环境适应并(或)影响植物生产力的参数。例如,描述叶片功能性状的叶片大小、厚度、比叶面积和光合速率等,描述根系功能性状的根直径、比根长和元素含量等(Cornelissen et al., 2003; Westoby and Wright, 2006; Kurokawa et al., 2010)。近年来,定量研究植物关键功能性状(涉及生态系统碳收支、养分和水分经济学)在不同尺度的空间变异规律、如何优化植物生产功能、陆地植被或植物多样性对全球变化(气候变化、氮沉降和酸沉降等)的响应与适应已成为生态系统生态学研究的重要方向(Diaz et al., 2016; Shipley et al., 2006)。换句话说,植物功能性状作为生物学、生态学、地学和环境科学交叉研究的纽带,是当前研究的热点。

从英文起源与原意来看,“trait”是指与遗传信息密切相关的,相对稳定、可遗传、可测量的所有生物特征参数。因此,传统的功能性状研究更多源于遗传学或生理学,并长期被局限于生物的器官、个体或物种水平,主要应用于生物器官和个体的进化、生物和生态功能及环境适应性等科学问题的研究。以植物功能性状为例,近期科研人员已将功能性状用于探讨群落尺度功能性状-功能关系、功能性状数据-模型优化、功能性状数据-遥感反演等科学问题(Wang et al., 2016; He et al., 2018, 2019; Liu et al., 2018),但它在群落或生态系统尺度是否还存在和适用仍存在很大争议。Violle 等(2007)在 *Oikos* 经典综述中明确指出:在器官-物种-种群-群落-生态系统水平上,功能性状都具有特定的适应或功能优化的意义。这一研究正式发展了功能性状的概念,实现了性状与功能性状的统一(from trait to functional trait)。虽然它没有明确给出群落功能性状或生态系统功能性状的定义,但却启发了我们“作为一个包含生命活动的有机系统,生态系统通过不断调节其结构或组成,辅以植物、动物和微生物功能性状的适应与演化,实现生态系统结构和功能的优化并适应特定环境;因此,在特定环境下,生态系统应表现出相对稳定的、可重现的(植物、动物和微生物)群落功能性状,这些不同群落功能性状共同组成生态系统功能性状”(何念鹏等, 2018)。如果群落功能性状或生态系统功能性状真的存在且具有重要的生态意义,随之而来的重要挑战或科学问题就变成了:① 如何科学定义群落功能性状或生态系统功能性状? ② 如何将大量个体水平测定的植物功能性状扩展到植物群落或生态系统水平? ③ 能否建立群落功能性状与生态系统结构、过程和功能的理论联系?

如何将器官水平测定的传统功能性状数据科学地外推到群落水平以获得群落功能性状？在已开展的群落、生态系统、区域甚至全球尺度功能性状研究工作中，生态学家们大都采用直接算数平均的方法来进行群落功能性状推导，以叶片 N∶P 值为例表示为 $N:P_{Com\text{-}SAM}$（$N:P_{Com}$ on species arithmetic mean，或简写为 $N:P_{SAM}$），落入了“物种水平简单平均=群落”的陷阱（Funk et al.，2017）。在自然群落中尤其是天然森林群落，植被结构和组成非常复杂，不同区域森林结构和组成存在很大差异，简单算术平均可能会对相关研究结论造成很大影响，使研究结论的科学性和准确性存疑（图4.4）。近期的一些研究已经清楚地表明，简单算术平均与考虑群落结构加权的结果存在显著差异（Wang et al.，2015；He et al.，2018；Liu et al.，2018；Zhang et al.，2018），后者以叶片 N∶P 值为例表示为 $N:P_{Com\text{-}CWM}$（$N:P_{Com}$ on community weighted mean，或简写为 $N:P_{CWM}$）。因此，科研人员应尽量避免掉入“物种水平简单平均=群落”的陷阱，才能使群落和生态系统尺度的功能性状研究真正接近自然、接近真实。这些看似简单的问题，却需要我们勇于破除传统概念的束缚，发展群落功能性状研究的新范式，包括新的概念、内涵、研究方法等（何念鹏等，2018）。

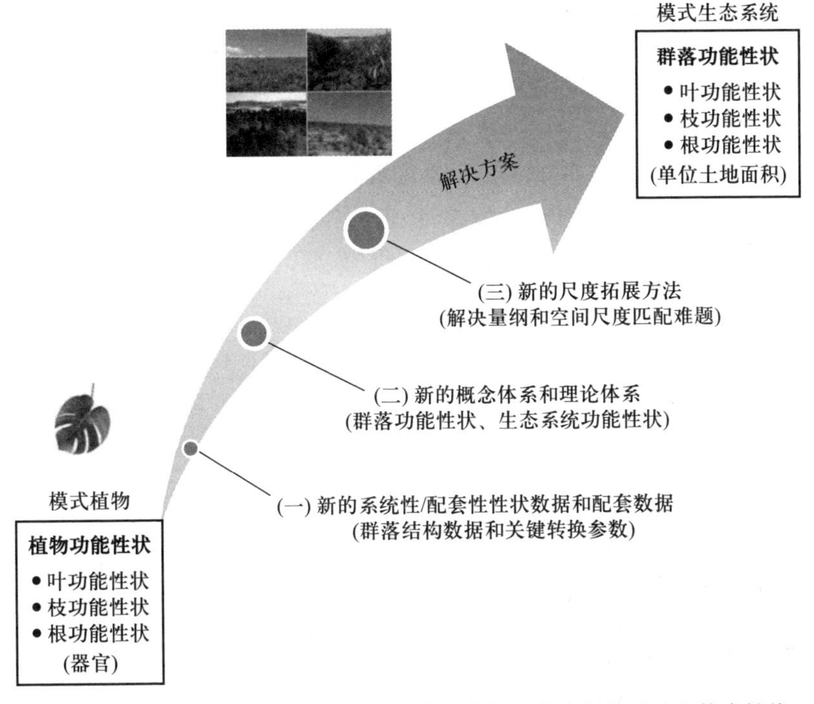

图4.4　植物功能性状从个体、群落到生态系统拓展和应用的理论和技术挑战。

如何解决传统器官水平功能性状与当前快速发展的先进技术间的尺度不匹配问题（器官 vs.单位土地面积），即实现植物群落功能性状的单位土地面积标准化（$N:P_{Com}$ on per land area by community weighted mean，以叶片 N∶P 值为例可简写为 $N:P_{Com\text{-}PLA}$ 或 $N:P_{PLA}$），关系到生态系统生态学研究能否利用当前高速发展的高新技术，有力地促进其自身研究手段和研究深度的快速发展。在遥感技术高速发展的现实背景下,其观测的部分参数如比叶面积、叶氮含量、叶绿素含量、光谱特征等,本身就是或非常接近群落功能性状,因此这些新技术和新参数可为生态系统生态学研究提供大量新数据和新思路。除此之外,群落功能性状有助于传统功能性状研究的成果真正服务于宏观生态学(macro-ecology),实现从器官水平拓展到群落水平的美好愿景,拓宽传统功能性状研究的应用范畴,实现功能性状研究和解决当前所面临的区域生态环境问题的双赢。

4.4 生态系统功能性状的科学定义与内涵

虽然上述讨论均基于植物群落功能性状(plant community trait)来展开,且植物群落功能性状也是生态系统生态学应用高新技术的最重要方向;但为了进一步推动生态系统生态学研究,我们希望能在更高或更宽广的学科范畴定义生态系统功能性状(ecosystem trait),以满足生态系统生态学来自动物、植物、微生物等多方面研究的需求。

我们将生态系统功能性状定义为在群落尺度能被单位土地面积标准化的,能体现生物(植物、动物、微生物)对环境适应、繁衍和生产力优化的所有相对稳定和可量度的特征参数(以强度或密度形式呈现)(He et al., 2019)。我们的这一定义开创性地解决了各种功能性状指标转化的量纲和空间尺度不匹配的难题。对任意生态系统而言,生态系统功能性状均由一系列植物群落功能性状(plant community trait)、动物群落功能性状(animal community trait)、微生物群落功能性状(microbial community trait)等要素共同组成,不同群落功能性状均起特定的作用或相互作用,共同完成生态系统各项功能(图 4.5);也就是说,在具体操作过程中,群落功能性状是生态系统功能性状研究的核心单元。

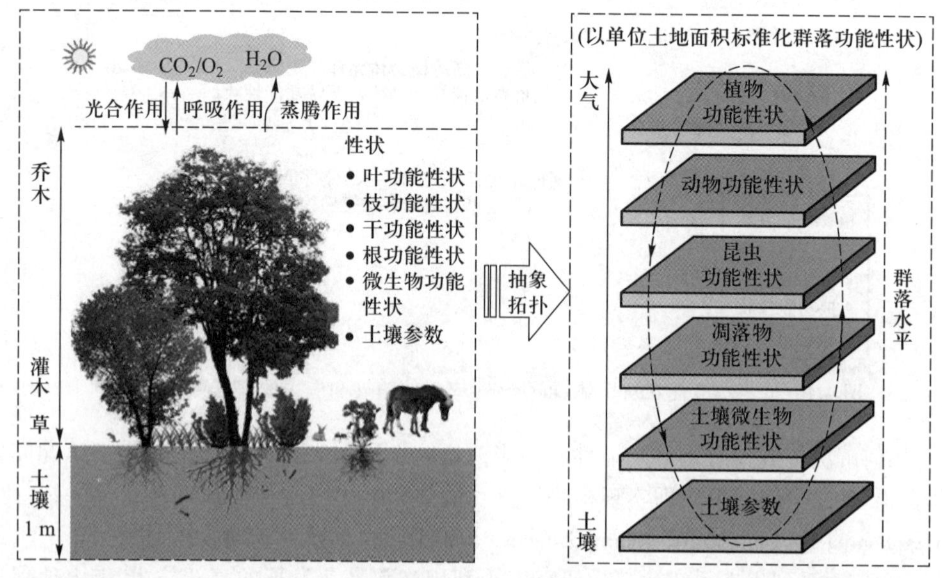

图 4.5 在群落尺度用单位土地面积标准化后的生态系统功能性状的抽象示意图(密度或强度)。

生态系统功能性状的核心内涵包括:① 所有生态系统功能性状均以群落为单位被转化为以单位土地面积为基数的功能性状,如叶片面积被拓展为叶面积指数,叶片干重被拓展为叶生物量,叶片气孔密度被拓展为单位土地面积的气孔个数,叶片C、N和P含量被拓展为C密度、N密度和P密度等;② 所有生态系统功能性状均是相对稳定的、可测量的或可推导的,原则上均是采用严格的群落生物量(或结合叶片比叶面积)加权推导后再转化到单位土地面积;③ 所有生态系统功能性状应能从不同层面反映生物对环境的适应、繁衍或生产力形成,即具有明确的生态学意义(He et al., 2019;何念鹏等, 2020)。在该理论体系中,生态系统功能性状是由一系列(生物)群落功能性状共同组成,它们在生态系统内相互作用和相互影响,并对外界环境变化或扰动做出响应与适应。必须指出,该概念框架目前更多在植物群落功能性状研究中被使用,未来在针对动物群落功能性状、微生物群落功能性状时还会适当改变或调整,但其核心内涵很难改变。

如何将器官水平测定的功能性状推导至群落水平? 这是科研人员面临的一个巨大挑战。根据拟解决的问题和数据特征,人们发展了三种从器官到群落的尺度拓展方法:① 不考虑群落结构的直接算术平均(公式4.1, T)(Wright et al., 2017; Ma et al., 2018)。该方法在功能性状研究中被广泛采用,尤其在国家、洲际或全球的大尺度功能性状整合分析中被广泛使用。② 考虑群落结构后,将不同物种相对丰富度或相对重要值作为功能性状推导的权重系数(公式4.2, T_{CWM})(Violle et al., 2007)。③ 考虑群落结构后,在物种和功能性状不匹配情景下对群落求加权平均值的估算方法(公式4.3, T_{CWM})(Borgy et al., 2017)。上述三种方法都可以看成是对物种水平的平均,应用于探讨群落或生态系统等更高层次的过程和相互关系,尤其是用于探讨生态学中个体-种群间、种群内或种群间的相互作用、竞争与共存等。然而,公式4.1~4.3并未对量纲进行转换(如碳、氮、磷含量的单位仍然是 $\mathrm{g\cdot kg^{-1}}$,叶片气孔密度的单位仍然是 $\mathrm{cm^{-2}}$),而生态系统功能几乎都是基于单位土地面积(或空间)来进行测定和模拟(具体途径主要是通量观测、模型模拟、遥感观测)。因此,公式4.1~4.3无法解决量纲不匹配和尺度不匹配的问题。根据生态系统功能性状(或植物群落功能性状)的定义和内涵,通过上述三个方程推导的功能性状,严格来说只是植物群落功能性状的效率维度(或密度参数)。

$$T = \sum_{i=1}^{n} T_i / n \tag{4.1}$$

$$T_{\mathrm{CWM}} = \sum_{i=1}^{n} p_i T_i \tag{4.2}$$

$$T_{\mathrm{CWM}} = \frac{\sum_{i=1}^{n} p_i \sum_{j=1}^{\mathrm{NIV}_i} (T_{ij}/\mathrm{NIV}_i)}{P_{\mathrm{Cover}}} \tag{4.3}$$

式中,T 或者 T_{CWM} 代表群落功能性状值,是一种均值的概念,CWM代表群落相对生物量(或相对丰富度,重要值等)加权的方法,p_i 代表群落中第 i 个物种的相对生物量(或相对丰富度,重要值等),T_i代表群落中第 i 个物种的功能性状值,n 代表已知物种数量(公式 4.1)或群落中物种数量(公式 4.2)或群落中能与数据库中功能性状匹配的物种数量(公式 4.3),T_{ij}代表第 i 个物种在已有数据库中第 j 个功能性状值,NIV_i代表第 i 个物种功能性状值在已有数据库中的重复数($\geqslant 1$),P_{Cover}代表群落中能与数据库中功能性状匹配的物种累计相对生物量(或相对丰富度、重要值等)(Borgy et al., 2017)。

由此可见,如何将器官水平测定的功能性状科学地推导到群落或生态系统水平,并与自然群落或生态系统功能相匹配,仍然是一个巨大挑战。为了破解该技术难题,我们以群落结构数据、每个物种比叶面积数据和异速生长方程数据等为例,发展了新的生态系统功能性状推导方法,并将其标准化为单位土地面积上的群落功能性状(密度参数或强度参数),公式 4.4 和 4.5 分别为计算质量标准化和叶片面积标准化的功能性状(He et al., 2018, 2019)。这两个公式既考虑了复杂的群落结构,又实现了生态系统功能性状向单位土地面积转换的目的($Trait_{Com-PLA}$ 或 $Trait_{PLA}$, trait on per land area by community weighted mean; 以叶片 N : P 值为例,可简写为 $N:P_{Com-PLA}$ 或 $N:P_{PLA}$)。因此,公式 4.4 和 4.5 不仅可以用来探讨传统生态系统水平下植物、动物与微生物间,生物与非生物要素间的相互关系或相互作用,还可与生态系统功能建立联系,更好地探讨生态系统水平下功能性状与功能的关系及其影响机制(图 4.5)。

$$T_{eco} = \sum_{j=1}^{4} \sum_{i=1}^{n} OMI_{ij} \times T_{ij} \tag{4.4}$$

$$T_{eco} = \sum_{i=1}^{n} LAI_i \times T_i \tag{4.5}$$

公式中,功能性状分为质量标准化功能性状(如单位叶片质量上的 N 含量)和面积标准化功能性状(如气孔密度,单位叶片面积上的气孔数量)。公式 4.4 用于推导质量标准化功能性状,公式 4.5 用于推导叶片面积标准化功能性状。T_{eco}代表功能性状 T 的生态系统水平功能性状值,是一种累加的概念。n 代表群落中的物种数量,OMI_{ij}代表群落中第 i 个物种第 j 个器官(根-茎-叶-枝)的质量指数,LAI_i代表群落中第 i 个物种的叶面积指数,其算法是根据 i 物种的胸径、树高和一元或二元生长方程推导出该物种各器官的生物量,并根据比叶面积 SLA 将叶片生物量转为叶片面积,并将器官生物量或者叶片面积标准化在单位土地面积上(Wang et al., 2015)。T_i或 T_{ij}代表第 i 个物种的功能性状值或第 i 个物种在 j 器官上的功能性状值。在公式 4.4 中,若某种功能性状在根-茎-叶-枝器官上不连续,则可忽略该器官功能性状值的计算或归为 0 值,也可分别计算某一层次或亚层次(微层次)的生态系统功能性状。若该功能性状在植物-动物-微生物-土壤中是连续的,如叶片氮含量,可以根据实际研究目的进行推导。

最近,我们利用我国东部南北样带的 9 个典型森林生态系统的详细调查数据,采用公式 4.4 和 4.5 的方法,完成了一系列植物功能性状参数从器官水平到群落水平的推导,获得了相应的生态系统功能性状(He et al., 2019)。已完成推导的具体参数包括叶片常规形态特征、叶绿素含量、叶片非结构性碳水化合物、叶片气孔特征、叶片解剖结构特征、植物叶-枝-干-根的碳、氮、磷含量等,并从器官-物种-功能群-群落-生态系统的角度探讨这些功能性状的纬度变异规律和主要影响因素(Li et al., 2016, 2018; Wang et al., 2016; He et al., 2018; Liu et al., 2018; Zhang et al., 2018)。通过叶绿素含量、叶片非结构性碳水化合物、叶片气孔特征、叶片解剖结构特征大尺度空间变异特征的研究,开拓了植物群落功能性状研究的新领域,并为生态系统功能性状研究提供了可复制的案例与方法学依据。

相关研究基于实测数据所推导的生态系统功能性状,并在天然森林生态系统中建立(多个)植物群落功能性状与生产力的定量关系,不仅为生态系统功能性状与生态系统功能研究提供了有力的研究范例,还为后续研究提供重要理论基础(Reichstein et al., 2014)。近期,研究人员利用详细的调查数据和"群落结构+异速生长方程+比叶面积法"方法,突破了器官-功能群-群落推导的技术难题,并发现植物群落水平的气孔密度能解释水分利用效率51%的空间变异(Liu et al., 2018)。类似地,研究人员从比叶面积、叶片解剖结构、叶绿素含量角度分别建立了它们与群落总初级生产力间的定量关系(He et al., 2018; Li et al., 2018),为天然群落植物功能性状与功能定量关系的研究提供了可借鉴范例。虽然多个植物群落功能性状与净初级生产力都显著相关,但它们的单独解释度却都不高。因此,多个功能性状协同作用可能是植物生产力形成和稳定的重要机制,在研究过程中不宜盲目地夸大单一功能性状的重要性。此外,未来还应进一步从理论上发展基于植物群落功能性状(密度和强度)的生态系统生产力预测新框架,促进相关研究领域的快速发展。

4.5 以生态系统功能性状为核心的生态系统生态学研究的新模式

生态系统结构包括生态系统的成分和营养结构,在实际研究中通常是指生态系统内植物、动物、微生物、土壤等组成要素的种类、大小、水平位置、空间位置,或者是营养级位置、食物网位置等。生态系统功能是指物质循环、能量流动和信息传递这三个方面,在实际研究中通常包括生态系统总初级生产力、次级生产力、净初级生产力、养分利用效率、水分利用效率、碳固持能力、水土保持能力等。由于生态系统功能性状概念的缺失,以往对功能性状的研究大多是在器官或个体水平下进行,无法将其与结构和功能并列,从而只能形成"结构-过程-功能"的经典框架(图4.6a)。在此框架下,科研人员围绕生态系统结构-功能关系及其对外界干扰的适应与响应等开展了大量研究工作,并试图建立生态系统结构和功能的定量关系用于指导生产实践。最经典的研究案例是生物多样性与生态系统功能(BEF)关系研究。据不完全统计,目前已有近2万篇相关论文,但依然无法在理论和实验上得到相对一致的研究结论(Huang et al., 2018)。科研人员只能用抽样效应与物种功能性状变异等来解释这些差异。生态系统功能性状概念体系的提出,构建了以生态系统功能性状为基础的生态系统生态学研究新框架,为解决当前生态系统生态学研究中的许多难题提供了新的方法和途径。

此外,作为一个复杂系统,生态系统具有复杂的自组织能力,使得其结构和功能达到最优化,更好地适应环境或抵抗外界干扰,甚至具有可再生能力。如前面所讨论的一样,生态系统结构本身难以直接实现相应的功能或体现对环境的适应,但在结构上可以通过调节物种组成(物种具有特定的功能性状变异和适应范围),进而调节群落整体的功能性状特征来影响生态系统功能和适应性。Violle 等(2007)明确提出了在器官-生态系统的整体体系中,功能性状都在适应环境和生产力优化方面扮演了重要角色。随着生态系统功能性状概念体系、推导方法和可获取数据源的日益增加,生态系统生态学研究新模式的发展必将得到促进。基于上述总结与推导,我们提出了生态系统生态学研究的新框架(图 4.6b)。新框架在继承传统框架的基础上,引入功能性状理念并使其位于核心位置,这样可以帮助人们更好地研究生态系统结构-过程-功能的关系及其形成机制,也为探讨生态系统结构、过程和功能对全球变化、环境变化、扰动的响应与适应提供了新途径。

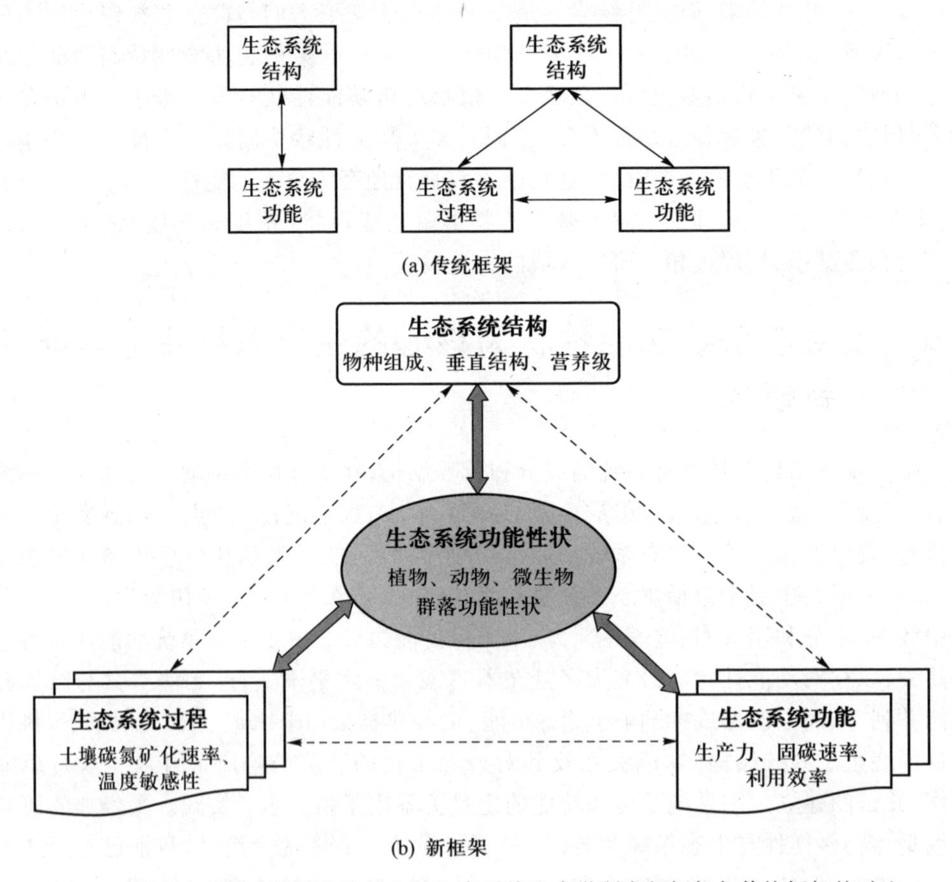

图 4.6 以生态系统功能性状为核心的生态系统生态学研究新框架与传统框架的对比。

4.6 融入生态系统功能性状的新研究框架的科学意义

生态系统功能性状概念框架的提出和发展,为在生态系统尺度深入探讨植物、动物、土壤微生物功能性状的内部关系、协同或趋异规律提供了新思路,也可以更好地探讨植物-动物-土壤微生物-土壤和气候等的相互作用关系,并从功能性状角度揭示植物群落、动物群落和土壤微生物群落的构建与维持机制(He et al., 2019)。从理论上讲,生态系统生态学研究应基于群落尺度的数据来展开,而不是器官、物种或种群尺度,这与生态系统生态学的研究对象是相吻合的。然而,受测试技术与传统功能性状认识的限制,从生态系统尺度开展植物群落-动物群落-土壤微生物群落-土壤和气候相互关系的研究还十分欠缺。绝大多数与功能性状相关的研究都局限于特定的种类(植物、动物、土壤微生物)与其他生物或环境要素的关系,严格意义上说是种群生态学或群落生态学的研究范畴,而非生态系统生态学研究范畴。生态系统功能性状概念框架及其新研究体系,使人们可以在相对统一的空间尺度和量纲上描述植物群落功能性状、动物群落功能性状、土壤微生物群落功能性状、土壤属性和气候要素等,为深入研究生态系统尺度生物-生物、生物-非生物间的关系奠定坚实的理论基础(图4.6),为生态系统生态学研究开辟了全新的视角。

另外,生态系统功能性状是一系列基于单位土地面积标准化的群落功能性状的组合,很好地解决了长期以来(植物、动物)功能性状数据与宏观尺度观测技术空间尺度不匹配的问题(遥感观测、通量观测、模型模拟和大数据整合等),同时也能充分利用各种高新技术发展所带来的大量新的数据源和获取数据的便利,推动生态系统生态学研究自身的发展(图4.7)。随着宏观尺度的高新技术快速发展(遥感、雷达和通量观测),将会产生更多可用于解释生态系统结构、功能性状和功能的参数,如叶面积指数、比叶面积、荧光参数、群落结构参数等,未来必将成为相关领域新的生长点。因此,生态系统功能性状为构建地面测定数据与高新技术获取的数据之间的桥梁奠定了坚实的基础,将极大地推动生态系统生态学研究自身的发展。当然,其发展方向和发展前景很大程度上还依赖于新技术的发展速度及其与生态系统生态学理论研究结合的紧密程度。

从技术手段来说,宏观生态学主要依赖于当前高速发展的遥感观测、通量观测、模型模拟和大数据整合的高新技术。随着这些技术的发展,人们可以获得越来越多的参数,尤其是日益发展的各种光谱观测技术和高精度雷达观测技术,将是未来宏观生态学发展和应用的利器。然而,无论这些高新观测技术如何发展,都需要生态系统的地面实测数据的支撑、验证和检验。过去由于地面功能性状测试数据与高新观测技术获取数据在空间尺度上的不匹配,许多遥感产品、通量观测数据和模型模拟结果难以被验证。随着生态系统功能性状概念框架和推导方法的提出与发展,传统地面测定的大量生态参数将可能会被转化成为单位土地面积上标准化的生态系统功能性状数据,用于验证宏观生态学研究应用的主要技术,提高这些技术的观测精度和模型模拟的预测精度,更好地解决各类区域生态环境问题(图4.7)。

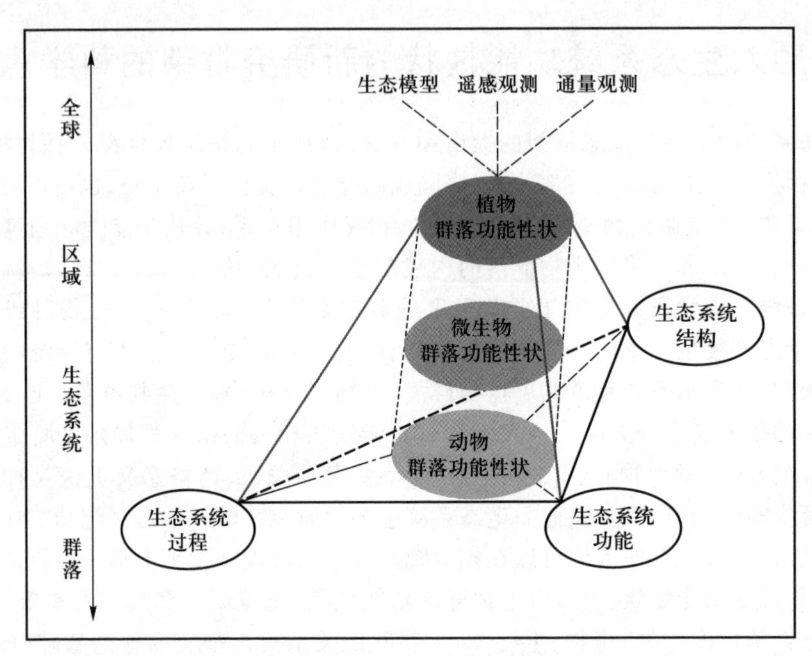

图 4.7 构建以生态系统功能性状为基础的多学科交叉的宏观生态学研究框架、理论和技术。

此外,随着植物群落功能性状数据精度和可获得性的提高,它们将为生态模型的改进与优化提供强有力的支撑,并显著提高生态模型拟合的精度。依据"功能性状决定生产力"的假设,我们大胆地提出了基于植物群落功能性状预测生产力的设想(trait-based productivity assumption)。它将通过多个关键"植物群落功能性状",结合必要的气候、土壤因素,构建"以植物功能性状为核心"的初级生产力预测模式,并以此为核心构建新一代生态模型。该模型与经典的光合模型和遥感模型等相比,从基础理论到核心模块上都将存在本质的区别,同时将可以更好地利用快速发展的功能性状数据和遥感数据。

4.7 结语

生态系统功能性状新概念框架和理论体系的提出与发展,是以前期大量研究和理论积累为基础。它不仅体现了生态系统生态学和功能性状等学科自身的发展趋势,还具有明确的时代需求。虽然生态系统功能性状给我们呈现了一幅"功能性状、生态系统生态学、宏观生态学研究等"多学科共赢的愿景,当前其在方法学和数据源匹配等方面仍需不断完善。本文是我们对先前在 *Trends in Ecology and Evolution* 上发表的文章进行深入思考后,进一步提出的以"功能性状"为核心构建的生态系统生态学研究新框架,希望能促进新时期生态系统生态学研究的快速发展。然而,目前该体系无论在理论还是在技术和应用等方面均不够成熟,需要较长时间的磨合以及较多案例的支撑。我们希望能通过大家的广泛讨论,逐渐完善生态系统功能性状的基本理论,推动"以功能性状为核心的生态系统生态学研究"新框架的发展,并切实推动功能性状研究在区域乃至全球生态环境问题上的应用。近期,依托系统的、多数据匹配的中国生态系统植物功能性状数据库(China_Traits),我们团队正在围绕"生态系统功能性状的原创理论体系"开展如下几方面的研究工作:① 我国典型生态系统关键植物群落功能性状的时空变异、演化趋势及其影响因素;② 关键植物群落功能性状的多尺度遥感观测技术;③ 基于关键植物群落功能性状的生态系统生产力形成机制与新模型开发;④ 区域关键生态系统功能性状(植物、动物、微生物群落功能性状)的高精度空间数据产品及其在区域生态环境保护与评估中的应用。期待后续能有机会与大家进一步探讨和分享。

参考文献

何念鹏, 刘聪聪, 徐丽, 于贵瑞. 2020. 生态系统性状对宏生态研究的启示与挑战. 生态学报, 40: 2507-2522.

何念鹏, 刘聪聪, 徐丽, 张佳慧, 于贵瑞. 2018. 植物性状研究之机遇与挑战: 从器官到群落. 生态学报, 38: 6787-6796.

于贵瑞. 2009. 人类活动与生态系统变化的前沿科学问题. 北京: 高等教育出版社.

Borgy, B., C. Violle, P. Choler, E. Garnier, J. Kattge, J. Loranger, B. Amiaud, P. Cellier, G. Debarros, P. Denelle, S. Diquelou, S. Gachet, C. Jolivet, S. Lavorel, S. Lemauviel-Lavenant, A. Mikolajczak, F. Munoz, J. Olivier, and N. Viovy. 2017. Sensitivity of community-level trait-environment relationships to data representativeness: A test for functional biogeography. Global Ecology and Biogeography, 26(6): 729-739.

Chapin Ⅲ, F. S., P. A. Matson, and P. Vitousek. 2011. Principles of Terrestrial Ecosystem Ecology (2nd edition). New York: Springer.

Cornelissen, J. H. C., S. Lavorel, E. Garnier, S. Diaz, N. Buchmann, D. E. Gurvich, P. B. Reich, H. ter Steege, H. D. Morgan, M. G. A. van der Heijden, J. G. Pausas, and H. Poorter. 2003. A handbook of protocols for standardized and easy measurement of plant functional traits worldwide. Australian Journal of Botany, 51: 335-380.

Croft, H., J. M. Chen, X. Luo, P. Bartlett, B. Chen, and R. M. Staebler. 2017. Leaf chlorophyll content as a proxy for leaf photosynthetic capacity. Global Change Biology, 23: 3513-3524.

Diaz, S., J. Kattge, J. H. C. Cornelissen, I. J. Wright, S. Lavorel, S. Dray, B. Reu, M. Kleyer, C. Wirth, I. C. Prentice, E. Garnier, G. Bonisch, M. Westoby, H. Poorter, P. B. Reich, A. T. Moles, J. Dickie, A. N. Gillison, A. E. Zanne, J. Chave, S. J. Wright, S. N. Sheremet'ev, H. Jactel, C. Baraloto, B. Cerabolini, S. Pierce, B. Shipley, D. Kirkup, F. Casanoves, J. S. Joswig, A. Gunther, V. Falczuk, M. D. Ruger, M. D. Mahecha, and L. D. Gorne. 2016. The global spectrum of plant form and function. Nature, 529: 167-173.

Funk, J. L., J. E. Larson, G. M. Ames, B. J. Butterfield, J. Cavender-Bares, J. Firn, D. C. Laughlin, A. E. Sutton-Grier, L. Williams, and J. Wright. 2017. Revisiting the Holy Grail: Using plant functional traits to understand ecological processes. Biological Reviews, 92:1156-1173.

Gaudet, C. L., and P. A. Keddy. 1988. A comparative approach to predicting competitive ability from plant traits. Nature, 334: 242-243.

Grace, J. B., T. M. Anderson, E. W. Seabloom, E. T. Borer, P. B. Adler, W. S. Harpole, Y. Hautier, H. Hillebrand, E. M. Lind, M. Partel, J. D. Bakker, Y. M. Buckly, M. J. Crawley, E. I. Damschen, K. F. Davies, P. A. Fay, J. Firn, D. S. Gruner, A. Hector, J. M. H. Knops, A. S. MacDougall, B. A. Melboume, J. W. Morgan, J. L. Orrock, S. M. Prober, and M. D. Smith. 2016. Integrative modelling reveals mechanisms linking productivity and plant species richness. Nature, 529: 390-393.

Gross, N., Y. L. Bagoussepinguet, P. Liancourt, M. Berdugo, N. J. Gotelli, and F. T. Maestre. 2017. Functional trait diversity maximizes ecosystem multifunctionality. Nature Ecology and Evolution, 1: 132.

He, N. P., C. C. Liu, M. Tian, M. L. Li, H. Yang, G. R. Yu, D. L. Guo, M. D. Smith, Q. Yu, and J. H. Hou. 2018. Variation in leaf anatomical traits from tropical to cold-temperate forests and linkage to ecosystem functions. Functional Ecology, 32: 10-19.

He, N. P., C. C. Liu, S. L. Piao, L. Sack, L. Xu, Y. Q. Luo, J. S. He, X. G. Han, G. S. Zhou, X. H. Zhou, Y. Lin, Q. Yu, S. R. Liu, W. Sun, S. L. Niu, S. G. Li, J. H. Zhang, and G. R. Yu. 2019. Ecosystem traits linking functional traits to macroecology. Trends in Ecology and Evolution, 34(3): 200-210.

Huang, Y. Y., Y. X. Chen, N. Castro-Izaguirre, M. Baruffol, M. Brezzi, A. N. Lang, Y. Li, W. Härdtle, G. von Oheimb, X. F. Yang, X. J. Liu, K. Q. Pei, S. Both, B. Yang, D. Eichenberg, T. Assmann, J. Bauhus, T. Behrens, F. Buscot, X. Y. Chen, D. Chesters, B. Y. Ding, W. Durka, A. Erfmeier, J. Y. Fang, M. Fischer, L. D. Guo, D. L. Guo, J. L. M. Gutknecht, J. S. He, C. L. He, A. Hector, L. Hönig, R. Y. Hu, A. M. Klein, P. Kühn, Y. Liang, S. Li, S. Michalski, M. Scherer-Lorenzen, K. Schmidt, T. Scholten, A. Schuldt, X. Shi, M. Z. Tan, Z. Y. Tang, S. Trogisch, Z. W. Wang, E. Welk, C. Wirth, T. Wubet, W. H. Xiang, M. J. Yu, X. D. Yu, J. Y. Zhang, S. R. Zhang, N. L. Zhang, H. Z. Zhou, C. D. Zhu, L. Zhu, H. Bruelheide, K. P. Ma, P. A. Niklaus, and B. Schmid. 2018. Impacts of species richness on productivity in a large-scale subtropical forest experiment. Science, 362: 80-83.

Jochum, M., M. Fischer, F. Isbell, C. Roscher, and P. Manning. 2020. The results of biodiversity-ecosystem functioning experiments are realistic. Nature Ecology and Evolution, 5: 1-10.

Kurokawa, H., D. A. Peltzer, and D. A. Wardle. 2010. Plant traits, leaf palatability and litter decomposability for co-occurring woody species differing in invasion status and nitrogen fixation ability. Functional Ecology, 24: 513-523.

Li, N. N., N. P. He, G. R. Yu, Q. F. Wang, and J. Sun. 2016. Leaf non-structural carbohydrates regulated by plant functional groups and climate: Evidences from a tropical to cold-temperate forest transect. Ecological Indicators, 62: 22-31.

Li, Y., C. C. Liu, J. H. Zhang, H. Yang, L. Xu, Q. F. Wang, L. Sack, X. Q. Wu, J. H. Hou, and N. P. He. 2018. Variation in leaf chlorophyll concentration from tropical to cold-temperate forests: Association with gross primary productivity. Ecological Indicators, 85: 383-389.

Liang, J. J., T. W. Crowther, N. Picard, S. Wiser, and P. B. Reich. 2016. Positive biodiversity-productivity relationship predominant in global forests. Science, 354: 1-15.

Liu, C. C., N. P. He, J. H. Zhang, Y. Li, Q. F. Wang, L. Sack, and G. R. Yu. 2018. Variation of stomatal traits from tropical to cold-temperate forests and association with water use efficiency. Functional Ecology, 32: 20-28.

Ma, Z. Q., D. L. Guo, X. L. Xu, M. Z. Lu, R. D. Bardgett, D. M. Eissenstat, M. L. McCormack, and L. O. Hedin. 2018. Evolutionary history resolves global organization of root functional traits. Nature, 555: 94-97.

Odum, E. P. 1959. Fundamentals of Ecology. Philadelphia: W. B. Saunders.

Odum, E. P. 1969. The strategy of ecosystem development. Science, 164: 262-270.

Odum, E. P. 1973. Fundamentals of Ecology (3rd edition). Philadelphia: W. B. Saunders.

Reichstein, M., M. Bahn, M. D. Mahecha, J. Kattge, and D. D. Baldocchi. 2014. Linking plant and ecosystem functional biogeography. Proceedings of the National Academy of Sciences of the United States of America, 111: 13697-13702.

Shipley, B., D. Vile, and E. Garnier. 2006. From plant traits to plant communities: A statistical mechanistic approach to biodiversity. Science, 314: 812-814.

Tansley, A. G. 1935. The use and abuse of vegetational concepts and terms. Ecology, 16: 284-307.

Violle, C., M. L. Navas, D. Vile, E. Kazakou, C. Fortunel, I. Hummel, and E. Garnier. 2007. Let the concept of trait be functional! Oikos, 116: 882-892.

Wang, R. L., G. R. Yu, N. P. He, Q. F. Wang, N. Zhao, Z. W. Xu, and J. P. Ge. 2015. Latitudinal variation of leaf stomatal traits from species to community level in forests: Linkage with ecosystem productivity. Scientific Reports, 5: 14454.

Wang, R. L., G. R. Yu, N. P. He, Q. F. Wang, N. Zhao, and Z. W. Xu. 2016. Latitudinal variation of leaf morphological traits from species to communities along a forest transect in eastern China. Journal of Geographical Sciences, 26: 15-26.

Westoby, M., and I. J. Wright. 2006. Land-plant ecology on the basis of functional traits. Trends in Ecology and Evolution, 21: 261-268.

Wright, I. J., P. B. Reich, M. Westoby, D. D. Ackerly, Z. Baruch, F. Bongers, J. Cavender-Bares, T. Chapin, J. H. C. Cornelissen, M. Diemer, J. Flexas, E. Garnier, P. K. Groom, J. Gulias, K. Hikosaka, B. B. Lamont, T. Lee, W. Lee, C. Lusk, J. J. Midgley, M. L. Navas, U. Niinemets, J. Oleksyn, N. Osada, H. Poorter, P. Poot, L. Prior, V. I. Pyankov, C. Roumet, S. C. Thomas, M. G. Tjoelker, E. J. Veneklaas, and R. Villar. 2004. The worldwide leaf economics spectrum. Nature, 428: 821-827.

Wright, I. J., N. Dong, V. Maire, I. C. Prentice, M. Westoby, S. Díaz, R. V. Gallagher, B. F. Jacobs, R. Kooyman, E. A. Law, M. R. Leishman, Ü. Niinemets, P. B. Reich, L. Sack, R. Villar, H. Wang, and P. Wilf. 2017. Global climatic drivers of leaf size. Science, 357: 917-921.

Zhang, J. H., N. Zhao, C. C. Liu, H. Yang, M. L. Li, G. R. Yu, K. Wilcox, Q. Yu, and N. P. He. 2018. C : N : P stoichiometry in China's forests: From organs to ecosystems. Functional Ecology, 32: 50-60

第5章

氮沉降对陆地生态系统关键元素循环过程的影响

王敬[1][2]　Scott X Chang[1]

摘　要

自工业革命以来,尤其是在近半个多世纪,农林业生产中化肥的大量施用以及化石燃料燃烧等人为活动排放的活性氮数量急剧增加,导致大气氮沉降显著增加。适量的氮沉降可以促进植物生长,有利于人类的生产系统,如增加森林生产力等。但氮(N)沉降的持续增加可以通过加速水体富营养化、土壤酸化等过程对陆地生态系统的生物地球化学循环和生物多样性等造成广泛的负面影响。氮沉降亦会影响磷(P)、钾(K)、钙(Ca)、镁(Mg)和硫(S)等植物生长发育必需营养元素的循环过程。本文从土壤养分含量、有效性和养分归还等养分循环的角度,阐述了氮沉降对陆地生态系统养分循环的影响。氮沉降可以提高土壤氮对植物的有效性,促进植物地上、地下部分对氮素的吸收累积,进而提高植物对P、K、Ca、Mg、S等的需求,以此来维持植物的养分平衡。也就是说,氮沉降可以通过直接影响陆地生态系统的氮循环过程改变其他养分循环过程。然而,目前的研究主要集中在氮沉降对N、P循环的影响及其内在机制,鲜有涉及氮沉降对其他养分(如微量元素)循环过程的影响的研究,尤其是对多元素间的协同响应的研究。因此,深入探讨氮沉降对陆地生态系统关键元素循环的影响,不仅要关注多元素的协同响应机制,也要充分考虑不同陆地生态系统对氮沉降响应的差异,这样才能更充分地利用氮沉降带来的养分,避免或减轻其负面影响,进而为实现陆地生态系统的可持续发展提供决策依据。

① 阿尔伯塔大学农业、生命与环境科学学院,埃特蒙顿,T6G 2E3,加拿大;
② 南京林业大学林学院,南京,210037,中国。

Abstract

Levels of reactive nitrogen (Nr) in the atmosphere have increased globally over the years as a result of human activities, such as fertilizer N using in intensively managed agriculture and forestry, and fossil-fuel combustion. Increased release of Nr increases the rate of N deposition. N deposition can enhance plant growth and may benefit human production systems, such as increased net primary production in forests. On the other hand, increased N deposition even at low levels can cause eutrophication and acidification and has wide-ranging negative consequences for biogeochemical cycling and the biodiversity of terrestrial ecosystems. Increased rate of N deposition affects the biogeochemical cycling of N, phosphorus (P), potassium (K), calcium (Ca), magnesium (Mg) and sulfur (S), nutrients that are essential for plant growth. In this chapter, the effects of N deposition on nutrient cycling in terrestrial ecosystems are reviewed from the perspective of soil nutrient content and availability, and nutrients return from the biota to the soil. Nitrogen deposition could increase the availability of soil N to plants, promote the uptake and accumulation of N in above and belowground plant components, and increase the demand of plants for other mineral nutrients such as P, K, Ca, Mg and S, in order to maintain the nutrient balance in the plants. Thus, N deposition can directly affect the cycling of N in terrestrial ecosystems and induce changes in the cycling of other nutrients. Gaining a better understanding of the effect of N deposition on soil nutrient availabilities and their balance can help us to take advantage of the increased availability of nutrients, minimize the negative effects from N deposition, and enhance the sustainable development of terrestrial ecosystems.

前言

自工业革命以来,尤其是最近半个多世纪以来,农林业生产中化肥的大量施用以及化石燃料燃烧等人为活动排放的活性氮(reactive nitrogen, Nr)数量急剧增加,引起了全球范围内大气氮沉降速率的快速升高,预计到 2050 年大气氮沉降将达到 200 Tg N · a^{-1}(Galloway et al., 2008)。尽管许多发达国家或地区(如美国和欧洲)于 20 世纪 80 年代末或 90 年代初开始实施了更严格的限制大气污染立法,使氮沉降量趋于平稳和下降,但迄今为止这些地区的氮沉降量仍远高于工业化前水平(Simpson et al., 2014)。20 世纪 80 年代以来,我国经济的持续增长导致了农业和工业等活动所排放的活性氮数量急剧增加,已由 20 世纪 60 年代的 13.2 kg N · hm^{-2} · a^{-1}增加到 20 世纪末的21.1 kg N · hm^{-2} · a^{-1},我国因此成为全球三大氮沉降集中区之一(Galloway et al., 2004; Liu et al., 2013)。持续增长的氮沉降在生态系统健康和服务方面产生的负影响引起了人们的高度关注。过量氮沉降通过土壤酸化、养分失衡和改变种间竞争关系等影响植物生长和植物生物多样性,而植物多样性的丧失会通过营养级影响微生物和动物生物多样性,并导致生态系统服务功能的退化(Li et al., 2018; Song et al., 2019; 鲁显楷等, 2019)。土壤作为陆地生态系统的基本组成部分,养分在土壤中的循环过程对氮沉降非常敏感(Lucas et al., 2011; Marklein and Houlton, 2012; Chen et al., 2016; Song et al., 2021)。氮沉降增加可以促进植物生长,但人们尚未深入理解氮沉降对生态系统养分循环的直接和间接影响。

前人在氮沉降对陆地生态系统土壤养分库大小和循环的影响方面做了大量研究。结果发现,氮沉降可以提高土壤中氮的有效性,进而增加植物组织中氮含量,促进植物地上、地下部对氮素的累积,最终提高植物地上、地下部的生物量(LeBauer and Treseder, 2008; Yuan and Chen, 2012)。与此同时,植物还需要增加对磷(P)、钙(Ca)、镁(Mg)等其他养分的吸收,来维持自身的养分平衡(Sistla and Schimel, 2012)。因此,氮沉降可以间接影响土壤中其他矿质元素的循环。比如,氮沉降可以通过刺激微生物对磷的需求提高土壤磷酸酶的活性(Sinsabaugh et al., 2005; Stone et al., 2012),促进有效磷的释放,提高植物对磷的吸收,最终降低土壤有效磷含量(李洁和薛立, 2017)。此外,氮沉降可以提高土壤活性氮的含量,加速土壤酸化,导致土壤中Ca^{2+}、Mg^{2+}等盐基离子淋失,从而降低这些矿质养分的有效性(姜林等, 2012)。但也有研究发现氮沉降对土壤中Ca^{2+}、Mg^{2+}和K^{+}等盐基离子含量影响不显著,却显著降低Na^{+}含量(李秋玲等, 2013)。因此,深入了解生态系统养分循环对氮沉降的响应将有助于更好地预测氮沉降对陆地生态系统的影响。

总体而言,国内外学者在氮沉降对土壤及生态系统养分循环的影响方面做了大量的研究,但大多数研究仅针对单一元素有效性及其循环过程的响应,鲜有对不同养分的响应进行系统研究。因此,我们对陆地生态系统土壤养分循环对氮沉降的响应尚缺乏系统性认识。鉴于此,本文从土壤中N、P、Ca、Mg、S等含量及其有效性对氮沉降的响应角度,对氮沉降对土壤养分循环的影响进行概述,以期提高人们对氮沉降对陆地生态系统关键元素有效性和关键循环过程的影响机制和趋势的认识。

5.1 氮沉降对土壤氮素循环的影响

氮素是影响植物生长的重要限制因子,外源氮的持续输入已经成为影响陆地生态系统氮循环的重要因素之一。陆地生态系统可以通过植物吸收、微生物同化、土壤阳离子交换等(Silver et al., 2005; Templer et al., 2008)生物和非生物机制固定一部分外源氮。但是当氮沉降量超过土壤自身的固持能力时,氮损失风险加剧,如产生NO_x排放、氮的淋洗损失等(Fang et al., 2009; Li et al., 2007),进而造成土壤酸化,降低陆地生态系统生产力(Aber et al., 1998)。因此,研究氮沉降对陆地生态系统氮循环的影响及其内在机制对提高生态系统生产力、制定科学的生态环境保护措施等至关重要。

5.1.1 氮沉降对土壤氮库的影响

诸多研究报道了氮肥施用或氮沉降通过影响生态系统氮库(Mack et al., 2004)、微生物量氮和酶的活性(Zhou et al., 2017)等对生态系统氮循环产生影响。但不同研究得到的结果存在很大的差异,尤其是在氮沉降如何影响土壤氮库方面。例如,氮沉降会增加矿质土壤全氮和矿质氮的含量(赵河等, 2017)。相反,Mack 等(2004)对长期(20年以上)施氮量达到2 000 kg N·hm^{-2}的土壤进行测定,发现施肥对土壤全氮含量没有影响,但增加了地上部生物量氮,从而降低了地下氮储量,以此维持生态系统中氮储量的相对稳定。对内蒙古温带草原的研究也发现,土壤全氮含量基本不受施氮量增加的影响(周纪东等, 2016)。但是,一个全球尺度的 Meta 分析发现,氮沉降可以显著提高土壤全氮(TN, 6.2%)、可溶性有机氮(DON, 21.1%)和无机氮(114%,其中NH_4^+库增加47.2%,NO_3^-库增加428.6%)含量,同时显著降低微生物量氮(5.8%);氮沉降对土壤无机氮的影响因生态系统而异,具体表现在农业生态系统无机氮的增幅显著低于非农业生态系统,而不同生态系统之间微生物量氮、TN 和 DON 对氮沉降的响应则无明显差异(Lu et al., 2011)。

在许多陆地生态系统中,氮素是植物生长的限制因子,氮沉降可提高陆地生态系统植物的氮含量(Xia and Wan, 2008)和净初级生产力(NPP)(LeBauer and Treseder, 2008),进而增加植物组分内氮素累积,同时促进氮素在凋落物中的积累;这种促进作用主要归因于富氮条件下植物生物量和植物氮含量的提高。植物叶片、根系和木材等组织中的氮含量均会随氮输入量的增加而提高(Xia and Wan, 2008; Liu and Greaver, 2010; Crowley et al., 2012),如氮沉降可以使叶片氮含量提高29%(Xia and Wan, 2008)。此外,在长期施氮试验中,纽约东南部的栎林叶面氮含量先增加20%,随后保持稳定(Lovett and Goodale, 2011)。在美国东北部的一个氮沉降梯度的观测研究也发现,随着氮沉降的增加,优势树种的叶面氮含量也会增加(Crowley et al., 2012)。总的来说,增加氮沉降量可以提高植物组织中氮的含量,导致更多的氮在植物中累积(Lovett and Goodale, 2011)。凋落物中氮的积累规律理论上来说应该与植物地上部和地下部组织中氮的积累一致,即氮沉降诱导的植物含氮量增加将最终导致凋落物中氮的净积累(Mack et al., 2004)。Lu 等(2011)的 Meta 分析发现,凋落物氮库与地上部植物氮库的大小呈显著正相关关系,这进一步证实了氮沉降可以通过促进地上部植物体中氮的积累增加凋落物氮的贮量。然而,长期施氮试验发现,高施氮水平会提高树木的死亡率。比如,高氮沉降量下美国马萨诸塞州西部的松树林(Magill et al., 2000)、纽约东南部的混合橡树林(Lovett and Goodale, 2011)和佛蒙特州 Ascutney 山上的一个红云杉生态系统(McNulty et al., 2005)树木的死亡率都增加了;对欧洲森林的长期观测研究(Schulze, 1989)也发现了相似结果。此外,高氮沉降量会降低一些物种的生长速率(Epa, 2008; Thomas et al., 2010)。这可能是由于高氮沉降量会加速土壤酸化和离子失衡,导致物种的生长速率下降、死亡率增加(Wallace et al., 2007; Xia and Wan, 2008; Tian and Niu, 2015)。

氮沉降可以显著降低土壤微生物量氮(Lu et al., 2011)。首先,通过沉降输入土壤的无机氮可以与土壤有机质反应,导致土壤中稳定性有机质的累积(Fog, 1988),降低其对微生物生长的有效性(Treseder, 2008)。其次,氮沉降可以显著降低土壤 pH,由此引发的土壤酸化会进一步导致 Ca^{2+}、Mg^{2+} 等阳基离子的淋失以及其他土壤理化性质的相应变化,最终抑制微生物生长、降低土壤微生物多样性并改变其群落组成和结构(Treseder, 2008; Wang et al., 2018)。此外,氮沉降也可以引起氮饱和,限制矿质土壤中葡萄糖苷酶的活性,导致微生物数量和碳获取能力下降(DeForest et al., 2004),从而降低土壤微生物生物量氮的含量。

不同陆地生态系统氮水平、氮固持能力、土壤有机碳含量和植物群落组成等不同,其氮库对氮沉降的响应也明显不同(Vitousek et al., 2010)。比如,农业生态系统中叶片、地上植物和凋落物的氮库对氮沉降的响应通常高于非农业生态系统(Lu et al., 2011)。这一方面可能是因为农业生态系统的氮肥施用量远高于自然生态系统,农业生态系统中植物对氮素的吸收和累积,导致各氮库含量显著提高。另一方面,农业生态系统通常选择比大多数野生植物具有更高的 NH_4^+ 和 NO_3^- 吸收速率,能够更好地利用土壤中较高浓度的无机氮,拥有较高光合速率的作物品种(Chapin et al., 2002),拥有更高的生长潜力(Engels and Marschner, 1995)。再者,种植固氮作物如大豆(*Glycine max*)可以显著提高土壤氮的有效性(Engels and Marschner, 1995),进而促进非固氮作物的生长(Legard and Giller, 1995),导致农作物比大多数野生植物拥有更高的生长速率。此外,农作物管理、耕作和灌溉等措施也有利于农业生态系统中植物和凋落物中氮素的积累(Lu et al., 2011)。管理(或土地利用变化)对氮保持的影响可能与土壤食物网组成的变化有关。广泛管理的真菌土壤食物网和植物与土壤微生物之间紧密联系的草地比集中管理的农业系统中的细菌食物网更能有效地保留氮(de Vries et al., 2012a,b)。

总体而言,陆地生态系统氮过程对氮沉降的响应模式为:低氮沉降量可以刺激植物的氮吸收和生长,导致植物、凋落物和土壤的氮积累,增加陆地生态系统的氮固存量;中氮沉降量对植物氮吸收和生长的刺激趋于稳定;高氮沉降量则会导致土壤酸化,降低植物生长速率,提高死亡率。当然,陆地生态系统氮循环是一个渗漏系统,外源氮输入的同时还增加了 N_2O 排放和无机氮淋溶,不利于植物的长期吸收。陆地生态系统无机氮外流可能会产生一系列的环境后果,如 N_2O 是最重要的温室气体之一,其增加可能会加速全球变暖,而 NO_3^- 淋溶增强会引起土壤酸化、富营养化等严重的生态问题。

5.1.2 氮沉降对土壤氮转化过程的影响

土壤中矿质氮含量变化主要受一系列同时发生的氮转化过程调控,尤其是土壤氮素矿化和硝化作用。其中,有机质(或有机氮)矿化过程是将复杂的有机氮转化为简单的可溶性有机氮并最终分解成 NH_4^+ 的过程,是土壤内部矿质氮产生的主要过程,在决定土壤氮素有效性方面起着关键作用(Schimel and Bennett, 2004)。硝化作用是将铵态氮转化为硝态氮的过程,硝化过程产生的硝酸盐会通过淋溶、径流和反硝化过程向水体和大气迁移,是氮损失的主要机制(Zhang et al., 2018)。大气氮沉降可以增加、降低或不改变土壤氮矿化速率,这主要取决于生态系统中氮磷等养分的有效性、氮沉降量等(鲁显楷等, 2019; Song et al., 2021)。对全球范围内陆地生态系统土壤矿化和硝化速率对氮沉降的响应进行 Meta 分析发现,氮沉降量的增加对陆地生态系统土壤氮素矿化和硝化速率有促进作用(Cheng et al., 2020; Song et al., 2021)。如在氮限制的生态系统中,某些北方森林土壤微生物的生长受到氮限制,氮沉降量的增加会提高土壤碳、氮含量,进而提高氮的初级矿化速率(Högberg et al., 2014; Urakawa et al., 2016; Yang et al., 2017)。相比之下,在氮富集的云杉林中,由于氮饱和系统有机质分解率降低,氮沉降会降低初级矿化速率,而在中等氮沉降水平下土壤中氮的初级矿化速率最高(Corre et al., 2003)。当然,高氮沉降条件下生态系统接近氮饱和时,微生物氧化酶活性趋于降低(Zhou et al., 2017),抑制土壤氮素,尤其是难降解有机氮的矿化(Chen et al., 2018)。还有可能是长期高氮沉降抑制腐殖质降解酶活性(Carreiro et al., 2000),改变土壤有机质化学结构,进而降低细胞外分解代谢酶的有效性(Aber et al., 1998)。因此,高氮富集条件通过改变微生物种群大小、微生物群落结构和酶活性来抑制微生物分解,最终减少氮素矿化(Corre et al., 2007)。但是,也有研究发现了相反的结果。例如,当亚热带酸性森林土壤氮沉降量为 40 kg NH_4^+-N · hm^{-2} · a^{-1}时,初级矿化速率不受氮沉降的影响;当沉降量达到 120 kg NH_4^+-N · hm^{-2} · a^{-1}时,氮沉降显著增加初级矿化速率(Gao et al., 2016)。因此,氮沉降量较低时初级矿化速率不受氮沉降的影响(Cheng et al., 2011; Tian et al., 2018),可能是由于氮沉降量低时输入的氮素与土壤氮素转化速率的响应之间存在滞后效应。此外,氮素初级矿化速率对氮沉降的响应在森林土壤不同层次之间是不同的,有机质层和矿质层的初级矿化速率对氮沉降的响应分别是增加和不变(Cheng et al., 2020)。氮沉降增加土壤氮含量,降低土壤 C/N 值(Lu et al., 2011; Chen et al., 2018),从而提高初级矿化速率。此外,矿质氮的产生一般由微生物种群大小和微生物群落组成以及有机质或底物的有效性和质量决定(Booth et al., 2005)。氮沉降一般会降低微生物生物量(Treseder, 2008; Lu et al., 2011),但会提高特定初级矿化速率,即每单位微生物生物量氮的初级矿化速率(Baldos et al., 2015),这进一步表明底物质量在调控土壤氮矿化中起重要作用。

同样地,氮沉降也可能提高、降低或不改变土壤氮素净矿化速率(Brenner et al., 2005; Cusack et al., 2016)。Lu 等(2011)的 Meta 分析结果表明,氮沉降使净矿化速率增加 24.9%,其原因可能是底物质量的提高和数量的增加,或是微生物活性的增加,或是存在激发效应(Aber et al., 1998)。氮沉降可以降低微生物生物量碳的数量和蛋白解聚酶的活性,表明这两者的变化可能不是氮沉降增加森林土壤净矿化速率的主要机制(Treseder, 2008; Chen et al., 2018)。而氮沉降引起的基质质量的提高和数量的增加(例如,土壤碳、氮浓度升高,土壤 C/N 值降低)可能是其提高氮净矿化速率的主要原因(Chen et al., 2018)。

硝化作用包括自养硝化和异养硝化,其中自养硝化是硝化细菌利用 CO_2作为碳源,将铵态氮转化为硝态氮,并获得能量的过程;异养硝化是由异养硝化微生物主导的,以有机碳为碳源和能源,将还原态氮转化为氧化态氮的过程。研究表明,土壤氮含量是硝化速率大小的主要决定因素(Li et al., 2020),氮沉降可以通过增加自养硝化过程底物的有效性而直接增加初级硝化速率(Baldos et al., 2015),当氮沉降量小于55 kg N · hm^{-2} · a^{-1}时,土壤初级硝化速率与土壤铵态氮呈正相关关系,即土壤铵态氮的增加有利于自养硝化的进行(Song et al., 2021; Li et al., 2020)。氮沉降量较低时可以刺激自养硝化,这可能是由于低氮添加极大地刺激了氨氧化细菌的活性,为自养硝化提供了底物,进而刺激了硝化(Zhao et al., 2018)。氮沉降还可以降低矿质土壤C/N值(Lu et al., 2011; Chen et al., 2018),使微生物对 NH_4^+需求减弱,硝化微生物可用的 NH_4^+增加,最终促进硝化作用。相比之下,随着氮沉降量的增加,土壤酸化和盐基离子淋失可能会抑制氨氧化细菌(Ouyang et al., 2016; Song et al., 2016),进而抑制自养硝化。此外,异养微生物通常会与自养硝化过程竞争 NH_4^+,竞争程度取决于土壤C/N值。土壤 C/N 值高意味着微生物要利用更多 NH_4^+来满足自身生长需要,从而降低了自养硝化作用的底物 NH_4^+有效性(Booth et al., 2005),进而降低硝化速率。与大量对自养硝化作用的研究相比,较少有学者研究氮沉降对异养硝化作用的影响,这可能是因为异养硝化主要发生在酸性土壤中,因此受地域影响而研究相对较少(Zhang et al., 2015)。由于氮沉降经常引起土壤酸化(Lu et al., 2011; Tian and Niu, 2015),异养硝化作用可能是氮沉降升高条件下酸性土壤中氮转化的重要途径。而森林土壤大部分为酸性土壤,因此今后应该加强对酸性土壤中异养硝化对森林土壤中硝化作用贡献的研究。

微生物对氮的同化是土壤中氮持留的主要机制之一。理论上说,氮沉降通过降低微生物生物量氮和土壤 pH 而降低微生物同化速率(Lu et al., 2011; Tian and Niu, 2015)。例如,Baldos 等(2015)报道,氮沉降降低了不稳定碳的有效性,使得微生物群落以细菌为主,降低了微生物生物量碳以及微生物氮同化速率。相似地,长期氮输入(30 年)显著地降低了挪威云杉森林土壤的微生物同化速率(Bengtsson and Bergwall, 2000)。但是,一项全球尺度微生物同化对氮沉降响应的 Meta 分析却发现,微生物对无机氮的同化速率随氮沉降量的增加而增加(Song et al., 2021)。具体表现为:低氮沉降对微生物同化速率无影响或者有抑制作用,当氮沉降量超过 55 kg N · hm^{-2} · a^{-1}时则表现出明显的刺激作用。这主要是因为氮沉降提高了微生物同化底物 NH_4^+的有效性,进而提高了 NH_4^+-N 同化速率;与 NH_4^+同化速率相似,NO_3^--N 同化速率也因氮沉降提高了 NO_3^--N 有效性而被提高(Song et al., 2021)。这一方面可能是由于微生物可以同化有机氮和无机氮,当氮量有限时,微生物主要同化有机氮,而氮量丰富时,则更倾向于利用无机氮(Geisseler et al., 2010)。另一方面,高氮沉降下微生物周转加快(Corre et al., 2007),这可能会刺激微生物对无机氮的固定。例如,随着氮沉降量的增加,更替时间短的细菌逐渐占据微生物群落的主导地位(Zhou et al., 2017)。

高氮沉降量条件下产生富氮环境,可以提高陆地生态系统的反硝化作用(Lu et al., 2011),因为氧气浓度、NO_3^-有效性和有机碳供应是控制反硝化速率的三个主要因素(Del Grosso et al., 2000)。氮沉降可以通过增加凋落物输入以及土壤 NO_3^-浓度加速反硝化过程(Lu et al., 2011),促进土壤无机氮淋溶损失和土壤 N_2O 排放。因此,由高氮沉降量引起的一系列环境负面效应是生态系统管理方面应该考虑的重要因素,但前期的研究对此关注太少,希望能加强反硝化作用对氮沉降响应机制的研究。

综上所述,陆地生态系统土壤氮素转化过程对氮沉降响应很敏感,尤其是微生物同化的响应比矿化和硝化更加灵活(Song et al., 2021)。在低氮输入下,可用的外源氮量很小,微生物试图生产更多但保留更少的无机氮以丰富土壤无机氮库、促进植物生长,同时矿化和硝化作用被激发;高氮输入时,无机氮产生过程相对受限,微生物同化过程被激发,这样可以避免大量的氮损失和植物中毒。在未来的研究中,应该对氮沉降增加条件下微生物同化过程的响应机制给予更多的关注。但目前的研究对不同陆地生态系统氮素循环对氮沉降的影响规律关注不够,很少有研究综合对比全球尺度下不同陆地生态系统氮素循环过程的响应差异及内在机制,因此应给予更多的关注。

5.1.3 氮沉降对凋落物降解和氮素归还的影响

凋落物归还是陆地生态系统,尤其是自然生态系统土壤氮的主要来源。去除凋落物后土壤铵态氮降低了 35.4%,添加凋落物后土壤铵态氮则提高了 15.7%(邓华平等,2010);森林生态系统约 85% 的溶解性有机氮来自凋落物层(Huang and Schoenau,1998)。凋落物分解后释放的可溶性氮、有机氮和无机氮都有较高的活性,进入土壤后可以迅速参与土壤氮循环(毛超和漆良华, 2015)。氮沉降对凋落物降解的影响主要取决于氮沉降水平和枯枝落叶的质量:当背景氮沉降量为 5~10 kg N · hm^{-2} · a^{-1}或凋落物质量较低时(通常为高木质素含量的凋落物),增加氮沉降会抑制凋落物的分解;而背景氮沉降量小于 5 kg N · hm^{-2} · a^{-1}时,提高氮沉降会促进高质量凋落物(木质素含量低)的分解(Knorr et al., 2005)。对温带和热带森林的氮沉降研究发现,氮沉降试验时间长短亦会影响凋落物分解对氮沉降的响应,如短期氮沉降可能会加速氮限制系统的凋落物分解和养分循环(Perakis et al., 2012),而长期氮沉降则可能会缓解氮限制,使得凋落物分解减慢(Pregitzer et al., 2008)。造成这一结果的可能原因之一是,添加的氮与木质素和酚类物质结合,形成了更稳定的物质,抑制了凋落物的降解(Talbot and Treseder, 2012)。

凋落物初始含氮量(影响凋落物的 C/N 值)对氮净同化和矿化具有重要影响,如当叶片凋落物 C/N 值低于 40 时凋落物分解出现氮的净释放(Parton et al., 2007)。Moore 等(2006)对加拿大 18 个山地森林 10 种树种的凋落物叶片分解过程中氮的动态变化规律进行了连续 6 年的监测,结果发现凋落物的 C/N 值低于 55 时开始出现氮的净释放,而在土壤氮素有效性高的地点则表现为氮在凋落物中积累。一个可能原因是,土壤氮有效性高的生态系统,植物吸收的氮会与植物体内的木质素和酚类物质结合,形成稳定性物质,进而促进氮在凋落物中的积累(Talbot and Treseder, 2012)。可见,氮沉降可以通过改变凋落物初始氮含量、凋落物 C/N 值和土壤氮的有效性改变凋落物原有的氮同化-矿化模式。例如,外源氮的输入可以增加初始氮含量低的凋落物对氮的净同化(Hobbie and Vitousek, 2000)。Perakis 等(2012)对施氮(150 kg N · hm^{-2} · a^{-1})处理的初始氮含量(0.67%~1.31%)、凋落物降解和氮平衡间的关系进行了连续3年监测。他们发现,初始氮含量低的凋落物在降解过程中可以同化氮素,而初始氮含量高的凋落物在降解过程中同化的氮素较少。

凋落物元素归还量是凋落物量与凋落物中元素含量的乘积,通过对氮沉降下凋落物各组分量的统计和养分含量的测定,可以得出凋落物养分年归还量。随氮沉降水平的增加,氮素归还量呈增加趋势,且在初期氮元素归还量增加最为明显,该结果与凋落物氮含量对氮沉降的响应一致(刘文飞等, 2011; 梁政, 2016; 赵晶等, 2016)。氮沉降增加可以提高氮元素的归还量,这可能是因为氮沉降的增加提高了林木的生产力,从而间接提高了凋落物的养分元素归还量(梁政, 2016)。此外,凋落物氮元素归还量还受季节的影响(梁政, 2016)。然而,目前氮沉降对凋落物的研究主要集中在凋落物降解,鲜有对凋落物养分归还量的报道,尤其是在养分归还量对氮沉降的响应机制、内在决定因素、不同生态系统的差异等方面缺乏研究。因此,未来应该对此给予更多的关注。

5.2 氮沉降对土壤磷素循环的影响

磷是许多生态系统的主要限制因素,也是土壤中重要的养分元素,磷的有效性直接影响植物生长、凋落物分解和生态系统生产力(Fisk et al., 2015)。土壤磷循环主要受地球化学和生物过程控制(Frossard et al., 1995),并由此受大气氮沉降影响(Jouany et al., 2011)。通过微生物矿化过程,有机磷被降解为无机磷进而被植物吸收利用(Chen et al., 2004)。土壤磷酸酶是由微生物和植物分泌产生的,与土壤磷循环密切相关。磷酸酶活性直接影响土壤有机磷的矿化,也可以表征土壤磷的循环状态(刘红梅等, 2018)。而凋落物的分解也是陆地生态系统中磷循环的重要驱动力(Wang, 1989)。因此,通过研究土壤微生物生物量磷、磷酸酶活性、凋落物磷和土壤磷的变化,可以深入认识氮沉降对土壤磷循环的影响。

5.2.1 氮沉降对各种磷库的影响

土壤中磷素在不同形态之间的转化过程是磷循环的重要组成部分,而有效磷是植物可吸收利用的磷。对我国松嫩平原草地生态系统为期三年的氮输入研究表明,氮输入显著影响土壤全磷和有效磷含量;氮添加可以使表层土壤(0~15 cm)全磷和有效磷含量分别显著降低14.9%和23.5%(Gong et al., 2020)。Heuck等(2018)对美国东北部森林的研究也发现,氮沉降显著降低了Harvard森林有机质层和Bear Brook森林落叶林土壤有机质层的全磷含量(29%和35%)。周纪东等(2016)对内蒙古温带草原土壤的研究也发现,随着施氮强度的增加,表层土壤(0~5 cm)中全磷含量逐渐减少。氮沉降可以降低土壤全磷和有效磷的含量,这主要归因于施氮促进了植株的生长,因为植物在生长过程中需要维持稳定的N/P值。当氮含量增加时,植物对有效磷的吸收增加(Menge and Field, 2007),进而减少了土壤中磷的含量。氮添加也增加了磷酸酶的活性,促进更多有效磷的释放(Alster et al., 2013),供给植物吸收。凋落物中有机磷的释放受到磷酸酶活性、环境温度和土壤含水量等多种因素的影响(Chen et al.,

2004)，使得植物吸收的磷无法快速释放并返还到土壤中，导致土壤含磷量的下降。然而，也有研究发现氮沉降可以提高土壤全磷含量。如 Heuck 等(2018)发现氮处理可以使丹麦、挪威云杉林土壤有机质层全磷含量提高 20%，因为氮沉降降低了丹麦、挪威云杉林土壤的磷酸酶活性，抑制了凋落物的分解，进而导致有机质层全磷含量增加。因此，磷酸酶活性对氮沉降的响应机制还有待进一步研究。

微生物在整个磷循环中发挥着重要作用，其作用主要是固定和矿化土壤中的磷(秦胜金等, 2006)。固定在微生物中的磷酸盐可在微生物死亡后重新释放出来，成为可供植物吸收利用的有效磷。因此，微生物磷也是土壤磷库的重要组成部分。研究发现，氮沉降可以显著降低微生物生物量磷含量，如对瑞典云杉林持续氮输入(60 kg N · hm^{-2} · a^{-1}) 20 年后土壤微生物生物量磷下降了 50%(Clarholm, 1993)。施氮可以使温带草原土壤的微生物生物量磷显著降低约 24%(Gong et al., 2020)。这可能是因为氮沉降使微生物生长处于碳限制的状态，降低了微生物生物量和活性，最终抑制微生物固定磷的能力(Demoling et al., 2008; Chen et al., 2016)。亦可能是氮沉降降低土壤 pH，增加了土壤对磷的固持，进而降低微生物生物量磷。但当微生物所受的碳限制被解除后，氮沉降则可显著提高微生物的固磷能力。如对印度森林-交错带-稀树草原进行连续 6 年施氮后，土壤微生物生物量磷有明显增加趋势(Tripathi et al., 2008)；施氮也提高了波多黎各森林土壤的微生物生物量，同时增强了微生物对磷的固持能力(Cusack et al., 2011)。

5.2.2　氮沉降对土壤磷转化过程的影响

磷转化过程的衡量指标之一是磷的净矿化量，即磷总矿化和净同化量之间的差值。磷的矿化使有机磷转化成可被植物吸收利用的无机磷(Schimel and Bennett, 2004)。磷酸酶以酯键形式从凋落物或土壤有机质中调动磷，产生可供植物吸收和同化的磷酸盐离子，完成磷的矿化过程。通过这种方式，磷酸酶可减少生物体短期的磷缺乏。因此，土壤磷酸酶活性已被作为土壤磷矿化潜力以及微生物和植物对磷需求的关键指标(Marklein and Houlton, 2012)。大量研究表明氮沉降对土壤磷酸酶活性有明显的促进作用(Marklein and Houlton, 2012; Heuck et al., 2018; Gong et al., 2020)。如对我国松嫩平原草地生态系统进行为期三年的氮输入研究后发现，施氮处理增加了磷酸酶的活性，而且磷酸酶活性在夏季高于春季和秋季，其季节变化呈单峰趋势，且逐年显著上升(Gong et al., 2020)。对陆地生态系统磷循环对氮沉降响应的 Meta 分析显示，根系和土壤磷酸酶活性均随施氮量的增加(15~200 kg N · hm^{-2} · a^{-1})而显著提高，增幅最高可达 46%(Marklein and Houlton, 2012)。在美国东北部森林的模拟氮沉降试验表明，有机质层磷酸酶活性随施氮量的增加而显著提高，且与总磷浓度呈显著负相关关系(Heuck et al., 2018)。土壤磷酸酶的活性的增加可能是氮沉降刺激了植物和微生物对磷需求的结果(Treseder and Vitousek, 2001)。氮沉降可以促进微生物从环境中获取更多的氮并加速富氮磷酸酶(含氮约 15%)的产生，进而加速有机磷矿化以促进磷释放。因此，磷酸酶活性对外界氮浓度的变化具有高度敏感性(Treseder and Vitousek, 2001)。与此相反，Ajwa 等(1999)却发现氮沉降会抑制磷酸酶活性，但引起该结果的原因有待进一步研究。氮沉降对土壤磷酸酶活性的促进或抑制作用可能与研究区域土壤养分有效性水平、凋落物类型和试验区微生物生物量及其群落组成等的差异有关(Treseder and Vitousek, 2001)。

除磷酸酶外,其他种类酶的活性也会因氮沉降而发生变化。例如,纤维素水解酶和几丁质酶的活性会随氮沉降而提高(Weand et al., 2010),而木质素降解酚氧化酶的活性往往被高氮浓度所抑制(Jian et al., 2016)。但整体而言,氮沉降对磷酸酶活性的促进作用远大于纤维素水解酶和几丁质酶,说明长期氮输入显著增加了植物和微生物对磷的需求量(Heuck et al., 2018)。

在自然生态系统中,氮和磷的有效性通常是生态系统生产力的共同限制因子,而固氮作用非常依赖磷的有效性,所以磷是生态系统生产力的一个主要的限制因素(Tiessen, 2008)。大量的氮输入可以促进磷酸酶的分泌,进一步增加植物对磷的吸收(Wrage et al., 2010)。在英格兰北部的研究发现,氮沉降高的土壤有效磷浓度非常低,大多数磷以稳定性有机磷形态存在,这是氮沉降可以将土壤溶液中可溶性磷转化为难以被植物利用的非活性磷酸盐的结果(Turner et al., 2003)。磷酸酶活性的增加能够加速有机磷的矿化,从而满足植物和微生物对磷的需求(Chen et al., 2016; Marklein and Houlton, 2012)。同时,氮的添加使得土壤磷不足以平衡生态系统增加的氮,导致土壤 N/P 值失衡(Vitousek et al., 2010),可能加剧生态系统的磷限制。

5.2.3 氮沉降对磷素归还的影响

氮沉降造成富氮条件,提高植物对磷的需求,促使磷在植物体内以及最终在凋落物中的累积(Alster et al., 2013)。例如,氮沉降可以显著提高松嫩平原草地(Gong et al., 2020)以及美国东北部森林凋落物磷含量(Heuck et al., 2018)。Block 等(2013)对美国阿巴拉契亚山脉南部森林的研究也发现氮沉降量高的森林,其凋落物含磷量显著高于氮沉降量低的森林。凋落物磷含量的升高也证实植物吸收了更多的磷(Heuck et al., 2018; Gong et al., 2020)。氮沉降促进磷在凋落物中的积累,使得凋落物的C/P值降低,从而增加凋落物中磷的矿化作用和释放,促进凋落物的分解(Mooshammer et al., 2012),进而加速磷素的归还。但也有学者发现低氮沉降量可以促进森林凋落物对磷的固持,随着氮沉降量的增加,这种固持作用逐渐减弱,会引起凋落物磷含量下降(Kuperman, 1999)。这可能是植物对氮沉降的另一种应对策略,即氮沉降使植物根系生物量减少(Zhu et al., 2013),植物对土壤有效磷吸收减少。高氮沉降量抑制了磷在凋落物中的积累,引起凋落物 C/P 值升高,此时微生物生长受磷限制而处于缺磷状态,有机磷矿化产生的磷将迅速被微生物固持(Mooshammer et al., 2012),进而抑制凋落物分解,降低磷归还到土壤的速率。因此,氮沉降对生态系统凋落物磷素归还的影响可总结为:低氮添加促进凋落物磷素的归还,而高氮添加抑制磷素归还,使得大部分磷积累在凋落物中(莫江明等, 2004)。

日益增加的氮沉降对生态系统磷循环产生了不可忽视的影响,氮沉降可以通过影响陆地生态系统土壤有机质的性质、微生物群落组成及磷酸酶活性等途径影响磷循环。整体而言,长期氮沉降可以加快陆地生态系统的磷循环。虽然前人对生态系统磷循环响应氮沉降的规律和内在机制进行了一系列研究,但仍缺乏对其整体的认识,比如缺少对不同陆地生态系统对氮沉降的响应差异、地理分布格局差异、多元素耦合等的研究。因此,不同陆地生态系统、多元素耦合等对氮沉降的响应值得进行更多的研究。

5.3 氮沉降对其他养分循环的影响

5.3.1 氮沉降对硫循环的影响

硫(S)也是生物体生长的必需元素,约占生物体干重的1%,是蛋白质(半胱氨酸和蛋氨酸)、磺胺类和硫酸盐摄取物的必需成分(Howarth, 1984)。理论上,氮沉降会提高植物对硫的需求,加速生态系统的硫循环。当前人们对氮输入加速生态系统磷循环的认识比较一致,但氮沉降是否也加速了硫循环,至今没有定论。

土壤酶可以控制制约土壤有机质分解和土壤养分归还的关键步骤(Sinsabaugh et al., 2008),因此土壤酶活性的变化已被广泛用作氮沉降影响土壤养分循环的直接证据(Sinsabaugh et al., 2008; Marklein and Houlton, 2012)。土壤芳基硫酸酯酶是参与硫酸酯类矿化的重要酶类,其活性可以用来评价有机硫矿化以及微生物和植物的硫需求(Tabatabai, 2005)。氮沉降使土壤芳基硫酸酯酶活性显著下降约32.6%,而氮诱导的土壤芳香磺酸酶活性变化受土地利用类型、试验方法以及土壤有机碳和全氮水平的影响不显著(Chen et al., 2016)。因此,氮沉降引起的土壤芳基硫酸酯酶活性的变化可能是多元的。

氮沉降导致芳基硫酸酯酶活性降低有两种可能的机制。第一种机制与微生物采用的养分获取策略有关。在氮输入增加的情况下,磷成为第一限制养分,为了缓解磷的限制,微生物可能会将大量的资源投入到磷的获取中,从而减少了为获取硫而分配的资源。第二种机制可能是施氮降低了土壤pH,从而降低了土壤芳基硫酸酯酶的活性(Chen et al., 2016)。此外,施氮后土壤磷水平的增加也可能导致土壤芳基硫酸酯酶活性的下降,因为土壤磷酸盐可以抑制芳基硫酸酯酶的活性(Tabatabai and Bremner, 1970),可能是磷酸盐可以与3-羟基丙氨酸的活性位点形成共价键(Chruszcz et al., 2003),进而抑制芳基硫酸酯酶活性。

由此推断,氮沉降可能会通过抑制土壤有机硫矿化而降低土壤硫循环速率,这可能会进而诱发生态系统的硫缺乏,对生态系统产生负的反馈效应。但至今为止,还没有研究系统评估氮富集是否会引起生态系统硫缺乏,以及硫缺乏如何影响生态系统的结构和功能。这些问题亟待后续研究。

5.3.2 氮沉降对土壤盐基离子的影响

土壤中的盐基离子(Ca^{2+}、Mg^{2+}、K^{+}、Na^{+}等)和N、P一样大都是生态系统中植物生长必不可少的元素,在调节和满足植物生理功能、调节土壤缓冲性和酸碱性方面具有重要作用。在植物中,Ca^{2+}在细胞信号传导、细胞结构和细胞分裂等方面发挥着重要的生理作用(McLaughlin and Wimmer, 1991)。而 K^+ 和 Ca^{2+} 都是调节气孔关闭所必需的离子,Mg^{2+} 对于光合作用和能量储存至关重要,在叶绿素分子中占据中心位置,并使三磷酸腺苷(ATP)具有生物活性。Na^+ 在大部分陆生植物中没有特定的代谢作用,但可与其他盐基离子一起,通过交换反应缓冲土壤酸碱度变化(Likens et al., 1998)。在特定的生态系统中,盐基离子有效性可能受到与氮输入、输出相关的许多因素的影响,包括施肥、大气氮沉降、土壤中硝态氮淋失以及植物生物量中氮的吸收和积累等。比如,氮的有效性会影响植物对盐基离子的吸收和储存(Elvir et al., 2006)。在植物生长受到氮素限制的地区,氮素有效性的提高促进植物生长,从而增加植物对盐基离子的吸收(Vitousek and Howarth, 1991)。由于根区输出的盐基离子与 NO_3^- 淋失呈正相关关系(Currie et al., 1999),在大气氮沉降高的地区,或在氮肥施用量高的地区土壤中 NO_3^- 含量高,陆地生态系统中盐基离子库随 NO_3^- 淋失,从而降低盐基离子的容量(Huntington, 2005),降低植物生产力(Jandl et al., 2004),并抑制生态系统缓冲酸度变化的能力(Stoddard et al.,1999)。鉴于盐基离子在植物营养和缓冲土壤酸化方面的重要作用(Kirchner and Lydersen, 1995),有必要更好地了解氮输入和盐基离子有效性之间的关系。

前人对氮沉降对陆地生态系统土壤盐基离子的影响有大量的报道,但结果并不一致。Yanai 等(1999)对美国东北部森林生态系统的研究并未发现氮沉降使盐基离子含量下降。瑞典、挪威和丹麦的研究也表明,氮肥施用对土壤盐基离子含量没有造成长期影响(Ingerslev et al., 2001; Nilsen, 2001; Nohrstedt, 2001)。相反,Huntington(2005)发现,大气酸沉降的不断增加使美国缅因州北部阔叶森林土壤的 Ca^{2+} 含量呈下降趋势。秦书琪等(2018)在青藏高原高寒草原进行氮沉降水平为 0、10、20、40、80、160、240 和 320 $kg\ N \cdot hm^{-2} \cdot a^{-1}$ 的为期 3 年的模拟试验发现,氮沉降量的增加导致土壤盐基离子,尤其是 Mg^{2+} 和 Na^+ 含量的减少。Lucas 等(2011)对已有数据进行 Meta 分析发现,短期(< 5 年)的氮素添加即可导致温带森林、草地生物群落和寒带森林土壤交换性 Ca^{2+}、Mg^{2+} 和 K^+ 分别显著降低 26%、25% 和 22%,可能是由于盐基离子通过植物吸收或淋溶进入河流等方式从土壤中损失。温带森林、热带森林、草地生物群落和寒带森林土壤溶液中 Ca^{2+}、Mg^{2+}、K^+ 和 Na^+ 含量在施氮后平均增加了 71%,溪水中相应值平均增加了 48%,也证明了这一点(Lucas et al., 2011)。氮沉降对土壤盐基离子的影响可能有以下几种机制:首先是盐效应,即 NH_4^+ 与土壤表面紧密结合(Matschonat and Matzner, 1996),并将盐基离子从结合位点转移到土壤溶液中。其次是氮循环效应。当一个 NH_4^+ 被植物根系或其真菌共生体通过植物/真菌膜吸收时(Smith and Read, 2008),一个质子会从植物释放到土壤溶液中。这些质子在土壤中与盐基离子交换,促进土壤中盐基离子的浸出(Gundersen et al., 2006)。第三种机制可能是氮沉降通过输入 H^+、NH_4^+ 硝化和 NO_3^- 淋失等直接的方式增加土壤酸度,导致盐基离子(Ca^{2+}、Mg^{2+} 等)随 SO_4^{2-} 或 NO_3^- 等阴离子淋失。这种现象在土壤高度风化的热带森林生态系统中更加明显,因为该类土壤缓冲能力普遍较低,对酸源沉降更加敏感(Lu et al., 2014)。例如,长期氮添加显著降低了广东鼎湖山国家级自然保护区原始森林土壤的

缓冲能力并加剧土壤酸化(Lu et al., 2015)。然而,氮沉降却显著提高了热带森林土壤交换性 Ca^{2+} 的含量(Lucas et al., 2011),但引起该结果的原因还有待进一步探讨。总体来说,氮沉降量增加可以加速土壤酸化,降低土壤盐基离子含量(Lu et al., 2014;秦书琪等, 2018;鲁显楷等,2019),这也就意味着过量的氮沉降会通过降低盐基离子的有效性对植物营养和初级生产力产生负面影响(Duchesne et al., 2002)。

氮沉降也会通过促进植物对土壤中盐基离子的吸收,导致土壤中交换性盐基离子的有效性大幅下降。在稳定状态下的自然生态系统中,植物凋落物和碎屑物被分解,盐基离子通过内部循环回到生态系统中。在这种情况下,植物吸收并不代表生态系统中盐基离子的净损失,而是暂时重新分配到植物生物量和凋落物层中。但是在速生生态系统中,如幼龄森林和施用外源氮肥的森林,以及一些为了收获生物量管理程度高的生态系统,如实行密集整树收割的森林(Duchesne and Houle, 2008),盐基离子被植物吸收并从土壤中移除的量会非常大(Johnson et al., 2008)。植物对盐基离子的吸收和氮的有效性有直接关系:随着氮有效性的增加,植物生长加快,对盐基离子的需求也进一步提高。Berthrong 等(2009)对积极管理的人工林土壤生物地球化学特性与森林速生间的关系进行了整合分析,发现施肥处理后人工林植物的吸收导致土壤中 Ca^{2+} 和 K^{+} 浓度分别降低了29%和23%。他们认为,重复采伐某一特定区域会耗尽土壤养分,导致土壤酸化。虽然植物吸收对土壤盐基离子库有很大的影响,但可能存在重要的区域差异。

5.3.3 氮沉降对土壤微量元素的影响

微量元素指占植物体总质量0.01%以下,且为植物体所必需的一些元素,如铁、锌、铜、锰、硼、钼等。这些元素在土壤中缺少或不能被植物利用时,植物生长不良,过多时又容易引起植物中毒。氮沉降可以促进土壤中铝的活化(王连峰, 2000),这可能是氮沉降加剧土壤酸化,盐基离子大量淋失,铝从土壤晶格中解离出来以缓解土壤酸化的结果。当氮沉降持续增加时,土壤 pH 进一步降低,导致 Al^{3+}、Fe^{3+} 和 Mn^{2+} 等的移动性增加(Lu et al., 2014;鲁显楷等, 2019),过多的游离 Mn^{2+} 和 Al^{3+} 会引起植物中毒(Tian and Niu, 2015;Tian et al., 2016),不利于植物生长。然而,目前土壤微量元素对氮沉降的响应规律的报道较少,更缺乏对不同生态系统、不同尺度微量元素循环对氮沉降响应规律的总结。因此,应该开展更多的相关研究。

植物生产力受多种养分共同限制(Bracken et al., 2015),基于化学计量假说,只有这些元素间保持相应的比例才能使植物获得最佳生长(Sterner and Elser, 2002)。植物化学计量平衡也是环境变化下维持生态系统结构、功能和稳定性的重要机制(Yu et al., 2010, 2015),所有引起植物营养需求改变的环境变化都将影响多元素营养耦合(Tian et al., 2019)。氮沉降可以通过改变土壤养分有效性直接影响植物对养分的吸收,从而改变化学计量比(Han et al., 2011;Yuan and Chen, 2015)。例如,由于陆地生态系统中广泛存在的氮、磷限制(Elser et al., 2007;Harpole et al., 2011),增加土壤氮、磷有效性可以提高植物氮、磷含量(Xia and Wan, 2008;Yuan and Chen, 2015;Li et al., 2016)。同时,氮、磷的富集也可以刺激植物的生长(Elser et al., 2007),并对其他元素的浓度产生稀释效应。如高氮沉降会导致土壤酸化,降低土壤盐基离子含量,但增加游离的 Mn^{2+}、Al^{3+}甚至 Fe^{3+}的含量(Bowman et al., 2008; Tian and Niu, 2015),进而提高氮或磷与盐基离子的比值。然而,土壤中过多的游离 Mn^{2+} 和 Al^{3+} 会引起植物中毒(Tian and Niu, 2015; Tian et al., 2016),从而影响化学计量比。总体而言,施氮可以增加植物氮或磷与盐基离子的比值(Tian et al., 2019),且在全球持续氮沉降的条件下,植物的氮或磷与盐基离子的比值可能会进一步增加,这意味着陆地生态系统中盐基离子的潜在局限性加剧。当然,其他环境条件,如大气 CO_2升高、全球变暖、干旱等也可能会加剧这一限制,放大氮沉降对陆地生态系统的有害影响(Tian et al., 2019)。因此,关注陆地生态系统多元素耦合对全球变化的综合响应将是一个具有挑战性但很有意义的研究方向。

5.4 结语

大气氮沉降可为陆地生态系统带来额外的氮素资源,进而直接或间接影响土壤中氮、磷、钾、钙、镁、硫等养分的循环过程,并由此影响陆地生态系统植物生长状况及生产力的大小。但目前的研究很少关注陆地生态系统多元素耦合对氮沉降的协同响应机制,以及不同陆地生态系统的响应规律和机制。因此,未来在研究氮沉降增加条件下不同养分元素有效性、循环过程响应机制的基础上,还应更多关注全球尺度下的大数据整合分析,深入探讨氮沉降与其他环境因素互作、多元素耦合协同对全球气候变化的响应机制,有利于充分发挥氮沉降作为养分的施肥作用,避免或减轻其负面效应,进而为实现全球变化背景下陆地生态系统的可持续发展提供依据。

参考文献

陈美领, 陈浩, 毛庆功, 朱晓敏, 莫江明. 2016. 氮沉降对森林土壤磷循环的影响. 生态学报, 36(16): 4965-4976.

邓华平, 王光军, 耿赓. 2010. 樟树人工林土壤氮矿化对改变凋落物输入的响应. 北京林业大学学报, 32(3): 47-51.

樊后保, 黄玉梓, 裘秀群, 王强, 陈秋凤, 刘文飞, 徐雷. 2007. 模拟氮沉降对杉木人工林凋落物氮素含量及归还量的影响. 江西农业大学学报, 29(1): 43-47.

姜林, 耿增超, 李珊珊, 佘雕, 何绪生, 张强, 梁策, 刘贤德, 敬文茂, 王顺利. 2012. 祁连山西水林区土壤阳离子交换量及盐基离子的剖面分布. 生态学报, 32(11): 3368-3377.

李洁, 薛立. 2017. 氮磷沉降对森林土壤生化特性影响研究进展. 世界林业研究, 30(2): 14-19.

李秋玲, 肖辉林, 曾晓舵, 冯乙晴, 莫江明. 2013. 模拟氮沉降对森林土壤化学性质的影响. 生态环境学报, 22(12): 1872-1878.

梁政. 2016. 模拟氮沉降对瓦屋山次生常绿阔叶林不同凋落物组分输入量和养分归还的影响. 硕士学位论文. 雅安:四川农业大学.

刘红梅, 周广帆, 李洁, 王丽丽, 王慧, 杨殿林. 2018. 氮沉降对贝加尔针茅草原土壤酶活性的影响.

生态环境学报, 27(8): 1387-1394.

刘文飞, 樊后保, 袁颖红, 黄荣珍, 廖迎春, 李燕燕, 沈芳芳. 2011. 氮沉降对杉木人工林凋落物大量元素归还量的影响. 水土保持学报, 25(1):137-141.

鲁显楷, 莫江明, 张炜, 毛庆功, 刘荣臻, 王聪, 王森浩, 郑棉海, MORI Taiki, 毛晋花, 张勇群, 王玉芳, 黄娟. 2019. 模拟大气氮沉降对中国森林生态系统影响的研究进展. 热带亚热带植物学报, 27(5): 500-522.

毛超, 漆良华. 2015. 森林土壤氮转化与循环研究进展. 世界林业研究, 28(2): 8-13.

莫江明, 薛璨花, 方运霆. 2004. 鼎湖山主要森林植物凋落物分解及其对 N 沉降的响应. 生态学报, 24(7): 1413-1420.

秦胜金, 刘景双, 王国平. 2006. 影响土壤磷有效性变化作用机理. 土壤通报, 37(5): 1012-1016.

秦书琪, 房凯, 王冠钦, 彭云峰, 张典业, 李飞, 周国英, 杨元合. 2018. 高寒草原土壤交换性盐基离子对氮添加的响应:以紫花针茅草原为例. 植物生态学报, 42(1): 95-104.

王连峰. 2000. 庐山森林生态系统移动性组分化学及其对酸沉降的响应与动态. 硕士学位论文. 南京:南京农业大学.

赵河, 张志铭, 赵勇, 祝忆伟, 杨文卿, 杨喜田. 2017. 模拟氮沉降对荆条灌木“肥岛”土壤养分的影响. 生态学报, 37(18): 6014-6020.

赵晶, 闫文德, 郑威, 李忠文. 2016. 樟树人工林凋落物养分含量及归还量对氮沉降的响应. 生态学报, 36(2): 350-359.

周纪东, 史荣久, 赵峰, 韩斯琴, 张颖. 2016. 施氮频率和强度对内蒙古温带草原土壤 pH 及碳、氮、磷含量的影响. 应用生态学报, 27(8): 2467-2476.

Aber, J. D., W. McDonald, K. J. Nadelhoffer, A. Magill, G. Bernston, M. Kamakea, S. McNulty, W. S. Currie, L. Rustad, and I. Fernandez. 1998. Nitrogen saturation saturation in temperate forest ecosystems: Hypothesis revisited. BioScience, 48 (11): 921-934.

Adams, M. B., J. A. Burger, A. B. Jenkins, and L. Zelazny. 2000. Impact of harvesting and atmospheric pollution on nutrient depletion of eastern US hardwood forests. Forest Ecology and Management, 138: 301-319.

Ajwa, H. A., C. J. Dell, and C. W. Rice. 1999. Changes in enzyme activities and microbial biomass of tall grass prairie soil as related to burning and nitrogen fertilization. Soil Biology & Biochemistry, 31: 769-777.

Alster, C. J., D. P. German, Y. Lu, and S. D. Allison. 2013. Microbial enzymatic responses to drought and to nitrogen addition in a southern California grassland. Soil Biology and Biochemistry, 64: 68-79.

Baldos, A. P., M. D. Corre, and E. Veldkamp. 2015. Response of N cycling to nutrient inputs in forest soils across a 1000-3000 m elevation gradient in the Ecuadorian Andes. Ecology, 96: 749-761.

Bengtsson, G., and C. Bergwall. 2000. Fate of ^{15}N labelled nitrate and ammonium in a fertilized forest soil. Soil Biology and Biochemistry, 32: 545-557.

Berthrong, S. T., E. G. Jobbagy, and R. B. Jackson. 2009. A global meta-analysis of soil exchangeable cations, pH, carbon, and nitrogen with afforestation. Ecological Applications, 19: 2228-2241.

Block, C. E., J. D. Knoepp, and J. M. Fraterrigo. 2013. Interactive effects of disturbance and nitrogen availability on phosphorus dynamics of southern Appalachian forests. Biogeochemistry, 112 (1/3): 329-342.

Booth, M. S., J. M. Stark, and E. Rastetter. 2005. Controls on nitrogen cycling in terrestrial ecosystems: A synthetic analysis of literature data. Ecological Monographs, 75: 139-157.

Bowman, W. D., C. C. Cleveland, L. Halada, J. Hresko, and J. S. Baron. 2008. Negative impact of nitrogen deposition on soil buffering capacity. Nature Geoscience, 1(11): 767-770.

Bracken, M. E. S., H. Hillebrand, E. T. Borer, E. W. Seabloom, J. Cebrian, E. E. Cleland, J. J. Elser, D. S. Gruner, W. S. Harpole, J. T. Ngai, and J. E. Smith. 2015. Signatures of nutrient limitation and co-limitation: Responses of autotroph internal nutrient concentrations to nitrogen and phosphorus additions. Oikos, 124(2): 113-121.

Brenner, R., R. D. Boone, and R. W. Ruess. 2005. Nitrogen additions to pristine, high-latitude, forest ecosystems: Consequences for soil nitrogen transformations and retention in mid and late succession. Biogeochemistry, 72: 257-282.

Carreiro, M. M., R. L. Sinsabaugh, D. A. Repert, and D. F. Parkhurst. 2000. Microbial enzyme shifts explain litter decay responses to simulated nitrogen deposition. Ecology, 81(9): 2359-2365.

Chapin, F. S., P. A. Matson, and H. A. Mooney. 2002. Principles of terrestrial ecosystem ecology. New York: Springer.

Chen, C. R., L. M. Condron, M. R. Davis, and R. R. Sherlock. 2004. Effects of plant species on microbial biomass phosphorus and phosphatase activity in a range of grassland soils. Biology and Fertility of Soils, 40: 313-322.

Chen, H., D. Li, J. Zhao, K. Xiao, and K. Wang. 2018. Effects of nitrogen addition on activities of soil nitrogen acquisition enzymes: A meta-analysis. Agriculture, Ecosystems and Environment, 252: 126-131.

Chen, H., L. Q. Yang, L. Wen, P. Luo, L. Liu, Y. Yang, K. L. Wang, and D. J. Li. 2016. Effects of nitrogen deposition on soil sulfur cycling. Global Biogeochemical Cycles, 30:1568-1577.

Cheng, Y., Z. C. Cai, J. B. Zhang, and X. C. Scott. 2011. Gross N transformations were little affected by 4 years of simulated N and S depositions in an aspen-white spruce dominated boreal forest in Alberta, Canada. Forest Ecology and Management, 262(3): 571-578.

Cheng, Y., J. Wang, J. Y. Wang, S. Q. Wang, S. X. Chang, Z. C. Cai, J. B. Zhang, S. L. Niu, and S. J. Hu. 2020. Nitrogen deposition differentially affects soil gross nitrogen transformations in organic and mineral horizons. Earth Science Reviews, 201: 103033.

Chruszcz, M., P. Laidler, M. Monkiewicz, E. Ortlund, L. Lebioda, and K. Lewinski. 2003. Crystal structure of a covalent intermediate of endogenous human arylsulfatase A. Journal of Inorganic Biochemistry, 96(2-3): 386-392.

Clarholm, M. 1993. Microbial biomass P, labile P, and acid phosphatase activity in the humus layer of a spruce forest, after repeated additions of fertilizers. Biology and Fertility of Soils, 16(4): 287-292.

Corre, M. D., F. O. Beese, and R. Brumme. 2003. Soil nitrogen cycle in high nitrogen deposition forest: Changes under nitrogen saturation and liming. Ecological Applications, 13: 287-298.

Corre, M. D., R. Brumme, E. Veldkamp, and F. O. Beese. 2007. Changes in nitrogen cycling and retention processes in soils under spruce forests along a nitrogen enrichment gradient in Germany. Global Change Biology, 13: 1509-1527.

Crowley, K. F., B. E. McNeil, G. M. Lovett, C. D. Canham, C. T. Driscoll, L. E. Rustad, E. Denny, R.

A. Hallett, M. A. Arthur, J. L. Boggs, C. L. Goodale, J. S. Kahl, S. G. McNulty, S. V. Ollinger, L. H. Pardo, P. G. Schaberg, J. L. Stoddard, M. P. Weand, and K. C. Weathers. 2012. Do nutrient limitation patterns shift from nitrogen toward phosphorus with increasing nitrogen deposition across the Northeastern United States? Ecosystems, 15(6): 940–957.

Currie, W. S., J. D. Aber, and C. T. Driscoll. 1999. Leaching of nutrient cations from the forest floor: Effects of nitrogen saturation in two long-term manipulations. Canadian Journal of Forest Research, 29: 609–620.

Cusack, D. F., W. L. Silver, M. S. Torn, S. D. Burton, and M. K. Firestone. 2011. Changes in microbial community characteristics and soil organic matter with nitrogen additions in two tropical forests. Ecology, 92(3): 621–632.

Cusack, D. F., J. Karpman, D. Ashdown, Q. Cao, M. Ciochina, S. Halterman, S. Lydon, and A. Neupane. 2016. Global change effects on humid tropical forests: Evidence for biogeochemical and biodiversity shifts at an ecosystem scale. Reviews of Geophysics, 54: 510–523.

DeForest, J. L., D. R. Zak, K. S. Pregitzer, and A. J. Burton. 2004. Atmospheric nitrate deposition, microbial community composition, and enzyme activity in northern hardwood forests. Soil Science Society of America Journal, 68: 132–138.

Del Grosso, S. J., W. J. Parton, A. R. Mosier, D. S. Ojima, A. E. Kulmala, and S. Phongpan. 2000. General model for N_2O and N_2 gas emissions from soils due to denitrification. Global Biogeochemical Cycles, 14: 1045–1060.

Demoling, F., L. O. Nilsson, and E. Baath. 2008. Bacterial and fungal response to nitrogen fertilization in three coniferous forest soils. Soil Biology and Biochemistry, 40(2): 370–379.

Duchesne, L., and D. Houle. 2008. Impact of nutrient removal through harvesting on the sustainability of the boreal forest. Ecological Applications, 18: 1642–1651.

Duchesne, L., R. Ouimet, and D. Houle. 2002. Basal area growth of sugar maple in relation to acid deposition, stand health, and soil nutrients. Journal of Environmental Quality, 31: 1676–1683.

Elser, J. J., M. E. S. Bracken, E. E. Cleland, D. S. Gruner, W. S. Harpole, H. Hillebrand, J. T. Ngai, E. W. Seabloom, J. B. Shurin, and J. E. Smith. 2007. Global analysis of nitrogen and phosphorus limitation of primary producers in freshwater, marine and terrestrial ecosystems. Ecology Letters, 10(12): 1135–1142.

Elvir, J. A., G. B. Wiersma, M. E. Day, M. S. Greenwood, and I. J. Fernandez. 2006. Effects of enhanced nitrogen deposition on foliar chemistry and physiological processes of forest trees at the Bear Brook Watershed in Maine. Forest Ecology and Management, 221: 207–214.

Engels, C., and H. Marschner. 1995. Plant uptake and utilization of nitrogen. In Bacon, P. E., eds. Nitrogen Fertilization in the Environment. New York: Marcel Dekker, 41–81.

Epa, U. S. 2008. Integrated Science Assessment for Oxides of Nitrogen and Sulfur–Environmental Criteria. National Center for Environmental Assessment, U. S. Environmental Protection Agency, Research Triangle Park, NC.

Fang, Y. T., M. Yoh, J. M. Mo, P. Gundersen, and G. Y. Zhou. 2009. Response of nitrogen leaching to nitrogen deposition in disturbed and mature forests of Southern China. Pedosphere, 19(1): 111–120.

Fang, Y. T., M. Yoh, K. Koba, W. X. Zhu, Y. Takebayashi, Y. H. Xiao, C. Y. Lei, J. M. Mo, W.

Zhang, and X. K. Lu. 2011. Nitrogen deposition and forest nitrogen cycling along an urban-rural transect in southern China. Global Change Biology, 17(2): 872-885.

Fisk, M., S. Santangelo, and K. Minick. 2015. Carbon mineralization is promoted by phosphorus and reduced by nitrogen addition in the organic horizon of northern hardwood forests. Soil Biology and Biochemistry, 81: 212-218.

Fog, K. 1988. The effect of added nitrogen on the rate of decomposition of organic matter. Biological Reviews of the Cambridge Philosophical Society, 63: 433-462.

Frossard, E., M. Brossard, M. J. Hedley, and A. Metherell. 1995. Reaction controlling the cycling of P in soil. In Tiessen, H., eds. Phosphorus in the Global Environment. Chichester: Wiley Publishing, 107-138.

Galloway, J. N., F. J. Dentener, D. G. Capone, E. W. Boyer, W. R. Howarth, S. P. Seitzinger, G. P. Asner, C. C. Cleveland, P. A. Green, E. A. Holland, D. M. Karl, A. F. Michaels, J. H. Porter, A. R. Townsend, and C. J. Vöosmarty. 2004. Nitrogen cycles: Past, present, and future. Biogeochemistry, 70(2): 153-226.

Galloway, J. N., A. R. Townsend, J. W. Erisman, M. Bekunda, Z. Cai, J. R. Freney, L. A. Martinelli, S. P. Seitzinger, and M. A. Sutton. 2008. Transformation of the nitrogen cycle: Recent trends, questions, and potential solutions. Science, 320: 889-892.

Gao, W., L. Kou, H. Yang, J. Zhang, C. Müller, and S. Li. 2016. Are nitrate production and retention processes in subtropical acidic forest soils responsive to ammonium deposition? Soil Biology and Biochemistry, 100: 102-109.

Geisseler, D., W. R. Horwath, R. G. Joergensen, and B. Ludwig. 2010. Pathways of nitrogen utilization by soil microorganisms—A review. Soil Biology and Biochemistry, 42(12): 2058-2067.

Gong, S. W., T. Zhang, and J. X. Guo. 2020. Warming and nitrogen deposition accelerate soil phosphorus cycling in a temperate meadow ecosystem. Soil Research, 58: 109-115.

Gundersen, P., I. K. Schmidt, and K. Raulund-Rasmussen. 2006. Leaching of nitrate from temperate forests—Effects of air pollution and forest management. Environmental Reviews, 14: 1-57.

Han, W. X., J. Y. Fang, P. B. Reich, F. I. Woodward, and Z. H. Wang. 2011. Biogeography and variability of eleven mineral elements in plant leaves across gradients of climate, soil and plant functional type in China. Ecology Letters, 14(8): 788-796.

Harpole, W. S., J. T. Ngai, E. E. Cleland, E. W. Seabloom, E. T. Borer, M. E. S. Bracken, J. J. Elser, D. S. Gruner, H. Hillebrand, J. B. Shurin, and J. E. Smith. 2011. Nutrient co-limitation of primary producer communities. Ecology Letters, 14(9): 852-862.

Heuck, C., G. Smolka, E. D. Whalen, S. Frey, P. Gundersen, F. Moldan, I. J. Fernandez, and M. Spohn. 2018. Effects of long-term nitrogen addition on phosphorus cycling in organic soil horizons of temperate forests. Biogeochemistry, 141: 167-181.

Hobbie, S. E., and P. M. Vitousek. 2000. Nutrient limitation of decomposition in Hawaiian forests. Ecology, 81(7): 1867-1877.

Högberg, M. N., R. Blaško, L. H. Bach, N. J. Hasselquist, G. Egnell, T. Näsholm, and P. Högberg. 2014. The return of an experimentally N-saturated boreal forest to an N-limited state: Observations on the soil microbial community structure, biotic N retention capacity and gross N mineralization. Plant and

Soil, 381: 45-60.

Houlton, B. Z., Y. P. Wang, P. Vitousek, and C. Field. 2008. A unifying framework for dinitrogen fixation in the terrestrial biosphere. Nature, 454: 327-330.

Howarth, R. W. 1984. The ecological significance of sulfur in the energy dynamics of salt marsh and coastal marine sediments. Biogeochemistry, 1(1): 5-27.

Huang, W. Z., and J. J. Schoenau. 1998. Fluxes of water-soluble nitrogen and phosphorus in the forest floor and surface mineral soil of a boreal aspen stand. Geoderma, 81(3/4): 251-264.

Huntington, T. G. 2005. Assessment of calcium status in Maine forests: Review and future projection. Canadian Journal of Forest Research, 35: 1109-1121.

Ingerslev, M., E. Malkonen, P. Nilsen, H. O. Nohrstedt, H. Oskarsson, and K. Raulund-Rasmussen. 2001. Main findings and future challenges in forest nutritional research and management in the Nordic countries. Scandinavian Journal of Forest Research, 16: 488-501.

Jandl, R., C. Alewell, and J. Prietze. 2004. Calcium loss in Central European forest soils. Soil Science Society of America Journal, 68: 588-595.

Jian, S., J. Li, J. Chen, G. S. Wang, M. A. Mayes, K. E. Dzantor, D. F. Hui, and Y. Q. Luo. 2016. Soil extracellular enzyme activities, soil carbon and nitrogen storage under nitrogen fertilization: A meta-analysis. Soil Biology and Biochemistry, 101: 32-43.

Johnson, A. H., A. Moyer, J. E. Bedison, S. L. Richter, and S. A. Willig. 2008. Seven decades of calcium depletion in organic horizons of Adirondack forest soils. Soil Science Society of America Journal, 72: 1824-1830.

Jouany, C., P. Cruz, T. Daufresne, and M. Duru. 2011. Biological phosphorus cycling in grasslands: Interactions with nitrogen. In Bunemann, E., Oberson, A., Frossard, E., eds. Phosphorus in Action. Heidelberg: Springer, 275-294.

Kirchner, J. W., and E. Lydersen. 1995. Base cation depletion and potential long-term acidification of Norwegian catchments. Environmental Science and Technology, 29: 1953-1960.

Knorr, M., S. D. Frey, and P. S. Curtis. 2005. Nitrogen additions and litter decomposition: A meta-analysis. Ecology, 86(12): 3252-3257.

Kuperman, R. G. 1999. Litter decomposition and nutrient dynamics in oak-hickory forests along a historic gradient of nitrogen and sulfur deposition. Soil Biology and Biochemistry, 31(2): 237-244.

LeBauer, D. S., and K. K. Treseder. 2008. Nitrogen limitation of net primary productivity in terrestrial ecosystems is globally distributed. Ecology, 89(2): 371-379.

Ledgard, S. F., and K. E. Giller. 1995. Atmospheric N_2 fixation as an alternative N source. In Bacon, P. E., eds. Nitrogen Fertilization in the Environment. New York: Marcel Dekker, 443-486.

Li, D. J., X. M. Wang, J. M. Mo, G. Y. Sheng, and J. M. Fu. 2007. Soil nitric oxide emissions from two subtropical humid forests in South China. Journal of Geophysical Research Atmospheres, 112(D23302): 1-9.

Li, Y. Y., S. J. Chapman, G. W. Nicol, and H. Y. Yao. 2018. Nitrification and nitrifiers in acidic soils. Soil Biology and Biochemistry, 116: 290-301.

Li, Y., S. L. Niu, and G. R. Yu. 2016. Aggravated phosphorus limitation on biomass production under increasing nitrogen loading: A meta-analysis. Global Change Biology, 22(2): 934-943.

Li, Z. L., Z. Q. Zeng, D. S. Tian, J. S. Wang, Z. Fu, F. Y. Zhang, R. Y. Zhang, W. N. Chen, Y. Q. Luo, and S. L. Niu. 2020. Global patterns and controlling factors of soil nitrification rate. Global Change Biology, 26(7): 4147-4157.

Likens, G. E., C. T. Driscol, D. C. Buso, T. G. Siccama, C. E. Johnson, G. M. Lovett, T. J. Fahey, W. A. Reiners, D. F. Ryan, C. W. Martin, and S. W. Bailey. 1998. Thc biogeochemistry of calcium at Hubbard Brook. Biogeochemistry, 41: 89-173.

Liu, L. L., and T. L. Greaver. 2010. A global perspective on belowground carbon dynamics under nitrogen enrichment. Ecology Letters, 13(7): 819-828.

Liu, X. J., Y. Zhang, W. X. Han, A. H. Tang, J. L. Shen, Z. L. Cui, P. Vitousek, J. W. Erisman, K. Goulding, P. Christie, A. Fangmeier, and F. S. Zhang. 2013. Enhanced nitrogen deposition over China. Nature, 494 (7348): 459-463.

Lovett, G. M., and C. L. Goodale. 2011. A new conceptual model of nitrogen saturation based on experimental nitrogen addition to an oak forest. Ecosystems, 14(4):615-631.

Lu, M., Y. H. Yang, Y. Q. Luo, C. M. Fang, X. H. Zhou, J. K. Chen, X. Yang, and B. Li. 2011. Responses of ecosystem nitrogen cycle to nitrogen addition: A meta-analysis. New Phytologist, 189: 1040-1050.

Lu, X. K., Q. G. Mao, F. S. Gilliam, Y. Q. Luo, and J. M. Mo. 2014. Nitrogen deposition contributes to soil acidification in tropical ecosystems. Global Change Biology, 20(12):3790-3801.

Lu, X. K., Q. G. Mao, J. M. Mo, F. S. Gilliam, G. Y. Zhou, Y. Q. Luo, W. Zhang, and J. Huang. 2015. Divergent responses of soil buffering capacity to long-term N deposition in three typical tropical forests with different land-use history. Environmental Science and Technology, 49 (7): 4072-4080.

Lucas, R. W., J. Klaminder, M. N. Futter, K. H. Bishop, G. Egnell, H. Laudon, and P. Höberg. 2011. A meta-analysis of the effects of nitrogen additions on base cations: Implications for plants, soils, and streams. Forest Ecology and Management, 262: 95-104.

Mack, M. C., E. A. G. Schuur, M. S. Bret-Harte, G. R. Shaver, and F. S. Chapin. 2004. Ecosystem carbon storage in arctic tundra reduced by long-term nutrient fertilization. Nature, 431: 440-443.

Magill, A. H., J. D. Aber, G. M. Berntson, W. H. McDowell, K. J. Nadelhoffer, J. M. Melillo, and P. Steudler. 2000. Long-term nitrogen additions and nitrogen saturation in two temperate forests. Ecosystems, 3(3): 238-253.

Marklein, A. R., and B. Z. Houlton. 2012. Nitrogen inputs accelerate phosphorus cycling rates across a wide variety of terrestrial ecosystems. New Phytologist, 193: 696-704.

Matschonat, G., and E. Matzner. 1996. Soil chemical properties affecting NH_4^+ sorption in forest soils. Journal of Plant Nutrition and Soil Science, 159: 505-511.

McLaughlin, S. B., C. P. Andersen, P. J. Hanson, M. G. Tjoelker, and W. K. Roy. 1991. Increased dark respiration and calcium deficiency of red spruce in relation to acidic deposition at high-elevation southern Appalachian mountain sites. Canadian Journal of Forest Research, 21: 1234-1244.

McNulty, S. G., J. Boggs, J. D. Aber, L. Rustad, and A. Magill. 2005. Red spruce ecosystem level changes following 14 years of chronic N fertilization. Forest Ecology and Management, 219(2-3): 279-291.

Menge, D. N. L., and C. B. Field. 2007. Simulated global changes alter phosphorus demand annual grassland. Global Change Biology, 13: 2582-2591.

Moore, T. R., J. A. Trofymow, C. E. Prescott, J. Fyles, and B. D. Titus. 2006. Patterns of carbon, nitrogen and phosphorus dynamics in decomposing foliar litter in Canadian forests. Ecosystems, 9(1): 46-62.

Mooshammer, M., W. Wanek, J. Schnecker, B. Wild, S. Leitner, F. Hofhansl, A. Blöchl, I. Hammerle, A. H. Frank, L. Fuchslueger, K. M. Keiblinger, S. Zechmeister-Bohenstern, and A. Richter. 2012. Stoichiometric controls of nitrogen and phosphorus cycling in decomposing beech leaf litter. Ecology, 93(4): 770-782.

Nilsen, P. 2001. Fertilization experiments on forest mineral soils: A review of the Norwegian results. Scandinavian Journal of Forest Research, 16: 541-554.

Nohrstedt, H. O. 2001. Response of coniferous forest ecosystems on mineral soils to nutrient additions: A review of Swedish experiences. Scandinavian Journal of Forest Research, 16: 555-573.

Ouyang, Y., J. M. Norton, J. M. Stark, J. R. Reeve, and M. Y. Habteselassie. 2016. Ammonia-oxidizing bacteria are more responsive than archaea to nitrogen source in an agricultural soil. Soil Biology and Biochemistry, 96: 4-15.

Parton, W., W. L. Silver, I. C. Burke, L. Grassens, M. E. Harmon, W. S. Currie, J. Y. King, E. C. Adair, L. A. Brandt, S. C. Hart, and B. Fasth. 2007. Global-scale similarities in nitrogen release patterns during long-term decomposition. Science, 315(5810): 361-364.

Perakis, S. S., J. J. Matkins, and D. E. Hibbs. 2012. Interactions of tissue and fertilizer nitrogen on decomposition dynamics of lignin-rich conifer litter. Ecosphere, 3(6): 54.

Pregitzer, K. S., A. J. Burton, D. R. Zak, and A. F. Talhelm. 2008. Simulated chronic nitrogen deposition increases carbon storage in Northern Temperate forests. Global Change Biology, 14(1): 142-153.

Schimel, J. P., and J. Bennett. 2004. Nitrogen mineralization: Challenges of a changing paradigm. Ecology, 85: 591-602.

Schulze, E. D. 1989. Air-pollution and forest decline in a spruce (*Picea abies*) Forest. Science, 244(4906): 776-783.

Silver, W. L., A. W. Thompson, A. Reich, J. J. Ewel, and M. K. Firestone. 2005. Nitrogen cycling in tropical plantation forests: Potential controls on nitrogen retention. Ecological Applications, 15(5): 1604-1614.

Simpson, D., C. Andersson, and J. H. Christensen, M. Engardt, J. Langner. 2014. Impacts of climate and emission changes on nitrogen deposition in Europe: A multi-model study. Atmospheric Chemistry and Physics, 14: 6995-7017.

Sinsabaugh, R. L., M. E. Gallo, C. Lauber, M. P. Waldrop, and D. R. Zak. 2005. Extracellular enzyme activities and soil organic matter dynamics for northern hardwood forests receiving simulated nitrogen deposition. Biogeochemistry, 75: 201-215.

Sinsabaugh, R. L., C. L. Lauber, M. N. Weintraub, B. Ahmed, S. D. Allison, C. Crenshaw, A. R. Contosta, D. Cusack, S. Frey, M. E. Gallo, T. B. Gartner, S. E. Hobbie, K. Holland, B. L. Keeler, J. S. Powers, M. Stursova, C. Takacs-Vesbach, M. P. Waldrop, M. D. Wallenstein, D. R. Zak, and L. H. Zeglin. 2008. Stoichiometry of soil enzyme activity at global scale. Ecology Letters, 11: 1252-1264.

Sistla, S. A., and J. P. Schimel. 2012. Stoichiometric flexibility as a regulator of carbon and nutrient cycling in terrestrial ecosystems under change. New Phytologist, 196(1): 68-78.

Smith, S. E., and D. J. Read. 2008. Mycorrhizal Symbiosis. San Diego: Academic Press.

Song, H., Z. Che, W. C. Cao, T. Huang, J. G. Wang, and Z. R. Dong. 2016. Changing roles of ammonia-oxidizing bacteria and archaea in a continuously acidifying soil caused by over-fertilization with nitrogen. Environmental Science and Pollution Research International, 23(12):11964-11974.

Song, J., S. Wan, S. Piao, A. K. Knapp, A. T. Classen, S. Vicca, P. Ciais, M. J. Hovenden, S. Leuzinger, C. Beier, P. Kardol, J. Y. Xia, Q. Liu, J. Y. Ru, Z. X. Zhou, Y. Q. Luo, D. L. Guo, J. A. Langley, J. Zscheischler, J. S. Dukes, J. W. Tang, J. Q. Chen, K. S. Hofmockel, L. M. Kueppers, L. Rustad, L. L. Liu, M. D. Smith, P. H. Templer, R. Q. Thomas, R. J. Norby, R. P. Phillips, S. L. Niu, S. Fatichi, Y. P. Wang, P. S. Shao, H. Y. Han, D. D. Wang, L. J. Lei, J. L. Wang, X. N. Li, Q. Zhang, X. M. Li, F. L. Su, B. Liu, F. Yang, G. G. Ma, G. Y. Li, Y. C. Liu, Y. Z. Liu, Z. L. Yang, K. S. Zhang, Y. Miao, M. J. Hu, C. Yan, A. Zhang, M. X. Zhong, Y. Hui, Y. Li, and M. M. Zheng. 2019. A meta-analysis of 1119 manipulative experiments on terrestrial carbon-cycling responses to global change. Nature Ecology and Evolution, 3(9):1309-1320.

Song, L., Z. L. Li, and S. L. Niu. 2021. Global soil gross nitrogen transformation under increasing nitrogen deposition. Global Biogeochemical Cycles, 35(1): e2020GB006711.

Sterner, R., and J. Elser. 2002. Ecological Stoichiometry: The Biology of Elements from Molecules to the Biosphere. Princeton: Princeton University Press.

Stoddard, J. L., D. S. Jeffries, A. Lükewille, T. A. Clair, P. J. Dillon, C. T. Driscoll, M. Forsius, M. Johannessen, J. S. Kahl, J. H. Kellogg, A. Kemp, J. Mannio, D. T. Monteith, P. S. Murdoch, S. Patrick, A. Rebsdorf, B. L. Skjelkvåle, M. P. Stainton, T. Traaen, H. van Dam, K. E. Webster, J. Wieting, and A. Wilander. 1999. Regional trends in aquatic recovery from acidification in North America and Europe. Nature, 401: 575-578.

Stone, M. M., M. S. Weiss, C. L. Goodale, M. H. Adams, I. J. Fernandez, D. P. German, and S. D. Allison. 2012. Temperature sensitivity of soil enzyme kinetics under N-fertilization in two temperate forests. Global Change Biology, 18: 1173-1184.

Tabatabai, M. A. 2005. Chemistry of sulfur in soils. In Tabatabai, M. A., Sparks, D. L., eds. Chemical Processes in Soils. Madison: ASA and SSSA, 193-226.

Tabatabai, M. A., and J. M. Bremner. 1970. Arylsulfatase activity of soils. Soil Science Society of America Journal, 34(2): 225-229.

Talbot, J. M., and K. K. Treseder. 2012. Interactions among lignin, cellulose, and nitrogen drive litter chemistry-decay relationships. Ecology, 93(2): 345-354.

Templer, P. H., W. L. Silver, J. Rett-Ridge, K. M. Deangelis, and M. K. Firestone. 2008. Plant and microbial controls on nitrogen retention and loss in a humid tropical forest. Ecology, 89(11): 3030-3040.

Thomas, R. Q., C. D. Canham, K. C. Weathers, and C. L. Goodale. 2010. Increased tree carbon storage in response to nitrogen deposition in the US. Nature Geoscience, 3(1):13-17.

Tian, D., and S. Niu. 2015. A global analysis of soil acidification caused by nitrogen addition. Environmental Research Letters, 10(2): 24019-24028.

Tian, D. H., H. Wang, J. Sun, and S. Niu. 2016. Global evidence on nitrogen saturation of terrestrial ecosystem net primary productivity. Environmental Research Letters, 11(2): 024012.

Tian, D. S., P. B. Reich, H. Y. H. Chen, Y. Z. Xiang, Y. Q. Luo, Y. Shen, C. Meng, W. X. Han, and

S. L. Niu. 2019. Global changes alter plant multi-element stoichiometric coupling. New Phytologist, 221: 807-817.

Tian, P., J. Zhang, C. Müller, Z. Cai, and G. Jin. 2018. Effects of six years of simulated N deposition on gross soil N transformation rates in an old-growth temperate forest. Journal of Forest Research, 29: 647-656.

Tiessen, H. 2008. Phosphorus in the global environment. In White, P. J., Hammond, J. P., eds. The ecophysiology of plant-phosphorus interactions. New York: Springer, 1-7.

Treseder, K. K., and P. M. Vitousek. 2001. Effects of soil nutrient availability on investment in acquisition of N and P in Hawaiian rain forests. Ecology, 82: 946-954.

Treseder, K. K. 2008. Nitrogen additions and microbial biomass: A meta-analysis of ecosystem studies. Ecology Letters, 11: 1111-1120.

Tripathi, S. K., C. P. Kushwaha, and K. P. Singh. 2008. Tropical forest and savanna ecosystems show differential impact of N and P additions on soil organic matter and aggregate structure. Global Change Biology, 14(11): 2572-2581.

Turner, B. L., J. A. Chudek, B. A. Whitton, and R. Baxter. 2003. Phosphorus composition of upland soils polluted by long-term atmospheric nitrogen deposition. Biogeochemistry, 65: 259-274.

Urakawa, R., N. Ohte, H. Shibata, K. Isobe, R. Tateno, T. Oda, T. Hishi, K. Fukushima, Y. Inagaki, K. Hirai, N. Oyanagi, M. Nakata, H. Toda, T. Kenta, M. Kuroiwa, T. Watanabe, K. Fukuzawa, N. Tokuchi, S. Ugawa, T. Enoki, A. Nakanishi, N. Saigusa, Y. Yamao, and A. Kotani. 2016. Factors contributing to soil nitrogen mineralization and nitrification rates of forest soils in the Japanese archipelago. Forest Ecology and Management, 361:82-396.

Vitousek, P. M., and R. W. Howarth. 1991. Nitrogen limitation on land and in the sea: How can it occur? Biogeochemistry, 13: 87-115.

Vitousek, P. M., S. Porder, B. Z. Houlton, and O. A. Chadwick. 2010. Terrestrial phosphorus limitation: Mechanisms, implications, and nitrogen-phosphorus interactions. Ecological Applications, 20(1): 5-15.

de Vries, F. T., J. Bloem, H. Quirk, C. J. Stevens, R. Bol, and R. D. Bardgett. 2012a. Extensive management promotes plant and microbial nitrogen retention in temperate grassland. PloS One, 7(12): e51201.

de Vries, F. T., M. E. Liiri, L. Bjornlund, M. A. Bowker, S. Christensen, H. M. Setala, and R. D. Bardgett. 2012b. Land use alters the resistance and resilience of soil food webs to drought. Nature Climate Change, 2(4): 276-280.

Wallace, Z. P., G. M. Lovett, J. E. Hart, and B. Machona. 2007. Effects of nitrogen saturation on tree growth and death in a mixed-oak forest. Forest Ecology and Management, 243(2):210-218.

Wang, C., D. W. Liu, and E. Bai. 2018. Decreasing soil microbial diversity is associated with decreasing microbial biomass under nitrogen addition. Soil Biology and Biochemistry, 120: 126-133.

Wang, F. Y. 1989. Research summary of forest litter. Advances in Ecology, 6(2): 82-89.

Weand, M. P., M. A. Arthur, and G. M. Lovett et al. 2010. Effects of tree species and N additions on forest floor microbial communities and extracellular enzyme activities. Soil Biology and Biochemistry, 42: 2161-2173.

Wrage, N., L. Chapui-Lardy, and J. Isselstein. 2010. Phosphorus, plant biodiversity and climate change. In Lichtfouse, E., eds. Sociology, Organic Farming, Climate Change and Soil Sustainable Agriculture Reviews. Netherlands: Springer, 147-169.

Xia, J. Y., and S. Q. Wan. 2008. Global response patterns of terrestrial plant species to nitrogen addition. New Phytologist, 179: 428-439.

Yanai, R. D., T. G. Siccama, M. A. Arthur, C. A. Federer, and A. J. Friedland. 1999. Accumulation and depletion of base cations in forest floors in the northeastern United States. Ecology, 80: 2774-2787.

Yang, W. H., R. A. Ryals, D. F. Cusack, and W. L. Silver. 2017. Cross-biome assessment of gross soil nitrogen cycling in California ecosystems. Soil Biology and Biochemistry, 107: 144-155.

Yu, Q., K. Wilcox, K. La Pierre, A. K. Knapp, X. Han, and M. D. Smith. 2015. Stoichiometric homeostasis predicts plant species dominance, temporal stability, and responses to global change. Ecology, 96(9): 2328-2335.

Yu, Q., Q. S. Chen, J. J. Elser, N. P. He, H. H. Wu, G. M. Zhang, J. G. Wu, Y. F. Bai, and X. G. Han. 2010. Linking stoichiometric homoeostasis with ecosystem structure, functioning and stability. Ecology Letters, 13(11): 1390-1399.

Yuan, Z. Y., and H. Y. H. Chen. 2015. Decoupling of nitrogen and phosphorus in terrestrial plants associated with global changes. Nature Climate Change, 5(5): 465-469.

Yuan, Z. Y., and H. Y. H. Chen. 2012. A global analysis of fine root production as affected by soil nitrogen and phosphorus. Proceedings of the Royal Society B-Biological Sciences, 279: 3796.

Zhang, J., Z. Cai, and C. Müller. 2018. Terrestrial N cycling associated with climate and plant specific N preferences: A review. European Journal of Soil Science, 69: 488-501.

Zhang, J. B., C. Müller, and Z. C. Cai. 2015. Heterotrophic nitrification of organic N and its contribution to nitrous oxide emissions in soils. Soil Biology and Biochemistry, 84: 199-209.

Zhao, W., J. Zhang, C. Müller, and Z. Cai. 2018. Effects of pH and mineralisation on nitrification in a subtropical acid forest soil. Soil Research, 56: 275-283.

Zhou, Z. H., C. K. Wang, M. H. Zheng, L. F. Jiang, and Y. Q. Luo. 2017. Patterns and mechanisms of responses by soil microbial communities to nitrogen addition. Soil Biology and Biochemistry, 115: 433-441.

Zhu, F., M. Yoh, F. S. Gilliam, X. Lu, and J. Mo. 2013. Nutrient limitation in three lowland tropical forests in southern China receiving high nitrogen deposition: Insights from fine root responses to nutrient additions. PLoS One, 8(12): e82661.

氮沉降全球化与森林生物适应性

鲁显楷[①] 钟部卿[①] 王法明[①] 谭向平[①]
梁星云[①] 聂彦霞[①] 刘滔[①] 毛庆功[①]
庞宗清[①] 陈伟彬[①] 苏芳龙[①] 李慧[①]
莫江明[①]

摘　要

人类活动引起的大气氮沉降增加及其全球化改变了陆地生态系统原有的氮循环模式和进程,威胁到了森林生态系统的健康和发展。然而生物具有承受环境选择性压力的能力,可以通过自我调节以维持生存和种群延续。本文给出了生物适应性的两个范畴,即个体尺度上的适应性(acclimation)和种群尺度上的适应性(adaptation)。个体尺度上的适应性是生物对其生境变化产生的暂时性、可恢复性的调节,仅发生在物种的生命周期内,并不能影响物种自身的进化格局;种群尺度上的适应性是生物通过调整自身物理和化学构成以更好地适应其生境的进化过程,这种调整是永久性、可遗传的,通常会影响到整个种群的生存和发展方向。目前的研究主要集中在第一个范畴内,自2000年以来呈现出快速增加的趋势。本文分别回顾了植物、微生物、土壤动物和植食昆虫对氮沉降增加的响应与适应,并指出要重视对生态系统适应性的整体研究。我们提出未来研究需要关注的科学问题与挑战,建议从短期的响应格局研究深入到长期的过程机制探索,并通过多学科交叉来推动生物适应性研究的发展,以期为全球变化背景下生态系统可持续发展提供理论基础。

Abstract

Elevated anthropogenic nitrogen (N) deposition and its globalization have changed the

① 中国科学院华南植物园,中国科学院退化生态系统植被恢复与管理重点实验室,广州,510650,中国。

patterns and processes of N cycling in terrestrial ecosystems, threatening the health and development of forest ecosystems. However, organisms can adjust themselves to withstand environmental selective pressure, and thus maintain individual survival and population succession. There are two categories of biological adaptability: Acclimation and adaptation. Acclimation is a temporary adjustment in physiology, anatomy or morphology to gradual changes in the natural habitat. It only occurs in the lifespan of the organism and doesn't affect the evolution patterns of its species. The extent of this acclimation is constrained by the genome of the individual. Adaptation is the evolutionary process whereby an organism becomes better able to live in its habitat or habitats by adjusting their physical and chemical composition. The process is irreversible, and involves the acquisition or recombination of genetic traits that improve performance or survival over multiple generations. Adaptation is a natural and necessary process for survival of a species, which determines the survival and development of the whole population. Acclimation is a temporary adaptation and occurs at individual scale rather than population scale. The present study mainly focuses on the first category acclimation, which has been experiencing an increasing concern since the 2000s. We review the response and acclimation of plants, soil microorganisms and fauna, and herbivorous insects to elevated N deposition, and point out that it is necessary to expand the study at ecosystem scales. Some key questions and challenges should be paid more attention to in the future. We suggest to focus on long-term processes and mechanisms of biological acclimation rather than short-term patterns or phenomena, and to promote the development of biological adaptability research through multidisciplinary cross, and at last to provide theoretical base for ecosystem sustainable development under global changes.

前言

自从1859年英国生物学家查尔斯·达尔文的《物种起源》问世以来,生物界发展的规律成了一个经典论题,生物如何进化和适应环境一直备受关注。20世纪80年代开始,以全球环境变化为对象的全球变化科学逐步受到关注(陈宜瑜等,2002)。同期,大气氮沉降增加引起的陆表系统生态环境效应受到了科学家们的高度重视,特别是在欧美等发达国家(鲁显楷等,2019)。随着工农业的快速发展和人口的急剧增长,氮沉降全球化扩张,从欧美等发达国家转向发展中国家,从温带区域扩展到热带、亚热带区域(Galloway et al., 2004; Ackerman et al., 2019)。森林生态系统是陆地生态系统的主体,也是生态碳吸存(carbon sequestration)和生物多样性分布的重要载体,其服务功能供给与人类社会的健康发展息息相关。如今,人类活动对全球氮循环的干扰已经超出了地球系统安全运行的界限(Steffen et al., 2015)。因此,氮沉降全球化背景下,森林生态系统如何运转和演变关系到人类社会的可持续发展。本文主要从生物响应与适应的角度来阐述森林生态系统未来可能的发展趋势,具体包括四个部分:氮沉降全球化及其后果、适应性的定义与范畴、森林生态系统对氮沉降增加的响应与适应以及未来展望与挑战。

6.1 氮沉降全球化及其后果

6.1.1 大气氮沉降来源及格局演变

随着工业固氮技术(哈伯-博施生产方法,Haber-Bosch process)的普及,合成氨被大量用于生产氮肥,全球人口数量由 1900 年的 16.5 亿人迅速膨胀至 2000 年的 60 亿人。可以说,合成氨间接供养了全球 48%的人口(Erisman et al., 2008)(图 6.1)。氮肥的广泛使用满足了全球粮食供给,同时也导致了 NH_3的大量排放。由工业和交通运输业等人类活动引起的化石燃料燃烧,也促进了 NO_x 的排放增长。据估算,1860 年全球人为氮排放量仅为 15 Tg N · a^{-1},到 1995 年则攀升至 156 Tg N · a^{-1},至 2005 年达到 187 Tg N · a^{-1},2050 年其排放量将高达 270 Tg N · a^{-1}(Galloway et al., 2004)。这些人为排放的活性氮在自然氮循环过程基础上形成的含氮化合物由地表排放至大气中,再以大气沉降的方式回到地表,该过程也是地表陆地和水生生态系统氮素输入的重要来源。

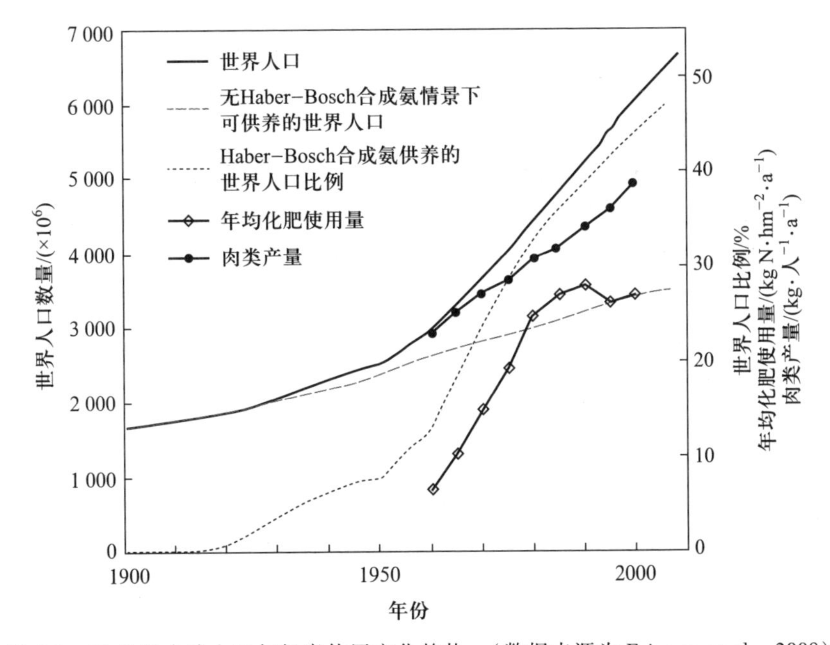

图 6.1 20 世纪全球人口与氮素使用变化趋势。(数据来源为 Erisman et al., 2008)

从全球尺度来看,氮沉降与氮排放呈线性响应关系。1860 年全球氮沉降仅为 31.6 Tg N · a^{-1},到 1980 年则攀升到 87.2 Tg N · a^{-1}, 1990—2010 年氮沉降一直维持在平稳状态(93.0~96.1 Tg N · a^{-1}),预计到 2050 年氮沉降量将达到 195 Tg N · a^{-1}(Galloway et al., 2004; Ackerman et al., 2019)。20 世纪 90 年代,我国已经成为继北

美和欧洲之后又一重要的大气氮沉降集中区。在经历了严重的大气氮污染和高氮沉降负荷之后,北美和欧洲等地区在 20 世纪 90 年代已经加强了对大气活性氮排放的控制,而我国大气活性氮排放的控制措施相对滞后,直到“十二五”期间(2011—2015年)才开始着手大气活性氮排放的控制(Liu et al., 2019)。我国持续增长的大气活性氮排放导致空气质量急剧恶化,同时也带来了大气氮沉降通量的不断上升。Liu 等(2013)收集并总结了我国 1980—2010 年的大气氮沉降观测研究数据,结果表明我国混合氮沉降通量上升了 60%(8 kg N · hm^{-2}),氮沉降水平已经远超北美和欧洲,成为全球氮沉降的热点区域。由于农业施肥、畜牧养殖及能源消耗等结构的调整,不同地区大气氮沉降随着 NO_x和 NH_3排放变化呈现不同的转型趋势。近三十多年来,我国区域氮沉降总量由以往的快速增长转型为趋稳状态,其中硝态氮沉降贡献持续增加,由以铵态氮沉降为主的氮沉降模式转换为铵态氮和硝态氮沉降贡献并重的模式;大气干沉降增加导致了干湿沉降比的变化,由以往的以湿沉降为主逐步转型为湿沉降与干沉降并重(Yu et al., 2019)。而北美地区由于 NO_x 大幅减排,大气氮沉降则由以硝态氮沉降主导转变为以铵态氮沉降主导(占无机氮沉降总量的 65%)(Li et al., 2016a)。

6.1.2 森林生态系统氮沉降增加的生态效应

氮素是陆地生态系统生产力最为受限的营养元素之一(Vitousek and Howarth, 1991; LeBauer and Treseder, 2008)。因此,氮沉降增加在一定程度上会减少氮素的限制作用,从而可以增加系统生产力和碳固存。然而生态系统的氮素储存能力是有限的,大气氮沉降的持续增加,最终会导致生态系统氮饱和(nitrogen saturation),即氮素输入超过了生物对氮的需求,从而产生负面效应,并影响系统的健康发展(Aber et al., 1998)。氮饱和产生的负面效应包括土壤酸化和盐基离子淋失、水体污染和富营养化、元素计量化学失衡、生物多样性降低、生产力下降、温室效应加剧等(鲁显楷等, 2019)。氮沉降是生物多样性变化的最重要驱动因子之一(Bobbink et al., 2010; Isbell et al., 2013)。Rockström 研究团队对影响地球生态系统结构和功能稳定性的九种关键生物物理过程的安全状态进行分析,认为氮素生物地球化学循环已超出地球安全运行的边界(Steffen et al., 2015),并影响到了生态系统的服务功能(Millennium Ecosystem Assessment, 2005)。大气氮沉降增加是全球变化最重要的特征之一,也产生了世界性的科学难题:如何在保证全球尺度粮食生产和能源需求的情况下,尽可能降低其环境代价,是我们目前与未来所面临的挑战。与草地和农田生态系统相比,森林生态系统碳氮比更高、碳周转时间更长,在调节气候变化和净化大气环境等方面发挥着重要的作用。森林生态系统对氮沉降增加的响应与适应机制已成为当前研究的热点问题之一。

6.2 适应性的定义与范畴

适应性是指生物在变化环境中通过自我调节以维持生存和延续生命的一种能力,反映了生物承受环境选择性压力的能力。达尔文进化论认为适应性的存在是生物世界最重要的特征之一，生物的变异、遗传和自然选择作用能导致生物的适应性改变(Brandon,1990)。适应性主要包括两个范畴：① 个体尺度上的适应性(acclimation)，也称为驯化过程，是生物对其生境变化产生的暂时性、可恢复性的调节(adjustment)或者变异(variation)，仅发生在物种的生命周期内，并不能影响物种自身的进化格局，而且其适应程度也受到个体基因组的限制；当环境恢复时，生物性状能回到适应前的状态，但这并不意味着驯化了的器官或组织结构本身复原。② 种群尺度上的适应性(adaptation)，是生物通过调整自身物理和化学构成以更好地适应其生境的进化过程，这种调整是永久性、可遗传的；该过程持续时间长(涉及种群延续)，是必须面对的自然选择过程，通常会影响到整个种群的生存和发展方向。

第一个范畴是第二个范畴的基础，第二个范畴是在第一个范畴基础上发生的质变。这两种范畴统称"适应性"，为了避免中文表述的混淆，可以用英文 acclimation 和 adaptation 加以准确区分(Demmig-Adams et al., 2008)。从定义可知，适应性与通常报道的响应(response)或影响(effect)不同，主要体现了生物应对环境变化进行自我调节的能力。

通过长期自然选择进程，许多生物都进化出了一系列功能性状来适应它们所处的环境，从而导致本土化适应(local adaptation)(Kawecki and Ebert, 2004)。然而，大气氮沉降增加可能影响到这种长期确立的本土化格局，因为生态系统氮状态的转变是生物必须面对的选择压力(Galloway et al., 2004; Zhang et al., 2020)。尽管自然选择的效果需要更长时间尺度来验证，但是如今过量氮沉降加剧了氮素循环，改变了生物所处的氮环境，并对生态系统产生了一系列的威胁(如导致土壤酸化、水体富营养化和降低生物多样性等)，所以生物需要进行自我调整来适应氮循环改变带来的各种挑战。目前有关适应性的研究主要集中在第一个范畴内。

基于 Web of Science (WOS)核心数据库和中国知网中文学术期刊数据库，检索主题中含有"森林适应性"的文献，英文检索式为"TI = (acclimat* OR adapt*) AND TS = (forest)"，中文检索式为"适应性和森林"的文献，检索时间跨度为 1980—2021 年，检索结果为 6 358 篇。而检索主题中含有"氮沉降/氮添加-森林-适应性"的文献，英文检索式为"TI = (acclimat* OR adapt*) AND TS = (forest) AND TS = (nitrogen deposition OR nitrogen addition OR nitrogen input OR nitrogen fertilization OR nitrogen amendment OR nitrogen enrichment)"，中文检索式为"氮沉降 OR 氮添加 OR 养分添加""森林""适应性"，则检索结果为 141 篇(图 6.2)。绝大部分文献分布在环境科学与生态学(environmental science and ecology)、林学(forestry)、植物科学(plant sciences)和生理学(physiology)等领域。从趋势上看，有关森林生态适应性研究从 20 世纪 90 年代开始快速增加，表明科学研究者越来越重视对森林生态系统适应性及其机理的认识，其根本原因是人们意识到了全球变化对陆地生态系统所带来的潜在威胁。大气氮沉降对森林生态系统的威胁从 20 世纪 80 年代才开始受到重视，初期研究阶段(2000 年以前)主要探讨了森林生态系统对氮沉降增加的响应，极少涉及生物适应性的机理。2000 年以后，氮沉降全球化引发的生态学问题进一步驱动了科学界对生物适应性的关注。研究对象主要集中在植物、土壤动物和微生物,研究的层次也主要集中在个体(如植物)和群落(如微生物)水平,缺乏对生态系统水平和物种间互作的研究探讨;总体上,森林生物对过量氮沉降适应性研究的数量仍然相当有限(图 6.2)。如今,在全球变化加剧的背景下,生态系统对全球变化的响应与适应性研究是当今全球变化与生态学研究的科学前沿。2004 年 7 月,国家自然科学基金委员会发布《我国主要陆地生态系统对全球变化的响应与适应性样带研究》重大项目申请指南,拉开了生态系统适应性研究的序幕。

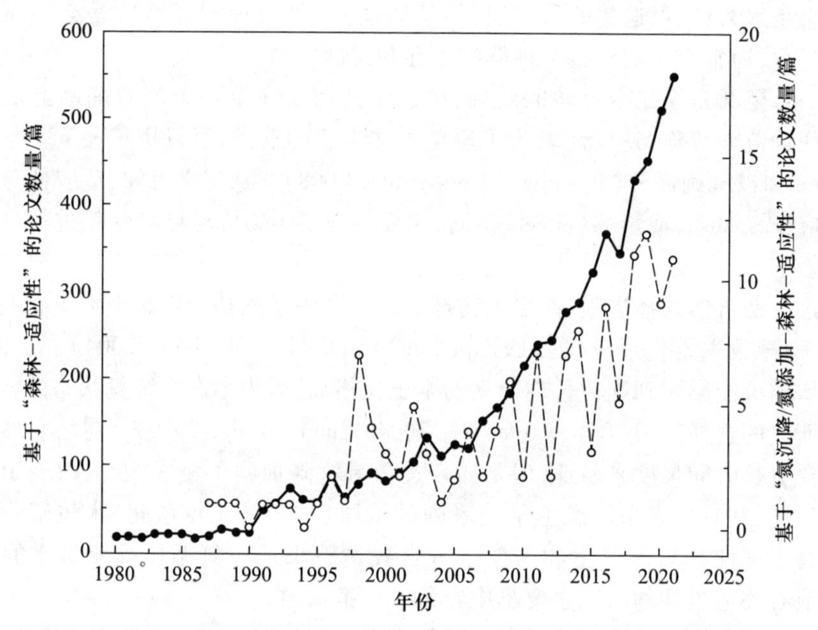

图 6.2 基于“森林-适应性”(实心圆)和“氮沉降/氮添加-森林-适应性”(空心圆)检索相关论文发表数量的变化趋势。(注:检索时间跨度为 1980—2021 年,检索标准见正文)

6.3 森林生态系统对氮沉降增加的响应与适应

6.3.1 植物

作为植物生长的必需元素之一,氮是很多生态系统的限制因子。与其他元素相比,氮的有效性对植物生长能力的限制更强。叶片中 50%~75%的氮都是以光合作用相关蛋白质的形式存在(Evans, 1989);1,5-二磷酸核酮糖羧化酶(rubisco)是叶片中含量最丰富的蛋白质,也是光合作用中决定碳同化速率的关键酶。因而叶氮含量通常与叶片的光合能力呈线性正相关关系(Ellsworth et al., 2004; Ellsworth et al., 2015)。这种线性关系存在于农作物、一年生草本植物以及常绿乔木和灌木(Evans, 1989; Archontoulis et al., 2012)。在热带森林演替早期阶段(即氮限制阶段)的物种中也观测到这种线性关系(Ellsworth and Reich, 1996)。在全球尺度上,氮添加显著增加树木叶片的氮含量(Yuan and Chen, 2015; Ostertag and DiManno, 2016)。由于叶片的形态学结构(即单位面积干重,LMA)不因氮添加而发生改变,因此单位叶片质量氮含量(N_{mass})与单位叶片面积氮含量(N_{area})增加的程度是一致的(Liang et al., 2020)。基于全球 80 个森林 FLUXNET 样点的通量观测数据表明,森林冠层最大光合速率与大气氮沉降速率呈显著正相关关系(Fleischer et al., 2013)。对全球尺度的氮添加试验进行整合分析后发现,氮添加显著增加了单位叶片面积的最大光合速率、气孔导度以及蒸腾速率,同时也增加了叶片长期水分利用效率(Zhang et al., 2018; Li et al., 2020; Liang et al., 2020)。然而,植物叶片光合能力的增加效应随氮添加持续时间的增加而下降,表明大气氮沉降对植物光合碳吸收的正效应可能会随着时间逐渐消失(Liang et al., 2020)。在非氮限制的生态系统,加氮不能增加叶片氮含量和光合速率,也没有影响比叶面积(Mayor et al., 2014; Mo et al., 2019)。除去氮饱和效应外,光合响应正效应的减弱也可能是由树木的个体发育导致的,即随着试验时间的持续,树木也在变大、变老,对氮的需求降低(Li et al., 2018; Schulte-Uebbing and de Vries, 2018)。

与光合生理的响应格局相似,氮添加对不同植物物种生长通常表现出促进效应(Xia and Wan, 2008; LeBauer and Treseder, 2008)。这种促进效应可以改变植物群落组成并降低多样性。由于生态系统氮限制性的广泛存在,氮沉降更利于喜氮植物的生长,使其在竞争中处于优势从而排斥其他物种(竞争排斥效应),最终导致生物多样性降低(Bobbink et al., 2010; Lu et al., 2010)。在“富氮”(N-rich)生态系统中,氮增加对植物生长的促进作用不大,反而会通过诱导土壤酸化效应来降低植物多样性(Lu et al., 2010)。林龄也是影响植物生长对氮增加响应的一个重要因素。全球尺度上的整合分析研究发现,林龄越大,森林初级生产力对氮添加的响应越弱(Vadeboncoeur, 2010; Schulte-Uebbing and de Vries, 2018)。

菌根真菌的存在也会决定氮沉降对植物生长的影响程度。Thomas 等(2010)对温带森林的研究发现氮沉降对植物生长的影响因其共生的菌根真菌的种类不同而异,能够与丛枝菌根共生的植物都表现出正向反馈。这是因为丛枝菌根真菌可以帮助植物增强磷的吸收,能够缓解氮沉降背景下的磷限制,从而促进植物生长。丛枝菌根真菌树种在根系形态和磷酸酶活性方面比外生菌根树种更具优势,从而更适应高氮背景;氮增加环境下拥有丛枝菌根真菌或外生菌根的树种会减少分配给菌根共生体的能量,越来越依靠细根来获取养分(Ma et al., 2021)。氮沉降也会影响地下植物根系的生长。氮沉降总体上对根系的生长呈现负作用(Peng et al., 2017),因为植物在较好的氮素养分条件下改变碳分配策略,降低了根系的碳投资,增加了地上的碳投资,以获取其他限制性的资源。总体而言,植物地上和地下生物量对氮沉降的响应往往呈现不同的特征和方向。

由于氮饱和效应的存在(Aber et al., 1998),过量氮沉降会通过土壤酸化效应影响到磷素有效性和阳离子供应(Lucas et al., 2011; Lu et al., 2014; Tian and Niu, 2015; Deng et al., 2017),进而打破植物养分平衡,不利于光合生理进程,并最终导致生长衰退(Lu et al., 2010;Mao et al., 2018)。在氮沉降增加和全球化背景下,人们仍然有疑问:森林植物是否有相应的适应策略呢?Lu 等(2018)对热带“富氮”森林(鼎湖山季风常绿阔叶林)进行长期跟踪研究,监测了植物生长动态、光合生理、叶营养状态、水分利用以及水输出动态等一系列生理生态指标,有 4 个重要发现:① 氮沉降加剧了土壤酸化,降低土壤 pH 值和盐基饱和度,使得盐基离子流失加剧,该发现与传统研究一致;② 植物养分状态没有改变,如优势植物叶氮含量和养分离子(如 Ca^{2+}、Mg^{2+})含量没有明显改变,这与绝大多数研究都不一致;③ 植物生长速率和月凋落物量没有受到影响;④ 植物蒸腾速率增加,土壤水输出降低。基于土壤-植物-大气连续体理论,Lu 等(2018)提出了“富氮”系统植物适应性新假说(Plant Acclimation Hypothesis),即“富氮”系统中的植物可以通过自我上调水循环(增加蒸腾)适应过量氮沉降来维持养分平衡。该假说超越了传统的氮饱和假说范畴(Nitrogen Saturation Hypothesis)(Aber et al., 1998),为预测生态系统的发展动态提供了新思考。基于全球氮添加试验研究的整合分析进一步支持了该假说:植物叶片蒸腾速率随氮添加累积量的增加而升高,表明大气氮沉降增加将在更长的时间尺度上影响植物的水分消耗(Liang et al., 2020)。Deng 等(2017)整合分析发现,未来大气氮沉降持续增加,将会诱导陆地系统磷素限制。为了应对磷缺乏,植物通常会发展许多适应性机制来促进磷素可利用性和植物吸收,一个重要的吸收机理就是产生和分泌磷酸酶把有机态磷转换为磷酸盐(Goldstein and Santiago, 2016; Duff et al., 1994; Hubel and Beck, 1996)。

基于 C∶N 计量化学的植物适应性生长假说(Adaptive Growth Hypothesis)表明,大气氮沉降对森林生态系统具有显著影响,因为氮沉降的增加削弱了生态系统的氮限制性,驱使植物向具有更低 C∶N 值的方向演化,有利于快速生长和竞争性加剧(Zhang et al., 2020)。这样一来,物种组成(不同 C∶N 值的比例)将会发生变化从而导致群落适应不同氮限制的环境——在氮限制系统,高 C∶N 值驱使群落促进氮素利用以确保生存优先;然而在非氮限制系统,低 C∶N 值可以确保生长优先,但是需要以降低氮素利用效率为代价。事实上,在长期高氮沉降下,植物群落组成会发生转变,使之更适应富氮和酸化生境(Diekmann and Dupré, 2010; Duprè et al., 2010; Tipping et al., 2021)。植物生长和发育受进化限制和环境变化的双重影响。在全球变化背景下,表型适应(phenotypic acclimation)甚至比遗传适应(genetic adaptation)更重要。如 Bresson 等(2011)对不同种子来源的无梗花栎(*Quercus petraea*)和欧洲山毛榉(*Fagus sylvatica*)进行的同质园试验(common garden experiment)研究表明,大多数植物的光合作用参数表现出强烈表型适应,遗传分化仅占叶片光合能力总表型变异的 0~21%。

6.3.2 微生物

土壤微生物能够分解动植物残体,并参与调控碳、氮、磷、硫等元素的生物地球化学循环过程,是土壤生态系统的核心组成部分。土壤微生物多样性和组成决定其生态功能。氮沉降加剧对土壤微生物群落的结构和功能均产生一系列影响。氮添加对土壤微生物的影响与添加量、氮素类型、季节、微生物种类及林型有关(鲁显楷等,2019; Moore et al., 2021)。大量研究表明,氮添加通常会减少微生物的生物量,尽管少数研究没有表现出显著影响或者产生刺激效应(Fu et al., 2015; Zhou et al., 2017; Tian et al., 2018; Fan et al., 2018)。Zhang 等(2018) 通过对 151 篇已发表的文献进行整合分析发现,全球尺度上氮沉降增加显著降低土壤微生物呼吸速率(8.1%)和微生物量碳(11.0%),且负效应随氮添加速率和氮添加时间的增加而增强。此外,氮添加通常会降低森林生态系统微生物量 C∶N 值(MBC∶MBN)(Zhou et al., 2017)。

氮沉降增加可改变微生物群落的组成。如氮添加降低森林生态系统微生物量 C∶N值(MBC∶MBN),降低真菌/细菌值(F∶B),增加革兰氏阳性(G^+)和革兰氏阴性(G^-)细菌的比值(G^+∶G^-) (Zhou et al., 2017)。微生物类群根据其生长、繁殖、竞争和适应策略倾向于分为 r-策略和 K-策略。r-策略者通常生长快速,生命周期短,周转速度快,抗干扰能力强,种群恢复快,偏向于不稳定碳和净碳矿化速率高的环境;K-策略者通常生长缓慢,生命周期长,周转速度慢,易受环境干扰,种群难恢复,偏向利用惰性有机碳。过量的氮输入引起主要优势细菌改变策略,向更活跃的、富营养的菌群转变。在南亚热带酸性森林,基于高通量测序分析发现短期(<3 年)氮添加背景下土壤细菌群落组成呈现由寡营养细菌(酸杆菌门 Acidobacteria 和疣微菌门 Verrucomicrobia)向富营养细菌(变形菌门 Proteobacteria 和放线菌门 Actinobacteria)转变,即土壤微生物群落由 K-策略向 r-策略发展(Nie et al., 2018);寡营养菌硝化螺旋菌门(Nirtrospirae)的相对多样性也随氮增加而降低,且随养分(而非 pH)变化而改变(Wang et al.,2018a)。这些发现与北美地区的研究结果一致,且符合"富营养假说"(Ramirez et al., 2012)。通过磷脂脂肪酸分析发现,长期(>10 年)氮添加显著降低了G-细菌的相对丰度,但增加了 G^+∶G^-细菌的比值(Wang et al., 2018b)。在温带森林,氮添加降低了外生菌根真菌的相对丰度却增加了腐生真菌的丰度,而高氮水平又能抑制腐生真菌的相对丰度(Morrison et al., 2016)。Han 等(2020) 对全球范围内 101 个地点的研究野外原位氮添加如何影响丛枝菌根真菌(AMF)的文献进行整合分析,发现具有不同生物量分配模式的 AM 真菌对氮添加的响应不同:将更多生物量分配到宿主植物根内的 AM 真菌(rhizophilic guild)丰度受氮添加引起的土壤酸化的影响而显著降低,从而导致根系侵染率的显著下降;而将更多生物量分配到根外土壤中的 AM 真菌(edaphophilic guild)则受到了植物地下生物量响应的调节,进而导致根外菌丝密度变化不明显。该发现支持了 Johnson (2010)提出的"功能平衡模型"(functional equilibrium model),即氮添加诱导的磷限制会促进植物-AM 真菌互利共生,使得宿主植物碳-磷资源交易策略发生变化。此外,群落多样性的改变会影响到微生物量,Wang 等(2018a) 研究发现,氮增加背景下土壤微生物量碳的降低和微生物多样性的降低呈显著正相关。

微生物可以适应大气氮沉降的增加。Han 等(2018)针对南亚热带季风常绿阔叶林土壤氮素转化和微生物功能群落的研究发现,与短期(1 年)氮添加相比,长期(10年)氮添加并没有显著改变 N_2O 通量、总氮转化速率和氮转化功能基因丰度,其原因可能是功能微生物适应了长期高氮环境。He 等(2021) 研究发现,短期氮添加对真菌群落结构和装配有影响,但该影响随着添加时间的增加而消失;如为期 2 年的氮添加提高了腐生真菌的相对丰度,降低了外生菌根真菌的相对丰度,而长期(13 年)氮添加对真菌的相对丰度影响却不显著,真菌群落结构和组成对长期氮富集更适应。即使在氮限制的生境中,也存在生物适应氮沉降增加的情景。如 Purahong 等(2018)在高度氮限制的温带森林朽木生境(deadwood habitat)中发现,为期 2 年的氮添加(40 kg N · hm^{-2} · a^{-1})并没有显著影响真菌群落组成和相关的生态系统功能(酶分泌)与进程(分解);其原因很可能是真菌群落已对当地长期氮沉降产生了适应性,即氮富集改变了这些真菌群落的生理和遗传进化特征(Schimel et al., 2007; Allison et al., 2013)。

在氮沉降诱发土壤酸化、养分失衡等胁迫环境下,土壤微生物主要通过如下四种机制来适应计量化学失衡(Mooshammer et al., 2014)。第一,微生物可以调整其生物量 C : N : P 值以接近其底物的元素组成;第二,微生物通过生产胞外酶(extracellular enzymes)来改变其直接底物的元素组成,这些胞外酶优先分解聚合物,以满足其对碳和营养物质的需求;第三,如果微生物既不能调节自身生物量组成也不能改变其直接底物的元素组成,那么微生物可通过调节自身元素利用效率来释放超出其需求的元素;第四,对土壤微生物类群进行优化调整来获取限制性资源,如增加固氮细菌(从大气中固氮)和腐生真菌(从动植物残体获取养分)相对丰度,进而触发外部氮和磷对分解者群落的输入。其中胞外酶的分泌调节最受关注。土壤胞外酶活性在调节森林生态系统有机质分解和养分循环速率方面起着重要的作用。氮沉降增加森林土壤中的 N : P 值,导致土壤有机磷缺乏,从而使得植物和土壤微生物对磷的需求增加。此时,土壤微生物分泌的土壤酸性磷酸单酯酶(phoC 基因编码)活性增加。酸性磷酸单酯酶是一种在酸性条件下催化磷酸单酯水解生成无机磷酸的水解酶,可以缓解森林生态系统地上植被和土壤微生物对磷的需求。Wang 等(2018b)在"富氮"的南热带成熟林进行了为期 13 年的模拟氮沉降试验研究后发现,过量氮沉降引起的土壤环境胁迫在改变微生物群落结构中扮演重要角色,而微生物可以通过更多的胞外酶生产(如糖苷水解酶、酸性磷酸酶等)来适应"富氮"环境。

6.3.3 土壤动物

土壤动物按体型大小一般可分为小型土壤动物(体宽<100 μm,如线虫和原生动物)、中型土壤动物(100 μm<体宽<2 000 μm,如跳虫和螨虫)和大型土壤动物(体宽>2 000 μm,如蚯蚓和马陆)。土壤动物的数量极其丰富,且多样性高。据估计,表层土壤(0~15 cm)每平方米的土壤线虫数量可达数百万到千万条之多(van den Hoogen et al., 2019);已经描述的线虫种类达到 25 000 种以上(Wurst et al., 2012)。这些数量庞大且种类丰富的动物群体,不仅相互之间有复杂的捕食-被捕食关系,并且通过对微生物及植物的捕食和取食,实现食物链上的物质能量传递,构成了土壤食物网结构和功能的重要组成部分。

氮沉降增加对森林生态系统土壤动物群落有直接影响。以土壤线虫为例,从最新发表的全球范围内的整合分析研究结果来看,氮沉降显著降低了线虫群落整体的物种多样性,对大多数线虫营养类群(如食真菌线虫、植食线虫、杂食-捕食线虫)都产生了不同程度的抑制作用(Zhou et al., 2021; Zhou et al., 2022)。此外,氮沉降增加也会促进一般机会主义者的数量,使土壤食物网变得相对简单(张勇群等,2020)。氮沉降对土壤线虫的直接负效应主要包括土壤酸化效应(氢离子和铝离子浓度升高)和铵毒性。首先,氮沉降增加产生的土壤酸化效应被认为是影响土壤线虫群落的重要驱动因子(Sun et al., 2013; Lu et al., 2014)。氢离子浓度增加会直接对土壤动物产生胁迫作用,尤其 K-策略者更容易受到氮沉降增加的影响;土壤溶液中有毒铝离子浓度上升也被认为是引起线虫群落密度降低的重要因素(Lucas et al., 2011; Shi et al., 2018)。其次,氮沉降通常会增加土壤铵根离子浓度,从而提高土壤溶液渗透压,不利于线虫生长(张勇群等,2020);而且,当植食性线虫(herbivorous nematodes)取食根液(root fluid)时,铵毒性可能会产生(Wei et al., 2012)。Wei 等(2012)发现在草地上施氮三年后,土壤中铵根离子浓度随着氮添加浓度的增加而上升,且与线虫密度有显著的负相关关系。尽管在森林生态系统有关氮添加对土壤线虫影响的研究非常少,但是其他生态系统的研究也可以提供非常好的借鉴。

氮沉降增加对森林生态系统土壤动物群落也有间接影响。由于土壤动物的能量来源主要依赖于土壤微生物、其他动物和植物组织,因此微生物、其他动物和植物对氮沉降的反馈将会通过"上行效应"对取食它们的土壤动物产生级联影响(Wardle et al., 2004)。如 Liu 等(2020)监测了 2013—2016 年鸡公山森林土壤线虫对林冠和林下氮添加的响应,发现土壤线虫的负反馈可能是因为林下氮添加显著降低了细根生物量。土壤动物之间的关系也会因氮沉降的影响而改变,从而影响生态系统结构和功能。如 Liu 等(2018)发现氮添加提高了蜘蛛对弹尾目的捕食作用,从而降低了凋落物的分解。由于大型土壤动物可以看作是小型动物的载体,如某些线虫可以生活在马陆和蚯蚓的肠道内,并随着大型动物在日常的觅食、掘穴、排泄过程散播到土壤中,从而对土壤动物分布和生物多样性产生积极影响——然而氮添加可以抵消土壤大型动物(马陆)对小型动物(线虫)不同功能群的促进或抑制作用(Liu et al., 未发表)。由于以往大多数研究都是简单地只考虑某一个动物类群对氮沉降的响应,可能忽略了土壤动物之间的作用和联系,即营养级联效应(trophic cascading effect),从而会对某些生态过程和功能的估计造成偏差。

氮沉降对土壤动物的影响可能存在阈值效应,例如 Xu 等(2007)在鼎湖山开展的树木幼苗施氮试验,发现短期(16 个月)氮添加后,土壤中的中型和大型土壤动物对氮添加表现为正反馈且存在氮阈值(100 kg N · hm^{-2} · a^{-1}),当超过该值时,土壤动物对氮添加表现为负反馈。同时,森林生态系统的类型(富氮或者贫氮)也会影响土壤动物对氮沉降的响应。如同样为两年的施氮试验,Zhao 等(2014)发现氮添加对热带次生林土壤线虫群落有抑制作用,而 Sun 等(2013)则发现氮添加导致温带阔叶红松混交林土壤线虫数量增加。

土壤动物群落结构和功能对过量氮沉降输入具有一定的适应性,主要表现为K-策略者数量降低和 r-策略者数量增加。例如,森林土壤线虫群落在长期(20 年)氮添加后,与土壤养分富集相关的线虫类群(主要是繁殖和周转快的 r-策略的小杆科 Rhabditidae)主导了整个群落对氮添加的适应性变化,表明土壤食物网向以细菌能流通道占优的方向转变,并且土壤养分变多、可利用资源增多(Shaw et al., 2019)。土壤动物群落对氮沉降增加的适应也表现为优势种的变迁,如 Xu 等(2009)在挪威云杉林进行 12 年的氮添加后发现,弹尾目原本的最优势种 *Isotomiella minor* 的优势度显著降低,但弹尾目整体的多样性指数没有发生显著变化。值得注意的是,由于土壤动物栖息环境的隐蔽性以及土壤动物个体较小,目前对土壤动物(尤其是小型土壤动物)功能性状特征的研究较少。土壤动物功能性状(如体长、体宽、生物量、重要营养器官的形态特征等)对氮沉降增加的适应性变化可能影响其在土壤食物网中的调控作用。

土壤动物并非一个个独立的群体,因此在未来的研究中需加强食物网水平的探索,将土壤动物的相互反馈作用考虑在内。另外,由于森林生态系统类型对氮沉降的响应并不一致,且长期氮沉降对土壤动物影响的研究十分缺乏,所以有必要开展更长期的追踪,并加强各森林生态系统研究站点间的联合研究。

6.3.4 植食昆虫

昆虫和植物之间的关系是生态学研究的重要领域。植食昆虫取食量占陆地生态系统群落年净初级生产力(NPP)的 10%~20%(Bazzaz et al., 1987; Gong and Zhang, 2014)。植食作用的存在加速了生态系统碳、氮和磷等元素的循环(Ritchie et al., 1998; Wright et al., 2018)。有规律的昆虫植食作用是自然生态系统健康的表现。氮素增加可能提高生态系统的生产力,导致生态系统内部各部分通过反馈调节进行再平衡;其中,动物对植物的取食作用可能是重要一环。Li 等(2016b)整合分析结果后发现,多数情况下氮添加提高了植食昆虫的表现,无论是在以被子植物为主体的阔叶林还是在以裸子植物主导的针叶林。然而,氮沉降诱发的食源植物(food plants)群落组成改变会进一步影响到该区域昆虫群落甚至鸟类的生存(Smart et al., 2001; Duprè et al., 2010)。

氮沉降对昆虫植食作用的改变主要源于两方面作用:一方面,氮沉降增加了食源植物体内营养成分。通常寄主体内含氮量与昆虫植食作用、个体的发育进度和繁殖力呈正比(Mattson, 1980; Throop and Lerdau, 2004)。尽管寄主体内的含氮化合物无法被昆虫全部利用,但是有相当部分的含氮有机物对昆虫具有吸引力(Mattson, 1980)。尽管氮沉降增加导致的植物体内总氮量变化没有一致的结果,但是可溶性氨基酸或蛋白质质量分数的增加已被很多研究确认(Nordin et al., 1998; Huberty and Denno, 2006; Miler and Straile, 2010; Huang et al., 2018)。通常游离氨基酸含量的增长幅度明显超过叶片总氮含量的增长,个别氨基酸种类(如精氨酸和谷氨酸)的积累则更为明显。研究证实昆虫的发育进度和种群密度往往随着氨基酸质量分数的上升而增加。例如帚石楠(*Calluna vulgaris*)在氮添加后提高了叶片氨基酸含量并促进了植食性昆虫(石楠甲虫)的生长(Power et al., 1998)。另一方面,氮沉降影响对昆虫活动具有抑制作用的次生代谢产物的生成。植物由于本身缺乏移动的能力,必须依赖于一系列防御策略来避免动物的侵害,例如起化学防御作用的次生代谢物。特别是真双子叶植物(eudicots)大多发展出多样且微量即显示毒性的生物碱和萜类,以及通过阻碍食物消化而发生作用的多元酚、单宁和木质素等(钦俊德, 1987)。不少研究都证实氮沉降增加改变了这些次生代谢物的生成过程,通过“质”和“量”的变化作用于昆虫取食(Kytö et al., 1996; Koricheva, 2002; Gong and Zhang, 2014)。例如氮输入可以降低碳基类(C-based)次生代谢产物(酚类和萜烯类),增加氮基类(N-based)防御化合物(例如生物碱等)(Mattson, 1980; Jamieson et al., 2012; Campbell and Vallano, 2018)。

6.3.5　生态系统水平上的适应性

以往研究对生态系统的关注往往是相对独立的,如生理学家、土壤学家和水文学家分别关注于植物生理、土壤化学和水文学等过程。这些分散的研究不利于从整体上把握生态系统对环境胁迫的响应与适应过程。在森林生态系统中,土壤养分离子的溶解、迁移及其在植物体内的传输都离不开水循环的参与。在植物蒸腾的驱动下,土壤-植物-大气连续体得以形成,养分的传输更是依赖于该连续体。Lu 等(2018)基于热带森林长期氮沉降试验研究发现,植物可以充分利用水资源进行自我调整适应过量氮沉降(具体机制见 6.3.1 节),并首次通过植物适应性把生态系统的"碳(光合与植物生长)-氮(氮素保持与淋失)-水(蒸腾与土壤水)"循环密切结合起来。在美国弗吉尼亚的一处森林(Fernow Experimental Forest)开展的长期研究也表明氮沉降加剧了植被对水分的利用,导致土壤水输出减少(Lanning et al., 2019)。氮沉降升高背景下,为了应对潜在的磷素缺乏,生态系统磷循环会更加趋向保守。Zhou 等(2018) 在热带成熟林进行的长期氮添加研究表明,高氮输入会加强林冠对大气沉降磷的截留,但对磷素淋失没有影响,系统呈现出磷素闭循环。总之,生态系统和区域尺度的拓展研究可为我们理解和解决全球变化所诱发的环境问题提供一种更为广阔的思路。

6.4　未来展望与挑战

全球变化加剧背景下,森林生态系统如何保持健康和可持续发展是当前面临的重大挑战,也是科学界和政府需要解决的重大科学问题之一。深入研究森林生物适应性是解决该科学问题的关键一环。由于森林生物适应性面临着环境变化的选择压力,这就需要我们优化思路,增加多因子控制试验研究,从短期的响应格局研究深入到长期的过程机制探索,将个体水平的研究扩展到生态系统水平,从而助力于生态系统可持续发展。为此,我们认为未来森林生物适应性研究领域需要解决如下关键科学问题。

(1) 如何实现生物的表型适应与遗传适应的结合,从物种长期进化的角度去理解目前发现的现象格局?

(2) 哪些功能性状可以更好地指示生物对氮沉降增加的适应格局? 功能性状是生物的基因型与环境共同作用的结果。生物功能性状之间相互关联,多个性状的结合决定生物之间的关系以及物种与群落、生态系统功能之间的相互作用,也影响着生物多样性与生态系统稳定性之间的联系。

(3) 如何从个体尺度的适应性扩展到预测森林生态系统适应性及其功能稳定性?

(4) 长期氮输入如何调节物种间的互作关系或协同响应? 目前绝大多数研究只关注生态系统的某一组分或过程的响应与适应机制,而对生态系统的稳定性如何通过营养级之间的相互协调适应全球变化的认识还很少。土壤食物网的变化、植物与菌根真菌的关系、植物与昆虫、植物-土壤-微生物等互作关系已成为该领域的热点话题。例如,土壤动物群落结构的适应性变化如何影响它们与其他生物类群的关系,特别是土壤线虫对土壤微生物的捕食调控作用如何变化?

(5) 森林生物对长期氮沉降的适应性是否会受到其他全球变化因子(如全球变暖、大气 CO_2浓度升高、降水格局改变等)的调控?

(6) 微生物对氮沉降增加的适应如何影响气候变化?微生物在维持生物地球化学循环和生态系统健康中扮演着重要作用,会对土壤有机碳形成、稳定性以及温室气体排放产生重要影响。

(7) 生态系统的各个组分如何响应和适应高氮低磷的环境?在全球氮沉降的热点区域,尤其是热带、亚热带区域的生态系统将面临高氮低磷加剧的风险。在氮限制的生态系统中,氮沉降增加会缓解生态系统的氮素限制性,但其他因子特别是磷会逐渐成为一个主导限制因子;而在磷素相对缺乏的热带、亚热带生态系统,高氮沉降会加剧氮磷比失衡。

(8) 如何运用多学科交叉来推动生物适应性研究的发展?生物适应性是生物与环境共同作用的结果,涉及生物学、物理学、化学和环境科学等多学科领域。此外,运用先进技术和方法可有效促进当前氮沉降研究领域的发展。如碳氮稳定性同位素技术可以有效地理解不同碳氮循环过程对氮沉降的响应与适应机制;多组学方法、基因芯片、单细胞技术等方法的发展也能够深入探究微生物群落结构和功能等对氮沉降的响应与适应。利用这些技术和方法有助于发现生物适应过量氮沉降的关键环节和机制,实现从微观到宏观尺度的有效拓展。

(9) 大气氮素输入减少后,曾经受高氮沉降威胁的生态系统结构和功能还能否恢复到最初状态?考虑到应对气候变化的国际共识和碳达峰碳中和的中国战略,节能减排和绿色发展是未来社会发展的主流趋势,建议开展受干扰或威胁生态系统的恢复研究,以更好地评估长期高氮沉降的遗留效应。

致谢

本文是在 2019 年 5 月第十届现代生态学讲座讲稿基础上撰写而成。在此感谢组委会的邀请。本研究得到国家自然科学基金(No.32271687、41922056)和中国科学院青年创新促进会优秀会员项目(Y201965)的资助。

参考文献

陈宜瑜,陈泮勤,葛全胜,张雪芹. 2002. 全球变化研究进展与展望. 地学前缘,9(1):11-18.

鲁显楷,莫江明,张炜,毛庆功,刘荣臻,王聪,王森浩,郑棉海,MORI Taiki,毛晋花,张勇群,王玉芳,黄娟. 2019. 模拟大气氮沉降对中国森林生态系统影响的研究进展. 热带亚热带植物学报,27(5):500-522.

钦俊德. 1987. 昆虫与植物的关系:论昆虫与植物的相互作用及其演化. 北京: 科学出版社.

张勇群, 毛庆功, 王聪, 王森浩, 刘滔, 莫江明, 鲁显楷. 2020. 氮沉降对土壤线虫群落影响的研究进展. 热带亚热带植物学报, 28(1):105-114.

Aber, J., W. McDowell, K. Nadelhoffer, A. Magill, G. Berntson, M. Kamakea, S. McNulty, W. Currie, L. Rustad, and I. Fernandez. 1998. Nitrogen saturation in temperate forest ecosystems—Hypotheses revisited. BioScience, 48: 921-934.

Ackerman, D., D. B. Millet, and X. Chen. 2019. Global estimates of inorganic nitrogen deposition across four decades. Global Biogeochemical Cycles, 33: 100-107.

Allison, S. D., Y. Lu, C. Weihe, M. L. Goulden, A. C. Martiny, K. K. Treseder, and J. B. H. Martiny. 2013. Microbial abundance and composition influence litter decomposition response to environmental change. Ecology, 94: 714-725.

Archontoulis, S. V., X. Yin, J. Vos, N. G. Danalatos, and P. C. Struik. 2012. Leaf photosynthesis and respiration of three bioenergy crops in relation to temperature and leaf nitrogen: How conserved are biochemical model parameters among crop species? Journal of Experimental Botany, 63: 895-911.

Bazzaz, F. A., N. R. Chiariello, P. D. Coley, and L. F. Pitelka. 1987. Allocating resources to reproduction and defense. BioScience, 37: 58-67.

Bobbink, R., K. Hicks, J. Galloway, T. Spranger, R. Alkemade, M. Ashmore, M. Bustamante, S. Cinderby, E. Davidson, F. Dentener, B. Emmett, J. W. Erisman, M. Fenn, F. Gilliam, A. Nordin, L. Pardo, and W. De Vries. 2010. Global assessment of nitrogen deposition effects on terrestrial plant diversity: A synthesis. Ecological Applications, 20: 30-59.

Brandon, R. N. 1990. Adaptation and Environment. Princeton: Princeton University Press.

Bresson, C. C., Y. Vitasse, A. Kremer, and S. Delzon. 2011. To what extent is altitudinal variation of functional traits driven by genetic adaptation in European oak and beech? Tree Physiology, 31: 1164-1174.

Campbell, S. A., and D. M. Vallano. 2018. Plant defences mediate interactions between herbivory and the direct foliar uptake of atmospheric reactive nitrogen. Nature Communications, 9: 4743.

Demmig-Adams, B., M. R. Dumlao, M. K. Herzenach, and W. W. Adams. 2008. Acclimation. Oxford: Academic Press.

Deng, Q., D. Hui, S. Dennis, and K. C. Reddy. 2017. Responses of terrestrial ecosystem phosphorus cycling to nitrogen addition: A meta-analysis. Global Ecology and Biogeography, 26: 713-728.

Duff, S. M. G., G. Sarath, and W. C. Plaxton. 1994. The role of acid-phosphatases in plant phosphorus-metabolism. Physiologia Plantarum, 90: 791-800.

Duprè, C., C. J. Stevens, T. Ranke, A. Bleeker, C. Peppler-Lisbach, D. J. G. Gowing, N. B. Dise, E. Dorland, R. Bobbink, and M. Diekmann. 2010. Changes in species richness and composition in European acidic grasslands over the past 70 years: The contribution of cumulative atmospheric nitrogen deposition. Global Change Biology, 16(1): 344-357.

Diekmann, M., and C. Dupré. 2010. Acidification and eutrophication of deciduous forests in northwestern Germany demonstrated by indicator species analysis. Journal of Vegetation Science, 8(6): 855-864.

Ellsworth, D. S., K. Y. Crous, H. Lambers, and J. Cooke. 2015. Phosphorus recycling in photorespiration maintains high photosynthetic capacity in woody species. Plant Cell and Environment, 38: 1142-1156.

Ellsworth, D. S. , P. B. Reich, E. S. Naumburg, G. W. Koch, M. E. Kubiske, and S. D. Smith. 2004. Photosynthesis, carboxylation and leaf nitrogen responses of 16 species to elevated pCO_2 across four free-air CO_2 enrichment experiments in forest, grassland and desert. Global Change Biology, 10: 2121-2138.

Ellsworth, D. S. , and P. B. Reich. 1996. Photosynthesis and leaf nitrogen in five Amazonian tree species during early secondary succession. Ecology, 77: 581-594.

Erisman, J. W. , M. A. Sutton, J. Galloway, Z. Klimont, and W. Winiwarter. 2008. How a century of ammonia synthesis changed the world. Nature Geoscience, 1: 636-639.

Evans, J. R. 1989. Photosynthesis and nitrogen relationships in leaves of C_3 plants. Oecologia, 78: 9-19.

Fan, Y. , F. Lin, L. Yang, X. Zhong, M. Wang, J. Zhou, Y. Chen, and Y. Yang. 2018. Decreased soil organic P fraction associated with ectomycorrhizal fungal activity to meet increased P demand under N application in a subtropical forest ecosystem. Biology and Fertility of Soils, 54: 149-161.

Fleischer, K. , K. T. Rebel, M. K. van der Molen, J. W. Erisman, M. J. Wassen, E. E. van Loon, L. Montagnani, C. M. Gough, M. Herbst, I. A. Janssens, D. Gianelle, and A. J. Dolman. 2013. The contribution of nitrogen deposition to the photosynthetic capacity of forests. Global Biogeochemical Cycles, 27: 187-199.

Fu, Z. , S. Niu, and J. S. Dukes. 2015. What have we learned from global change manipulative experiments in China? A meta-analysis. Scientific Reports, 5: 12344.

Galloway, J. N. , F. J. Dentener, D. G. Capone, E. W. Boyer, R. W. Howarth, S. P. Seitzinger, G. P. Asner, C. C. Cleveland, P. A. Green, E. A. Holland, D. M. Karl, A. F. Michaels, J. H. Porter, A. R. Townsend, and C. J. Vorosmarty. 2004. Nitrogen cycles: Past, present, and future. Biogeochemistry, 70: 153-226.

Goldstein, G. , and L. S. Santiago. 2016. Tropical Tree Physiology. New York: Springer International Publishing.

Gong, B. , and G. Zhang. 2014. Interactions between plants and herbivores: A review of plant defense. Acta Ecologica Sinica, 34: 325-336.

Gusewell, S. 2004. N : P ratios in terrestrial plants: Variation and functional significance. New Phytologist, 164: 243-266.

Han, X. , W. Shen, J. Zhang, and C. Mueller. 2018. Microbial adaptation to long-term N supply prevents large responses in N dynamics and N losses of a subtropical forest. Science of the Total Environment, 626: 1175-1187.

Han, Y. , J. Feng, M. Han, and B. Zhu. 2020. Responses of arbuscular mycorrhizal fungi to nitrogen addition: A meta-analysis. Global Change Biology, 26: 7229-7241.

He, J. , S. Jiao, X. Tan, H. Wei, X. Ma, Y. Nie, J. Liu, X. Lu, J. Mo, and W. Shen. 2021. Adaptation of soil fungal community structure and assembly to long- versus short-term nitrogen addition in a tropical forest. Frontiers in Microbiology, 12: 689674.

He, N. , C. Liu, S. Piao, L. Sack, L. Xu, Y. Luo, J. He, X. Han, G. Zhou, X. Zhou, Y. Lin, Q. Yu, S. Liu, W. Sun, S. Niu, S. Li, J. Zhang, and G. Yu. 2019. Ecosystem traits linking functional traits to macroecology. Trends in Ecology & Evolution, 34: 200-210.

van den Hoogen, J. , S. Geisen, D. Routh, H. Ferris, and W. Traunspurger et al. 2019. Soil nematode abundance and functional group composition at a global scale. Nature, 572: 194-198.

Huang, H. , Q. Yao, E. Xia, and L. Gao. 2018. Metabolomics and transcriptomics analyses reveal nitrogen influences on the accumulation of flavonoids and amino acids in young shoots of tea plant (*Camellia sinensis* L.) associated with tea flavor. Journal of Agricultural and Food Chemistry, 66: 9828-9838.

Hubel, F. , and E. Beck. 1996. Maize root phytase—Purification, characterization, and localization of enzyme activity and its putative substrate. Plant Physiology, 112: 1429-1436.

Huberty, A. F. , and R. F. Denno. 2006. Consequences of nitrogen and phosphorus limitation for the performance of two planthoppers with divergent life-history strategies. Oecologia, 149: 444-455.

Isbell, F. , P. B. Reich, D. Tilman, S. E. Hobbie, S. Polasky, and S. Binder. 2013. Nutrient enrichment, biodiversity loss, and consequent declines in ecosystem productivity. Proceedings of the National Academy of Sciences of the United States of America, 110: 11911-11916.

Jamieson, M. A. , T. R. Seastedt, and M. D. Bowers. 2012. Nitrogen enrichment differentially affects above- and belowground plant defense. American Journal of Botany, 99: 1630-1637.

Johnson, N. C. 2010. Resource stoichiometry elucidates the structure and function of arbuscular mycorrhizas across scales. New Phytologist, 185: 631-647.

Kawecki, T. J. , and D. Ebert. 2004. Conceptual issues in local adaptation. Ecology Letters, 7: 1225-1241.

Koricheva, J. 2002. Meta-analysis of sources of variation in fitness costs of plant antiherbivore defenses. Ecology, 83: 176-190.

Kytö, M. , P. Niemela, and S. Larsson. 1996. Insects on trees: Population and individual response to fertilization. Oikos, 75: 148-159.

Lanning, M. , L. Wang, T. M. Scanlon, M. A. Vadeboncoeur, M. B. Adams, H. E. Epstein, and D. Druckenbrod. 2019. Intensified vegetation water use under acid deposition. Science Advances, 5: 5168.

LeBauer, D. S. , and K. K. Treseder. 2008. Nitrogen limitation of net primary productivity in terrestrial ecosystems is globally distributed. Ecology, 89: 371-379.

Li, W. , H. Zhang, G. Huang, R. Liu, H. Wu, C. Zhao, and N. G. McDowell. 2020. Effects of nitrogen enrichment on tree carbon allocation: A global synthesis. Global Ecology and Biogeography, 29: 573-589.

Li, Y. , B. A. Schichtel, J. T. Walker, D. B. Schwede, X. Chen, C. M. B. Lehmann, M. A. Puchalski, D. A. Gay, and J. L. Collett Jr. 2016a. Increasing importance of deposition of reduced nitrogen in the United States. Proceedings of the National Academy of Sciences of the United States of America, 113: 5874-5879.

Li, Y. , S. Niu, and G. Yu. 2016b. Aggravated phosphorus limitation on biomass production under increasing nitrogen loading: A meta-analysis. Global Change Biology, 22: 934-943.

Li, Y. , D. Tian, H. Yang, and S. Niu. 2018. Size-dependent nutrient limitation of tree growth from subtropical to cold temperate forests. Functional Ecology, 32: 95-105.

Liang, X. , T. Zhang, X. Lu, D. S. Ellsworth, H. BassiriRad, C. You, D. Wang, P. He, Q. Deng, H. Liu, J. Mo, and Q. Ye. 2020. Global response patterns of plant photosynthesis to nitrogen addition: A meta-analysis. Global Change Biology, 26: 3585-3600.

Liu, M. , X. Huang, Y. Song, J. Tang, J. Cao, X. Zhang, Q. Zhang, S. Wang, T. Xu, L. Kang, X.

Cai, H. Zhang, F. Yang, H. Wang, J. Z. Yu, A. K. H. Lau, L. He, X. Huang, L. Duan, A. Ding, L. Xue, J. Gao, B. Liu, and T. Zhu. 2019. Ammonia emission control in China would mitigate haze pollution and nitrogen deposition, but worsen acid rain. Proceedings of the National Academy of Sciences of the United States of America, 116: 7760-7765.

Liu, S. , J. Hu, J. E. Behm, X. He, J. Gan, and X. Yang. 2018. Nitrogen addition changes the trophic cascade effects of spiders on a detrital food web. Ecosphere, 9(10): e02466.

Liu, T. , P. Mao, L. Shi, N. Eisenhauer, S. Liu, X. Wang, X. He, Z. Wang, W. Zhang, Z. Liu, L. Zhou, Y. Shao, and S. Fu. 2020. Forest canopy maintains the soil community composition under elevated nitrogen deposition. Soil Biology & Biochemistry, 143: 107733.

Liu, X. , Y. Zhang, W. Han, A. Tang, J. Shen, Z. Cui, P. Vitousek, J. W. Erisman, K. Goulding, P. Christie, A. Fangmeier, and F. Zhang. 2013. Enhanced nitrogen deposition over China. Nature, 494: 459-462.

Lu, X. , Q. Mao, F. S. Gilliam, Y. Luo, and J. Mo. 2014. Nitrogen deposition contributes to soil acidification in tropical ecosystems. Global Change Biology, 20: 3790-3801.

Lu, X. , J. Mo, F. S. Gilliam, G. Zhou, and Y. Fang. 2010. Effects of experimental nitrogen additions on plant diversity in an old-growth tropical forest. Global Change Biology, 16: 2688-2700.

Lu, X. , P. M. Vitousek, Q. Mao, F. S. Gilliam, Y. Luo, G. Zhou, X. Zou, E. Bai, T. M. Scanlon, E. Hou, and J. Mo. 2018. Plant acclimation to long-term high nitrogen deposition in an N-rich tropical forest. Proceedings of the National Academy of Sciences of the United States of America, 115: 5187-5192.

Lucas, R. W. , J. Klaminder, M. N. Futter, K. H. Bishop, G. Egnell, H. Laudon, and P. Hogberg. 2011. A meta-analysis of the effects of nitrogen additions on base cations: Implications for plants, soils, and streams. Forest Ecology and Management, 262: 95-104.

Ma, X. M. , B. Zhu, Y. X. Nie, Y. Liu, and Y. Kuzyakov. 2021. Root and mycorrhizal strategies for nutrient acquisition in forests under nitrogen deposition: A meta-analysis. Soil Biology & Biochemistry, 163: 108418.

Mao, Q. , X. Lu, H. Mo, P. Gundersen, and J. Mo. 2018. Effects of simulated N deposition on foliar nutrient status, N metabolism and photosynthetic capacity of three dominant understory plant species in a mature tropical forest. Science of the Total Environment, 610: 555-562.

Mattson, W. J. 1980. Herbivory in relation to plant nitrogen-content. Annual Review of Ecology and Systematics, 11: 119-161.

Mayor, J. R. , S. J. Wright, B. L. Turner, and A. Austin. 2014. Species-specific responses of foliar nutrients to long-term nitrogen and phosphorus additions in a lowland tropical forest. Journal of Ecology, 102: 36-44.

Miler, O. , and D. Straile. 2010. How to cope with a superior enemy? Plant defence strategies in response to annual herbivore outbreaks. Journal of Ecology, 98: 900-907.

Millennium Ecosystem Assessment. 2005. Ecosystems and Human Well-being: Biodiversity Synthesis. World Resources Institute, Washington D. C.

Mo, Q. , Z. A. Li, E. J. Sayer, H. Lambers, Y. Li, B. Zou, J. Tang, M. Heskel, Y. Ding, and F. Wang. 2019. Foliar phosphorus fractions reveal how tropical plants maintain photosynthetic rates despite low soil phosphorus availability. Functional Ecology, 33: 503-513.

Mooshammer, M. , W. Wanek, S. Zechmeister-Boltenstern, and A. Richter. 2014. Stoichiometric imbalances between terrestrial decomposer communities and their resources: Mechanisms and implications of microbial adaptations to their resources. Frontiers in Microbiology, 5(22): 1-10.

Moore, J. A. M. , M. A. Anthony, G. J. Pec, L. K. Trocha, A. Trzebny, K. M. Geyer, L. T. A. van Diepen, and S. D. Frey. 2021. Fungal community structure and function shifts with atmospheric nitrogen deposition. Global Change Biology, 27(7): 1349-1364.

Morrison, E. W. , S. D. Frey, J. J. Sadowsky, L. T. A. van Diepen, W. K. Thomas, and A. Pringle. 2016. Chronic nitrogen additions fundamentally restructure the soil fungal community in a temperate forest. Fungal Ecology, 23: 48-57.

Nie, Y. , M. Wang, W. Zhang, Z. Ni, Y. Hashidoko, and W. Shen. 2018. Ammonium nitrogen content is a dominant predictor of bacterial community composition in an acidic forest soil with exogenous nitrogen enrichment. Science of the Total Environment, 624: 407-415.

Nordin, A. , T. Nasholm, and L. Ericson. 1998. Effects of simulated N deposition on understory vegetation of a boreal coniferous forest. Functional Ecology, 12: 691-699.

Ostertag, R., and N. M. DiManno. 2016. Detecting terrestrial nutrient limitation: A global meta-analysis of foliar nutrient concentrations after fertilization. Frontiers in Earth Science, 4(23): 1-14.

Peng, Y. , D. Guo, and Y. Yang. 2017. Global patterns of root dynamics under nitrogen enrichment. Global Ecology and Biogeography, 26: 102-114.

Power, S. A. , M. R. Ashmore, D. A. Cousins, and L. J. Sheppard. 1998. Effects of nitrogen addition on the stress sensitivity of Calluna vulgaris. New Phytologist, 138: 663-673.

Purahong, W. , T. Wubet, T. Kahl, T. Arnstadt, B. Hoppe, G. Lentendu, K. Baber, T. Rose, H. Kellner, M. Hofrichter, J. Bauhus, D. Krüger, and F. Buscot. 2018. Increasing N deposition impacts neither diversity nor functions of deadwood-inhabiting fungal communities, but adaptation and functional redundancy ensure ecosystem function. Environmental Microbiology, 20: 1693-1710.

Ramirez, K. S. , J. M. Craine, and N. Fierer. 2012. Consistent effects of nitrogen amendments on soil microbial communities and processes across biomes. Global Change Biology, 18: 1918-1927.

Ritchie, M. E. , D. Tilman, and J. M. H. Knops. 1998. Herbivore effects on plant and nitrogen dynamics in oak savanna. Ecology, 79: 165-177.

Schimel, J. , T. C. Balser, and M. Wallenstein. 2007. Microbial stress-response physiology and its implications for ecosystem function. Ecology, 88: 1386-1394.

Schulte-Uebbing, L. , and W. de Vries. 2018. Global-scale impacts of nitrogen deposition on tree carbon sequestration in tropical, temperate, and boreal forests: A meta-analysis. Global Change Biology, 24: E416-E431.

Shaw, E. A. , C. M. Boot, J. C. Moore, D. H. Wall, and J. S. Barone. 2019. Long-term nitrogen addition shifts the soil nematode community to bacterivore-dominated and reduces its ecological maturity in a subalpine forest. Soil Biology & Biochemistry, 130: 177-184.

Shi, L. , H. Zhang, T. Liu, P. Mao, W. Zhang, Y. Shao, and S. Fu. 2018. An increase in precipitation exacerbates negative effects of nitrogen deposition on soil cations and soil microbial communities in a temperate forest. Environmental Pollution, 235: 293-301.

Smart, S. M. , L. G. Firbank, R. G. H. Bunce, and J. W. Watkins. 2001. Quantifying changes in abundance of food plants for butterfly larvae and farmland birds. Journal of Applied Ecology, 37(3): 398-414.

Steffen, W., K. Richardson, J. Rockstrom, S. E. Cornell, I. Fetzer, E. M. Bennett, R. Biggs, S. R. Carpenter, W. de Vries, C. A. de Wit, C. Folke, D. Gerten, J. Heinke, G. M. Mace, L. M. Persson, V. Ramanathan, B. Reyers, and S. Sorlin. 2015. Planetary boundaries: Guiding human development on a changing planet. Science, 347: 1217.

Sun, X., X. Zhang, S. Zhang, G. Dai, S. Han, and W. Liang. 2013. Soil nematode responses to increases in nitrogen deposition and precipitation in a temperate forest. Plos One, 8: e82468.

Thomas, R. Q., C. D. Canham, K. C. Weathers, and C. L. Goodale. 2010. Increased tree carbon storage in response to nitrogen deposition in the US. Nature Geoscience, 3: 13-17.

Throop, H. L., and M. T. Lerdau. 2004. Effects of nitrogen deposition on insect herbivory: Implications for community and ecosystem processes. Ecosystems, 7: 109-133.

Tian, D., E. Du, L. Jiang, S. Ma, W. Zeng, A. Zou, C. Feng, L. Xu, A. Xing, W. Wang, C. Zheng, C. Ji, H. Shen, and J. Fang. 2018. Responses of forest ecosystems to increasing N deposition in China: A critical review. Environmental Pollution, 243: 75-86.

Tian, D., and S. Niu. 2015. A global analysis of soil acidification caused by nitrogen addition. Environmental Research Letters, 10: 1714-1721.

Tipping, E., J. A. C. Davies, P. A. Henrys, S. G. Jarvis, and S. M. Smart. 2021. Long-term effects of atmospheric deposition on British plant species richness. Environmental Pollution, 281: 117017.

Vadeboncoeur, M. A. 2010. Meta-analysis of fertilization experiments indicates multiple limiting nutrients in northeastern deciduous forests. Canadian Journal of Forest Research, 40: 1766-1780.

Vitousek, P. M., and R. W. Howarth. 1991. Nitrogen limitation on land and in the sea: How can it occur? Biogeochemistry, 13: 87-115.

Wang, C., D. Liu, and E. Bai. 2018a. Decreasing soil microbial diversity is associated with decreasing microbial biomass under nitrogen addition. Soil Biology & Biochemistry, 120: 126-133.

Wang, C., X. Lu, T. Mori, Q. Mao, K. Zhou, G. Zhou, Y. Nie, and J. Mo. 2018b. Responses of soil microbial community to continuous experimental nitrogen additions for 13 years in a nitrogen-rich tropical forest. Soil Biology & Biochemistry, 121: 103-112.

Wardle, D. A., R. D. Bardgett, J. N. Klironomos, H. Setälä, W. H. van der Putten, and D. H. Wall. 2004. Ecological linkages between aboveground and belowground biota. Science, 304: 1629-1633.

Wei, C., H. Zheng, Q. Li, X. Lu, Q. Yu, H. Zhang, Q. Chen, N. He, P. Kardol, W. Liang, and X. Han. 2012. Nitrogen addition regulates soil nematode community composition through ammonium suppression. Plos One, 7: 43384.

Wright, S. J., B. L. Turner, J. B. Yavitt, K. E. Harms, M. Kaspari, E. V. J. Tanner, J. Bujan, E. A. Griffin, J. R. Mayor, S. C. Pasquini, M. Sheldrake, and M. N. Garcia. 2018. Plant responses to fertilization experiments in lowland, species-rich, tropical forests. Ecology, 99: 1129-1138.

Wurst, S., G. Deyn, and K. Orwin. 2012. Soil Biodiversity and Functions. Oxford: Oxford University Press.

Xia, J., and S. Wan. 2008. Global response patterns of terrestrial plant species to nitrogen addition. New Phytologist, 179: 428-439.

Xu, G. , P. Schleppi, M. Li, and S. Fu. 2009. Negative responses of Collembola in a forest soil (Alptal, Switzerland) under experimentally increased N deposition. Environmental Pollution, 157: 2030-2036.

Xu, G. L. , J. M. Mo, S. L. Fu, P. Gundersen, G. Y. Zhou, and J. H. Xue. 2007. Response of soil fauna to simulated nitrogen deposition: A nursery experiment in subtropical China. Journal of Environmental Sciences, 19: 603-609.

Yu, G. , Y. Jia, N. He, J. Zhu, Z. Chen, Q. Wang, S. Piao, X. Liu, H. He, X. Guo, Z. Wen, P. Li, G. Ding, and K. Goulding. 2019. Stabilization of atmospheric nitrogen deposition in China over the past decade. Nature Geoscience, 12: 424-429.

Yuan, Z. Y. , and H. Y. H. Chen. 2015. Negative effects of fertilization on plant nutrient resorption. Ecology, 96: 373-380.

Zhang, J. , N. He, C. Liu, L. Xu, Z. Chen, Y. Li, R. Wang, G. Yu, W. Sun, C. Xiao, H. Y. H. Chen, and P. B. Reich. 2020. Variation and evolution of C : N ratio among different organs enable plants to adapt to N-limited environments. Global Change Biology, 26: 2534-2543.

Zhang, T. A. , H. Y. H. Chen, and H. Ruan. 2018. Global negative effects of nitrogen deposition on soil microbes. ISME Journal, 12: 1817-1825.

Zhao, J. , F. Wang, J. Li, B. Zou, X. Wang, Z. Li, and S. Fu. 2014. Effects of experimental nitrogen and/or phosphorus additions on soil nematode communities in a secondary tropical forest. Soil Biology & Biochemistry, 75: 1-10.

Zhou, K. , X. Lu, T. Mori, Q. Mao, C. Wang, M. Zheng, H. Mo, E. Hou, and J. Mo. 2018. Effects of long-term nitrogen deposition on phosphorus leaching dynamics in a mature tropical forest. Biogeochemistry, 138: 215-224.

Zhou, Z. , C. Wang, M. Zheng, L. Jiang, and Y. Luo. 2017. Patterns and mechanisms of responses by soil microbial communities to nitrogen addition. Soil Biology & Biochemistry, 115: 433-441.

Zhou, J. , J. Wu, J. Huang, X. Sheng, X. Dou, and M. Lu. 2022. A synthesis of soil nematode responses to global change factors. Soil Biology & Biochemistry, 165: 108538.

Zhou, Q. , Y. Xiang, D. Li, X. Luo, and J. Wu. 2021. Global patterns and controls of soil nematode responses to nitrogen enrichment. Soil Biology & Biochemistry, 163: 108433.

第 7 章

中国大气活性氮排放、转化、传输与沉降研究综述

贾彦龙[1][2]　王秋凤[2][3]　朱剑兴[2][3]
陈智[2][3]　何念鹏[2][3]　于贵瑞[2][3]

摘　要

改革开放以来,我国工农业和城市化快速发展,人为大气活性氮排放急剧增加,深刻地影响了生态系统氮循环和生态环境质量。大气活性氮排放、化学转化、物理传输、沉降过程及其生态环境效应的研究涉及产业经济学、大气化学、大气物理学、生物学、生态学等多个学科,近年来吸引相关学科学者进行了大量研究。然而,我国的生态学者们在之前的研究中多关注于氮沉降及其生态效应,较缺乏对活性氮从排放到沉降整体过程的系统认识,这在一定程度上限制了生态学与其他学科交叉研究从而共同为我国氮排放管理、氮污染控制等方面服务的能力。本文综述了大气活性氮来源、排放、化学转化、物理传输、大气沉降的过程和机制,从国家尺度重点综述了我国近三十年活性氮的排放与沉降动态演变过程,探讨了目前我国氮沉降转型变化的原因,并从活性氮污染物排放控制、氮沉降观测网络建设、氮沉降生态效应研究方向等方面进行了展望,旨在为国内生态学读者提供关于活性氮排放到沉降全过程的研究综述。

Abstract

Since the reform and opening up in the late 1970s, China's industrialization, agricultural intensification and urbanization have developed rapidly. Subsequently, anthropogenic reactive nitrogen(Nr) emissions have rapidly increased, which has a profound impact on the nitrogen cycle in ecosystems and on environment quality. Therefore, in recent years the

① 河北农业大学林学院,保定,071000,中国;
② 中国科学院地理科学与资源研究所生态系统网络观测与模拟重点实验室,北京,100101,中国;
③ 中国科学院大学资源与环境学院,北京,100190,中国。

elevated N deposition problem has attracted many scientists in different disciplines to conduct research. The study of atmospheric Nr emission, chemical transformation, physical transport, deposition and its ecological environmental effects involve many disciplines, such as industrial economics, atmospheric chemistry, atmospheric physics, biology, ecology and so on. However, ecologists in China paid more attention to the study of N deposition and its ecological effects in the previous studies. As a result a systematic understanding of the whole process from N emission to deposition is lacking. To a certain extent, this limits ecologists and scientists from other disciplines to jointly solve the problems of N emission and N pollution in China. This paper reviews the research progress in Nr sources, emission, transformation, transport and deposition in China at the national scale, including the dynamics of Nr emission and deposition in the last three decades and the mechanisms of Nr transformation and transport. Our aim is to provide a review on the whole process from Nr emission to deposition.

前言

活性氮(reactive N)包括除 N_2以外地球大气圈和生物圈中所有具有生物、光化学及辐射活性的含氮化合物(Galloway et al., 2003)。大气活性氮的主要成分有 NH_x(气态 NH_3+颗粒态 NH_4^+)、NO_y(气态 NO+气态 NO_2+气态 HNO_3+颗粒态 NO_3^-)和有机氮化物(Dentener et al., 2006)。从全球来看,1860 年陆地向大气自然的活性氮排放量(NH_3+NO_x)为 23.8 Tg N · a^{-1},而由于工农业活动产生的人为活性氮排放量在 1860 年和 1993 年分别为 9.9 Tg N · a^{-1}、83.4 Tg N · a^{-1},预计在 2050 年则会达到 179.8 Tg N · a^{-1}(Galloway et al., 2004)。这些排放到大气中的人为源 NH_3和 NO_x,经过一系列的大气化学转化和物理传输过程,最终以干、湿沉降返回到陆地和水域生态系统,深刻地改变了全球氮循环。进入 21 世纪以来,由于人为活性氮的过量排放、转化及沉降,全球很多地区正面临着大气、水体、土壤氮污染等问题(Ellis et al., 2013;Xie et al., 2020),如何从氮循环污染转变为氮循环经济被联合国环境规划署(UNEP)列为 2018—2019 年五大新兴环境问题之一(United Nations Environment Programme,2019)。因此,研究活性氮排放、转化、传输与沉降过程对评估其生态环境效应,制定氮素管理政策至关重要。

改革开放以来,我国社会经济快速发展,成为全球最大的发展中国家。伴随着经济发展,我国大气活性氮排放和氮沉降过程逐渐受到关注。根据多项评估结果,我国的 NH_3排放量已由 1980 年的 5.4 Tg N · a^{-1}增加到 2010 年的 10.7 Tg N · a^{-1}(Liu et al., 2013;Kang et al., 2016;Zheng et al., 2018),同期 NO_x排放量从 1.5 Tg N · a^{-1}增加到 6.8 Tg N · a^{-1}(Liu et al., 2013;Liu et al., 2016a;Zheng et al., 2018)。这些排放到大气中的 NH_3和 NO_x经过气粒转化过程成为气溶胶(PM2.5 的重要来源),NO_x还是

酸雨的主要成分,近些年受到人们的重点关注(Ianniello et al., 2011;Liu et al., 2019)。经过化学转化后形成的含氮颗粒物寿命更长,在大气物理传输作用下向中远距离输送,使得氮污染从我国分散的氮排放局地源扩散到区域尺度(Wu et al., 2017),最终通过干、湿沉降的形式进入生态系统。最近的研究结果表明,我国大气氮沉降经历了从1980年代到21世纪的快速增加(Liu et al., 2013),目前已趋于稳定甚至呈下降态势(Yu et al., 2019;Wen et al., 2020),但我国依然是全球氮沉降最高的区域。

关于我国大气活性氮排放、转化、传输和沉降方面,不同学科的研究者均做了很多研究。然而,我国的生态学者们在之前的研究中多关注于氮沉降及其生态效应,较为缺乏整体认识,需要从生态学角度进行一个系统梳理和阶段性总结。本研究小组长期致力于我国大气氮沉降时空格局评估和生态效应研究工作,希望通过本文的综述,提高生态学读者对我国大气活性氮从排放到沉降全过程的整体认识,有助于未来的氮循环经济研究和氮沉降生态效应评估,并为国家氮素管理提供科学依据。

7.1 大气活性氮排放

7.1.1 活性氮的来源

大气活性氮排放根据来源可分为自然源和人类活动源。NH_3排放的自然源主要包括生物质燃烧、土壤有机质和动物排泄物分解、植物冠层排放等(Dentener et al., 2006;Huang et al., 2012;Behera et al., 2013)。NH_3排放的人类活动源主要来自农业生产,包括氮肥施用后转化的NH_3挥发和牲畜养殖排泄物的NH_3生成,据估计氮肥施用和牲畜养殖两者导致的NH_3排放占到我国NH_3总排放的81%~88%(Huang et al., 2012;Kang et al., 2016;Zheng et al., 2018)。另外,城市的非农业NH_3排放正引起人们的重视。基于稳定同位素的方法发现北京市和厦门市大气中的NH_3约50%来自化石燃料燃烧(燃煤和机动车尾气)(Pan et al., 2018;朱恒,2019)。NO_x排放的自然源主要有雷电、火山喷发、生物质燃烧等(Galloway et al., 2004;Skalska et al., 2010),其人类活动源主要来自煤和石油等化石燃料燃烧,主要的排放来源是电力、工业、交通业和居民区,其中前三者的排放量之和占我国NO_x总排放的90%以上(Liu et al., 2016a)。

上述内容是从活性氮排放产生的物质角度阐述其来源,而一个具体地区某一时间段大气含氮物质的来源如何确定?目前主要有三种方法:① 稳定同位素分析法。Pan等(2016)基于^{15}N稳定同位素技术发现工业和交通业的化石燃料燃烧贡献了北京城区重雾霾天气NH_3排放总量的90%。② 因子分析法。Xu等(2011)和Liu等(2015)分别基于主成分分析法、富集因子法发现杭州和西藏地区的大气氮主要来自人为活动源。③ 后向轨迹模型。该模型主要是从空间上解释大气活性氮的来源。Wang等(2020)基于24小时后向轨迹模型发现2015年5月北京大气的NH_3有约1/3来自北京以南。稳定同位素分析法可确定大气活性氮的物质来源，后向轨迹模型可确定其空间来源，将二者结合可更加精准地确定一个地区大气氮的来源（Liu et al., 2015；Wu et al., 2018）。这些工作对于未来大气污染物来源和控制的研究是很好的方向。

7.1.2 活动因子及氮排放量变化

改革开放以来，由于农业、工业和城市的快速发展，我国氮肥施用、畜牧养殖和能源消耗这三大氮排放活动因子的强度急剧增加。氮肥施用量和大牲畜养殖量从 1980 年代初快速增加，在 1995 年左右达到拐点，而后基本处于缓慢增加的状态；能源消费总量（主要是煤和石油）则在 1980—2000 年增速较缓，2000 年后快速增加，这也意味着 20—21 世纪之交是我国开始由农业大国向工业大国转型的时期（图 7.1a，b）。虽然我国的煤炭消耗量在 2011 年达到峰值，其后开始下降（Qi et al., 2016；Zheng et al., 2018），氮肥施用量也在 90 年代后期增加缓慢，并且在 2015 年农业部制定了《到 2020 年化肥使用量零增长行动方案》（Liu et al., 2016b），但是目前我国仍是全球最大的煤炭消耗国和氮肥使用国，其所带来的大气、土壤、水体污染威胁依然巨大，我国的产业结构调整和能源结构转型依然任重道远。

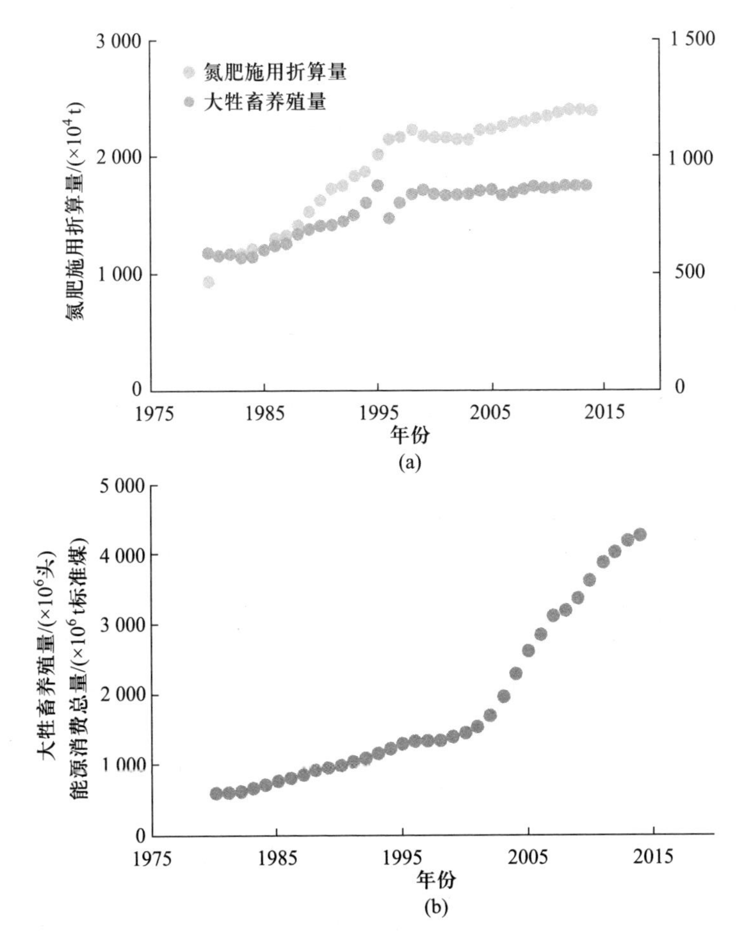

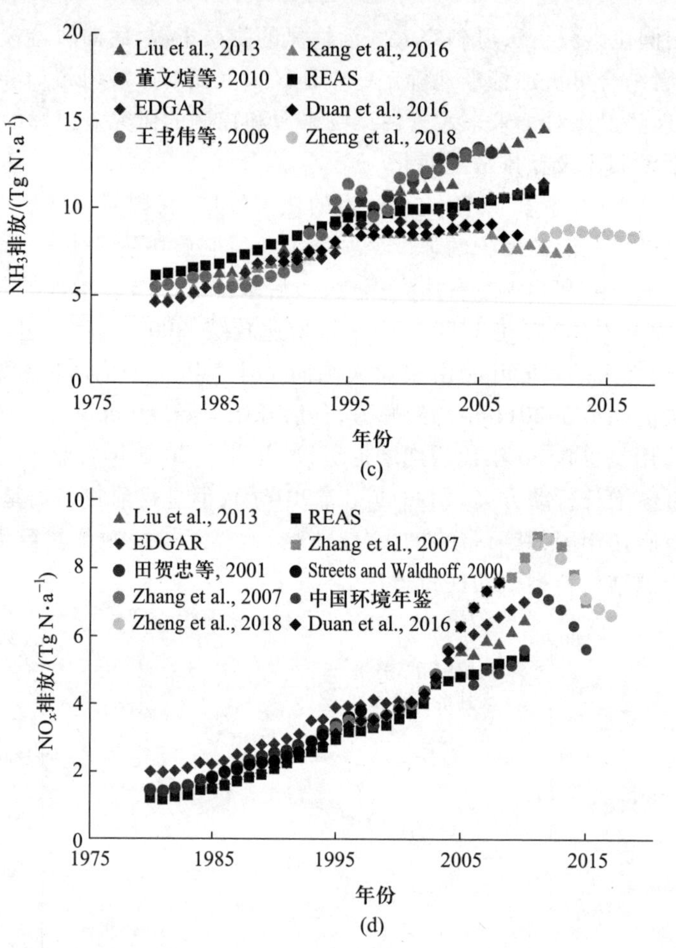

图 7.1 1980—2015 年我国活性氮排放活动因子和氮排放量变化趋势。(a)氮肥施用量和大牲畜(包括牛、马、驴、骆驼)养殖量,数据来自《中国统计年鉴》;(b)能源消费总量,数据来自《中国能源统计年鉴》;(c)NH_3 排放量,数据来自相关文献估算结果;(d)NO_x 排放量,数据来自相关文献估算结果。(参见书末彩插)

正是由于氮肥施用、牲畜养殖和能源消耗这三大氮排放活动因子的快速增加,我国大气活性氮排放量在近三十年持续增长,引起了科学家和社会的广泛关注。本研究系统整理了不同学者关于我国国家尺度 1980—2015 年 NH_3 和 NO_x 排放量的动态评估结果(图 7.1c,d)。不同研究的 NH_3 排放量结果在 1980—2005 年动态变化基本一致(图 7.1c),均为持续增加的趋势,这也和同一时期氮肥施用量、畜牧养殖量的变化趋势一致(图 7.1a);而差异发生在 2005 年以后,Kang 等(2016)、Duan 等(2016)、Zheng 等(2018)的研究结果均表明 2005 年以后 NH_3 排放出现减缓甚至下降的趋势,而其他研究则依然表现为持续增加的趋势。为什么不同 NH_3 排放的评估结果在 2005 年以后会出现差异?原因主要有以下两点:① 氮肥利用效率提高。2005 年,农业部开展测土配方施肥试点补贴资金项目用于指导农民科学施肥,氮肥利用效率在 2007 年出现明显提高的拐点(Liu et al., 2016b),这意味着相同的施肥量引起的氮排放也降低了。② 规模化的畜牧养殖和牲畜排泄物管理。2010年以后,规模化的集中养殖业逐渐替代散户养殖,而集中养殖的 NH_3 排放因子值要低于散户养殖(Kang et al., 2016),因为集中养殖加强了对牲畜排泄物的管理(Bai et al., 2018)。以上两个原因是在不影响氮肥施用量和牲畜养殖量的前提下,通过降低单位活动因子排放量来减少 NH_3 排放,而这些措施在一些 NH_3 排放量评估的研究中并没有得到体现。因此,我国的 NH_3 排放量目前已处于稳定或降低的状态,但是仍处于很高的水平,科学家们在呼吁国家进一步制定明确的 NH_3 减排目标(Bai et al., 2019;Gu et al., 2020)。

不同学者评估的 NO_x 排放结果动态变化趋势基本一致(图7.1d),在1980—2000年增速较缓,2000年以后快速增加,2012年左右开始出现下降的拐点。NO_x 排放近20年的动态变化也同样被 NO_2 遥感卫星数据捕捉到,研究发现我国平均的 NO_2 柱浓度在2012年以后开始下降(贾彦龙,2016;Liu et al., 2016a)。NO_x 排放量出现拐点的主要原因是:① 能源结构调整。加大风能、核能等清洁能源的比重,我国清洁能源相对传统能源在总能源消费的比例已由2006年的10%上升到2014年的17%(贾彦龙,2016),且我国煤炭消耗量在2011年已达到峰值并开始降低(Qi et al., 2016)。② 环保措施实施。环境保护部在近年制定了一系列措施来控制大气污染。例如,2010年,环境保护部制定《大气污染治理工程技术导则》,该导则对控制工业大气污染物排放提供了技术标准;2013年7月1日,环境保护部在全国正式实施重型柴油车国Ⅳ排放标准,该标准的实施促进了选择性催化还原技术在我国的发展,该技术可将氮氧化物转化为无污染的氮气(贾彦龙,2016;Xia et al., 2016)。相信随着我国 NO_x 减排计划的进一步实施,NO_x 排放将会进一步减少。

7.2 大气活性氮化学转化

7.2.1 活性氮转化过程

人为活动排放的 NH_3 和 NO_x 在大气中会经过一系列复杂的化学过程转化为多种形态的含氮化合物,主要的化学转化过程见图7.2。化石燃料在燃烧过程中产生的NO与 O_2 结合快速氧化为 NO_2。NO_2 在羟基作用下进一步氧化为气态 HNO_3,其作为一种酸性气体,可与大气中碱性的 NH_3、$CaCO_3$ 等发生气粒转化过程,形成颗粒态的硝酸铵或硝酸钙(Ianniello et al., 2011)。氮肥施用和牲畜排泄产生的 NH_3 进入大气后,会与 H_2SO_4、HNO_3、HCl 等酸性气体反应,形成颗粒态的硫酸铵、硝酸铵和氯化铵(Baek et al., 2004;王明星和郑循华,2005)。

通过上述化学转化过程,空气中的含氮化合物成为包括最初排放的气态 NO_x、NH_3 和颗粒态硫酸铵、硝酸铵等的混合体,而这些颗粒态含氮物质也成为PM2.5的重要组成部分,NO_x 和 NH_3 是大气二次气溶胶的重要来源(Pan et al., 2016;朱恒,2019),受到科学家和社会大众的关注。需要指出的是,大气氮化物的化学转化不止上述无机

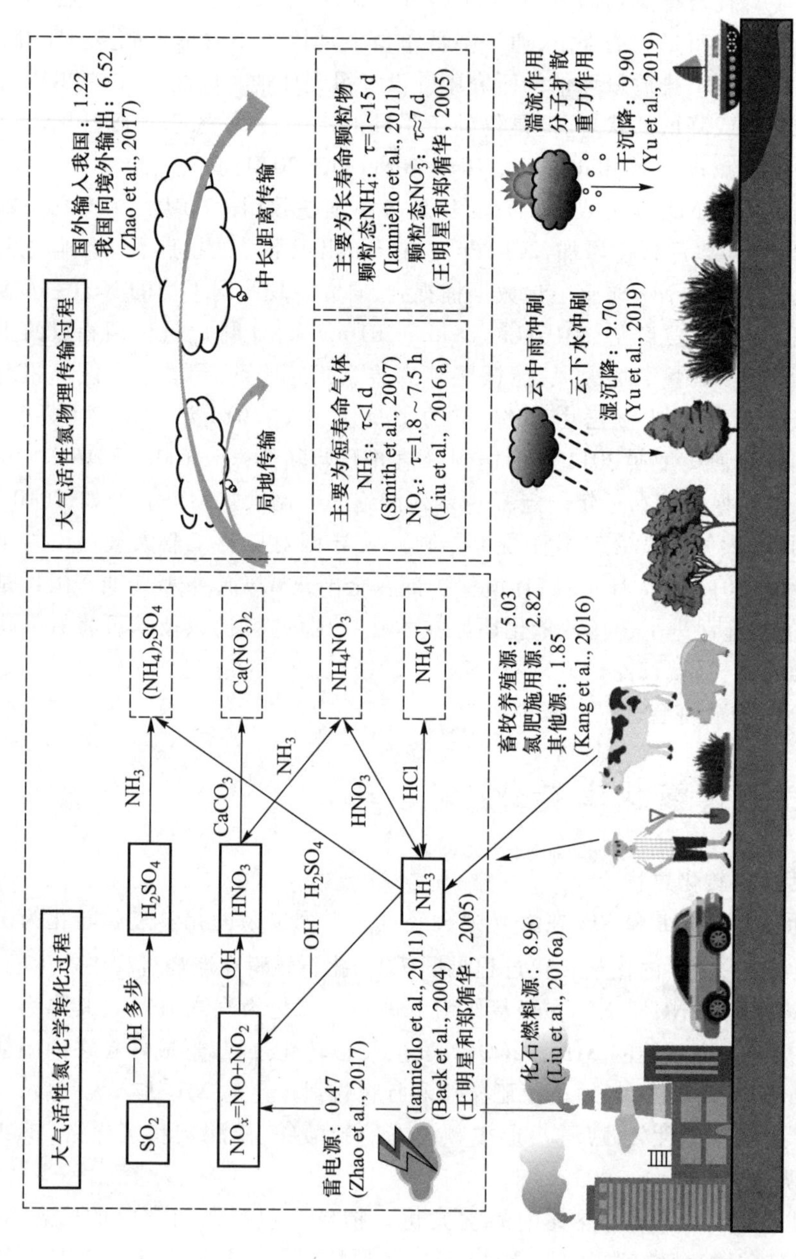

图 7.2 大气活性氮排放、转化、传输、沉降过程。注：数字为 2010 年代中国区域的活性氮通量，单位为 Tg N · a^{-1}。

氮化物的转化过程，还包括过氧酰基硝酸酯（PANs）等有机氮的转化。鉴于无机氮化物在大气氮化物中的重要性和有机氮化物的复杂性，本文未对大气有机氮转化过程进行阐述。

7.2.2　SO_2在大气活性氮转化中的重要作用

与NO_x类似，SO_2的人为排放源也主要来自化石燃料燃烧，其进入大气后通过多步反应可生成H_2SO_4，然后可与NH_3生成硫酸铵（图7.2）。可以发现，NH_3可与H_2SO_4、HNO_3和HCl反应生成颗粒态铵盐，不同的是H_2SO_4与NH_3的反应是不可逆反应，且具有优先权，而HNO_3和HCl与NH_3的反应则是可逆反应，当空气中的H_2SO_4消耗完后才会与NH_3发生反应，而且产生的铵盐在一定条件下还会重新生成NH_3气体（Baek et al., 2004；Wang et al., 2013）。

我国的SO_2排放量在改革开放以后快速增加，由于SO_2是酸雨最重要的成分，我国于1995年左右开始启动SO_2排放的控制措施，其排放量在2005年以后显著降低（Lu et al., 2011；Duan et al., 2016；余倩等，2021）。由于SO_2在大气活性氮转化中的特殊作用，其排放量降低对于大气活性氮的转化和沉降的影响是非常大的。Liu等（2018）发现华北平原近些年NH_3排放量降低了7%，而遥感观测的NH_3柱浓度数据却是增加的，分析表明SO_2排放的减少是导致大气NH_3浓度增加的主要原因，因为SO_2减少降低了颗粒态硫酸铵的形成而增加了气态NH_3的比例。同时，气态NH_3的干沉降速率要显著高于其与酸性气体生成的铵盐，所以NH_3浓度升高的后续结果就是导致干沉降增加，相对应的湿沉降会减少，因此引起了氮沉降干湿比的增加（Yu et al., 2019）。近期的一项模拟研究表明，由于NH_3在大气化学反应中的重要中和作用，其排放量的降低会缓和雾霾污染和氮沉降，但可能会导致酸雨加剧（Liu et al., 2019）。这意味着不同污染物的不平衡减排可能会产生新的环境问题，如何合理地进行区域多污染物综合、平衡减排可能是未来减排计划的研究方向。

7.3　大气活性氮物理传输

由陆地生态系统排放的活性氮进入大气后，会在气团作用下发生大气物理传输过程。依据传输距离的远近，可以把大气活性氮或污染物的传输分为长距离、中距离和短距离三种类型，分别对应洲际、区域和局地三个尺度。决定活性氮传输距离最主要的因素是气团类型和活性氮化合物的大气寿命（lifetime）（王明星和郑循华，2005；盛裴轩等，2013；Ianniello et al., 2011）。

7.3.1　活性氮的长距离传输

发生在洲际尺度的大气沙尘（含有活性氮物质）从陆源向海洋的传输，在全球主要有两种途径：一是非洲撒哈拉沙漠的沙尘随气团运动经长距离传输，主要到达北大西洋和地中海区域；二是东亚内陆的沙尘通过长距离传输经我国东海，每年可向北太平洋输送高达10~100 $Tg \cdot a^{-1}$的物质（郭琳，2013）。虽然这种沙尘天气对于气团所过之地的人们生产生活具有很大的负面影响,但是这种长距离传输作为全球生物地球化学循环的重要途径之一,为海洋地区输入大量营养元素和微量元素,改变了某些海区初级生产力的限制因素(Zhuang et al., 1992)。

我国区域活性氮的物理传输与东亚内陆的沙尘长距离传输直接相关。虽然东亚内陆沙尘的起源地活性氮排放很少,但是在其长距离传输过程中会途经我国的矿区、农业区、城市群等活性氮排放热点地区,由于 NH_3、NO_x 经过气粒转化过程产生的含氮颗粒物具有较长的寿命(1~15 天),它们与亚洲沙尘结合促进了活性氮的长距离传输。王琼真(2012)的研究揭示了亚洲沙尘以及沙尘气溶胶在传输中与污染物的相互作用对全球大气气溶胶中的硫酸盐、硝酸盐具有较大贡献。Zhang 等(2010)基于 MM5/CMAQ 大气传输模型和中国大陆排放清单发现,我国东海的大气氮干、湿沉降总量为 498 $Gg\ N \cdot a^{-1}$,占到了我国氮排放总量的 3.4%。Zhao 等(2017)基于 GEOS-Chem 模型发现 2012 年从国外输入我国的活性氮为 1.22 $Tg\ N \cdot a^{-1}$,我国向境外输出的活性氮为 6.52 $Tg\ N \cdot a^{-1}$(图 7.2)。这些研究均证明了大气长距离运输在活性氮传输中的重要作用。

7.3.2 活性氮的中距离传输

区域尺度上大气活性氮的中距离传输对空气质量具有显著影响,因而备受人们关注,特别是在城市地区。NH_3 和 NO_x 是二次气溶胶特别是 PM2.5 重要的前体物质,其形成的颗粒态铵盐、硝酸盐等由于寿命较长,随气流运动对周边地区具有重要影响。学者们发现北京(Wu et al., 2017)、成都(Liao et al., 2017)、厦门(朱恒,2019)、济南(黄琦等,2020)等城市的气溶胶或含氮颗粒物受到了周边地区排放和传输的重要影响,而且随风向呈现出明显的季节特征(薛丽坤,2011;Wu et al., 2018)。Jia 等(2014)分析了城市对周边自然森林氮沉降的影响,发现森林观测点与大城市的距离越近,其湿沉降通量越大(图 7.3),影响最大的范围为距离大城市 200 km 左右。Du 等(2015)在分析我国南方森林酸沉降时也得到了类似结论,并称之为酸沉降的"城市热点效应"。因此,人为氮排放(特别是城市地区)对区域尺度的大气污染、氮沉降等有重要影响。

正是由于污染物排放(包括氮排放)通过大气传输对区域尺度空气质量的影响,在进行大气污染治理时采用区域联防联控是非常有效的手段,成功的案例如人们熟知的北京 2014 年的"APEC 蓝"和 2015 年的"阅兵蓝"。在 2015 年 8 月 20 日至 9 月 3 日,我国对包括北京在内的周边 7 个省、区、市采取了大气污染排放联防联控措施,使得在大阅兵期间 PM10 浓度相比阅兵前下降了 63.5%,硫酸盐-硝酸盐-铵盐三大次生无机气溶胶浓度下降了 65%~78%(Li et al., 2016),而且研究表明区域的联防联控比传统的局地控制具有更高的成本效率(Wu et al., 2015)。因此,在认识活性氮及其他污染物排放、转化、传输的机理后启动针对污染热点地区的区域联防联控机制是以后全国各地区污染控制的有效路径。

7.3.3 活性氮的短距离传输

在大气中寿命较短的气态 NH_3、NO_2、HNO_3 是大气活性氮短距离传输的主要物质

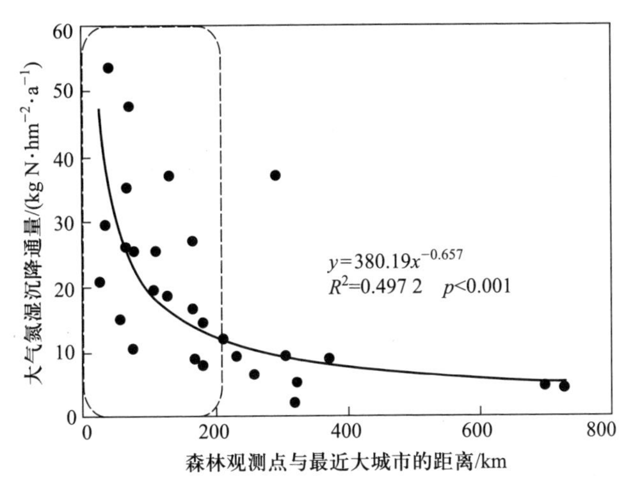

图 7.3 自然森林生态系统湿沉降通量与最近大城市距离之间的关系。(Jia et al., 2014)

(图 7.2),主要影响局地尺度的空气质量和沉降过程。研究发现 NH_3的寿命通常少于 1 天(Smith et al., 2007),并且其排放源高度较低,干沉降速率较高(Aneja et al., 2001;Li et al., 2017),模拟结果显示 46%的 NH_3沉降在其排放源 50 km 以内,其中 40%为干沉降,6%为湿沉降(Asman and van Jaarsveld,1992)。一项基于北京 NH_3浓度的研究也表明,在研究的 2015 年 5 月期间,大约 2/3 的 NH_3来自北京本地(Wang et al., 2020),这也证明了 NH_3的短距离传输、局地源的属性。我国是农业大国,具有全球最高的氮肥施用量和畜牧养殖量,农村地区排放的 NH_3将是当地最重要的活性氮来源。

相比 NH_3,NO_x寿命更短,通常只有几个小时(Liu et al., 2016a),冬季的寿命长于夏季(Shah et al., 2020),而且 NO_x的干沉降速率很低,沉降在排放源局地的 NO_x很少。更多的 NO_x被氧化为 HNO_3后,通过气粒转化过程成为硝酸盐,进而具备了长距离传输的能力(图 7.2)。因此,与 NH_3更多发生在局地尺度的传输和沉降不同,NO_x更多地可能通过中长距离传输成为排放源下风向 NO_x的主要来源(薛丽坤,2011)。考虑到工业和城市交通是 NO_x主要的排放源,在未来工业布局、城市规划和区域空气污染联防联控时要充分重视 NO_x排放、转化和传输的特殊性。

7.4 我国大气氮沉降

7.4.1 概念和观测方法

大气干、湿沉降是痕量气体和颗粒物从大气中清除的最终途径。一般来讲,湿沉降是指大气气态和颗粒态物质通过大气降水(云滴、雾滴、雨和雪)沉降到地球表面的过程,干沉降是这些物质在没有降水发生时沉降到地表的过程(Seinfeld and Pandis, 1998)。大气氮沉降则为大气含氮化合物的干、湿沉降过程。湿沉降主要包括水溶性的NH_4^+、NO_3^-和可溶性有机氮,其沉降的作用力主要来自云中的雨冲刷和云下的水冲刷过程。干沉降主要包括气态的NO_x、NH_3和HNO_3,颗粒态的NH_4^+、NO_3^-及有机氮,其沉降作用力主要来自湍流扩散、分子扩散作用和重力沉降作用(图7.2)。

目前,应用于站点尺度上大气氮湿沉降通量观测的主要方法有雨量桶法、降水降尘自动采集法和离子交换树脂法,其中雨量桶法因操作简单、成本低的优点在国内广泛应用(盛文萍等,2010)。干沉降通量的主要观测方法有降尘缸收集法、间接推算法、微气象学法(朱剑兴,2015),其中,间接推算法具有操作相对容易、成本低、准确性较高的优势,成为干沉降通量估算的主要方法(Flechard et al., 2011;Adon et al., 2013)。

我国的大气氮沉降观测研究始于1980年代,虽然没有形成长期的联网观测研究,但是临时站点的观测研究广泛开展。1992—1993年丁国安等人在中国气象局酸雨网的81个台站进行了降水化学样品采集和实验室分析,这是迄今为止获取的最早的一套全国范围的降水化学资料(丁国安等,2004),为我国湿沉降的研究提供了宝贵资料。2000年,东亚酸沉降监测网(EANET)在我国开展了长期观测工作,但只在重庆、西安、厦门和珠海4个城市设置了9个站点。2005年,中国农业大学开始建立覆盖全国的氮沉降观测网络(NNDMN),到目前已发展成为包括40余个站点的大气干/湿氮沉降观测网络(Liu et al., 2013;Xu et al., 2015)。2013年,中国科学院生态系统网络综合中心依托中国生态系统研究网络(CERN),建立了中国陆地生态系统大气湿沉降观测网络(ChinaWD),覆盖了我国8个生态区、20多个省份的54个典型生态系统,开展湿沉降的多组分观测,并连续观测至今(朱剑兴,2018)。需要指出的是,目前我国西北部的氮沉降观测站点依然稀少,这在一定程度上限制了对该地区氮沉降评估的准确性。

7.4.2 空间格局

目前,应用于大气氮沉降空间格局的评估方法主要有三种:空间插值法、大气化学传输模型和遥感模型法。三种方法在我国氮沉降空间格局评估上均有应用。例如,Lü和Tian(2007)和Jia等(2014)分别基于站点观测数据应用空间插值法刻画了我国大气氮湿沉降的空间格局;Zhao等(2017)基于GEOS-Chem模型模拟了2008—2012年我国干、湿氮沉降的空间格局;Liu等(2017a,b)结合NO_2遥感柱浓度数据和大气化学传输模型,先后评估了我国硝态氮干沉降和硝态氮混合沉降的空间格局。多方法、多数据源的综合应用和相互验证,为更加准确地评估我国氮沉降的时空格局和未来预测提供了强有力的支撑。

Yu等(2019)基于中国区域大气干、湿沉降站点观测数据,应用空间插值法、遥感统计模型等尺度拓展方法,系统评估了我国不同种类干、湿沉降的空间格局。研究发现,2011—2015年我国总氮沉降量为19.6 Tg N · a^{-1},其中干、湿沉降分别为9.9 Tg N · a^{-1}、9.7 Tg N · a^{-1},在空间格局上呈现出明显的地理分异规律。NH_x干、湿沉降的热点地区主要在京津冀、长三角、川渝及周边地区,反映了我国农业主产区的分布格局；NO_y干、湿沉降热点地区主要分布在京津冀、长三角和珠三角地区，反映了我国工业和城市发展的分布格局；从总氮沉降分布来看，我国东部是氮沉降的高值区，向北、向西呈现逐渐降低的趋势（Yu et al., 2019）。

7.4.3 动态变化

虽然我国长期氮沉降联网研究起步较晚，但我国学者通过对历史文献数据和氮沉降网络数据的整合分析，经过不懈努力，1980 年以来对氮沉降历史动态变化的认识逐渐清晰（图 7.4）。2013 年，Liu 等（2013）首次揭示了我国氮沉降的动态变化趋势。该文章结合中国农业大学全国氮沉降监测网（NNDMN）网络观测数据和文献收集数据，发现了 1980—2010 年我国混合氮沉降持续增加的趋势（图 7.4a～c）。该研究一经发表，引起了我国相关学者的高度重视，截至 2022 年 5 月，已在 Web of Science 被引用 1938 次，为提高我国公众对氮沉降的认识和促进氮沉降评估及生态效应研究起到了重要作用。

2019 年，Yu 等结合 ChinaWD 观测网络、NNDMN 观测网络、中国气象局酸雨网的观测、东亚酸沉降网中国区数据及文献检索数据，系统构建了“中国区域大气干沉降和湿沉降全组分动态变化数据集”。该研究揭示了我国大气氮沉降在 1980—2015 年转型变化的新趋势，发现我国大气氮湿沉降在 2005 年左右已达峰值，其后开始降低，而干沉降还在持续增加，二者叠加形成了目前总氮沉降的趋稳状态，其中 NH_4^+湿沉降的降低是总沉降趋稳的直接原因（图 7.4d～f）。而且，该研究还发现了另外两个新的特征：我国氮沉降干湿比逐渐增加，由以往的以湿沉降为主逐步转型为湿沉降与干沉降并重；氮沉降铵硝比逐渐降低，由以往的以 NH_4^+沉降为主的氮沉降模式转换为 NH_4^+和 NO_3^-氮沉降贡献并重的新模式。

Wen 等（2020）进一步将我国氮沉降研究的时间跨度增加到 1980—2018 年（图 7.4g～i）。该研究发现我国混合氮沉降在 2000 年左右已达到峰值，到 2016—2018 年已下降 45%。而基于 2011—2018 年 NNDMN 观测网络的数据表明，NH_x和 NO_y的干沉降或混合沉降基本均处于降低或稳定的状态，这进一步证实了我国氮沉降目前趋稳或已经降低的事实。

随着对我国氮沉降趋势的进一步认识和新特征的发现，通过深入分析证明，我国大气氮沉降过去 35 年的转型变化是经济结构调整和多种环境控制措施共同作用的结果（Yu et al., 2019），在一定程度上证实我国过去十多年的一系列环境控制措施对大气环境的治理已见成效，这不仅为我国环境治理提供了重要科学依据，也将为其他发展中国家的生态环境保护提供决策参考。此外，这些研究结果还将成为今后氮沉降生态环境效应试验和环境质量状态评估研究必须考虑的观测事实，迫切需要我们重新思考或评估大气氮沉降对陆地生态系统生产力、生物多样性、群落结构及碳氮循环的潜在影响，更需要人们基于这种大气氮沉降转型变化新趋势，更加科学地调整我国的大气环境治理措施和政策，优化生态环境治理体系。

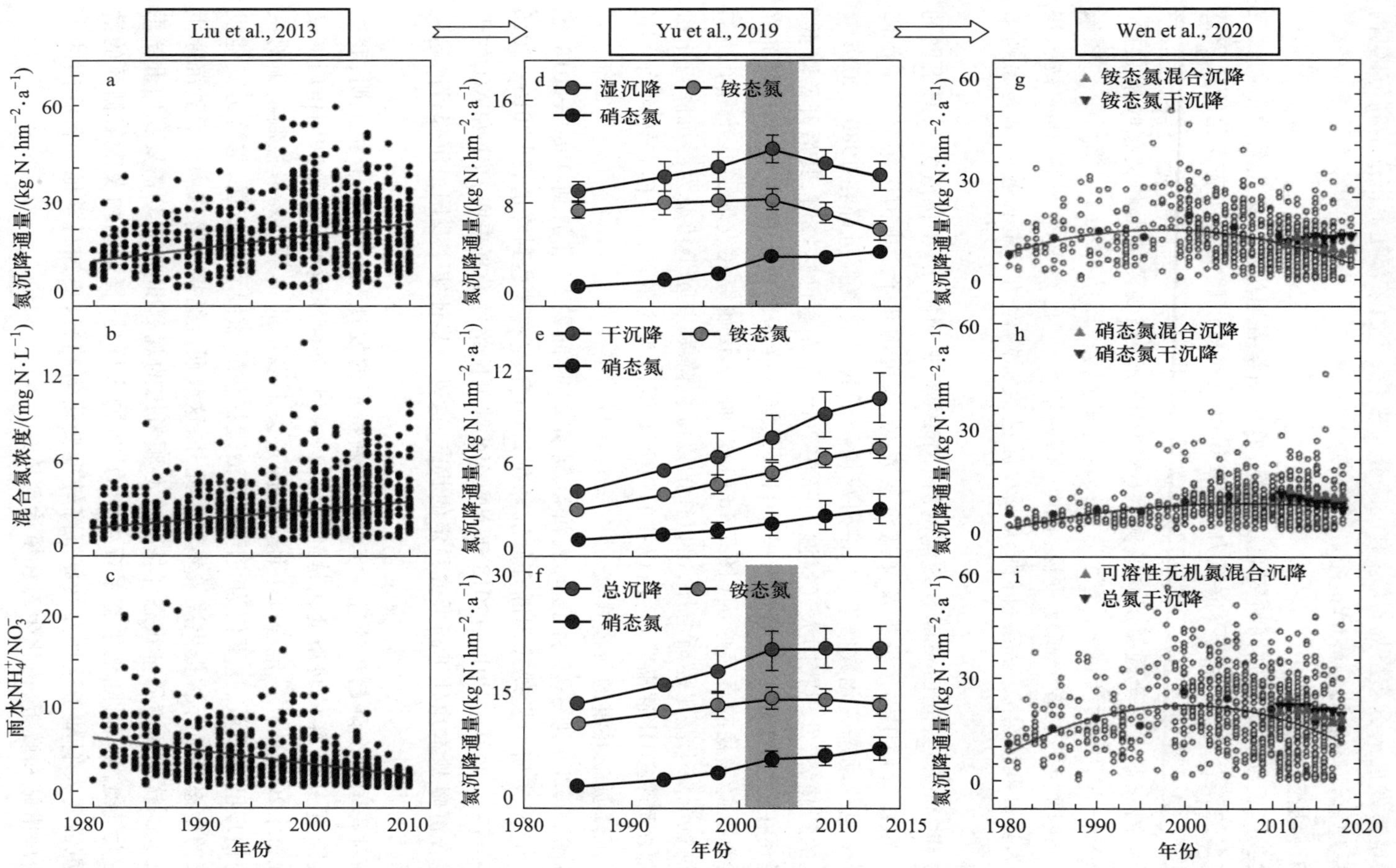

图 7.4 我国大气氮沉降动态变化趋势研究进展。其中,a、b、c 分别为混合氮沉降通量、氮浓度和铵硝比(NH_4^+/NO_3^-)(Liu et al., 2013);d、e、f 分别为湿沉降通量、干沉降通量、总沉降通量(Yu et al., 2019);g、h、i 分别为铵态氮混合沉降和铵态氮干沉降通量、硝态氮混合沉降和硝态氮干沉降通量、可溶性无机氮混合沉降和总氮干沉降通量(Wen et al., 2020)。(参见书末彩插)

7.5　结语

近三十年来，我国工农业和城市化快速发展，人为大气活性氮排放急剧增加，深刻地影响了生态系统氮循环和生态环境质量，吸引不同学科的学者对我国活性氮排放、转化、传输和沉降过程进行了大量研究。本研究从生态学角度综述了我国活性氮从排放到沉降整个过程的研究进展，期望能够提高生态学专业读者对活性氮相关过程的整体认识。

今后在以下几个方面应加强科学研究：① 由于活性氮与大气中其他污染物化学转化的复杂性，不同污染物的不平衡减排可能会产生新的环境问题，未来应加强区域多污染物综合、平衡减排机理和措施的研究。② 不同地区活性氮及其他污染物在排放、转化、传输上存在特殊性，应在考虑污染热点地区特殊性的基础上确定区域联防联控机制。③ 虽然目前我国有两大氮沉降观测网络并行监测，但西北部的氮沉降观测站点依然稀少，以后应加强在该地区的长期站点布设，以提高对该地区氮沉降评估的准确性。④ 以后我国的大气氮沉降生态效应评估（包括控制实验、模型模拟研究等）应在充分认识目前我国氮沉降转型变化的新趋势的前提下展开，而且我国的生态学家们应提高对氮相关过程的多学科系统认识，增强从生态学角度向国家建言献策的能力。

致谢

感谢第十届现代生态学讲座提供的机会和大力支持！感谢中国科学院地理科学与资源研究所于贵瑞老师领导下的氮沉降研究小组长期的精诚合作与互帮互助！

参 考 文 献

丁国安，徐晓斌，王淑凤，于晓岚，程红兵. 2004. 中国气象局酸雨网基本资料数据集及初步分析. 应用气象学报，15:85-94.

董文煊，邢佳，王书肖. 2010. 1994—2006年中国人为源大气氨排放时空分布. 环境科学，31(7)：1457-1463.

郭琳. 2013. 亚洲沙尘的长途传输对东海气溶胶中痕量元素及其沉降的影响. 硕士学位论文. 上海：复旦大学.

黄琦，杨凌霄，李岩岩，姜盼，高颖，王文兴. 2020. 济南城区大气$PM_{2.5}$、$PM_{1.0}$的污染特征及大气传输. 山东大学学报(工学版)，50(1)：95-100，108.

贾彦龙. 2016. 中国及全球大气氮沉降的时空格局研究. 博士学位论文. 北京：中国科学院大学.

盛裴轩，毛节泰，李建国，葛正谟，张霭琛，桑建国，潘乃先，张宏升. 2013. 大气物理学(第2版). 北京：北京大学出版社.

盛文萍，于贵瑞，方华军，姜春明. 2010. 大气氮沉降通量观测方法. 生态学杂志，29(8)：

1671-1678.

田贺忠，郝吉明，陆永琪，朱天乐. 2001. 中国氮氧化物排放清单及分布特征. 中国环境科学，21(6)：493-497.

王明星，郑循华. 2005. 大气化学概论. 北京：气象出版社.

王琼真. 2012. 亚洲沙尘长途传输中与典型大气污染的混合和相互作用及其对城市空气质量的影响. 博士学位论文. 上海：复旦大学.

王书伟，廖千家骅，胡玉婷，颜晓元. 2009. 我国 NH_3-N 排放量及空间分布变化初步研究. 农业环境科学学报，28(3)：619-626.

薛丽坤. 2011. 中国地区低对流层高层大气化学与长距离输送特征研究. 博士学位论文. 济南：山东大学.

余倩，段雷，郝吉明. 2021. 中国酸沉降：来源、影响与控制. 环境科学学报，41(3)：731-746.

朱恒. 2019. 厦门湾大气氨污染特征与来源及氮沉降通量研究. 硕士学位论文. 厦门：厦门大学.

朱剑兴. 2015. 中国典型陆地生态系统大气氮磷沉降及其主要影响因素. 硕士学位论文. 北京：中国科学院大学.

朱剑兴. 2018. 中国区域陆地生态系统大气氮湿沉降及其生态效应研究. 博士学位论文. 北京：中国科学院大学.

Adon, M., M. C. Galy-Lacaux, C. Delon, V. Yoboue, F. Solmon, and A. T. Kaptue Tchuente. 2013. Dry deposition of nitrogen compounds(NO_2, HNO_3, NH_3), sulfur dioxide and ozone in west and central African ecosystems using the inferential method. Atmospheric Chemistry and Physics, 13: 11351-11374.

Aneja, V. P., P. A. Roelle, G. C. Murray, J. Southerland, J. W. Erisman, D. Fowler, W. A. H. Asman, and N. Patni. 2001. Atmospheric nitrogen compounds Ⅱ: Emissions, transport, transformation, deposition and assessment. Atmospheric Environment, 35: 1903-1911.

Asman, W. A. H., and J. A. van Jaarsveld. 1992. A variable-resolution transport model applied for NH_x in Europe. Atmospheric Environment, 26(3): 445-464.

Baek, B. H., V. P. Aneja, and Q. S. Tong. 2004. Chemical coupling between ammonia, acid gases, and fine particles. Environmental Pollution, 129: 89-98.

Bai, Z. H., W. Q. Ma, L. Ma, G. L. Velthof, Z. B. Wei, P. Havlík, O. Oenema, M. R. F. Lee, and F. S. Zhang. 2018. China's livestock transition: Driving forces, impacts, and consequences. Science Advances, 4: eaar8534.

Bai, Z. H., W. Winiwarter, Z. Klimont, G. Velthof, T. Misselbrook, Z. Q. Zhao, X. P. Jin, O. Oenema, C. S. Hu, and L. Ma. 2019. Further improvement of air quality in China needs clear ammonia mitigation target. Environmental Science and Technology, 53: 10542-10544.

Behera, S. N., M. Sharma, V. P. Aneja, and R. Balasubramanian. 2013. Ammonia in the atmosphere: A review on emission sources, atmospheric chemistry and deposition on terrestrial bodies. Environmental Science and Pollution Research, 20: 8092-8131.

Dentener, F., J. Drevet, J. F. Lamarque, I. Bey, B. Eickhout, A. M. Fiore, D. Hauglustaine, L. W. Horowitz, M. Krol, U. C. Kulshrestha, M. Lawrence, C. Galy-Lacaux, S. Rast, D. Shindell, D. Stevenson, T. Van Noije, C. Atherton, N. Bell, D. Bergman, T. Butler, J. Cofala, B. Collins, R. Doherty, K. Ellingsen, J. Galloway, M. Gauss, V. Montanaro, J. F. Müller, G. Pitari, J. Rodriguez, M. Sanderson, F. Solmon, S. Strahan, M. Schultz, K. Sudo, S. Szopa, and O. Wild. 2006. Nitrogen and sulfur deposition on regional and global scales: A multi-model evaluation. Global Biogeochemical Cycles, 20: 16615.

Du, E., W. de Vries, X. Liu, J. Fang, J. N. Galloway, and Y. Jiang. 2015. Spatial boundary of urban "acid islands" in China. Scientific Reports, 5:12625.

Duan, L., Q. Yu, Q. Zhang, Z. F. Wang, Y. P. Pan, T. Larssen, J. Tang, and J. Mulder. 2016. Acid deposition in Asia: Emissions, deposition, and ecosystem effects. Atmospheric Environment, 146: 55-69.

Ellis, R. A., D. J. Jacob, M. P. Sulprizio, L. Zhang, C. D. Holmes, B. A. Schichtel, T. Blett, E. Porter, L. H. Pardo, and J. A. Lynch. 2013. Present and future nitrogen deposition to national parks in the United States: Critical load exceedances. Atmospheric Chemistry and Physics, 13: 9083-9095.

Flechard, C. R., E. Nemitz, R. I. Smith, D. Fowler, A. T. Vermeulen, A. Bleeker, J. W. Erisman, D. Simpson, L. Zhang, Y. S. Tang, and M. A. Sutton. 2011. Dry deposition of reactive nitrogen to European ecosystems: A comparison of inferential models across the NitroEurope network. Atmospheric Chemistry and Physics, 11: 2703-2728.

Galloway, J. N., F. J. Dentener, D. G. Capone, E. W. Boyer, R. W. Howarth, S. P. Seitzinger, G. P. Asner, C. C. Cleveland, P. A. Green, E. A. Holland, D. M. Karl, A. F. Michaels, J. H. Porter, A. R. Townsend, and C. J. Vörösmarty. 2004. Nitrogen cycles: Past, present, and future. Biogeochemistry, 70: 153-226.

Galloway, J. N., J. D. Aber, J. W. Erisman, S. P. Seitzinger, R. W. Howarth, E. B. Cowling, and B. J. Cosby. 2003. The nitrogen cascade. BioScience, 53(4): 341-356.

Gu, B. J., Y. Song, C. Q. Yu, and X. T. Ju. 2020. Overcoming socioeconomic barriers to reduce agricultural ammonia emission in China. Environmental Science and Pollution Research, 27: 25813-25817.

Huang, X., Y. Song, M. M. Li, J. F. Li, Q. Huo, X. H. Cai, T. Zhu, M. Hu, and H. S. Zhang. 2012. A high-resolution ammonia emission inventory in China. Global Biogeochemical Cycles, 26: GB1030.

Ianniello, A., F. Spataro, G. Esposito, I. Allegrini, M. Hu, and T. Zhu. 2011. Chemical characteristics of inorganic ammonium salts in $PM_{2.5}$ in the atmosphere of Beijing (China). Atmospheric Chemistry and Physics, 11: 10803-10822.

Jia, Y. L., G. R. Yu, N. P. He, X. Y. Zhan, H. J. Fang, W. P. Sheng, Y. Zuo, D. Y. Zhang, and Q. F. Wang. 2014. Spatial and decadal variations in inorganic nitrogen wet deposition in China induced by human activity. Scientific Reports, 4: 3763.

Kang, Y. N., M. X. Liu, Y. Song, X. Huang, H. Yao, X. H. Cai, H. S. Zhang, L. Kang, X. J. Liu, X. Y. Yan, H. He, Q. Zhang, M. Shao, and T. Zhu. 2016. High-resolution ammonia emissions inventories in China from 1980 to 2012. Atmospheric Chemistry and Physics, 16: 2043-2058.

Li, H. Y., Q. Zhang, F. K. Duan, B. Zheng, and K. B. He. 2016. The "Parade Blue": Effects of short-term emission control on aerosol chemistry. Faraday Discussions, 189: 317-335.

Li, Y., T. M. Thompson, M. V. Damme, X. Chen, K. B. Benedict, Y. X. Shao, D. Day, A. Boris, A. P. Sullivan, J. Ham, S. Whitburn, L. Clarisse, P. F. Coheur, and J. L. Collett Jr. 2017. Temporal and spatial variability of ammonia in urban and agricultural regions of northern Colorado, United States. Atmospheric Chemistry and Physics, 17: 6197-6213.

Liao, T. T., S. Wang, J. Ai, K. Gui, B. L. Duan, Q. Zhao, X. Zhang, W. T. Jiang, and Y. Sun. 2017.

Heavy pollution episodes, transport pathways and potential sources of PM2.5 during the winter of 2013 in Chengdu(China). Science of the Total Environment, 584-585: 1056-1065.

Liu, F., Q. Zhang, R. J. van der A, B. Zheng, D. Tong, L. Yan, Y. X. Zheng, and K. B. He. 2016a. Recent reduction in NO_x emissions over China: Synthesis of satellite observations and emission inventories. Environmental Research Letters, 11: 114002.

Liu, L., X. Y. Zhang, W. Xu, X. J. Liu, and W. T. Zhang. 2017a. Estimation of monthly bulk nitrate deposition in China based on satellite NO_2 measurement by the Ozone Monitoring Instrument. Remote Sensing of Environment, 199: 93-106.

Liu, L., X. Y. Zhang, Y. Zhang, W. Xu, X. J. Liu, X. M. Zhang, J. L. Feng, X. R. Chen, Y. H. Zhang, X. H. Lu, S. Q. Wang, W. T. Zhang, and L. M. Zhao. 2017b. Dry particulate nitrate deposition in China. Environmental Science and Technology, 51: 5572-5581.

Liu, M. X., X. Huang, Y. Song, J. Tang, J. J. Cao, X. Y. Zhang, Q. Zhang, S. X. Wang, T. T. Xu, L. Kang, X. H. Cai, H. S. Zhang, F. M. Yang, H. B. Wang, J. Z. Yu, A. K. H. Lau, L. Y. He, X. F. Huang, L. Duan, A. J. Ding, L. K. Xue, J. Gao, B. Liu, and T. Zhu. 2019. Ammonia emission control in China would mitigate haze pollution and nitrogen deposition, but worsen acid rain. Proceedings of the National Academy of Sciences of the United States of America, 116(16): 7760-7765.

Liu, M. X., X. Huang, Y. Song, T. T. Xu, S. X. Wang, Z. J. Wu, M. Hu, L. Zhang, Q. Zhang, Y. P. Pan, X. J. Liu, and T. Zhu. 2018. Rapid SO_2 emission reductions significantly increase tropospheric ammonia concentrations over the North China Plain. Atmospheric Chemistry and Physics, 18: 17933-17943.

Liu, X. J., P. Vitousek, Y. H. Chang, W. F. Zhang, P. Matson, and F. S. Zhang. 2016b. Evidence for a historic change occurring in China. Environmental Science and Technology, 50: 505-506.

Liu, X. J., Y. Zhang, W. X. Han, A. H. Tang, J. L. Shen, Z. L. Cui, P. Vitousek, J. W. Erisman, K. Goulding, P. Christie, A. Fangmeier, and F. S. Zhang. 2013. Enhanced nitrogen deposition over China. Nature, 494: 459-462.

Liu, Y. W., R. Xu, Y. S. Wang, Y. P. Pan, and S. L. Piao. 2015. Wet deposition of atmospheric inorganic nitrogen at five remote sites in the Tibetan Plateau. Atmospheric Chemistry and Physics, 15: 17491-17526.

Lü, C. Q., and H. Q. Tian. 2007. Spatial and temporal patterns of nitrogen deposition in China: Synthesis of observational data. Journal of Geophysical Research Atmosphere, 112: D22S05.

Lu, Z., Q. Zhang, and D. Streets. 2011. Sulfur dioxide and primary carbonaceous aerosol emissions in China and India, 1996—2010. Atmospheric Chemistry and Physics, 11: 9839-9864.

Pan, Y. P., S. L. Tian, D. W. Liu, Y. T. Fang, X. Y. Zhu, M. Gao, J. Gao, G. Michalskif, and Y. S. Wang. 2018. Isotopic evidence for enhanced fossil fuel sources of aerosol ammonium in the urban atmosphere. Environmental Pollution, 238: 942-947.

Pan, Y. P., S. L. Tian, D. W. Liu, Y. T. Fang, X. Y. Zhu, Q. Zhang, B. Zheng, G. Michalski, and Y. S. Wang. 2016. Fossil fuel combustion-related emissions dominate atmospheric ammonia sources during severe haze episodes: Evidence from ^{15}N-stable isotope in size-resolved aerosol. Environmental Science and Technology, 50: 8049-8056.

Qi, Y., N. Stern, T. Wu, J. Q. Lu, and F. Green. 2016. China's post-coal growth. Nature Geoscience,

9: 564-566.

Seinfeld, J. H., and S. N. Pandis. 1998. Atmospheric Chemistry and Physics: From Air Pollution to Climate Change. New York: John Wiley and Sons.

Shah, V., D. J. Jacob, K. Li, R. F. Silvern, S. H. Zhai, M. Y. Liu, J. T. Lin, and Q. Zhang. 2020. Effect of changing NO_x lifetime on the seasonality and long-term trends of satellite-observed tropospheric NO_2 columns over China. Atmospheric Chemistry and Physics, 20: 1483-1495.

Skalska, K., J. S. Miller, and S. Ledakowicz. 2010. Trends in NO_x abatement: A review Kinga Skalska. Science of the Total Environment, 408: 3976-3989.

Smith, A. M., W. C. Keene, J. R. Maben, A. A. P. Pszenny, E. Fischer, and A. Stohl. 2007. Ammonia sources, transport, transformation, and deposition in coastal New England during summer. Journal of Geophysical Research Atmosphere, 112: D10S08.

Streets, D., and S. Waldhoff. 2000. Present and future emissions of air pollutants in China: SO_2, NO_x, and CO. Atmospheric Environment, 34: 363-374.

United Nations Environment Programme. Frontiers 2018/19: Emerging Issues of Environmental Concern.

Wang, Q. M., Y. C. Miao, and L. G. Wang. 2020. Regional transport increases ammonia concentration in Beijing, China. Atmosphere, 11: 563.

Wang, Y., Q. Q. Zhang, K. He, Q. Zhang, and L. Chai. 2013. Sulfate-nitrate-ammonium aerosols over China: Response to 2000—2015 emission changes of sulfur dioxide, nitrogen oxides, and ammonia. Atmospheric Chemistry and Physics, 13: 2635-2652.

Wen, Z., W. Xu, Q. Li, M. J. Han, A. H. Tang, Y. Zhang, X. S. Luo, J. L. Shen, W. Wang, K. H. Li, Y. P. Pan, L. Zhang, W. Q. Li, J. L. Collett Jr, B. Q. Zhong, X. M. Wang, K. Goulding, F. S. Zhang, and X. J. Liu. 2020. Changes of nitrogen deposition in China from 1980 to 2018. Environmental International, 144: 106022.

Wu, D., Y. Xu, and S. Q. Zhang. 2015. Will joint regional air pollution control be more cost-effective? An empirical study of China's Beijing-Tianjin-Hebei region. Journal of Environmental Management, 149: 27-36.

Wu, J. R., G. H. Li, J. J. Cao, N. F. Bei, Y. C. Wang, T. Feng, R. J. Huang, S. X. Liu, Q. Zhang, and X. X. Tie. 2017. Contributions of trans-boundary transport to summertime air quality in Beijing, China. Atmospheric Chemistry and Physics, 17: 2035-2051.

Wu, Y. C., J. P. Zhang, S. L. Liu, Z. J. Jiang, I. Arbi, X. P. Huang, and P. I. Macreadiec. 2018. Nitrogen deposition in precipitation to a monsoon-affected eutrophic embayment: Fluxes, sources, and processes. Atmospheric Environment, 182: 75-86.

Xia, Y. M., Y. Zhao, and C. P. Nielsen. 2016. Benefits of China's efforts in gaseous pollutant control indicated by the bottom-up emissions and satellite observations 2000—2014. Atmospheric Environment, 136: 43-53.

Xie, D. N., B. Zhao, S. X. Wang, and L. Duan. 2020. Benefit of China's reduction in nitrogen oxides emission to natural ecosystems in East Asia with respect to critical load exceedance. Environment International, 136: 1-12.

Xu, H., X. H. Bi, Y. C. Feng, F. M. Lin, L. Jiao, S. M. Hong, W. G. Liu, and X. Y. Zhang. 2011. Chemical composition of precipitation and its sources in Hangzhou, China. Environmental Monitoring and

Assessment, 183: 581-592.

Xu, W., X. S. Luo, Y. P. Pan, L. Zhang, A. H. Tang, J. L. Shen, Y. Zhang, K. H. Li, Q. H. Wu, D. W. Yang, Y. Y. Zhang, J. Xue, W. Q. Li, Q. Q. Li, L. Tang, S. H. Lu, T. Liang, Y. A. Tong, P. Liu, Q. Zhang, Z. Q. Xiong, X. J. Shi, L. H. Wu, W. Q. Shi, K. Tian, X. H. Zhong, K. Shi, Q. Y. Tang, L. J. Zhang, J. L. Huang, C. E. He, F. H. Kuang, B. Zhu, H. Liu, X. Jin, Y. J. Xin, X. K. Shi, E. Z. Du, A. J. Dore, S. Tang, J. L. Collett Jr, K. Goulding, Y. X. Sun, J. Ren, F. S. Zhang, and X. J. Liu. 2015. Quantifying atmospheric nitrogen deposition through a nationwide monitoring network across China. Atmospheric Chemistry and Physics, 15: 12345-12360.

Yu, G. R., Y. L. Jia, N. P. He, J. X. Zhu, Z. Chen, Q. F. Wang, S. L. Piao, X. J. Liu, H. L. He, X. B. Guo, Z. Wen, P. Li, G. A. Ding, and K. Goulding. 2019. Stabilization of atmospheric nitrogen deposition in China over the past decade. Nature Geoscience, 12: 424-429.

Zhang, Q., D. G. Streets, K. B. He, Y. X. Wang, A. Richter, J. P. Burrows, I. Uno, C. J. Jang, D. Chen, Z. L. Yao, and Y. Lei. 2007. NO_x emission trends for China, 1995—2004: The view from the ground and the view from space. Journal of Geophysical Research Atmosphere, 112: D22306.

Zhang, Y., Q. Yu, W. C. Ma, and L. M. Chen. 2010. Atmospheric deposition of inorganic nitrogen to the eastern China seas and its implications to marine biogeochemistry. Journal of Geophysical Research Atmosphere, 115: D00K10.

Zhao, Y. H., L. Zhang, Y. F. Chen, X. J. Liu, W. Xu, Y. P. Pan, and L. Duan. 2017. Atmospheric nitrogen deposition to China: A model analysis on nitrogen budget and critical load exceedance. Atmospheric Environment, 153: 32-40.

Zheng, B., D. Tong, M. Li, F. Liu, C. P. Hong, G. N. Geng, H. Y. Li, X. Li, L. Q. Peng, J. Qi, L. Yan, Y. X. Zhang, H. Y. Zhao, Y. X. Zheng, K. B. He, and Q. Zhang. 2018. Trends in China's anthropogenic emissions since 2010 as the consequence of clean air actions. Atmospheric Chemistry and Physics, 18: 14095-14111.

Zhu, J. X., N. P. He, Q. F. Wang, G. F. Yuan, D. Wen, G. R. Yu, and Y. L. Jia. 2015. The composition, spatial patterns, and influencing factors of atmospheric wet nitrogen deposition in Chinese terrestrial ecosystems. Science of the Total Environment, 511: 777-785.

Zhuang, G. S., Z. Yi, R. A. Duce, and P. R. Brown. 1992. Link between iron and sulphur cycles suggested by detection of Fe(u) in remote marine aerosols. Nature, 355(6): 537-539.

人类纪的养分管理：整合生态学和社会科学视角

第8章

张鑫[①] 邹坦[①]

摘　　要

人类通过农业活动改变了全球养分循环，这种改变在为社会提供了食物的同时也造成了环境污染，对人类和生态系统健康构成越来越大的威胁。因此，更有效地管理作物生产中的养分（比如氮和磷）对于应对粮食安全和环境保护的挑战至关重要。技术和管理措施的发展提高了作物对氮的吸收。然而，氮利用效率（nitrogen use efficiency，NUE）也受到社会和经济因素的影响。例如，为了实现利润最大化，农民可能会改变作物或氮肥施用量，这两者都会导致氮利用效率的变化。我们在微观（农场）和宏观（国家）尺度上同时使用理论和实证方法评估了上述影响。首先在农场尺度上，我们开发了氮利用效率经济和环境影响模型（NUE Economic and Environmental Impact Model，NUE^3），以研究市场信号（如肥料和作物价格）、政府政策和氮素的管理技术对NUE的影响。其次在国家尺度上，我们首次建立了1961年至2011年主要作物和主要农业国家的氮收支数据库。利用该数据库，我们研究了NUE的历史趋势及其与农业、经济、社会和政策因素的关系。最后，我们估计了为达到2050年全球粮食需求和环境管理目标所需的NUE和产量目标，并讨论了主要国家和地区为实现这些目标所面临的挑战。我们的研究表明，在研究全球养分循环以及制定环境和粮食安全政策时，综合考虑自然生态和社会经济过程是至关重要的。因此我们需要更多更好的跨学科合作，以改善人类纪的养分管理。

① 马里兰大学环境科学中心阿帕拉契亚实验室，弗罗斯特堡，21532，美国。

Abstract

Human alteration of the global nutrient cycle by agricultural activities has provided nutritious food to society, but also poses increasing threats to human and ecosystem health through unintended pollution. Managing nutrient(e. g., nitrogen and phosphorus) more efficiently in crop production is critical for addressing both food security and environmental challenges. Technologies and management practices have been developed to increase the uptake of applied nitrogen by crops. However, nitrogen use efficiency(NUE, yield per unit nitrogen input) is also affected by social and economic factors. For example, to maximize profit, farmers may change crop choice or their nitrogen application rate, both of which lead to a change in NUE. To evaluate such impacts, we use both theoretical and empirical approaches on micro (farm) and macro (national) scales. First, we developed a NUE Economic and Environmental Impact Model (NUE^3) on a farm scale to investigate how market signals (e.g., fertilizer and crop prices), government policies, and nitrogen-efficient technologies affect NUE. Then we constructed a database of the nitrogen budget in crop production for major crops and major crop producing countries from 1961 to 2011. Using this database, we investigated historical trends of NUE and their relationships to agronomic, economic, social, and policy factors. Finally, we estimated examples of NUE and yield targets by geographic region and crop type required to meet global food demand and environmental stewardship goals in 2050 and discussed the challenges these regions are facing. Overall, our research suggests that it is critical to integrate social and economic processes when studying the global nutrient cycle and crafting environmental and food security policy. Thus, transdisciplinary collaboration is needed to improve nutrient management in the Anthropocene.

前言

养分,比如氮和磷元素,是生命体的重要组成部分,对于植物、动物以及人类的生存起到至关重要的作用。在过去的几十年中,随着全球人口数量的急剧增加以及对粮食和生物质能源需求的增加,人类活动向生态系统转移的活性氮和磷污染也急剧增加。以氮为例,人类活动(包括施肥、生物固氮作物和化石燃料燃烧等)导致地球上的活性氮在20世纪呈指数级增长,并且目前已经超过了氮投入的安全界限(planetary boundary)的两倍以上(Steffen et al., 2015)(图8.1)。在所有人为的氮投入中,作物生产的氮投入(即肥料和生物固氮作物)占近90%,在近半个世纪以来甚至高于陆地或海洋所有自然生物固氮的氮投入总量(Gruber and Galloway,2008)。

这些人类活动所带来的氮和磷投入,一方面增加了粮食产量,但另一方面也增加

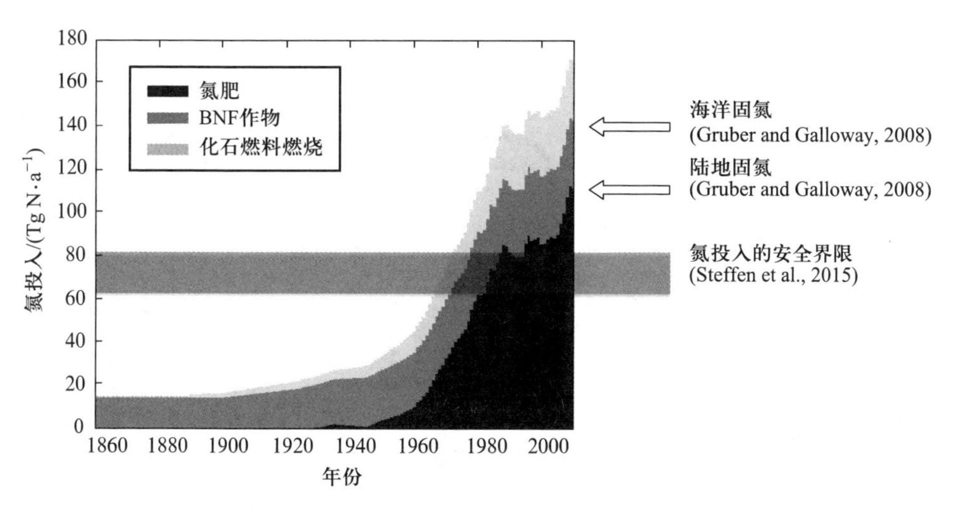

图 8.1 1860 年以来人类活动导致地球生态系统增加的活性氮总量。BNF: biological nitrogen fixation,生物固氮。数据来源:橡树岭国家实验室,联合国粮食及农业组织。

了环境中这些养分的累积和流失,不仅导致区域性的水体或空气的污染,也加重了全球尺度上的很多环境问题(Zhang et al., 2015a)。人类活动带来的氮投入有的以氨气(NH_3)或氮氧化物(NO_x)等形式释放到大气中,造成区域性的大气污染;有的以硝酸盐(NO_3^-)等形式释放到水体中,导致水体的富营养化等。这些额外的氮投入所带来的环境问题不仅局限于某个地区,而且具有全球效应,这是因为:① 作为活性氮存在的形式之一和反硝化过程的副产物,氧化亚氮(N_2O)是目前大气中含量最高的消耗臭氧层物质以及最重要的三种温室气体之一(Zhang et al., 2015b);② 同一个活性氮原子可以变换多种形态参与全球氮循环,从而对环境产生多重影响。这一系列活性形态的改变也被称为氮级联(nitrogen cascade)效应。

过多或过少的养分都会导致环境和社会问题。养分过少时,作物的养分需求不能得到满足,影响其产量;养分过多时,又会导致环境污染问题。所以,我们需要提高养分利用效率,在满足粮食生产需求的基础上减少养分流失。这也是应对气候变化和生态环境退化的重要策略之一。

粮食生产是提高养分利用效率的一个重要环节,因为这个环节包含了绝大部分输入到农业生产系统中的活性氮和磷元素,也是主要的氮和磷的流失环节(图 8.2)。在粮食生产中,氮通过化肥、生物固氮、粪尿和大气沉降进入由土壤与植物组成的粮食生产系统,其中一部分以粮食的形式被收割和移除,另一部分积累在土壤中,剩下的超过50%的氮投入都会流失到环境中(Zhang et al., 2015a)。计算粮食生产系统氮收支时,养分管理研究通常定义氮利用效率(nitrogen use efficiency,NUE)为系统的有效输出与输入之比(即收获粮食中的氮与氮投入之比)(图 8.3)(Zhang et al., 2015a; Zhang et al., 2020; Quan et al., 2021);并定义氮盈余(nitrogen surplus)为氮投入和收获粮食中的氮之差,以体现粮食生产对环境的潜在影响(图 8.3)。磷利用效率(phosphorus use efficiency,PUE)和磷盈余(phosphorus surplus)的定义也与氮类似(Zou et al., 2022)。

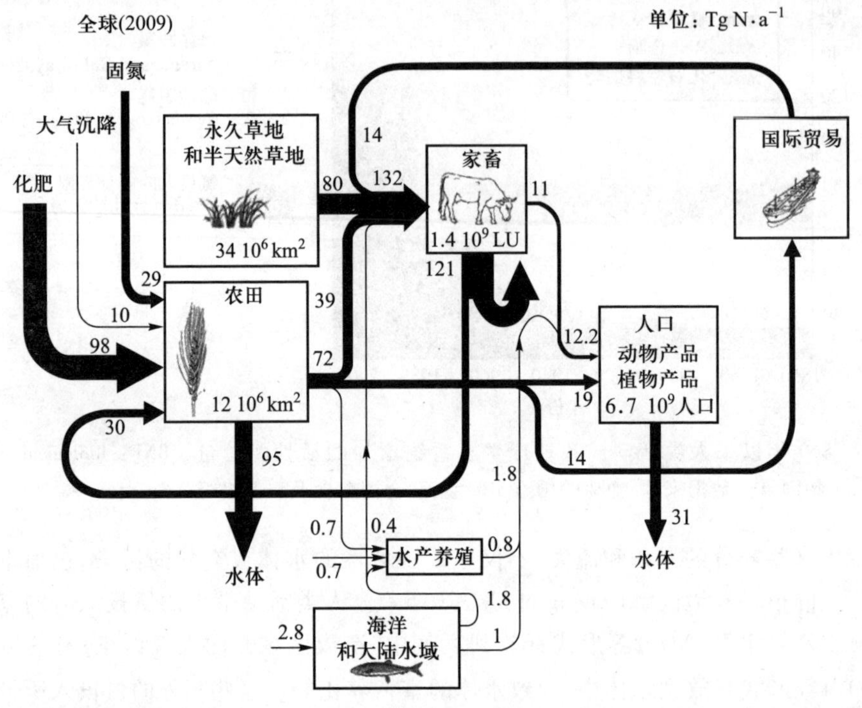

图 8.2 氮在全球粮食生产、畜禽养殖、人类消费等环节的流动及其数量大小。图片修改自 Billen 等(2014)。

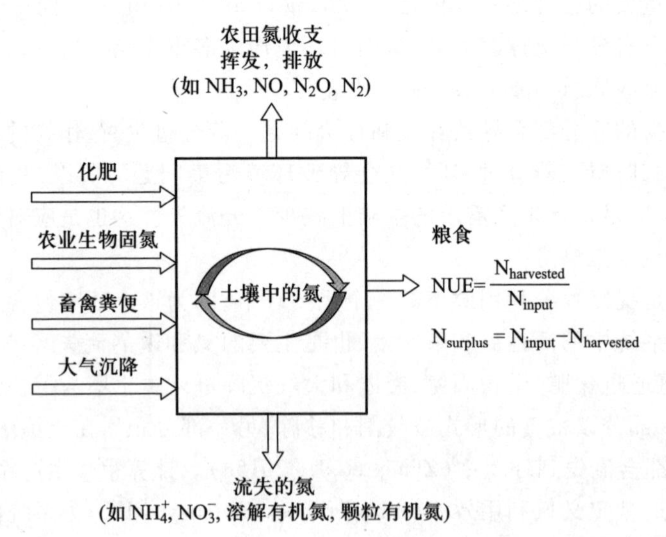

图 8.3 简化的农田生产氮收支模型(Zhang et al., 2015a)。$N_{harvested}$:收获粮食中的氮;N_{input}:氮投入;$N_{surplus}$:氮盈余。

为了提高养分利用效率，目前有大量传统农学研究专注于农场尺度上的肥料和作物管理，取得了很多进展，发展了越来越多的技术和管理措施（technologies and management practices，TMPs），并且这些技术和管理措施的成本也越来越低。与此同时，养分利用效率却没有像我们所期待的那样在全球范围内稳步提升，而是普遍降低或维持恒定，尤其是在发展中国家。这一养分利用效率的悖论促使我们反思目前农场尺度的养分管理研究是否足以帮助普遍提高养分利用效率。

8.1　整合养分管理涉及的生态和社会经济过程

提高养分利用效率和改进农业生产需要将生态学的和社会科学的视角结合起来，并且整合其所涉及的生态和社会经济过程。当农民思考种植什么和如何耕种时，他们不仅要考虑作物和技术的养分利用效率，同时更多地要考虑气候和土壤条件，以及市场和政策环境。然而，传统的农学研究以及地球生态系统研究主要关注于养分在作物、土壤以及自然生态系统中的迁移转化过程，而传统农业经济学研究主要关注成本与价格等社会经济过程。目前，很少有工作能够真正将自然生态和社会经济过程结合在一起，考量提高养分利用效率的策略。

为弥补这一知识缺口，我们尝试利用理论模型和经验统计模型等方法在农场到全球多个空间尺度上整合主要生态和社会经济过程，并研究养分利用效率的主要驱动因素。

从农场到区域尺度，我们构建了氮利用效率经济和环境影响模型（NUE Economic and Environmental Impact Model，NUE^3），整合并动态模拟了与氮利用效率相关的主要生态和社会经济过程（图 8.4a）。从农场到区域尺度（NUE^3模型）（图 8.4a），氮投入、NUE 和产量相互关联，因为 NUE 取决于氮投入和产量，并且产量和氮投入相关。在NUE^3模型中，我们研究了在农场和区域尺度上技术和管理措施（TMPs）、技术和肥料价格以及当地政策对氮投入、NUE 和产量的影响。技术和管理措施的使用会直接影响氮投入和产量，进而影响农民的收益。通常在农民决定是否采用和如何采用某种技术和管理措施时，是基于利益最大化需求的决策过程，因此这一决策不仅会受自然条件的影响（比如气候和土壤），还会受到市场（如技术和肥料价格）和政策（如肥料补贴政策）的影响。具体机制将在 8.2 节阐述。在国家和全球尺度，我们首先基于多种数据来源（Food and Agriculture Organization Corporate Statistical Database、文献、地图等）构建了 1961—2011 年全球作物氮收支数据库（Global Database of Nitrogen Budget in Crop Production，GDNBCP）（图 8.4b），然后使用计量经济学方法来研究氮利用效率如何受到经济、农学、技术和政策相关因素的影响（图 8.4）。GDNBCP 是首个提供按国家和作物类型划分的 50 年氮使用记录的全球数据库。同时，我们也构建了从国家到全球尺度的磷收支数据库（Zou et al.， 2022）。

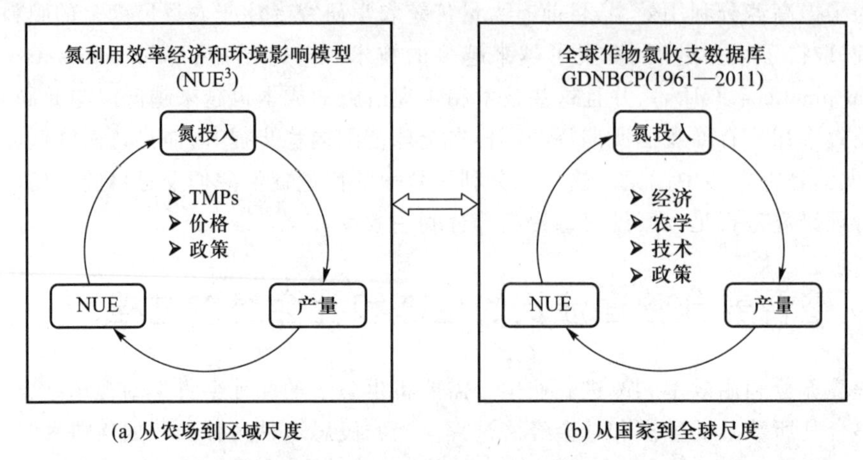

图 8.4 在多个空间尺度整合生态与经济过程,研究氮利用效率驱动因素的研究框架。

8.2 NUE^3 农场尺度模型

8.2.1 NUE^{3}模型机理

NUE^{3}农场尺度模型(图 8.5a)的构建基于两个基本假设:① 在一定的气候、土壤和耕作条件下,产量对氮投入的收益递减;② 农民以实现利润最大化为主要目标来决定施肥量和管理措施。收益递减是因为在同一气候、土壤和耕作条件下,随着施氮量的增加,其他限制产量的因素(比如水和阳光)变得越来越重要。因此,随着氮肥施用量的增加,产量增量趋缓(图 8.5b),氮利用效率也因此呈单调下降趋势(图 8.5c)。对于一种耕作技术来说,氮利用效率并不固定,而是取决于肥料用量,而肥料用量则受到肥料和作物价格以及农民对风险的预估等多种社会经济条件的影响(图 8.4)。比如,随着肥料价格的上涨,为保证利润最大化,氮肥施用量会降低,从而导致氮利用效率增加。

NUE^{3}农场尺度模型可以用于模拟计算实施某种 TMP(TMP_i)前后的最优氮肥施用量、农户收益、NUE 和氮流失,并可以将结果进行比较,从而综合评估使用该 TMP_i 对环境和经济的影响(图 8.5a)。通过比较不同情境下的模拟结果,将可以回答以下问题:① 是否有足够的经济效益能够激励农民采用某种 TMP? ② 综合考虑氮投入、氮收支、种植面积和氮利用效率等多种环境影响评估指标,这种 TMP 对环境到底有怎样的影响? ③ 化肥或作物的价格变化会对以上结果产生什么样的影响? 通过回答这些问题,NUE^{3}模型可以用于寻求实现环境保护和农民效益双赢的技术、政策和市场环境。

8.2.2 案例研究:TMPs 对美国中西部玉米生产的影响

以美国中西部的玉米生产为例,我们运用 NUE^{3}农场尺度模型来分析农民对不同 TMP 的选择及其对环境和经济收益的影响,进而讨论相关经济政策方案以促进

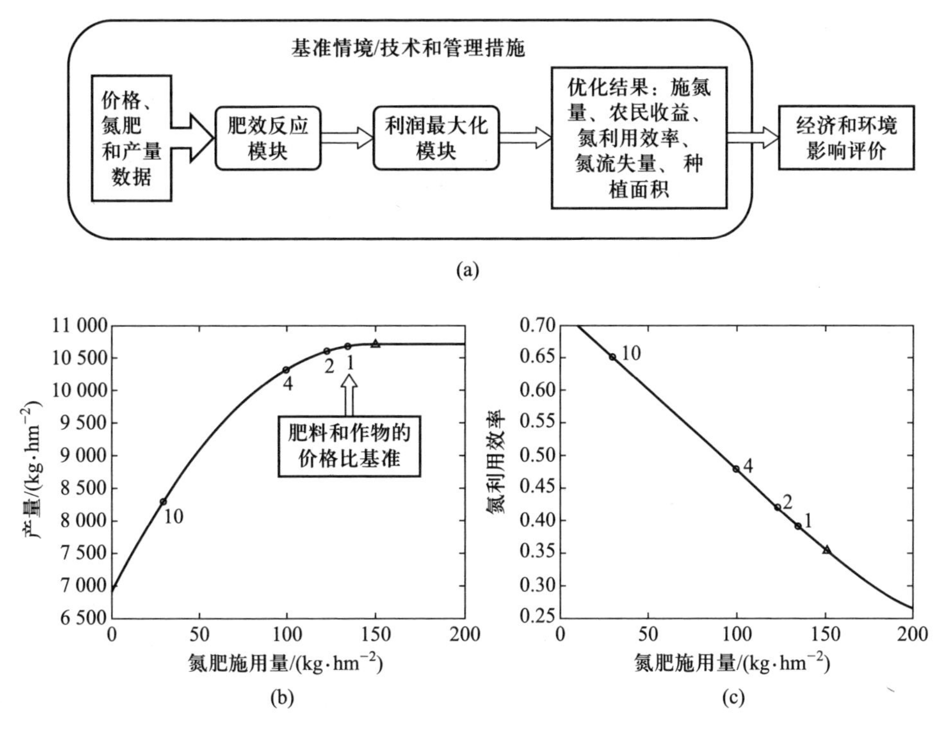

图 8.5　NUE³农场尺度模型及其基本假设(Zhang et al., 2015c)。(a) NUE³农场尺度模型基本结构。(b) 作物模型中使用的典型的肥效反应方程(yield response function)。数字为 1 的圆圈表示基于美国 2011 年化肥与作物价格比为 4.1 的价格基准情境下的优化氮肥施用量。数字为 2 的圆圈表示肥料价格为基准情境的 2 倍的情况,数字为 4 和 10 的圆圈以此类推。(c) 氮利用效率随氮肥施用量增加产生的变化。

TMP 的实施(Zhang et al., 2015c)。对于一个农场来说,TMP 可以通过三种不同的方式改变肥效反应方程(图 8.6):① 第一类 TMP(TMP1),如精准农业(precision farming),这种管理方式试图在需要的地点和时间为作物提供氮(Gehl et al., 2005),只需要较少的氮投入就可以达到与目前农场基准生产水平(baseline)相同的最高产量;② 第二类 TMP(TMP2),如缓释肥料(control released fertilizer)(Blaylock,2013),可以在相同或较低的施氮量下达到肥效反应方程的最高产量,且这一产量要高于基准生产水平的最高产量;③ 第三类 TMP(TMP3),如杂交改良品种(improved hybrid cultivar)(Ciampitti and Vyn,2012),可以显著提高最高产量值,但也需要更高的氮投入。

这三种类型的技术都被认为是先进的或"更高效的",因为和基准情境的肥效反应方程相比,它们都可以用更少的氮肥施用量达到目前的产量水平。然而,在实际操作中,如果农民以利润最大化为目标,氮肥施用量和 NUE 将受到其他社会经济因素的影响。比如,当 TMP 的价格单位定义为美元每公顷时,技术实施的成本与氮肥用量无关,而与种植面积相关。因此实施一项 TMP(比如 TMP3)可能不但没有降

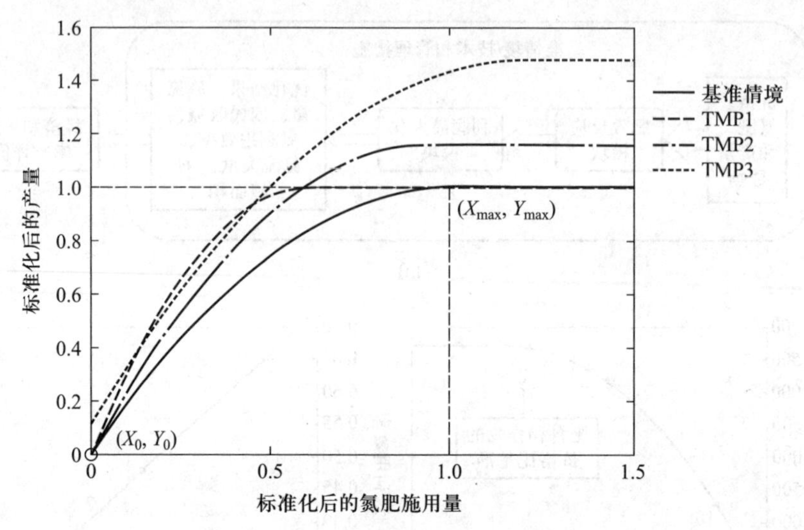

图 8.6 TMP 对肥效反应方程的影响。(Zhang et al., 2015c)

低氮投入,反而增加了该值,而且这种增加可能会导致更多的氮流失到环境中,从而降低 NUE。但是当 TMP 的价格单位定义为美元每千克氮时(比如一些缓释肥料的价格是普通化肥价格的 1.5 倍),技术价格会影响到优化的氮肥施用率,从而影响 NUE 和氮流失。因此,使用更先进的技术不一定会增加氮利用效率,因为效率的增加很大程度上还受到化肥、作物和技术的市场价格和定价方式等社会经济因素的影响。

NUE^3农场尺度模型模拟了氮肥施用量、产量和氮利用效率之间的动态变化,并研究了 TMPs、作物和肥料价格的变化如何影响氮肥施用量和 NUE。我们的模型为决策者提供了一个重要工具,帮助他们了解化肥、作物和 TMPs 价格组合起来如何影响实现农民收入和环境质量双赢的可能性(图 8.7)。如果农民的经营主要是为了实现利润最大化,那么实施第一类 TMP 的经济驱动力实际上是非常有限的,因为在肥料与作物价格比很低的情况下,实施第一类 TMP 所带来的经济收益增加只有 5%左右,甚至可能小于由于年际间气候条件变化所带来的经济收益的变化(图 8.7)(Zhang et al., 2015c)。

TMPs 的实施并不总是能够减少氮污染。TMPs 对农民经济决策和环境的影响不但取决于 TMPs 如何改变产量上限和达到上限时的最高氮肥施用量,还取决于 TMPs、化肥和作物价格的变化。

总体来说,美国中西部农场的案例研究表明:① TMPs 可以通过多种方式影响肥效反应;② 与不能提高产量上限的 TMPs 相比,能够提高产量上限的 TMPs 为农民创造了更大的经济激励,但可能增加氮肥施用量和氮流失;③ 如果将 TMP 价格控制在一定范围之内,有可能降低一些负面环境影响并实现环境与经济效益的双赢,而 NUE^3 就是一个用于估测这个价格范围的工具。

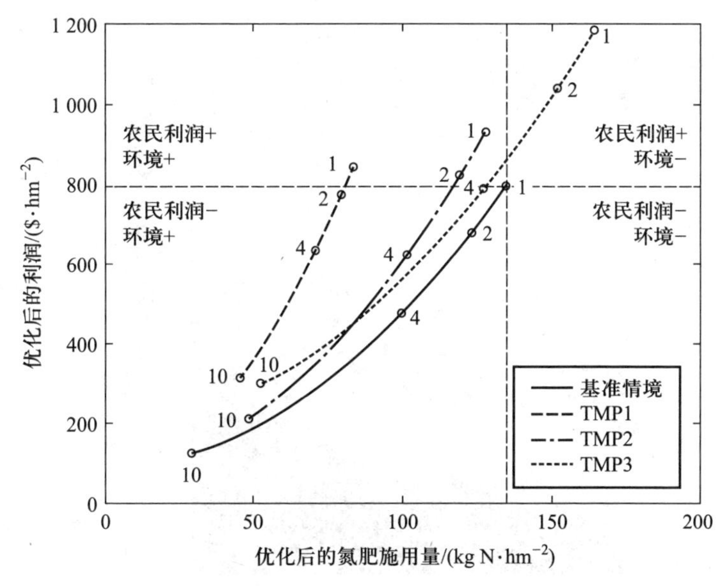

图 8.7 不同肥料价格情境下优化后的氮肥施用量和利润(Zhang et al., 2015c)。图中数字表示肥料价格相对于基准情境(0.91 $ kg N^{-1})的变化。例如,数字 2 表示肥料(或肥料和技术)价格提高到基准肥料价格的两倍。(Zhang et al., 2015c)

8.3 国家尺度上氮利用效率的驱动因素

在国家和全球尺度上,我们建立了包含全球 113 个主要农业生产国家和 11 组主要作物类别的氮收支数据库(Zhang et al., 2015a)。通过分析这些国家的氮利用效率、产量和氮盈余在过去 50 年内的变化趋势,我们发现绝大多数国家在过去的 50 年内都经历了产量(也是土地利用效率的一种指标)的增加(图 8.8),但大部分国家在产量增加初期都伴随着氮利用效率的降低。目前,除了美国和法国等个别发达国家的氮利用效率在近年来有一定程度的提高,其他很多国家的产量增加仍伴随着氮利用效率的下降和氮盈余的增加(图 8.8)。这也进一步印证了养分利用效率的悖论。了解这个悖论背后的驱动因素,并将农场尺度上模拟的生态与社会经济的交互过程应用在国家尺度上,将有利于提高各国的养分利用效率。

8.3.1 发展阶段以及肥料和作物的价格比

我们首先从 GDNBCP 数据库中提取各国作物生产在过去 50 年间的数据,包括每年的产量、氮肥施用量以及肥料与作物价格比。其次,我们将 NUE³农场尺度模型中的肥效反应方程的典型模式和利润最大化的假设应用在国家尺度上,利用历史数据构建出每年“代表性”的肥效反应方程(图 8.9a)。以美国玉米种植为例,这些方程将美国过去 50 年玉米增产的过程分为三个阶段(图 8.9b):① 1961—1971 年,产量增长主要依赖于氮肥施用量的增加;② 1971—2001 年,增产主要依靠第三类 TMPs 的开发和应用,伴随着 NUE 的降低或者持平;③ 2001—2011 年,增产主要依靠第二类 TMPs,伴随着 NUE 的增加。

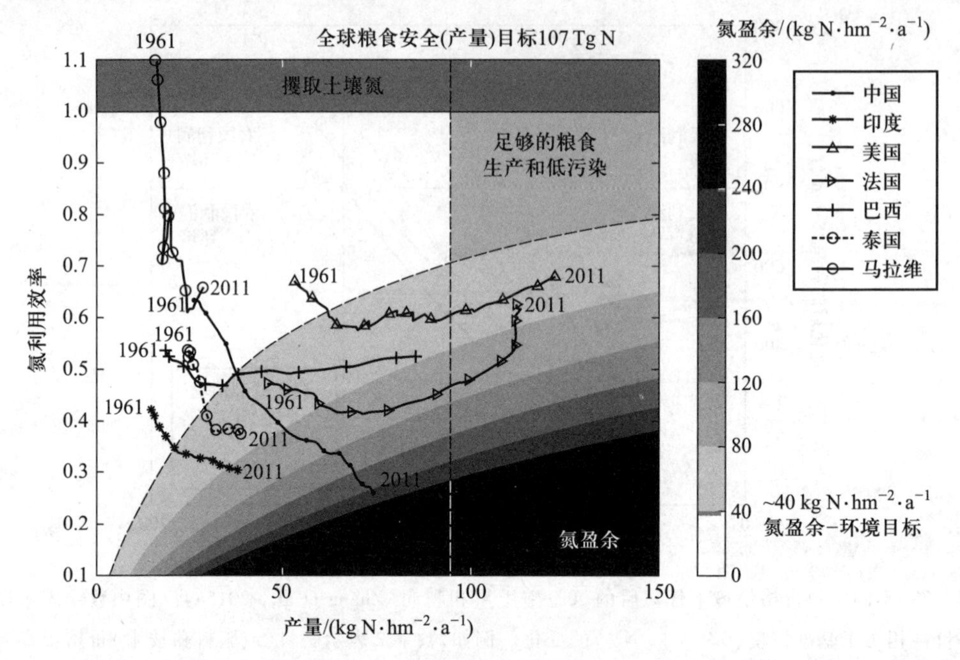

图 8.8 粮食生产的两个重要效率指标(即产量和氮利用效率)的历史变化趋势,以及 2050 年粮食安全和环境目标(Zhang et al., 2015a)。不同类型的曲线代表不同国家,每个符号代表每个国家 1961—2011 年头尾两年及每五年的数据。数据取前后十年的平均值,以消除气候变化给每年数据带来的微小波动。不同深浅的灰色阴影代表氮盈余的不同区间值。最上方矩形区域代表氮利用效率大于 1(100%),即粮食收获中的氮同时来源于氮投入和土壤中的氮。右上方近似梯形区域代表实现 2050 年粮食安全和环境目标所需的氮利用效率和产量。竖直虚线:粮食安全(产量)目标,即 2050 年需要达到 107 Tg N(Alexandratos and Bruinsma, 2012)。弯曲虚线:环境目标,即氮盈余平均不能超过 40 kg N · hm^{-2} · a^{-1}。(Bodirsky et al., 2014)

相比之下,中国表现出了截然不同的历史变化(图 8.9a)。中国过去 50 年里代表性的肥效反应方程并没有很明显的变化,说明大部分的产量增长是通过使用更多的氮肥或实施第三类 TMPs 实现的。然而氮肥所带来的产量增效在近二十年已经极其有限。这一现象与中国政府近几十年来对氮肥的大力补贴有关。目前中国的肥料和作物的价格比大约只有美国的四分之一,极低的肥料价格使得农民很少有提高氮利用效率的经济动力(Zhang et al., 2015a)。

8.3.2 作物生产结构的差异

国家尺度上的 NUE 不仅取决于单个作物的 NUE 水平,还受到作物生产结构(作物类型的组合)的影响。以中国和美国为例,中国大部分作物的 NUE 都低于美国。即使中国能够提高氮素管理方法和技术,将每种作物的 NUE 都提高到美国的水平,也只能弥补两个国家在国家尺度上的 NUE 差距的一半左右(图 8.10)(Zhang et al., 2015a)。另一半差距则主要是由中国和美国的作物生产结构的不同所造成的(图 8.10)。一方面,美国大豆产量占总粮食产量的 42%(图 8.11)。大豆是一种固氮

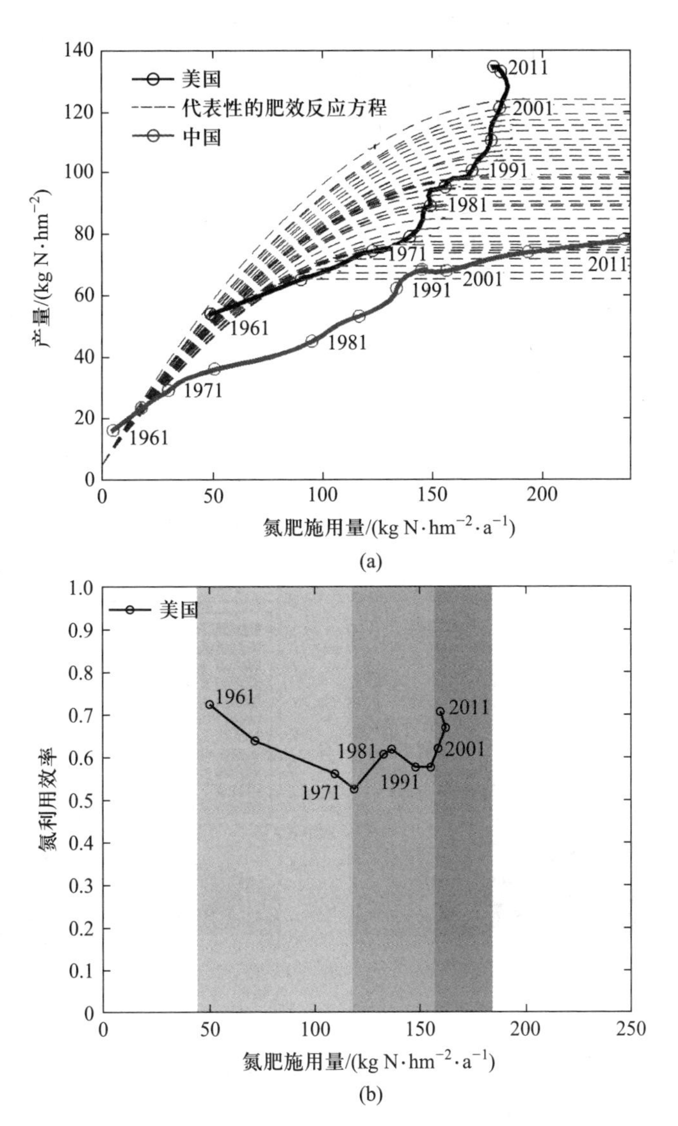

图 8.9　中国和美国 1961—2011 年氮使用情况(Zhang et al., 2015a)。(a)中国和美国氮肥施用量和产量水平。(b)美国氮肥施用量和氮利用效率。

作物,它自身的氮利用效率也高于大多数其他作物(Zhang et al., 2015a)。另一方面,我国目前将大概三分之一的氮肥施用于果蔬生产,但是果蔬的氮利用效率总体上要比其他作物低得多(Zhang et al., 2015a)。

通过中国和美国的氮利用效率的案例研究,我们发现国家尺度上的 NUE 都会受到一系列社会经济因素的影响,包括发展阶段、粮食生产结构以及肥料与作物价格,等等。我们为这一系列的因素匹配量化指标,搜集数据,进而设计多种统计模型来验证这些指标与各个国家 NUE 之间的关系。通过多个统计模型的测试,我们发现以下因素与 NUE 之间的关系显著且一致,并且与以上中美案例的分析结论也一致:

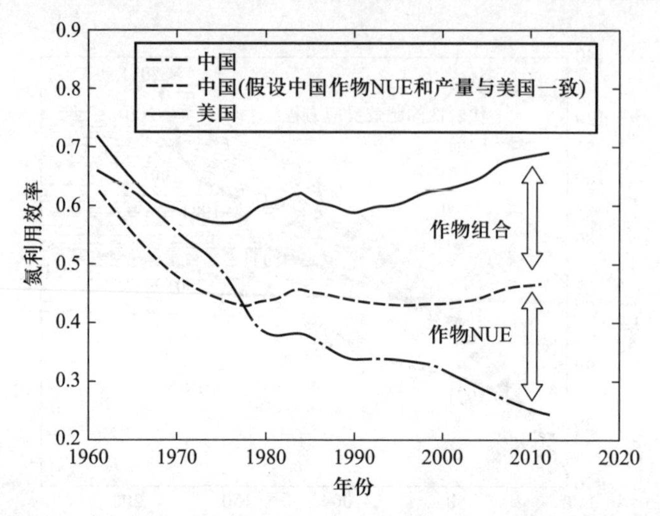

图 8.10　中国和美国过去 50 年的氮利用效率对比。(Zhang et al., 2015a)

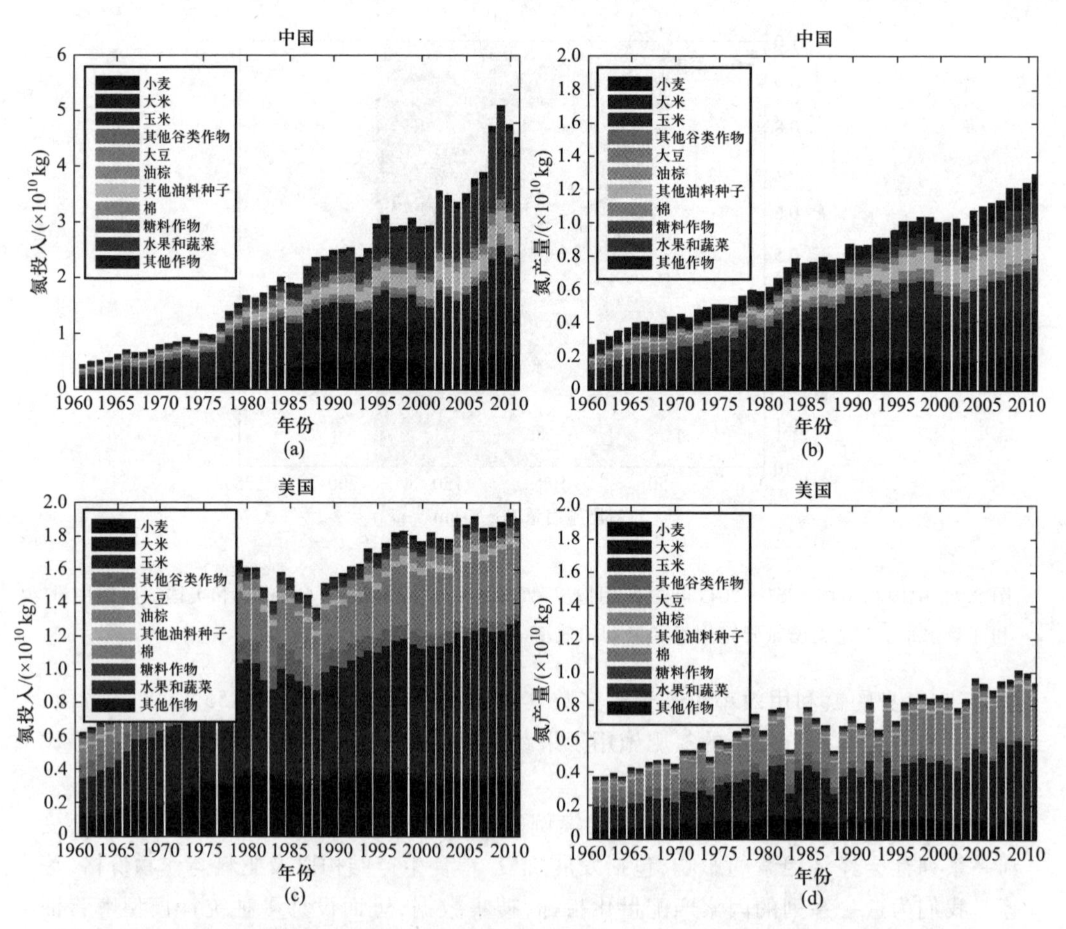

图 8.11　中国和美国各作物类别的氮投入和氮产量(1961—2011 年)(Zhang et al., 2015a)。(a) 中国氮投入;(b) 中国氮产量;(c) 美国氮投入;(d) 美国氮产量。(参见书末彩插)

(1) 人均国民生产总值与 NUE 呈 U 形曲线关系,与氮盈余呈钟形曲线关系(图 8.12a)。即在经济发展初期 NUE 随经济增长而下降,氮盈余随之上升。但随着经济发展到一定阶段,生产技术达到一定水平,且人们对于环境问题开始重视,NUE 下降趋势逐渐趋缓甚至开始增长,从而氮盈余增长变缓甚至下降。这一结论也佐证了环境库兹涅茨曲线(Environmental Kuznets Curve)的假设(Dinda,2004)。

(2) 肥料与作物价格比与 NUE 呈显著正相关,即在其他条件不变的情况下价格比越高,NUE 越高(图 8.12b)。这是因为肥料价格相对较高时,农民倾向于减少氮肥施用量来控制支出(Zhang et al., 2015a)。

(3) 果蔬的种植面积比重与 NUE 呈显著负相关,即在其他条件不变的情况下,果蔬种植比重越大,NUE 越低(图 8.12b)。这是因为果蔬与其他作物相比具有较低的氮利用效率(Zhang et al., 2015a)。

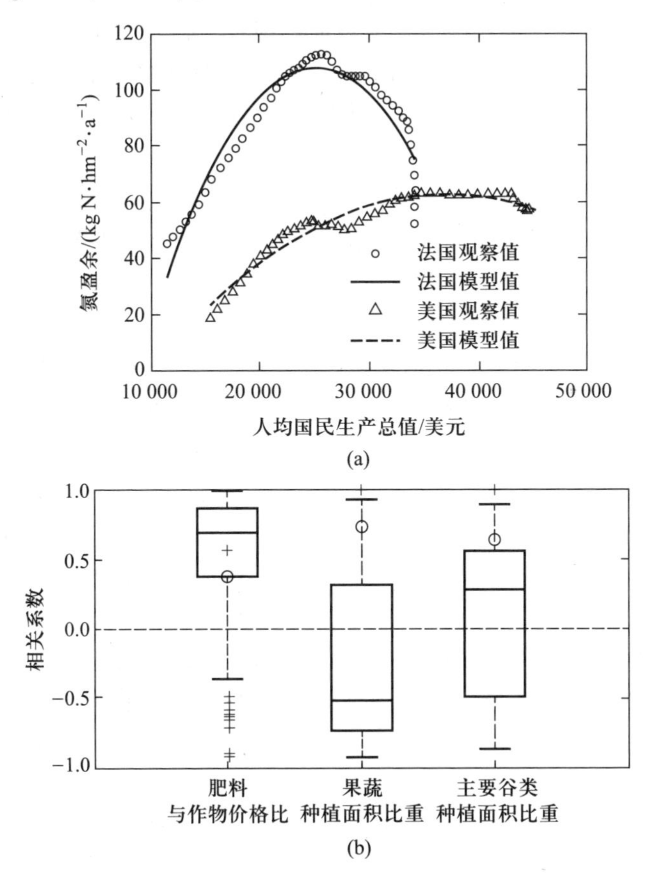

图 8.12　国家尺度氮利用效率及其驱动因素(Zhang et al., 2015a)。(a) 氮盈余与人均国民生产总值的关系,以法国和美国为例。空心圆和三角代表历史数据,实线和虚线分别代表模型模拟出的法国和美国氮盈余和人均国民生产总值的关系。(b) 国家尺度氮利用效率与其三种潜在驱动因素的相关系数箱型图,包括肥料与作物价格比、果蔬种植面积比重以及主要谷类种植面积比重。图片只显示显著的相关系数($p<0.05$)。十字符号显示有足够数据的国家的比例。圆圈符号显示有显著相关系数的国家的比例。

8.4 应对人类纪养分管理的挑战

理解养分利用效率及其驱动因素有助于增强人类纪的养分管理。目前粮食生产的养分利用效率需要进一步提高,以达到 2050 年粮食增产 50%并将肥料带来的污染控制在养分投入的安全界限之内这两个目标。根据联合国粮食及农业组织(Food and Agriculture Organization of the United Nations,FAO)的估算,2050 年粮食产量需要达到 107 Tg N(Alexandratos and Bruinsma,2012);与此同时,根据目前文献中对氮投入的安全界限的估算,氮盈余平均不能超过 40 kg N · hm^{-2} · a^{-1}(Bodirsky et al., 2014)(图 8.8)。这意味着,在全球尺度上,NUE 需要从目前的 40%左右增加到 70%,而 PUE 需要从目前的 60%左右增加到 68%~81%(Zou et al., 2022)。而实现这两个目标对不同国家意味着不同的挑战。比如目前美国、法国和巴西已通过了环境库兹涅茨曲线的最低拐点,达到或接近生产目标,并有向环境目标接近的趋势(图 8.8)。但对中国和印度来说,当务之急是阻止养分利用效率继续下降。这一需求依赖于调整化肥补贴政策,鼓励使用高效利用养分的技术,并为农民采用高效技术提供政策和技术支持以及经济激励。对很多非洲国家来说,当务之急是提高产量以满足基本的粮食需求。这些国家的关键挑战在于如何能够避免重复传统的环境库兹涅茨曲线,从而在不牺牲环境的前提下提高生产力。应对这些挑战的关键之一在于获得来自其他国家的技术转让和经验分享。

在提高各个国家养分利用效率的同时,全球粮食安全和环境目标还可以通过在国家和地区之间有效调配粮食生产和养分资源得以实现(Zhang,2017)。由于各国的自然地理条件和经济发展水平有所不同,不同地区施用相同数量的氮和磷带来的产量增加也是截然不同的。因此,如果能将养分资源重新分配到那些产量增量最大的地区,我们就可以以更低的氮投入和氮流失达到同样的粮食生产目标。目前的国际贸易往来已经在推进类似的养分投入和作物生产的重新分配(Huang et al., 2019; Yao et al., 2021)。但是这一策略也会使得生产者与消费者距离变远,从而带来很多意料不到的后果,比如森林砍伐等。我们需要进一步使用学科交叉的方式,整合自然生态与社会经济过程,全面评估和提高养分管理的有效性并了解其对粮食供应系统可持续性的影响。

致谢

本文在 2019 年 5 月第十届现代生态学讲座讲稿基础上撰写而成。在此感谢组委会对我们的邀请。同时我们也感谢美国自然基金会对 CNS-1739823、CBET-2047165 和 CBET-2025826 项目的资助。

参 考 文 献

Alexandratos, N., and J. Bruinsma. 2012. World agriculture towards 2030/2050: The 2012 revision. ESA Working Papers 288998, Food and Agriculture Organization of the United Nations, Agricultural Development Economics Division(ESA).

Billen, G., L. Lassaletta, and J. Garnier. 2014. A biogeochemical view of the global agro-food system: Nitrogen flows associated with protein production, consumption and trade. Global Food Security, 3: 209-219.

Blaylock, A. 2013. Enhancing productivity and farmer profitability in broad-acre crops with controlled-release fertilizers. In Vargas, V. P., Cantarella, H., Soares, J. R., eds. The Third International Conference on Slow- and Controlled-Release and Stabilized Fertilizers. TFA & New Ag International 12-13 March 2013, Rio de Janeiro.

Bodirsky, B. L., A. Popp, H. Lotze-Campen, J. P. Dietrich, S. Rolinski, I. Weindl, C. Schmitz, C. Müller, M. Bonsch, F. Humpenöder, A. Biewald, and M. Stevanovic. 2014. Reactive nitrogen requirements to feed the world in 2050 and potential to mitigate nitrogen pollution. Nature Communications, 5:3858.

Ciampitti, I. A., and T. J. Vyn. 2012. Physiological perspectives of changes over time in maize yield dependency on nitrogen uptake and associated nitrogen efficiencies: A review. Field Crops Research, 133: 48-67.

Dinda, S. 2004. Environmental Kuznets curve hypothesis: A Survey. Ecological Economics, 49:431-455.

Gehl, R. J., J. P. Schmidt, L. D. Maddux, and W. B. Gordon. 2005. Corn yield response to nitrogen rate and timing in sandy irrigated soils. Agronomy Journal, 97:1230-1238.

Gruber, N., and J. N. Galloway. 2008. An Earth-system perspective of the global nitrogen cycle. Nature, 451:293-296.

Huang, G., G. Yao, J. Zhao, M. D. Lisk, C. Yu, and X. Zhang. 2019. The environmental and socioeconomic trade-offs of importing crops to meet domestic food demand in China. Environmental Research Letters, 14:094021.

Quan, Z., X. Zhang, Y. Fang, and E. A. Davidson. 2021. Different quantification approaches for nitrogen use efficiency lead to divergent estimates with varying advantages. Nature Food, 2:241-245.

Steffen, W., K. Richardson, J. Rockström, S. E. Cornell, I. Fetzer, E. M. Bennett, R. Biggs, S. R. Carpenter, W. de Vries, C. A. de Wit, C. Folke, D. Gerten, J. Heinke, G. M. Mace, L. M. Persson, V. Ramanathan, B. Reyers, and S. Sörlin. 2015. Planetary boundaries: Guiding human development on a changing planet. Science, 347:1259855.

Yao, G., X. Zhang, E. A. Davidson, and F. Taheripour. 2021. The increasing global environmental consequences of a weakening US-China crop trade relationship. Nature Food, 2(8):578-586.

Zhang, X. 2017. A plan for efficient use of nitrogen fertilizers. Nature, 543:322-323.

Zhang, X., E. A. Davidson, D. L. Mauzerall, T. D. Searchinger, P. Dumas, and Y. Shen. 2015a. Managing nitrogen for sustainable development. Nature, 528:51-59.

Zhang, X., E. A. Davidson, T. Zou, L. Lassaletta, Z. Quan, T. Li, and W. Zhang. 2020. Quantifying nutrient budgets for sustainable nutrient management. Global Biogeochemical Cycles, 34(3): e2018GB006060.

Zhang, X., X. Lee, T. J. Griffis, A. E. Andrews, J. M. Baker, M. D. Erickson, N. Hu, and W. Xiao. 2015b. Quantifying nitrous oxide fluxes on multiple spatial scales in the Upper Midwest, USA. International Journal of Biometeorology, 59:299-310.

Zhang, X., D. L. Mauzerall, E. A. Davidson, D. R. Kanter, and R. Cai. 2015c. The economic and environmental consequences of implementing nitrogen-efficient technologies and management practices in agriculture. Journal of Environmental Quality, 44:312-324.

Zhang, X., T. Zou, L. Lassaletta, N. Mueller, M. Lisk, C. Lu, R. Conant, J. Gerber, H. Tian, T. Bruulsema, W. Zhang, K. Nishina, B. Bodirsky, A. Popp, L. Bouwman, A. Beusen, D. Leclere, P. Canadell, R. Jackson, F. Tubiello, and E. Davidson. 2021. Quantification of global and national nitrogen budgets for crop production. Nature Food, 2: 529-540.

Zou, T., X. Zhang, and E. Davidson. 2022. Global trends of cropland phosphorus use and sustainability challenges. Nature, 611: 81-87.

生态系统蒸散发过程与服务功能相互作用研究进展

第9章

孙阁[①] 郝璐[②]

摘　要

蒸散发指陆地上的液态或固态水以气态形式返回大气的过程,包括植物蒸腾、林冠截留以及土壤蒸发等。蒸散发过程是连接生态系统水、热和碳循环的重要纽带,广义上与生物多样性密切关联。因此,蒸散发直接影响生态系统服务功能的发挥。准确量化变化环境下蒸散发的变化,对于评价植被恢复、城市化和气候变化对不同尺度生态系统的影响,在生产上具有重要指导意义。影响不同尺度生态系统蒸散发的因素众多,如大气条件(辐射、风速和降水)、植被特征(植物导水能力、叶面积量、根系量及其分布)以及土壤水分含量和地下水埋深。蒸散发研究是当前水文、生态、气候、环境研究的瓶颈。量化蒸散发的方法包括小气候观测法(波文比、通量法、同位素、液流观测、流域水量平衡法),数学模型(如 Penman-Monteith 大叶模型、Budyko 框架模型),基于通量观测建立的经验方程,能量平衡原理和遥感技术,大尺度陆面模式等。本文根据中美不同气候区的研究结果总结了蒸散发与径流、碳循环和生物多样性的紧密关系,介绍了不同空间尺度蒸散发的估算方法。用实例和月尺度模型(WaSSI)说明了蒸散发对评估土地利用变化、城市化和森林经营对流域产流和生态系统生产力等生态系统服务功能影响的重要性。

Abstract

Evapotranspiration refers to the process by which liquid or solid water returns to the

① 美国农业部林务局南方研究站,东部森林环境威胁评估中心,北卡罗来纳州三角科技园,27709,美国;

② 南京信息工程大学江苏省农业气象重点实验室,气象灾害教育部重点实验室,南京,210044,中国。

atmosphere gaseous form, including plant transpiration, vegetation interception, and soil evaporation. The evapotranspiration process is an important link connecting the water, heat, and carbon cycles in an ecosystem, and is closely related to biodiversity broadly. Therefore, evapotranspiration directly affects ecosystem services we value. Accurately quantifying changes in evapotranspiration under changing environments is of great significance in evaluating the impact of vegetation restoration, urbanization, and climate change on ecosystems at different scales. There are many factors that affect the evapotranspiration of ecosystems at different scales, such as atmospheric conditions (radiation, wind speed, precipitation), vegetation characteristics (plant hydraulics, leaf area, root distribution), and soil moisture content and groundwater depth. Evapotranspiration research is the bottleneck of current hydrological, ecological, climatic, and environmental research. Methods to quantify evapotranspiration include microclimate observation methods (Bowen ratio, flux method, isotope, sap flow observation, basin water balance method), mathematical models (such as Penman-Monteith big-leaf model and Budyko framework model), energy balance based remote sensing methods, hydrological models (MIKE SHE), land surface model. This article summarizes the close relationship between evapotranspiration and runoff, carbon cycle and biodiversity based on the results of studies in different climate zones in China and the United States, and introduces methods for estimating evapotranspiration at different spatial scales. We used a few modeling examples (WaSSI) to illustrate the importance of evapotranspiration in assessing the impact of land use change, urbanization, and forest management on water yield and watershed ecosystem productivity and other ecosystem services.

前言

陆地生态系统蒸散发是指液态或固态水吸收能量转化成气态水的过程(Sun and Chen,2020)。英文文献中蒸散发传统上称为“evaporation”。20世纪40年代末美国地理气候学家Charles Warren Thornthwaite提出把“evaporation”和“transpiration”合成为一个英文单词“evapotranspiration”(ET)。目前,多数英文文献采用“evapotranspiration”代表水分循环中的蒸散发过程。“evaporation”还是“evapotranspiration”? 哪种叫法更能反映蒸散发的过程,国际气象学界目前尚有争议。对于有植被的生态系统,“ET”为植物蒸腾、林冠截留、土壤蒸发和水面蒸发的总和(图9.1)。雪或冰从固态直接变成气态的蒸发过程称为升华(sublimation)。可以说,ET包含复杂的生理和物理过程(如气孔控制水分子在大气负压作用下从植物根部通过茎导管传输到叶片,最终从茎或叶气孔扩散到空气中)。

蒸散发是地球多圈层相互作用的关键过程,深刻地影响着地球表层物理、化学和生物过程,与地表水分能量分配、大气热力动力性质密切相关。蒸散发过程极为复杂,是水文、生态、气候、环境等研究领域的瓶颈。当前,人类面临全球气候变化和人类活

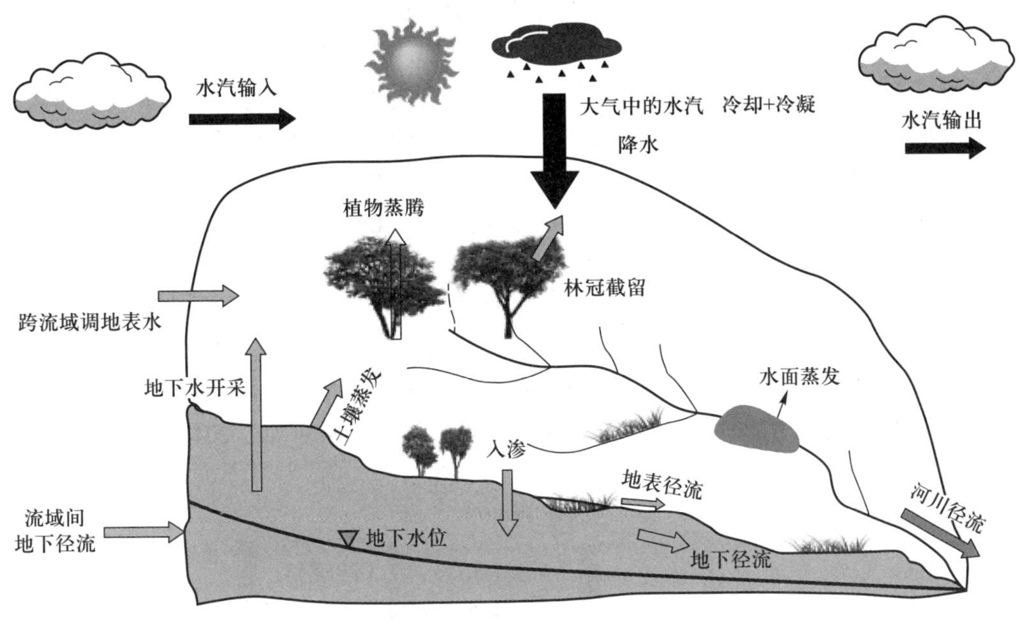

图9.1　蒸散发是流域水文循环的重要组成部分。

动所引起的一系列生态环境问题,比以往任何时候都更需要深化对蒸散发的研究。植被通过蒸散发影响流域水量平衡及其季节分布乃至洪水过程,同时还影响碳平衡、碳吸收储存、养分循环等生物地球化学循环过程。蒸散发过程是近年来兴起的生态水文学关注的核心内容之一。事实上,当前森林生态水文研究中的许多有争论的科学问题,如植被恢复对降雨和河川径流的影响,就是因为对不同尺度蒸散发过程的认识不全面引起的(魏晓华和孙阁,2009)。同样,城市化如何影响小气候(如"热岛""干岛"),需从蒸散发和能量平衡的角度去理解(郝璐和孙阁,2021)。

森林、草地和湿地为人类的生存和发展提供了大量的生态系统服务功能(Sun et al., 2017),如清洁水源,吸收二氧化碳(碳汇)释放氧气,舒适的气候(降温、增湿、稳定气候),多样的木材和林产品,良好的野生动物栖息地(尤其是湿地),维护生物多样性以及提供丰富旅游文化资源等。这些生态系统服务功能都与生态系统水量、水质、能量交换和植物蒸散发密切相关。

9.1　蒸散发的意义

9.1.1　蒸散发(ET)是联系生态系统水量与能量平衡的纽带

ET是生态系统能量平衡和水量平衡的一个共同项。在能量平衡中,净辐射(R_n)主要被分配为水分蒸散发需要消耗的能量(潜热,LE),以及用于加热大气(显热,H)和土壤(土壤热通量,G)的能量(图9.2)。土壤热通量在长时间尺度(如天或月)下可忽略。在湿润区,与采伐迹地或幼林地相比,森林流域的R_n、LE及LE占净辐射比例均较高(Sun et al., 2010)。如美国北卡罗来纳州海岸平原 20 年生常绿火炬松林(*Pinus Taeda*)在生长季 R_n 为 350~360 W·m^{-2},LE/R_n 值高达 68%;冬季 R_n 为 160~190 W·m^{-2},LE/R_n 值较低,为 30% 左右。而幼林地生长季 R_n 仅为 200~300 W·m^{-2},LE/R_n 值与 20 年生林地相比要稍低(Sun et al., 2010)。由于森林叶面积较大,太阳短波辐射反射率低,吸收的净辐射较高,用于蒸散发的能量(LE)要比幼林或草地高。水的比热较大,蒸发 1 g 水大致要消耗 590 cal 的热量。LE 越高,意味着 ET 越高(ET=LE/*L*,*L* 为水的比热)。根据水量平衡原理,蒸散发量的不同,直接影响流域径流、地下水和土壤含水量(图 9.2)。在低、中纬度地区,草地与林地相比,林地 LE 更高(图 9.3)(Fang et al., 2016;Liu et al., 2017),显热(*H*)更低,从而起到降温的作用(Li et al., 2018)。但是,在高纬度地区,会有相反的现象,草地反照率(albedo)比林地要高,净辐射低,空气对流较弱,使得近地面气温低于林地(Lee et al., 2011)。

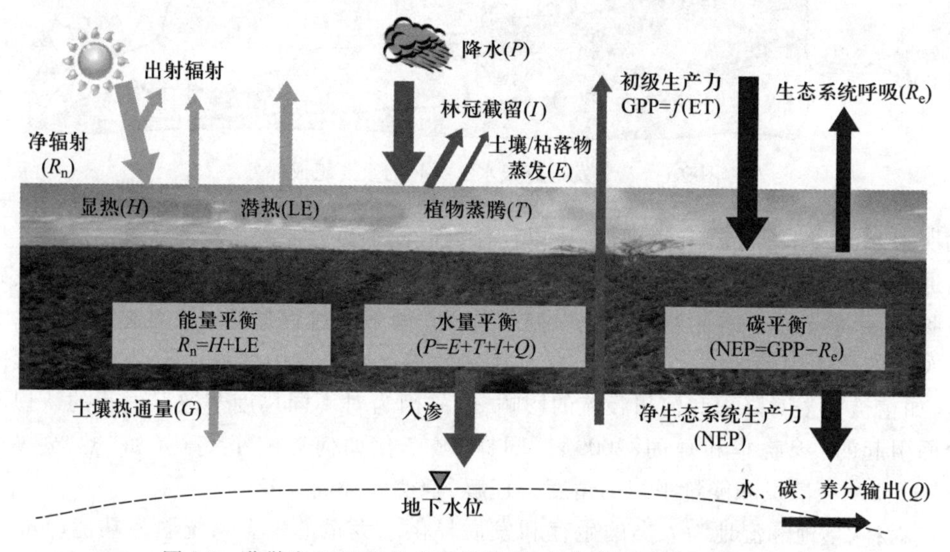

图 9.2 蒸散发(ET)是生态系统能量、水和碳循环耦合的纽带。

在全球和区域尺度上,LE 或蒸散发(ET)在空间和时间上的分布主要受能量(辐射)和水分(降水)供给控制。全球年平均 ET 约为 600 mm,即降水量的 60%~70%。在美国,多数流域 ET 超过年降水量的 50%(Sanford and Selnick,2013),而在干旱区,这一比例高达 90%。在美国潮湿的东南部地区,森林年 ET 高达降水量的 85%,生长季 ET 多高于同期降水量,干旱年份总 ET 会高于降水量。据测定,半干旱的北京地区人工杨树林的 ET 与年降水量(500~600 mm)相当。在区域尺度上,与气候相比,植被对径流的影响通常较小(Oudin et al., 2008),但在干旱-半干旱区,人类干扰导致的植被变化(如造林和城市化)对蒸散发和径流的影响至关重要。一般来讲,减少森林植被(如城市化,采伐森林改成农业用地)会降低 ET(Bosch and Hewlett,1982);而植被恢复(如以生态恢复为目的的植树造林,在水土流失严重、植被稀少的土地上种树)会提高 ET(Zhang et al., 2001),增强土壤入渗能力(Bruijnzeel,2004),通常会减少流域产水量。最近观测到的全球变绿现象已造成 ET 增加，径流减少（Peng et al., 2014）。

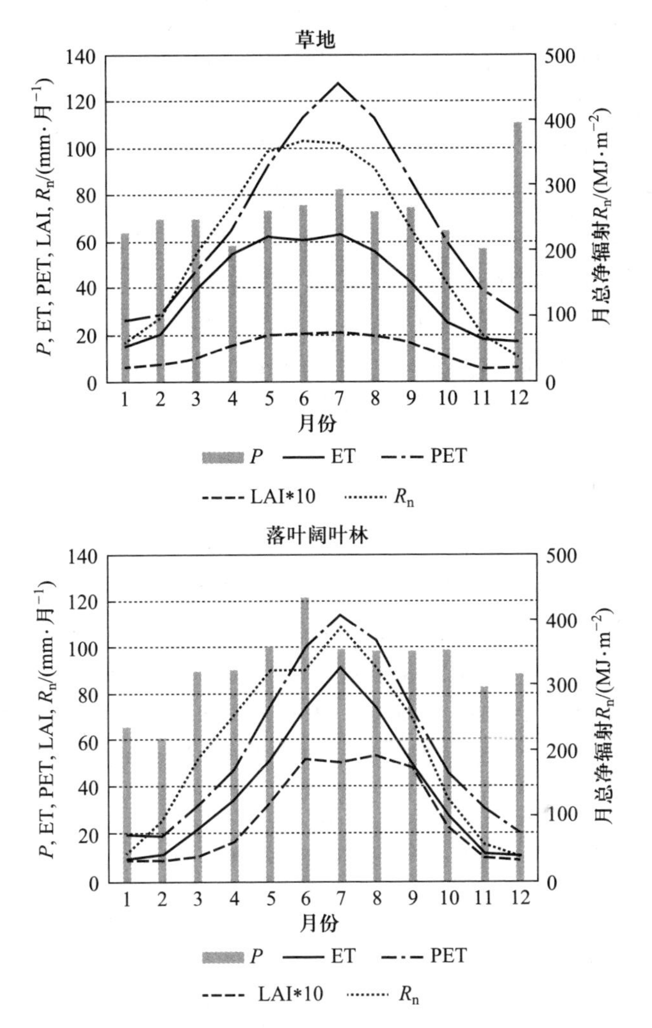

图 9.3　北美草地与落叶阔叶林生态系统月尺度净辐射（R_n）、降水量（P）、Hamon 模型估算的潜在蒸散发（PET）、实际蒸散发（ET）以及叶面积指数（LAI）的动态比较。在生长旺季，林地降水量和叶面积指数均高于草地，导致前者蒸散发较高（Fang et al., 2016；Liu et al., 2017）。图中 P、PET、ET、LAI * 10 由左侧坐标表示，月总净辐射由右侧坐标表示。

ET 的水汽最终还是会经过冷却和冷凝形成降水（图 9.2）。但是对于植被，尤其是森林植被，大量的水通过蒸散发输送到大气后如何影响当地或区域降雨量，以及其最终的目的地在哪里，当前在气象学界还是尚未解决的难题（Pielke et al., 2007）。目前的区域性降水-蒸散发-径流循环研究多基于参数极为简化的区域气候模型（Liu et al., 2008），预测降雨形成机理的基本理论依据不足，模型缺乏观测数据验证（Makarieva et al., 2007，2009；Meesters et al., 2009）。多数气候学家认为大气环流和地形条件是影响降水的主要因素。森林的存在不会改变大气环流，不会成为水汽的主要来源。某一地方的降水过程取决于当地、区域和大尺度的大气特征。但是,越来越多生态学家和资源管理学家认为在某些区域植被对降水的影响不容忽视(Ellison et al., 2012,2017),保护森林对内陆水文循环有重要作用(Sheil,2014,2018)。

9.1.2 蒸散发(ET)与生态系统生产力和碳固定直接相关

人类每年释放的 CO_2 大约 30%被生物圈吸收。植物光合作用过程中摄入的 CO_2 与蒸腾失水使用相同的气孔,因此植物耗水量与碳通量的关系非常紧密。据测定,美国森林每年耗水量大多超过 550 mm,与当地气候树种组成有关。植物蒸腾通过消耗能量降低叶片温度,吸取土壤水分和养分,从而影响植物光合作用和生长(Sun et al., 2011a,b)。在许多生态系统模型中,蒸腾是将水文学和生物过程联系起来的唯一变量。光合作用和生态系统呼吸均受土壤水的可利用性控制,ET 通过影响降水再分配影响土壤含水量。因此 ET 也与生态系统生产力和生态系统净 CO_2 交换紧密相关。影响植物蒸腾的因素如辐射、水汽压差、空气中 CO_2 浓度、土壤水分、叶面积指数以及根系数量与分布同样影响总初级生产力(GPP)或总生态系统生产力(GEP)、净初级生产力(NPP)和净生态系统生产力(NEE 或 NEP)(图 9.2)。生态系统水分利用效率(WUE),通常以 GEP/ET 表示,是衡量生态系统碳水平衡关系的重要指标。生态模型可利用 ET 估算 GEP(以水为中心的模型)或用 GEP 估算 ET(以碳为中心的模型)(表 9.1)。森林生态系统的 WUE 通常高于草地和灌木地,一般干旱年份森林的 WUE 会高于湿润年份(Sun et al., 2011a),尤其对于有地下水补给的成熟林更为明显。空气中 CO_2 浓度的升高会提高 GEP 或降低 ET,使 WUE 升高(Keenan et al., 2013)。

表 9.1 由 FLUXNET 确定的主要生态系统 GEP、ET 和呼吸(R_e)的线性关系。水分利用效率(WUE)(g C/kg H_2O)可用于由 ET 估算 GEP 和 NEP(Sun et al., 2011b;刘宁等,2013a)

植被类型	GEP = WUE×ET		$R_e = m + n \times GEP$		
	WUE±SD	R^2	m±SD	n±SD	R^2
农田	3.13±1.69	0.78	40.6±3.84	0.43±0.02	0.77
郁闭灌丛	1.37±0.62	0.77	11.4±15.62	0.69±0.15	0.74
落叶阔叶林	3.20±1.26	0.93	30.8±2.93	0.45±0.03	0.83
常绿阔叶林	2.59±0.54	0.92	19.6±8.74	0.61±0.06	0.63
常绿针叶林	2.46±0.96	0.89	9.9±2.24	0.68±0.03	0.80
草地	2.12±1.66	0.84	18.9±2.31	0.64±0.02	0.82
混交林	2.74±1.05	0.89	24.4±4.24	0.62±0.05	0.88
稀疏灌丛	1.33±0.47	0.85	9.7±3.03	0.56±0.08	0.81
高山草甸	1.26±0.77	0.80	25.2±3.23	0.53±0.07	0.65
湿地	1.66±1.33	0.78	7.8±3.04	0.56±0.03	0.80

9.1.3 蒸散发与全球变化科学密切关联

全球变化体现在温室气体增加所导致的全球气温升高、降水分布剧变、海平面上升、人口增加、城市化加剧等全球性环境问题。ET作为能量-水-碳平衡中的一个关键变量,对于全球变化的演变及其对生态系统的影响有重要作用。如大面积砍伐森林会改变地表反照率和能量分配(潜热和显热),影响当地和全球气温(Lee et al., 2011)。同样,全球气候变化和土地利用变化通过改变ET过程直接影响当地水文循环和水资源分配。例如,空气温度的升高通常意味着潜在蒸散发(PET)的增加,导致ET增加,水分流失增加,从而导致地下水补给以及土壤水、河川径流的水供应减少(Milly et al., 2008;Sun et al., 2016)。土地利用变化改变下垫面物理条件从而改变流域能量平衡。以森林或湿地减少为特征的城市化会大幅度降低潜热,增加显热,降低空气湿度,加剧城市"热岛""干岛"现象(Hao et al., 2018)。为减少对化石能源的依赖,开发生物能源是减缓气候变暖的措施之一。但是,该类作物扩张会极大地改变地表的覆盖率和生物量,增大蒸腾和蒸发速率,影响流域水量平衡以及区域水资源供给。营造人工林必须充分认识森林耗水、水供给和碳固定之间的权衡作用(Jackson et al., 2005)。气候变化或土地利用改变水量平衡模式,并将因此影响溪流水质(如水温、碳氮输出)。气候变化对森林的影响是多方面的,包括森林结构和树种组成的改变。例如,在美国东南部的亚热带Coweeta森林水文站长期定位研究发现,板栗树占优势种的落叶阔叶林受病虫害侵扰大量死亡后,树木总胸径减少,使得ET减少,径流增加。但是,从1980年代开始,受气候变暖影响,森林潜在蒸散发增加,森林树种组成也发生了变化,如耗水性的树种(树干导管具扩散性)增多,取代了省水性树种(树干导管为环形),树木耗水增大,流域产水减少(Caldwell et al., 2016)。准确量化新环境下ET的响应过程是应对气候变化及其后果的基础性工作。当前流行的陆面模式和地球系统模型中对蒸散发过程的描述还有很多不确定性,如不同树木水力导度对蒸腾的影响等(Liu et al., 2020)。

9.1.4 蒸散发体现大尺度生态系统多样性的分布

蒸散发综合体现了生态系统能量、水分供给和生产力水平的高低,因此与生物多样性(如鸟类、蝴蝶种群)关系密切(Hawkins et al., 2003;Phillips et al., 2010)。例如,根据美国国家尺度的研究,潜在蒸散发(PET)可以单独解释四种类型脊椎动物物种丰富度空间变异的80%~93%(Currie,1991; Currie and Paquin,1987)(表9.2)。而树木物种丰富度与实际蒸散发(AET)密切相关(Currie and Paquin,1987)。因此,与气候因子相比,蒸散发可以更好地估算区域的生物多样性(Currie,1991; Currie and Paquin,1987)。当然,除了气候和植被外,小尺度上影响生物多样性的因素还有很多,如人类活动、地形以及森林碎片化程度等。正确理解生物多样性与气候、能量和水之间的宏观动态关系对研究生物多样性至关重要。

表 9.2 根据潜在蒸散发(PET)和实际蒸散发(AET)建立的生物多样性模型(Curirie,1991; Currie and Paquin,1987)

生物组	气候区	模型	R^2
鸟类	年 PET<525 mm	1.4+0.001 59 PET	0.81
	年 PET≥525 mm	2.26-0.000 025 6 PET	
哺乳类	所有区	1.12×[1.0-exp(-0.003 48 PET)]	0.8
两栖类	年 PET≤200 mm	0.0	0.84
	年 PET>200 mm	3.07×[1.0-exp(-0.003 15 PET)]	
爬行类	年 PET<400 mm	0.0	0.93
	年 PET≥400 mm	5.21×[1.0-exp(-0.002 49 PET)]-3.347	
有脊椎动物	所有区	1.49×[1.0-exp(-0.001 86 PET)]+0.746	0.92
树种丰富度	所有区	185.8/[1.0+exp(3.09-0.004 32 AET)]	0.76

9.2 蒸散发估算方法

由于影响不同时间尺度(小时、日、月、年)和空间尺度(植物个体到流域)蒸散发量的因素众多,准确估算陆地蒸散发,尤其是对于有植被的生态系统,目前还存在很多挑战(Sun and Chen,2021)。当前野外观测蒸散发的方法有蒸渗仪法、涡度协方差法、波文比法、液流法和流域水量平衡法(表 9.3)。由于实测蒸散发费用昂贵,对于大面积流域、区域或全球尺度的蒸散发量,可由数学模型结合遥感技术估算。潜在蒸散发(PET)指在一定气象条件下水分供应不受限制时,某一固定下垫面可能达到的最大蒸散发量。由于生态系统蒸散发量通常受潜在蒸散发(PET),即大气蒸发潜力的控制,历史上潜在蒸散发模型开发的很多。但是由于 PET 是个模糊的概念,如水面和林地、草地的 PET 明显不同,1990 年代联合国粮食及农业组织基于有物理意义的 Penman-Monteith 方程提出了作物或草地参考蒸散发模型(Grass Reference ET),取代传统的潜在蒸散发的概念(Allen et al., 1994)。草地参考蒸散发模型基于理想的草地采用 Penman-Monteith 方程计算出实际蒸散发量。该草地的基本特征为植物冠层反照率0.23,高度 12 cm,全年叶面积指数 4.8,地表阻力 70 s·m^{-1}。

蒸散发模型通常是综合性水文模型的关键组成部分。可以说,只有蒸散发过程模拟合理,才能使季节或年径流量估算准确,否则即使率定好的流域模拟精度很高,也可能出现流域产流机理偏差。流域水文模型模拟河川径流多用流域出口水文站的长时间序列流量数据进行检验,而蒸散发模拟的精度和空间分布常用遥感反演的蒸散发数据校核。由于遥感反演所采用的方法不同,在大尺度上可能反映出的蒸散发的趋势相似,但是对某一个流域也许会相差很多。比如,几种方法比较发现月尺度 WaSSI(Sun et al., 2011b)水量平衡模型的模拟结果与采用水量平衡估算的 ET 较为接近。两种遥感产品则高估(Mu MODIS ET)(Mu et al., 2007)或低估(Xiao ECMOD ET)(Xiao et al., 2011)了美国东北部 Hubbard Brook 生态站 3 号森林小流域的蒸散发量(图 9.4)。

表 9.3　常用蒸散发估算方法优缺点比较(Sun and Chen,2021)

	方法	优点	缺点	文献
野外观测法	蒸渗仪法	造价低,适合作物,准确性高	尺度小,不适合树木	Evett et al., 2016
	流域水量平衡法	尺度较大	只适合估算长期均值	Sun et al., 2002
	液流法	在植物个体尺度精确	向大尺度转化需要大量取样	Domec et al., 2012; Ford et al., 2007
	涡度协方差法	时间上连续,分辨率高	仪器造价高,缺值内插,能量不闭合	Baldocchi and Meyers, 1988; Sun et al., 2010
	波文比法	造价低,适合作物和林地	依赖理想条件假设,气象梯度低时有误差	Irmak et al., 2014; Bowen,1926
遥感	遥感法	空间上连续,大尺度估算造价低	天空有云时误差较大,时间上精度低	Kustas and Norman,1996; Mu et al., 2007; Justice et al., 1998
模型模拟	理论模型(如 Penman-Monteith)	广泛应用,造价低	需要当地气象、植被等参数,在大尺度下不容易使用	Penman,1948; Priestley and Taylor,1972; Allen et al., 1994
	经验模型(如 Budyko)	容易应用	不适用机理性或极端条件研究	Budyko et al., 1962; Zhang et al., 2001, 2004; Sun et al., 2011a

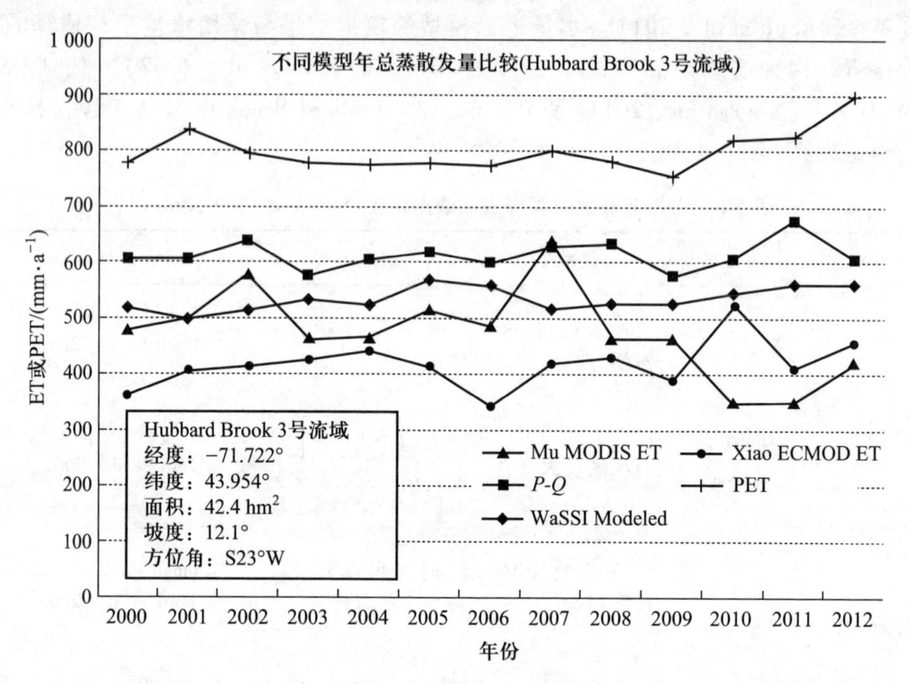

图 9.4 采用不同方法(两种遥感产品,WaSSI 水文模型)估算的美国 Hubbard Brook 3 号落叶阔叶森林小流域年蒸散发量与用水量平衡估算(降水-河川径流,*P*-*Q* 法)比较结果。Mu MODIS ET 是采用 MODIS 遥感数据结合 Penman-Monteith 模型计算的全球 ET 产品。Xiao ECMOD ET 是基于美国通量观测开发的以 MODIS 遥感数据估算全美陆地蒸散 1 km^2 网格的产品。注:2009—2010 年该流域植被受到干扰,ET 有所减少。

9.3 蒸散发变化影响流域生态系统服务功能案例分析

流域产水量和生态系统初级生产力是流域的基本生态系统服务功能(Sun et al., 2017)。大规模城市化永久性地改变了土地利用方式,直接影响土地覆盖属性、生态系统结构以及地表土壤物理性质,从而改变流域蒸散发、土壤入渗速率和碳水平衡。但是,由于当地气候、植被特征以及城市化强度不同,城市化对不同流域的能量平衡,如蒸散发和相应的生态系统服务功能的影响也有所不同。

9.3.1 蒸散发变化影响流域洪峰流量、产流总量和地下水水位:以江苏省南京市秦淮河流域为例

秦淮河为长江的一级支流,其所在集水区位于江苏省南京市南部,是南京“后花园”和重要的生态屏障。流域面积为 2 617 km^2,四周为丘陵山区(80%),腹部为低洼圩区(20%),四周高、中间低,出口地形平坦,下游有长江潮汐顶托影响,导致整个流域排水不畅,对腹部低洼圩区和下游城市构成严重洪水威胁。土壤受喀斯特地质影响保水能力较差。该流域位于北亚热带南部,年均气温 15.4℃,从 20 世纪 90 年代开始,

气温升温明显,速率为每十年上升 0.44 ℃。流域多年(1981—2013 年)平均降水量 1 116 mm,受梅雨和台风天气系统影响,降水变率大,年降水多集中在 6—8 月。该流域土地利用以水稻田和旱地占主导。但是,在过去的 20 年间,受经济发展和城市化的影响,土地利用变化迅速,城市用地大幅扩张,从 2000 年的 9% 增长到 2012 年的 23%。城市用地增加主要来自旱地和水稻田的减少(约 27%),且集中在城市-乡村交错带地区(Hao et al., 2015;Fang et al., 2020)。

夏季多雨季节,秦淮河上游形成的洪水对下游的南京市常构成威胁。因此传统上的许多水文学研究多集中在探讨城市化对秦淮河洪水流量的影响。工程水文学研究多从城市不透水层如何影响产流汇流过程出发,探讨暴雨-径流规律,对于植被通过蒸散发在消洪中起的作用重视不足。同样,由于该流域降水在年内、年际间分布不均,秋季水文干旱常有发生,蒸散发在干旱中起的作用更为明显。在过去的研究中,由于蒸散发数据缺乏,大多数水文模型都没有检验蒸散发模拟结果,这样模拟的土地利用变化对水文的影响存在较大误差。

秦淮河最近的生态水文研究(Hao et al., 2015; Qin et al., 2019;Fang et al., 2020;Zheng et al., 2020; Fang et al., 2016)表明,蒸散发在秦淮河流域水文循环和气候环境变化中起到了决定性的作用。根据年尺度的水量平衡计算(流域降水减去秦淮河出口径流),流域 ET 从 1986 年至 2013 年有明显下降趋势(图 9.5)。但是,在此期间气温升高引起的潜在蒸散发显著增加。同时,生长季 ET 降低的趋势与 MODIS 叶面积指数降低的趋势相吻合。实际蒸散发(AET)减少,而潜在蒸散发(PET)增加的强烈对比充分说明地表水热条件的变化是 ET 减少的主导原因。同时,由于降水量变化不显著,ET 减少充分解释了年径流显著增加的观测结果(图 9.5)。同时,流域出口处观测的日径流分布曲线表明,与前期(2000—2008 年)相比,除了极端大洪水事件外,各种重现期径流量,包括基流流量在快速城市化期间(2009—2013 年)都有增加。另外,流域内地下水井的监测结果表明,多数观测点地下水水位有上升的趋势(Hao et al., 2015),与径流增加趋势吻合。对于秦淮河流域,如果没有土地利用变化,温度升高会使 ET 增加,从而导致产水量减少。因此可以说,城市化对水文的影响掩盖了气候变化对该流域的水文影响。进一步的研究表明,以水稻田、湿地为主的亚热带秦淮河流域,气候湿润多雨,潜在蒸散发(>1 000 mm)和实际蒸散发(>800 mm)都很高(Zheng et al., 2020)(图 9.6),一旦水稻田、湿地被转成较"干"的城市用地(如硬化的建筑用地、草地等),蒸散发将大量减少(<500 mm)。在流域尺度上,由于水稻田面积减少,蒸散发总体积减少(图 9.6)。水稻田湿地的 ET"生物排水"功能丧失,城市化土壤水库储水能力下降,因此,在一般的降雨条件下,很容易形成径流,形成"小雨大涝"。自然生态系统蒸散发能力下降、显热增加,意味着生物"空调机"的功能下降,促成"城市热岛"现象。同样,蒸散发降低,输送到空气中的水汽减少,外加城市温度升高,城市内绝对湿度和相对湿度均有可能降低,形成所谓的"城市干岛"现象(Hao et al., 2018)。

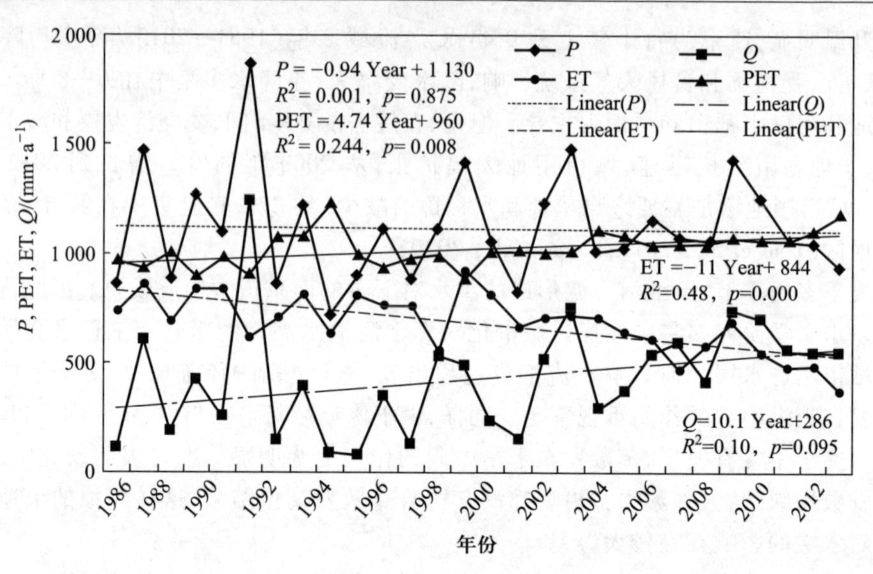

图 9.5 江苏省南京市秦淮河流域近 20 年来水量平衡变化。城市扩张使蒸散发减少,导致河流流量增加(P 为年降水量,Q 为实际观测的流域径流量,ET 为 MODIS16 遥感蒸散发估算值,PET 为利用气象站数据计算的潜在蒸散发)。(引自 Hao et al., 2015)

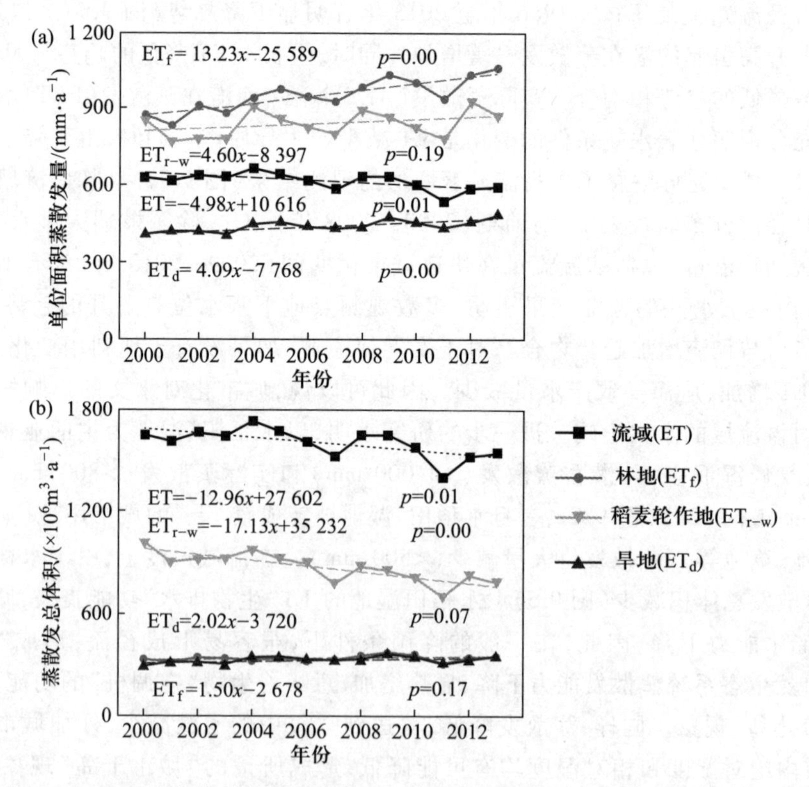

图 9.6 利用 MIKE SHE 水文模型模拟的秦淮河流域年蒸散发动态:(a)按不同土地利用类型计算单位面积蒸散发量;(b)按不同土地利用类型计算蒸散发总体积。(Zheng et al., 2020)

9.3.2　蒸散发影响流域水量平衡和总初级生产力：以美国国家尺度城市化模拟结果为例

总初级生产力（GPP）代表绿色植被通过光合作用过程吸收空气中碳的能力，是重要的生态系统服务之一。GPP 在陆地生态系统、全球碳循环和生物多样性研究中都起着至关重要的作用。根据 Xiao 等（2011）的估计，美国本土的 GPP 在 6.91～7.33 Pg C · a^{-1}。但是极端气候事件（如干旱和火灾等）在区域范围内会降低年 GPP。城市化在多个层面上对 GPP 都有负面影响，这主要是由于农田或草地转化成城市用地的过程中植被覆盖率的下降极大地降低了生态系统的固碳能力，最高可达 50%（Liu et al., 2018b）。但是，在一些以前以农作物或沙漠为主的地区，城市化也有积极的影响（Zhao et al., 2007）。如 Miller 等（2018）所述，城市化的影响因生物群落而异。城市化过程中的不同阶段，可能导致城市生态系统 GPP 的增加、减少或没有变化（Cui et al., 2017）。当前，我们对城市化对陆地碳循环影响的理解仍然有限（Romero-Lankao et al., 2014）。

碳和水循环紧密耦合，城市化和气候变化主要通过改变 ET 过程来影响流域的水文和碳通量变化。过去的研究成功利用 ET 和 GPP 之间的联系估算了全美国范围内的生态系统碳通量或水通量（Zhang et al., 2016）。Li 等（2020）使用这种以水为中心的生态系统模型（供水压力指数，WaSSI）（Sun et al., 2011b; Caldwell et al., 2012）利用水通量估算碳通量（图 9.7）。下面对 WaSSI 模型在美国国家尺度上评价城市化对 GPP 和产水量的影响应用做简要介绍。

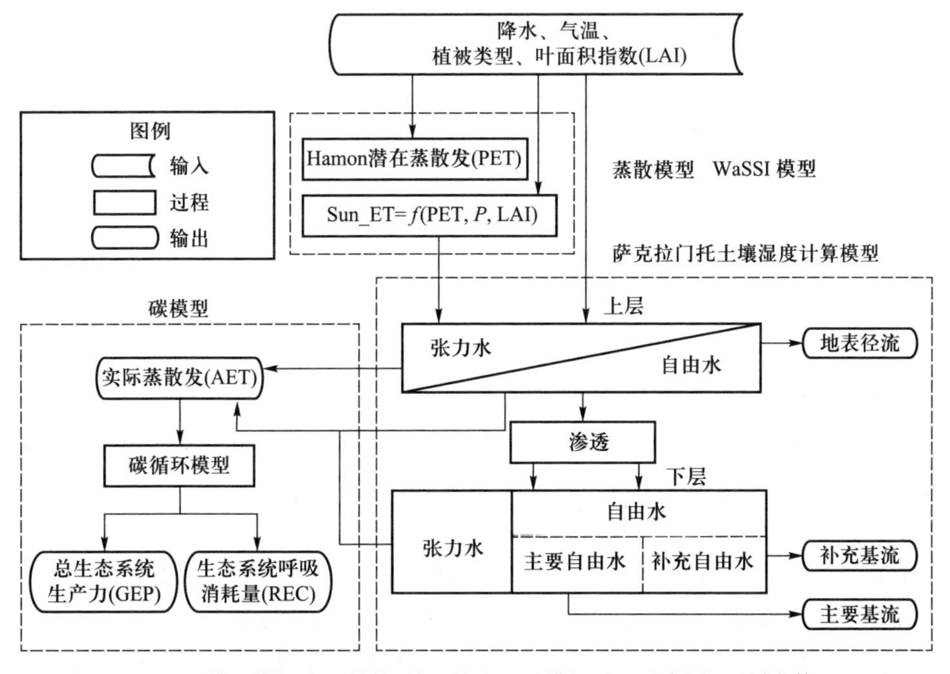

图 9.7　WaSSI 模型模拟流程结构、输入输出以及模拟过程示意图。（刘宁等，2013a）

WaSSI模型(Sun et al., 2011b;Caldwell et al., 2012)最初开发的设想是利用基于国际通量网建立起的模型估算流域水和碳的平衡,并根据各个流域水需求确定流域水资源压力和生态系统对气候、土地利用、土地覆盖以及人类活动变化的响应。该模型能够用简单的参数和输入变量模拟关键的生态水文和碳通量参数,包括产水量、ET、GPP以及净生态系统生产力(net ecosystem productivity,NEP)。该模型已在美国、澳大利亚、中国、墨西哥和卢旺达等国家进行过应用,以评估森林管理和气候变化对生态系统服务的影响(Bagstad et al., 2018; Duan et al., 2016; Liu et al., 2020; 刘宁,2013a,b; 孙鹏森等,2016)。

对于水循环模拟,WaSSI模型通过集成萨克拉门托土壤水分核算模型(ASC-SMA)的内置算法和辅助数据来模拟地表径流、基流、ET、入渗、土壤水分存储以及积雪和融化。WaSSI模型的核心是ET模型,该模型凭借由全球通量网建立的经验模型,根据PET、叶面积指数(LAI)和水供给(即降水、土壤湿度)的关系估算ET(Sun et al., 2011a)。作为一种以水为中心的生态系统模型,GPP是根据ET和生物群落特定WUE的函数确定,WUE是根据全球通量数据计算得出的(Sun et al., 2011b)。对于城市生态系统,目前还没有可靠的WUE参数,本项研究采用了热带稀树草原生态系统类型的WUE替代城市地区植被的WUE。城市不渗透区域的GPP均假定为零。WaSSI模型模拟每个流域中10种土地覆盖类型的逐月水和碳平衡,并通过面积加权平均法将结果汇总到整个流域(12位水文单位代码,HUC12)。ET、产水量和GPP的模型输出由月汇总到年尺度。

本研究(Li et al., 2020)未来的土地利用方式采用空间分配模型,根据人口密度及每种相关土地利用类别需求和全球社会经济情景进行预测。模型中未来土地利用变化包括四个时间段:2000年、2010年、2050年和2100年。整个模型模拟空间为81 900个流域。在这些流域中,城市用地比例全国均值(11.7%~20.6%)从2000年开始到2100年逐渐增加,30%~40%的流域没有显示出城市化的变化。

预测结果显示,未来城市化将集中在当前主要城市周围,并逐渐向外扩张。全美国GPP年总量从2000年的8.68 Pg C,下降到2010年的8.54 Pg C,2050年的8.36 Pg C和2100年的8.13 Pg C。而受城市化影响的那些集水区(总共56 000个),GPP年总量从6.81 Pg C下降到6.26 Pg C。同期由于蒸散发减少,全美国年径流总量从2000年的$2.03\times10^{12}m^3$增加到2010年的$2.04\times10^{12}m^3$,2050年的$2.06\times10^{12}m^3$和2100年的$2.09\times10^{12}m^3$。有明显城市化扩张的56 000个流域的年径流量从$1.68\times10^{12}m^3$增加到$1.74\times10^{12}m^3$。尽管在国家尺度上,GPP年总量减少低于0.55 Pg C或<8%,但在81 900个流域中,在2010年、2050年和2100年,分别有245、1 984和5 655个流域的GPP有较大的变化(>300 g C·m^{-2}·a^{-1})。总体而言,全美国城市化对ET和GPP的影响主要受背景气候、原生土地覆盖特征和土地利用变化幅度的影响。为减少城市化的负面生态环境影响,有效的集水区综合管理必须考虑区域水文差异,适应当地的气候和集水区条件(Li et al., 2020)。

9.4 结论

提供清洁水源、吸收温室气体以及碳固定是生态系统为人类提供服务功能的重要体现。依靠大自然，发挥其巨大的生态系统服务功能，这一自然解决方案（Nature-based Solutions，NBS）是当前应对气候变化、人口增加、城市化、水资源短缺以及可持续发展的重要新途径。

蒸散发是连接水文、气象和生态过程的纽带，是理解、量化生态系统服务功能之间权衡与协同的关键。如何充分发挥生态系统服务功能，如提供淡水资源、增加碳汇和稳定气候，是可持续性科学研究的新的热点之一。研究气候变化对生态水文和水资源的影响，为建立适应气候变化的对策和措施提供科学依据，是当代生态水文学要解决的新问题。

致谢

本文是在 2019 年 5 月现代生态学讲座（X）讲稿基础上撰写而成。在此感谢组委会对作者的邀请。本研究得到国家自然科学基金项目（42061144004，41877151 ）资助。

参考文献

郝璐，孙阁. 2021. 城市化对流域生态水文过程的影响研究综述. 生态学报，41（1）：13-26.

刘宁，孙鹏森，刘世荣，孙阁. 2013a. WaSSI-C 生态水文模型响应单元空间尺度的确定——以杂古脑流域为例. 植物生态学报，37（2）：132-141.

刘宁，孙鹏森，刘世荣，孙阁. 2013b. 流域水碳过程耦合模拟——WaSSI-C 模型的率定与检验. 植物生态学报，37（6）：492-502.

孙鹏森，刘宁，刘世荣，孙阁. 2016. 川西亚高山流域水碳平衡研究. 植物生态学报，40（10）：1037-1048.

魏晓华，孙阁. 2009. 流域生态系统过程与管理. 北京：高等教育出版社.

Allen, R. G., M. Smith, A. Perrier, and L. S. Pereira. 1994. An update for the definition of reference evapotranspiration. ICID Bulletin, 43(2): 1-34.

Bagstad, K. J., E. Cohen, Z. H. Ancona, S. McNulty, and G. Sun. 2018. Testing data and model selection effects for ecosystem service assessment in Rwanda. Applied Geography, 93: 25-36.

Bai, P., X. Liu, Y. Zhang, and C. Liu. 2020. Assessing the impacts of vegetation greenness change on evapotranspiration and water yield in China. Water Resources Research, 56(10): e2019WR027019.

Baldocchi, D. D., and H. Meyers. 1988. Measuring biosphere-atmosphere exchanges of biologically related gases with micrometeorological methods. Ecology, 69(5): 1331-1340.

Bosch, J. M., and J. D. Hewlett. 1982. A review of catchment experiments to determine the effect of vegetation changes on water yield and evapotranspiration. Journal of Hydrology, 55(1-4): 3-23.

Bowen, I. S. 1926. The ratio of heat losses by conduction and by evaporation from any water surface. Physical Review, 27(6): 779.

Bruijnzeel, L. A. 2004. Hydrological functions of tropical forests: Not seeing the soil for the trees? Agriculture Ecosystems and Environment, 104(1): 185-228.

Budyko, M. I., N. A. Yefimova, L. I. Aubenok, and L. A. Strokina. 1962. The heat balance of the surface of the earth. Soviet Geography, 3(5): 3-16.

Caldwell, P. V., C. F. Miniat, K. J. Elliott, W. T. Swank, S. T. Brantley, and S. H. Laseter. 2016. Declining water yield from forested mountain watersheds in response to climate change and forest mesophication. Global Change Biology, 22(9): 2997-3012.

Caldwell, P. V., G. Sun, S. G. McNulty, E. C. Cohen, and J. M. Myers. 2012. Impacts of impervious cover, water withdrawals, and climate change on river flows in the conterminous US. Hydrology and Earth System Sciences, 16(8): 2839-2857.

Cui, Y., X. Xiao, Y. Zhang, J. Dong, Y. Qin, R. B. Doughty, G. Zhang, J. Wang, X. Wu, and Y. Qin. 2017. Temporal consistency between gross primary production and solar-induced chlorophyll fluorescence in the ten most populous megacity areas over years. Scientific Reports, 7(1): 1-12.

Currie, D. J. 1991. Energy and large-scale patterns of animal- and plant-species richness. The American Naturalist, 137(1): 27-49.

Currie, D. J., and V. Paquin. 1987. Large-scale biogeographical patterns of species richness of trees. Nature, 329(6137): 326-327.

Domec, J., G. Sun, A. Noormets, M. J. Gavazzi, E. A. Treasure, E. Cohen, J. J. Swenson, S. G. McNulty, and J. S. King. 2012. A comparison of three methods to estimate evapotranspiration in two contrasting loblolly pine plantations: Age-related changes in water use and drought sensitivity of evapotranspiration components. Forest Science, 58(5): 497-512.

Duan, K., G. Sun, S. Sun, P. V. Caldwell, E. C. Cohen, S. G. McNulty, H. D. Aldridge, and Y. Zhang. 2016. Divergence of ecosystem services in US National Forests and Grasslands under a changing climate. Scientific Reports, 6(1): 1-10.

Ellison, D., C. E. Morris, B. Locatelli, D. Sheil, J. Cohen, D. Murdiyarso, V. Gutierrez, M. Van Noordwijk, I. F. Creed, and J. Pokorny. 2017. Trees, forests and water: Cool insights for a hot world. Global Environmental Change, 43: 51-61.

Ellison, D., M. N. Futter, and K. Bishop. 2012. On the forest cover-water yield debate: From demand-to supply-side thinking. Global Change Biology, 18(3): 806-820.

Evett, S. R., T. A. Howell, A. D. Schneider, K. S. Copeland, D. A. Dusek, D. K. Brauer, J. A. Tolk, G. W. Marek, T. M. Marek, and P. H. Gowda. 2016. The Bushland weighing lysimeters: A quarter century of crop ET investigations to advance sustainable irrigation. Transactions of the ASABE, 59(1): 163-179.

Fang, D., L. Hao, Z. Cao, X. Huang, M. Qin, J. Hu, Y. Liu, and G. Sun. 2020. Combined effects of urbanization and climate change on watershed evapotranspiration at multiple spatial scales. Journal of Hydrology, 587: 124869.

Fang, Y., G. Sun, P. Caldwell, S. G. McNulty, A. Noormets, J. C. Domec, J. King, Z. Zhang, X.

Zhang, and G. Lin. 2016. Monthly land cover-specific evapotranspiration models derived from global eddy flux measurements and remote sensing data. Ecohydrology, 9(2): 248-266.

Ford, C. R., R. M. Hubbard, B. D. Kloeppel, and J. M. Vose. 2007. A comparison of sap flux-based evapotranspiration estimates with catchment-scale water balance. Agricultural and Forest Meteorology, 145(3-4): 176-185.

Hao, L., X. Huang, M. Qin, Y. Liu, W. Li, and G. Sun. 2018. Ecohydrological processes explain urban dry island effects in a wet region, southern China. Water Resources Research, 54(9): 6757-6771.

Hao, L., G. Sun, Y. Liu, J. Wan, M. Qin, H. Qian, C. Liu, J. Zheng, R. John, and P. Fan. 2015. Urbanization dramatically altered the water balances of a paddy field-dominated basin in southern China. Hydrology and Earth System Sciences, 19(7): 3319-3331.

Hawkins, B. A., R. Field, H. V. Cornell, D. J. Currie, J. F. Guégan, D. M. Kaufman, J. T. Kerr, G. G. Mittelbach, T. Oberdorff, and E. M. O'Brien. 2003. Energy, water, and broad-scale geographic patterns of species richness. Ecology, 84(12): 3105-3117.

Irmak, S., K. E. Skaggs, and S. Chatterjee. 2014. A review of the Bowen ratio surface energy balance method for quantifying evapotranspiration and other energy fluxes. Transactions of the ASABE, 57(6): 1657-1674.

Jackson, R. B., E. G. Jobbágy, R. Avissar, S. B. Roy, D. J. Barrett, C. W. Cook, K. A. Farley, D. C. Le Maitre, B. A. McCarl, and B. C. Murray. 2005. Trading water for carbon with biological carbon sequestration. Science, 310(5756): 1944-1947.

Justice, C. O., E. Vermote, J. R. Townshend, R. Defries, D. P. Roy, D. K. Hall, V. V. Salomonson, J. L. Privette, G. Riggs, and A. Strahler. 1998. The moderate resolution imaging spectroradiometer(MODIS): Land remote sensing for global change research. IEEE Transactions on Geoscience and Remote Sensing, 36(4): 1228-1249.

Keenan, T. F., D. Y. Hollinger, G. Bohrer, D. Dragoni, J. W. Munger, H. P. Schmid, and A. D. Richardson. 2013. Increase in forest water-use efficiency as atmospheric carbon dioxide concentrations rise. Nature, 499(7458): 324-327.

Kustas, W. P., and J. M. Norman. 1996. Use of remote sensing for evapotranspiration monitoring over land surfaces. Hydrological Sciences Journal, 41(4): 495-516.

Lee, X., M. L. Goulden, D. Y. Hollinger, A. Barr, T. A. Black, G. Bohrer, R. Bracho, B. Drake, A. Goldstein, and L. Gu. 2011. Observed increase in local cooling effect of deforestation at higher latitudes. Nature, 479(7373): 384-387.

Li, C., G. Sun, E. Cohen, Y. Zhang, J. Xiao, S. G. McNulty, and R. K. Meentemeyer. 2020. Modeling the impacts of urbanization on watershed-scale gross primary productivity and tradeoffs with water yield across the conterminous United States. Journal of Hydrology, 583: 124581.

Li, Y., S. Piao, L. Z. X. Li, A. Chen, X. Wang, P. Ciais, L. Huang, X. Lian, S. Peng, and Z. Zeng. 2018. Divergent hydrological response to large-scale afforestation and vegetation greening in China. Science Advances, 4(5): eaar4182.

Liu, C., G. Sun, S. G. McNulty, A. Noormets, and Y. Fang. 2017. Environmental controls on seasonal ecosystem evapotranspiration/potential evapotranspiration ratio as determined by the global eddy flux measurements. Hydrology and Earth System Sciences, 21(1): 311-322.

Liu, N., M. A. Shaikh, J. Kala, R. J. Harper, B. Dell, S. Liu, and G. Sun. 2018a. Parallelization of a distributed ecohydrological model. Environmental Modelling & Software, 101: 51-63.

Liu, N., P. Sun, P. V. Caldwell, R. Harper, S. Liu, and G. Sun. 2020. Trade-off between watershed water yield and ecosystem productivity along elevation gradients on a complex terrain in southwestern China. Journal of Hydrology, 590:125449.

Liu, S., W. Du, H. Su, S. Wang, and Q. Guan. 2018b. Quantifying impacts of land-use/cover change on urban vegetation gross primary production: A case study of Wuhan, China. Sustainability, 10(3): 714.

Liu, Y., M. Kumar, G. G. Katul, X. Feng, and A. G. Konings. 2020. Plant hydraulics accentuates the effect of atmospheric moisture stress on transpiration. Nature Climate Change, 10(7): 691-695.

Liu, Y., J. Stanturf, and H. Lu. 2008. Modeling the potential of the northern China forest shelterbelt in improving hydroclimate conditions. Journal of the American Water Resources Association, 44(5): 1176-1192.

Lu, J., G. Sun, S. G. McNulty, and N. B. Comerford. 2009. Sensitivity of pine flatwoods hydrology to climate change and forest management in Florida, USA. Wetlands, 29(3): 826-836.

Makarieva, A. M., and V. G. Gorshkov. 2007. Biotic pump of atmospheric moisture as driver of the hydrological cycle on land. Hydrology and Earth System Sciences, 11(2): 1013-1033.

Makarieva, A. M., V. G. Gorshkov, and B. L. Li. 2009. Precipitation on land versus distance from the ocean: Evidence for a forest pump of atmospheric moisture. Ecological Complexity, 6(3): 302-307.

Meesters, A. G. C. A., A. J. Dolman, and L. A. Bruijnzeel. 2009. Comment on "Biotic pump of atmospheric moisture as driver of the hydrological cycle on land" by A. M. Makarieva and V. G. Gorshkov (2007). Hydrology and Earth System Sciences, 13(7): 1299-1305.

Miller, D. L., D. A. Roberts, K. C. Clarke, Y. Lin, O. Menzer, E. B. Peters, and J. P. McFadden. 2018. Gross primary productivity of a large metropolitan region in midsummer using high spatial resolution satellite imagery. Urban Ecosystems, 21(5): 831-850.

Milly, P. C. D., J. Betancourt, M. Falkenmark, R. M. Hirsch, Z. W. Kundzewicz, D. P. Lettenmaier, and R. J. Stouffer. 2008. Stationarity is dead: Whither water management? Earth, 4: 20.

Mu, Q., F. A. Heinsch, M. Zhao, and S. W. Running. 2007. Development of a global evapotranspiration algorithm based on MODIS and global meteorology data. Remote Sensing of Environment, 111(4): 519-536.

Oudin, L., V. Andréassian, J. Lerat, and C. Michel. 2008. Has land cover a significant impact on mean annual streamflow? An international assessment using 1508 catchments. Journal of Hydrology, 357(3-4): 303-316.

Peng, S. S., S. Piao, Z. Zeng, P. Ciais, L. Zhou, L. Z. Li, R. B. Myneni, Y. Yin, and H. Zeng. 2014. Afforestation in China cools local land surface temperature. Proceedings of the National Academy of Sciences, 111(8):2915-2919.

Penman, H. L.1948. Natural evaporation from open water, bare soil and grass. Proceedings of the Royal Society of London. Series A. Mathematical and Physical Sciences, 193(1032): 120-145.

Phillips, L. B., A. J. Hansen, C. H. Flather, and J. Robison-Cox. 2010. Applying species-energy theory to conservation: A case study for North American birds. Ecological Applications, 20(7): 2007-2023.

Pielke Sr, R. A., J. Adegoke, A. BeltraáN-Przekurat, C. A. Hiemstra, J. Lin, U. S. Nair, D. Niyogi, and T. E. Nobis. 2007. An overview of regional land-use and land-cover impacts on rainfall. Tellus B: Chemical and Physical Meteorology, 59(3): 587-601.

Priestley, C. H. B., and R. J. Taylor. 1972. On the assessment of surface heat flux and evaporation using large-scale parameters. Monthly Weather Review, 100(2): 81-92.

Qin, M., L. Hao, L. Sun, Y. Liu, and G. Sun. 2019. Climatic controls on watershed reference evapotranspiration varied during 1961-2012 in southern China. Journal of the American Water Resources Association, 55(1): 189-208.

Romero-Lankao, P., K. R. Gurney, K. C. Seto, M. Chester, R. M. Duren, S. Hughes, L. R. Hutyra, P. Marcotullio, L. Baker, and N. B. Grimm. 2014. A critical knowledge pathway to low-carbon, sustainable futures: Integrated understanding of urbanization, urban areas, and carbon. Earth's Future, 2(10): 515-532.

Sanford, W. E., and D. L. Selnick. 2013. Estimation of evapotranspiration across the conterminous United States using a regression with climate and land-cover data 1. JAWRA Journal of the American Water Resources Association, 49(1): 217-230.

Sheil, D. 2014. How plants water our planet: Advances and imperatives. Trends in Plant Science, 19(4): 209-211.

Sheil, D. 2018. Forests, atmospheric water and an uncertain future: The new biology of the global water cycle. Forest Ecosystems, 5(1): 1-22.

Sun, G., and J. Chen. 2021. Modeling evapotranspiration. In Chen, J., eds. Essentials for Environmental Biophysical Modeling. Michigan State University Press, 1st edition, 150.

Sun, G., K. Alstad, J. Chen, S. Chen, C. R. Ford, G. Lin, C. Liu, N. Lu, S. G. McNulty, and H. Miao. 2011a. A general predictive model for estimating monthly ecosystem evapotranspiration. Ecohydrology, 4(2): 245-255.

Sun, G., P. Caldwell, A. Noormets, S. G. McNulty, E. Cohen, J. Moore Myers, J. C. Domec, E. Treasure, Q. Mu, and J. Xiao. 2011b. Upscaling key ecosystem functions across the conterminous United States by a water-centric ecosystem model. Journal of Geophysical Research Biogeosciences, 116(G3).

Sun, G., D. Hallema, and H. Asbjornsen. 2017. Ecohydrological processes and ecosystem services in the Anthropocene: A review. Ecological Processes, 6(1): 1-9.

Sun, G., S. G. McNulty, D. M. Amatya, R. W. Skaggs, L. W. Swift Jr, J. P. Shepard, and H. Riekerk. 2002. A comparison of the watershed hydrology of coastal forested wetlands and the mountainous uplands in the Southern US. Journal of Hydrology, 263(1-4): 92-104.

Sun, G., A. Noormets, M. J. Gavazzi, S. G. McNulty, J. Chen, J. C. Domec, J. S. King, D. M. Amatya, and R. W. Skaggs. 2010. Energy and water balance of two contrasting loblolly pine plantations on the lower coastal plain of North Carolina, USA. Forest Ecology and Management, 259(7): 1299-1310.

Sun, G., G. Zhou, Z. Zhang, X. Wei, S. G. McNulty, and J. M. Vose. 2006. Potential water yield reduction due to forestation across China. Journal of Hydrology, 328(3-4): 548-558.

Sun, G., C. Zuo, S. Liu, M. Liu, S. G. McNulty, and J. M. Vose. 2008. Watershed evapotranspiration increased due to changes in vegetation composition and structure under a subtropical climate 1. Jawra Journal of the American Water Resources Association, 44(5): 1164-1175.

Sun, S., G. Sun, E. Cohen, S. G. McNulty, P. V. Caldwell, K. Duan, and Y. Zhang. 2016. Projecting water yield and ecosystem productivity across the United States by linking an ecohydrological model to WRF dynamically downscaled climate data. Hydrology and Earth System Sciences, 20(2): 935-952.

Xiao, J., Q. Zhuang, B. E. Law, D. D. Baldocchi, J. Chen, A. D. Richardson, J. M. Melillo, K. J. Davis, D. Y. Hollinger, and S. Wharton. 2011. Assessing net ecosystem carbon exchange of US terrestrial ecosystems by integrating eddy covariance flux measurements and satellite observations. Agricultural and Forest Meteorology, 151(1): 60-69.

Zhang, L., W. R. Dawes, and G. R. Walker. 2001. Response of mean annual evapotranspiration to vegetation changes at catchment scale. Water Resources Research, 37(3): 701-708.

Zhang, L., K. Hickel, W. R. Dawes, F. H. Chiew, A. W. Western, and P. R. Briggs. 2004. A rational function approach for estimating mean annual evapotranspiration. Water Resources Research, 40(2):W02502.

Zhang, Y., C. Song, G. Sun, L. E. Band, S. McNulty, A. Noormets, Q. Zhang, and Z. Zhang. 2016. Development of a coupled carbon and water model for estimating global gross primary productivity and evapotranspiration based on eddy flux and remote sensing data. Agricultural and Forest Meteorology, 223:116-131.

Zhang, Y., C. Song, L. E. Band, G. Sun, and J. Li. 2017. Reanalysis of global terrestrial vegetation trends from MODIS products: Browning or greening? Remote Sensing of Environment, 191: 145-155.

Zhao, T., D. G. Brown, and K. M. Bergen. 2007. Increasing gross primary production(GPP) in the urbanizing landscapes of southeastern Michigan. Photogrammetric Engineering & Remote Sensing, 73(10): 1159-1167.

Zheng, Q., L. Hao, X. Huang, L. Sun, and G. Sun. 2020. Effects of urbanization on watershed evapotranspiration and its components in southern China. Water, 12(3): 645.

第10章

生态水文过程:理解城市生态系统变化的关键

郝璐[1]　孙阁[2]

摘　　要

快速城市化在短期内永久改变陆地生态系统的结构与功能,通过影响地表蒸散发改变区域水热平衡等水文气象过程,并直接影响近地面大气的物理属性、地气能量交换和生态系统水分收支,带来或加重一系列生态水文与城市气候环境效应,如"城市五岛"效应(热岛、干岛、湿岛、雨岛和浑浊岛)。然而,由于对快速城市化地区生态水文变化的关键过程不明,学者们无法从深层次机理机制上理解并解释城市化带来的城市生态系统变化。现有研究明显滞后于城市生态服务功能的宏观准确评价和城市规划与可持续管理的客观需求。本研究系统总结了城市土地利用与覆被变化对流域生态水文过程的影响,结合长江三角洲地区研究案例介绍了城市生态水文效应与区域气候效应等方面的研究进展。研究认为,目前国内大规模城市化进程中所出现的各种新型城市生态环境问题与生态水文过程密切相关,是理解城市化带来的城市生态系统变化及其效应的关键。未来研究亟须从生态水文学角度开展城市土地利用/覆盖格局与水热过程耦合的基础研究,从不同尺度揭示城市生态水文过程对土地利用/覆被变化的反馈机制,从水热耦合与生态水文循环的角度统一认识"城市五岛"效应等新型城市生态环境问题。这不仅有利于深入科学理解在当前全球气候变化和变异条件下大范围城市化的区域生态变化及其气候与环境效应,而且也可为合理评价我国当前大规模城市化对生态系统服务功能的影响以及改善人居环境提供科学依据。

① 南京信息工程大学江苏省农业气象重点实验室,气象灾害教育部重点实验室,南京,210044,中国;

② 美国农业部林务局南方研究站,东部森林环境威胁评估中心,北卡罗来纳州三角科技园,27709,美国。

Abstract

Rapid urbanization leads to serious ecohydrological and eco-environmental consequences resulting in permanent changes in ecosystem structure and function in a short period of time. Urbanization affects energy and water balances, evapotranspiration in particular, by directly altering atmospheric properties near the ground surface, the air-land energy exchange, and the water budget of the ecosystem. Urbanization brings or aggravates a series of urban ecological environmental consequences, the so called five island effects: Urban Heat Island (UHI), Urban Dry Island (UDI), Urban Wet Island (UWI), Urban Rain Island (URI), and Urban Polluted Island (UPI). However, little is known about the interactions of ecohydrological process and regional ecological feedbacks in highly urbanizing regions, and thus the environmental effects of land cover (i. e., wetlands/rice paddies) change may have been severely underestimated. This paper synthesizes the recent research progress on ecohydrological and ecological effects of urbanization, identifies research gaps, and discusses the future research needs. The feedback mechanisms of urban ecohydrological process to land cover change need to be examined at different scales. The effects of urban ecohydrology and ecological environment should be recognized from the point of view of hydrothermal coupling and ecohydrological cycle. The understanding of mechanism of UHI, UDI and other ecohydrological and ecometeorological phenomena should be collectively addressed. The influences of land use and cover change on water and heat fluxes of urban areas and the climatic effects are critical. Future basic research on urban ecology should focus on the coupling between urban land cover/use patterns and hydrothermal processes about urbanization effects on ecohydrology, providing sciences for the rational evaluation of the environmental impacts of rapid urbanization and the management of urban ecosystem in China.

前言

城市化对生态系统最直接的影响是改变控制生态系统能量流动和物质循环的水文循环(Defries and Eshleman,2004)。城市化过程将原本适宜区域生态环境的自然、半自然景观,如林地、湿地(包括稻田等人工湿地)以及农业用地等,改造为不透水面景观,对不同尺度的生态水文过程产生直接或间接影响,进而对流域生态系统构成压力,对其结构和功能产生了深远的影响(陈利顶等,2013)。城市化通过改变物理、化学和生物过程影响水量、水质(即沉积物、养分动态)、生态系统初级生产力和碳封存(carbon sequestration)(Sun and Lockaby,2012)。及时解决城市化带来的生态环境问题,缓解城市生态系统风险,需要城市生态学(包括生态水文学)的指导。流域是自然系统中一个具有明显物理边界线且综合性强的独特地理单元,基于流域或子流域尺度的土地覆被管理是保护城市化水量和水质最为有效的选择之一。以流域为单元实施城市最佳管理实践,有效提高城市生态服务功能、保障城市生态安全,是一条更有效的系统综合解决城市环境问题的途径(郝璐和孙阁,2021)。然而,理论上,城市生态学还属于比较新的学科领域,从流域角度关注城市水文,以及城市化、水文和生态系统服务功能在不同时空尺度之间的相互作用的研究还有待深入(Wenger et al., 2009; Li et al., 2020a,b)。在这种背景下,系统研究城市土地利用/覆被变化等干扰变化引起的流域生态水文响应机理及过程,对于深入探讨当前全球气候变化和变异条件下大范围城市化的环境效应,以及理解城市生态系统变化、合理评价流域生态系统服务功能(傅伯杰和张立伟,2014)、提高流域管理水平以实现城市可持续发展具有明显的理论和应用价值。

10.1　城市土地覆被变化对流域蒸散发及生态水文过程的影响

城市土地利用/覆被变化是全球变化的一部分,是自然生态系统和人类活动相互作用最为密切的环节(Sun et al., 2017; Mooney et al., 2013)。城市土地利用/覆被变化影响到其所在流域的许多方面,包括地表水动态、地下水补给、河流地貌、气候、生物地球化学以及河流生态等(O'Driscoll et al., 2010)。当前国际上"干扰水文学"(Ebel and Mirus,2014)研究变化环境下(如气候变化、土地利用变化等)(王浩,2014)水文过程的演变和人工调控,多从蒸散发演变入手,已成为生态水文学新的研究热点之一(Jackson et al., 2009; Vose et al., 2011; Wang et al., 2012)。然而,由于城市下垫面的多样性和蒸散发过程的独特性和复杂性,对相关科学的认知还存在很大的不确定性,这成为城市生态系统研究的瓶颈。

城市化引起的土地利用/覆被变化通过影响地表蒸散发直接影响流域尺度水量平衡(Fisher et al., 2011; Sterling et al., 2012)和能量平衡(Sun and Liu,2013; Sun et al., 2017)。作为地表水量平衡的最大支出项和"汇",蒸散发是唯一一个将水、能量和碳循环联系起来的关键水文气象变量(Vose et al., 2011; Pielke,2001,2005; Fall et al., 2010; Sun et al., 2011a,b; Zhou et al., 2015)。城市化驱动的地表过程通过增加不透水面(Suriya and Mudgal, 2012)以及改变地表覆被状况(Sun and Lockaby, 2012),对不同尺度的蒸散发、径流、入渗、地下水补给、河网汇流等产生直接或间接影响(Jones et al., 2012; Sun and Liu, 2013)。城市化移除森林等绿色植被,减少植物蒸腾和冠层截留,导致总蒸散发和下渗显著减少,地表径流大幅增加(Arnold and Gibbons, 1996)。亚热带湿润地区由于植被覆盖较好、实际蒸散发量相对较高,年蒸散发一般可高达降水的 70%,干旱年份甚至更高(> 90%),因而是决定流域水循环过程的关键因素。在全球变暖、极端天气气候事件增多的大背景下,土地覆被变化对蒸散发的影响更为明显(图 10.1)(Hao et al., 2018)。

近年来,国内外已广泛开展了城市化对水文过程的影响研究,国内外许多学者基于不同角度,如不透水面、河网水系、土地利用等,开展了大量工作,取得了许多成果(Wu et al., 1997; 王建群和卢志华,2003; 许有鹏等,2009; Du et al., 2012)。但是传统"城市水文学"大多基于流域"黑箱式"研究,或完全依赖于流域模型模拟,对降水-径流(或水质)关系的经验性描述以及个别水文变量(如暴雨径流、洪水)的响应关注较多,对植被的作用关注较少,从物理机制与水热过程进行解释的工作比较缺乏(Qi et al., 2009)。对于城市土地利用/覆盖变化如何影响水文循环,大多数流域尺度的植被控制试验都存在局限性,这是由于土壤和植被干扰试验通常采用较温和的方式,而且持续时间较短(Sun and Lockaby, 2012; Hamel et al., 2013; Zhou et al., 2015)。城市气候条件以及城市化之前土地利用与覆被类型的不同,也会导致城市化后的水文变化具有明显的区域特征(Li et al., 2020a,b)。

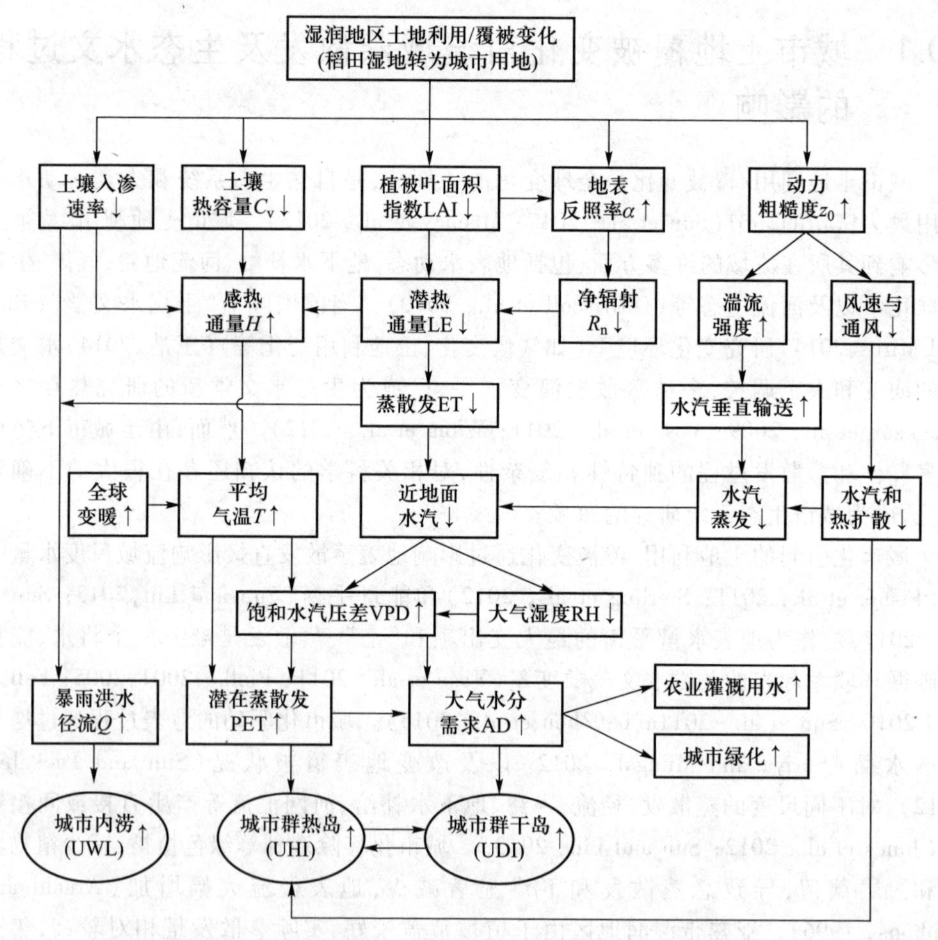

图 10.1　长江三角洲地区城市土地覆被变化影响生态水文、能量再分配和小气候的概念模型,箭头代表变化方向。(Hao et al., 2018)

气候特征、土地利用方式、植被类型与生产力以及人类活动决定流域蒸散发总量(Sun et al., 2011a,b),从而影响流域水文特征(如产水量、暴雨洪水量和基流等)

(Tsai,2002; Qi et al., 2009)。现有的城市化流域水文响应研究成果大多强调不透水面的作用(Suriya and Mudgal,2012; Brodie,2013),对不同土地利用类型蒸散发直接影响水量平衡的作用关注不够(Sun and Lockaby,2012; Hao et al., 2015; He et al., 2009)。这可能与蒸散发的空间变异性较高,大范围测定(尤其是对于城市用地)较其他水文要素更为昂贵,在技术上更为困难有关(Sun et al., 2011a,b)。全球长期通量观测网络(FLUXNET)技术日渐成熟,但是直接观测城市用地水汽通量的研究还鲜有报道(Jacobs et al., 2015)。同时,水文过程、能量平衡和土地利用变化的耦合研究较少,对"植被覆盖变化→能量再分配→水文过程"的连锁反应机制关注不够。从根本上说,是气象学、水文学、生态学与植物生理学等学科交叉研究不足(Jackson et al., 2009; Vose et al., 2011)。

总之,由于气候变化与人类活动的强烈干扰,多要素、多过程、多格局、多尺度(傅伯杰和张立伟,2014)的城市生态水文效应具有复杂性与不确定性。如果仅仅从单一要素(如不透水面)、单一过程(如径流)、单一方法(如工程水文模型模拟)或单一尺度(如田间尺度)开展研究,而缺乏从整个流域生态水文过程综合系统地开展研究,就无法更好地从机理上解释城市化过程中流域水文变量的实际观测结果。更重要的是,生态水文过程机理研究的目的是构建可靠的流域水文模型以预测人类干扰对水文的影响,而只有从生态水文机理机制上厘清城市化对水热平衡的影响过程,才能开发出可靠的水文模型。

10.2　城市土地覆被变化对流域能量平衡变化的影响

城市土地利用/覆被变化对环境最直接的影响就是改变了流域能量与水量平衡。能量是水循环最根本的驱动力。陆地生态系统能量分配与水循环紧密耦合(Sun et al., 2010; Liu et al., 2015)。陆地生态系统对太阳能分配(包括潜热和感热通量)具有重要影响(Lee et al., 2011; Sun et al., 2017; Qiu et al., 2017)。城市化过程常减少地表植被,导致地表反射率和粗糙度增加,地表蒸散发(潜热)显著减少,感热增加,改变了地表水与能量的平衡过程(Zhao et al., 2014)。生态系统地表水量与能量平衡过程的改变会直接导致流域和区域水文、气候发生变化(Jackson et al., 2005; Sun and Liu,2013)。早在 20 世纪 60 年代,国外的森林气象水文研究人员对此就有初步认识,指出城市下垫面独特的物理性质造成了其不同于自然下垫面的能量平衡分布特征,并认为这是城市化影响能量再分配、小气候和生态水文的根本原因(Chandler,1967; Oke and Mondiale,1974; Ackerman,1987)。

地表能量变化以森林转为城市用地的影响最为明显。森林砍伐或将林地转换为城市用地,增加了地表反照率,虽减少了净辐射,但是由于蒸散发消耗的能量大幅减少,降低了潜热(Sun et al., 2010),从而增加了显热并加热大气(Taha,1997)。Kalnay 和 Cai(2003)在美国的研究发现,1950—1999 年期间,同时考虑美国城市化(温室气体排放)与农业用地减少所导致的地表升温至少是只考虑城市化增温影响的两倍。

在降水多且生长季较长,或有大范围灌溉的地区,蒸散发对当地水文和气候的影响尤为明显(Zhou et al., 2015,2016a,b; Brunsell et al., 2010; Liu et al., 2016)。在蒸散发过程中,由于需要消耗更多的能量作为潜热(Lee et al., 2011),水稻田往往比其他农田具有更强的地表冷却作用(Ellison et al., 2017),从而有助于缓解城市热岛(Shastri et al., 2017)与干岛效应(Hao et al., 2018; Wang and Gong,2010)。这也许可以解释为什么城市热岛和干岛效应在湿润地区或以湿地为主的城市化区域特别明显(Sun et al., 2017; Zhou et al., 2015,2016a,b)。尤其在我国南方丰水地区,蒸散发过程主要受能量控制。有植被覆盖的土地常被称为"空调机",因其消耗大量能量用于蒸散发,从而降低感热并冷却周围大气(Hao et al., 2015)。认识土地利用/覆被变化对蒸散发的影响必须从能量角度入手。

10.3 城市土地覆被变化对流域水量平衡变化的影响

根据物质守恒定律,流域水文要素组成之间的关系可用水量平衡表达为(魏晓华和孙阁,2009)

$$\Delta S = P - Q - \mathrm{ET}$$

其中,P 为降水(如降雨、降雪),Q 为径流(如地表径流、地下径流),ET 为蒸散发(包括植物蒸腾、土壤或水面蒸发以及冠层蒸发),ΔS 为流域地表、地下储水量的变化(如土壤含水量变化、地下水位变化、人工水库蓄水量变化)。

流域水量平衡是理解生态水文过程的基础。了解流域水量平衡对于进一步了解城市化对供水、水质和生态过程的影响至关重要。城市化对流域水量平衡的影响主要表现在:以森林、湿地和农田转为不透水面为主要形式的土地利用/覆被变化改变了地表状况、流域总蒸散发及河流径流的水量和水质;人类过度抽取地下水造成地下水位下降、地下水资源枯竭;修建水库改变河川径流;城市化过程造成点源和非点源水污染,降低了水资源的可利用量和水质(魏晓华和孙阁,2009)。

年径流系数 Q/P(径流量/降水量)通常与不透水面覆盖比例有关(魏晓华和孙阁,2009),森林可产生 5%~10%的雨水地表径流,而草坪和其他种植区通常产生10%~20%的径流。因此,与城市近郊相比,城市远郊不透水面的增加会产生更多的雨水地表径流(Alberti,2008)。不透水面比例为 20%时,大约产生 20%的雨水径流,不透水面比例为 35%~40%时大约产生 30%的雨水径流,不透水面比例达到 85%~90%时,雨水径流可达 55%(Arnold and Gibbons,1996)。雨水地表径流的增加意味着土壤侵蚀增强,河流泥沙量增加,水污染程度加重。

Boggs 和 Sun(2011)在北卡罗来纳州的研究结果表明,城市化流域对降雨事件的响应较高。城市化流域和森林流域的年径流系数 Q/P 分别为 0.42 和 0.24,城市化流域的蒸散发所占比例(58%)明显低于森林流域(76%)。城市化流域的暴雨径流(stormflow)比森林流域多 75%,洪峰径流(peak flow)和枯水径流(low flow)也高于森林流域。森林流域的$(P-Q)/P$ 也比城市化流域高,而且两个流域之间的差异主要发生在植被生长季,在休眠季节差异变小。巴尔的摩生态系统研究所(Baltimore Ecosystem Study,BES)发现,无论是否进行雨水管理,城市化流域的径流量在空间和时间上都具有高度不均一性,与相邻的森林流域(尤其是在暖季)相比,这种特征更为明显,其月流量和丰水径流(high flow)比森林流域高 3 倍之多(Meierdiercks et al., 2010)。

由于自然物理过程(如蒸散发减少)与人类活动之间的复杂相互作用,城市化对流域基流(baseflow)的影响有很大不确定性(Oudin et al., 2018)。如果城市地面硬化或用水降低了地下水位,基流会减少,否则当土壤入渗影响不大,植被蒸腾大幅下降时,流域地下水位会上升,从而导致基流增加。例如,一些研究表明,由于地表径流增加和大量抽取地下水,城市化流域具有较低的基流量,从而减少了地下水补给(Barringer et al., 1994)。然而,在许多情形下,废水处理厂的污水排放也会导致大流域的基流量增加(Paul and Meyer,2001)。不透水面的比例从 10%增加至 90%,会使蒸散发小幅减少(从 40%降至 38%),但会使下渗至土壤的水分由 50%急速降为 15%。同时,供给植物生长和一些水流的浅层渗透水将由 25%降为 10%,到达地下水深层的渗透水可能下降更多(从 25%降为 5%)(Forman,2014)。

10.4 城市土地覆被变化的水文与气候效应

自 20 世纪 60 年代以来,森林水文学家就已经认识到城市化对水文过程的潜在影响(Chandler,1967; Oke and Mondiale,1974)。Sun 和 Caldwell(2015)的研究表明,流域不透水面的比例与产水量呈指数关系。Oudin 等(2018)选取美国不同气候带 140 多个城市化较明显的流域,发现随着不透水面比例的增加,多数流域的洪峰和总径流量均有增加。城市气候条件以及城市化之前土地利用/覆被类型的不同,会导致城市化后的水文变化具有明显的区域特征(Li et al., 2020a,b)。大规模城市化带来的不透水面增加会显著降低地表土壤入渗速率,从而增大地表径流比例,影响流域汇流速率;再加上植被减少造成蒸散发下降(Boggs and Sun,2011),导致流域暴雨径流、洪峰流量和流域总产水量增大(Caldwell et al., 2012),增加洪涝灾害风险。除此之外,河网变迁等地表结构改变也是城市化影响洪涝的主要因素之一(张建云等,2014)。

城市化驱动的地表过程通过改变地表覆被状况(Sun and Lockaby,2012),对不同尺度的生态水文过程产生直接或间接影响(Jones et al., 2012),进而引发或加重包括"城市热岛"和"城市干岛"等在内的一系列气候环境后果。周淑贞在 1980 年代提出城市五岛效应(热岛、干岛、湿岛、雨岛和混浊岛)(Chow and Chang, 1984)。Hao 等(2018)、Luo 和 Lau(2019)的最新研究表明,城市化通过改变地表生态水文过程,对区域气候有重要影响,并从机理上解释了城市热岛和干岛现象。受观测仪器与计算条件所限,目前国际上对植被覆被在减缓城市"热岛"与"干岛"效应以及保持区域气候稳定方面的认识大多基于理论模型,还停留在统计分析和"黑箱研究"层面,多基于遥感提取相关信息进行现象描述,缺少必要的物理过程和内在机理解释,尚未形成统一的研究体系和定量模型(张润森等,2013;Li et al., 2021)。现有的大气水文耦合模型大多侧重于自然覆被条件下的大气水文过程模拟和预测(York et al., 2002; Gutowski et al., 2002; Fan et al., 2007),对于城市水文过程的表达和参数化较为简化(Fan et al., 2007; Gochis et al., 2013),对城市非均质下垫面水文过程考虑不足。有关城市水热通量的观测往往仅关注城市本身,在模拟城市化的气候效应时将城市独立于整个土地利用系统之外,较少关注农田变化对城市气候系统造成的影响(张润森等,2013),将城市下垫面与周边自然下垫面的水热通量进行对比观测的试验还比较缺乏,导致现有区域气候模式合理参数化还存在困难。

土地覆被变化的气候反馈效应主要是以蒸散发(潜热)为主的水循环和能量分配发生了变化,进而影响区域气候(Lawrence and Chase,2010)。蒸散发通过影响湍流、云的形成和对流,在局地天气形势中起着关键作用(Zhang et al., 2002; Fisher et al., 2017),其变化可用来诊断气候变异和气候变化(Mao et al., 2015; Greve et al., 2014; Prudhomme et al., 2014; Sheffield et al., 2012)。植被覆盖的地表粗糙度较大,湍流更强,空气和水汽混合动力阻力较小(Liu et al., 2007),因而蒸散发较大,向大气输送的水汽可导致区域大气湿度增加,改变当地降水和水文过程(Ellison et al., 2017)。然而,目前国内外将土地覆被变化(如叶面积指数 Leaf Area Index,LAI)、水文变化(如城市化导致 ET 减少)与城市气候环境变化(如"热岛"与"干岛")耦合起来的研究有限(Fisher et al., 2017; Kalnay and Cai,2003; Foley et al., 2005),尤其在蒸散发相对较高的亚热带湿润地区,土地利用与覆被变化在区域尺度上的气候效应被严重低估(Findell et al., 2007)。

10.5 秦淮河流域案例研究

10.5.1 城市土地覆被变化对流域蒸散发及水量平衡的影响

近年来,我们在秦淮河流域系统地开展了生态水文学研究(Hao et al., 2015, 2018; Qin et al., 2019; Zheng et al., 2020; Fang et al., 2020; 秦孟晟等,2016,2019)。秦淮河流域年水量平衡动态变化(1986—2013 年)表明,全球变暖以及城市热岛效应增强了流域潜在蒸散发(potential evapotranspiration,PET)(Qin et al., 2019)。但近 10 年来快速城市化过程中,秦淮河流域的水稻田面积减少 27%,且大部分转为城市用地,这导致流域蒸散发大幅减少,年总径流量增加将近 60%,掩盖了气候变化的流域水文效应。暴雨洪水形成机制具有多样性,城市化进程中常规降水也可能导致极端水文效应,这在蓄满产流占主导的湿润地区更为普遍。洪峰流量除了与地表入渗速率有关外,还受过程降水量和前期土壤含水量影响,而后者与蒸散发直接相关。秦淮河流域大范围稻田等人工湿地转为城市用地后,地表储水能力下降,蒸散发减少,降低了林地和湿地的"生物排水"(biological drainage)功能,同时土壤含水量与地下水储量增大,浅层地下水上升,加上不透水面增加,在流域尺度上极易加剧洪涝风险或出现"小雨大涝"现象(图 10.1)(Hao et al., 2015)。

利用 MIKE SHE 模型进行情景模拟发现(Zheng et al., 2020),在秦淮河流域,城市化高的情景下(LU2011,2011 年土地利用实况)汛期流量和极端流量均高于城市化低(LU2000,2000 年土地利用实况)的情景,城市化增强了水文极值事件发生的概率。与 LU2000 相比,LU2011 情景下 50 年一遇的洪水流量增幅为 10%,而两年一遇的洪水流量增幅则高达 34%,说明流域城市土地利用变化对小量级洪水的影响更加显著。

对分布式水文模型 SWAT(Soil and Water Assessment Tool)稻田模块优化改进(Fang et al., 2020),结合蒸渗仪稻田观测蒸散发日数据和实测径流日数据对模型进行率定和验证,模拟分析了 2000—2013 年不同土地利用/覆被类型蒸散发及其他水文要素的变化特征,并进一步分离了土地利用/覆被变化和气候变化对流域总蒸散发的贡献率。结果表明,气候变化与土地利用/覆被变化对秦淮河流域年蒸散发的贡献呈相反趋势。2003—2013 年,气候变化的正贡献率由 47%降低至 39%,而土地利用/覆被变化的负贡献率由-53%降低至-61%,尤其是在 2011 年时,负贡献率达-80%(图 10.2)。这表明,土地利用/覆被变化是导致流域蒸散发减少的主要驱动因子。

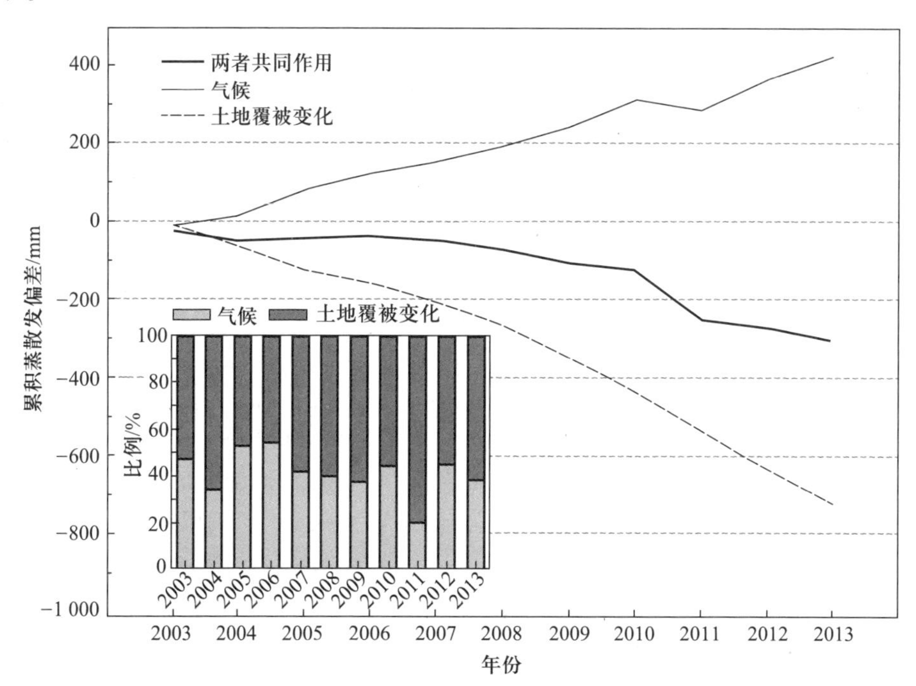

图 10.2　气候、土地覆被变化年份及两者共同作用对秦淮河流域年蒸散发的累积贡献(2003—2013 年)。左下图为气候、土地覆被变化对流域蒸散发的逐年贡献率。(Fang et al., 2020)

10.5.2　城市土地覆被变化对蒸散发及其组分的影响

稻田转为不透水面不仅对流域总蒸散发量有影响,而且对其组分分配也有显著的影响。利用 MIKE SHE 模型模拟地表蒸散发量及其组分的空间变化趋势,结果表明(Zheng et al., 2020),蒸散发不同组分呈现出相反的变化趋势:植被蒸腾 T、冠层截留

E_i 以及土壤蒸发 E_s 的总减少量大约是积水蒸发 E_p 总增加量的2.5倍,这导致了整个流域的总蒸散发量以每年5 mm(单位面积)的速度呈显著下降趋势($p=0.01$)。该研究结果说明将稻田改造为城市用地比起向其他农业用地转变会产生更显著的水文效应,且这种差异在水稻生长季最为明显。由于目前大部分遥感技术和水文模型较少能模拟或估算出实际蒸散发及其组分的变化,因此我们认为在模拟预测变化环境下(如城市化)流域的水循环过程中,应特别强调植被变化的重要性。

10.5.3 城市土地覆被变化对流域能量平衡的影响

城市化驱动的地表过程通过增加不透水面以及改变地表覆被状况,对不同尺度的蒸散发及水热平衡过程产生直接或间接影响。对于我国南方快速城市化地区,其蒸散发过程大多受能量控制,认识土地利用/覆被变化对蒸散发的影响必须从能量角度入手。本研究选取长三角地区秦淮河流域作为研究区,在流域尺度上探究城市化进程中不同土地利用类型蒸散发变化及其影响流域地表能量平衡的过程。研究基于多种MODIS遥感产品和气象观测数据,利用陆面能量平衡模型(The Surface Energy Balance Algorithm for Land,SEBAL),引入归一化植被指数(Normalized Difference Vegetation Index,NDVI),使用不同时期土地利用类型图(分辨率30 m),同时改进基于地表温度的人为选取冷热点方案,采用秦淮河流域上游溧水实验基地内水稻田EC涡度相关系统实测值进行验证,使得模型能够更好反映流域尺度蒸散发和热通量空间分布。利用优化后的SEBAL模型估算了秦淮河流域水稻生长季地表热量各平衡项(秦孟晟等,2019)。基于2013年城市发展指数(Urban Development Index),将秦淮河流域划分为城区、城乡交界区(urban-rural interface,URI)及农村三个功能区,定量分析了不同功能区(包括城区、农村和城乡交界区)地表水热通量变化趋势,辨识了流域不同土地利用/覆被类型影响实际蒸散发变化的时空差异和敏感区域,分析了稻田转为城市用地影响蒸散发及流域能量平衡的主导过程。

结果表明,2002—2016年,流域尺度的能量分配逐渐倾向于显热部分,水稻田向不透水面转化地区集中于城乡交界区。城乡交界区多年平均净辐射(R_n,net radiation flux)和潜热通量(LE,latent heat flux)显著下降,土壤热通量(G,soil heat flux)显著上升,感热通量(H,sensible heat flux)虽上升趋势不显著,但其上升速率在所有区域中是最大的。城乡交界区波文比(H与LE之比)显著上升,使得整个流域尺度波文比呈上升趋势。这说明,城乡交界区以潜热通量变化为主的地表热量平衡项变化主导了流域尺度相应地表热量平衡项的变化趋势(图10.3)。

10.5.4 城市热岛效应与干岛效应

利用土地利用与覆被数据、蒸散发卫星遥感数据、33个地面气象站50多年的气象观测数据,以及城市化和水稻种植面积等统计年鉴数据,分析了2001年至2014年长江三角洲地区城市化与空气湿度(饱和水汽压差,vapor pressure deficit,VPD;相对湿度,relative humidity,RH)之间的关系(Hao et al., 2018)。研究发现,2001年至2014年,长三角城市群核心区的饱和水汽压差VPD显著升高,且主要与大范围湿地、稻田和森林转为城市用地使得植被叶面积指数LAI降低、蒸散发减少,进而引起水汽减少、

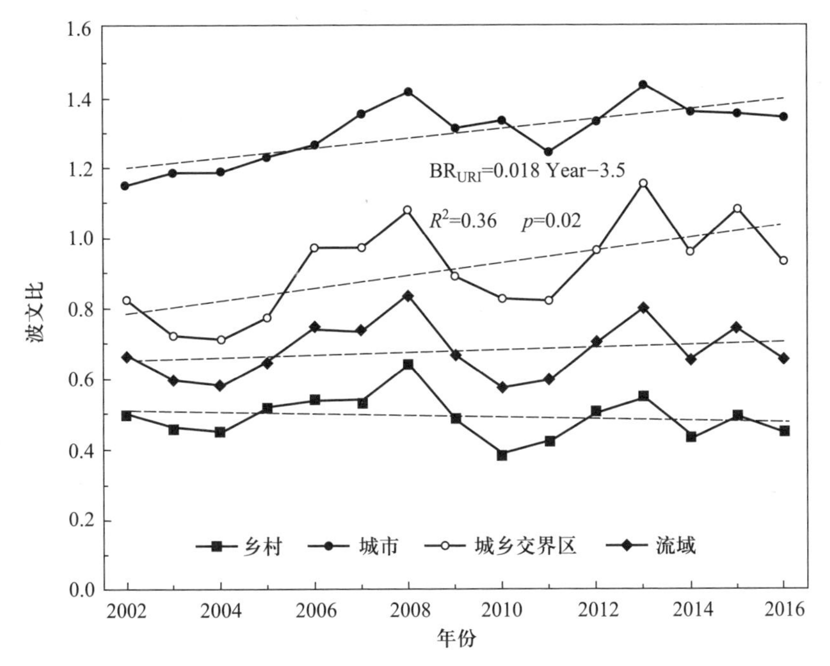

图 10.3　利用 SEBAL 模型估算秦淮河流域 2002—2016 年城市、乡村、城乡交界区和流域尺度波文比(BR)年变化。(秦孟晟,2019)

湿度下降有关,并因此加重大气水分需求,引起"城市干岛"效应(图 10.1)。由此可见,快速城市化除了导致城市区域的局地气温升高外,还会改变地面和大气之间的水汽交换,使得城市群核心区的饱和水汽压差(VPD)显著升高、相对湿度(RH)显著降低。也就是说,随着湿地、稻田和森林被城市不透水面取代,长江三角洲的城市化地区变得更加干燥,导致潜热减少,反过来加重"城市热岛"效应,出现"热岛干化"现象,城市气候变得"更干更热"了。

稻田由于受人为灌溉管理的影响,土壤含水量高,实际蒸散发接近潜在蒸散发。同时,稻田灌溉管理使用水库水源或地下水,增加了蒸发面积,也同时影响了流域水分的分配与水量平衡。因此,当大范围稻田被转为城市用地后,绿色植被和水分供应减少,蒸散发会大幅减少。与稻田湿地相比,普通农业用地转为城市用地时,蒸散发的水文效应普遍要小得多,这也是导致多数城市化土地利用研究中蒸散发的作用常常被忽略的主要原因之一。

气候模型预测表明,随着全球变暖,城市热浪将更严重、更频繁发生。在这种背景下,城市规划不仅需要考虑"城市热岛"效应,还需要考虑相关的"城市干岛"效应,以减缓城市化对大气环境带来的负面影响。尤其在蒸散发相对较高的亚热带湿润地区,土地覆被变化的区域水文气象效应被严重低估。以调节土地覆被为核心的流域管理在减缓"城市热岛"与"城市干岛"效应以及保持区域气候和水文稳定方面的作用不容忽视。

10.6 结论与展望

10.6.1 生态水文过程对土地覆被变化的反馈是理解城市气候与环境效应的前提

土地覆被变化的气候与环境效应主要是以蒸散发为主的水循环发生了变化,进而影响区域气候(Lawrence and Chase,2010)。城市"热岛"、城市"干岛"、暴雨径流引起的城市内涝、水污染等环境现象都与生态水文过程密切相关。准确理解不同覆被类型与大气之间的能量和水分交换特征及其驱动因子,是认识生态水文过程与城市气候效应的前提(Ebel and Mirus,2014)。土地覆被变化对城市气候环境会产生不同程度的影响,但这种影响的程度和敏感区域存在时空差异(Zhou et al., 2004)。其发生发展规律、分布特征、形成机制和主导因子存在区域差异(Lokoshchenko,2017)、尺度差异(Liu et al., 2018; Arnfield,2003; 陈鹤等,2013)以及尺度间的相互依赖作用(傅伯杰,2017)。探讨不同尺度生态水文过程对土地覆被变化的反馈机制是理解这一区域新型气候与环境现象的前提和关键。

10.6.2 厘清不同尺度地表蒸散发的主导过程是定量阐释其气候与环境效应的关键

探讨蒸散发变化机理是研究城市生态水文效应与过程的关键(Wang et al., 2011; Zhou et al., 2015)。国内现有研究大多关注干旱区植被的耗水蒸散发(王彦辉等,2006),对水资源丰富的湿润区关注较少(Sun et al., 2008; Zhao and Liu,2014)。由于缺乏对多尺度、多过程蒸散发精确的估算和定量化基础研究,许多相关的生态水文学机理和关键过程不明,很难精确回答在城市化过程中,森林、湿地等如何发挥作用以及到底发挥了多大作用。类似问题都需要从强化基础研究出发,探求不同尺度上影响蒸散发的主导过程,揭示水文效应的机理机制,这些是解决此类问题的关键点和突破口。

10.6.3 多学科交叉是揭示"土地覆被格局→生态水文过程→城市气候与环境效应"连锁反应机制的有效途径

准确地理解不同地表类型与大气之间的能量和水分交换特征及其驱动因子,厘清城市土地利用与覆被变化对不同尺度水热平衡的扰动机理,分析各种土地利用/覆被变化对水量与能量平衡的影响程度,是当前国际上"干扰水文学"(Ebel and Mirus, 2014)和生态水文学的热点问题(Jackson et al., 2009; Vose et al., 2011; Wang et al., 2012),更是认识城市化水文过程与气候效应的关键。未来研究应综合利用多学科交叉对"土地覆被格局→生态水文过程→水热耦合平衡→城市气候与环境效应"连锁反应机制予以关注(Jackson et al., 2009; Vose et al., 2011),这是揭示变化环境下城市生态水文与气候效应形成机制的有效途径。

10.6.4 发展复杂地表多尺度蒸散发估算的技术与方法以提升城市人地系统模拟与预测能力

随着城市下垫面结构、类型的不断变化,其复杂性越来越高,对其观测、模拟和解释也越来越具有挑战性(Oke,1982; Masson et al., 2002),导致土地覆被对城市水文气候的调节功能至今难以被定量描述(Lee et al., 2011)。蒸散发对局地气候的调节作用虽已被逐渐认识,但很多气候模式却对此考虑不够(Lee et al., 2011),普遍缺少或过度简化水文模块,导致难以模拟与水分运移过程相关的水量平衡过程及潜热通量/蒸散发(Sun and Liu, 2013; 孟春雷和戴永久,2013)。因此,发展新的城市复杂地表多尺度蒸散发观测理论与计算方法,精细刻画覆被变化对城市下垫面水热通量的影响及其气候与环境效应(Trusilova et al., 2008),对于提升我国快速城市化地区复杂人地系统的模拟和预测能力将会非常有益。

10.6.5 加强以流域自然生态系统调节功能为核心的城市最佳管理措施

运用生态水文学理论对流域中的主要过程进行科学管理,以流域为单元实施城市最佳管理实践(urban best management practices, UBMPs),通过合理设置流域生态用地,有效提高城市生态服务功能,保障城市生态安全,是系统有效地综合解决城市环境问题的途径。覆被良好的流域不仅可以保障水资源稳定供给,改善水文环境(如减少非点源污染,减少城市内涝)(Nagy et al., 2011),还可以改善城市小气候环境(如缓解城市五岛效应)(Ziter et al., 2019; Hao et al., 2018)。与不透水面相比,自然生态系统提供了更稳定的生态水文环境和更丰富的可利用水资源,而且具有人类健康、经济、社会和环境等多重效益。随着人口增长、经济发展和城市扩张,人类对建设用地需求增多的同时,对于人居环境的要求亦有增长。提高绿色覆被率,保护湿地和生物多样性,实现以自然生态系统服务功能(水热平衡,养分循环)为核心的城市流域管理在稳定城市小气候、改善水质和减缓洪涝等极端水文变化方面的作用尤为重要(郝璐和孙阁,2021)。尤其在全球变暖、极端天气气候事件增多的背景下,城市土地覆被的生态水文服务功能更为明显,城市最佳管理措施应充分发挥自然生态系统的调节功能(夏军等,2012)。这不仅有助于增强流域生态系统稳定性,而且对于适应全球变化,实现城市可持续发展也具有重要意义。

致谢

本文在2019年5月现代生态学讲座(X)讲稿基础上撰写而成。感谢组委会的约稿。本研究得到国家自然科学基金项目(42061144004,41877151,41977409)资助。

参考文献

陈鹤,杨大文,吕华芳. 2013. 不同作物类型下蒸散发时间尺度扩展方法对比. 农业工程学报,29:73-81.

陈利顶,孙然好,刘海莲. 2013. 城市景观格局演变的生态环境效应研究进展. 生态学报,33:1042-1050.

傅伯杰. 2017. 地理学:从知识,科学到决策. 地理学报,72:1923-1932.

傅伯杰,张立伟. 2014. 土地利用变化与生态系统服务:概念,方法与进展. 地理科学进展,33:

441-446.

郝璐, 孙阁. 2021. 城市化对流域生态水文过程的影响研究综述. 生态学报, 41: 13-26.

孟春雷, 戴永久. 2013. 城市陆面模式设计及检验. 大气科学, 37: 1297-1308.

秦孟晟. 2019. 秦淮河流域城市化对蒸散及热量平衡的影响. 博士学位论文. 南京: 南京信息工程大学.

秦孟晟, 郝璐, 施婷婷, 孙磊, 孙阁. 2016. 秦淮河流域五种参考作物蒸散量估算方法的比较及改进. 中国农业气象, 37: 390-399.

秦孟晟, 郝璐, 郑箐舟, 金楷仑, 孙阁. 2019. 秦淮河流域土地利用/覆被变化对蒸散量变化的贡献. 中国农业气象, 40: 269-283.

王浩. 2014. 高强度环境变化下我国南方地区面临的水安全新挑战. 北京: 香山科学会议, 10.

王建群, 卢志华. 2003. 土地利用变化对水文系统的影响研究. 地球科学进展, 18: 292-298.

王彦辉, 熊伟, 于澎涛, 沈振西, 郭明春, 管伟, 马长明, 叶兵, 郭浩. 2006. 干旱缺水地区森林植被蒸散耗水研究. 中国水土保持科学, 4: 19-25.

魏晓华, 孙阁. 2009. 流域生态系统过程与管理. 北京: 高等教育出版社.

夏军, 翟晓燕, 张永勇. 2012. 水环境非点源污染模型研究进展. 地理科学进展, 31: 941-952.

许有鹏. 2012. 长江三角洲地区城市化对流域水系与水文过程的影响. 北京: 科学出版社.

许有鹏, 丁瑾佳, 陈莹. 2009. 长江三角洲地区城市化的水文效应研究. 水利水运工程学, 4: 67-72.

张建云, 宋晓猛, 王国庆, 贺瑞敏, 王小军. 2014. 变化环境下城市水文学的发展与挑战: I. 城市水文效应. 水科学进展, 25: 594-605.

张润森, 濮励杰, 刘振. 2013. 土地利用/覆被变化的大气环境效应研究进展. 地域研究与开发, 32: 123-128.

Ackerman, B. 1987. Climatology of Chicago area urban-rural differences in humidity. Journal of Climate and Applied Meteorology, 26: 427-430.

Alberti, M. 2018. Advances in Urban Ecology: Integrating Humans and Ecological Processes in Urban Ecosystems. New York: Springer.

Arnfield, A. J. 2003. Two decades of urban climate research: A review of turbulence, exchanges of energy and water, and the urban heat island. International Journal of Climatology: A Journal of the Royal Meteorological Society, 23: 1-26.

Arnold Jr, C. L., and C. J. Gibbons. 1996. Impervious surface coverage: The emergence of a key environmental indicator. Journal of the American Planning Association, 62: 243-258.

Barringer, T. H., R. G. Reiser, and C. V. Price. 1994. Potential effects of development on flow characteristics of two New Jersey streams 1. JAWRA Journal of the American Water Resources Association, 30: 283-295.

Boggs, J., and G. Sun. 2011. Urbanization alters watershed hydrology in the piedmont of North Carolina. Ecohydrology, 4: 256-264.

Brodie, I. M. 2013. Rational Monte Carlo method for flood frequency analysis in urban catchments. Journal of Hydrology, 486: 306-314.

Brunsell, N. A., A. R. Jones, T. Jackson, and J. Feddema. 2010. Seasonal trends in air temperature and precipitation in IPCC AR4 GCM output for Kansas, USA: Evaluation and implications. International Journal of Climatology, 30: 1178-1193.

Caldwell, P., G. Sun, S. McNulty, E. Cohen, and J. M. Myers. 2012. Impacts of impervious cover, water withdrawals, and climate change on river flows in the conterminous US. Hydrology and Earth System Sciences, 16: 2839-2857.

Chandler, T. J. 1967. Absolute and relative humidities in towns. Bulletin of the American Meteorological Society, 48: 394-399.

Chow, S. D., and C. Chang. 1984. Shanghai urban influences on humidity and precipitation distribution. GeoJournal, 8: 201-204.

DeFries, R., and K. N. Eshleman. 2004. Land-use change and hydrologic processes: A major focus for the future. Hydrological Processes, 18: 2183-2186.

Du, J., L. Qian, H. Rui, T. Zuo, D. Zheng, Y. Xu, and C. Y. Xu. 2012. Assessing the effects of urbanization on annual runoff and flood events using an integrated hydrological modeling system for Qinhuai River basin, China. Journal of Hydrology, 464: 127-139.

Ebel, B. A., and B. B. Mirus. 2014. Disturbance hydrology: Challenges and opportunities. Hydrological Processes, 28: 5140-5148.

Ellison, D., C. E. Morris, B. Locatelli, D. Sheil, J. Cohen, D. Murdiyarso, V. Gutierrez, M. Van Noordwijk, I. F. Creed, and J. Pokorny. 2017. Trees, forests and water: Cool insights for a hot world. Global Environmental Change, 43: 51-61.

Fall, S., N. S. Diffenbaugh, D. Niyogi, R. A. Pielke Sr, and G. Rochon. 2010. Temperature and equivalent temperature over the United States (1979 - 2005). International Journal of Climatology, 30: 2045-2054.

Fan, Y., G. Miguez-Macho, C. P. Weaver, R. Walko, and A. Robock. 2007. Incorporating water table dynamics in climate modeling: 1. Water table observations and equilibrium water table simulations. Journal of Geophysical Research: Atmospheres, 112(D10).

Fang, D., L. Hao, Z. Cao, X. Huang, M. Qin, J. Hu, Y. Liu, and G. Sun. 2020. Combined effects of urbanization and climate change on watershed evapotranspiration at multiple spatial scales. Journal of Hydrology, 587: 124869.

Findell, K. L., E. Shevliakova, P. Milly, and R. J. Stouffer. 2007. Modeled impact of anthropogenic land cover change on climate. Journal of Climate, 20: 3621-3634.

Fisher, J. B., F. Melton, E. Middleton, C. Hain, M. Anderson, R. Allen, M. F. McCabe, S. Hook, D. Baldocchi, and P. A. Townsend. 2017. The future of evapotranspiration: Global requirements for ecosystem functioning, carbon and climate feedbacks, agricultural management, and water resources. Water Resources Research, 53: 2618-2626.

Fisher, J. B., R. J. Whittaker, and Y. Malhi. 2011. ET come home: Potential evapotranspiration in geographical ecology. Global Ecology and Biogeography, 20: 1-18.

Foley, J. A., R. DeFries, G. P. Asner, C. Barford, G. Bonan, S. R. Carpenter, F. S. Chapin, M. T. Coe, G. C. Daily, and H. K. Gibbs. 2005. Global consequences of land use. Science, 309: 570-574.

Forman, R. T. 2014. Urban Ecology: Science of Cities. New York: Cambridge University Press.

Gochis, D., W. Yu, and D. Yates. 2013. The WRF-hydro model technical description and user's guide, version 1.0, NCAR technical document. National Center for Atmospheric Research, Boulder, CO, USA, 120.

Greve, P., B. Orlowsky, B. Mueller, J. Sheffield, M. Reichstein, and S. I. Seneviratne. 2014. Global assessment of trends in wetting and drying over land. Nature Geoscience, 7: 716–721.

Gutowski Jr, W. J., C. J. Vörösmarty, M. Person, Z. Ötles, B. Fekete, and J. York. 2002. A coupled land-atmosphere simulation program (clasp): Calibration and validation. Journal of Geophysical Research: Atmospheres, 107(ACL 3):1–17.

Hamel, P., E. Daly, and T. D. Fletcher. 2013. Source-control stormwater management for mitigating the impacts of urbanisation on baseflow: A review. Journal of Hydrology, 485: 201–211.

Hao, L., X. Huang, M. Qin, Y. Liu, W. Li, and G. Sun. 2018. Ecohydrological processes explain urban dry island effects in a wet region, southern China. Water Resources Research, 54: 6757–6771.

Hao, L., G. Sun, Y. Liu, J. Wan, M. Qin, H. Qian, C. Liu, J. Zheng, R. John, and P. Fan. 2015. Urbanization dramatically altered the water balances of a paddy field-dominated basin in southern China. Hydrology and Earth System Sciences, 19: 3319–3331.

He, B., Y. Wang, K. Takase, G. Mouri, and B. H. Razafindrabe. 2009. Estimating land use impacts on regional scale urban water balance and groundwater recharge. Water Resources Management, 23: 1863–1873.

Jackson, R. B., E. G. Jobbágy, and M. D. Nosetto. 2009. Ecohydrology in a human-dominated landscape. Ecohydrology, 2: 383–389.

Jackson, R. B., E. G. Jobbágy, R. Avissar, S. B. Roy, D. J. Barrett, C. W. Cook, K. A. Farley, D. C. le Maitre, B. A. McCarl, and B. C. Murray. 2005. Trading water for carbon with biological carbon sequestration. Science, 310(5756):1944–1947.

Jacobs, C., J. Elbers, R. Brolsma, O. Hartogensis, E. Moors, M. T. R. C. Márquez, and B. van Hove. 2015. Assessment of evaporative water loss from Dutch cities. Building and Environment, 83: 27–38.

Jones, J. A., I. F. Creed, K. L. Hatcher, R. J. Warren, M. B. Adams, M. H. Benson, E. Boose, W. A. Brown, J. L. Campbell, and A. Covich. 2012. Ecosystem processes and human influences regulate streamflow response to climate change at long-term ecological research sites. BioScience, 62: 390–404.

Kalnay, E., and M. Cai. 2003. Impact of urbanization and land-use change on climate. Nature, 423: 528–531.

Lawrence, P. J., and T. N. Chase. 2010. Investigating the climate impacts of global land cover change in the community climate system model. International Journal of Climatology, 30: 2066–2087.

Lee, X., M. L. Goulden, D. Y. Hollinger, A. Barr, T. A. Black, G. Bohrer, R. Bracho, B. Drake, A. Goldstein, and L. Gu. 2011. Observed increase in local cooling effect of deforestation at higher latitudes. Nature, 479: 384–387.

Li, C., G. Sun, P. V. Caldwell, E. Cohen, Y. Fang, Y. Zhang, L. Oudin, G. M. Sanchez, and R. K. Meentemeyer. 2020a. Impacts of urbanization on watershed water balances across the conterminous United States. Water Resources Research, 56: e2019WR026574.

Li, C., G. Sun, E. Cohen, Y. Zhang, J. Xiao, S. G. McNulty, and R. K. Meentemeyer. 2020b. Modeling the impacts of urbanization on watershed-scale gross primary productivity and tradeoffs with water yield across the conterminous United States. Journal of Hydrology, 583: 124581.

Li, X., W. Fan, L. Wang, M. Luo, R. Yao, S. Wang, and L. Wang. 2021. Effect of urban expansion on atmospheric humidity in Beijing-Tianjin-Hebei urban agglomeration. Science of the Total Environment,

759: 144305.

Liu, D., F. Tian, M. Lin, and M. Sivapalan. 2015. A conceptual socio-hydrological model of the co-evolution of humans and water: Case study of the Tarim River basin, western China. Hydrology and Earth System Sciences, 19: 1035-1054.

Liu, S., L. Lu, D. Mao, and L. Jia. 2007. Evaluating parameterizations of aerodynamic resistance to heat transfer using field measurements. Hydrology and Earth System Sciences, 11: 769-783.

Liu, X., J. Xu, S. Yang, and J. Zhang. 2018. Rice evapotranspiration at the field and canopy scales under water-saving irrigation. Meteorology and Atmospheric Physics, 130: 227-240.

Liu, Y., L. Zhang, L. Hao, G. Sun, and S. C. Liu. 2016. Evapotranspiration and land surface process responses to afforestation in western Taiwan: A comparison between dry and wet weather conditions. Transactions of the ASABE, 59: 635-646.

Lokoshchenko, M. A. 2017. Urban heat island and urban dry island in Moscow and their centennial changes. Journal of Applied Meteorology and Climatology, 56: 2729-2745.

Luo, M., and N. C. Lau. 2019. Urban expansion and drying climate in an urban agglomeration of east China. Geophysical Research Letters, 46: 6868-6877.

Mao, J., W. Fu, X. Shi, D. M. Ricciuto, J. B. Fisher, R. E. Dickinson, Y. Wei, W. Shem, S. Piao, and K. Wang. 2015. Disentangling climatic and anthropogenic controls on global terrestrial evapotranspiration trends. Environmental Research Letters, 10: 094008.

Masson, V., C. S. B. Grimmond, and T. R. Oke. 2002. Evaluation of the town energy balance (Teb) scheme with direct measurements from dry districts in two cities. Journal of Applied Meteorology, 41: 1011-1026.

Meierdiercks, K. L., J. A. Smith, M. Baeck, and A. J. Miller. 2010. Heterogeneity of hydrologic response in urban watersheds. Journal of the American Water Resources Association (JAWRA), 46 (6): 1221-1237.

Mooney, H. A., A. Duraiappah, and A. Larigauderie. 2013. Evolution of natural and social science interactions in global change research programs. Proceedings of the National Academy of Sciences of the United States of America, 110: 3665-3672.

Nagy, R. C., B. G. Lockaby, B. Helms, L. Kalin, and D. Stoeckel. 2011. Water resources and land use and cover in a humid region: The southeastern United States. Journal of Environmental Quality, 40: 867-878.

O'Driscoll, M., S. Clinton, A. Jefferson, A. Manda, and S. McMillan. 2010. Urbanization effects on watershed hydrology and in-stream processes in the southern United States. Water, 2: 605-648.

Oke, T. R. 1982. The energetic basis of the urban heat island. Quarterly Journal of the Royal Meteorological Society, 108: 1-24.

Oke, T. R., and O. M. Mondiale. 1974. Review of Urban Climatology, 1968-1973. WMO.

Oudin, L., B. Salavati, C. Furusho-Percot, P. Ribstein, and M. Saadi. 2018. Hydrological impacts of urbanization at the catchment scale. Journal of Hydrology, 559: 774-786.

Paul, M. J., and J. L. Meyer. 2001. Streams in the urban landscape. Annual Review of Ecology and Systematics, 32: 333-365.

Pielke Sr, R. A. 2005. Land use and climate change. Science, 310: 1625-1626.

Pielke Sr, R. A. 2001. Influence of the spatial distribution of vegetation and soils on the prediction of cumulus convective rainfall. Reviews of Geophysics, 39: 151-177.

Prudhomme, C., I. Giuntoli, E. L. Robinson, D. B. Clark, N. W. Arnell, R. Dankers, B. M. Fekete, W. Franssen, D. Gerten, and S. N. Gosling. 2014. Hydrological droughts in the 21st century, hotspots and uncertainties from a global multimodel ensemble experiment. Proceedings of the National Academy of Sciences of the United States of America, 111: 3262-3267.

Qi, S., G. Sun, Y. Wang, S. McNulty, and J. M. Myers. 2009. Streamflow response to climate and land-use changes in a coastal watershed in North Carolina. Transactions of the ASABE, 52: 739-749.

Qin, M., L. Hao, L. Sun, Y. Liu, and G. Sun. 2019. Climatic controls on watershed reference evapotranspiration varied during 1961-2012 in southern China. JAWRA Journal of the American Water Resources Association, 55: 189-208.

Qiu, G. Y., Z. Zou, X. Li, H. Li, Q. Guo, C. Yan, and S. Tan. 2017. Experimental studies on the effects of green space and evapotranspiration on urban heat island in a subtropical megacity in China. Habitat International, 68: 30-42.

Shastri, H., B. Barik, S. Ghosh, C. Venkataraman, and P. Sadavarte. 2017. Flip flop of day-night and summer-winter surface urban heat island intensity in India. Scientific Reports, 7: 40178.

Sheffield, J., E. F. Wood, and M. L. Roderick. 2012. Little change in global drought over the past 60 years. Nature, 491: 435-438.

Sterling, S. M., A. Ducharne, and J. Polcher. 2012. The impact of global land-cover change on the terrestrial water cycle. Nature Climate Change, 3: 385-390.

Sun, G., K. Alstad, J. Chen, S. Chen, C. R. Ford, G. Lin, C. Liu, N. Lu, S. G. McNulty, and H. Miao. 2011a. A general predictive model for estimating monthly ecosystem evapotranspiration. Ecohydrology, 4: 245-255.

Sun, G., and P. Caldwell. 2015. Impacts of urbanization on stream water quantity and quality in the United States. Water Resources Impact, 17(1): 17-20.

Sun, G., P. Caldwell, A. Noormets, S. G. McNulty, E. Cohen, J. M. Myers, J. C. Domec, E. Treasure, Q. Mu, and J. Xiao. 2011b. Upscaling key ecosystem functions across the conterminous United States by a water-centric ecosystem model. Journal of Geophysical Research: Biogeosciences, 116(G3): G00J05.

Sun, G., D. Hallema, and H. Asbjornsen. 2017. Ecohydrological processes and ecosystem services in the Anthropocene: A review. Ecological Processes, 6:35.

Sun, G., and Y. Liu. 2013. Forest influences on climate and water resources at the landscape to regional scale. In Fu, B., Bruce, J., eds. Landscape Ecology for Sustainable Environment and Culture. New York: Springer, 309-334.

Sun, G., and B. G. Lockaby. 2012. Water quantity and quality at the urban-rural interface. In Laband, D. N., Lockaby, B. G., Zipperer, W., eds. Urban-Rural Interfaces: Linking People and Nature. Madison, Wisconsin: American Society of Agronomy, Crop Science Society of America, Soil Science Society of America, 26-45.

Sun, G., A. Noormets, M. Gavazzi, S. McNulty, J. Chen, J. C. Domec, J. S. King, D. Amatya, and R. Skaggs. 2010. Energy and water balance of two contrasting loblolly pine plantations on the lower coastal plain of North Carolina, USA. Forest Ecology and Management, 259: 1299-1310.

Sun, G., C. Zuo, S. Liu, M. Liu, S. G. McNulty, and J. M. Vose. 2008. Watershed evapotranspiration increased due to changes in vegetation composition and structure under a subtropical climate. JAWRA Journal of the American Water Resources Association, 44: 1164-1175.

Suriya, S., and B. Mudgal. 2012. Impact of urbanization on flooding: The Thirusoolam sub watershed—a case study. Journal of Hydrology, 412: 210-219.

Taha, H. 1997. Urban climates and heat islands: Albedo, evapotranspiration, and anthropogenic heat. Energy and Buildings, 25: 99-103.

Trusilova, K., M. Jung, G. Churkina, U. Karstens, M. Heimann, and M. Claussen. 2008. Urbanization impacts on the climate in Europe: Numerical experiments by the PSU-NCAR mesoscale model(mm5). Journal of Applied Meteorology and Climatology, 47: 1442-1455.

Tsai, M. H. 2002. The Multi-functional roles of paddy field irrigation in Taiwan. Proceedings of the Pre-symposium for the Third World Water Forum(WWF3), 217-220.

Vose, J. M., G. Sun, C. R. Ford, M. Bredemeier, K. Otsuki, X. Wei, Z. Zhang, and L. Zhang. 2011. Forest ecohydrological research in the 21st century: What are the critical needs? Ecohydrology, 4: 146-158.

Wang, L., J. Liu, G. Sun, X. Wei, S. Liu, and Q. Dong. 2012. Water, climate, and vegetation: Ecohydrology in a changing world. Hydrology and Earth System Science, 16: 4633-4636.

Wang, X., and Y. Gong. 2010. The impact of an urban dry island on the summer heat wave and sultry weather in Beijing city. Chinese Science Bulletin, 55: 1657-1661.

Wang, Y., P. Yu, K. H. Feger, X. Wei, G. Sun, M. Bonell, W. Xiong, S. Zhang, and L. Xu. 2011. Annual runoff and evapotranspiration of forestlands and non-forestlands in selected basins of the loess plateau of China. Ecohydrology, 4: 277-287.

Wenger, S. J., A. H. Roy, C. R. Jackson, E. S. Bernhardt, T. L. Carter, S. Filoso, C. A. Gibson, W. C. Hession, S. S. Kaushal, and E. Martí. 2009. Twenty-six key research questions in urban stream ecology: An assessment of the state of the science. Journal of the North American Benthological Society, 28: 1080-1098.

Wu, R. S., W. R. Sue, C. B. Chien, C. H. Chen, J. S. Chang, and K. M. Lin. 2001. A simulation model for investigating the effects of rice paddy fields on the runoff system. Mathematical and Computer Modelling, 33: 649-658.

Wu, R. S., W. R. Sue, and J. D. Chang. 1997. A simulation model for investigating the effects of rice paddy fields on runoff system. In: Zerger, A., and Argent, R. M., eds. MODSIM97 International Congress on Modelling and Simulation. Modelling and Simulation Society of Australia and New Zealand, 422-427.

York, J. P., M. Person, W. J. Gutowski, and T. C. Winter. 2002. Putting aquifers into atmospheric simulation models: An example from the mill creek watershed, northeastern Kansas. Advances in Water Resources, 25: 221-238.

Zhang, J. H., C. B. Fu, X. D. Yan, E. Seita, and K. Hiroshi. 2002. A global respondence analysis of LAI versus surface air temperature and precipitation variations. Chinese Journal of Geophysics, 45: 662-669.

Zhao, L., X. Lee, R. B. Smith, and K. Oleson. 2014. Strong contributions of local background climate to urban heat islands. Nature, 511: 216-219.

Zhao, X., and Y. Liu. 2014. Lake fluctuation effectively regulates wetland evapotranspiration: A case study of the largest freshwater lake in China. Water, 6: 2482-2500.

Zheng, Q., L. Hao, X. Huang, L. Sun, and G. Sun. 2020. Effects of urbanization on watershed evapotranspiration and its components in southern China. Water, 12: 645.

Zhou, D., D. Li, G. Sun, L. Zhang, Y. Liu, and L. Hao. 2016a. Contrasting effects of urbanization and agriculture on surface temperature in eastern China. Journal of Geophysical Research: Atmospheres, 121: 9597-9606.

Zhou, D., L. Zhang, L. Hao, G. Sun, Y. Liu, and C. Zhu. 2016b. Spatiotemporal trends of urban heat island effect along the urban development intensity gradient in China. Science of the Total Environment, 544: 617-626.

Zhou, G., X. Wei, X. Chen, P. Zhou, X. Liu, Y. Xiao, G. Sun, D. F. Scott, S. Zhou, and L. Han. 2015. Global pattern for the effect of climate and land cover on water yield. Nature Communications, 6:5918.

Zhou, L., R. E. Dickinson, Y. Tian, J. Fang, Q. Li, R. K. Kaufmann, C. J. Tucker, and R. B. Myneni. 2004. Evidence for a significant urbanization effect on climate in China. Proceedings of the National Academy of Sciences of the United States of America, 101: 9540-9544.

Ziter, C. D., E. J. Pedersen, C. Kucharik, and M. G. Turner. 2019. Scale-dependent interactions between tree canopy cover and impervious surfaces reduce daytime urban heat during summer. Proceedings of the National Academy of Sciences of the United States of America, 116: 7575-7580.

第11章

雌雄异株植物对逆境响应的性别差异

陈娟[1]　李春阳[2]

摘　要

雌雄异株植物是陆地生态系统的重要组成部分,在维持生态系统结构和功能稳定性方面发挥着关键作用。本文综述了国内外雌雄异株植物对逆境响应的性别差异的研究进展,主要阐述了非生物胁迫(干旱、养分胁迫、盐胁迫、重金属污染等)、生物胁迫和气候变化下雌雄异株植物的生长、生理生化和分子响应机制,探讨了逆境和气候变化下雌雄异株植物的适应策略和性比变化、雌雄异株植物的性别空间分异和性别互作机制等。总体上,逆境下雌雄异株植物表现出生长、生理生化以及分子生物学特征上的性别响应差异,且因植物种类和环境胁迫因子的不同而异。逆境和气候变化将影响雌雄异株植物的性比和空间分布格局,性别偏倚和空间分异特征与雌雄个体对逆境响应的性别差异有关,也与性别互作效应有关,并且微生物如菌根真菌参与调控了雌雄异株植物对逆境的响应和性别互作过程。雌雄异株植物对逆境响应的性别差异可能引发生物级联效应,进而对生态系统结构与功能产生更深远的影响。基于目前的研究进展,文章探讨了未来雌雄异株植物对逆境和气候变化响应的研究尺度和研究方向,以期为雌雄异株植物的环境适应性研究、农林业生产和生态系统管理提供依据和参考。

Abstract

Dioecious plants are important part of terrestrial ecosystem and play a key role in maintaining the stability of ecosystem structure and function. In this paper, the research

① 绵阳师范学院,绵阳,621000,中国;
② 杭州师范大学,杭州,311121,中国。

advancement in sex differences of dioecious plants in response to the abiotic stresses(water stress, nutrient stress, salinity stress, heavy metal pollution, etc.), biotic stresses and climate change are summarized. The mechanisms of physiological, biochemical and molecular responses in females and males of dioecious plants, the strategies of adaptation and trade-off of two sexes and dynamics of sex ratio under adverse circumstance, sexual spatial segregation as well as sexual interactions are discussed. In general, dioecious plants show different sexual responses in growth, physiological-biochemical and molecular biological characteristics, which vary with the differences in species and environmental stress factors. Dioecious plants often show sexual ratio bias and sexual spatial segregation under stressful environment, which is related to the stress tolerance and sexual interaction between male and female plants. Moreover, microorganisms such as mycorrhizal fungi regulate the responses and sex interaction of dioecious plants. The spatial distribution pattern of dioecious plants would be affected by environmental stresses and climate change. Sex-related responses to stress may have a profound impact on ecosystem structure and function by biological cascading effects. In addition, the research scale and direction of dioecious plants to stress and climate change are discussed so as to provide references for research on environmental adaptability of dioecious plants, agroforestry production and ecosystem management.

前言

雌雄异株植物是指雌花和雄花分别位于不同植株上的植物类型。雌雄异株植物在自然界的分布较为广泛。最新统计表明,全世界的雌雄异株植物大约有 15 600 种,隶属于 175 科 987 属(Renner,2014)。雌雄异株植物作为陆地生态系统的重要组成部分,在维持生态系统结构和功能稳定性方面发挥着关键作用(胥晓等,2007; Juvany and Munné-Bosch, 2015; Hultine et al., 2016)。雌雄异株植物的性二型性,不仅体现在生殖器官上,还包括营养生长性状和抗逆性方面的性别差异。远交优势、资源分配限制和环境塑造是目前较为广泛接受的雌雄异株分化的机制(Geber et al., 1999; Sánchez-Vilas and Retuerto, 2012; Juvany and Munné-Bosch,2015)。雌雄异株植物的繁殖差异可能导致营养生长和对逆境的耐受能力方面的差异。近年来,许多研究者开展了雌雄异株植物在逆境下的性别响应差异研究(Orlofsky et al., 2016; Zhang et al., 2019; Xia et al., 2020)。本文综述了雌雄异株植物对水分、养分、盐、重金属污染等非生物胁迫,生物胁迫和气候变化的生理生化、分子响应机制,以及逆境和气候变化下雌雄异株植物的适应策略和性比变化,雌雄异株植物性别空间分异(sexual spatial segregation,SSS)和性别互作机制等方面的研究进展。在此基础上,探讨了未来雌雄异株植物对逆境和气候变化响应的研究尺度和研究方向,以促进雌雄异株植物的环境适应性研究,为植被保护、农林业生产和生态系统管理提供参考。

11.1　逆境胁迫下雌雄异株植物响应的性别差异

11.1.1　非生物胁迫下雌雄异株植物的响应

（1）干旱胁迫

干旱引发植物体内水分、碳氮代谢失衡，降低光合速率，抑制植物生长甚至导致植物死亡。对干旱下雌雄异株植物的生长和生殖、生理和代谢以及遗传特性等方面的研究表明，多数雌雄异株物种的雄株在干旱胁迫下具有更佳的生长和生理生化响应，对干旱的抗性强于雌株（Leigh and Nicotra, 2003; Dawson et al., 2004; Rozas et al., 2009; 何梅等，2015）。干旱胁迫下雌雄植株的光合和水分生理响应研究相对较多。Hultine 等（2016）基于 83 篇已发表的研究文献的数据分析发现，当进行干旱和/或增温处理时，雄株的气孔导度和净光合速率显著高于雌株，将乔木、灌木和草本分别分析时仍呈现相似的模式。前人研究指出，水分胁迫下野牛草（*Buchloe dactyloides*）雄株具有更强的保水能力（李德颖，1996），枸骨叶冬青（*Ilex aquifolium*）雄株有更高的 $\delta^{13}C$，表明有更高的长期用水效率（Retuerto et al., 2000）。在适宜环境下，乳香黄连木（*Pistacia lentiscus*）的雌雄个体间的光合生理指标大体相同，但在干旱胁迫下，其雄株具有更高的有效量子产量、CO_2同化速率和气孔导度（Correia and Diaz-Barradas, 2000）。干旱胁迫下的酒神菊（*Baccharis dracunculifolia*）雌株死亡率明显增加（Espírito-Santo et al., 2003）。水分胁迫下灰蓝柳（*Salix glauca*）雌株受到的负面影响更大（Dudley and Galen, 2007）。干旱处理下，青杨（*Populus cathayana*）雌株生长和光合能力下降更显著，而雄株具有更高的电子传递速率（J_{max}）、羧化速率（CE）、光化学淬灭系数（q_p）、可溶性蛋白和脯氨酸含量，细胞膜和叶绿体受到的负面影响也较小（Xu et al., 2008; Zhang et al., 2012）。在缺水条件下，滇杨（*Populus yunnanensis*）雌株的干物质积累和总叶绿素含量下降更明显（Chen et al., 2010）。但也有少数研究显示，雌株对干旱胁迫有更好的耐受能力。干旱下黄雪轮（*Silene otites*）雄株的死亡率显著高于雌株（Soldaat et al., 2000）。干旱下中国沙棘（*Hippophae rhamnoides*）雌株有更高的光合速率、叶片脯氨酸和可溶性糖含量，更高的水分利用效率（高丽等，2009）。水分缺乏下葎草（*Humulus scandens*）雄株的总生物量显著低于雌株（刘金平和段婧，2013）。植物的水力策略一定程度上决定了干旱下木质部空化和碳饥饿的程度（Brodribb and Holbrook, 2006; McDowell et al., 2011），干旱胁迫下雌雄异株植物水力结构、光合/碳同化维持以及碳氮代谢响应机制上的性二型性值得关注（Melnikova et al., 2017），然而相关的研究报道较少。

研究表明，干旱胁迫下青杨雌株和雄株中检测到 563 个差异蛋白质位点，主要包括与光合作用相关的蛋白质、平衡蛋白质和应激蛋白质等功能性蛋白质。雌株和雄株的同工酶谱带也因干旱和性别差异而产生特异表达（Zhang et al., 2010a; Zhang et al., 2012）。采用 ISSR 分子标记进行研究后发现，中国沙棘雌株的遗传多样性更丰富，可能是雌株对干旱有较强适应性（刘瑞香等，2007）。Peng 等（2012）采用 Illumina-

Solexa 测序平台测定了来自正常条件下和干旱下的滇杨雌株和雄株叶片的转录组序列,从中确认了 22 235 个转录点,其中在干旱胁迫下有 6 039 个差异表达基因,且 92% 差异表达基因存在于雄株,参与光合电子传递、光系统Ⅰ和Ⅱ相关蛋白合成、激素合成(如 ABA 生物合成),与活性氧(ROS)清除相关的编码抗坏血酸过氧化物酶(APX)和过氧化氢酶(CAT)的基因在雄株中比在雌株中表达明显更多。但也有一些研究显示,在干旱下黑杨(*Populus nigra*)雌株和雄株的性别间遗传变异很小(Hughes et al., 2000)。

(2) 养分胁迫

养分胁迫会降低植物光合速率,影响碳、氮物质代谢等生理生化过程和抑制生长。对欧洲山杨(*Populus tremula*)雌雄植株的光合、生长以及酚类化合物对不同氮(N)、磷(P)水平的性别响应差异研究表明,在营养受限条件下,雌雄植株表现出不同的资源获取和分配响应,雌株优先于矿物质营养的获取、类黄酮与缩合单宁的产生,而雄株在地上生物量上投入更多(Randriamanana et al., 2014)。N 和 P 缺乏下青杨雌株中与应激反应和基因表达调节有关的蛋白质的变化显著高于雄株,表明雌株对 N、P 缺乏的代谢响应更快(Zhang et al., 2014)。缺钾(K)下青杨雄株表现出更好的生长和碳水化合物积累能力(Yang et al., 2015)。缺 P 处理导致了雌雄青杨幼苗根和叶片中元素含量的显著变化,且对雌株的影响更为显著(唐铎腾等,2017)。在高 P 条件下,青杨雌株的总根长、比根长、生物量和叶 P 浓度均较高,但在缺 P 条件下,雄株根系土壤酸性磷酸酶分泌量大,丛枝菌根真菌(AMF)定殖率高,菌丝生物量大,表明其具有较好的 P 获取能力(Xia et al., 2019)。Wu 等(2021)研究指出,缺 N 条件下青杨雌雄植株的碳固定和再分配以及氮的分配和同化存在性别差异,雄株叶片的气体交换和固碳能力更强,雄株的脱落酸、气孔导度和叶片蔗糖磷酸合成酶活性更高,并增加了蔗糖的转运,雄株的氮利用效率(PNUE)和谷氨酸脱氢酶(GDH)表达水平更高,即使在长期严重缺 N 条件下也呈现相似的表现。而 N 缺乏下雌株叶片茉莉酸浓度较高,说明雌株向防御化学物质分配的碳氮更多。高 N 胁迫下青杨雌株的株高、基径增加量、光合能力和叶片寿命均显著低于雄株(龚薇等,2021)。研究发现,雌雄异株植物进化出了性别特异性的适应策略来应对磷缺乏的限制。Zhang 等(2019)研究了 P 缺乏对青杨根系和叶片代谢的影响。缺 P 处理显著降低了雄株的根钙含量,增加了硫含量;而雌株根中则表现为锌、铁含量显著增加。P 缺乏显著降低了雄株叶片和雌株根的水杨酸含量。代谢组学分析表明,性别差异主要发生在氨基酸代谢途径上,组织相关的差异主要发生在莽草代谢途径和糖酵解途径上。Han 等(2018)转录组分析表明,缺钾(K)下雌雄青杨的性别差异表达基因(DEGs)主要参与光合作用、细胞壁生物合成、次生代谢、转运、胁迫响应、基因表达调控以及蛋白质合成和降解。雌株在光合作用、基因表达调控和翻译后修饰等方面比雄株表现出更多的变化,而次生代谢、应激反应和氧化还原稳态方面变化较少,说明两性间存在与性别相关的分子策略来应对缺 K。

植物常面临多种环境胁迫因子的交互影响。研究发现,青杨雄株更能适应 N 沉降和 CO_2升高的交互处理,表现出更高的光合速率(Zhao et al., 2011)。Bárbara 等

(2016)的研究指出,在干旱和营养胁迫严重时,荨麻(*Urtica dioica*)在光合抑制和光氧化胁迫方面表现出显著的性别差异,缺 P 显著降低雌株的 F_v/F_m,增强了脂质过氧化水平。Xia 等(2020)研究了干旱、缺 P 及其交互对青杨雌雄植株生长的影响。干旱和缺 P 对雌株生长影响大于雄株。施 P 改善了干旱对雄株茎干物质积累的不利影响。干旱和施 P 交互处理下雄株根际柠檬酸浓度显著增加,雄株根际土壤微生物主要类群如细菌、放线菌、丛枝菌根真菌、革兰氏阳性菌和革兰氏阴性菌的丰度更高,从而形成了有抗性的微生境。相反,受胁迫的雌株根际细菌和 AMF 的丰度显著降低,而腐生真菌的丰度显著增加。因此,在干旱胁迫下,P 对雄株的抗旱性增强更显著,这可能与雄株根际表现出更大的塑性响应有关。

(3) 盐胁迫

土壤盐渍化已是全球性的严重问题,对陆地生态系统中植物的生长和植被分布有重要影响。研究发现,沙棘植株可通过非结构性碳水化合物的渗透调节表现出生理抗盐机制,且雄株的生理可塑性更强(阮成江和谢庆良,2002)。盐胁迫下青杨雄株中参与光合、过氧化氢清除和应激反应的蛋白质含量较高(Chen et al., 2011a),雄株的抗逆性更强(蒋雪梅等,2016)。转录组学分析显示,在盐胁迫下滇杨参与光合作用的基因在雄株中上调,而在雌株中下调(Jiang et al., 2012)。在盐胁迫下,西伯利亚白刺(*Nitraria sibirica*)幼苗平均直径和表面积下降,且雌株下降更显著(李焕勇等,2017)。但也有研究显示,某些物种的雌株具有更好的耐盐胁迫能力。盐胁迫下银杏(*Ginkgo biloba*)雌株有更高的光合速率、内在水分利用效率和抗氧化物酶活性(蒋雪梅等,2009)。研究发现山靛(*Mercurialis annua*)雌雄植株在盐胁迫条件下,参与抗氧化、解毒和发育的过氧化物酶和谷胱甘肽转移酶(GSTs)表现出性别差异。代谢组学分析显示,盐胁迫下有 10 种代谢物的浓度在两性中都发生了变化,但有 5 种代谢物仅雌株有显著响应(Orlofsky et al., 2016)。

此外,盐胁迫与其他环境因子的交互处理使雌雄异株植物表现出与单一盐胁迫不同的响应特征。滇杨在干旱和盐胁迫交互下,雌雄植株的生理生化指标表现出比单一胁迫下更多的差异,雌株表现为更多的生长和光合抑制(Chen et al., 2010)。Li 等(2013)的研究发现滇杨雌株在盐胁迫下受到更多的抑制,而 CO_2 浓度升高降低了盐胁迫下雌雄性别间的光合和生长差异。丛枝菌根真菌影响了盐胁迫下青杨雌雄植株的生理生态响应。研究发现 AMF 通过促进生长、光合作用和抗氧化系统减轻了盐胁迫对青杨的伤害,且两性间存在差异。盐胁迫下,接种 AMF 的雄株幼苗在茎叶形态生长、叶绿素荧光参数、脯氨酸含量和抗氧化酶活性方面均优于雌株(Wu et al., 2016)。

(4) 重金属污染胁迫

重金属会对植物内在生理生化过程产生一系列毒害效应,如抑制光合作用、降低活性氧清除能力和根系养分吸收功能,阻碍植物生长和发育,甚至导致植物死亡。研究显示雌雄异株植物对重金属响应表现出性别差异(冯旭和王碧霞,2016;陈良华等,2017)。铜(Cu)、铅(Pb)和锰(Mn)胁迫下,青杨雄株的抗性和耐受性高于雌株(Chen et al., 2013a,b;胡相伟等,2015)。Liu 等(2020)研究指出青杨雌株表现出较高的 Cd

吸收和根冠转运能力,而雄株表现出更强的抗氧化能力。转录组分析表明,Cd 胁迫促进了雌株 Cd 吸收和转运相关基因的上调,而促进了雄株的细胞壁生物合成、金属耐受和次级代谢相关基因的上调,这说明 Cd 胁迫下雄株的生理、微观结构和转录反应均表现出更强的耐性。在高锌(Zn)胁迫下的滇杨雌株的 ROS 水平较高,有效保护作用较弱(Jiang et al., 2013)。Pb 胁迫下桑树(*Morus alba*)雄株比雌株有更高的保护酶 SOD 活性,可清除过多 ROS,表现出更好的耐性(秦芳等,2014),但桑树雌株对 Cd 胁迫的耐受性高于雄株(臧畅等,2012)。

此外,N 沉降、干旱和酸雨等环境因子与重金属胁迫的交互作用影响了雌雄植株对重金属的性别响应差异。干旱显著增加了青杨雌株对 Pb 的敏感性(Han et al., 2013)。N 沉降减缓了 Cd 对滇杨的毒害作用,交互处理降低了不同性别间对 Cd 的响应差异(Chen et al., 2011b)。已有研究指出菌根真菌介入了雌雄异株植物对重金属胁迫的响应过程。接种摩西球囊霉菌(*Glomus mosseae*)诱导银白杨(*Populus alba*)叶片中编码植物螯合素合成酶基因的表达并调控细胞的抗氧化水平,从而提高宿主植物对重金属的耐受性(Pallara et al., 2013)。研究发现,美洲黑杨(*Populus deltoids*)雌株比雄株更容易受到 Cd 胁迫,在雌株体内接种 AMF 减弱了 Cd 的毒性,雌株的光合参数和生长素有不同程度恢复,而在接种 AMF 的雄株中未发现相应的效应(陈良华等,2017)。某些雌雄异株木本植物由于具有较好的重金属耐性和富集能力,可用于植物修复。研究指出,构树(*Broussonetia papyrifera*)和桑树可用于 Pb 污染的修复(康薇等,2014)。大麻有修复重金属 Pb、Zn、Cd 污染土壤的潜力(曾民等,2013),银杏幼苗对 Pb 和 Cd 污染土壤修复潜力较强(曹福亮等,2012)。AMF 真菌可与桑树形成互利共生体,促进桑树对重金属的积累(樊宇红等,2014)。

(5) 其他非生物胁迫

一些研究探讨了雌雄异株植物对淹水、低温和 UV-B 辐射等其他非生物胁迫的性别响应差异(杨鹏和胥晓,2012; Juvany et al., 2014; Jiang et al., 2015; Zhou et al., 2019)。与雌株相比,淹水胁迫下的美洲黑杨雄株的比叶面积、叶绿素含量和净光合速率降低更少,而有更高的水分利用效率、过氧化物酶(POD)和超氧化物歧化酶(SOD)活性以及脯氨酸含量,表明雄株有更好的细胞防御机制和耐受能力(Yang et al., 2011)。Zhou 等(2019)研究苦草(*Vallisneria natans*)雌雄植株的形态、生殖性状和光合特征等对不同水深变化的性别特异性的响应。在弱光和深水环境下,雌雄植株在总生物量和生殖投入上的性二型程度显著增加,意味着雌雄植株在不同水生环境下的生存与适应力的差异。低温胁迫下青杨雄株的叶绿素含量和抗氧化活性更高,且在蛋白质组水平上的研究显示,雄株对低温胁迫的保护优于雌株(Zhang et al., 2011, 2012)。中国沙棘雄株对低温胁迫表现出更好的抗寒性和更高的耐冻性(Li et al., 2005)。但 *Populus tomentosa* 的雌花芽比雄花芽更能适应高温和低温胁迫,温度处理导致雌花芽中 CAT、POD 和 SOD 活性增加,而雄花芽中丙二醛(MDA)含量显著增加(Song et al., 2014)。但也有研究指出,*P. trichocarpa* 对低温和高温的响应无性别差异(McKown et al., 2017)。增强的 UV-B 辐射下,青杨雄株抗氧化酶活性更高,对 UV-B

辐射表现出更强的耐受性(Xu et al., 2010),雄株对 UV-B 辐射的基因调控策略更有效,参与氨基酸代谢的基因在青杨雄株中上调,而在雌株中下调(Jiang et al., 2015)。在高 UV-B 辐射条件下,青杨雄株的蛋白质表达水平的变化显著高于雌株,主要涉及翻译/转录/转录后修饰、应激反应和氨基酸代谢(Zhang et al., 2017)。但也有研究发现,*P. tremula* 雄芽对 UV-B 辐射的耐受性更低(Stromme et al., 2015)。

11.1.2　生物胁迫下雌雄异株植物的响应

有关食草动物和雌雄异株植物的 Meta 分析研究表明,雄株比雌株更易遭受食草动物伤害(Cornelissen and Stiling,2005)。美洲山杨(*P. tremuloides*)雌雄植株的酚苷和浓缩单宁含量相近,但雌株表现出生长速率与防御化学物质更高的相关性(Stevensa and Esser,2009)。Mooney 等(2012)发现缬草(*Valeriana edulis*)对植食性昆虫在直接抗性上未表现有性二型性,但雌株上天敌和蚂蚁的数量分别比雄株多 78%和 117%,表明雌雄植株表现出间接抗性上的差异。也有研究显示了相反的结果,青杨雌株叶锈病较雄株严重,*Melampsora larici-populina* 感染下雄株具有更高的抗氧化活性(Zhang et al., 2010b)。鼠李雄株叶片有更高浓度的防御相关的蒽醌类化合物,表明雄株的抵抗力更强(Bañuelos and Obeso,2004)。自然条件下鳞翅目 *Cacoecimorpha pronubana* 幼虫取食时,枸骨冬青雄株的光合作用比雌株更强(Retuerto et al., 2006)。Hemborg 和 Bond(2006)发现胡桃(*Sclerocarya birrea*)雌树被大象啃食时会比雄树受到更多伤害。

总之,逆境下雌雄异株植物的性别响应差异研究表明,性别间的抗逆性差异具有高度的物种特异性。如表 11.1 所示,在大多数研究中,雄株有较好的逆境响应和耐受能力,仅有少数雌株有更好的耐受能力,或者雌雄植株在抗逆性上无明显差异。研究结果的不同可能与植物材料和实验条件有关,并且多种环境因子交互呈现叠加、协同或者拮抗效应,表现出与单一胁迫不同的响应特征。此外,微生物如丛枝菌根真菌也参与调节了雌雄异株植物对逆境的响应过程和性别差异。

表 11.1　雌雄异株植物对逆境胁迫的性别响应研究

胁迫因子	物种	生活型	性别效应	参考文献
非生物胁迫				
干旱	*Pistacia lentiscus*	乔木	F<M	Correia and Diaz-Barradas,2000
干旱	*Buchloe dactyloides*	草本	F<M	李德颖,1996
干旱	*Ilex aquifolium*	乔木	F<M	Retuerto et al., 2000
干旱	*Silene otites*	草本	F>M	Soldaat et al., 2000
干旱	*Acer negundo*	乔木	F>M	Ward et al., 2002
干旱	*Baccharis dracunculifolia*	乔木	F<M	Espírito-Santo et al., 2003
干旱	*Acer negundo*	乔木	F<M	Dawson et al., 2004
干旱	*Hippophae rhamnoides*	灌木	F<M	Li et al., 2004

续表

胁迫因子	物种	生活型	性别效应	参考文献
干旱	*Salix glauca*	灌木	F<M	Dudley,2006; Dudley and Galen,2007
干旱	*Populus angustifolia*	乔木	F=M	Letts et al., 2008
干旱	*Juniperus thurifera*	乔木	F<M	Rozas et al., 2009
干旱	*Honckenya peploides*	草本	F>M	Sánchez-Vilas and Retuerto,2009
干旱	*Hippophae rhamnoides*	乔木	F>M	高丽等,2009
干旱	*Populus cathayana*	乔木	F<M	Zhang et al., 2010a,2012; Han et al., 2013
干旱	*Corema album*	灌木	F<M	Álvarez-Cansino et al., 2012
干旱	*Humulus scandens*	草本	F>M	刘金平和段婧,2013
干旱	*Borderea pyrenaica*	草本	F>M	Morales et al., 2013
干旱和增温	*Populus cathayana*	乔木	F<M	Xu et al., 2008
淹水胁迫	*Populus deltoids*	乔木	F<M	Yang et al., 2011
淹水胁迫	*Populus cathayana*	乔木	F<M	杨鹏和胥晓,2012
盐胁迫	*Hippophae rhamnoides*	乔木	F<M	阮成江和谢庆良,2002
盐胁迫	*Ginkgo biloba*	乔木	F>M	蒋雪梅等,2009
盐胁迫和干旱	*Populus yunnanensis*	乔木	F<M	Chen et al., 2010
盐胁迫	*Populus cathayana*	乔木	F<M	Chen et al., 2011a; Jiang et al., 2012; 蒋雪梅等,2016
盐胁迫	*Honckenya peploides*	草本	F=M	Sánchez-Vilas and Retuerto,2012
盐胁迫	*Nitraria sibirica*	乔木	F<M	李焕勇等,2017
N 和 P 缺乏	*Populus cathayana*	乔木	F<M	Zhang et al., 2014
K 缺乏	*Populus cathayana*	乔木	F<M	Yang et al., 2015
P 缺乏	*Populus cathayana*	乔木	F<M	唐铎腾等,2017; Zhang et al., 2019; Xia et al., 2019,2020
N 沉降	*Populus cathayana*	乔木	F<M	龚薇等,2021
Cd 胁迫	*Populus cathayana*	乔木	F<M	Chen et al., 2011b; 陈良华等,2017
Cd 胁迫	*Morus alba*	乔木	F>M	臧畅等,2018
Mn 胁迫	*Populus cathayana*	乔木	F<M	Chen et al., 2013a

续表

胁迫因子	物种	生活型	性别效应	参考文献
Cu 胁迫	*Populus cathayana*	乔木	F<M	Chen et al., 2013b
Zn 和酸雨胁迫	*Populus yunnanensis*	乔木	F<M	Jiang et al., 2013
Zn 胁迫	*Populus cathayana*	乔木	F<M	Liu et al., 2021
Pb 和干旱胁迫	*Populus cathayana*	乔木	F<M	Han et al., 2013
Pb 胁迫	*Morus alba*	乔木	F<M	秦芳等,2014
Cr 胁迫	*Humulus scandens*	草本	F<M	冯旭和王碧霞,2016
Pb 和 Mn 胁迫	*Populus cathayana*	乔木	F<M	胡相伟等,2015
冻害	*Hippophae rhamnoides*	灌木	F<M	Li et al., 2005
冷害	*Ilex paraguariensis*	乔木	F>M	Rakocevic et al., 2009
冷害	*Pistacia lentiscus*	乔木	F<M	Juvany et al., 2014
冷害	*Populus cathayana*	乔木	F<M	Zhang et al., 2011
UV-B 辐射	*Populus cathayana*	乔木	F<M	Xu et al., 2010; Jiang et al., 2015; Zhang et al., 2017
生物胁迫				
植食	*Rhamnus alpinus*	灌木	F<M	Bañuelos et al., 2004
植食(幼虫取食)	*Ilex aquifolium*	乔木	F<M	Retuerto et al., 2006
植食(大象啃食)	*Sclerocarya birrea*	乔木	F<M	Hemborg and Bond,2006
真菌(*Melampsora* sp.)	*Populus cathayana*	乔木	F<M	Zhang et al., 2010b
植食	*Chamaedorea alternans*	乔木	F>M	Cepeda-Cornejo and Dirzo,2010
植食	*Valeriana edulis*	草本	F=M	Mooney et al., 2012

11.2　雌雄异株植物对气候变化响应的性别差异

近年来,气候变化特别是大气 CO_2浓度升高和气温上升等对陆地生态系统稳定性的影响引起了广泛关注(陈小梅等,2014)。国内外已经开展了一些关于雌雄异株植物对气候变化响应的研究(Tognetti, 2012; Álvarez-Cansino et al., 2013; Hultine et al., 2013,2016)。Petry 等(2016)研究了海拔在 1 800 m 范围内的缬草(*Valeriana edulis*)对气候变化的性别响应差异,结果表明气候变暖导致雄性出现的频率上升。研究发现,毛脉酸模(*Rumex hastatulus*)的性二型性的地理变异与生物气候参数相关,原因在于两性对气候的不同响应(Puixeu et al., 2019)。Liu 等(2020)研究了在+4℃的增温条件下,青杨雌雄植株的生长、光合、非结构碳水化合物、水分利用效率和整株水力导度,结果表明,夏季增温对雌株生长和光合作用的影响主要受土壤湿度的驱动,而雄株生长和光合作用主要受温度的影响。北极柳(*Salix arctica*)雄株在 CO_2浓度升高时,光合速率显著高于雌株(Jones et al., 1999)。颤杨(*Populus tremuloides*)雄株在整个生长季节,不论 CO_2浓度如何,其光合作用都高于雌株,且在 CO_2浓度升高时,其性别差异更显著(Wang and Curtis, 2001)。CO_2浓度升高下青杨雄株叶片的气体交换、叶绿素 a/b 值、叶片含 N 量、可溶性蛋白含量均显著增加,这意味着雄株的碳同化能力更好,雄株通过叶的扩展和维持较高的生物量积累以增加碳储存库(Zhao et al., 2012)。随着大气中 CO_2浓度的升高,如果雌雄植株的碳同化受到不同的影响,其生产力、分布和种群结构可能发生改变。雌雄异株植物碳同化和分配的性别差异对于预测其对气候变化的潜在响应和森林碳汇具有重要意义。

11.3 雌雄异株植物对环境变化响应的分子基础和适应权衡策略

11.3.1 雌雄异株植物的性别响应差异的分子基础

有研究认为,两性表达所需的基因具有潜在的功能,且受表观遗传手段的调控。*Mercurialis annua* 雌雄蛋白质组学分析表明,与染色质结构相关的核蛋白表达存在性别差异,包括花的同源性蛋白。花的 B 类基因主要在雄花中表达,而 D 类基因主要在雌花中表达。细胞分裂素诱导的雄株雌性化与雄性特异基因的下调和雌性特异基因的上调有关。*M. annua* 的性别决定可能受一个或多个性别特异性的上游花基因控制(Janardan et al., 2019)。研究发现,杨树具有 XY 性别决定系统,雌雄在基因组水平上相差 650 个单核苷酸多态性(SNP),它们与性别显著相关。但对 *Populus trichocarpa* 和 *P. balsamifera* 的 1 300 个个体进行了 70 个功能性性状和 26 个木材相关性状的评估,结果显示杨树的非生殖特征在性别间并无显著差异(McKown et al., 2017)。对未受特定实验胁迫的野生欧洲山杨的雌树和雄树的形态和生化特性、性别偏倚和转录谱的比较研究显示,除了两个基因的表达外,未发现有性二型性(Robinson et al., 2014; Pakull et al., 2015)。但是,对杜仲(*Eucommia ulmoides*)的雌雄植株进行转录组测序,共检测到雌雄差异表达基因 116 个(Wang and Zhang, 2017)。

目前雌雄异株植物性二型性的分子机制仍未阐明。雌雄植株之间的遗传差异不仅影响生殖器官,还可能影响第二性征,导致逆境响应上的性别差异。杨树有约 100 kb 的性别相关区域(Geraldes et al., 2015),包含参与 DNA 甲基化的编码甲基转移酶的基因(MET1),是植物适应环境胁迫的重要机制(Ashapkin et al., 2016)。*Populus balsamifera* 木质部组织中的 PbRR9 基因位于性别相关区域,表现出性别特异性甲基化,并编码细胞分裂素 ARR16 和 ARR17(Brautigam et al., 2017)。已有研究显示,逆境胁迫下雌雄异株植物在基因组、代谢组、转录组和蛋白质组水平上观察到雌雄个体的不同应激反应(Peng et al., 2012; Melnikova et al., 2017; Han et al., 2018; Zhang et al., 2019),因此,逆境胁迫和未来气候变化下雌雄异株植物分子响应机制的研究将成为雌雄异株植物分子生物学研究的重点之一。

11.3.2　雌雄异株植物对环境变化的适应权衡策略

自然选择促使植物权衡相关的成本和利益,形成了特定的资源分配模式,并促使最大化适应性的生活史策略的进化。雌雄异株植物为研究与繁殖相关的资源分配和权衡策略提供了极好的机会(Cepeda-Cornejo and Dirzo,2010)。繁殖成本差异可能与雌雄植株对限制性资源的不同反应程度有关(Obeso,2002; Buckley and Avila-Saka, 2013),也与雌雄植株生殖资源分配的时期有关(Rocheleau and Houle, 2001; Zunzunegui et al., 2006)。研究发现,毛脉酸模(*Rumex hastatulus*)根系、生殖结构和地上营养生长的比例分配在不同性别和不同生活史阶段存在差异,雌株在开花高峰期比雄株分配更多的资源给根系,但在低营养水平下生殖成熟时此种格局发生逆转,揭示了时间动态在植物性别资源分配中的重要性(Teitel et al., 2016)。毛脉酸模的营养和生殖性状的性二型性的方向和程度在不同的种群和生活史阶段有很大的差异,性别差异主要是由于资源分配上性选择和自然选择之间的权衡。采用年轮纤维素 $\delta^{13}C$ 来衡量复叶槭(*Acer negundo*)雌雄植株用水策略,结果显示湿润年份雌株表现出耗水型用水策略和较高的生长速度(Ward et al., 2002)。环境相关的非生物因素对性二型性及适应策略有重要的作用,但关于植物性二型的环境变异程度及其生活史动态的研究仍较少(Puixeu et al., 2019)。

有研究发现,营养生长也可能影响雌雄性别表达,如三叶天南星(*Arisaema triphyllum*)个体为雌性的概率随体型增大而增加(Vitt et al., 2003)。植物维持营养生长和防御投入限制了生殖活力,而繁殖投入增多则可能导致营养生长和抗逆性降低。正如许多研究指出,雌株在逆境下受到更多的负面影响,这可能与其高的繁殖投入有关(Dudley,2006; Zunzunegui et al., 2006; Rozas et al., 2009)。Zhang 等(2019)指出 P 缺乏下青杨雄株采用了能源节约性策略。青杨磷获取的性别特异性策略与根系形态、根系分泌物和菌根共生有关,并导致了性别特异性资源利用模式和生态位分离(Xia et al., 2019)。但也有少数研究发现,雌株对逆境的抗性更强(高丽等,2009; Morales et al., 2013),雌株有更高的光合速率可能是补偿其较高生殖投入的一种机制(Rakocevic et al., 2009; Álvarez-Cansino et al., 2010)。一个第三纪的残存物种的孤立种群 *Borderea pyrenaica* 雌株的存活率和生殖力都高于雄株,高繁殖投入并未降低雌株抗逆性(García et al., 2011)。蝶须(*Antennaria dioica*)雌株可与菌根真菌形成共生以增加对土壤养分吸收(Vega-Frutis et al., 2013)。雌株对繁殖投入的补偿性机制可能掩盖性别相关的生殖成本的影响。

雌雄异株植物表现出资源获得与分配的性别差异。可塑性差异假说指出,雌雄异株植物的性二型可能是满足生殖相关的性别特异性资源需求而进化的,如胚珠对高碳的需求和花粉对高氮的需求(Jeanne et al., 2017)。当环境资源有限时,繁殖、生长、维持或防御功能之间将出现竞争和权衡。此外,对非生物胁迫的防御可能与对草食动物和病原体等生物胁迫的防御构成竞争或协同,从而导致营养生长、生物/非生物胁迫抗性和繁殖产出之间的复杂权衡关系。就现有的研究文献和所涉及的雌雄异株物种而言,虽然多数研究指出雄株在逆境下有更好的耐受能力,但仍需从更广泛的物种水平下去阐明雌雄植株的抗逆性的性别差异,两性间的适应权衡策略及其对性系统进化和生态系统尺度上的意义仍有待深入探讨。

11.4 逆境和气候变化下雌雄异株植物的性比变化

Hultine 等(2016)研究指出,已发表的文献报道了约 250 种雌雄异株物种,仅占全世界雌雄异株物种的 1%左右。但在所有被研究的物种中,大约有一半存在性别偏倚,雄性偏倚几乎是雌性偏倚的 2 倍,特别是在不太有利的生境中(Sinclair et al., 2012)。在河岸湿地中,*Populus angustifolia* 性比表现为雄性偏倚(2∶1)(Letts et al., 2008)。在高海拔地区观测到冬瓜杨(*Populus purdomii*)雄性偏倚,这可能与高强度的 UV-B 辐射有关(Lei et al., 2017)。有研究认为,性别偏倚取决于雌雄植株的生长、繁殖习性,花粉和种子传播机制以及性染色体的存在(Field et al., 2012; Sinclair et al., 2012),与性别间不同的死亡率、种内竞争和性别选择等有关(Dawson and Ehleringer, 1993; 尹春英和李春阳,2007)。雄性偏倚多出现在乔木和藤本植物,在大多数一年生植物、草本和灌木中较少(Field et al., 2012; Sinclair et al., 2012)。

有研究认为,在一些雌雄异株植物中,性别比例的不均匀更多是环境起决定因素,而不是与性二型性相关的遗传特征起决定因素(Freeman et al., 1976; Freeman et al., 1997; Wade et al., 2003)。研究发现,苋麻(*Amaranthus cannabinus*)淡水种群花期性别比例没有偏离 1∶1,而盐渍地种群由刚开始的偏雄到后期的偏雌(Bram and Quinn, 2000)。极端气候变化地区的物种最可能出现极端的性别偏倚,例如赤道和沙漠的物种必须适应快速的气候变化,而多年生的乔木和灌木物种,由于更长的世代繁殖时间,限制了其快速适应环境变化的能力(Hultine et al., 2016)。气候变化可能造成雌雄异株植物繁殖频率的不平衡,改变种群结构,影响物种分布范围(Miller et al., 2011; Miller and Inouye,2013)。气候变化有可能加剧性别失衡,减少有效种群规模,导致更高的近交率和有利等位基因的随机损失。但是,也有研究认为,气候变化不会导致性别比例的显著变化,原因在于支撑性别比例模式的机制可能与决定资源摄取和耐受特征的性二型性无关,而大气中较高的 CO_2浓度可能缓解雌雄个体的气体交换的性二型现象(Wang,2005)。为了确定气候变化对雌雄异株植物的影响程度,还需要大量的研究来梳理环境资源约束、次生性状的性二型性和 Fisherian 的性别比例平衡效应之间复杂的相互作用。从理论上讲,Fisherian 的性别比例平衡可以抵消逆境胁迫和气候变化对雌雄异株植物种群的影响。然而,对于许多雌雄异株植物种群来说,逆境和气候变化造成的性比变化可能超过 Fisherian 的性别比例平衡效应。此外,性比变化的级联效应将影响生态系统过程和其所支撑的生物群落。但在更广泛的背景下,讨论并评估雌雄异株植物性别比例失衡对生态系统稳定性的潜在连锁后果的研究仍很匮乏。

11.5　雌雄异株植物的性别互作和空间分异特征

11.5.1　雌雄异株植物的性别互作关系

植物间的竞争和促进作用深刻影响植物的生长和环境适应性(Liancourt et al., 2005)。研究发现,在巴塔哥尼亚中北部的斑块化的干旱生境中,禾本科植物 *Poa ligularis* 雌雄植株叶片可溶性酚类物质的变化与干旱和相对灌木盖度具有相关性。灌木冠层下资源丰富的微位点提高 *P. ligularis* 雌株的繁殖能力,而资源贫乏的开阔区则增强雄株的化学防御能力(Moreno and Bertiller,2016)。竞争环境的变化促进了性别水平的反应,限制雌雄植株功能的资源水平可能导致了性别特异性资源获取和配置策略的进化。*Mercurialis annua* 雌雄植株会根据不同的密度来调整资源分配,高密度下雌株营养生长比例的减少小于种子产量的减少(Jeanne et al., 2017)。在不同种植密度的光竞争环境下,*M. annua* 的雄性的体型都小于雌性,但在较高种植密度下,雌雄体型二型性减弱(Labouche and Pannell, 2016)。沙针(*Osyris quadripartita*)的性别竞争干扰不对称,雄株与雌株竞争时其生长受到更大的抑制(Herrera,1988)。性内竞争显著抑制了水曲柳(*Fraxinus mandshurica*)雌雄植株的生长速率,而性间竞争的影响不显著。性内和性间竞争均影响了山靛雄株地上部分的生长,而对雌株无明显影响(Sánchez-Vilas et al., 2011)。雌雄性别互作模式也显著影响了逆境下雌雄植株的抗逆性。正常生长条件和雌雄竞争下,美洲黑杨雌株生长速率高于雄株,而在盐胁迫下雄株有更高的渗透调节能力和抗氧化活性(Li et al., 2016)。与性间竞争相比,性内竞争的雌株在 Cd 胁迫下积累了更多的 Cd,受到了更多的伤害(Chen et al., 2016)。在高 N 和雌雄性间竞争下,青杨雌株的生长刺激效应更显著,而低 N 下雄株更适应两性竞争(Chen et al., 2015)。相邻植株敏感性的性别差异可能是导致性别互作下雌雄植株生长模式不同的重要因子之一(Zhang et al., 2009)。有研究指出 *Baccharis salicifolia* 的雌雄植株间的通讯存在性二型性和特异性(Moreira et al., 2018),进而影响相邻植株的生长。根系形态、生理塑性及互作机制有助于阐明植物交流机制。雌雄亲属识别和性别竞争模式显著影响到根系对资源的捕获能力,盐草(*Distichlis spicata*)能够识别亲属和不同性别的植株,当与来源于同一母株的亲属共生时有更多的侧根数和根长,而在性间竞争下有更高的根茎比(Rogers and Eppley,2012)。有研究报道,RLKs 跨膜蛋白可调控植物发育、胁迫反应和有性生殖,在雌雄植株互作中具有重要的作用(Li and Yang, 2016)。雌雄植株间的识别和互作的生理和分子机制研究有助于阐明性别竞争与促进等互作关系,但目前其关键过程及信号分子仍不清楚。

此外,环境因子可能驱动了雌雄异株种群间的性别差异。与白麦瓶草(*Silene latifolia*)旱生种群相比,湿生种群的雄株根系生物量更少,这说明水分是种群间性别差异的一种选择性力量,尤其是对雄株的影响更显著(Delph,2019)。雌雄植株的性别竞争效应与特定的环境条件有关(Eppley,2006; 陈娟和李春阳,2014)。环境胁迫梯度假说(stress gradient hypothesis, SGH)认为胁迫环境下植物间常表现出正的相互关系

(Callaway and Walker, 1997)。在资源有限的生境中生长的雌雄异株植物 *Corema album* 由于性别间不同的繁殖成本而表现出空间隔离,此种环境下植物之间的促进作用比竞争作用更为普遍(Martins et al., 2017)。青杨雌雄植株性别竞争受到水分和养分条件的调节(Chen et al., 2014,2015)。在干旱下,性间竞争中的青杨雌株有比性内竞争下更多的生物量、更高的光合和用水效率,说明雄株的节水型用水策略可能改善了共存雌株的生存条件(Chen et al., 2014)。青杨雌雄植株性间和性内互作显著调节了植物对 Zn 胁迫的响应以及根际相关菌群结构。在 Zn 胁迫和雌雄性间竞争交互作用下,雄株通过增加变形菌门和放线菌门等关键耐受类群的丰度来改善雌株根际微环境,这说明相邻植物的性别影响了与 Zn 污染土壤修复和耐受相关的特定菌群的定殖(Liu et al., 2021),此种性别特异性选择和互作模式可能调节了重金属污染土壤上的性别空间分异和植物修复潜力。

11.5.2 性别互作中的生物调控效应

菌根是植物普遍存在的共生现象,菌根真菌可改善寄主植物在逆境胁迫下的生长,菌根真菌与植物之间的共生关系影响种内竞争和种群结构。Eppley 等(2009)研究指出盐草雌雄植株菌根真菌的定殖存在差异,此种性别特异性共生可能导致性别偏倚(Eppley et al., 2009; Wu et al., 2016)。蝶须雌株的菌根真菌侵染率更高,其通过菌根获得土壤养分的收益高于雄株(Vega-Frutis et al., 2013),且菌根真菌介导调控雌雄竞争关系。AMF 促进了青杨植株根系生长,尤其是雌雄混植下最有利于雌株根系生长(高文童等,2019)。干旱显著限制了青杨雌雄植株的生长,而 AMF 减轻了这种负面影响,尤其是对雄株的缓解效应更显著。雌雄混种模式缓解了两性间生长和养分积累方面的竞争,在混种模式下,接种 AMF 的雌雄植株 C、N、P、K、Ca 含量差异小于未接种 AMF 的植株,表明了 AMF 在养分运输中的潜在作用。水分限制下雄株更多地受益于菌根效应,AMF 共生降低了雌雄性别差异(Li et al., 2020)。虽然已有研究表明 AMF 共生表现出性别差异,但 AMF 调控雌雄植株对环境响应的性别差异和植物-AMF 互作机理仍有待进一步阐释。

环境压力涉及多种因素,往往同时发生。Pérez-Llorca 和 Vilas(2019)以菠菜(*Spinacia oleracea*)-甘蓝(*Brassica oleracea*)为模型系统,研究 *S. oleracea* 雌雄植株对种内、种间竞争以及对蜗牛(*Helix aspersa*)响应方面的性别差异。结果表明,种间竞争比种内竞争更强,与甘蓝生长时,食草动物对雌雄植株的损害更大。虽然食草动物对雌雄植株的伤害没有差异,但雄株在被伤害后显著增加了根系生物量,对食草动物有更高的耐受性。植物能够调整自身的抗食草动物的防御机制,以应对受食草动物损伤的相邻植株所释放的挥发性有机化合物(VOCs),其中一些变化增加了对随后的食草动物的抗性。Moreira 等(2018)以 *Baccharis salicifolia* 的雌雄异株灌丛及寄生的蚜虫(*Uroleucon macolai*)为材料,观测了植物在 VOCs 排放和对 VOCs 响应方面的性二型性和基因型变异,研究发现了植物间交流的性别特异性,雌株的松香芹酮含量大约是雄株的 5 倍,这一研究为植物通讯的性别专一性和内在的化学机制提供了新的证据。植物性状变异可对相关生物群落产生级联效应。通过对 *B. salicifolia* 性状和相关节肢动物群落的定量分析发现，植物遗传变异和性二型性可通过平行和独特的机制塑造节肢动物群落（Colleen et al., 2018）。可见，在研究雌雄异株植物的性别互作时应该考虑其他生物调控作用，进一步阐明生物和非生物胁迫因子的交互作用和生物间的级联反应。

11.5.3 雌雄异株植物的性别空间分异

与微生境相关的性别空间分异在雌雄异株树种中较为常见，雌株多分布于资源丰富的生境，而雄株多见于资源贫瘠的生境（Dawson and Ehleringer,1993; Dudley,2006; Li et al., 2007）。雌雄异株植物的性别空间分异反映了种群水平上的性别互作结果，与两性间不同的生殖投入、特定生境下死亡率和资源利用特征差异有关。特异性假说认为雌雄植株由于繁殖功能上的差异引起雌雄个体对不同生境的特化和空间分异，而生态位分化假说认为不同性别在资源需求、捕获和分配上的差异引起的生态位分离导致其在生境上的空间分异，从而缓解潜在的性别竞争（Bertiller et al., 2002; Eppley, 2006）。性别空间分异增大了雌雄性别间的空间距离和繁殖成本，但提高了雌雄植株的适合度，补偿了繁殖成本的投入，这可能是雌雄异株种群对逆境下资源可用性的适应策略（Hultine et al., 2008）。不同性别植株沿土壤湿度梯度的空间分异是种子生产和花粉散布的最优化适应策略，同时也使性别间竞争最小化（Grant and Mitton,1979）。性别竞争显著影响了盐草沿 P 元素梯度的性别空间分异（Rogers and Eppley,2012）。性间和性内竞争影响了 *Poa ligularis* 两种性别的繁殖产出，而性别竞争的强度变化又与生境斑块微环境相关（Bertiller et al., 2002）。性内和性间竞争显著影响了雌雄植株对逆境胁迫的生理生态响应（Sánchez-Vilas et al., 2011; Li et al., 2016）。雌雄植株对光、水分和养分资源的竞争策略将导致逆境响应上的性别差异，并进一步影响种群结构、空间分布和演变动态（Chen et al., 2015; Li et al., 2016）。但逆境下雌雄异株植物性别互作与空间分异的整合研究仍很欠缺，未来应该将两者结合起来，共同阐明雌雄异株植物对逆境的响应特征、互作机制和种群演变动态。

11.6 雌雄异株植物对逆境响应的研究尺度和研究方向

11.6.1 研究尺度

当前，雌雄异株植物对逆境的响应研究多关注于植物个体水平，然而对胁迫因子的性别响应差异不仅与资源在植物个体水平上的营养生长和繁殖分配有关，还与植物表型和功能模块（modularity）相关。植物功能模块是植物真正的选择单元（Tuomi and Vuorisalo,1989），不同的功能模块（生殖枝、非生殖枝和根）对资源存在竞争，同时也通过木质部和韧皮部的信号传导进行互助，以整合方式更有效地去适应环境胁迫。植物的功能-结构模型可从微观尺度（如植物分生组织中的细胞分裂）到宏观尺度的植物群落动态来模拟（DeJong et al., 2011），而以往研究多仅从整株水平来考虑雌雄资源的生殖分配差异，而忽略了分枝层次上的繁殖成本和响应过程（Matsuyama and Sakimoto,2008）。研究发现，鼠李（*Rhamnus alpinus*）中与性别相关的繁殖成本差异在个体和种群水平上呈现,但在分枝水平上却没有呈现(Bañuelos and Obeso,2004)。目前,控制生理过程到基因表达的性别差异的功能模块及其生物学意义还没有得到充分研究。考虑功能模块化结构来研究雌雄异株植物对逆境响应的性二型性,可补充以往整株水平研究上的不足,以更全面地阐述性别响应差异。

对逆境胁迫的性别特异性响应可能导致性比失衡,进而影响种群繁殖,增大种群灭绝风险(Charlesworth, 2009)。逆境下的雄性偏倚或雌性偏倚,也将影响与之关联的物种,这种级联的营养级间相互作用可能代表了雌雄异株植物性别响应差异的更长远和广泛的后果。研究表明,气候变暖增加了缬草雄株频率,减少了花粉限制,增加了种子数量,并将影响与之关联的生物种群,从而延伸到更高的生命有机体组织水平或跨越多个营养级尺度(Petry et al., 2016)。在生态系统或更大时空尺度上雌雄异株植物性别响应差异的影响尚未有明确的结论,相关的整合研究仍较少。雌雄异株植物对逆境和气候变化的响应研究应注重多尺度的整合,强调长期趋势或广泛空间尺度的方法。例如,在气候变化研究中,将性比理论中与气候敏感性相关的关键性状的性二型性相整合,利用稳定同位素的年轮分析方法(Montesinos et al., 2011; Rood et al., 2013),或利用景观尺度网络监测生殖物候学中的性别变化(Brown et al., 2016)开展工作。利用分子生物技术和基因组学数据,解析性别相关响应特征的分子基础,将有助于阐明雌雄异株植物对逆境的响应模式及分子机制。为了深入理解雌雄异株植物对逆境的响应,需要使用多尺度的方法来整合物种内部特征的潜在变化,从而发现更高层次的响应模式、系统进化和生态效应。然而目前大多数雌雄异株植物的逆境响应研究比较侧重于短期的生理生化指标观测,缺乏长期和多尺度整合研究。并且,有些研究并不是在自然生境进行的,而多是在温室中进行,这也影响了研究结果的适用性,应将自然生境和室内控制实验相结合以相互验证。此外,除将每个物种作为独特的案例进行研究,还必须增加更多物种的研究,结合长期的生态和功能研究(包括组学及分子生物学方法),从而为雌雄异株植物响应环境变化提供更多的比较研究。

11.6.2 研究方向

(1) 开展多种逆境胁迫因子交互和多学科交叉研究

植物面临的环境常由多种生态因子共同构成,单一与复合胁迫的效应不同,因此,应开展多种生物和非生物胁迫因子的交互研究。采取多种研究手段和技术,促进植物学、生态学、微生物学、分子生物学和环境学等学科交叉,阐明雌雄异株植物对逆境响应的性别差异及机制。

(2) 开展雌雄异株植物的性别互作和性别空间分异的整合研究

雌雄异株物种常表现出对不同微生境的性别特异性适应和性别空间分异现象,因此更易受到未来环境和气候快速变化的影响。性别互作将影响逆境下雌雄植株的生态位分化和空间分异,调节种群分布格局、群落和生态系统结构与功能。将雌雄异株植物的性别互作、空间分异和对逆境响应的性别差异进行整合研究,有助于更准确地阐明雌雄异株植物对逆境的适应能力和演变趋势。

（3）开展逆境下雌雄异株植物的地下生态学研究

关注雌雄异株植物对逆境胁迫的根际响应过程，开展根际激发效应、化感效应和菌根效应研究，阐明根系间的识别和通讯机制、根系空间分布特征以及根系分泌物的化学信号机制；并探讨雌雄植株对逆境响应的性别差异对土壤微生物结构与功能的影响及生态学意义，深化雌雄异株植物地下生态学研究。

（4）开展雌雄异株植物响应环境变化的多物种和多尺度研究

建立雌雄异株植物的功能模块、个体、种群、群落和生态系统等不同尺度研究的数据库，利用大数据分析手段，促进景观、区域或全球更大尺度上的雌雄异株植物对逆境和气候变化的响应模型研究，以更好地预测其未来生长、种群性比及空间分布格局动态。此外，利用先进的组学平台技术和分子生物学手段深入开展雌雄异株植物性别响应差异及其分子机制研究。在此基础上，利用基因工程技术促进与抗逆性有关的基因和蛋白表达，增强雌雄异株植物对逆境的适应力和修复潜力，促进植被建设和农林业的可持续发展。

参考文献

曹福亮，郁万文，朱宇林. 2012. 银杏幼苗修复 Pb 和 Cd 重金属污染土壤特性. 林业科学，48(4)：8-13.

陈娟，李春阳. 2014. 环境胁迫下雌雄异株植物的性别响应差异及竞争关系. 应用与环境生物学报，20(4)：743-750.

陈良华，赖娟，胡相伟，杨万勤，张健，王小军，谭灵杰. 2017. 接种丛枝菌根真菌对受 Cd 胁迫美洲黑杨雌雄株光合生理的影响. 植物生态学报，41(4)：480-488.

陈小梅，危晖，林娟珍. 2014. 气候变化对雌雄异株植物影响的研究进展. 生态学杂志，33(11)：3144-3149.

樊宇红，凌宏文，朴河春. 2014. 桑树(*Morus alba*)与丛枝菌根的共生对重金属元素吸收的影响. 生态环境学报，23(3)：477-484.

冯旭，王碧霞. 2016. 铬胁迫对葎草雌雄叶片抗氧化酶活性及丙二醛含量的影响. 西华师范大学学报，37(4)：390-395.

高丽，杨劼，刘瑞香. 2009. 不同土壤水分条件下中国沙棘雌雄株光合作用、蒸腾作用及水分利用效率特征. 生态学报，29(11)：6025-6034.

高文童，张春艳，董廷发，胥晓. 2019. 丛枝菌根真菌对不同性别组合模式下青杨雌雄植株根系生长的影响. 植物生态学报，43(1)：37-45.

龚薇，严贤春，胥晓，董廷发. 2021. 氮沉降对雌雄青杨生长、光合特性及叶寿命的影响差异. 西华师范大学学报，42(1)：14-22.

何梅，孟明，施大伟，王涛，李圆，谢寅峰. 2015. 雌雄异株植物对干旱胁迫响应的性别差异. 植物资源与环境学报，24(1)：99-106.

胡相伟，张明锦，徐睿，杨万勤，张健，陈良华. 2015. Pb 污染对青杨雌雄幼苗 Pb 富集和营养特征的影响. 西北植物学报，35(4)：809-815.

蒋雪梅，胡进耀，戚文华，陈光登，胥晓. 2009. 银杏幼苗雌雄株对盐胁迫响应的差别. 云南植物研究, 31(5): 447-453.

蒋雪梅, 胥晓, 戚文华, 肖娟. 2016. 盐胁迫下外施脯氨酸和磷肥对青杨雌雄幼苗生长及生理特性的影响. 热带亚热带植物学报, 24(6): 696-702.

康薇, 鲍建国, 郑进, 邹涛, 闵建华, 杨裕启. 2014. 湖北铜绿山古铜矿遗址区木本植物对重金属富集能力的分析. 植物资源与环境学报, 23(1): 78-84.

李德颖. 1996. 野牛草雌雄单性植株对水分胁迫反应的差异. 园艺学报, 23(1): 62-66.

李焕勇, 唐晓倩, 杨秀艳, 武海雯, 张华新. 2017. NaCl 处理对西伯利亚白刺幼苗中矿质元素含量的影响. 植物生理学报, 53(12): 2125-2136.

刘金平, 段婧. 2013. 营养生长期雌雄葎草表观性状对水分胁迫响应的性别差异. 草业学报, 22(2): 243-249.

刘瑞香, 杨劼, 高丽. 2007. 中国沙棘和俄罗斯沙棘的 ISSR 分析. 西北植物学报, 27(4): 671-677.

秦芳, 胥晓, 刘刚, 郇慧慧, 陈梦华, 杨帅, 王悦. 2014. 桑树(*Morus alba*)幼苗对 Pb 污染的生理耐性和积累能力的性别差异. 环境科学学报, 34(10): 2615-2623.

阮成江, 谢庆良. 2002. 盐胁迫下沙棘的渗透调节效应. 植物资源与环境学报, 11(2): 45-47.

唐铎腾, 周荣, 张胜. 2017. 雌雄青杨幼苗对磷缺乏差异响应的离子组学研究. 山地学报, 35(5): 669-676.

胥晓, 杨帆, 尹春英, 李春阳. 2007. 雌雄异株植物对环境胁迫响应的性别差异研究进展. 应用生态学报, 18(11): 2626-2631.

杨鹏, 胥晓. 2012. 淹水胁迫对青杨雌雄幼苗生理特性和生长的影响. 植物生态学报, 36(1): 81-87.

尹春英, 李春阳. 2007. 雌雄异株植物与性别比例有关的性别差异研究现状与展望. 应用与环境生物学报, 13(3): 419-425.

臧畅, 吕志强, 董莲春, 徐艺, 俞飞. 2018. 不同性别桑树幼苗对 Cd 与酸雨复合处理的生长响应及 Cd 积累差异. 应用生态学报, 29(3): 969-975.

曾民, 郭鸿彦, 郭蓉, 杨明, 毛昆明. 2013. 大麻对重金属污染土壤的植物修复能力研究. 土壤通报, 44(2): 472-476.

Álvarez-Cansino, L., M. C. Díaz-Barradas, M. Zunzunegui, M. P. Esquivias, and T. E. Dawson. 2012. Gender-specifc variation in physiology in the dioecious shrub *Corema album* throughout its distributional range. Functional Plant Biology, 39(12): 968-978.

Álvarez-Cansino, L., M. Zunzunegui, M. C. Diaz-Barradas, and M. P. Esquivias. 2010. Physiological performance and xylem water isotopic composition underlie gender-specifc responses in the dioecious shrub *Corema album*. Physiologia Plantarum, 140(1): 32-45.

Álvarez-Cansino, L., M. Zunzunegui, M. C. Diaz-Barradas, O. Correia, and M. P. Esquivias. 2013. Effects of temperature and rainfall variation on population structure and sexual dimorphism across the geographical range of a dioecious species. Population Ecology, 55(1): 135-146.

Ashapkin, V. V., L. I. Kutueva, and B. F. Vanyushin. 2016. Plant DNA methyltransferase genes: Multiplicity, expression, methylation patterns. Biochemistry, 81(2): 141-151.

Bañuelos, M. J., M. Sierra, and J. R. Obeso. 2004. Sex, secondary compounds and asymmetry. Effects on plant-herbivore interaction in a dioecious shrub. Acta Oecologica, 25(3): 151-157.

Bañuelos, M. J., and J. R. Obeso. 2004. Resource allocation in the dioecious shrub *Rhamnus alpinus*: The hidden costs of reproduction. Evolutionary Ecology Research, 6(3): 397-413.

Bárbara, S., J. Marta, C. Alba, and S. Munné-Bosch. 2016. Sex-related differences in photoinhibition, photo-oxidative stress and photoprotection in stinging nettle(*Urtica dioica* L.) exposed to drought and nutrient deficiency. Journal of Photochemistry and Photobiology B: Biology, 156: 22-28.

Bertiller, M. B., C. L. Sain, A. J. Bisigato, F. R. Coronato, J. O. Aries, and P. Graff. 2002. Spatial sex segregation in the dioecious grass *Poa ligularis* in northern Patagonia: The role of environmental patchiness. Biodiversity and Conservation, 11(1): 69-84.

Bram, M. R., and J. A. Quinn. 2000. Sex expression, sex-specific traits and the effects of salinity on growth and reproduction of *Amaranthus cannabinus* (Amaranthaceae), a dioecious annual. American Journal of Botany, 87(11): 1609-1618.

Brautigam, K., R. Soolanayakanahally, M. Champigny, S. Mansfield, C. Douglas, M. M. Campbell, and C. Quentin. 2017. Sexual epigenetics: Gender-specific methylation of a gene in the sex determining region of *Populus balsamifera*. Scientific Report, 7: 45388.

Brodribb, T. J., and N. M. Holbrook. 2006. Declining hydraulic efficiency as transpiring leaves desiccate: Two types of response. Plant Cell and Environment, 29(12): 2205-2215.

Brown, T. B., K. R. Hultine, H. Steltzer, E. G. Denny, M. W. Denslow, J. Granados, S. Henderson, D. Moore, S. Nagai, M. SanClements, A. Sánchez-Azofeifa, O. Sonnentag, D. Tazik, and A. D. Richardson. 2016. Using phenocams to monitor our changing earth: Toward a global phenocam network. Frontiers in Ecology and the Environment, 14: 84-93.

Buckley, N. E., and G. Avila-Saka. 2013. Reproduction, growth and defense trade-offs vary with gender and reproductive allocation in *Ilex glabra* (Aquifoliaceae). American Journal of Botany, 100(2): 357-364.

Callaway, R. M., and L. Walker. 1997. Competition and facilitation: A synthetic approach to interactions in a plant community. Ecology, 78(7): 1958-1965.

Cepeda-Cornejo, V., and R. Dirzo. 2010. Sex-related differences in reproductive allocation, growth, defense and herbivory in three dioecious neotropical palms. Plos One, 5(3): e9824.

Charlesworth, B. 2009. Effective population size and patterns of molecular evolution and variation. Nature Reviews Genetics, 10(3): 195-205.

Chen, F., S. Zhang, G. Zhu, H. Korpelainen, and C. Li. 2013a. *Populus cathayana* males are less affected than females by excess manganese: Comparative proteomic and physiological analyses. Proteomics, 13(16): 2424-2437.

Chen, F., S. Zhang, H. Jiang, W. Ma, H. Korpelainen, and C. Li. 2011a. Comparative proteomics analysis of salt response reveals sex-related photosynthetic inhibition by salinity in *Populus cathayana* cuttings. Journal of Proteome Research, 10(9): 3944-3958.

Chen, J., B. Duan, M. Wang, H. Korpelainen, and C. Li. 2014. Intra- and inter-sexual competition of *Populus cathayana* under different watering regimes. Functional Ecology, 28: 124-136.

Chen, J., B. Duan, G. Xu, H. Korpelainen, Ü. Niinemets, and C. Li. 2016. Sexual competition affects biomass partitioning, carbon-nutrient balance, Cd allocation and ultrastructure of *Populus cathayana* females and males exposed to Cd stress. Tree Physiology, 36(11): 1353-1368.

Chen, J., T. Dong, B. Duan, H. Korpelainen, Ü. Niinemets, and C. Li. 2015. Sexual competition and N supply interactively affect the dimorphism and competiveness of opposite sexes in *Populus cathayana*.

Plant Cell and Environment, 38(7): 1285-1298.

Chen, L., Y. Han, H. Jiang, H. Korpelainen, and C. Li. 2011b. Nitrogen nutrient status induces sexual differences in responses to cadmium in *Populus yunnanensis*. Journal of Experimental Botany, 62(14): 5037-5050.

Chen, L., L. Wang, F. Chen, H. Korpelainen, and C. Li. 2013b. The effects of exogenous putrescine on sex-specifc responses of *Populus cathayana* to copper stress. Ecotoxicology and Environmental Safety, 97: 94-102.

Chen, L., S. Zhang, H. Zhao, H. Korpelainen, and C. Li. 2010. Sex-related adaptive responses to interaction of drought and salinity in *Populus yunnanensis*. Plant Cell and Environment, 33 (10): 1767-1778.

Colleen, S. N., M. M. Maria, R. C. Jordan, S. N. Annika, X. Moreira, J. D. Pratt, and K. A. Mooney. 2018. Relative effects of genetic variation sensu lato and sexual dimorphism on plant traits and associated arthropod communities. Oecologia, 187(2): 389-400.

Cornelissen, T., and P. Stiling. 2005. Sex-biased herbivory: A meta-analysis of the effects of gender on plant-herbivore interactions. Oikos, 111(3): 488-500.

Correia, O., and M. C. Diaz-Barradas. 2000. Ecophysiological differences between male and female plants of *Pistacia lentiscus* L. Plant Ecology, 149(2): 131-142.

Dawson, T. E., and J. R. Ehleringer. 1993. Gender-specific physiology, carbon isotope discrimination and habitat distribution in box elder, *Acer negundo*. Ecology, 74: 798-815.

Dawson, T. E., J. K. Ward, and J. R. Ehleringer. 2004. Temporal scaling of physiological responses from gas exchange to tree rings: A gender-specifc study of *Acer negundo* (Boxelder) growing under different conditions. Functional Ecology, 18(2): 212-222.

DeJong, T. M., D. DaSilva, J. Vos, and A. J. Escobargutierrez. 2011. Using functional-structural plant models to study, understand integrate plant development and ecophysiology. Annals of Botany, 108(6): 987-989.

Delph, L. F. 2019. Water availability drives population divergence and sex-specific responses in a dioecious plant. American Journal of Botany, 106(10):1346-1355.

Dudley, L. S. 2006. Ecological correlates of secondary sexual dimorphism in *Salix glauca* (Salicaceae). American Journal of Botany, 93(12): 1775-1783.

Dudley, L. S., and C. Galen. 2007. Stage-dependent patterns of drought tolerance and gas exchange vary between sexes in the alpine willow, *Salix glauca*. Oecologia, 153(1): 1-9.

Eppley, S. M. 2006. Females make tough neighbours: Sex-specific competitive effects in seedlings of a dioecious grass. Oecologia, 146(4): 549-554.

Eppley, S. M., A. M. Charlene, H. Christian, and B. G. Camille. 2009. Sex-specific variation in the interaction between *Distichlis spicata* (Poaceae) and mycorrhizal fungi. American Journal of Botany, 96(11): 1967-1973.

Espírito-Santo, M. M., B. G. Madeira, F. S. Neves, M. L. Faria, M. Fagundes, and G. W. Fernandes. 2003. Sexual differences in reproductive phenology and their consequences for the demography of *Baccharis dracunculifolia* (Asteraceae), a dioecious tropical shrub. Annals of Botany, 91(1): 13-19.

Field, D. L., M. Pickup, and C. H. Barrett. 2012. Comparative analysis of sex-ratio variation in dioecious flowering plants. Evolution, 67(3): 661–672.

Freeman, D. C., J. L. Doust, A. El-Keblawy, K. J. Miglia, and E. D. McArthur. 1997. Sexual selection and inbreeding avoidance in the evolution of dioecy. Botanical Review, 63: 65–92.

Freeman, D. C., L. G. Klikoff, and K. Harper. 1976. Differential resource utilization by the sexes of dioecious plants. Science, 193: 597–599.

García M. B., J. P. Dahlgren, and J. Ehrlén. 2011. No evidence of senescence in a 300-year-old mountain herb. Journal of Ecology, 99: 1424–1430.

Geber, M. A., T. E. Dawson, and L. F. Delph. 1999. Gender and sexual dimorphism in flowering plants. New York: Springer-Verlag.

Geraldes, A., C. A. Hefer, A. Capron, N. Kolosova, F. Martineznunez, R. Y. Soolanayakanahally, B. Stanton, R. D. Guy, S. D. Mansfield, C. J. Douglas, and Q. C. B. Cronk. 2015. Recent Y chromosome divergence despite ancient origin of dioecy in poplars (*Populus*). Molecular Ecology, 24(13): 3243–3256.

Grant, M. C., and J. B. Mitton. 1979. Elevational gradient in adult sex ratios and sexual differentiation in vegetative growth rates of *Populus tremuloides*. Evolution, 33(3): 914–918.

Han, Q., H. Song, Y. Yang, H. Jiang, and S. Zhang. 2018. Transcriptional profiling reveals mechanisms of sexually dimorphic responses of *Populus cathayana* to potassium deficiency. Physiologia Plantarum, 162(3): 301–315.

Han, Y., L. Wang, X. Zhang, H. Korpelainen, and C. Li. 2013. Sexual differences in photosynthetic activity, ultrastructure and phytoremediation potential of *Populus cathayana* exposed to lead and drought. Tree Physiology, 33(10): 1043–1060.

Hemborg, A. M., and W. J. Bond. 2006. Do browsing elephants damage female trees more. African Journal of Ecology, 45(1): 41–48.

Herrera, C. M. 1988. Plant size, spacing patterns and host-plant selection in *Osyris quadripartita*, a hemiparasitic dioecious shrub. Journal of Ecology, 76: 995–1006.

Hughes, F. M. R., N. Barsoum, K. S. Richards, M. Winfield, and A. Hayes. 2000. The response of male and female black poplar(*Populus nigra* L. subspecies *betulifolia*(Pursh)W. Wettst.)cuttings to different water table depths and sediment types: Implications for flow management and river corridor biodiversity. Hydrological Processes, 14: 3075–3098.

Hultine, K. R., K. C. Grady, T. E. Wood, S. M. Shuster, J. C. Stella, and T. G. Whitham. 2016. Climate change perils for dioecious plant species. Nature Plants, 2: 16109.

Hultine, K. R., S. E. Bush, A. G. West, K. G. Burtch, D. E. Patak, and J. R. Ehleringer. 2008. Gender specifc patterns of above-ground allocation, canopy conductance and water use in a dominant riparian tree species: *Acer negundo*. Tree Physiology, 28: 1383–1394.

Hultine, K. R., K. G. Burtch, and J. R. Ehleringer. 2013. Gender specific patterns of carbon uptake and water use in a dominant riparian tree species exposed to a warming climate. Global Change Biology, 19: 3390–3405.

Janardan, K., Y. N. Singh, G. Micha, G. Gideon, and G. Avi. 2019. Epigenetic aspects of floral homeotic genes in relation to sexual dimorphism in the dioecious plant *Mercurialis annua*. Journal of Experimental Botany, 70(21): 6245–6259.

Jeanne, T., D. Patrice, and R. P. John. 2017. Sex-specific strategies of resource allocation in response to competition for light in a dioecious plant. Oecologia, 185(4): 675-686.

Jiang, H., H. Korpelainen, and C. Li. 2013. *Populus yunnanensis* males adopt more efficient protective strategies than females to cope with excess zinc and acid rain. Chemosphere, 91(8): 1213-1220.

Jiang, H., S. Peng, S. Zhang, X. Zhang, H. Korpelainen, and C. Li. 2012. Transcriptional profiling analysis in *Populus yunnanensis* provides insights into molecular mechanisms of sexual differences in salinity tolerance. Journal of Experimental Botany, 63(10): 3709-3726.

Jiang, H., S. Zhang, L. Feng, H. Korpelainen, and C. Li. 2015. Transcriptional profiling in dioecious plant *Populus cathayana* reveals potential and sex-related molecular adaptations to solar UV-B radiation. Physiologia Plantarum, 153(1): 105-118.

Jones, M. H., S. E. MacDonald, and G. H. R. Henry. 1999. Sex- and habitat-specific responses of a high arctic willow to experimental climate change. Oikos, 87(1): 129-138.

Juvany, M., M. Müller, M. Pintó-Marijuan, and S. Munné-Bosch. 2014. Sex-related differences in lipid peroxidation and photoprotection in *Pistacia lentiscus*. Journal of Experimental Botany, 65 (4): 1039-1049.

Juvany, M., and S. Munné-Bosch. 2015. Sex-related differences in stress tolerance in dioecious plants: A critical appraisal in a physiological context. Journal of Experimental Botany, 66(20): 6083-6092.

Labouche, A. M., and J. R. Pannell. 2016. A test of the size-constraint hypothesis for a limit to sexual dimorphism in plants. Oecologia, 181(3): 873-884.

Lei, Y., K. Chen, H. Jiang, L. Yu, and B. Duan. 2017. Contrasting responses in the growth and energy utilization properties of sympatric *Populus* and *Salix* to different altitudes: Implications for sexual dimorphism in Salicaceae. Plant Physiology, 159(1): 30-41.

Leigh, A., and A. B. Nicotra. 2003. Sexual dimorphism in reproductive allocation and water use effciency in *Maireana pyramidata*(Chenopodiaceae), a dioecious, semi-arid shrub. Australian Journal of Botany, 51(5): 509-514.

Letts, M. G., C. A. Phelan, D. R. Johnson, and S. B. Rood. 2008. Seasonal photosynthetic gas exchange and leaf reflectance characteristics of male and female cottonwoods in a riparian woodland. Tree Physiology, 28(7): 1037-1048.

Li, C., J. Ren, J. Luo, and R. Lu. 2004. Sex-specifc physiological and growth responses to water stress in *Hippophae rhamnoides* L. population. Acta Physiologiae Plantarum, 26: 123-129.

Li, C., G. Xu, R. Zang, H. Korpelainen, and F. Berninger. 2007. Sex-related differences in leaf morphological and physiological responses in *Hippophae rhamnoides* L. along an altitudinal gradient. Tree Physiology, 27(3): 399-406.

Li, C., Y. Yang, O. Junttila, and E. T. Palva. 2005. Sexual differences in cold acclimation and freezing tolerance development in sea buckrhorn (*Hippophae rhamnoides* L.) ecotypes. Plant Science, 168: 1365-1370.

Li, H., and W. Yang. 2016. RLKs orchestrate the signaling in plant male-female interaction. Science China Life Sciences, 59(9): 867-877.

Li, L., Y. Zhang, J. Luo, H. Korpelainen, and C. Li. 2013. Sex-specifc responses of *Populus yunnanensis* exposed to elevated CO_2 and salinity. Physiologia Plantarum, 147(4): 477-488.

Li, Y., B. Duan, J. Chen, H. Korpelainen, Ü. Niinemets, and C. Li. 2016. Males exhibit competitive advantages over females of *Populus deltoides* under salinity stress. Tree Physiology, 36(12): 1573-1584.

Li, Z., N. Wu, T. Liu, and H. Chen. 2020. Gender-related responses of dioecious plant *Populus cathayana* to AMF, drought and planting pattern. Scientific Reports, 10(1):11530-11530.

Liancourt, P., R. M. Callaway, and R. Michalet. 2005. Stress tolerance and competitive-response ability determine the outcome of biotic interactions. Ecology, 86(6): 1611-1618.

Liu, J., R. Zhang, X. Xu, J. C. Fowler, T. E. X. Miller, and T. Dong. 2020. Effect of summer warming on growth, photosynthesis and water status in female and male *Populus cathayana*: Implications for sex-specific drought and heat tolerances. Tree Physiology, 40(9):1178-1191.

Liu, M., Y. Wang, X. Liu, H. Korpelainen, and C. Li. 2021. Intra- and intersexual interactions shape microbial community dynamics in the rhizosphere of *Populus cathayana* females and males exposed to excess Zn. Journal of Hazardous Materials, 402: 123783.

Martins, A., H. Freitas, and S. Costa. 2017. Corema album: Unbiased dioecy in a competitive environment. Plant Biology, 19(5): 824-834.

Matsuyama, S., and M. Sakimoto. 2008. Allocation to reproduction and relative reproductive costs in two species of dioecious Anacardiaceae with contrasting phenology. Annals of Botany, 101(9): 1391-1400.

McDowell, N. G., D. J. Beerling, D. D. Breshears, R. A. Fisher, K. F. Raffa, and M. Stitt. 2011. The interdependence of mechanisms underlying climate-driven vegetation mortality. Trends in Ecology and Evolution, 26(10): 523-532.

McKown, A. D., J. Klápště, R. D. Guy, R. Y. Soolanayakanahally, J. L. Mantia, I. Porth, O. Skyba, F. Unda, C. J. Douglas, Y. A. El-Kassaby, R. C. Hamelin, S. D. Mansfield, and Q. C. B. Cronk. 2017. Sexual homomorphism in dioecious trees: Extensive tests fail to detect sexual dimorphism in *Populus*. Scientific Reports, 7(1): 1831.

Melnikova, N. V., E. V. Borkhert, A. V. Snezhkina, A. V. Kudryavtseva, and A. A. Dmitriev. 2017. Sex-specific response to stress in *Populus*. Frontiers in Plant Science, 8: 1827114.

Miller, T. E., A. K. Shaw, B. D. Inouye, and M. G. Neubert. 2011. Sex-biased dispersal and the speed of two-sex invasions. The American Naturalist, 177(5): 549-561.

Miller, T. E. X., and B. D. Inouye. 2013. Sex and stochasticity affect range expansion of experimental invasions. Ecology Letters, 16(3): 354-361.

Montesinos, D., P. Villar-Salvador, P. García-Fayos, and M. Verdú. 2011. Genders in *Juniperus thurifera* have different functional responses to variations in nutrient availability. New Phytologist, 193(3): 705-712.

Mooney, K. A., A. Fremgen, and W. Petry. 2012. Plant sex and induced responses independently influence herbivory performance, natural enemies and aphid-tending ants. Arthropod-Plant Interactions, 6: 553-560.

Morales, M., M. Oñate, M. B. García, and S. Munné-Bosch. 2013. Photo-oxidative stress markers reveal absence of physiological deterioration with ageing in *Borderea pyrenaica*, an extraordinarily log-lived herb. Journal of Ecology, 101(3): 555-565.

Moreira, X., C. S. Nell, M. M. Meza-Lopez, S. Rasmann, and K. Mooney. 2018. Specificity of plant-plant communication for *Baccharis salicifolia* sexes but not genotypes. The Bulletin of the Ecological Society of

America, 99(12): 2731-2739.

Moreno, L., and M. B. Bertiller. 2016. Variation of morphological and chemical traits in sexes of the dioecious perennial grass *Poa ligularis* in relation to shrub cover and aridity in Patagonian ecosystems. Population Ecology, 58(1):189-197.

Obeso, J. R. 2002. The costs of reproduction in plants. New Phytologist, 155(3): 321-348.

Orlofsky, E. M., G. Kozhoridze, L. Lyudmila, E. Ostrozhenkova, J. B. Winkler, P. Schröder, A. Bacher, W. Eisenreich, M. Guy, and A. Golan-Goldhirsh. 2016. Sexual dimorphism in the response of *Mercurialis annua* to stress. Metabolites, 6(2): 1-17.

Pakull, B., B. Kersten, J. Luneburg, and M. Fladung. 2015. A simple PCR-based marker to determine sex in aspen. Plant Biology, 17(1): 256-261.

Pallara, G., V. Todeschini, G. Lingua, A. Camussi, and M. L. Racchi. 2013. Transcript analysis of stress defence genes in a white poplar clone inoculated with the arbuscular mycorrhizal fungus *Glomus mosseae* and grown on a polluted soil. Plant Physiology and Biochemistry, 63: 131-139.

Peng, S., H. Jiang, S. Zhang, L. Chen, X. Li, H. Korpelainen, and C. Li. 2012. Transcriptional profiling reveals sexual differences of the leaf transcriptomes in response to drought stress in *Populus yunnanensis*. Tree Physiology, 32(12): 1541-1555.

Pérez-Llorca, M., and J. S. Vilas. 2019. Sexual dimorphism in response to herbivory and competition in the dioecious herb *Spinacia oleracea*. Plant Ecology, 220(1): 57-68.

Petry, W. K., J. D. Soule, A. M. Iler, A. M. Chicasmosier, D. W. Inouye, T. E. Miller, and K. A. Mooney. 2016. Sex-specific responses to climate change in plants alter population sex ratio and performance. Science, 353(6294): 69-71.

Puixeu, G., M. Pickup, D. L. Field, and C. H. B. Spencer. 2019. Variation in sexual dimorphism in a wind-pollinated plant: The influence of geographical context and life-cycle dynamics. New Phytologist, 224(3):1108-1120.

Rakocevic, M., M. J. S. Medrado, S. F. Martim, and E. D. Assad. 2009. Sexual dimorphism and seasonal changes of leaf gas exchange in the dioecious tree *Ilex paraguariensis* grown in two contrasted cultivation types. Annals of Applied Biology, 154(2): 291-301.

Randriamanana, T., R. L. Nybakken, A. Lavola, P. J. Aphalo, K. Nissinen, and R. Julkunen-Tiitto. 2014. Sex-related differences in growth and carbon allocation to defence in *Populus tremula* as explained by current plant defence theories. Tree Physiology, 34(5): 471-487.

Renner, S. S. 2014. The relative and absolute frequencies of angiosperm sexual systems: Dioecy, monoecy, gynodioecy, and an updated online database. American Journal of Botany, 101 (10): 1588-1596.

Retuerto, R., B. Fernández-Lema, and J. R. Obeso. 2006. Changes in photochemical effciency in response to herbivory and experimental defoliation in the dioecious tree *Ilex aquifolium*. International Journal of Plant Sciences, 167: 279-289.

Retuerto, R., B. Fernández-Lema, S. Rodríguez-Roiloa, and J. R. Obeso. 2000. Gender, light and water effects in carbon isotope discrimination and growth rates in the dioecious tree *Ilex aquifolium*. Functional Ecology, 14(5): 529-537.

Robinson, K. M., N. Delhomme, N. Mahler, B. Schiffthaler, J. Onskog, B. R. Albrectsen, P. K. Ingvarsson, T. R. Hvidsten, S. Jansson, and N. R. Street. 2014. *Populus tremula*(European aspen) shows no evidence of sexual dimorphism. BMC Plant Biology, 14: 276-276.

Rocheleau, A. F., and G. Houle. 2001. Different cost of reproduction for the males and females of the rare dioecious shrub *Corema conradii*(Empetraceae). American Journal of Botany, 88(4): 659-666.

Rogers, S. R., and S. M. Eppley. 2012. Testing the interaction between inter-sexual competition and phosphorus availability in a dioecious grass. Botany, 90: 704-710.

Rood, S. B., D. J. Ball, K. M. Gill, S. Kaluthota, M. G. Letts, and D. W. Pearce. 2013. Hydrological linkages between a climate oscillation, river flows, growth and wood $\Delta^{13}C$ of male and female cottonwood trees. Plant Cell and Environment, 36(5): 984-993.

Rozas, V., L. DeSoto, and J. M. Olano. 2009. Sex-specifc, age-dependent sensitivity of tree-ring growth to climate in the dioecious tree *Juniperus thurifera*. New Phytologist, 182(3): 687-697.

Sánchez-Vilas, J., R. Bermúdez, and R. Retuerto. 2012. Soil water content and patterns of allocation to below- and above-ground biomass in the sexes of the subdioecious plant *Honckenya peploides*. Annals of Botany, 110(4): 839-848.

Sánchez-Vilas, J., and R. Retuerto. 2009. Sex-specifc physiological, allocation and growth responses to water availability in the subdioecious plant *Honckenya peploides*. Plant Biology, 11(2): 243-254.

Sánchez-Vilas, J., A. Turner, and J. R. Pannell. 2011. Sexual dimorphism in intra- and interspecific competitive ability of the dioecious herb *Mercurialis annua*. Plant Biology, 13(1): 218-222.

Sinclair, J. R., J. Emlen, and D. C. Freeman. 2012. Biased sex ratios in plants: Theory and trends. Botany Review, 78: 63-86.

Soldaat, L. L., H. Lorenz, and A. Trefflich. 2000. The effect of drought stress on the sex ratio variation of *Silene otites*. Folia Geobotanica, 35: 203-210.

Song, Y., K. Ma, D. Ci, Z. Zhang, and D. Zhang. 2014. Biochemical, physiological and gene expression analysis reveals sex-specific differences in *Populus tomentosa* floral development. Physiologia Plantarum, 150(1): 18-31.

Stevensa, M. T., and S. M. Esser. 2009. Growth-defense tradeoffs differ by gender in dioecious trembling aspen(*Populus tremuloides*). Biochemical Systematics and Ecology, 37: 567-573.

Stromme, C. B., R. Julkunen-Tiitto, U. Krishna, A. Lavola, J. E. Olsen, and L. Nybakken. 2015. UV-B and temperature enhancement affect spring and autumn phenology in *Populus tremula*. Plant Cell and Environment, 38(5): 867-877.

Teitel, Z., M. Pickup, D. L. Field, and S. C. H. Barrett. 2016. The dynamics of resource allocation and costs of reproduction in a sexually dimorphic, wind-pollinated dioecious plant. Plant Biology, 18(1): 98-103.

Tognetti, R. 2012. Adaptation to climate change of dioecious plants: Does gender balance matter. Tree Physiology, 32(11): 1321-1324.

Tuomi, J., and T. Vuorisalo. 1989. Hierarchical selection in modular organisms. Trends in Ecology and Evolution, 4(7): 209-213.

Vega-Frutis, R., S. Varga, and M. M. Kytöviita. 2013. Dioecious species and arbuscular mycorrhizal symbioses: The case of *Antennaria dioica*. Plant Signaling and Behavior, 8(3): e23445

Vitt, P., K. E. Holsinger, and C. S. Jones. 2003. Local differentiation and plasticity in size and sex expression in jack-in-the-pulpit, *Arisaema triphyllum* (Araceae). American Journal of Botany, 90(12): 1729-1735.

Wade, M. J., S. M. Shuster, and J. P. Demuth. 2003. Sexual selection favors female-biases sex ratios: The balance between the opposing forces of sex-ratio selection and sexual selection. American Naturalist, 162(4): 403-414.

Wang, X., and K. L. Griffn. 2003. Sex-specifc physiological and growth responses to elevated atmospheric CO_2 in *Silene latifolia* Poiret. Global Change Biology, 9(4): 612-618.

Wang, X., and P. S. Curtis. 2001. Gender-specifc responses of *Populus tremuloides* to atmospheric CO_2 enrichment. New Phytologist, 150(3): 675-684.

Wang, X. 2005. Reproduction and progeny of *Silene latifolia* (Caryophyllaceae) as affected by atmospheric CO_2 concentration. American Journal of Botany, 92(5): 826-832.

Wang, W., and X. Zhang. 2017. Identification of the sex-biased gene expression and putative sex-associated genes in *Eucommia ulmoides* oliver using comparative transcriptome analyses. Molecules, 22(12): 2255.

Ward, J. K., T. E. Dawson, and J. R. Ehleringer. 2002. Responses of *Acer negundo* genders to interannual differences in water availability determined from carbon isotope ratios of tree ring cellulose. Tree Physiology, 22: 339-346.

Wu, N., Z. Li, F. Wu, and M. Tang. 2016. Comparative photochemistry activity and antioxidant responses in male and female *Populus cathayana* cuttings inoculated with arbuscular mycorrhizal fungi under salt. Scientific Reports, 6: 37663.

Wu, X., J. Liu, Q. Meng, S. Fang, J. Kang, and Q. Guo. 2021. Differences in carbon and nitrogen metabolism between male and female *Populus cathayana* in response to deficient nitrogen. Tree Physiology, 41(1): 119-133.

Xia, Z., Y. He, L. Yu, R. Lü, H. Korpelainen, and C. Li. 2019. Sex-specific strategies of phosphorus (P) acquisition in *Populus cathayana* as affected by soil P availability and distribution. New Phytologist, 225(2): 782-292.

Xia, Z., Y. He, B. Zhou, H. Korpelainen, and C. Li. 2020. Sex-related responses in rhizosphere processes of dioecious *Populus cathayana* exposed to drought and low phosphorus stress. Environmental and Experimental Botany, 175: 104049.

Xu, X., F. Yang, X. Xiao, S. Zhang, H. Korpelainen, and C. Li. 2008. Sex-specific responses of *Populus cathayana* to drought and elevated temperatures. Plant Cell and Environment, 31(6): 850-860.

Xu, X., H. Zhao, X. Zhang, H. Hänninen, H. Korpelainen, and C. Li. 2010. Different growth sensitivity to enhanced UV-B radiation between male and female *Populus cathayana*. Tree Physiology, 30(12): 1489-1498.

Yang, F., Y. Wang, J. Wang, W. Deng, L. Liao, and M. Li. 2011. Different ecophysiological responses between male and female *Populus deltoids* clones to waterlogging stress. Forest Ecology and Management, 262(11): 1963-1971.

Yang, Y., H. Jiang, M. Wang, H. Korpelainen, and C. Li. 2015. Male poplars have a stronger ability to balance growth and carbohydrate accumulation than do females in response to a short-term potassium deficiency. Physiologia Plantarum, 155(4): 400-413.

Zhang, C., X. Zhao, L. Gao, and K. V. Gadow. 2009. Gender, neighboring competition and habitat effects on the stem growth in dioecious *Fraxinus mandshurica* trees in a northern temperate forest. Annals of Forest Science, 66(8): 81291-81299.

Zhang, S., F. Chen, S. Peng, W. Ma, H. Korpelainen, and C. Li. 2010a. Comparative physiological, ultrastructural and proteomic analyses reveal sexual differences in the responses of *Populus cathayana* under drought stress. Proteomics, 10(14): 2661-2677.

Zhang, S., H. Jiang, S. Peng, H. Korpelainen, and C. Li. 2011. Sex-related differences in morphological, physiological and ultrastructural responses of *Populus cathayana* to chilling. Journal of Experimental Botany, 62(2): 675-686.

Zhang, S., H. Jiang, H. Zhao, H. Korpelainen, and C. Li. 2014. Sexually different physiological responses of *Populus cathayana* to nitrogen and phosphorus defciencies. Tree Physiology, 34(4): 343-354.

Zhang, S., L. Chen, B. Duan, H. Korpelainen, and C. Li. 2012. *Populus cathayana* males exhibit more effcient protective mechanisms than females under drought stress. Forest Ecology and Management, 275: 68-78.

Zhang, S., S. Lu, X. Xu, H. Korpelainen, and C. Li. 2010b. Changes in antioxidant enzyme activities and isozyme profles in leaves of male and female *Populus cathayana* infected with *Melampsora larici-populina*. Tree Physiology, 30(1): 116-128.

Zhang, S., D. Tang, H. Korpelainen, and C. Li. 2019. Metabolic and physiological analyses reveal that *Populus cathayana* males adopt an energy-saving strategy to cope with phosphorus deficiency. Tree Physiology, 39(9): 1630-1645.

Zhang, Y., L. Feng, H. Jiang, Y. Zhang, and S. Zhang. 2017. Different proteome profiles between male and female *Populus cathayana* exposed to UV-B radiation. Frontiers in Plant Science, 8: 320.

Zhao, H., Y. Li, X. Zhang, H. Korpelainen, and C. Li. 2012. Sex-related and stage-dependent source-to-sink transition in *Populus cathayana* grown at elevated CO_2 and elevated temperature. Tree Physiology, 32(11): 1325-1338.

Zhao, H., X. Xu, Y. Zhang, H. Korpelainen, and C. Li. 2011. Nitrogen deposition limits photosynthetic response to elevated CO_2 differentially in a dioecious species. Oecologia, 165: 41-54.

Zhou, Y., L. Li, and Z. Song. 2019. Plasticity in sexual dimorphism enhances adaptation of dioecious *Vallisneria natans* plants to water depth change. Frontiers in Plant Science, 10: 826.

Zunzunegui, M., M. C. Díaz-Barradas, A. Clavijo, L. Álvarez-Cansino, F. Ain-Lhout, and F. García-Novo. 2006. Ecophysiology, growth timing and reproductive effort of three sexual forms of *Corema album* (Empetraceae). Plant Ecology, 183: 35-46.

长期生境破碎化实验研究进展及未来展望

第12章

于德永[①②]

摘　要

生境破碎化包括生境损失和生境破碎化本身，但人们对生境破碎化与生物多样性减少的因果关系仍然知之甚少。为了促进关于生境破碎化对生物多样性和生态过程影响的理解，科学家开展了许多长期运行的操控性破碎化实验。本研究搜集了五个长期运行且具有重复的操控性破碎化实验，比较了各类实验的设计方案和主要发现。结果表明，生境损失对生物多样性具有绝对负面影响，而生境破碎化本身对生物多样性具有多样化影响。在不同的实验中，不同的物种对斑块面积的反应差异很大，廊道有助于提高景观连接度，基质并不总是对物种的持久性不利。生境破碎化是景观水平的过程，而当前的操控性破碎化实验主要是在斑块水平上进行的，因此它们在解释生境破碎化的影响方面并非全面可靠。建议在景观水平上开展下一代生境破碎化操控实验，以充分理解生境破碎化对生物多样性和生态系统功能/服务的影响。

Abstract

Habitat fragmentation includes habitat loss and habitat fragmentation per se, but people still know little about the causal relationship between habitat fragmentation and biodiversity reduction. In order to promote the understanding of the impact of habitat fragmentation on biodiversity and ecological processes, scientists have carried out many long-running manipulative fragmentation experiments. This study collected five long-running and repetitive manipulative fragmentation experiments, and compared the design schemes and

① 北京师范大学地理科学学部人与环境可持续性研究中心，北京，100875，中国；

② 青海省人民政府-北京师范大学高原科学可持续发展研究院，西宁，810008，中国。

main findings among them. The results show that habitat loss has an absolute negative impact on biodiversity, and habitat fragmentation per se has a diversified impact on biodiversity. In different experiments, different species have very different responses to patch composition. Corridors help to improve the connectivity of the landscape, and the matrix is not always detrimental to the persistence of the species. Habitat fragmentation is a landscape-level process, and current manipulative fragmentation experiments are mainly conducted at the patch level, so they are not comprehensive and reliable in explaining the impact of habitat fragmentation. It is recommended that the next generation of habitat fragmentation manipulation experiments should be carried out at the landscape level to fully understand the impact of habitat fragmentation on biodiversity and ecosystem functions/services.

前言

地球已经开始了人类主导的新地质纪元——人类世(Lewis and Maslin,2015)。作为最大的土地利用类型,农业用地占地球陆地无冰面积的38%,其中耕地面积约15.3亿公顷[①](约占地球陆地的12%),牧场面积约33.8亿公顷(约占地球陆地的26%)(Foley et al., 2011)。到2000年,城市地区的面积为65万平方千米,预计到2030年将达到285万平方千米(Seto et al., 2012)。由人类活动驱动的土地利用变化导致了大规模的生境破碎化。世界自然基金会和美国的联合研究表明,近37%的草原生态区是高度破碎的(White et al., 2000)。世界上将近20%的剩余森林距离农业区、城市或其他人为环境不超过100 m,而世界上超过70%的森林分布在距离对森林生态系统具有广泛不利影响的1 km范围内(Haddad et al., 2015)。人们普遍认为,土地利用/覆盖变化、气候变化以及相关的生境破碎化是对生物多样性的巨大威胁(Mantyka-Pringle et al., 2012)。生物多样性是维持生态系统服务的基础,而后者对于满足人类需求和维持人类福祉至关重要(Loreau et al., 2003;Wu,2013)。在过去的几十年中,生境破碎化对生物多样性的影响受到了相当多的关注,但是关于景观要素如何影响生物多样性的认识仍然有限。预测生境破碎化对生物多样性的影响仍然是科学界面临的重大挑战。

实验是阐明生境破碎化对生物多样性影响的有效手段。一些学者将景观生态学实验分为15种不同的类型和四大领域(Jenerette and Shen,2012)。总体上,生境破碎化对生物多样性的影响研究可以分为三类:① 理论推理和模型模拟,如岛屿生物地理学理论(MacArthur and Wilson, 1967)、复合种群理论(Levins,1969)和复合群落理论(Gonzalez and Loreau,2009;Loreau et al., 2003);② 观测研究;③ 操控实验。理论推理研究旨在归纳和演绎生境变化带来的生物影响的一般规则,但是许多方面尚未得到

① 1公顷为10 000 m^2。

实验证据的证实或支持。观测实验可以测量事件的时空格局或变化趋势,但观测实验只是在不同位置或时间观察或测量系统的表现(McGarigal and Cushman,2002)。操控性实验以受控的方式操控系统的某些属性,而其他属性保持不变,从生物个体到整个生态系统的尺度上操控景观要素以揭示生境破碎化及其影响的因果关系。后两种方法之间的主要区别在于,操控性实验可以推断因果关系,而观测研究则不能,观测研究只能对某些现象进行观察和解释(Block et al., 2001)。在描述生境与生物响应之间复杂的关系时,并没有普适的方法,这三种研究方法都有其优缺点。

由于具有推断因果关系的潜力,操控性实验方法已被广泛采用。理想情况下,真实操控性实验应充分包括对照、重复、随机和散布性等关键实验要素(Block et al., 2001; Hurlbert,1984)。重复可以估计实验误差的程度,随机旨在克服变量之间的空间自相关,对照为推断实验处理产生的影响提供了参考。随机和散布性应综合考虑,避免仅考虑随机而引起的空间隔离。然而,大尺度的实验通常受到野外实际情况和后勤方面的限制。因此,不可避免地要在真实实验和准真实实验之间进行折中。

本研究追溯了具有以下标准的操控性生境破碎化实验:① 它们严格按照固定重复进行设计,实验方案具有较好的统计学基础;② 已经运行了十年以上或超过一代生物生活史,因此生境破碎化影响的时间滞后效应可以在某种程度上显现。根据这些标准,笔者通过专家推荐和 Web of Science 检索文献。最后,将分析重点集中在以下长期运行且具有重复的操控性生境破碎化实验:巴西森林斑块的生物动力学实验(Biological Dynamics of Forest Fragments Project,BDFFP),美国堪萨斯生物演替设施实验(Kansas Biotic Succession Facility,KBSF),英国和加拿大苔藓破碎化实验(Moss Fragmentation Experiment,MFE),美国萨凡纳河廊道实验(Savannah River Site Corridor Experiment,SRSCE)和澳大利亚沃格・沃格生境破碎化实验(Wog Wog Habitat Fragmentation Experiment,WWHFE)。尽管已经有研究回顾了大尺度长期运行且具有重复的操控性生境破碎化实验的主要发现,但这些研究是在实验实施不久完成的(例如,Debinski and Holt,2000),或者只专注于回顾其中某一项实验(例如,Laurance et al., 2002,2011;Vasconcelos and Bruna,2012),或者在不做实验之间比较的情况下试图得出一般性的结论(例如,Haddad et al., 2015;Wilson et al., 2016)。

本研究从三个方面进行各类实验之间的比较:① 实验方案;② 破碎化景观要素如何影响生物多样性和生态过程? ③ 对新一代景观实验的启示。

12.1 实验概况及方案设计

所有上述五个长期运行且具有重复的操控性破碎化实验都是根据经典岛屿生物地理学理论(MacArthur and Wilson, 1967)和复合种群理论(Hanski and Gilpin, 1991; Lande, 1987; Levins, 1969)等设计的,实验概况如表 12.1 所示。

表 12.1　五个长期运行且具有重复的操控性破碎化实验概况

实验名称	创建年份	气候区	生境类型	基质类型	斑块处理面积（重复数量）	实验对照	主要测试物种	主要测试内容	文献来源
BDFFP	1979	热带气候	森林	牧场及过牧后的次生生境	1 hm^2(5)，10 hm^2(4)，100 hm^2(2)	有	各类植物、小型及大型动物	生境斑块大小及形态学指标的生态影响	Laurance et al., 2002
KBSF	1984	温带大陆性气候	不断演替的斑块	草皮刈割	32 m^2(6)，288 m^2(3)，5 000 m^2(6)	无	各类植物、小型动物	生境破碎化对演替过程的影响	Robinson et al., 1992
WWHFE	1984	温带海洋性气候	桉树林	松种植园	0.25 hm^2(6)，0.875 hm^2(6)，3.062 hm^2(6)	有	小型节肢动物或维管植物	岛屿生物地理学理论及相关假说	Margules, 1992
MFE	1995	温带海洋性气候（英国）	苔藓	裸岩	两类实验方案	有	小型节肢动物	斑块大小及廊道对生物多样性和生态过程的影响	Gilbert et al., 1998；Gonzalez,2000
SRSCE	1999	亚热带气候	早期演替的斑块	成熟针叶林	1 个中心斑块（1 hm^2）(8)周围有 3 个邻近斑块（1.375 hm^2）(8)和 1 个连接斑块（1 hm^2）(8)，中心斑块通过廊道（25 m × 150 m = 0.375 hm^2）与连接斑块相连	无	植物、病原体、节肢动物、蝴蝶、蚱蜢、啮齿动物和鸟类等	廊道在生物多样性和生态过程维持方面发挥作用的功能机制	Tewksbury et al., 2002

假说、实验设计、实验执行、统计分析和结果解释是稳健性实验的五个关键组成部分(Hurlbert,1984)。实验设计和实验执行对结果解释具有至关重要的意义。实验设计应具体说明对实验单元的处理方式,实验单元的数量和物理布置以及所应用处理的时间顺序,而实验执行则试图根据实验设计和客观性来实施实验(Hurlbert,1984)。所有五个长期运行且具有重复的操控性实验均包含上述五个部分。但是,它们之间在实验设计和实验执行上既有相似之处,也有差异。BDFFP 和 WWHFE 实验都采用了"实验执行前-实验执行后-对照-影响分析(before-after-control-impact,BACI)"设计。通常,BACI 设计通过在处理执行之前和之后在对照点和处理实施点同时采样来比较处理的影响。BACI 设计假定对照点和处理点的监测变量无明显差异,或差异在处理执行之前保持恒定比例。当监控变量在对照点和处理点之间的关系发生很大变化时,处理影响具有统计学意义,并且这些变化归因于处理影响。除处理影响外,BACI 设计的一个潜在假设是对照点和处理点对其他外在因素的反应均相同。BACI 设计可以通过在对照点和处理点同时采样来增加时间重复,从而解决空间重复不足的问题(Mellina and Hinch,1995)。但是,从每个实验单元进行顺序采样(时间重复)实际上是一种伪重复(pseudoreplication),因此对实验稳健性的价值较小(Hurlbert,1984)。

BDFFP 实验始于 1979 年,位于巴西亚马孙中部,是运行时间最长、规模最大的破碎化实验(Laurance et al., 2002)。该项目初始几乎完全专注于检测生境面积的影响,很少关注生境的边缘效应,但是随着生境斑块边缘效应的出现,该实验也开始关注斑块的边缘效应(Powell et al., 1986)。BDFFP 包含 5 个 1 hm^2的生境斑块,4 个 10 hm^2的生境斑块和 2 个 100 hm^2的生境斑块,这些生境斑块是通过清除周围的植被,并创建牧场而被隔离的(表 12.1)。该实验从附近的连续森林生境中选出了 3 个 1 hm^2,4 个 10 hm^2和 2 个 100 hm^2的自然保护区样地作为实验对照。受测物种包括棕榈(Scariot, 1999)、苔藓、藤本和树木等植物,以及甲虫、叶蝉、鳞虫、蚜虫、蚂蚁、蜜蜂、黄蜂、苍蝇、蜘蛛、青蛙、蝴蝶、鸟类、蝙蝠、灵长类和其他草食性哺乳动物(Laurance et al., 2002, 2011)等。在 BDFFP 实验中,在实施森林斑块破碎化处理之前,首先建立了树木、林下鸟类、哺乳动物、两栖动物和无脊椎动物等物种的标准多度数据集,这有助于对破碎化影响效果进行评估(Laurance et al., 2002)。

KBSF 实验创立于 1984 年秋,位于美国堪萨斯大学野外站和生态保护区的12 hm^2农田中(Robinson et al., 1992)。该实验一共有三种处理,包括 1 个大斑块(50 m×100 m)、1 个中等斑块(12 m×24 m)和 1 个小斑块(4 m×8 m)(表 12.1)。斑块之间的距离至少为 15 m。通过连续割草,将分离斑块的基质保持为低草皮。实验区南部和西部的地区是森林,北部地区是一片草丛,自实验开始以来就一直存在(Johnson et al., 2010)。被测物种包括维管植物、木本物种、节肢动物和小型哺乳动物(例如,Cook et al., 2005;Diffendorfer et al., 1995;Holt et al., 1995;Johnson et al., 2010;Martinko et al., 2006;Yao et al., 1999)等。KBSF 实验采用后处理设计,无对照处理。由于较少考虑真正的随机性,斑块面积和彼此之间的距离体现了田块面积限制和小型哺乳动物的预期最小依存面积之间的折中(Robinson et al., 1992)。但是,由于空间散布性较差,后续研究几乎放弃了中等大小的斑块(Cook et al., 2002)。此外,有些研究仅依靠整个实验设计的部分斑块来推断生境破碎化对演替过程、生物响应以及它们之间的相互作用的影响(例如,Billings and Gaydess,2008;Johnson et al., 2010;Martinko et al., 2006),因此 KBSF 实验未能完全满足充分重复和散布性的要求。实际上,KBSF 实验不仅受破碎化处理的影响,斑块内部的次生演替过程还受到与外部种子源(例如,实验区南部和西部的森林和实验区北部的溴草)距离的影响,这些外部区域将大量繁殖体或种子引入了实验区(Cook et al., 2002,2005;Yao et al., 1999)。从这个意义上讲,KBSF 很难将破碎化组件与外部因素对生物的影响区分开。

WWHFE 实验创立于 1984 年,位于澳大利亚新南威尔士州东南部邦巴拉东南 17 km的 Wog Wog 山区(Margules,1992)。WWHFE 实验包括 6 个重复,每个重复包括 3 个生境斑块处理,面积分别为 0.25 hm^2、0.875 hm^2和 3.062 hm^2(Davies and Margules, 1998)(表 12.1)。6 个重复中的 2 个位于相邻的连续生境中,用作对照。另外 4 个重复被基质包围,基质是通过清除原生桉树林(*Eucalyptus*),种植人工松林(*Pinus radiata*)而创建的。同一重复内的不同斑块距离不同,至少 50 m。由于实验规模较小,实验物种主要包括节肢动物或维管植物(Margules,1992)。在 WWHFE 实验中,研究人员收集了实验点破碎化前的数据,可以详细分析不同物种分布的时空异质性(Margules,1992)。研究人员对 BDFFP 和 WWHFE 实验的样地进行了分层,以便尽可能考虑生境斑块的空间异质性。在 BDFFP 实验中,通过建立奶牛牧场基质来创建生境斑块处理(每个处理包括 5 个 1 hm^2的斑块,4 个 10 hm^2的斑块和 2 个 100 hm^2的斑块),而它们的空间布置没有考虑实验随机化的要求。在 WWHFE 实验中,考虑到可用实验用地面积(20 hm^2)的限制和实验的后勤问题,在随机区组设计中安排了 6 个重复样本,其中 2 个重复样地为对照,4 个重复样地实施破碎化处理。至于随机区组设计,如果使用非参数统计,则至少需要 6 次重复处理才能证明其有效性(Hurlbert, 1984)。从这个意义上说,BDFFP 和 WWHFE 实验中破碎化处理的重复数量均不够。

苔藓斑块是理想的实验系统,可以在 6~12 个月的较短时间内检测出生境破碎化对微型节肢动物的影响(Gilbert et al., 1998;Gonzalez et al., 1998)。因此,本研究将苔藓斑块破碎化实验(MFE)归入长时间运行的实验队列。苔藓斑块破碎化实验主要在英国开展,该实验有多种设计(例如,Gilbert et al., 1998; Gonzalez,2000; Gonzalez and Chaneton,2002; Gonzalez et al., 1998; Lindo et al., 2012; Staddon et al., 2010)。代表性的两个实验设计分别为方案 1(Gilbert et al., 1998)和方案 2(Gonzalez,2000)。在方案 1 中,有固定重复,每个重复包括 4 个破碎化斑块处理,每个处理包括 4 个圆形苔藓斑块(直径 10 cm),实验装置包括:① 连续生境,包含 4 个圆形斑块;② 廊道,圆形斑块之间通过廊道连接;③ 中断的廊道,大小同连续廊道处理一样,但是廊道被 5 cm的间隙切断;④ 隔离斑块,没有廊道。在实施方案 1 之前,收集了连续 5 个圆形样本(每个直径 10 cm)生境物种丰富度的数据。在方案 2 中,采用随机区组设计,包括 8 个生长在岩石上的苔藓斑块重复,每个重复都包含 1 个大型的连续苔藓生境作为对照(50 cm×50 cm)和 12 个苔藓斑块处理,其中包括 6 个大斑块(每个 200 cm^2)和 6

个小斑块(每个 20 cm^2)。被测试的物种包括苔藓和微型节肢动物(例如,Gilbert et al., 1998; Gonzalez and Chaneton,2002; Staddon et al., 2010)。MFE 实验包括前-后(before-after design)设计和后处理设计(post-treatment design)。在前-后设计中,在处理实施之前和之后均对采样点进行监测。前-后设计可轻松评估所选变量的时间变化,并将这些变化与处理效果相关联。后处理设计意味着仅对处理实施后进行监控,并且该设计可以在相对较短的时间内评估所选变量的时间变化。前-后设计或后处理设计的潜在缺点在于将所选监测变量的变化归因于处理影响,而实际上,外部因素可能会引入系统误差。为避免此缺点,MFE 实验采用了完全随机的区组设计,其中每个重复均包含对照处理和破碎化处理,以避免外在因素引起的误差,因此可以着力检测各种处理的影响。

SRSCE 实验创立于 1999 年冬季,在美国南卡罗来纳州的国家环境研究公园内面积为 1 240 km^2 的萨凡纳河样地上设置了 8 个破碎化景观(每个大小为 50 hm^2)(Tewksbury et al., 2002)。基质由成熟的森林组成,其中以火炬松(*Pinus taeda*)和长叶松(*Pinus palustris*)为主。在每个实验景观中,清除所有树木并通过燃烧清除剩余物,建立了由成熟的针叶林基质围绕的 5 个早期演替的生境斑块。在这 5 个斑块中,其中 1 个是中央斑块(1 hm^2),1 个是连接斑块(1 hm^2),两者通过 25 m×150 m 的廊道相连,其他 3 个是未连接的邻近斑块(每个 1.375 hm^2)(表 12.1)。对于其他 3 个未连接的邻近斑块,第 1 个是中央矩形斑块,第 2 个是有翼的斑块(由一个 1 hm^2的正方形斑块和两个延伸的翼构成,每个翼长 75 m,宽 25 m),第 3 个是有翼的斑块(在四个景观中)或矩形斑块(在四个景观中),这 3 个未连接的邻近斑块到中央斑块的距离相等。SRSCE 实验是后处理设计,具有 8 次重复,但没有对照。采用随机区块实验设计,每个重复中连接斑块的方向是随机分配的。斑块类型(连接的和不连接的)和与处理相关的采样数据被视为固定影响,而由区块位置不同引起的变化被视为随机影响。

12.2 实验的主要发现

本研究根据破碎化组分(斑块面积、廊道/连接度、基质/隔离、生境斑块边缘)总结其对生物多样性和生态过程/功能的影响。

12.2.1 斑块面积大小的影响

在 BDFFP 实验中,与附近的连续森林相比,破碎化的森林斑块中花卉和动物种群和群落组成是多变的(Laurance et al., 2002,2011; Vasconcelos and Bruna,2012)。森林斑块大小对棕榈幼苗和总体多度有显著影响(Scariot,1999)。森林斑块大小对 9 种陆生食虫性鸟类物种丰富度具有显著影响,并且斑块中所包含的物种比连续森林同等大小的对照样地要少(Laurance et al., 2002;Stratford and Stouffer,1999)。林下鸟类很容易受到生境破碎化的影响(Ferraz et al., 2003)。生境破碎化改变了林下鸟类的行为。例如,一些鸟类明显倾向于选择较大的森林斑块,但在连续森林中则没有倾向,此外,一些鸟类最初显示出较少的活动特征,但在森林生境破碎后扩散到更远的距离

(Van Houtan et al., 2007)。与大斑块和连续对照森林生境相比,小面积生境斑块中的苔藓植物的丰富度、多度和组成变化均较低,而稀有类群对破碎化不敏感并且在零散的景观中更为丰富(Zartman,2003)。生境破碎化严重影响了群落的种间关系和群落组成。例如,来自蚂蚁-植物互助群落的大多数物种都是稀有物种,1 hm^2 斑块的种群规模要远低于连续对照森林生境(Bruna et al., 2005)。破碎化导致树木群落组成和物种丰富度发生重要变化(Bruna et al., 2005)。对于大型的原生灵长类物种,它们的存在和持久性非常复杂,并且在斑块之间存在差异,这与斑块的大小、食物供应和灵长类物种的领地大小有关(Boyle and Smith, 2010)。由于物种丰富度和多度自然变化较大,蝴蝶群落结构受森林破碎化的影响变得更加易变(Leidner et al., 2010)。

在 KBSF 实验中,在最初的 6 年,斑块大小对生态过程(如土壤矿化和植物演替)、物种丰富度没有明显影响,但是显著影响脊椎动物的种群动态和分布格局。18 年后,斑块大小显示出对木本群落结构和动态的显著影响(Cook et al., 2005)。生活史特征、到繁殖源的距离以及生境斑块的大小共同决定了斑块木本物种的分布方式和多度(Yao et al., 1999)。与小斑块相比,更多的早期演替植物物种以及多年生无性系物种在大斑块中的生存时间更长,而在小斑块中持续时间更长的物种是一年生的,并且随着演替的进行,斑块大小对植物物种的多度和占有率的影响减少(Collins et al., 2009)。破碎化显著改变了棉鼠(*Sigmodon hispidus*)、鹿鼠(*Peromyscus maniculatus*)和草原田鼠(*Microtus ochrogaster*)三种小型哺乳动物的行为。随着破碎程度的增加,实验物种(除雄性棉鼠外)传播到更远的距离,但动物传播的比例更低(Diffendorfer et al., 1995)。1985—1992 年的监测结果表明,所有大、中型和小型斑块中的昆虫物种丰富度、总密度和营养级多样性均增加,大斑块中的昆虫丰富度显著高于中等斑块和小斑块,这是种群对资源集中的反应,而不是斑块的演替率所致(Martinko et al., 2006)。尽管斑块内的植被发生了显著变化,但一种通才物种蜘蛛的正向物种密度-面积关系在 17 年中一直保持不变(Johnson et al., 2010)。生境破碎化对生物地球化学循环和碳动态均有重要影响。例如,小斑块土壤的净氮矿化率、气态氮损失和硝化总速率高于大斑块,这与小斑块根系有机质输入较高有关(Billings and Gaydess, 2008)。

WWHFE 的实验证据表明,并非所有物种都以相同的方式受到生境破碎化的影响(Davies and Margules, 2000)。蝎子对生境破碎化具有抵抗力,其多度不会随斑块大小而显著变化,但是与连续生境相比,两栖类动物的丰富度在生境破碎后会大大减少,尤其是在较小的斑块上(Margules et al., 1994)。与连续森林生境相比,不同大小斑块的步行虫物种丰富度没有显著差异(Davies and Margules,1998;Davies et al., 2001),而在种群水平上,三个步行虫亚种群对斑块大小的反应不同,其中一种在小斑块中多度最高,一种在大斑块多度最高,第三种在小斑块和大斑块中多度均相同,而在中等斑块中多度较低(Davies and Margules,1998)。在斑块内部尺度,破碎化倾向于通过减少周转率来稳定甲虫群落动态(Davies et al., 2001),而在物种水平,稀有和特殊性状的协同作用使斑块中的甲虫物种灭绝的风险大于连续森林生境(Davies et al., 2004)。小斑块由于受到环境变化的影响而不稳定,因此破碎化对小斑块植物群落形成过程的影响要比大斑块大(Morgan and Farmilo, 2012)。

斑块面积对物种多样性(多度、丰富度)、种间关系和生态过程的影响是多样化的,总体趋势是斑块面积越大对物种的生物多样性维持越有利,但也有物种对斑块面积反应不敏感;斑块面积的影响有时会随着时间的推移才能逐渐显现出来。此外,斑块内部的景观格局和斑块大小会对生物多样性产生协同影响。

12.2.2 斑块的边缘效应

不同物种对斑块的边缘响应存在差异性,随着时间的推移,生境破碎化引起的生态过程改变可能产生惊人的后果。BDFFP 实验的最初目标专注于研究斑块面积大小的影响,几乎不关注斑块边缘的影响,但随着实验的进行,相关边缘影响开始显现(例如,Laurance et al., 2002,2011;Powell et al., 1986)。在 BDFFP 实验中,生物量的崩溃在斑块边缘 100 m 内达到最大,而造成森林斑块内生物量变化的关键过程是大型树木的死亡率增加,这是由森林边缘附近的微气候变化和更高的风速引起的(Laurance et al., 1997,2006;Nascimento and Laurance,2004)。在破碎化的森林中,凋落物的分解速度更快,因此碳循环的速度大大加快了。活生物质的损失和迅速衰减共同造成了破碎化的森林景观排放大量的温室气体,可能加剧全球变暖,并且超出了森林砍伐本身所引起的变暖影响(Laurance et al., 1997;Nascimento and Laurance,2004)。因此,许多具有大种子、生长缓慢和老龄的森林物种被许多适应干扰和依靠非生物途径传播的物种所取代,从而对原有物种的持久性、种群动态和生态系统稳定性产生了深远的影响(Laurance et al., 2006)。在过去的几年中,边缘因素(距离、年龄和数量)在影响斑块动态(包括花卉和动物的持久性)方面起着主导作用(Laurance et al., 2011;Lenz et al., 2014)。

在 WWHFE 实验中,步行虫物种的丰富度对斑块的边缘部分不产生响应,而两个内部物种的多度在斑块内部高于边缘部分,三个物种对斑块的内部和边缘部分的响应均相同(Davies and Margules,1998)。斑块边缘通过两种方式改变了斑块内物种的出现频率和多度:① 浅穿透边缘效应导致斑块内物种丰富度增加;② 深穿透边缘效应导致斑块内物种的相对多度和组成发生变化,有害生物和真菌出现的频率增加(Davies et al., 2001)。

12.2.3 隔离和基质的影响

BDFFP 实验的证据表明,森林斑块周围的基质对斑块内部更新树种的物种组成和种群密度具有异质和强烈的影响。具体而言,被 *Vismia* 围绕的森林斑块比被 *Cecropia* 包围的森林斑块更新比例更高,先锋种的密度分布更均匀,其中天竺葵(*Cecropia sciadophylla*)是主要的先锋种(Nascimento et al., 2004)。围绕森林斑块的次生生长的基质条件在解释林下鸟类的丰富度变化方面几乎与森林斑块的大小和森林覆盖率具有相等的作用,并且次生生长的基质将 10 hm^2 和 100 hm^2 的森林斑块与连续森林生境连接后,一些鸟类的丰富度得到了显著恢复。然而,一些被开阔的牧场包围的斑块则显示出食虫性鸟类的多度急剧下降(Stouffer et al., 2006,2011)。隔离对下层鸟类的斑块定居有不同的影响(Ferraz et al., 2007)。森林斑块被次生生长的基质包围可以增加景观连接度并改善资源利用率,可以进一步减轻生境破碎化对节肢动物的负面影响,因此森林斑块中的某些物种对破碎化没有反应甚至还有所增加(Vasconcelos and Bruna,2012)。

在 KSBF 实验中,当去除基质物种以消除其溢出效应时,经典的岛屿生物地理学理论仍然适合预测破碎化景观中的生物多样性格局(Cook et al., 2002)。隔离斑块与种子源之间的距离显著影响木本物种的丰富度、物种周转率和多度(Cook et al., 2005)。

在 MEF 实验中,破碎化本身(隔离)导致了严重的局部灭绝和延迟的群落消散过程,这一过程在大斑块(200 cm^2)中比在小斑块(20 cm^2)中经历的时间更长(Gonzalez,2000)。生境的隔离导致破碎的苔藓斑块中微节肢动物物种的丰富度、多度和生物量减少,而后两者的减少在时间上落后于前者(Gonzalez and Chaneton, 2002)。

在 WWHFE 实验中,八个步行虫物种中,完全孤立的两个物种的多度下降,而非完全孤立的其他六个物种的多度以不同的方式响应:增加、减少或保持不变(Davies and Margules,1998)。总体而言,斑块边缘效应对步行虫群落动态的影响大于物种的扩散,而稀有、孤立和掠食性物种面临更大的灭绝风险(Davies and Margules,2000; Davies et al., 2000)。该实验亦发现了违反岛屿生物地理学和复合种群理论的案例,如森林斑块周围的辐射松(*Pinus radiata*)基质对某些物种有益(Davies and Margules, 2000;Davies et al., 2001);与连续森林相比,生境破碎化甚至促进了某些物种在森林斑块内出现,这一点与复合群落理论的预测一致(Davies et al., 2001)。随着时间的流逝,辐射松种植园继续影响森林斑块内部的环境条件。例如,小森林斑块的冠层覆盖和土壤湿度增加,并且每日最高温度低于连续森林,这可能会对森林斑块的生物成分产生重要影响(Farmilo et al., 2013, 2014)。

岛屿生物地理学理论和复合种群理论都认为基质对物种持久性不利,而较少关注基质异质性对种群动态和物种持久性以及物种多样性和周转率的影响,但上述实验均表明基质的可利用性高会对生物多样性产生正向影响,反之亦然。将基质可利用性纳入生境质量指标,将提高景观破碎化模型预测生物多样性的精度。

12.2.4 廊道/连接度影响

在 SRCCE 实验中,廊道在促进动物在斑块之间的移动以及植物-动物相互作用方面(如授粉和种子传播)起着管道的作用,但不能作为漂移围栅,廊道的影响不仅限于自身面积和它们造成的形状变化,还通过改变斑块边缘和核心生境的相对数量,影响了动物对种子的捕食压力(Tewksbury et al., 2002)。例如,无脊椎动物在未连接的斑块中捕食更多的商陆种子,啮齿动物在连接的斑块中获取了更多的种子,而在连接和未连接的斑块中,鸟类清除的种子没有数量差异(Orrock et al., 2003)。尽管被掠食者取食的种子总数不受廊道影响,但种子分布空间格局的变化可能会影响当地群落的组成和种间关系(Orrock et al., 2003)。与未连接的斑块相比,廊道促进了东蓝鸲(*Sialia sialis*)将更多的蜡杨梅(*Myrica cerifera*)种子从中央斑块传播到连接的接收斑块中。然而,廊道的这项功能是其边缘而不是其他组件发挥作用(Levey et al., 2005)。此外,廊道除了产生积极影响外,还通过影响种子捕食而对种子传播产生间接负面影响(Orrock and Damschen,2005)。关于廊道的负面影响的另一份研究提到,廊道减少了靛蓝彩鹀(*Passerina cyanea*)筑巢的成功率,但是,这在很大程度上是由于廊道带来的边缘效应引起的(Weldon,2006)。另一个例子表明,寄主植物至生境边缘的距离是风媒病原体引起的植物病害发展的最大决定因素(Johnson and Haddad,2011),而不是廊道。廊道对生活在连接、未连接和有翼斑块中的奥德菲尔德鼠(*Peromyscus polionotus*)的活动并未产生显著影响,但廊道通过改变斑块的形状影响了动物的活动范围,因为奥德菲尔德鼠倾向于内部物种,不在斑块的边缘部分活动(Orrock and Danielson, 2005)。在群落水平,通过廊道连接的斑块随时间推移比未连接的斑块包含更多的本地植物物种,这种改善是由廊道本身而不是斑块形状变化造成的(Damschen et al., 2006)。靠鸟类传播、风媒传播和无辅助传播的植物物种丰富度随时间的变化表明,廊道具有提高景观连接度的作用,但没有显示出边缘效应(Damschen et al., 2008)。遗传学的证据表明,廊道可能通过物种扩散增加基因流,从而促进蝴蝶的遗传变异和适应性(Wells et al., 2009)。廊道通过改变斑块形状和彼此间的连接度对动物群落产生多种影响。例如,节肢动物对生境斑块的边缘部分和彼此间的连接度敏感,对斑块形状不敏感,然而斑块形状(而不是连接度)影响节肢动物群落的物种丰富度和周转率(Orrock et al., 2011)。另一个有趣的案例是,斑块边缘和内部生境(而不是廊道的特征)影响了通才物种——食草蚱蜢的多度和它们对本地植物(*Solanum americanum*)的取食程度(Evans et al., 2012)。廊道与风的协同作用对风媒植物的物种丰富度产生了积极影响(Damschen et al., 2014)。

KSBF 实验的结果表明,连接度对于创造新的种群至关重要。当演替过程中的连接度受到破坏时,由于抵达物种的多样性或多度下降,生境破碎化继续强烈影响群落的组成(Alexander et al., 2012)。

在 MFE 实验中,通过廊道连接的苔藓斑块可以显著延迟动物物种的灭绝速度,并能比孤立的苔藓斑块在更长时间内保持物种的丰富度,这对于处于更高营养级的捕食者尤其明显,后者对生境破碎化尤其敏感(Gilbert et al., 1998)。廊道通过连接孤立的斑块,起到了援救作用(Gonzalez et al., 1998)。连接苔藓斑块的廊道在促进微型节肢动物个体在破碎的苔藓斑块之间迁移方面起着重要的拯救作用,从而维持了苔藓斑块的物种丰富度、多度和生物量(Gonzalez and Chaneton,2002)。微型节肢动物捕食者的减少和被捕食物种多度的增加会引起生境隔离,食物网的这种变化可能会削弱重要的生态系统功能,而廊道减轻了这种生境隔离所造成的负面影响(Staddon et al., 2010)。

廊道可以充当物种在斑块之间运动的管道,同时它们还可以通过变更连接斑块的大小和形状或增加生境斑块的边缘部分来施加影响。廊道提高了景观连接度,促进了复合种群的动态变化和破碎化生境中种群的持久性。同时廊道内部生境、边缘和环境因素可能对生物多样性和生态过程产生协同影响。

12.3 讨论

五个长期运行的破碎化实验普遍采用了参数检验[如方差分析(ANOVA)和 t 检验]以及非参数检验(如 Mann-Whitney U 检验)两种统计方法对实验结果进行解释。对于参数检验,监测数据应符合参数统计方法的假设前提条件(无论是直接采用原始数据还是采用转换之后的数据),而非参数检验或其他方法则不需要考虑这些前提要求。

关于实验结果的解释,虽然这些研究试图弄清生境破碎化及其影响的因果关系,但是,由于将监测结果与破碎化水平相关联基本上采用相关分析方法,因此它们中的大多数未能做到这一点,即仅描述了实验结果在斑块大小或破碎化水平之间的差异。破碎化是景观水平的过程,尽管五个长期运行的破碎化实验考虑了围绕斑块指定距离内的其他景观要素,但是大多数研究都是在斑块水平(即斑块是实验单位)进行的,或者是在斑块-景观水平(其中斑块仍是实验的基本单位)进行的。

在景观水平进行的研究需要明确考虑生境镶嵌体的组成和配置,目前这类研究还是比较少见的。此外,有效生境的面积大小应因物种而异,但是在这五个长时间运行的操控性实验中,斑块面积大小在某种程度上是主观确定的,缺乏明确的生物学考虑,因此很难回答一些高级别的复杂问题,例如生物灭绝阈值,生境的大小、组成和配置在多大程度上单独或协同影响生物多样性和关键生态系统过程。主观性、非景观水平的实验设计以及不同的实验目标使得学者难以在这五个长期运行的操控性破碎化实验之间进行比较,并得出一般性的结论。除了景观要素外,气候变化对生境破碎化的影响也不容忽视(例如, Laurance et al., 2011)。但是,按照当前的实验方案,这五个操控性实验很难将气候变化对生物多样性和生态系统过程的影响与破碎化处理本身的影响分开。

2011 年研究人员在马来西亚婆罗洲启动了一项大规模的森林破碎化实验:更新森林生态系统稳定性项目(the Stability of Altered Forest Ecosystems,SAFE)。该项目具备更为复杂的实验设计,具有与 BDFFP 实验进行比较研究的潜力(Ewers et al., 2011)。此外,法国科学家还建立了新颖的操控性实验基础设施(Metatron)(Legrand et al., 2012)。Metatron 由 48 个相互连接的斑块组成,其中温度、湿度和光照强度可以独立控制,斑块之间的廊道也很容易操控。Metatron 实验装置可以研究环境梯度变化如何与廊道相互作用,从而影响陆生生物的传播和复合系统(复合种群、复合群落和复合生态系统)的动态(Haddad, 2012; Legrand et al., 2012)。因此,更多的国际合作和努力将使对景观破碎化的机制和影响过程的理解更为深刻和清晰。

尽管存在上述混淆因素,但五个长期运行且具有重复的操控性破碎化实验为下一代景观实验提供了重要启示。

首先,生境破碎化的生物学影响是尺度依赖的,选择合适的指标和物种对于取得合理的结果至关重要。在时间尺度上,长期开展实验至关重要,但长期的含义是相对的。在 BDFFP 实验中,几十年后才出现了一些生境破碎化影响的关键现象(Laurance et al., 2011)。在 KBSF 实验中,在实验最初的 6 年中,斑块的大小并没有显著影响早期的次生演替过程(Holt et al., 1995),但是,随着时间的推移,KBSF 实验中的斑块面积影响越来越多(Cook et al., 2005)。在 MFE 实验中,6 个月相当于生活在苔藓中的大多数节肢动物的几个世代,足以检测出生境破碎化的生物学影响(Gilbert et al., 1998)。在空间尺度上,实验结果也与尺度有关(Morgan and Farmilo,2012),但是,大多数研究对此没有给予太大关注。在组织水平上,当前的研究在物种、种群、群落和生态系统的水平上选择相关指标,但是,如果选择了不适当的组织层次,则无法检测到生境破碎化所导致的某些后果(例如, Alexander et al., 2012;Bruna et al., 2005;Laurance et al., 2006;Robinson et al., 1992;Scariot,1999)。

其次,辅助开发能够稳健地对景观水平过程进行尺度推绎和预测的空间显式模型,是新一代操控性实验的重要方向。当前的野外实验通常在局地进行,针对的是所关注的系统和物种,因此它们的普遍性和外推到其他尺度或问题的能力较弱。我们需要性能稳健的模型工具,这些模型工具整合基于样点或样地的研究,可以预测全球生境破碎化日益加剧的后果,根据这些研究结果,决策者可以采取切实可行的方案,以防止某些不利事件的发生。同时,基于这些实验结果可以设计和管理方向指向性的景观。正在进行的这些操控性破碎化实验已经证明了实现这些目标的潜力。例如,在 BDFFP 实验中,将斑块占用模型与 13 年的鸟类捕获数据集成在一起,可以有效地评估生境面积和隔离对鸟类占用斑块的影响(Ferraz et al., 2007)。在 SRSCE 实验中,科学家基于鸟类的小尺度(<20 m)运动数据,对基于个体的模型进行参数化,成功预测了廊道对种子长距离(>250 m)传播的影响(Levey et al., 2005)。机械扩散模型、风的测量和种子释放实验相结合,证明廊道影响了风的动力学特征和种子的扩散(Damschen et al., 2014)。

再次,生境破碎化如何以及在何种程度上影响生物多样性和相关的生态系统功能以及生态系统服务,应成为新一代操控性实验的核心任务之一。生态系统服务是自然与人类福祉之间的桥梁,对于维持区域可持续发展至关重要(Wu,2013)。正在进行的五个操控实验表明,生境破碎化的影响远不止生物多样性。但是,它们是在岛屿生物地理学理论或复合种群理论的框架内设计的,该理论特别关注斑块的大小、边缘、隔离、连接度和基质如何在物种、种群和群落的水平上影响生物多样性。每次研究通常只考虑一个响应变量,或考虑几个响应变量,但它们是单独测量的。因此,它们无法回答以下关键问题:生境破碎化会导致生物多样性下降到什么程度?为什么会导致生态系统崩溃或某些关键生态系统功能的丧失?迄今为止,人们对生物多样性和景观多功能性之间的关系了解甚少。实验数据表明,由于物种之间的多功能互补性,多功能性比单一生态系统功能更加脆弱,并且需要更高的物种丰富性和更多样化的物种集合(Gamfeldt et al., 2008;Zavaleta et al., 2010)。群落稳定性取决于物种和功能组之间的补偿性相互作用(Bai et al., 2004)。科学家在内蒙古草原进行了大规模的除草操控性实验(IMGRE),初步揭示了生物多样性与生态系统功能之间的关系(Wu et al.,

2015）。此外，在澳大利亚西南部农业景观开展的多种生态系统服务实验提供了有益的尝试，该实验根据不同性状选择不同的植物组合和物种来管理农业生态系统服务（Perring et al., 2012）。现有的景观水平的实验表明，景观的组成和配置对于对维持人类粮食供应至关重要的关键授粉服务具有重要影响（Ekroos et al., 2015；Lindstrom et al., 2016；Schuepp et al., 2014）。稳健的实验方案与景观遗传学、遥感、地理信息系统、大数据挖掘等新工具相结合，将促进人们对景观生态学研究领域的关键问题的理解，并在景观可持续范式下管理各类景观。

12.4 结论

受频繁的人类活动和气候变化的影响，景观破碎化普遍存在，被认为是生物多样性的主要威胁之一。阐明生境破碎化及其影响的因果关系，对于制定合理的措施来抵消其对生物多样性和生态系统功能/服务的负面影响至关重要。目前，该领域中的大多数研究都是基于理论分析或模型模拟，而实验证据的支持仍然很少。破碎化实验是阐明破碎化组分对物种、种群、群落乃至整个生态系统影响的有效方法。本研究回顾了世界范围内五个长期运行的操控性破碎化实验的实验方案和主要发现。结果表明，破碎化组分对生物多样性的影响取决于物种特征和相应的环境条件，因此很难得出关于生境破碎化影响的通用结论。生境破碎化是景观水平的过程，而这五个长期运行的操控性实验主要在斑块水平上进行，因此迫切需要在景观水平上开展具有稳健性设计的下一代破碎化实验，以阐明破碎化组件对生物多样性和生态系统功能/服务的综合影响。

致谢

本研究得到国家自然科学基金面上项目“气候变化背景下内蒙古中西部地区土地利用与生态系统服务的定量关系研究”（编号：41971269）和第二次青藏高原综合科学考察研究项目“任务十：区域绿色发展途径”（编号：2019QZKK1001）的资助。

参考文献

Alexander, H. M., B. L. Foster, F. Ballantyne, C. D. Collins, J. Antonovics, and R. D. Holt. 2012. Metapopulations and metacommunities: Combining spatial and temporal perspectives in plant ecology. Journal of Ecology, 100: 88-103.

Bai, Y., X. Han, J. Wu, Z. Chen, and L. Li. 2004. Ecosystem stability and compensatory effects in the Inner Mongolia grassland. Nature, 431:181-184.

Billings, S., and E. Gaydess. 2008. Soil nitrogen and carbon dynamics in a fragmented landscape experiencing forest succession. Landscape Ecology, 23: 581-593.

Block, W. M., A. B. Franklin, J. P. Ward, J. L. Ganey, and G. C. White. 2001. Design and implementation of monitoring studies to evaluate the success of ecological restoration on wildlife. Restoration Ecology, 9: 293-303.

Boyle, S. A., and A. T. Smith. 2010. Can landscape and species characteristics predict primate presence in forest fragments in the Brazilian Amazon? Biological Conservation, 143: 1134-1143.

Bruna, E. M., H. L. Vasconcelos, and S. Heredia. 2005. The effect of habitat fragmentation on communities of mutualists: Amazonian ants and their host plants. Biological Conservation, 124:209-216.

Collins, C. D., R. D. Holt, and B. L. Foster. 2009. Patch size effects on plant species decline in an experimentally fragmented landscape. Ecology, 90: 2577-2588.

Cook, W. M., K. T. Lane, B. L. Foster, and R. D. Holt. 2002. Island theory, matrix effects and species richness patterns in habitat fragments. Ecology Letters, 5:619-623.

Cook, W. M., J. Yao, B. L. Foster, R. D. Holt, and L. B. Patrick. 2005. Secondary succession in an experimentally fragmented landscape: Community patterns across space and time. Ecology, 86:1267-1279.

Damschen, E. I., D. V. Baker, G. Bohrer, R. Nathan, J. L. Orrock, J. R. Turner, L. A. Brudvig, N. M. Haddad, D. J. Levey, and J. J. Tewksbury. 2014. How fragmentation and corridors affect wind dynamics and seed dispersal in open habitats. Proceedings of the National Academy of Sciences of the United States of America, 111:3484-3489.

Damschen, E. I., L. A. Brudvig, N. M. Haddad, D. J. Levey, J. L. Orrock, and J. J. Tewksbury. 2008. The movement ecology and dynamics of plant communities in fragmented landscapes. Proceedings of the National Academy of Sciences of the United States of America, 105:19078-19083.

Damschen, E. I., N. M. Haddad, J. L. Orrock, J. J. Tewksbury, and D. J. Levey. 2006. Corridors increase plant species richness at large scales. Science, 313:1284-1286.

Davies, K. F., and C. R. Margules. 1998. Effects of habitat fragmentation on carabid beetles: Experimental evidence. Journal of Animal Ecology, 67: 460-471.

Davies, K. F., and C. R. Margules. 2000. The beetles at Wog Wog: A contribution of Coleoptera systematics to an ecological field experiment. Invertebrate Systematics, 14: 953-956.

Davies, K. F., C. R. Margules, and J. F. Lawrence. 2004. A synergistic effect puts rare, specialized species at greater risk of extinction. Ecology, 85: 265-271.

Davies, K. F., C. R. Margules, and J. F. Lawrence. 2000. Which traits of species predict population declines in experimental forest fragments? Ecology, 81:1450-1461.

Davies, K. F., B. A. Melbourne, and C. R. Margules. 2001. Effects of within- and between-patch processes on community dynamics in a fragmentation experiment. Ecology, 82: 1830-1846.

Debinski, D. M., and R. D. Holt. 2000. A survey and overview of habitat fragmentation experiments. Conservation Biology, 14: 342-355.

Diffendorfer, J. E., M. S. Gaines, and R. D. Holt. 1995. Habitat fragmentation and movements of three small mammals(*Sigmodon*, *Microtus*, and *Peromyscus*). Ecology, 76: 827-839.

Ekroos, J., A. Jakobsson, J. Wideen, L. Herbertsson, M. Rundlof, and H. G. Smith. 2015. Effects of landscape composition and configuration on pollination in a native herb: A field experiment. Oecologia, 179:509-518.

Evans, D. M., N. E. Turley, D. J. Levey, and J. J. Tewksbury. 2012. Habitat patch shape, not corridors, determines herbivory and fruit production of an annual plant. Ecology, 93:1016-1025.

Ewers, R. M., R. K. Didham, L. Fahrig, G. Ferraz, A. Hector, R. D. Holt, V. Kapos, G. Reynolds, W. Sinun, J. L. Snaddon, and E. C. Turner. 2011. A large-scale forest fragmentation experiment: The stability of altered forest ecosystems project. Philosophical Transactions of the Royal Society B-Biological Sciences, 366: 3292-3302.

Farmilo, B. J., B. A. Melbourne, J. S. Camac, and J. W. Morgan. 2014. Changes in plant species density in an experimentally fragmented forest landscape: Are the effects scale-dependent? Austral Ecology, 39: 416-423.

Farmilo, B. J., D. G. Nimmo, and J. W. Morgan. 2013. Pine plantations modify local conditions in forest fragments in southeastern Australia: Insights from a fragmentation experiment. Forest Ecology and Management, 305: 264-272.

Ferraz, G., J. D. Nichols, J. E. Hines, P. C. Stouffer, R. O. Bierregaard, and T. E. Lovejoy. 2007. A large-scale deforestation experiment: Effects of patch area and isolation on Amazon birds. Science, 315: 238-241.

Ferraz, G., G. J. Russell, P. C. Stouffer, R. O. Bierregaard, S. L. Pimm, and T. E. Lovejoy. 2003. Rates of species loss from Amazonian forest fragments. Proceedings of the National Academy of Sciences of the United States of America, 100: 14069-14073.

Foley, J. A., N. Ramankutty, K. A. Brauman, E. S. Cassidy, J. S. Gerber, M. Johnston, N. D. Mueller, C. O'Connell, D. K. Ray, and P. C. West. 2011. Solutions for a cultivated planet. Nature, 478: 337-342.

Gamfeldt, L., H. Hillebrand, and P. R. Jonsson. 2008. Multiple functions increase the importance of biodiversity for overall ecosystem functioning. Ecology, 89:1223-1231.

Gilbert, F., A. Gonzalez, and I. Evans-Freke. 1998. Corridors maintain species richness in the fragmented landscapes of a microecosystem. Proceedings of the Royal Society of London B: Biological Sciences, 265:577-582.

Gonzalez, A. 2000. Community relaxation in fragmented landscapes: The relation between species richness, area and age. Ecology Letters, 3:441-448.

Gonzalez, A., and E. J. Chaneton. 2002. Heterotroph species extinction, abundance and biomass dynamics in an experimentally fragmented microecosystem. Journal of Animal Ecology, 71:594-602.

Gonzalez, A., J. H. Lawton, F. S. Gilbert, T. M. Blackburn, and I. Evans-Freke. 1998. Metapopulation dynamics, abundance, and distribution in a microecosystem. Science, 281:2045-2047.

Gonzalez, A., and M. Loreau. 2009. The causes and consequences of compensatory dynamics in ecological communities. Annual Review of Ecology and Systematics, 40: 393-414.

Haddad, N. M. 2012. Connecting ecology and conservation through experiment. Nature Methods, 9: 794-795.

Haddad, N. M., L. A. Brudvig, J. Clobert, K. F. Davies, A. Gonzalez, R. D. Holt, T. E. Lovejoy, J. O. Sexton, M. P. Austin, and C. D. Collins. 2015. Habitat fragmentation and its lasting impact on Earth's ecosystems. Science Advances, 1: e1500052.

Hanski, I., and M. Gilpin. 1991. Metapopulation dynamics: Brief history and conceptual domain. Biological Journal of the Linnean Society, 42:3-16.

Holt, R. D., G. R. Robinson, and M. S. Gaines. 1995. Vegetation dynamics in an experimentally fragmented landscape. Ecology, 76:1610-1624.

Hurlbert, S. H. 1984. Pseudoreplication and the design of ecological field experiments. Ecological Monographs, 54:187-211.

Jenerette, G. D., and W. J. Shen. 2012. Experimental landscape ecology. Landscape Ecology, 27: 1237-1248.

Johnson, B. L., and N. M. Haddad. 2011. Edge effects, not connectivity, determine the incidence and development of a foliar fungal plant disease. Ecology, 92:1551-1558.

Johnson, J. B., R. H. Hagen, and E. A. Martinko. 2010. Effect of succession and habitat area on wandering spider(Araneae) abundance in an experimental landscape. Journal of the Kansas Entomological Society, 83:141-153.

Lande, R. 1987. Extinction thresholds in demographic models of territorial populations. The American Naturalist, 130:624-635.

Laurance, W. F., J. L. C. Camargo, R. C. C. Luizao, S. G. Laurance, S. L. Pimm, E. M. Bruna, P. C. Stouffer, G. B. Williamson, J. Benitez-Malvido, H. L. Vasconcelos, K. S. Van Houtan, C. E. Zartman, S. A. Boyle, R. K. Didham, A. Andrade, and T. E. Lovejoy. 2011. The fate of Amazonian forest fragments: A 32-year investigation. Biological Conservation, 144:56-67.

Laurance, W. F., S. G. Laurance, L. V. Ferreira, J. M. Rankin-de Merona, C. Gascon, and T. E. Lovejoy. 1997. Biomass collapse in Amazonian forest fragments. Science, 278:1117-1118.

Laurance, W. F., T. E. Lovejoy, H. L. Vasconcelos, E. M. Bruna, R. K. Didham, P. C. Stouffer, C. Gascon, R. O. Bierregaard, S. G. Laurance, and E. Sampaio. 2002. Ecosystem decay of Amazonian forest fragments: A 22-year investigation. Conservation Biology, 16:605-618.

Laurance, W. F., H. E. Nascimento, S. G. Laurance, A. Andrade, J. E. Ribeiro, J. P. Giraldo, T. E. Lovejoy, R. Condit, J. Chave, and K. E. Harms. Rapid decay of tree-community composition in Amazonian forest fragments. 2006. Proceedings of the National Academy of Sciences of the United States of America, 103:19010-19014.

Legrand, D., O. Guillaume, M. Baguette, J. Cote, A. Trochet, O. Calvez, S. Zajitschek, F. Zajitschek, J. Lecomte, Q. Benard, J. F. Le Galliard, and J. Clobert. 2012. The Metatron: An experimental system to study dispersal and metaecosystems for terrestrial organisms. Nature Methods, 9:828-834.

Leidner, A. K., N. M. Haddad, and T. E. Lovejoy. 2010. Does tropical forest fragmentation increase long-term variability of butterfly communities? Plos One, 5(3): E9534.

Lenz, B. B., K. M. Jack, and W. R. Spironello. 2014. Edge effects in the primate community of the biological dynamics of Forest Fragments Project, Amazonas, Brazil. American Journal of Physical Anthropology, 155: 436-446.

Levey, D. J., B. M. Bolker, J. J. Tewksbury, S. Sargent, and N. M. Haddad. 2005. Effects of landscape corridors on seed dispersal by birds. Science, 309:146-148.

Levins, R. 1969. Some demographic and genetic consequences of environmental heterogeneity for biological control. Bulletin of the Entomological Society of America, 15: 237-240.

Lewis, S. L., and M. A. Maslin. 2015. Defining the anthropocene. Nature, 519:171-180.

Lindo, Z., J. Whiteley, and A. Gonzalez. 2012. Traits explain community disassembly and trophic contraction following experimental environmental change. Global Change Biology, 18: 2448-2457.

Lindstrom, S. A. M., L. Herbertsson, M. Rundlof, H. G. Smith, and R. Bommarcol. 2016. Large-scale pollination experiment demonstrates the importance of insect pollination in winter oilseed rape. Oecologia, 180:759-769.

Loreau, M., N. Mouquet, and A. Gonzalez. 2003. Biodiversity as spatial insurance in heterogeneous landscapes. Proceedings of the National Academy of Sciences of the United States of America, 100: 12765-12770.

MacArthur, R. H., and E. O. Wilson. 1967. The Theory of Island Biogeography. Princeton: Princeton University Press.

Mantyka-Pringle, C. S., T. G. Martin, and J. R. Rhodes. 2012. Interactions between climate and habitat loss effects on biodiversity: A systematic review and meta-analysis. Global Change Biology, 18: 1239-1252.

Margules, C. R. 1992. The Wog Wog habitat fragmentation experiment. Environmental Conservation, 19: 316-325.

Margules, C. R., G. Milkovits, and G. T. Smith. 1994. Constrasting effects of habitat fragmentation on the scorpion *Cercophonius squama* and an amphipod. Ecology, 75: 2033-2042.

Martinko, E. A., R. H. Hagen, and J. A. Griffith. 2006. Successional change in the insect community of a fragmented landscape. Landscape Ecology, 21: 711-721.

McGarigal, K., and S. A. Cushman. 2002. Comparative evaluation of experimental approaches to the study of habitat fragmentation effects. Ecological Applications, 12:335-345.

Mellina, E., and S. G. Hinch. 1995. Overview of large-scale ecological experimental designs and recommendations for the British Columbia Watershed Restoration Program. Citeseer.

Morgan, J. W., and B. J. Farmilo. 2012. Community (re) organization in an experimentally fragmented forest landscape: Insights from occupancy-scale patterns of common plant species. Journal of Vegetation Science, 23:962-969.

Nascimento, H. E. M., and W. F. Laurance. 2004. Biomass dynamics in Amazonian forest fragments. Ecological Applications, 14: S127-S138.

Orrock, J. L., G. R. Curler, B. J. Danielson, and D. R. Coyle. 2011. Large-scale experimental landscapes reveal distinctive effects of patch shape and connectivity on arthropod communities. Landscape Ecology, 26:1361-1372.

Orrock, J. L., and E. I. Damschen. 2005. Corridors cause differential seed predation. Ecological Applications, 15:793-798.

Orrock, J. L., and B. J. Danielson. 2005. Patch shape, connectivity, and foraging by oldfield mice (*Peromyscus polionotus*). Journal of Mammalogy, 86:569-575.

Orrock, J. L., B. J. Danielson, M. J. Burns, and D. J. Levey. 2003. Spatial ecology of predator-prey interactions: Corridors and patch shape influence seed predation. Ecology, 84:2589-2599.

Perring, M. P., R. J. Standish, K. B. Hulvey, L. Lach, T. K. Morald, R. Parsons, R. K. Didham, and R. J. Hobbs. 2012. The ridgefield multiple ecosystem services experiment: Can restoration of former agricultural land achieve multiple outcomes? Agriculture, Ecosystems and Environment, 163:14-27.

Powell, G., H. Schubart, and M. Hays. 1986. Edge and other effects of isolation on Amazon forest fragments. In Soule, M. E., eds. Conservation Biology: The Science of Scarcity and Diversity. Oxford: Sinauer Associates, Inc., 257-285.

Robinson, G. R., R. D. Holt, M. S. Gaines, S. P. Hamburg, M. L. Johnson, H. S. Fitch, and E. A. Martinko. 1992. Diverse and contrasting effects of habitat fragmentation. Science, 257:524-526.

Scariot, A. 1999. Forest fragmentation effects on palm diversity in central Amazonia. Journal of Ecology, 87:66-76.

Schuepp, C., F. Herzog, and M. H. Entling. 2014. Disentangling multiple drivers of pollination in a landscape-scale experiment. Proceedings of the Royal Society B—Biological Sciences, 281: 20132667.

Seto, K. C., B. Güneralp, and L. R. Hutyra. 2012. Global forecasts of urban expansion to 2030 and direct impacts on biodiversity and carbon pools. Proceedings of the National Academy of Sciences of the United States of America, 109: 16083-16088.

Staddon, P., Z. Lindo, P. D. Crittenden, F. Gilbert, and A. Gonzalez. 2010. Connectivity, non-random extinction and ecosystem function in experimental metacommunities. Ecology Letters, 13:543-552.

Stouffer, P. C., R. O. Bierregaard, C. Jr. Strong, and T. E. Lovejoy. 2006. Long-term landscape change and bird abundance in Amazonian rainforest fragments. Conservation Biology, 20: 1212-1223.

Stouffer, P. C., E. I. Johnson, R. O. Bierregaard, and T. E. Lovejoy. 2011. Understory bird communities in Amazonian rainforest fragments: Species turnover through 25 years post-isolation in recovering landscapes. Plos One, 6(6): e20543.

Stratford, J. A., and P. C. Stouffer. 1999. Local extinctions of terrestrial insectivorous birds in a fragmented landscape near Manaus, Brazil. Conservation Biology, 13: 1416-1423.

Tewksbury, J. J., D. J. Levey, N. M. Haddad, S. Sargent, J. L. Orrock, A. Weldon, B. J. Danielson, J. Brinkerhoff, E. I. Damschen, and P. Townsend. 2002. Corridors affect plants, animals, and their interactions in fragmented landscapes. Proceedings of the National Academy of Sciences of the United States of America, 99:12923-12926.

Van Houtan, K. S., S. L. Pimm, J. M. Halley, R. O. Bierregaard, and T. E. Lovejoy. 2007. Dispersal of Amazonian birds in continuous and fragmented forest. Ecology Letters, 10: 219-229.

Vasconcelos, H. L., and E. M. Bruna. 2012. Arthropod responses to the experimental isolation of Amazonian forest fragments. Zoologia, 29: 515-530.

Weldon, A. J. 2006. How corridors reduce Indigo Bunting nest success. Conservation Biology, 20: 1300-1305.

Wells, C. N., R. S. Williams, G. L. Walker, and N. M. Haddad. 2009. Effects of corridors on genetics of a butterfly in a landscape experiment. Southeastern Naturalist, 8:709-722.

White, R. P., S. Murray, M. Rohweder, S. Prince, and K. Thompson. 2000. Grassland ecosystems. World Resources Institute Washington, DC.

Wilson, M. C., X. Y. Chen, R. T. Corlett, R. K. Didham, P. Ding, R. D. Holt, M. Holyoak, G. Hu, A. C. Hughes, L. Jiang, W. F. Laurance, J. Liu, S. L. Pimm, S. K. Robinson, S. E. Russo, X. Si, D. S. Wilcove, J. Wu, and M. Yu. 2016. Habitat fragmentation and biodiversity conservation: Key findings and future challenges. Landscape Ecology, 31: 219-227.

Wu, J. 2013. Landscape sustainability science: Ecosystem services and human well-being in changing landscapes. Landscape Ecology, 28:999-1023.

Wu, J., S. Naeem, J. Elser, Y. Bai, J. Huang, L. Kang, Q. Pan, Q. Wang, S. Hao, and X. Han. 2015. Testing biodiversity-ecosystem functioning relationship in the world's largest grassland: Overview of the IMGRE project. Landscape Ecology, 30:1723-1736.

Yao, J., R. D. Holt, P. M. Rich, and W. S. Marshall. 1999. Woody plant colonization in an experimentally fragmented landscape. Ecography, 22:715-728.

Zartman, C. E. 2003. Habitat fragmentation impacts on epiphyllous bryophyte communities in central Amazonia. Ecology, 84: 948-954.

Zavaleta, E. S., J. R. Pasari, K. B. Hulvey, and G. D. Tilman. 2010. Sustaining multiple ecosystem functions in grassland communities requires higher biodiversity. Proceedings of the National Academy of Sciences of the United States of America, 107:1443-1446.

景观格局变化对区域气候的影响：研究进展与展望

第13章

曹茜[1,2] 刘宇鹏[1,3] Matei Georgescu[4]
于德永[1] 邬建国[1,5]

摘 要

景观变化是影响区域气候变化的重要驱动力。理解景观格局与气候的相互关系是景观生态学和景观可持续科学的重要论题，同时也是我们提高应对气候变化的能力之必需。本文回顾了近三十年本领域的研究进展和主要成果，探讨了当前研究存在的问题、解决途径以及未来研究方向。大量研究表明，城市化和农业生产对气温的影响相对较强；大面积灌溉和大型水坝建设增加了降雨量，而城市化和森林覆盖变化对降雨的影响具有较大的不确定性。此外，森林覆盖变化和城市化的气候效应表现出纬度相关性，即相同的景观变化在不同纬度可能产生相反的气候效应。未来需要关注景观配置、土地管理变化对区域气候的影响，深入理解局地水循环对降雨的作用机制。同时，还需加强景观与气候变化相互作用影响人类健康的途径与机理研究。为了进一步提高对景观格局与气候相互关系的理解，未来研究应整合气候学、景观生态学、可持续科学等多个学科领域的理论与方法，并与减缓和适应气候变化的可持续景观设计和规划紧密联系。

Abstract

Landscape changes have been recognized to be a highly significant driver of regional

① 北京师范大学地表过程与资源生态国家重点实验室，人与环境系统可持续研究中心，北京，100875，中国；

② 中国地质大学（武汉）地理与信息工程学院，武汉，430074，中国；

③ 中国科学院城市环境研究所，城市环境与健康重点实验室，厦门，361021，中国；

④ 亚利桑那州立大学地理科学与城市规划学院，坦佩，85287，美国；

⑤ 亚利桑那州立大学生命科学学院和可持续科学学院，坦佩，85287，美国。

climate change. Understanding landscape and climate change interactions is an important research topic of landscape ecology and sustainability science, and helps to improve society's ability to deal with climate change. This chapter reviewed research advances and achievements in this field during the past thirty years, and highlighted research gaps, associated solutions, and future research directions. Numerous studies have shown that urbanization and agricultural development exerted a stronger influence on air temperature than other landscape modifications. Extensive irrigation and tall dam construction increased regional rainfall, while the impact of urbanization and forest cover change on rainfall was inconclusive. Moreover, climate effects due to forest cover change and urbanization showed location-dependency, as similar landscape changes in different latitudes led to climate effects of opposite sign. Future research should focus on climate effects resulting from landscape configuration and land management changes, and improve understanding of the role of the local hydrological cycle in relation to total observed rainfall. Further, climate change impacts on human health as induced or mediated by landscape changes should be emphasized. To improve understanding of landscape and climate change interactions, transdisciplinary studies that integrate climate science, landscape ecology, and sustainability science are required. Last but not least, future research in this field should be closely linked to sustainable landscape design and planning to mitigate and adapt to climate change.

前言

自工业革命以来,在人类活动的胁迫下,土地利用在不同时空尺度上发生剧烈变化,改变了地表覆盖状态和景观结构,造成生态系统能量流动、物质循环、生物多样性发生变化,同时也成为影响区域乃至全球气候变化的重要因素(Foley et al., 2005; 刘纪远等, 2011; 邬建国等, 2014a)。土地利用/覆盖变化(land use and land cover change)通过两种途径作用于气候系统:生物地球化学途径和生物地球物理途径(Feddema et al., 2005)。前者通过改变大气中的化学成分(主要是温室气体)影响全球气候变化,相关研究成果已经被 IPCC(Intergovernmental Panel on Climate Change)气候变化评估报告引用(IPCC, 2013);后者通过改变下垫面的生物物理性质(如反照率、粗糙度、叶面积指数等)影响地表与大气之间的能量、动量和水分交换,使区域气温、风、湿度、降雨等气候要素发生变化(Pielke and Niyogi, 2010)。一直以来,与温室气体排放相关的研究备受关注,而生物物理过程对区域气候的影响仍未受到应有的重视(Pielke et al., 2011)。

已有研究表明,区域气候对土地利用/覆盖变化具有高度敏感性(Chase et al., 1996; Pielke, 2005; Georgescu et al., 2009a; Moore et al., 2010; Cao et al., 2015)。早在 20 世纪 70 年代,Charney(1975)通过一系列数值模拟实验,指出地表反照率增加 14%~35%可以使非洲萨赫勒地区(Sahel)雨季降雨量减少约 40%。这项工作首次强调了地表生物物理过程对区域气候变化的重要影响,奠定了相关领域研究的基础。Pielke 和 Avissar(1990)进一步指出,即使是景观特征(植被和土壤参数)的微小变化,都将对区域气候产生显著影响。此后,研究人员逐渐地认识到景观格局变化对诸如行星边界层中的湍流运动和中尺度环流的重要性(Raupach, 1991; Weaver and Avissar, 2001; Pielke and Niyogi, 2010)。目前,理解景观与气候变化相互作用特征,包括景观格局变化对局地和区域气候过程的影响、基于景观设计的方法减缓和适应气候变化、城市热岛的景观生态学研究,已成为现代景观生态学的十个重要研究议题之一(Wu, 2013a)。

观测分析和模型模拟是研究景观与气候变化相互作用关系的重要手段。观测分析面临的挑战在于如何消除长期气候波动的影响。观测减去再分析(observation minus reanalysis)可以在一定程度上降低这一影响,成为目前应用较为广泛的分析方法(Kalnay and Cai, 2003)。模型模拟通过敏感性分析的手段量化景观变化对区域气候的影响(Pielke et al., 2011)。过去三十年,基于物理过程的数值模式已经被越来越多地应用于地-气相互作用研究(Powers et al., 2017)。尽管如此,早期研究受到模拟分辨率和数据可获取性的限制,无法准确地刻画地表景观异质性。随着数值模式和遥感技术的发展,这一不足得到了极大改善。高分辨率遥感卫星能够实现更大范围和更高精度的对地观测,成为监测土地利用和覆盖变化的重要工具(Foody, 2001; Rodell et al., 2009)。中尺度数值模式可以在区域乃至更小的尺度上对大气过程和地表过程进行建模和模拟(Rummukainen, 2010)。而遥感数据用于地-气相互作用模拟,对深入理解景观变化的气候效应意义重大。

本章试图围绕景观变化对区域气候的影响,通过回顾近三十年(1990—2018 年)发表的文献,向读者介绍本领域的重要研究成果,并进一步探讨当前研究存在的问题、解决途径以及未来研究方向。本文重点关注数值模拟研究,以期理解区域气候变化的生物物理途径与机制。虽然已有学者就土地利用/覆盖变化的气候效应研究进行了评述,但主要针对特定的气候要素或土地类型(Pielke et al., 2007; Bonan, 2008; Chapman et al., 2017)。本研究尝试在景观生态学的框架下,对已有研究进行更为全面的综述,为应对气候变化的景观设计提供科学依据。所涉及的景观变化包括城市化、森林覆盖变化、农业生产、草地恢复与退化、湖泊干涸和大坝建设;气候变量包括气温、风(海陆风、山谷风和季风)、湿度、云、降雨等。重点回答以下问题:① 景观变化如何影响区域气候;② 景观变化对区域气候的影响程度和方向;③ 当前研究存在的不足与未来研究方向。

13.1 地表能量收支与水量平衡

了解地表能量收支与水量平衡是探讨景观变化对区域气候影响的基础。地表的能量收支与水量平衡可由如下方程表示(Pielke and Niyogi, 2010):

$$R_N = G+H+L(E+T) \tag{13.1}$$

$$P=E+T+RO+\Delta S \tag{13.2}$$

式中,R_N 为地表净辐射通量,G 为土壤热通量,H 为显热通量,L 为潜热通量,E 为蒸发(如土壤、水面和植被截留蒸发),T 为蒸腾(植物体表的水分以水蒸气的形式散发到空气中),P 为降水,RO 为径流(如地表和地下径流),ΔS 为储水量变化(如土壤含水量、地下水含量和人工水库蓄水量变化)。地表净辐射通量 $R_N=(1-\alpha)Q_S+Q_{LW}^{\downarrow}-Q_{LW}^{\uparrow}$,其中 α 代表地表反照率(目标地物的反射出射度与入射度之比,不同类型下垫面地表反照率的取值范围为5%~90%),Q_S 为下行短波辐射,$Q_{LW}^{\downarrow}$ 为下行长波辐射,$Q_{LW}^{\uparrow}$ 为上行长波辐射。

地表能量收支在很大程度上决定着区域的温度分布;降水变化除了受到大尺度动力场的影响,同时还受区域蒸散发的影响。因此,任何改变式(13.1)和式(13.2)中一个或多个变量的土地利用/覆盖变化都有可能直接影响区域气候(Mahmood et al., 2014)。例如,在长波净辐射不变的情况下,地表反照率的降低会增加地面净辐射;植被覆盖状况会进一步影响地表能量在显热、潜热和土壤热通量之间的分配。通常,在植被覆盖率高的地区,植被冠层通过蒸腾作用和截留降水,主导地表与大气之间的能量和水汽交换,从而影响边界层的温度和湿度;在缺少植被覆盖的地区,潜热通量占净辐射量的比例会下降,近地层水汽主要来自裸地蒸发(Pielke and Niyogi, 2010)。能量变化过程与水文变化过程之间并不是独立的,两者通过蒸发和蒸腾相互联系,在温度变化的同时引起降水变化。

13.2 景观变化对区域气候的影响

13.2.1 城市化对气候的影响

城市化是人类对地球表面的极端改造,是影响局地和区域气候变化的重要推动力(Mills, 2007)。从1990年到2010年,全球城市面积增长了近65%(约30万平方千米)(Liu et al., 2018b)。在此期间,中国、美国和印度的城市扩张面积占总量的近43%(Liu et al., 2018b)。尽管城市用地面积占地球陆地总面积不到1%,但城市是全球一半以上人口的家园(Seto et al., 2017)。因此,城市化对气候的影响受到了学界的广泛关注(Grimm et al., 2008; Seto and Shepherd, 2009; Buyantuyev and Wu, 2010; Ma et al., 2016)。通常情况下,城市扩张减少了植被覆盖,增强了地表蓄热能力,阻碍了大气运动,使地表能量收支、水循环和行星边界层结构发生变化,进而导致局地和区域气候发生变化。

近十几年来,中尺度数值模式被越来越多地用于研究城市化对气候的影响(图13.1)。其中,美国、中国、印度及欧洲受到的关注最多,而南美洲、非洲等地区的研究则相对较少。城市热岛(urban heat island)是城市气候最显著的特点。Cao等(2016)的研究表明,1988—2010年,城市化分别使京津冀、长三角和珠三角城市群夏季升温0.85 ℃、0.78 ℃、0.57 ℃,局部最高升温1.5 ℃、1 ℃、0.8 ℃;多中心城市群对气温的影响程度较集中式城市群弱,但是影响的范围更广。除了城市土地扩张外,城市人为热排放(anthropogenic heat emission)会进一步加剧热岛效应(Sailor and Lu, 2004)。在杭州的一次热浪事件中,城市扩张及人为热排放对城市热岛的贡献分别为70%和30%(Chen et al., 2014)。虽然人为热排放对城市热环境有重要的影响,但是相关研究仍未受到应有的重视。通常,夏季人为热排放对城市热岛的贡献(10%~30%)小于城市土地扩张,而冬季则相反(Dandou et al., 2005; Fan and Sailor, 2005; Lin et al., 2008a; Feng et al., 2012, 2015; Chen et al., 2014; Wang et al., 2015; Benson-Lira et al., 2016; Chen and Frauenfeld, 2016)。

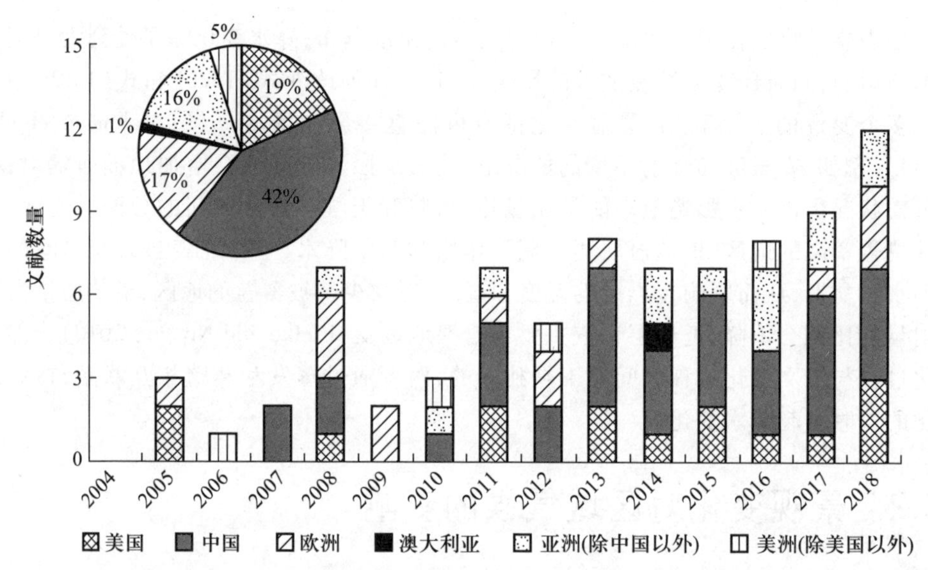

图 13.1 使用中尺度数值模式研究城市化对气候影响的发文数量,不同填充代表不同的案例研究区(文献数据库:Web of Science;文献数量:81 篇)。

然而,在干旱和半干旱沙漠地区,城市土地扩张会在白天引发冷岛效应(例如,使美国菲尼克斯白天降温1 ℃,拉斯维加斯降温0~0.5 ℃),而在夜间引发传统的热岛效应(例如,使美国菲尼克斯和拉斯维加斯夜间升温1~3 ℃)(Georgescu et al., 2009b, 2011; Kamal et al., 2015; Kaplan et al., 2017)。这是因为相较于先前的土地覆盖,城市化使地区白天的蓄热能力增强,造成地表显热通量显著减少,从而降低了近地层气温(Georgescu et al., 2011)。这说明城市所在地的气候和环境对城市热岛强度有重要的影响(Zhao et al., 2014)。除了城乡之间的温度差异外,沿海地区城市扩张还增加了市区和附近海域之间的气温梯度,从而增强了海陆风(Lo et al., 2007; Lin et al., 2008a; Lu et al., 2010; Li et al., 2015; Miao et al., 2015; Wang et al., 2015)乃至季风环流(如东亚夏季风环流)(Feng et al., 2015)。

尽管城市化对温度的影响已经得到广泛研究,但对降雨的影响尚不明确。研究表明,城市化可以导致降雨量增加(Lei et al., 2008; Feng et al., 2012; Zhan et al.,

2013; Kusaka et al., 2014; Benson-Lira et al., 2016)、不变(Sertel et al., 2011; Ke et al., 2013)或减少(Trusilova et al., 2009; Wang et al., 2012)。一方面,城市土地扩张增加了地表粗糙度和阻力,使大气上升运动增强,造成大气不稳定和热扰动,这有利于产生极端降雨和雷暴(Lin et al., 2008b; Mahmood et al., 2010; Niyogi et al., 2011; Schmid and Niyogi, 2013; Zhang et al., 2014; Shi et al., 2017)。另一方面,城市连片扩张(如城市群)降低了大气中的水汽含量以及对流可用位能(convective available potential energy),又不利于降雨的形成(Pielke and Niyogi, 2010; Feng et al., 2015)。另外,城市景观配置也会对降雨产生影响。例如,松散型城市景观倾向于增加降雨量,而紧凑型城市景观则会使降雨向更高强度和更低发生频率的方向改变(Goswami et al., 2010; Ke et al., 2013)。

除了研究城市化的气候效应,适应性策略对城市化引起的极端天气和气候的缓解作用同样受到越来越多的关注(Synnefa et al., 2008; Georgescu et al., 2012, 2013, 2014; Vlachogiannis et al., 2012; Georgescu, 2015; Sharma et al., 2016; Song et al., 2018; Liu et al., 2018a)。例如,在美国亚利桑那州和希腊雅典,白屋顶(即高反射率屋顶)减少了城市对太阳能的吸收,使得近地层气温降低了约 2 ℃(Synnefa et al., 2008; Georgescu et al., 2013)。然而,大规模安装此类屋顶会减少大气的水汽含量,导致美国东南部的夏季降雨量减少 1~4 mm·d^{-1}(Georgescu et al., 2014)。绿屋顶比白屋顶的降温幅度小(如使墨西哥城降温 1.2 ℃)(Vázquez Morales et al., 2016),且对降雨的影响具有较大的不确定性(Georgescu et al., 2014)。在屋顶上安装光伏面板不仅可以实现太阳能向电能的转化,同时可以降低城市气温(Vlachogiannis et al., 2012)。除了改造建筑屋顶,城市公园、灌溉草坪和行道树同样可以通过能量的分配(即将更多能量分配为潜热通量而非显热通量)降低城市气温,同时增强局地水循环(如绿洲效应)(Papangelis et al., 2012; Vahmani and Hogue, 2015; Yang and Wang, 2014; Yang et al., 2016)。

13.2.2　森林覆盖变化对气候的影响

在热带、温带和寒带地区,森林总面积约 4 200 万平方千米,约占地球陆地总面积的 30%(Bonan, 2008)。在过去的 300 年里,以作物生产和木材开采为主的人类活动造成全球森林损失面积达 700 万~1 100 万平方千米(Foley et al., 2005)。如此大规模的天然林砍伐及其对气候的影响引起了学界的广泛讨论(Bonan et al., 1992; Snyder et al., 2004; Davin and de Noblet-Ducoudré, 2010)。研究表明,森林砍伐会导致蒸散量和地表粗糙度减小,进一步导致环境干燥、云量减少和风速增强(Bonan, 2008)。但森林砍伐对气温的影响在很大程度上与纬度相关,这是相同景观变化引发不同气候效应的第二个典型例子(第一个例子是城市化的气候效应)。具体而言,在高纬度地区,森林砍伐造成的地表辐射变化对气候的影响相对较强;而在低纬度地区,森林砍伐造成的水文循环变化对气候的影响更大(Snyder et al., 2004)。换言之,区域气候背景在很大程度上决定了森林覆盖变化的生物物理效应。

众多研究表明,低纬度地区森林砍伐会导致气温升高,这是因为蒸散量减少的升温效应大幅抵消了地表反照率增加的降温效应(表 13.1)。这些研究大多在亚马孙地区开展,此外还有乞力马扎罗山、刚果盆地、婆罗洲岛和东南亚。在高纬度地区,针叶林砍伐造成的蒸散量减少只能起到相对较弱的增温作用,不能抵消地表反照率增加导致的强降温效应。因此,高纬度地区森林破坏会使气温降低。相反,高纬度地区森林扩张会使气温升高。热带地区森林砍伐通常还会导致降雨量减少和干旱加剧,但在高海拔地区则有可能不同。这是因为空气阻力的减小增强了风速和空气辐合上升,从而极大地促进了云和降雨的形成(Fairman et al., 2011)。还有研究表明,在较弱的天气尺度强迫下,鱼骨状(fishbone)的森林砍伐会增加云量和降雨量(Roy, 2009)。原理是水平温度梯度的产生迫使邻近森林的冷湿空气向砍伐后的裸露斑块汇聚,气流辐合产生了强烈的上升运动,并在裸露斑块上形成浅积云和降雨(Roy, 2009)。

表 13.1 森林覆盖变化对低纬度和高纬度地区气温的影响

作者(年份)	研究区	气温变化
低纬度地区森林损失		
Roy 和 Avissar(2002),Roy(2009)	巴西亚马孙雨林	> 0.4 ℃(6—8 月)
da Silva 和 Avissar(2006),da Silva 等(2008)	亚马孙盆地	0.3 ℃(1—2 月)
Zhang 等(2013b)	巴西亚马孙盆地	<1 ℃(6—8 月) 1~2 ℃(12 月、1—2 月)
Bagley 等(2014)	亚马孙盆地	0.32 ℃(6—9 月)
Akkermans 等(2014)	刚果盆地	0.65 ℃(年均)
Tolle 等(2017)	东南亚	<2 ℃(11—12 月、1—3 月)
高纬度地区森林损失		
Li 等(2013b)	俄罗斯	-0.58 ℃(年均)
Cherubini 等(2018)	欧洲	>-1 ℃(年均)
高纬度地区森林扩张		
Rydsaa 等(2015)	北欧	0.2 ℃(年均)
Cherubini 等(2018)	欧洲	<0.9 ℃(年均)

在中纬度地区(如中国、美国和欧洲)也进行了类似的研究,这些地区的阔叶林被砍伐以供农业资源开发(表 13.2)。然而,在广阔的中纬度地区,森林破坏对气温的影响尚无定论,取决于推动这种变化的主要生物物理过程。在欧洲,森林砍伐对夏季气温没有影响,却使得冬季气温降低了 1.5 ℃(Vanden Broucke et al., 2015)。相反,在中国东北部,森林破坏使夏季气温降低了 0.5 ℃,而冬季气温的变化可以忽略不计(Wang et al., 2015)。尽管美国和中国的纬度相近,但美国东北部森林砍伐使冬季气温降低了 2 ℃,而夏季气温变化不定(Klingaman et al., 2008; Wichansky et al., 2008; Garcia et al., 2014; Burakowski et al., 2016)。尽管全球范围内存在大面积森林砍伐现象,但是某些地区也在积极开展植树造林。与低纬度和高纬度地区相比,中纬度地区森林扩张对气候的影响受到了更多的关注。由于同一地区造林和毁林的气候效应

相反,因此不再赘述。

表 13.2　森林覆盖变化对中纬度地区气温的影响

作者(年份)	研究区	夏季气温	冬季气温
中纬度地区森林损失			
Klingaman 等(2008)	美国中大西洋地区	↑	-
Wiedinmyer 等(2012)	美国科罗拉多州	↑	×
Garcia 等(2014)	美国五大湖地区	×	↓
Zheng 等(2009)	中国	↑	↓
Wang 等(2015)	中国东北部	↓	↑
Vanden Broucke 等(2015)	欧洲	-	↓
中纬度地区森林扩张			
Wichansky 等(2008)	美国新泽西州	↓	×
Burakowski 等(2016)	美国新英格兰地区	↑	↑
Wang 和 Zhou(2003)	中国北部	-	×
Yu 等(2013b)	中国东南部	↓	↑
Yu 等(2016)	中国西北部	×	↓
Cherubini 等(2018)	欧洲	-	↑

注:↑升温;↓降温;-不显著;×未显示。

13.2.3　农业生产对气候的影响

全球农田面积约 1 500 万平方千米,即地球上有 12%的天然植被遭到破坏并被用于农业生产(Ramankutty et al., 2008)。绿色革命(如灌溉、增施化肥、使用杀虫剂、推广高产品种、推动机械化等)对作物增产起到了重要作用(Foley et al., 2005)。最新研究表明,土地覆盖和土地管理变化都将对区域气候产生显著的影响(Luyssaert et al., 2014; Bright et al., 2017; Cao et al., 2018a)。天然植被向耕地的转变增加了地表反照率,降低了近地层气温;潜热通量的减少进一步降低了大气中的水汽含量。因此,耕地扩张(不考虑土地管理方式变化)可能产生较强的干冷效应(Pessacg and Solman, 2012; Zhang et al., 2012)。Bonan(1997)指出,美国中部农田扩张使得夏季地面气温降低了约 2 ℃,并且农田扩张的面积与日最高气温的降幅之间存在着显著的线性相关关系(Bonan, 2001)。

改变农业土地管理方式也会产生重要的气候效应。在印度,灌溉农业已经成为减轻贫困和发展经济的支柱产业。由农业灌溉造成的土壤含水量增加促进了蒸散发,使地表潜热通量升高,从而导致地面气温降低 1~2 ℃(Douglas et al., 2009; Qu et al., 2013)。研究表明,农业灌溉引发的降温效应甚至可以抵消附近城市化带来的升温效应(Jin and Miller, 2011)。同时,农业灌溉通过增加大气湿度和增强水循环,使区域降雨量增加 25%~175%(Perlin and Alpert, 2001; Ter Maat et al., 2006; Roy et al., 2011)。大面积的农业灌溉还有可能改变海陆风(Ter Maat et al., 2006)和季风环流

(Douglas et al., 2009)。例如,印度广泛分布的灌溉农业极大地改变了印度洋周围的水汽通量,增加了对流可用位能,从而增强了季风环流和降雨。

13.2.4　草地恢复和退化对气候的影响

全球草地面积约 2 800 万平方千米,约占地球陆地总面积的 22%(Ramankutty et al., 2008)。尽管草地对于物种的生存和人类的维持至关重要,但却容易受到人类活动的干扰。一方面,土地退化造成了严重的生态后果,致使生物多样性减少、土壤生产力下降、水源涵养能力降低等。另一方面,草地也在不断得到恢复。首先,草地恢复减少了地面蒸发量,增强了植物的蒸腾作用,使美国中部地区在植物生长期内的日最高气温降低了 1.2 ℃(Eastman et al., 2001),使中国中部地区夏季气温降低了 1.5~3 ℃(Yu et al., 2013a)。相反,森林转变为草地导致地表粗糙度和叶面积指数减小,因此降低了湍流动能(turbulent kinetic energy)和潜热通量,使澳大利亚东南部和西南部地区 1 月升温约 1 ℃(Narisma and Pitman, 2003),使巴西亚马孙河年均气温升高了 0.6 ℃(Zhang et al., 2013b)。上述生物物理变化有可能同时减少云的形成并抑制降水(Narisma and Pitman, 2003)。

土地退化是指土地生产能力的暂时性或永久性下降(Conacher and Conacher, 1995)。土地退化通常是由于过度放牧(Ma et al., 2014)、荒漠化(Gao et al., 2013)和火灾(Hernandez et al., 2015)引起的。已有研究表明,蒙古高原草地退化导致夏季气温升高了 0.4~1.2 ℃,降雨减少了 4~20 mm(Li et al., 2013a; Zhang et al., 2013a; Ma et al., 2014)。位于中国西南部的贵州喀斯特高原,其石漠化减少了当地夏季的降雨量(Gao et al., 2013)。在澳大利亚西部的西南地区,草地退化使地表粗糙度减小、地面风速提高,由此增强了海洋向内陆的水汽输送(Kala et al., 2010)。同样,葡萄牙的草地火烧区可以形成强烈的锋面,垂直于锋面的风速分量可达若干米每秒,这种强大的中尺度环流从不受火烧影响的环境中带走大量的湿润空气,使得火烧区的云量明显增加(Hernandez et al., 2015)。

13.2.5　湖泊变化和大坝建设对气候的影响

湖泊干涸和大坝建设对气候的影响研究相对较少。由于水体的比热容比陆地高,咸海的湖泊表面积减少导致夏季升温超过 6 ℃(Roy et al., 2014; Rubinshtein et al., 2014)。此外,湖泊的存在增加了周边地区的降雨量。特别是在夏季,温暖的湖面增强了气流的辐合上升,促使对流雨形成和发展(Wen et al., 2015)。对青藏高原纳木错湖的数值模拟表明,湖泊的存在增强了念青唐古拉山脉北坡 7 月的山谷风,这有助于对流云的形成,促使北坡频繁降雨(Yang et al., 2015)。水坝(特别是高于 15 m 的大型水坝)建设会显著影响局地和区域气候。据不完全统计,全世界约有 5.7 万余座大型水坝,其中中国有 2.3 万余座,美国有 9 200 余座。研究表明,美国的佛森大坝(Folsom Dam)和奥怀希大坝(Owyhee Dam)微弱地降低了大坝所在地的冬季气温(0.15 ℃)(Woldemichael et al., 2014a)。尽管其热力作用有限,但是近地层水汽含量的增加和垂直运动的增强迫使水汽从地表向上层大气输送,从而增加了降雨量(Woldemichael et al., 2012, 2014b)。例如,大坝建设引起的土地利用/覆盖变化导致佛森大坝（位于迎风侧）周围 72 小时总降雨量增加了 3%～5%，而奥怀希大坝（位于背风侧）周围 72 小时总降雨量增加了 8%。中国的三峡大坝建设导致周围 100 km 范围内的降雨量增加了 0～20%（Wu et al., 2006）。

13.2.6　小结与讨论

综上所述，城市化和农业生产对气温的影响较大；大面积灌溉和大型水坝建设增加了局地和区域降雨量，而城市化和森林覆盖变化对降雨的影响尚无定论。气候背景和大气环流可以决定上述气候变化的强度乃至方向。气候效应与纬度相关的最典型案例是森林覆盖变化对气温的影响。虽然这一影响在中纬度地区存在不确定性，但是通过总结已有研究发现，中纬度地区森林破坏可使气温变化-2.00～0.50 ℃，表明地表反照率升高引起的降温效应可能占主导（表 13.3）。另一个典型案例是城市热岛效应。在比较不同纬度地区的城市热岛强度时，本研究发现白天城市热岛的强度在北（南）纬 20°—40°之间的地带要明显高于北（南）纬 20°以下或 40°以上的地区。除了天气尺度的强迫外，20°—40°之间的地带是世界主要大都市的所在地（例如上海、东京、新德里和洛杉矶等）。在沙漠地区，城市化可能在白天产生冷岛效应，这一现象已经被卫星观测和地面观测佐证（Brazel et al., 2000; Lazzarini et al., 2015）。尽管本研究没有发现其他土地利用/覆被变化有类似的气候效应，但是该问题值得继续深入研究。

表 13.3　不同纬度地区城市化和森林损失对气温的影响

土地利用/覆盖变化	位置	气温变化
城市化（非沙漠环境）	纬度≈55°	0.20～0.60 ℃
	纬度≈40°	0.77～1.33 ℃
	纬度≈30°	0.50～2.00 ℃
	纬度≈20°	0.50～1.50 ℃
	纬度≈10°	0.30～0.60 ℃
城市化（沙漠环境）	纬度≈35°	-1.30～0.00 ℃
森林损失	纬度<30°	0.30～2.00 ℃
	30°<纬度<60°	-2.00～0.50 ℃
	纬度>60°	-1.00～-0.20 ℃

由于本文聚焦区域尺度，因此涉及的研究没有体现遥相关作用。然而，景观变化可能产生远距离的气候效应，应该在陆-气相互作用模拟中加以考虑（Lawton et al., 2001; Werth and Avissar, 2002; Schneck and Mosbrugger, 2011; Silva et al., 2016; Devaraju et al., 2018）。例如，Silva 等（2016）发现，亚马孙森林砍伐致使南美洲东部和邻近南大西洋的区域降雨量增加了 10%，这一现象与玻利维亚高压（the Bolivian high pressure）增强和高压中心东南方向的负位势高度异常有关。与二十年前相比，中尺度

模式包含了更多的陆面过程(如生态、生理和水文过程),高分辨率卫星遥感数据在中尺度模式中的应用更是加快了景观与气候变化相互作用研究的进展(Raupach et al., 1999)。然而,相关研究仍然存在问题与不足,未来需要更好地理解从局地到全球尺度的人类-气候系统耦合作用关系。

13.3 存在的问题与未来研究展望

13.3.1 存在的问题及思考

景观格局包括景观组成单元的类型、数目、空间分布与配置(邬建国,2007)。目前,大多数研究主要关注景观组成变化,而对景观配置变化对区域气候的影响研究相对较少,仅有为数不多的实例,例如,鱼骨状森林砍伐可能会增加云量和降雨量(Roy, 2009);农田景观异质性可以增强中尺度环流、增加降雨量(Weaver and Avissar, 2001)。从另一个角度来说,如何配置森林景观使其能够促进水汽再循环?镶嵌式和条带式作物种植方式,哪一种更能适应气候变化并增加产量?这些问题都值得研究。除了二维景观格局,理解三维景观格局对区域气候的影响也至关重要,尤其对城市而言。由不同高度建筑物的组成和配置所塑造的城市三维形态在不同的国家和地区之间存在很大差异(Stewart and Oke, 2012)。如果不加以考虑,就无法准确地测量城市热岛强度(Zhang et al., 2019)。目前,从高分辨率卫星图像中提取城市的二维和三维景观信息已经取得了积极的进展(Gong et al., 2020)。

与土地覆盖变化不同,土地管理变化是指人们为特定目的改变对植被-土壤-水系统的管理方式(Luyssaert et al., 2014)。此类变化的例子包括:使用肥料和杀虫剂进行作物生产,使用灌溉设备和薄膜技术进行机械化种植,引入新草种和新树种,以及在牧业生产中调整牲畜密度。土地管理变化并不一定会导致土地覆盖发生改变,但会使得地表生物物理参数(如叶面积指数、植被盖度、地表反照率、发射率、粗糙度、土壤质量、地表径流等)发生变化。目前,除了灌溉外,土地管理变化引起的次网格尺度(网格内部)的景观异质性变化很少在中尺度模拟中得到体现。通常,我们会假设同一地类的地表生物物理参数相同,因此不能很好地表征次网格尺度的下垫面强迫。近年来,这一问题受到越来越多的关注,并且已经有研究探讨如何在中尺度模式中更好地表达次网格尺度的景观异质性(Niu et al., 2011)。

Luyssaert 等(2014)指出,土地管理方式变化对气候的影响与土地覆盖变化的影响程度相当。因此,气候变化综合评估需要考虑土地管理变化的影响,特别是对那些从绿色革命中受益的国家和地区,如中国、印度、美国及欧洲(Foley et al., 2005)。在中尺度数值模式中模拟土地管理变化对气候的影响,通常需要开发针对特定区域的参数化方案(Zheng et al., 2017)。完善的地面观测网络对于实现此目标至关重要。具有尺度可变特征的"超级参数化"(super-parameterization)方案可能是一种更为有效的方法(Li et al., 2012),该方法基于等级理论(hierarchy theory)对陆-气交换过程进行概念化并建模(Raupach et al., 1999; Wu, 1999)。此外,可以通过在中尺度模式中融合准实时、高分辨率遥感地表特征参量产品来表征景观异质性。如 Cao 等(2015, 2019)使用遥感反演的地表反照率、发射率、叶面积指数和植被覆盖度产品模拟了中国北方农牧交错带等地区土地覆盖和管理变化对区域气候的影响,发现夏季大幅降温、冬季大幅增温;如果仅考虑土地覆盖变化而不考虑土地管理变化,则气温变化微弱。

最后,景观变化对降雨的影响还有待深入研究。众多研究表明,景观变化对降雨的影响不可忽视(Weaver and Avissar, 2001; Gero et al., 2006; Douglas et al., 2009; Nair et al., 2011)。然而与温度变化不同,降雨不仅受到区域水循环的影响,而且受到大尺度动力场的影响。例如,区域大气环流以及区域与大尺度环流之间的相互作用会抵消或增强由灌溉导致的降雨变化,使得农业灌溉对降雨的影响程度有较大的不确定性,增幅从 25%到 175%不等。因此,理解区域水循环相对于大尺度动力场对降雨变化的贡献率具有重要的意义。例如,Wang 等(2018)发现城市化导致北京地区降雨量减少,其中区域水循环对降雨变化的贡献率约为 11%,大尺度环流对降雨变化的贡献率约为 89%。虽然景观变化对降雨有显著的影响,但是何种程度的景观变化会改变一个地区的降雨模式尚未可知。

13.3.2　景观与气候变化相互作用对人类健康的影响

气候变化对人类健康有重要的影响(Patz et al., 2005; Hondula et al., 2015)。其最直接的体现是极端热浪事件对热相关死亡率和发病率的影响(Wang et al., 2017; Cao et al., 2018b)。研究表明,中国作为世界上城市化发展速度最快的国家,热相关死亡率在逐年增加(Ma et al., 2015)。土地利用/覆被变化引起的气候变化可以间接地影响传染病的传播(如疟疾等)。例如,气候变化可以通过改变局地温度和湿度来改变蚊子种群的行为(Lindblade et al., 2000)。在某些地区,土地利用/覆被变化引起的降雨变化比温度变化对人类健康的影响更大,而在其他地区则可能相反(Patz et al., 2005)。此外,气候要素(如行星边界层高度、相对湿度、风速等)的变化与空气污染物(如 $PM_{2.5}$ 等颗粒物)的水平和垂直扩散密切相关,因此与人类健康也密切相关(Georgescu, 2015; Li et al., 2015)。

本研究认为,土地利用/覆被变化与气候变化的关系研究应当包括人类健康问题,并以增进人类福祉为最终落脚点。已有研究通过计算热应力指数(heat stress index)来测量人体热舒适度(Willett and Sherwood, 2012)。例如,Cao 等(2018b)利用湿黑球温度(wet-bulb globe temperature)预测了中国东部未来城市化造成的两次极端热浪事件对人体热舒适度的影响,并发现约有 4 亿人口将暴露于不同程度的热风险下。然而,人体对外界环境具有适应能力,仅考虑气温、湿度、风速等环境要素变化还不够。Kuras 等(2015)通过构建个人感知温度(individually experienced temperature)来解释属性(如性别、种族和社会地位)、行为(如日程、偏好和生活方式)和资源可获取差异对人体热舒适度的影响。此外,过度暴露于辐射环境也会危害人体健康,需要将其纳入环境健康影响评价中(Hondula et al., 2015)。如前所述,除了非传染性疾病,气候变化和极端天气事件还会影响传染病的传播。因此,必须深入了解传染源(如原生动物、细菌和病毒)、与之相关的传播媒介(如蚊子、蜱虫和沙蝇)和生物体对天气/气候条件变化的响应。值得注意的是,在景观变化和温室气体排放的双重作用下,气候变化对人类健康的影响将更大(Chapman et al., 2017; Krayenhoff et al., 2018)。

13.3.3 应对气候变化的景观可持续科学途径

景观变化对区域气候的影响研究已经取得了积极的进展。一方面,景观变化对区域气候的影响逐渐受到重视;另一方面,应对气候变化的研究还停留在理论探索阶段。Feddema 等(2005)和 Pielke 等(2011)指出,对于未来可能发生剧烈土地利用/覆盖变化的地区,如果不考虑下垫面强迫因子,将导致人类无法有效地应对气候变化。一直以来,景观生态学领域较少关注气候变化问题,而气候变化研究也很少考虑景观生态学的原理与方法,这既阻碍了相关学科的发展,也不利于人类有效应对气候变化(Opdam et al., 2009)。为此,叶笃正先生创新性地提出了有序人类活动理论,旨在通过合理安排和组织,使自然环境既能长时期、大范围不发生明显退化,甚至能够持续好转,同时又能满足当时社会经济发展对自然资源和环境的需求(叶笃正等,2001)。显然,景观可持续科学为有序人类活动理论在景观和区域尺度的具体实践提供了重要支撑(邬建国等,2014a, b)。

景观可持续科学是聚焦于景观和区域尺度的,通过空间显式方法来研究景观格局、生态系统服务和人类福祉之间相互关系的科学(邬建国等,2014b; Wu, 2013b)。景观可持续科学研究的目的是,寻求能够促进生态系统服务和人类福祉长期维系和改善的景观与区域空间格局(邬建国等,2014b; Wu, 2013b,2019; Opdam et al., 2018; Frazier et al., 2019)。气候调节作为一项重要生态系统服务,理应被纳入景观可持续科学的研究范畴。即在揭示景观与气候变化相互作用关系的基础上,通过调控和优化人地系统时空格局,减缓和适应气候变化,促进经济社会可持续发展(叶笃正等,2001; 邬建国等,2014a; 曹茜等,2015)。Cao 等(2020)通过情景分析和地-气耦合模拟,研究了气候变化背景下,中国北方农牧交错带不同土地系统情景对区域气候的调节作用。结果表明,在高排放路径下,政策调整情景可以降低区域气温、增加降雨量,同时可以实现社会、经济和生态环境协调发展;生态退化情景使区域气候暖干化,造成社会经济倒退,因此不可持续。这一研究是采用景观可持续科学途径应对气候变化、践行有序人类活动理论的重要突破。今后,我们有理由相信景观生态学和景观可持续科学将在人类社会的可持续发展中发挥更重要的作用(Opdam et al., 2018)。

13.4 结论

景观变化已经成为影响区域乃至全球气候变化的重要驱动力。近三十年,中尺度数值模式和遥感技术的发展使相关研究取得了重要进展。本研究梳理和总结了城市化、森林覆盖变化、农业生产、草地恢复与退化、湖泊干涸及大坝建设对区域气温、风速、湿度、云、降雨等气候要素的影响,并分析了影响区域气候变化的生物物理途径与机制。大量研究表明,景观变化对区域气候具有不同程度的影响,且影响的方向和强度与纬度相关。城市化和农业生产对气温的影响较其他地类变化大；大规模灌溉和大型水坝建设可以增加降雨量，而城市化和森林覆盖变化对降雨的影响更为复杂。未来研究应将景观配置和土地管理变化纳入地-气耦合模拟中，同时应强调景观变化引起的极端天气和气候事件对人类健康的影响（如热相关死亡率、传染病的传播等）。除了减排温室气体，未来需要综合气候学、景观生态学、可持续科学等多个学科领域的知识，重点研究如何通过景观空间格局优化来减缓和适应气候变化，促进区域的可持续发展。

参考文献

曹茜，于德永，孙云，郝蕊芳，刘宇鹏，刘阳. 2015. 土地利用/覆盖变化与气候变化定量关系研究进展. 自然资源学报，30(5)：880-890.

刘纪远，邵全琴，延晓冬，樊江文，邓祥征，战金艳，高学杰，黄麟，徐新良，胡云峰，王军邦，匡文慧. 2011. 土地利用变化对全球气候影响的研究进展与方法初探. 地理科学进展，26(10)：1015-1022.

邬建国. 2007. 景观生态学——格局、过程、尺度与等级(第二版). 北京：高等教育出版社.

邬建国，何春阳，张庆云，于德永，黄甘霖，黄庆旭. 2014a. 全球变化与区域可持续发展耦合模型及调控对策. 地理科学进展，29(12)：1315-1324.

邬建国，郭晓川，杨劼，钱贵霞，牛建明，梁存柱，张庆，李昂. 2014b. 什么是可持续性科学？应用生态学报，25(1)：1-11.

叶笃正，符淙斌，季劲钧，董文杰，吕建华，温刚，延晓冬. 2001. 有序人类活动与生存环境. 地理科学进展，16(4)：453-460.

Akkermans, T., W. Thiery, and N. P. M. Van Lipzig. 2014. The regional climate impact of a realistic future deforestation scenario in the Congo Basin. Journal of Climate, 27:2714-2734.

Bagley, J. E., A. R. Desai, K. J. Harding, P. K. Snyder, and J. A. Foley. 2014. Drought and deforestation: Has land cover change influenced recent precipitation extremes in the Amazon? Journal of Climate, 27: 345-361.

Benson-Lira, V., M. Georgescu, S. Kaplan, and E. R. Vivoni. 2016. Loss of a lake system in a megacity: The impact of urban expansion on seasonal meteorology in Mexico City. Journal of Geophysical Research-Atmospheres, 121: 3079-3099.

Bonan, G. B., D. Pollard, and S. L. Thompson. 1992. Effects of boreal forest vegetation on global climate. Nature, 359: 716-718.

Bonan, G. B. 1997. Effects of land use on the climate of the United States. Climatic Change, 37: 449-486.

Bonan, G. B. 2001. Observational evidence for reduction of daily maximum temperature by croplands in the Midwest United States. Journal of Climate, 14: 2430-2442.

Bonan, G. B. 2008. Forests and climate change: Forcings, feedbacks, and the climate benefits of forests. Science, 320:1444-1449.

Brazel, A., N. Selover, R. Vose, and G. Heisler. 2000. The tale of two climates Baltimore and Phoenix urban LTER sites. Climate Research, 15:123-135.

Bright, R. M., E. Davin, T. O'Halloran, J. Pongratz, K. Zhao, and A. Cescatti. 2017. Local temperature response to land cover and management change driven by non-radiative processes. Nature Climate Change, 7:296-302.

Burakowski, E. A., S. V. Ollinger, G. B. Bonan, C. P. Wake, J. E. Dibb, and D. Y. Hollinger. 2016. Evaluating the climate effects of reforestation in New England using a Weather Research and Forecasting (WRF) model multiphysics ensemble. Journal of Climate, 29:5141-5156.

Buyantuyev, A., and J. Wu. 2010. Urban heat islands and landscape heterogeneity: Linking spatiotemporal variations in surface temperatures to land-cover and socioeconomic patterns. Landscape Ecology, 25: 17-33.

Cao, Q., D. Yu, M. Georgescu, Z. Han, and J. Wu. 2015. Impacts of land use and land cover change on regional climate: A case study in the agro-pastoral transitional zone of China. Environmental Research Letters, 10:124025.

Cao, Q., D. Yu, M. Georgescu, and J. Wu. 2016. Impacts of urbanization on summer climate in China: An assessment with coupled land-atmospheric modeling. Journal of Geophysical Research-Atmospheres, 121:10505-10521.

Cao, Q., D. Yu, M. Georgescu, and J. Wu. 2018a. Substantial impacts of landscape changes on summer climate with major regional differences: The case of China. Science of the Total Environment, 625: 416-427.

Cao, Q., D. Yu, M. Georgescu, J. Wu, and W. Wang. 2018b. Impacts of future urban expansion on summer climate and heat-related human health in eastern China. Environment International, 112:134-146.

Cao, Q., J. Wu, D. Yu, and W. Wang. 2019. The biophysical effects of the vegetation restoration program on regional climate metrics in the Loess Plateau, China. Agricultural and Forest Meteorology, 268: 169-180.

Cao, Q., J. Wu, D. Yu, R. Wang, and J. Qiao. 2020. Regional landscape futures to moderate projected climate change: A case study in the agro-pastoral transitional zone of North China. Regional Environmental Change, 20:66.

Chapman, S., J. E. Watson, A. Salazar, M. Thatcher, and C. A. McAlpine. 2017. The impact of urbanization and climate change on urban temperatures: A systematic review. Landscape Ecology, 32: 1921-1935.

Charney, J. 1975. Dynamics of deserts and drought in the Sahel. Quarterly Journal of the Royal Meteorological Society, 101:193-202.

Chase, T. N., R. A. Pielke, T. G. Kittel, R. Nemani, and S. W. Running. 1996. Sensitivity of a general circulation model to global changes in leaf area index. Journal of Geophysical Research-Atmospheres, 101:7393-7408.

Chen, F., X. Yang, and W. Zhu. 2014. WRF simulations of urban heat island under hot-weather synoptic conditions: The case study of Hangzhou City, China. Atmospheric Research, 138:364-377.

Chen, L., and O. W. Frauenfeld. 2016. Impacts of urbanization on future climate in China. Climate Dynamics, 47:345-357.

Cherubini, F., B. Huang, X. Hu, M. H. Tolle, and A. H. Stromman. 2018. Quantifying the climate response to extreme land cover changes in Europe with a regional model. Environmental Research Letters,

13:074002.

Conacher, A., and J. Conacher. 1995. Rural Land Degradation in Australia. London: Oxford University Press.

da Silva, R. R., and R. Avissar. 2006. The hydrometeorology of a deforested region of the Amazon basin. Journal of Hydrometeorology, 7:1028-1042.

da Silva, R. R., D. Werth, and R. Avissar. 2008. Regional impacts of future land-cover changes on the Amazon basin wet-season climate. Journal of Climate, 21:1153-1170.

Dandou, A., M. Tombrou, E. Akylas, N. Soulakellis, and E. Bossioli. 2005. Development and evaluation of an urban parameterization scheme in the Penn State/NCAR Mesoscale Model(MM5). Journal of Geophysical Research-Atmospheres, 110:D10102.

Davin, E. L., and N. de Noblet-Ducoudré. 2010. Climatic impact of global-scale deforestation: Radiative versus nonradiative processes. Journal of Climate, 23:97-112.

Devaraju, N., N. de Noblet-Ducoudré, B. Quesada, and G. Bala. 2018. Quantifying the relative importance of direct and indirect biophysical effects of deforestation on surface temperature and teleconnections. Journal of Climate, 31:3811-3829.

Douglas, E. M., A. Beltran-Przekurat, D. Niyogi, R. A. Pielke, and C. J. Vorosmarty. 2009. The impact of agricultural intensification and irrigation on land-atmosphere interactions and Indian monsoon precipitation—A mesoscale modeling perspective. Global and Planetary Change, 67:117-128.

Eastman, J. L., M. B. Coughenour, and R. A. Pielke. 2001. The regional effects of CO_2 and landscape change using a coupled plant and meteorological model. Global Change Biology, 7:797-815.

Fairman, J. G., U. S. Nair, S. A. Christopher, and T. Molg. 2011. Land use change impacts on regional climate over Kilimanjaro. Journal of Geophysical Research-Atmospheres, 116:D03110.

Fan, H., and D. J. Sailor. 2005. Modeling the impacts of anthropogenic heating on the urban climate of Philadelphia: A comparison of implementations in two PBL schemes. Atmospheric Environment, 39:73-84.

Feddema, J. J., K. W. Oleson, G. B. Bonan, L. O. Mearns, L. E. Buja, G. A. Meehl, and W. M. Washington. 2005. The importance of land-cover change in simulating future climates. Science, 310:1674-1678.

Feng, J., Y. Wang, Z. Ma, and Y. Liu. 2012. Simulating the regional impacts of urbanization and anthropogenic heat release on climate across China. Journal of Climate, 25:7187-7203.

Feng, J., Y. Wang, and Z. Ma. 2015. Long-term simulation of large-scale urbanization effect on the East Asian monsoon. Climatic Change, 129:511-523.

Foley, J. A., R. DeFries, G. P. Asner, C. Barford, G. Bonan, S. R. Carpenter, F. S. Chapin, M. T. Coe, G. C. Daily, H. K. Gibbs, and J. H. Helkowski. 2005. Global consequences of land use. Science, 309:570-574.

Foody, G. M. 2001. Monitoring the magnitude of land-cover change around the southern limits of the Sahara. Photogrammetric Engineering and Remote Sensing, 67:841-847.

Frazier, A. E., B. A. Bryan, A. Buyantuev, L. Chen, C. Echeverria, P. Jia, L. Liu, Q. Li, Z. Ouyang, J. Wu, W. Xiang, J. Yang, L. Yang, and S. Zhao. 2019. Ecological civilization: Perspectives from landscape ecology and landscape sustainability science. Landscape Ecology, 34:1-8.

Gao, J., Y. Xue, and S. Wu. 2013. Potential impacts on regional climate due to land degradation in the Guizhou Karst Plateau of China. Environmental Research Letters, 8:044307.

Garcia, M., M. Ozdogan, and P. A. Townsend. 2014. Impacts of forest harvest on cold season land surface conditions and land-atmosphere interactions in northern Great Lakes states. Journal of Advances in Modeling Earth Systems, 6:923-937.

Georgescu, M., D. B. Lobell, and C. B. Field. 2009a. Potential impact of US biofuels on regional climate. Geophysical Research Letters, 36:L21806.

Georgescu, M., G. Miguez-Macho, L. T. Steyaert, and C. P. Weaver. 2009b. Climatic effects of 30 years of landscape change over the Greater Phoenix, Arizona, region: 1. Surface energy budget changes. Journal of Geophysical Research-Atmospheres, 114:D05110.

Georgescu, M., M. Moustaoui, A. Mahalov, and J. Dudhia. 2011. An alternative explanation of the semi-arid urban area "oasis effect". Journal of Geophysical Research-Atmospheres, 116:D24113.

Georgescu, M., A. Mahalov, and M. Moustaoui. 2012. Seasonal hydroclimatic impacts of Sun Corridor expansion. Environmental Research Letters, 7:034026.

Georgescu, M., M. Moustaoui, A. Mahalov, and J. Dudhia. 2013. Summer-time climate impacts of projected megapolitan expansion in Arizona. Nature Climate Change, 3:37-41.

Georgescu, M., P. E. Morefield, B. G. Bierwagen, and C. P. Weaver. 2014. Urban adaptation can roll back warming of emerging megapolitan regions. Proceedings of the National Academy of Sciences of the United States of America, 111:2909-2914.

Georgescu, M. 2015. Challenges associated with adaptation to future urban expansion. Journal of Climate, 28:2544-2563.

Gero, A. F., A. J. Pitman, G. T. Narisma, C. Jacobson, and R. A. Pielke. 2006. The impact of land cover change on storms in the Sydney Basin, Australia. Global and Planetary Change, 54:57-78.

Gong, J., C. Liu, and X. Huang. 2020. Advances in urban information extraction from high-resolution remote sensing imagery. Science China-Earth Sciences, 63:463-475.

Goswami, P., H. Shivappa, and B. S. Goud. 2010. Impact of urbanization on tropical mesoscale events: Investigation of three heavy rainfall events. Meteorologische Zeitschrift, 19:385-397.

Grimm, N. B., S. H. Faeth, N. E. Golubiewski, C. L. Redman, J. G. Wu, X. Bai, and J. M. Briggs. 2008. Global change and the ecology of cities. Science, 319:756-760.

Hernandez, C., P. Drobinski, and S. Turquety. 2015. Impact of wildfire-induced land cover modification on local meteorology: A sensitivity study of the 2003 wildfires in Portugal. Atmospheric Research, 164:49-64.

Hondula, D. M., R. C. Balling, J. K. Vanos, and M. Georgescu. 2015. Rising temperatures, human health, and the role of adaptation. Current Climate Change Reports, 1:144-154.

IPCC. 2013. Climate Change 2013: The Physical Science Basis. Contribution of Working Group I to the Fifth Assessment Report of the Intergovernmental Panel on Climate Change. Cambridge: Cambridge University Press.

Jin, J., and N. L. Miller. 2011. Regional simulations to quantify land use change and irrigation impacts on hydroclimate in the California Central Valley. Theoretical and Applied Climatology, 104:429-442.

Kala, J., T. J. Lyons, D. J. Abbs, and U. S. Nair. 2010. Numerical simulations of the impacts of land-cover change on a southern sea breeze in south-west Western Australia. Boundary-Layer Meteorology, 135:485-503.

Kalnay, E., and M. Cai. 2003. Impact of urbanization and land-use change on climate. Nature, 423: 528-531.

Kamal, S., H. Huang, and S. W. Myint. 2015. The influence of urbanization on the climate of the Las Vegas metropolitan area: A numerical study. Journal of Applied Meteorology and Climatology, 54: 2157-2177.

Kaplan, S., M. Georgescu, N. Alfasi, and I. Kloog. 2017. Impact of future urbanization on a hot summer: A case study of Israel. Theoretical and Applied Climatology, 128:325-341.

Ke, X., F. Wu, and C. Ma. 2013. Scenario analysis on climate change impacts of urban land expansion under different urbanization patterns: A case study of Wuhan metropolitan. Advances in Meteorology, 293636.

Klingaman, N. P., J. Butke, D. J. Leathers, K. R. Brinson, and E. Nickl. 2008. Mesoscale simulations of the land surface effects of historical logging in a moist continental climate regime. Journal of Applied Meteorology and Climatology, 47:2166-2182.

Krayenhoff, E. S., M. Moustaoui, A. M. Broadbent, V. Gupta, and M. Georgescu. 2018. Diurnal interaction between urban expansion, climate change and adaptation in US cities. Nature Climate Change, 8: 1097-1103.

Kuras, E. R., D. M. Hondula, and J. Brown-Saracino. 2015. Heterogeneity in individually experienced temperatures (IETs) within an urban neighborhood: Insights from a new approach to measuring heat exposure. International Journal of Biometeorology, 59:1363-1372.

Kusaka, H., K. Nawata, A. Suzuki-Parker, Y. Takane, and N. Furuhashi. 2014. Mechanism of precipitation increase with urbanization in Tokyo as revealed by ensemble climate simulations. Journal of Applied Meteorology and Climatology, 53:824-839.

Lawton, R. O., U. S. Nair, R. A. Pielke, and R. M. Welch. 2001. Climatic impact of tropical lowland deforestation on nearby montane cloud forests. Science, 294:584-587.

Lazzarini, M., A. Molini, P. R. Marpu, T. B. Ouarda, and H. Ghedira. 2015. Urban climate modifications in hot desert cities: The role of land cover, local climate, and seasonality. Geophysical Research Letters, 42:9980-9989.

Lei, M., D. Niyogi, C. Kishtawal, R. A. Pielke, A. Beltran-Przekurat, T. E. Nobis, and S. S. Vaidya. 2008. Effect of explicit urban land surface representation on the simulation of the 26 July 2005 heavy rain event over Mumbai, India. Atmospheric Chemistry and Physics, 8:5975-5995.

Li, F., D. Rosa, W. D. Collins, and M. F. Wehner. 2012. "Super-parameterization": A better way to simulate regional extreme precipitation? Journal of Advances in Modeling Earth Systems, 4:M04002.

Li, M., Z. Mao, Y. Song, M. Liu, and X. Huang. 2015. Impacts of the decadal urbanization on thermally induced circulations in eastern China. Journal of Applied Meteorology and Climatology, 54:259-282.

Li, Y., Z. Li, X. Geng, and X. Deng. 2013a. Numerical simulation of the effects of grassland degradation on the surface climate in overgrazing area of Northwest China. Advances in Meteorology, 270192.

Li, Z., X. Deng, Q. Shi, X. Ke, and Y. Liu. 2013b. Modeling the impacts of boreal deforestation on the near-surface temperature in European Russia. Advances in Meteorology, 486962.

Lin, C., F. Chen, J. Huang, W. Chen, Y. Liou, W. Chen, and S. Liu. 2008a. Urban heat island effect and its impact on boundary layer development and land-sea circulation over northern Taiwan. Atmospheric Environment, 42:5635-5649.

Lin, C., W. Chen, S. Liu, Y. Liou, G. Liu, and T. Lin. 2008b. Numerical study of the impact of urbanization on the precipitation over Taiwan. Atmospheric Environment, 42:2934-2947.

Lindblade, K. A., E. D. Walker, A. W. Onapa, J. Katungu, and M. L. Wilson. 2000. Land use change alters malaria transmission parameters by modifying temperature in a highland area of Uganda. Tropical Medicine & International Health, 5:263-274.

Liu, X., G. Tian, J. Feng, J. Wang, and L. Kong. 2018a. Assessing summertime urban warming and the cooling efficacy of adaptation strategy in the Chengdu-Chongqing metropolitan region of China. Science of the Total Environment, 610:1092-1102.

Liu, X., G. Hu, Y. Chen, X. Li, X. Xu, S. Li, F. Pei, and S. Wang. 2018b. High-resolution multi-temporal mapping of global urban land using Landsat images based on the Google Earth Engine Platform. Remote Sensing of Environment, 209:227-239.

Lo, J. C. F., A. K. H. Lau, F. Chen, J. C. H. Fung, and K. K. M. Leung. 2007. Urban modification in a mesoscale model and the effects on the local circulation in the Pearl River Delta region. Journal of Applied Meteorology and Climatology, 46:457-476.

Lu, X., K. C. Chow, T. Yao, A. K. H. Lau, and J. C. H. Fung. 2010. Effects of urbanization on the land sea breeze circulation over the Pearl River Delta region in winter. International Journal of Climatology, 30:1089-1104.

Luyssaert, S., M. Jammet, P. C. Stoy, S. Estel, J. Pongratz, E. Ceschia, G. Churkina, A. Don, K. Erb, M. Ferlicoq, B. Gielen, T. Grünwald, R. A. Houghton, K. Klumpp, A. Knohl, T. Kolb, T. Kuemmerle, T. Laurila, A. Lohila, D. Loustau, M. J. McGrath, P. Meyfroidt, E. J. Moors, K. Naudts, K. Novick, J. Otto, K. Pilegaard, C. A. Pio, S. Rambal, C. Rebmann, J. Ryder, A. E. Suyker, A. Varlagin, M. Wattenbach, and A. J. Dolman. 2014. Land management and land-cover change have impacts of similar magnitude on surface temperature. Nature Climate Change, 4:389-393.

Ma, E., X. Deng, Q. Zhang, and A. Liu. 2014. Spatial variation of surface energy fluxes due to land use changes across China. Energies, 7:2194-2206.

Ma, Q., J. Wu, and C. He. 2016. A hierarchical analysis of the relationship between urban impervious surfaces and land surface temperatures: Spatial scale dependence, temporal variations, and bioclimatic modulation. Landscape Ecology, 31:1139-1153.

Ma, W., W. Zeng, M. Zhou, L. Wang, S. Rutherford, H. Lin, T. Liu, Y. Zhang, J. Xiao, Y. Zhang, and X. Wang. 2015. The short-term effect of heat waves on mortality and its modifiers in China: An analysis from 66 communities. Environment International, 75:103-109.

Mahmood, R., R. A. Pielke, K. G. Hubbard, D. Niyogi, G. Bonan, P. Lawrence, R. McNider, C. McAlpine, A. Etter, and S. Gameda. 2010. Impacts of land use/land cover change on climate and future research priorities. Bulletin of the American Meteorological Society, 91:37-46.

Mahmood, R., R. A. Pielke, K. G. Hubbard, D. Niyogi, P. A. Dirmeyer, C. McAlpine, A. M. Carleton, R. Hale, S. Gameda, A. Beltran-Przekurat, B. Baker, R. McNider, D. R. Legates, M. Shepherd, J. Du, P. D. Blanken, O. W. Frauenfeld, U. S. Nair, and S. Fall. 2014. Land cover changes and their biogeophysical effects on climate. International Journal of Climatology, 34:929–953.

Miao, Y., S. Liu, Y. Zheng, S. Wang, and B. Chen. 2015. Numerical study of the effects of topography and urbanization on the local atmospheric circulations over the Beijing-Tianjin-Hebei, China. Advances in Meteorology, 398070.

Mills, G. 2007. Cities as agents of global change. International Journal of Climatology, 27:1849–1857.

Moore, N., N. Torbick, B. Lofgren, J. Wang, B. Pijanowski, J. Andresen, D. Y. Kim, and J. Olson. 2010. Adapting MODIS-derived LAI and fractional cover into the RAMS in East Africa. International Journal of Climatology, 30:1954–1969.

Nair, U. S., Y. Wu, J. Kala, T. J. Lyons, R. A. Pielke, and J. M. Hacker. 2011. The role of land use change on the development and evolution of the west coast trough, convective clouds, and precipitation in southwest Australia. Journal of Geophysical Research-Atmospheres, 116:D07103.

Narisma, G. T., and A. J. Pitman. 2003. The impact of 200 years of land cover change on the Australian near-surface climate. Journal of Hydrometeorology, 4:424–436.

Niu, G., Z. Yang, K. E. Mitchell, F. Chen, M. B. Ek, M. Barlage, A. Kumar, K. Manning, D. Niyogi, E. Rosero, M. Tewari, and Y. Xia. 2011. The community Noah land surface model with multiparameterization options (Noah-MP): 1. Model description and evaluation with local-scale measurements. Journal of Geophysical Research-Atmospheres, 116:D12109.

Niyogi, D., P. Pyle, M. Lei, S. P. Arya, C. M. Kishtawal, M. Shepherd, F. Chen, and B. Wolfe. 2011. Urban modification of thunderstorms: An observational storm climatology and model case study for the Indianapolis urban region. Journal of Applied Meteorology and Climatology, 50:1129–1144.

Opdam, P., S. Luque, and K. B. Jones. 2009. Changing landscapes to accommodate for climate change impacts: A call for landscape ecology. Landscape Ecology, 24:715–721.

Opdam, P., S. Luque, J. Nassauer, P. H. Verburg, and J. Wu. 2018. How can landscape ecology contribute to sustainability science? Landscape Ecology, 33:1–7.

Papangelis, G., M. Tombrou, A. Dandou, and T. Kontos. 2012. An urban "green planning" approach utilizing the Weather Research and Forecasting (WRF) modeling system. A case study of Athens, Greece. Landscape and Urban Planning, 105:174–183.

Patz, J. A., D. Campbell-Lendrum, T. Holloway, and J. A. Foley. 2005. Impact of regional climate change on human health. Nature, 438:310–317.

Perlin, N., and P. Alpert. 2001. Effects of land-use modification on potential increase of convection: A numerical mesoscale study over south Israel. Journal of Geophysical Research-Atmospheres, 106:22621–22634.

Pessacg, N. L., and S. Solman. 2012. Effects of land-use changes on climate in southern South America. Climate Research, 55:33–51.

Pielke, R. A., and R. Avissar. 1990. Influence of landscape structure on local and regional climate. Landscape Ecology, 4:133–155.

Pielke, R. A. 2005. Land use and climate change. Science, 310:1625–1626.

Pielke, R. A., J. Adegoke, A. BeltraάN-Przekurat, C. A. Hiemstra, J. Lin, U. S. Nair, D. Niyogi, and T. E. Nobis. 2007. An overview of regional land-use and land-cover impacts on rainfall. Tellus B: Chemical and Physical Meteorology, 59:587–601.

Pielke, R. A., and D. Niyogi. 2010. The role of landscape processes within the climate system. In Otto, J. C., Dikau, R., eds. Landform-Structure, Evolution, Process Control: Proceedings of the International Symposium on Landform Organised by the Research Training Group 437. Berlin: Springer, 67-85.

Pielke, R. A., A. Pitman, D. Niyogi, R. Mahmood, C. McAlpine, F. Hossain, K. K. Goldewijk, U. Nair, R. Betts, S. Fall, and M. Reichstein. 2011. Land use/land cover changes and climate: Modeling analysis and observational evidence. WIREs Climate Change, 2:828-850.

Powers, J. G., J. B. Klemp, W. C. Skamarock, C. A. Davis, J. Dudhia, D. O. Gill, J. L. Coen, D. J. Gochis, R. Ahmadov, S. E. Peckham, G. A. Grell, J. Michalakes, S. Trahan, S. G. Benjamin, C. R. Alexander, G. J. Dimego, W. Wang, C. S. Schwartz, G. S. Romine, Z. Liu, C. Snyder, F. Chen, M. J. Barlage, W. Yu, and M. G. Duda. 2017. The weather research and forecasting model: Overview, system efforts, and future directions. Bulletin of the American Meteorological Society, 98:1717-1737.

Qu, Y., F. Wu, H. Yan, B. Shu, and X. Deng. 2013. Possible influence of the cultivated land reclamation on surface climate in India: A WRF model based simulation. Advances in Meteorology, 312716.

Ramankutty, N., A. T. Evan, C. Monfreda, and J. A. Foley. 2008. Farming the planet: 1. Geographic distribution of global agricultural lands in the year 2000. Global Biogeochemical Cycles, 22:GB1003.

Raupach, M. R. 1991. Vegetation-tmosphere interaction in homogeneous and heterogeneous terrain: Some implications of mixed-layer dynamics. Plant Ecololy, 91:105-120.

Raupach, M. R., D. D. Baldocchi, H. J. Bolle, L. Dümenil, W. Eugster, F. X. Meixner, J. A. Olejnik, R. A. Pielke, J. D. Tenhunen, and R. Valentini. 1999. How is the atmospheric coupling of land surfaces affected by topography, complexity in landscape patterning, and the vegetation mosaic? In Tenhunen, J. D., Kabat, P., eds. Integrating Hydrology, Ecosystems Dynamics, and Biogeochemistry in Complex Landscapes. Chichester: John Wiley & Sons, 177-196.

Rodell, M., I. Velicogna, and J. S. Famiglietti. 2009. Satellite-based estimates of groundwater depletion in India. Nature, 460:999-1002.

Roy, S. B., and R. Avissar. 2002. Impact of land use/land cover change on regional hydrometeorology in Amazonia. Journal of Geophysical Research-Atmospheres, 107:D208037.

Roy, S. B. 2009. Mesoscale vegetation-atmosphere feedbacks in Amazonia. Journal of Geophysical Research-Atmospheres, 114:D20111.

Roy, S. B., M. Smith, L. Morris, N. Orlovsky, and A. Khalilov. 2014. Impact of the desiccation of the Aral Sea on summertime surface air temperatures. Journal of Arid Environments, 110:79-85.

Roy, S. S., R. Mahmood, A. I. Quintanar, and A. Gonzalez. 2011. Impacts of irrigation on dry season precipitation in India. Theoretical and Applied Climatology, 104:193-207.

Rubinshtein, K. G., M. M. Smirnova, V. I. Bychkova, S. V. Emelina, R. Y. Ignatov, V. M. Khan, V. A. Tishchenko, and E. Roget. 2014. Studying the impact of large lake desiccation on the accuracy of numerical description of meteorological fields (a case study for the Aral Sea). Russian Meteorology and Hydrology, 39:727-735.

Rummukainen, M. 2010. State-of-the-art with Regional Climate Models. WIREs Climate Change, 1:82-96.

Rydsaa, J. H., F. Stordal, and L. M. Tallaksen. 2015. Sensitivity of the regional European boreal climate to changes in surface properties resulting from structural vegetation perturbations. Biogeosciences, 12: 3071-3087.

Sailor, D. J., and L. Lu. 2004. A top-down methodology for developing diurnal and seasonal anthropogenic heating profiles for urban areas. Atmospheric Environment, 38:2737-2748.

Schmid, P. E., and D. Niyogi. 2013. Impact of city size on precipitation-modifying potential. Geophysical Research Letters, 40:5263-5267.

Schneck, R., and V. Mosbrugger. 2011. Simulated climate effects of Southeast Asian deforestation: Regional processes and teleconnection mechanisms. Journal of Geophysical Research-Atmospheres, 116:D11116.

Sertel, E., C. Ormeci, and A. Robock. 2011. Modelling land cover change impact on the summer climate of the Marmara Region, Turkey. International Journal of Global Warming, 3:194-202.

Seto, K. C., and J. M. Shepherd. 2009. Global urban land-use trends and climate impacts. Current Opinion in Environmental Sustainability, 1:89-95.

Seto, K. C., J. S. Golden, M. Alberti, and B. L. Turner. 2017. Sustainability in an urbanizing planet. Proceedings of the National Academy of Sciences of the United States of America, 114:8935-8938.

Sharma, A., P. Conry, H. J. S. Fernando, A. F. Hamlet, J. J. Hellmann, and F. Chen. 2016. Green and cool roofs to mitigate urban heat island effects in the Chicago metropolitan area: Evaluation with a regional climate model. Environmental Research Letters, 11:064004.

Shi, P., X. Bai, F. Kong, J. Fang, D. Gong, T. Zhou, Y. Guo, Y. Liu, W. Dong, Z. Wei, C. He, D. Yu, J. Wang, Q. Ye, R. Yu, and D. Chen. 2017. Urbanization and air quality as major drivers of altered spatiotemporal patterns of heavy rainfall in China. Landscape Ecology, 32:1723-1738.

Silva, M. E. S., G. Pereira, and R. P. da Rocha. 2016. Local and remote climatic impacts due to land use degradation in the Amazon "Arc of Deforestation". Theoretical and Applied Climatology, 125:609-623.

Snyder, P. K., J. A. Foley, M. H. Hitchman, and C. Delire. 2004. Analyzing the effects of complete tropical forest removal on the regional climate using a detailed three-dimensional energy budget: An application to Africa. Journal of Geophysical Research-Atmospheres, 109:D21102.

Song, J., Z. Wang, and C. Wang. 2018. The regional impact of urban heat mitigation strategies on planetary boundary layer dynamics over a semiarid city. Journal of Geophysical Research-Atmospheres, 123:6410-6422.

Stewart, I. D., and T. R. Oke. 2012. Local climate zones for urban temperature studies. Bulletin of the American Meteorological Society, 93:1879-1900.

Synnefa, A., A. Dandou, M. Santamouris, M. Tombrou, and N. Soulakellis. 2008. On the use of cool materials as a heat island mitigation strategy. Journal of Applied Meteorology and Climatology, 47:2846-2856.

Ter Maat, H. W., R. W. A. Hutjes, R. Ohba, H. Ueda, B. Bisselink, and T. Bauer. 2006. Meteorological impact assessment of possible large scale irrigation in Southwest Saudi Arabia. Global and Planetary Change, 54:183-201.

Tolle, M. H., S. Engler, and H. J. Panitz. 2017. Impact of abrupt land cover changes by tropical deforestation on Southeast Asian climate and agriculture. Journal of Climate, 30:2587-2600.

Trusilova, K., M. Jung, and G. Churkina. 2009. On climate impacts of a potential expansion of urban land in Europe. Journal of Applied Meteorology and Climatology, 48:1971-1980.

Vahmani, P., and T. S. Hogue. 2015. Urban irrigation effects on WRF-UCM summertime forecast skill over the Los Angeles metropolitan area. Journal of Geophysical Research-Atmospheres, 120:9869–9881.

Vanden Broucke, S., S. Luyssaert, E. L. Davin, I. Janssens, and N. van Lipzig. 2015. New insights in the capability of climate models to simulate the impact of LUC based on temperature decomposition of paired site observations. Journal of Geophysical Research-Atmospheres, 120:5417–5436.

Vázquez Morales, W., A. Jazcilevich, A. García Reynoso, E. Caetano, G. Gómez, and R. D. Bornstein. 2016. Influence of green roofs on early morning mixing layer depths in Mexico City. Journal of Solar Energy Engineering, 138:061011.

Vlachogiannis, D., A. Sfetsos, and N. Gounaris. 2012. Computational study of the effects of induced land use changes on meteorological patterns during hot weather events in an urban environment. International Journal of Environment and Pollution, 50:460–468.

Wang, C., Z. Zhang, M. Zhou, L. Zhang, P. Yin, W. Ye, and Y. Chen. 2017. Nonlinear relationship between extreme temperature and mortality in different temperature zones: A systematic study of 122 communities across the mainland of China. Science of the Total Environment, 586:96–106.

Wang, H., and H. Zhou. 2003. A simulation study on the eco-environmental effects of 3N Shelterbelt in North China. Global and Planetary Change, 37:231–246.

Wang, J., J. Feng, Z. Yan, Y. Hu, and G. Jia. 2012. Nested high-resolution modeling of the impact of urbanization on regional climate in three vast urban agglomerations in China. Journal of Geophysical Research-Atmospheres, 117:D21103.

Wang, J., J. Feng, and Z. Yan. 2018. Impact of extensive urbanization on summertime rainfall in the Beijing region and the role of local precipitation recycling. Journal of Geophysical Research-Atmospheres, 123:3323–3340.

Wang, M., Z. Xiong, and X. Yan. 2015. Modeling the climatic effects of the land use/cover change in eastern China. Physics and Chemistry of the Earth, 87–88:97–107.

Weaver, C. P., and R. Avissar. 2001. Atmospheric disturbances caused by human modification of the landscape. Bulletin of the American Meteorological Society, 82:269–281.

Wen, L., S. Lv, Z. Li, L. Zhao, and N. Nagabhatla. 2015. Impacts of the two biggest lakes on local temperature and precipitation in the Yellow River source region of the Tibetan Plateau. Advances in Meteorology, 248031.

Werth, D., and R. Avissar. 2002. The local and global effects of Amazon deforestation. Journal of Geophysical Research-Atmospheres, 107:8087.

Wichansky, P. S., L. T. Steyaert, R. L. Walko, and C. P. Weaver. 2008. Evaluating the effects of historical land cover change on summertime weather and climate in New Jersey: Land cover and surface energy budget changes. Journal of Geophysical Research-Atmospheres, 113:D10107.

Wiedinmyer, C., M. Barlage, M. Tewari, and F. Chen. 2012. Meteorological impacts of forest mortality due to insect infestation in Colorado. Earth Interactions, 16:1–11.

Willett, K. M., and S. Sherwood. 2012. Exceedance of heat index thresholds for 15 regions under a warming climate using the wet-bulb globe temperature. International Journal of Climatology, 32:161–177.

Woldemichael, A. T., F. Hossain, R. Pielke, and A. Beltran-Przekurat. 2012. Understanding the impact of dam-triggered land use/land cover change on the modification of extreme precipitation. Water Resources Research, 48:W09547.

Woldemichael, A. T., F. Hossain, and R. Pielke. 2014a. Evaluation of surface properties and atmospheric disturbances caused by post-dam alterations of land use/land cover. Hydrology and Earth System Sciences, 18:3711-3732.

Woldemichael, A. T., F. Hossain, and R. Pielke. 2014b. Impacts of postdam land use/land cover changes on modification of extreme precipitation in contrasting hydroclimate and terrain features. Journal of Hydrometeorology, 15:777-800.

Wu, J. 1999. Hierarchy and scaling: Extrapolating information along a scaling ladder. Canadian Journal of Remote Sensing, 25:367-380.

Wu, J. 2013a. Key concepts and research topics in landscape ecology revisited: 30 years after the Allerton Park workshop. Landscape Ecology, 28:1-11.

Wu, J. 2013b. Landscape sustainability science: Ecosystem services and human well-being in changing landscapes. Landscape Ecology, 28:999-1023.

Wu, J. 2019. Linking landscape, land system and design approaches to achieve sustainability. Journal of Land Use Science, 14:173-189.

Wu, L., Q. Zhang, and Z. Jiang. 2006. Three Gorges Dam affects regional precipitation. Geophysical Research Letters, 33:L13806.

Yang, J., and Z. Wang. 2014. Physical parameterization and sensitivity of urban hydrological models: Application to green roof systems. Building and Environment, 75:250-263.

Yang, J., Z. Wang, M. Georgescu, F. Chen, and M. Tewari. 2016. Assessing the impact of enhanced hydrological processes on urban hydrometeorology with application to two cities in contrasting climates. Journal of Hydrometeorology, 17:1031-1047.

Yang, X., Y. Lu, Y. Ma, and J. Wen. 2015. Summertime thermally-induced circulations over the Lake Nam Co region of the Tibetan Plateau. Journal of Meteorological Research, 29:305-314.

Yu, E., H. Wang, J. Sun, and Y. Gao. 2013a. Climatic response to changes in vegetation in the Northwest Hetao Plain as simulated by the WRF model. International Journal of Climatology, 33:1470-1481.

Yu, R., X. Wang, Z. Yan, H. Yan, and Q. Jiang. 2013b. Regional climate effects of conversion from grassland to forestland in southeastern China. Advances in Meteorology, 630953.

Yu, Y., J. He, S. Zhao, N. Liu, J. Chen, H. Mao, and L. Wu. 2016. Numerical simulation of the impact of reforestation on winter meteorology and environment in a semi-arid urban valley, Northwestern China. Science of the Total Environment, 569:404-415.

Zhan, J., J. Huang, T. Zhao, X. Geng, and Y. Xiong. 2013. Modeling the impacts of urbanization on regional climate change: A case study in the Beijing-Tianjin-Tangshan metropolitan area. Advances in Meteorology, 849479.

Zhang, F., X. Li, W. Wang, X. Ke, and Q. Shi. 2013a. Impacts of future grassland changes on surface climate in Mongolia. Advances in Meteorology, 263746.

Zhang, T., J. Zhan, F. Wu, J. Luo, and J. Huang. 2013b. Regional climate variability responses to future land surface forcing in the Brazilian Amazon. Advances in Meteorology, 852541.

Zhang, X., W. Wang, X. Fang, Y. Ye, and J. Zheng. 2012. Agriculture development-induced surface albedo changes and climatic implications across Northeastern China. Chinese Geographical Science, 22:264-277.

Zhang, Y., A. Middel, and B. L. Turner. 2019. Evaluating the effect of 3D urban form on neighborhood land surface temperature using Google Street View and geographically weighted regression. Landscape Ecology, 34:681-697.

Zhang, Y., J. A. Smith, L. Luo, Z. Wang, and M. L. Baeck. 2014. Urbanization and rainfall variability in the Beijing metropolitan region. Journal of Hydrometeorology, 15:2219-2235.

Zhao, L., X. Lee, R. B. Smith, and K. Oleson. 2014. Strong contributions of local background climate to urban heat islands. Nature, 511:216-219.

Zheng, J., S. Lin, and F. He. 2009. Recent progress in studies on land cover change and its regional climatic effects over China during historical times. Advances in Atmospheric Sciences, 26:793-802.

Zheng, Z., Z. Wei, Z. Wen, W. Dong, Z. Li, X. Wen, X. Zhu, D. Ji, C. Chen, and D. Yan. 2017. Inclusion of solar elevation angle in land surface albedo parameterization over bare soil surface. Journal of Advances in Modeling Earth Systems, 9:3069-3081.

土地利用强度对生态系统服务及其权衡关系的影响

仇江啸[①]

摘　要

在以人类为主导的景观中,实现可持续性面临的主要挑战是如何调和不同生态系统服务,如食物生产、水质、气候调节和生态设施等之间的关系。先前的研究表明,人类活动若优先特定生态系统服务的供给(如食物和纤维生产等),通常会导致与其他生态系统服务出现权衡。但是,越来越多的研究揭示了生态系统服务在不同研究区中具有差异的、相互不一致的关系。因此,目前尚不清楚生态系统服务在不同的研究背景下是否具有普适性的关系,如果没有,则哪些因素可以解释这种关系的区域差异性。在本研究中,我们综合了来自四个社会生态系统的五种生态系统服务的数据集。我们主要探讨以下几个研究问题:① 生态系统服务的关系在不同的区域社会生态系统中是否一致?② 在景观尺度上,生态系统服务的关系如何随着土地利用强度的变化而变化?③ 在生态系统服务权衡的情况下,土地利用强度如何影响该关系在景观组分梯度上权衡的交点?我们的研究结果表明,土地利用强度在整个景观中增加了生态系统服务权衡的幅度(例如粮食生产与气候调节以及水质服务之间的权衡)。土地利用强度同时也会影响供给和调节服务在景观梯度上的交叉点:即在高强度的研究系统中,只能在较小比例的农业土地上同时维持粮食生产和调节服务;而在低强度研究系统中,这些服务即使在农业土地占比高的情况下也可以实现同时的均衡供给。我们的研究考虑了土地利用的多个方面(即包括景观组成和土地利用强度)的重要性,并提供了相应的研究框架以增强我们预测土地利用如何改变生态系统服务关系的能力。

① 佛罗里达大学劳德代尔堡研究与教育中心森林资源与保护学院,佛罗里达,33314,美国。

Abstract

A key sustainability challenge in human-dominated landscapes is how to reconcile competing demands such as food production, water quality, climate regulation, and ecological amenities. Prior research has documented how efforts to prioritize desirable ecosystem services such as food and fiber have often led to tradeoffs with other services. However, the growing literature has revealed different and sometimes contradictory patterns in ecosystem service relationships. It thus remains unclear whether there are generalizable patterns across social-ecological systems, and if not, what factors explain the variations. In this study, we synthesize datasets of five ecosystem services from four social-ecological systems. We ask: ① Are ecosystem service relationships consistent across distinct regional social-ecological systems? ② How do ecosystem service relationships vary with land-use intensity at the landscape scale? ③ In case of ecosystem service tradeoffs, how does land-use intensity affect intersection points of tradeoffs along the landscape composition gradient? Our results reveal that land-use intensity increases magnitude of ecosystem service tradeoffs (e. g., food production vs. climate regulation and water quality) across landscapes. Land-use intensity also alters where provisioning and regulating services intersect: in high-intensity systems, food production and regulating services can be both sustained only at smaller proportions of agricultural lands, whereas in low-intensity systems, these services could be both achieved with greater proportions of agricultural lands. Our research demonstrates importance of considering multiple aspects of land uses (landscape composition and land-use intensity), and provides a more nuanced understanding and framework to enhance our ability to predict how land use alters ecosystem service relationships.

前言

生态系统服务和自然资本对人类社会及其福祉至关重要,但受到人为环境变化和干扰的影响(Scholes et al., 2005; Carpenter et al., 2009; Díaz et al., 2019)。长期以来,人类活动一直在有目的地管理我们赖以生存的景观来生产产品和服务,例如食物、纤维和木材产品等,以满足人类基本的物质与生存的需求(Imhoff et al., 2004; Ramankutty et al., 2008; Seppelt et al., 2014)。但是,由于生态系统服务之间存在权衡机制,优先生产某一种或几种生态系统服务可能会对其他生态系统服务产生负面的影响,从而降低景观的多功能性(Mastrangelo et al., 2014; Hölting et al., 2019)。常见的例子包括:① 以降低水质为代价(例如,使用化肥)增加农作物的产量;② 土地利用变化导致碳储量和水量服务之间出现权衡;③ 在高放牧强度下,以降低土壤碳储量和生物多样性为代价来增加牲畜产量的管理方式(Rodríguez et al., 2006; Gerstner et al.,

2014; Petz et al., 2014)。因此,研究土地系统的多功能性以及它们之间的相互作用对于景观和自然资源管理具有重要的意义(Tallis and Polasky, 2009;Qiu and Turner, 2013; Ellis et al., 2019)。

在过去的十几年中,很多研究揭示了在不同的社会生态系统中,一系列生态系统服务(包括供给、调节和文化服务)之间具有重要的权衡或协同关系(Mouchet et al., 2014; Howe et al., 2014; Lee and Lautenbach, 2016; Cord et al., 2017; Qiu,2019)。但是,这些研究也揭示了不同的甚至是相悖的结果。例如,Goldstein 等(2012)的文章发现了夏威夷 O'ahu 岛不同土地利用规划情景下碳储量和水质服务之间的权衡关系。然而,这两种生态系统服务在北美其他的流域研究中却表现为协同效应(Nelson et al., 2009; Qiu and Turner, 2013)。类似地,碳存储和生物多样性通常在全国或者全球尺度的研究中表现为协同作用,但是在区域尺度的研究中经常表现为权衡关系(Anderson et al., 2009; Cimon-Morin et al., 2013; Palomo et al., 2019)。此外,即使被一致认可的作物产量和水质服务之间的权衡也可能取决于环境和研究尺度,并随着时间的推移而演变(Qiu et al., 2018)。因此,生态系统服务之间的关系在不同的社会生态系统中是否一致还存在很多疑问,许多研究同时也强调了研究生态系统服务关系格局的因子和机理的重要性(Cord et al., 2017; Spake et al., 2017; Vallet et al., 2018; Dade et al., 2018)。

在全球环境变化的驱动因子中,土地利用无疑会对自然及其生命支持服务具有深远的影响(IPBES,2019)。在本研究中,土地利用被广义地定义为土地利用组分(例如自然与农业覆被的比例和空间配置)以及土地利用强度(即土地利用中人为管理与投入的程度,包括使用的肥料和杀虫剂、作物多样性、休耕期、耕种和收获方式等因子)(van Asselen and Verburg, 2012; Seppelt et al., 2016; Beckmann et al., 2019)。所有这些土地利用的不同方面都可能直接或间接地改变生物多样性和功能组成,进而影响多种生态系统服务的供给及其相互作用的关系(Bennett et al., 2009; Lavorel and Grigulis, 2012; Chillo et al., 2018)。

越来越多的理论和实证研究表明了土地利用对生态系统服务以及关系的影响。具体而言,高强度的土地利用可以促进部分供给服务(例如粮食生产),但同时也会伴随其他服务(如生物多样性、水质、土壤保持力等)的下降(Qiu and Turner, 2013; Seppelt et al., 2016; Felipe-Lucia et al., 2018; Beckmann et al., 2019)。此外,土地利用变化对生物多样性产生的负面影响,还会威胁到一系列依赖生物多样性的生态系统服务(比如授粉和病虫害防治服务等)(Isbell et al., 2011; Cardinale et al., 2012; Allan et al., 2015)。但是,当前对于该研究领域的理解仍然是零散的,并仅限于特定生态系统服务或研究系统。很少有关于土地利用的不同方面及其相互作用如何影响生态系统服务关系的研究(例如,多种服务对土地利用梯度的响应曲线)(Lindborg et al., 2017)。这些研究领域的空白也进一步揭示了跨区比较分析以及整合框架的必要性(Meacham et al., 2016; Spake et al., 2017)。

在本研究中,我们提出了三个研究命题(图14.1),从概念上阐述土地利用如何影响生态系统服务及其关系,并利用已有的生态系统服务数据集进行分析测试。我们主要关注三个研究问题:① 生态系统服务的关系在不同的区域社会生态系统中是否一致?② 在景观尺度上,生态系统服务的关系如何随着土地利用强度的变化而变化?③ 在生态系统服务权衡的情况下,土地利用强度如何影响该关系在景观组分梯度上权衡的交点?

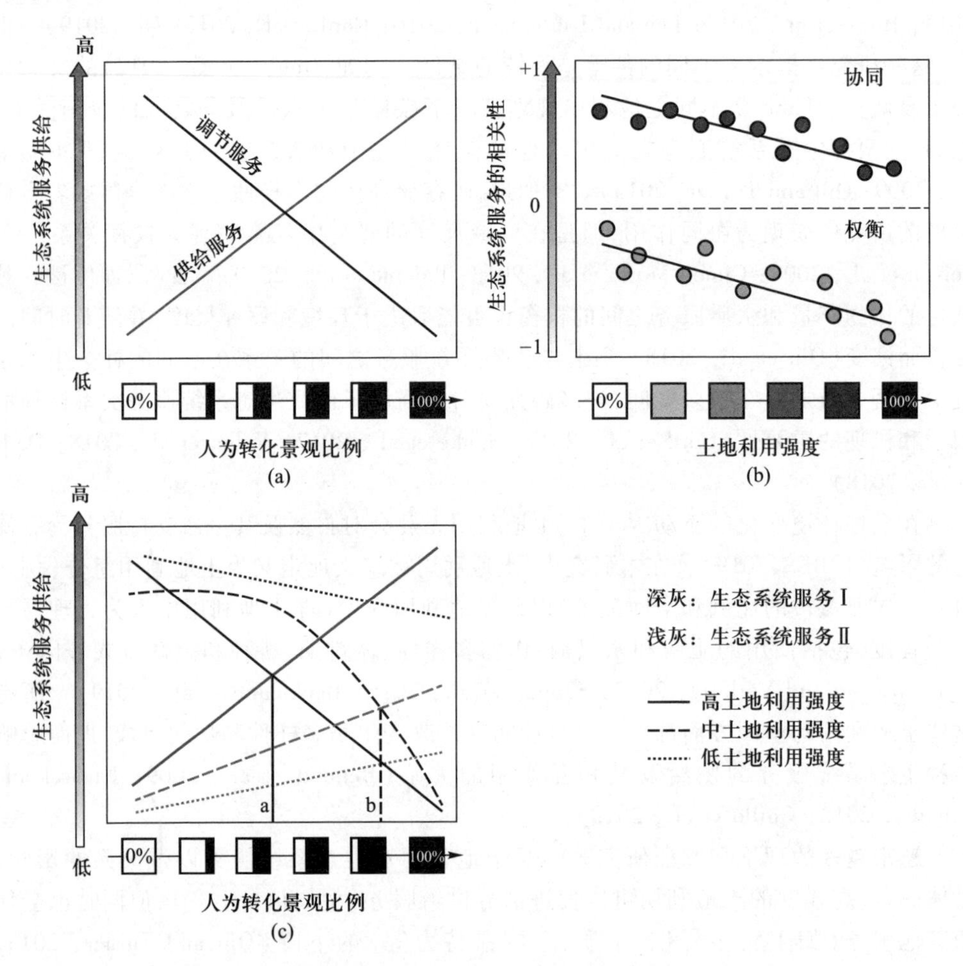

图 14.1 土地利用对生态系统服务关系影响的概念框架。在图 14.1a 中,我们假设随着人为景观组成(如农业用地占比)的增加,供给服务的供应将增加,但是调节服务将呈现相反的模式,从而产生一种权衡关系。在图 14.1b 中,我们预测,随着土地利用强度的增加,生态系统服务权衡的幅度会随之增加,而生态系统服务协同作用的幅度会随之下降。在图 14.1c 中,对于生态系统服务的权衡,我们进一步预期,在较高的管理强度下,权衡的相交点会出现在较低的人为景观下(即交点 a,实线)。相反,当以较适当的强度管理时,交点可能会出现在更大比例的人为景观上(即交点 b,虚线)。在土地利用强度非常低的情况下,这两种生态系统服务甚至可能不相交,这表明即使人为景观比例很高,也有可能实现多种服务的均衡供应。

14.1　土地利用对生态系统服务关系影响的概念模式

之前的区域研究和全球评估分析表明,从历史上看,以人为活动为主导的景观一方面增加了供给服务(例如食物、纤维和生物能源产品等),另一方面减少了大多数的调节服务(例如水和空气净化、气候调节、水流量调节和生物多样性等)(Carpenter et al., 2009; Dittrich et al., 2017; Díaz et al., 2019)。因此,如果使用“时空替代”的概念(Pickett,1989),可以预测,供给服务会随着人类主导景观(如农业用地百分比)的增加而增加,而调节服务则可能呈现相反的趋势,从而导致生态系统服务的权衡(图 14.1a)。

生态系统服务的关系还可能随景观土地利用强度的变化而变化。具体而言,在土地利用强度高的景观中,生态系统服务的权衡可能会更加明显(Petz et al., 2014; Gong et al., 2019)(图 14.1b)。同时,生态系统服务之间的协同作用可能会随着土地利用强度的增加而下降,因为密集的人为活动可能弱化不同生态系统服务之间的协同关系(Qiu et al., 2018; Vallet et al., 2018; Santos-Martín et al., 2019)(图 14.1b)。但这些模式是否在不同的区域社会生态系统中具有一致性尚未得到充分的检验。

此外,某些生态系统服务之间的权衡是不可避免的(Cord et al., 2017)。因此,无论从科学还是实践的角度,都有必要确定如何通过有目的性地管理景观以减少生态系统服务之间的权衡(即平衡多个不同生态系统服务的供给)。根据我们的概念图(图 14.1c),两种生态系统服务沿景观梯度的相交点代表在该景观梯度下这两种生态系统服务供给的折中点。具体而言,受 Seppelt 等(2016)启发,假设其他条件不变,那么我们可以预测,如果以较高的强度进行景观管理,则生态系统服务权衡的相交点将出现在较低比例的人为景观上(图 14.1c,实线)。相反,如果以较低的强度进行管理,则生态系统服务权衡的相交点会出现在较高比例的人为景观上(图 14.1c,虚线)。在极低强度土地利用的条件下,甚至可能没有交叉点(图 14.1c,点虚线)。进一步具体地验证这些假设并确定相交点(或没有相交点)可以有效地指导如何通过改变景观的管理模式以减缓生态系统服务权衡,并实现景观的多功能性。

14.2　研究方法与材料

我们整理了四个具有代表性的研究系统关于不同生态系统服务量化的数据集(表 14.1)。研究系统的选择主要基于:① 所选研究系统是否涵盖了不同的土地利用梯度;② 是否具有足够的可比较的不同生态系统服务数据集;③ 研究区的地理位置(图 14.2)。所有选定的研究系统对两种供给生态系统服务(农作物和畜牧业生产),两种调节服务(水质和气候调节)和一种文化服务(游憩)进行了量化。生态系统服务选择的依据是:① 它们的社会生态重要性;② 需要涵盖一系列不同的生态系统服务类别;③ 最重要的是,不同研究之间数据集的可用性、兼容性和一致性。所有数据集

表 14.1 本研究中四个区域案例的生态系统服务及其相应量化指标

生态系统服务	生物物理指标			
	Norrström（瑞典）	French Alps（法国）	Montérégie（加拿大）	Yahara（美国）
供给服务				
农作物生产	小麦生产	主要作物生产	主要作物生产	主要作物生产
畜牧业生产	家畜（牛、猪和羊）肉类生产	主要饲草作物生产	猪肉生产	主要饲草作物生产
调节服务				
水质调节	养分保持能力	养分保持能力	饮用水质量	地表面磷元素的流失
气候调节	—	碳储存（地上，地下，死亡有机质和土壤碳）	地上碳固定	碳储存（地上，地下，死亡有机质和土壤碳）
文化服务				
游憩	户外休憩区域	潜在休憩区	具有休憩功能的林地	休憩地区

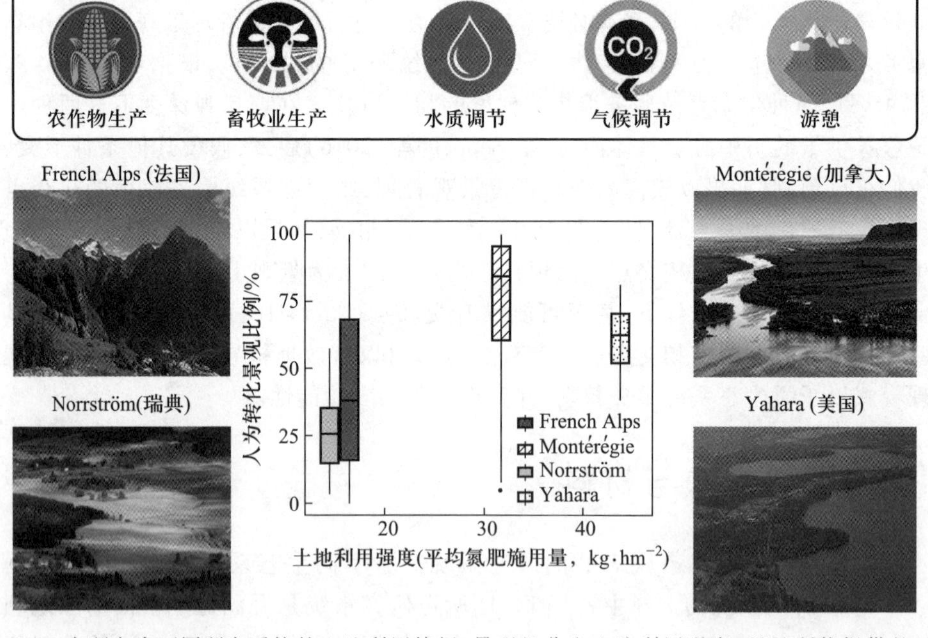

图 14.2 本研究中不同研究系统的土地利用特征、景观组分和土地利用强度，以及所能提供的五种生态系统服务。

均由相应研究的调查人员提供。有关数据源、量化方法以及生态系统服务准确性评估的具体信息，请参阅相对应研究系统的原始论文（表 14.1）（Raudsepp-Hearne et al.,

2010；Qiu and Turner，2013；Queiroz et al.，2015；Crouzat et al.，2015）。由于用于量化生态系统服务的指标通常取决于当地情况、特定的研究人员和数据的可用性，因此指标在不同研究系统之间通常会有所差异（Feld et al.，2009；Reyers et al.，2013）。尽管如此，所有选择的生态系统服务指标均具有可比性，并且对人类福祉至关重要（表 14.1）。例如，评估水质服务的指标反映了景观吸收或者拦截过剩营养元素的能力；气候调节服务是根据主要碳库的储量来估算的；游憩服务的量化则是基于影响户外娱乐活动的因子，如娱乐用途、可及性或提供娱乐活动的资源数量等。

在进行分析之前，我们首先将所有的生态系统服务指标汇总到行政单元或者小流域等效尺度；这些空间尺度通常是土地管理或者土地利用影响的响应单元（Qiu and Turner，2015）。对于每个研究案例，我们将所有生态系统服务的指标都标准化为 0~1，并根据需要进行转换，以使得更高的值对应于更大的服务供应。对于每项研究，我们还收集以下两个方面的数据：① 景观组分（即农业用地的占比）；② 土地利用强度（即氮肥施用的数量），其数据来自 Potter 等（2011）编制的全球数据集。我们选择农业用地占比作为景观组分是因为该用地类型是所有研究系统的主要土地利用类型，也反映了人类活动对景观改变的影响。我们没有考虑景观配置，因为先前的研究表明，景观组分在影响这些服务中起着主导作用（Qiu and Turner，2015；Lamy et al.，2016），并且景观组分也限制了景观空间配置的影响（Gardner et al.，1987；Gustafson，1998）。此外，土地利用强度可以表现为多个方面，如农场规模、劳动力、收割方法和频率以及化学使用等（Turner and Doolittle，1978；Rasmussen et al.，2018；Meyfroidt et al.，2018；Beckmann et al.，2019）。在该研究中，我们选择氮肥施用量作为一个量化指标，因为：① 它是通常用于分析土地利用强度对环境以及服务影响的关键指标（Kleijn et al.，2009）；② 在我们选择的案例研究中已广泛使用该措施来提高作物产量；③ 它的数据是公开获取使用的。

为了解决第一个研究问题，我们首先计算了生态系统服务的所有可能组合（共有 10 对）的 Spearman 相关性，并比较了案例研究中关系的大小和方向。选择 Spearman 相关性是因为其对非正态性和潜在异常值的鲁棒性（Li et al.，2017）。为了解决第二个研究问题，即生态系统服务关系如何随景观的土地利用强度变化，我们针对每对生态系统服务对，首先将 Spearman 相关性与土地利用强度的指标作散点图，然后根据主要的权衡或协同效应进行线性回归。为了解决第三个研究问题，在每个案例研究中，首先绘制成对的生态系统服务与农业土地占比的关系，并拟合回归曲线，然后确定这两个响应曲线在何处相交，并进一步分析生态系统服务权衡的相交点在农业用地的梯度上是如何随着景观水平土地利用强度的变化而变化。我们将分析的重点放在权衡最显著的供给服务和调节服务对之间。为了进一步验证我们的结果是否对分析的空间范围和尺度具有鲁棒性，进行了补充的次区域分析。由于高分辨率氮肥数据获取的限制，我们将此补充分析仅限制在 Yahara 流域。具体而言，首先使用 40 $kg\ N \cdot hm^{-2} \cdot a^{-1}$ 的平均氮肥阈值（该数值是基于当地施肥调查得出），将 Yahara 内的所有子流域分为高强度和低强度两个类别。然后，在高强度和低强度子流域中分别量化生态系统服务权衡点并探究其如何受土地利用强度的影响。所有分析均在 R3.3 统计软件(R Core Team, 2016)中进行。

14.3 研究结果

研究结果表明,在分析的四个案例中,大多数生态系统服务对之间的关系各不相同(表 14.2)。例如,在大多数研究中,农作物与畜牧的产量之间存在正相关关系,但 French Alps 研究区中相应服务却没有这样的关系(表 14.2)。此外,只有在 Montérégie 和 Yahara 流域中才出现农作物生产与水质调节之间的权衡关系。然而,这两种服务在 French Alps 研究区表现为协同效应,而在 Norrström 研究区则表现为微弱的正相关。同样地,畜牧业生产与气候调节和游憩服务也表现出相关关系的区域差异性(表 14.2)。

表 14.2 不同研究区生态系统服务对所有可能组合的 Spearman 相关性

生态系统服务对	Norrström (N=60)	French Alps (N=2 181)	Montérégie (N=137)	Yahara (N=21)
农作物生产 vs. 畜牧业生产	0.67***	−0.28***	0.46***	0.77***
农作物生产 vs. 水质调节	0.11	0.41***	−0.17*	−0.70***
农作物生产 vs. 气候调节	—	−0.48***	−0.89***	−0.41*
农作物生产 vs. 游憩	0.13	−0.33***	−0.69***	−0.55**
畜牧业生产 vs. 水质调节	0.07	−0.11***	−0.42***	−0.32
畜牧业生产 vs. 气候调节	—	0.53***	−0.35***	−0.34
畜牧业生产 vs. 游憩	−0.02	0.25***	−0.13	−0.54*
水质调节 vs. 气候调节	—	−0.22***	0.09	0.73***
水质调节 vs. 游憩	−0.22	−0.27***	0.07	0.68***
气候调节 vs. 游憩	—	0.48***	0.76***	0.70***

注:"—"表示无可以利用的数据。显著性水平:*** $p<0.001$, ** $p<0.01$, * $p<0.05$。

另一方面,某些生态系统服务对之间确实存在一致的相关关系。如果不考虑不显著的相关性($\alpha=0.05$),则农作物生产与气候调节和游憩服务显示出一致的权衡关系,而畜牧业生产也显示出与水质调节一致的权衡关系。我们的分析表明,不同的社会生态系统中,气候调节与游憩服务之间显示出一致的协同效应。

结果还表明,生态系统服务权衡的强度(即负 Spearman 相关性)随着案例研究中的土地利用强度指标(即平均氮肥施用量)的增加而增加($P=0.001$)(图 14.3)。对于某些生态系统服务对(如农作物生产与游憩服务),随着土地利用强度的增加,关系甚至从协同作用转向权衡。但生态系统服务协同关系(即 Spearman 相关性为正)与土地利用强度之间没有显著关系($P=0.16$)(图 14.3)。

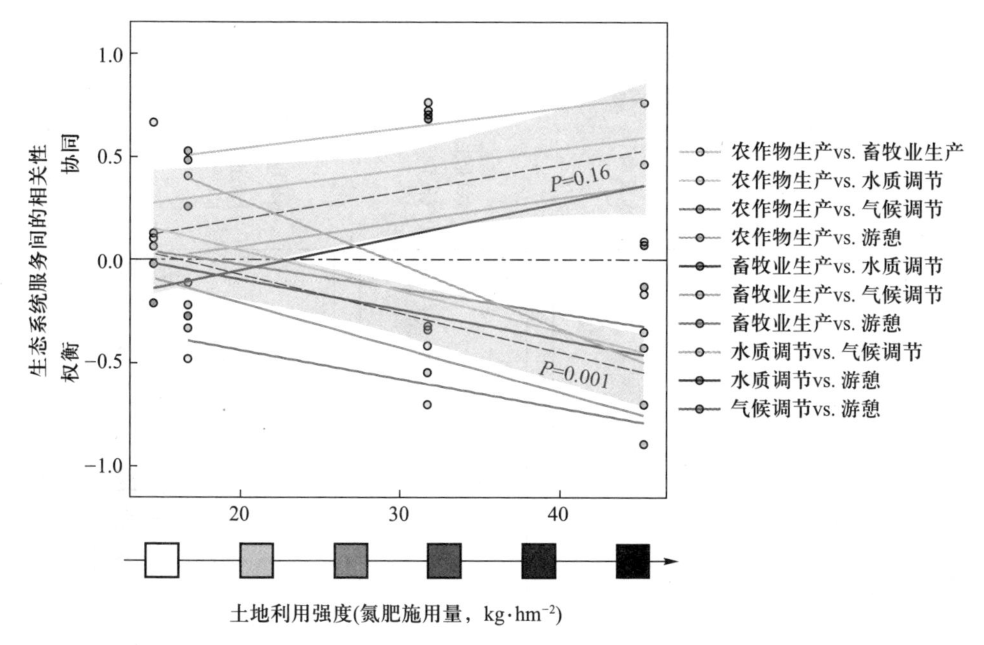

图 14.3　生态系统服务关系(即权衡或协同,量化为 Spearman 相关性)对于土地利用强度的响应关系。(参见书末彩插)

在所有研究中,两种供给服务(农作物生产和畜牧业生产)与人类主导景观(即农业用地)的比例呈正相关(所有 $P<0.05$)(图 14.4)。在所有研究中,除了 French Alps 和 Norrström 流域的水质调节服务外,两种调节服务(气候调节和水质调节)与农业用地百分比均呈负相关(所有 $P<0.05$)(图 14.4)。基于成对的生态系统服务对农业用地百分比的响应曲线,我们的研究结果进一步表明,土地利用强度会影响供给和调节服务的相交点。例如,"农作物生产－气候调节服务"的权衡交点在 Yahara 和 Montérégie(均为高强度研究系统)出现在约 35%～40%的农业用地上,而这两种服务在 French Alps(即低强度系统)中甚至都没有相交(图 14.4)。在农作物生产和水质调节服务方面也发现了类似的关系(图 14.4):这两种生态系统服务在 Yahara 和 Montérégie 的相交点出现在 40%～50%的农业用地占比,但在 French Alps 和 Norrström 研究区中甚至没有出现权衡关系。畜牧业生产与气候调节和水质调节的权衡与农作物生产的权衡相似:在 Yahara 这样的高强度研究系统中,权衡的相交点出现在农业用地占比较低处,但在低强度的研究系统中,甚至没有表现出权衡,或相交点出现在更高的农业用地占比上(图 14.4)。

我们的补充分析也揭示了类似的结果(图 14.5)。具体而言,在 Yahara 流域的次区域分析尺度上,在低强度的区域,供给和调节服务之间权衡的相交点出现在农业用地占比比较高的地方,或者在"农作物生产－水质"权衡的情况下甚至不相交(图 14.5b)。相反,对于高强度的子流域,权衡的交点出现在占比更小的农业用地上。因此,这些结果表明,我们的结论在不同的空间尺度下均是可靠的。

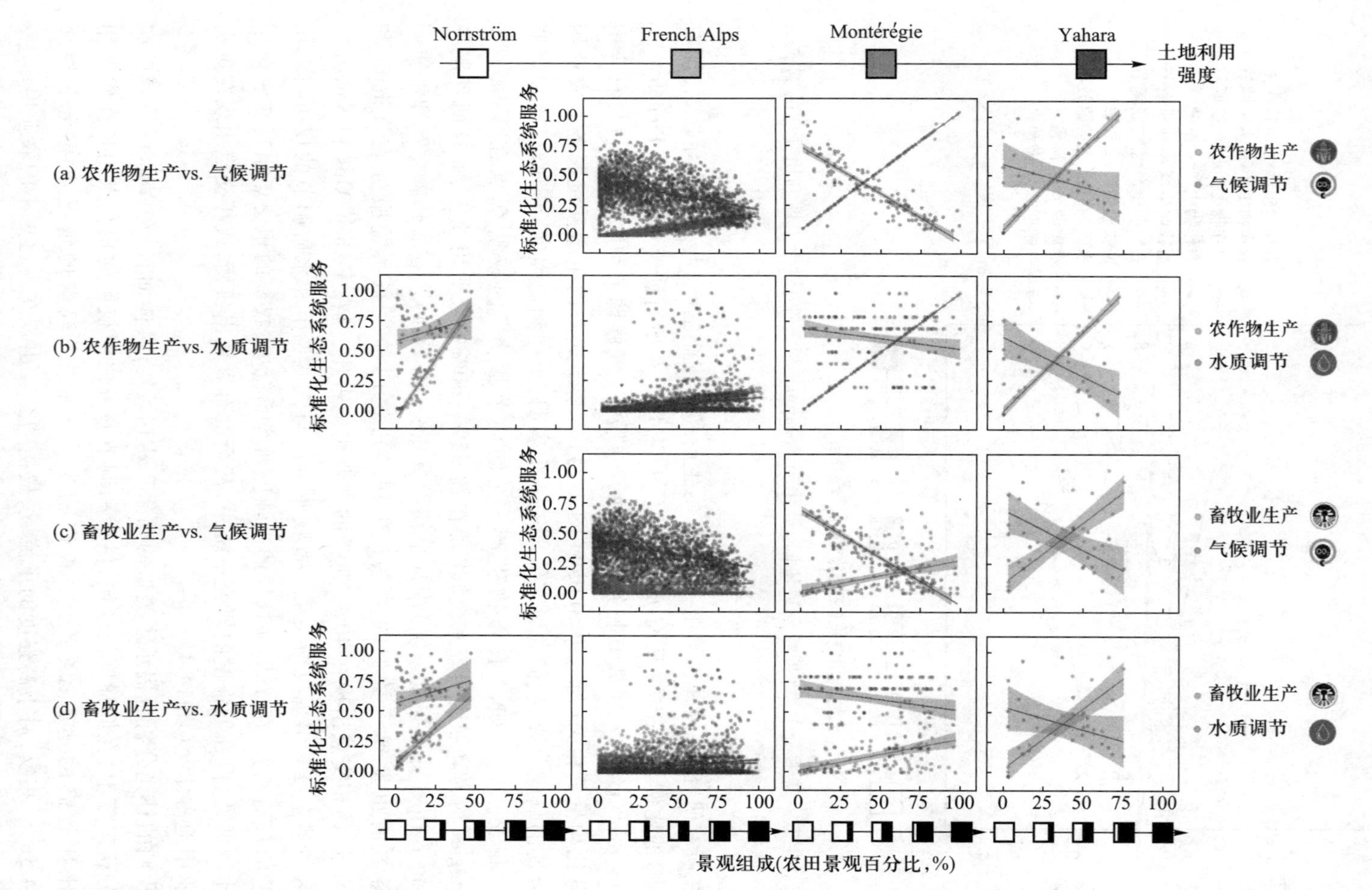

图 14.4 供给与调节生态系统服务之间的权衡点：(a) 农作物生产与气候调节；(b) 农作物生产与水质调节；(c) 畜牧业生产与气候调节；(d) 畜牧业生产与水质调节。（参见书末彩插）

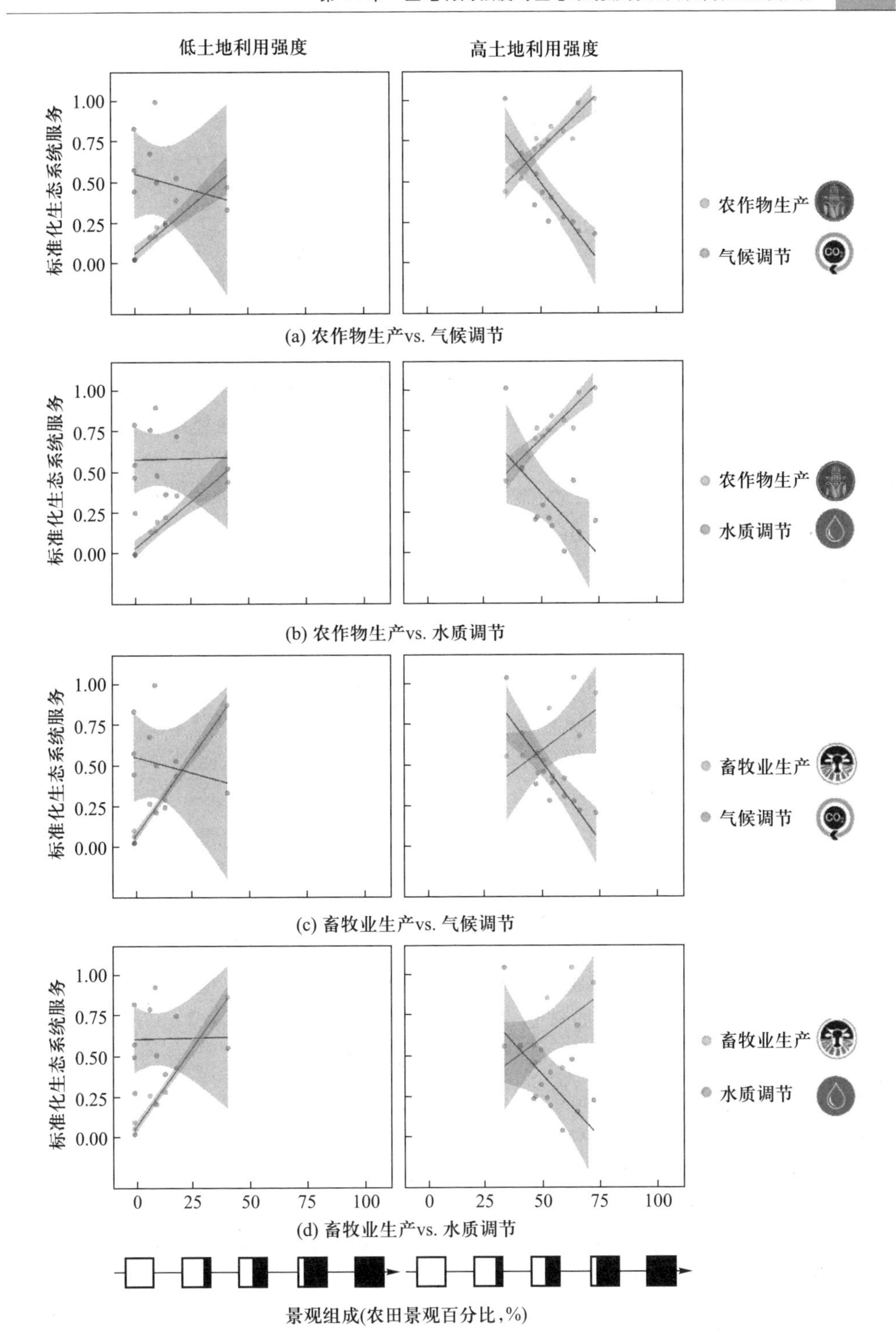

图 14.5　在 Yahara 研究区,两组低强度和高强度子流域之间供给与调节生态系统服务之间的权衡点:(a) 农作物生产与气候调节;(b) 农作物生产与水质调节;(c) 畜牧业生产与气候调节;(d) 畜牧业生产与水质调节。(参见书末彩插)

14.4 讨论与结论

我们的研究表明,尽管大多数生态系统服务之间的关系是与特定环境相关的,但生态系统服务权衡的强度(例如,粮食生产与气候调节以及水质调节服务)会随着土地利用强度的增加而增加。此外,对于权衡关系的生态系统服务对,研究结果揭示了土地利用强度会影响两种服务在景观梯度上的相交点。即在土地利用强度高的系统中,只有在农业用地占比较低的情况下才能维持粮食生产和调节服务的同时供给,而在土地利用强度较低的系统中,即使在农业用地占比高的情况下也可以维持这些服务的同时供给。总体而言,我们的研究结果支持之前提出的假设和概念框架,并进一步表明了研究生态系统服务及其关系方面的驱动因素需要考虑土地利用的影响。

生态系统服务的关系具有明显的区域社会生态系统差异性,甚至一些看似明显的“农作物生产-水质”权衡和“水质-游憩” 服务之间的协同效应也会在不同的研究系统中体现不同的关系(Vesterinen et al., 2010; Power, 2010)。生态系统服务关系的产生是由于:① 对共同驱动因子的响应(例如,管理、营养、气候、生物多样性等);② 不同服务之间的相互作用(Bennett et al., 2009; Cord et al., 2017)。因此,这种特定于情境的生态系统服务关系可能反映了案例研究中不同的社会和生物物理驱动因素的影响(Reyers et al., 2013; Bennett et al., 2015; Spake et al., 2017)。例如,高施肥和人工投入可能是导致 Yahara 和 Montérégie 研究区中“农作物生产-水质”权衡的主要驱动力(Raudsepp-Hearne et al., 2010; Qiu and Turner, 2013)。相比之下,French Alps 研究区中低强度管理以及整体较低的生产力可能解释了为什么在该地区没有发现这些服务之间的权衡关系(Crouzat et al., 2015)。我们的研究结果与先前的研究大致吻合(Duncan et al., 2015),并揭示了生态系统服务关系的差异和动态特征是随着社会生态因素的变化而变化的(Koh and Ghazoul, 2010; Goldstein et al., 2012; Oteros-Rozas et al., 2015)。

同时,我们的研究结果还确定了某些生态系统服务之间较一致的权衡,如先前报道的农作物生产-气候调节(即碳储存)和游憩休闲服务的关系(West et al., 2010; Turner et al., 2014; Lee and Lautenbach, 2016; Qiao et al., 2019)。这些固有的权衡可能来源于:① 生物物理过程(例如,与农业生产相关的二氧化碳排放和碳释放)将系统中不同的服务联系在一起(Bennett et al., 2009);② 对土地利用的共同驱动因子的响应,即增加耕种土地用于农作物生产会减少自然栖息地,这些自然栖息地能够储存更多的碳并提供更多的休闲机会和相关服务。我们的综合分析不能排除其他因素(如尺度、研究方法等)(Grêt-Regamey et al., 2014; Raudsepp-Hearne and Peterson, 2016)对于生态系统服务关系中一致性或上下文依赖的影响。但是,我们的结果表明,把生态系统服务的关系从一个研究区外推到另一个研究区,至少需要考虑当地的特定环境对于生态系统服务及其相互关系的影响。

我们的研究还表明,土地利用强度可以加剧粮食生产与调节服务(如水质、气候监管)和文化服务(户外休闲)之间的权衡。土地利用强度(即施用氮肥量)可能通过两种途径(Felipe-Lucia et al., 2018)来影响生态系统服务的权衡:① 生物地球化学过程,即氮肥过量用于提高农作物产量可能引起氮损失(如径流、地下排水、淋洗等),从而带来水质服务权衡(Jaynes et al., 2001; Zhang et al., 2007; Power, 2010; Mueller et al., 2014)。在某些情况下,这些响应也可能是非线性的,即施肥超过某个阈值将导致产量的增加可忽略不计,但氮流失却很大(DeFries et al., 2004)。② 生物过程,即氮肥的添加可能导致生物多样性的丧失并改变植被的功能组成,尤其是在自然和半自然景观中(Bai et al., 2010; Allan et al., 2015)。这种生物群落和植物功能性状的改变可能导致以物种为基础的服务之间的权衡,例如游憩休闲和其他文化服务(Lavorel and Grigulis, 2012; Graves et al., 2017),以及生物多样性驱动的系统功能(Cardinale et al., 2012; Mitchell et al., 2013; Isbell et al., 2017)。本研究还进一步指出,全球范围内发现的过量氮沉降(Vitousek et al., 1997; Galloway et al., 2008; Bobbink et al., 2010)可能会增加生态系统服务的"基准"权衡的大小。

我们的研究揭示了土地利用的多个方面相互作用对生态系统服务关系的影响。Seppelt 等(2016)提出了一个概念框架,综合了农业生产与生物多样性保护之间的权衡的多维土地利用效应。基于多种生态系统服务,我们的结果为这一概念框架综合提供了数据支持(Seppelt et al., 2016)。在低强度系统中,粮食生产-调节服务的权衡可以被平衡,甚至逆转。换句话说,这些服务可以在相对较高的农业用地占比情况下实现同时供给。相反,在高强度系统中,只有在农业用地较少的情况下,才能实现粮食生产和调节服务的平衡(图 14.4)。我们关于权衡交叉点的研究结果表明,在缓解生产景观中的权衡和实现景观多功能性方面,有不同的土地利用管理方案:即低投入-高农业用地占比与高投入-低农业用地占比。这样的组合对于土地利用具有重要的管理意义,尤其是在不同土地利用情境下,改变土地利用的一个方面往往比另一个方面更加艰难(Václavík et al., 2013)。例如,在高强度的种植系统中(如美国中西部、华北平原),减少农业用地(如恢复绿篱和河岸缓冲带等)(Tscharntke et al., 2005; Kremen et al., 2007; Schulte et al., 2017)或在景观规模上减少土地利用集约化可以帮助平衡粮食生产和其他重要的调节服务的权衡关系。相反,在小规模的农耕地区(如非洲),减少仅存的稀有耕地不太现实,可持续集约化(如通过适当使用农用化学品)可能有助于实现粮食安全,从而进一步提高农村生计和长期生态环境效益(Garnett et al., 2013; Václavík et al., 2013; Vanlauwe et al., 2014)。

维持对人类社会至关重要的水、气候和文化等生态系统服务需求的同时,了解如何管理生产景观以养活不断增长的人口仍然是一个巨大的挑战。我们提出了一个概念框架,其中包含土地利用的各个方面如何影响生态系统服务关系的三个假设。该框架有助于研究土地利用的多方面对于生态系统服务及其关系的影响。使用综合分析的方法,我们的研究从经验上证明了生态系统关系的区域差异性。土地利用强度可以增强生态系统服务之间的权衡幅度,并且与景观组分相互作用,从而影响食物、水和气候调节等生态系统服务之间权衡的响应行为和权衡相交点。我们的研究还指明,未来研究中可以进一步考虑不同生态系统服务量化指标、土地利用强度指标、空间尺度以及景观空间配置等其他因素如何共同作用影响生态系统服务及其关系。

参考文献

Allan, E., P. Manning, F. Alt, J. Binkenstein, S. Blaser, N. Blüthgen, S. Böhm, F. Grassein, N. Hölzel, V. H. Klaus, T. Kleinebecker, E. K. Morris, Y. Oelmann, D. Prati, S. C. Renner, M. C. Rillig, M. Schaefer, M. Schloter, B. Schmitt, I. Schöning, M. Schrumpf, E. Solly, E. Sorkau, J. Steckel, I. Steffen-Dewenter, B. Stempfhuber, M. Tschapka, C. N. Weiner, W. W. Weisser, M. Werner, C. Westphal, W. Wilcke, and M. Fischer. 2015. Land use intensification alters ecosystem multifunctionality via loss of biodiversity and changes to functional composition. Ecology Letters, 18:834-843.

Anderson, B. J., P. R. Armsworth, F. Eigenbrod, C. D. Thomas, S. Gillings, A. Heinemeyer, D. B. Roy, and K. J. Gaston. 2009. Spatial covariance between biodiversity and other ecosystem service priorities. Journal of Applied Ecology, 46:888-896.

Bai, Y., J. Wu, C. M. Clark, S. Naeem, Q. Pan, J. Huang, L. Zhang, and X. Han. 2010. Tradeoffs and thresholds in the effects of nitrogen addition on biodiversity and ecosystem functioning: Evidence from Inner Mongolia Grasslands. Global Change Biology, 16:358-372.

Beckmann, M., K. Gerstner, M. Akin-Fajiye, S. Ceausu, S. Kambach, N. L. Kinlock, H. R. P. Phillips, W. Verhagen, J. Gurevitch, S. Klotz, T. Newbold, P. H. Verburg, M. Winter, and R. Seppelt. 2019. Conventional land-use intensification reduces species richness and increases production: A global meta-analysis. Global Change Biology, 25:1941-1956.

Bennett, E. M., W. Cramer, A. Begossi, G. Cundill, S. Díaz, B. N. Egoh, I. R. Geijzendorffer, C. B. Krug, S. Lavorel, E. Lazos, L. Lebel, B. Martín-López, P. Meyfroidt, H. A. Mooney, J. L. Nel, U. Pascual, K. Payet, N. P. Harguindeguy, G. D. Peterson, A. H. Prieur-Richard, B. Reyers, P. Roebeling, R. Seppelt, M. Solan, P. Tschakert, T. Tscharntke, B. Turner II, P. H. Verburg, E. F. Viglizzo, P. C. White, and G. Woodward. 2015. Linking biodiversity, ecosystem services, and human well-being: Three challenges for designing research for sustainability. Current Opinion in Environmental Sustainability, 14:76-85.

Bennett, E. M., G. D. Peterson, and L. J. Gordon. 2009. Understanding relationships among multiple ecosystem services. Ecology Letters, 12:1394-1404.

Bobbink, R., K. Hicks, J. Galloway, T. Spranger, R. Alkemade, M. Ashmore, M. Bustamante, S. Cinderby, E. Davidson, and F. Dentener. 2010. Global assessment of nitrogen deposition effects on terrestrial plant diversity: A synthesis. Ecological Applications, 20:30-59.

Cardinale, B. J., J. E. Duffy, A. Gonzalez, D. U. Hooper, C. Perrings, P. Venail, A. Narwani, G. M. Mace, D. Tilman, D. A. Wardle, A. P. Kinzig, G. C. Daily, M. Loreau, J. B. Grace, A. Larigauderie, D. S. Srivastava, and S. Naeem. 2012. Biodiversity loss and its impact on humanity. Nature, 486:59-67.

Carpenter, S. R., H. A. Mooney, J. Agard, D. Capistrano, R. S. DeFries, S. Díaz, T. Dietz, A. K. Duraiappah, A. Oteng-Yeboah, H. M. Pereira, C. Perrings, W. V. Reid, J. Sarukhan, R. J. Scholes, and A. Whyte. 2009. Science for managing ecosystem services: Beyond the Millennium Ecosystem Assessment. Proceedings of the National Academy of Sciences, 106:1305-1312.

Chillo, V., D. P. Vázquez, M. M. Amoroso, and E. M. Bennett. 2018. Land-use intensity indirectly affects ecosystem services mainly through plant functional identity in a temperate forest. Functional Ecology,32:1390−1399.

Cimon-Morin, J., M. Darveau, and M. Poulin. 2013. Fostering synergies between ecosystem services and biodiversity in conservation planning: A review. Biological Conservation, 166:144−154.

Cord, A. F., B. Bartkowski, M. Beckmann, A. Dittrich, K. Hermans-Neumann, A. Kaim, N. Lienhoop, K. Locher-Krause, J. Priess, and C. Schröter-Schlaack. 2017. Towards systematic analyses of ecosystem service trade-offs and synergies: Main concepts, methods and the road ahead. Ecosystem services,28: 264−272.

Crouzat, E., M. Mouchet, F. Turkelboom, C. Byczek, J. Meersmans, F. Berger, P. J. Verkerk, and S. Lavorel. 2015. Assessing bundles of ecosystem services from regional to landscape scale: Insights from the French Alps. Journal of Applied Ecology,52:1145−1155.

Dade, M. C., M. G. E. Mitchell, C. A. McAlpine, and J. R. Rhodes. 2018. Assessing ecosystem service trade-offs and synergies: The need for a more mechanistic approach. Ambio:A Journal of the Human Environment,48(10):1116−1128.

DeFries, R. S., J. A. Foley, and G. P. Asner. 2004. Land-use choices: Balancing human needs and ecosystem function. Frontiers in Ecology and the Environment,2:249−257.

Díaz, S., J. Settele, E. S. Brondízio, H. T. Ngo, J. Agard, A. Arneth, P. Balvanera, K. A. Brauman, S. H. M. Butchart, K. M. A. Chan, L. A. Garibaldi, K. Ichii, J. Liu, S. M. Subramanian, G. F. Midgley, P. Miloslavich, Z. Molnár, D. Obura, A. Pfaff, S. Polasky, A. Purvis, J. Razzaque, B. Reyers, R. R. Chowdhury, Y.-J. Shin, I. Visseren-Hamakers, K. J. Willis, and C. N. Zayas. 2019. Pervasive human-driven decline of life on Earth points to the need for transformative change. Science,366:1327.

Dittrich, A., H. von Wehrden, D. J. Abson, B. Bartkowski, A. F. Cord, P. Fust, C. Hoyer, S. Kambach, M. A. Meyer, and R. Radzevičiūtė. 2017. Mapping and analysing historical indicators of ecosystem services in Germany. Ecological Indicators,75:101−110.

Duncan, C., J. R. Thompson, and N. Pettorelli. 2015. The quest for a mechanistic understanding of biodiversity-ecosystem services relationships. Proceedings of the Royal Society B: Biological Sciences, 282 (1817):1−10.

Ellis, E. C., U. Pascual, and O. Mertz. 2019. Ecosystem services and nature's contribution to people: Negotiating diverse values and trade-offs in land systems. Current Opinion in Environmental Sustainability,38:86−94.

Feld, C. K., P. Martins da Silva, J. Paulo Sousa, F. De Bello, R. Bugter, U. Grandin, D. Hering, S. Lavorel, O. Mountford, I. Pardo, M. Pärtel, J. Römbke, L. Sandin, K. Bruce Jones, and P. Harrison. 2009. Indicators of biodiversity and ecosystem services: A synthesis across ecosystems and spatial scales. Oikos,118:1862−1871.

Felipe-Lucia, M. R., S. Soliveres, C. Penone, P. Manning, F. van der Plas, S. Boch, D. Prati, C. Ammer, P. Schall, and M. M. Gossner. 2018. Multiple forest attributes underpin the supply of multiple ecosystem services. Nature Communications,9:4839.

Galloway, J. N., A. R. Townsend, J. W. Erisman, M. Bekunda, Z. Cai, J. R. Freney, L. A. Martinelli, S. P. Seitzinger, and M. A. Sutton. 2008. Transformation of the nitrogen cycle: Recent trends, questions, and potential solutions. Science, 320: 889-892.

Gardner, R. H., B. T. Milne, M. G. Turnei, and R. V. O'Neill. 1987. Neutral models for the analysis of broad-scale landscape pattern. Landscape Ecology, 1: 19-28.

Garnett, T., M. C. Appleby, A. Balmford, I. J. Bateman, T. G. Benton, P. Bloomer, B. Burlingame, M. Dawkins, L. Dolan, and D. Fraser. 2013. Sustainable intensification in agriculture: Premises and policies. Science, 341: 33-34.

Gerstner, K., C. F. Dormann, A. Stein, A. M. Manceur, and R. Seppelt. 2014. Effects of land use on plant diversity—A global meta-analysis. Journal of Applied Ecology, 51: 1690-1700.

Goldstein, J. H., G. Caldarone, T. K. Duarte, D. Ennaanay, N. Hannahs, G. Mendoza, S. Polasky, S. Wolny, and G. C. Daily. 2012. Integrating ecosystem-service tradeoffs into land-use decisions. Proceedings of the National Academy of Sciences, 109: 7565-7570.

Gong, J., D. Liu, J. Zhang, Y. Xie, E. Cao, and H. Li. 2019. Tradeoffs/synergies of multiple ecosystem services based on land use simulation in a mountain-basin area, western China. Ecological Indicators, 99: 283-293.

Graves, R. A., S. M. Pearson, and M. G. Turner. 2017. Species richness alone does not predict cultural ecosystem service value. Proceedings of the National Academy of Sciences, 114: 3774-3779.

Grêt-Regamey, A., B. Weibel, K. J. Bagstad, M. Ferrari, D. Geneletti, H. Klug, U. Schirpke, and U. Tappeiner. 2014. On the effects of scale for ecosystem services mapping. PLoS One, 9: e112601.

Gustafson, E. J. 1998. Quantifying landscape spatial pattern: What is the state of the art? Ecosystems, 1: 143-156.

Hölting, L., M. Beckmann, M. Volk, and A. F. Cord. 2019. Multifunctionality assessments—More than assessing multiple ecosystem functions and services? A quantitative literature review. Ecological Indicators, 103: 226-235.

Howe, C., H. Suich, B. Vira, and G. M. Mace. 2014. Creating win-wins from trade-offs? Ecosystem services for human well-being: A meta-analysis of ecosystem service trade-offs and synergies in the real world. Global Environmental Change, 28: 263-275.

Imhoff, M. L., L. Bounoua, T. Ricketts, C. Loucks, R. Harriss, and W. T. Lawrence. 2004. Global patterns in human consumption of net primary production. Nature, 429: 870-873.

IPBES. 2019. Global assessment report on biodiversity and ecosystem services of the Intergovernmental Science-Policy Platform on Biodiversity and Ecosystem Services. In Brondizio, E. S., Settele, J., Díaz, S., Ngo, H. T., eds. IPBES Secretariat, Bonn, Germany.

Isbell, F., V. Calcagno, A. Hector, J. Connolly, W. S. Harpole, P. B. Reich, M. Scherer-Lorenzen, B. Schmid, D. Tilman, J. van Ruijven, A. Weigelt, B. J. Wilsey, E. S. Zavaleta, and M. Loreau. 2011. High plant diversity is needed to maintain ecosystem services. Nature, 477: 199-202.

Isbell, F., A. Gonzalez, M. Loreau, J. Cowles, S. Díaz, A. Hector, G. M. Mace, D. A. Wardle, M. I. O'Connor, J. E. Duffy, L. A. Turnbull, P. L. Thompson, and A. Larigauderie. 2017. Linking the influence and dependence of people on biodiversity across scales. Nature, 546: 65-72.

Jaynes, D. B., T. S. Colvin, D. L. Karlen, C. A. Cambardella, and D. W. Meek. 2001. Nitrate loss in subsurface drainage as affected by nitrogen fertilizer rate. Journal of Environmental Quality, 30: 1305-1314.

Kleijn, D., F. Kohler, A. Báldi, P. Batáry, E. D. Concepción, Y. Clough, M. Díaz, D. Gabriel, A. Holzschuh, E. Knop, A. Kovács, E. J. P. Marshall, T. Tscharntke, and J. Verhulst. 2009. On the relationship between farmland biodiversity and land-use intensity in Europe. Proceedings of the Royal Society of London B: Biological Sciences, 276:903-909.

Koh, L. P., and J. Ghazoul. 2010. Spatially explicit scenario analysis for reconciling agricultural expansion, forest protection, and carbon conservation in Indonesia. Proceedings of the National Academy of Sciences, 107:11140-11144.

Kremen, C., N. M. Williams, M. A. Aizen, B. Gemmill-Herren, G. LeBuhn, R. Minckley, L. Packer, S. G. Potts, T. Roulston, I. Steffan-Dewenter, D. P. Vázquez, R. Winfree, L. Adams, E. E. Crone, S. S. Greenleaf, T. H. Keitt, A. M. Klein, J. Regetz, and T. H. Ricketts. 2007. Pollination and other ecosystem services produced by mobile organisms: A conceptual framework for the effects of land-use change. Ecology Letters, 10:299-314.

Lamy, T., K. N. Liss, A. Gonzalez, and E. M. Bennett. 2016. Landscape structure affects the provision of multiple ecosystem services. Environmental Research Letters, 11(12):124017.

Lavorel, S., and K. Grigulis. 2012. How fundamental plant functional trait relationships scale-up to trade-offs and synergies in ecosystem services. Journal of Ecology, 100:128-140.

Lee, H., and S. Lautenbach. 2016. A quantitative review of relationships between ecosystem services. Ecological Indicators, 66:340-351.

Li, Y., L. Zhang, J. Qiu, J. Yan, L. Wan, P. Wang, N. Hu, W. Cheng, and B. Fu. 2017. Spatially explicit quantification of the interactions among ecosystem services. Landscape Ecology, 32:1181-1199.

Lindborg, R., L. J. Gordon, R. Malinga, J. Bengtsson, G. Peterson, R. Bommarco, L. Deutsch, Å. Gren, M. Rundlöf, and H. G. Smith. 2017. How spatial scale shapes the generation and management of multiple ecosystem services. Ecosphere, 8:e01741.

Mastrangelo, M. E., F. Weyland, S. H. Villarino, M. P. Barral, L. Nahuelhual, and P. Laterra. 2014. Concepts and methods for landscape multifunctionality and a unifying framework based on ecosystem services. Landscape Ecology, 29:345-358.

Meacham, M., C. Queiroz, A. Norström, and G. Peterson. 2016. Social-ecological drivers of multiple ecosystem services: What variables explain patterns of ecosystem services across the Norrström drainage basin? Ecology and Society, 21(1):14.

Meyfroidt, P., R. Roy Chowdhury, A. de Bremond, E. C. Ellis, K. H. Erb, T. Filatova, R. D. Garrett, J. M. Grove, A. Heinimann, T. Kuemmerle, C. A. Kull, E. F. Lambin, Y. Landon, Y. le Polain de Waroux, P. Messerli, D. Müller, J. Ø. Nielsen, G. D. Peterson, V. Rodriguez García, M. Schlüter, B. L. Turner, and P. H. Verburg. 2018. Middle-range theories of land system change. Global Environmental Change, 53:52-67.

Mitchell, M. G. E., E. M. Bennett, and A. Gonzalez. 2013. Linking Landscape Connectivity and Ecosystem Service Provision: Current Knowledge and Research Gaps. Ecosystems, 16:894-908.

Mouchet, M. A., P. Lamarque, B. Martín-López, E. Crouzat, P. Gos, C. Byczek, and S. Lavorel. 2014. An interdisciplinary methodological guide for quantifying associations between ecosystem services. Global Environmental Change, 28:298-308.

Mueller, N. D., P. C. West, J. S. Gerber, G. K. MacDonald, S. Polasky, and J. A. Foley. 2014. A tradeoff frontier for global nitrogen use and cereal production. Environmental Research Letters,9:054002.

Nelson, E., G. Mendoza, J. Regetz, S. Polasky, H. Tallis, Dr. Cameron, K. M. Chan, G. C. Daily, J. Goldstein, P. M. Kareiva, E. Lonsdorf, R. Naidoo, T. H. Ricketts, and Mr. Shaw. 2009. Modeling multiple ecosystem services, biodiversity conservation, commodity production, and tradeoffs at landscape scales. Frontiers in Ecology and the Environment,7:4-11.

Oteros-Rozas, E., B. Martín-López, T. M. Daw, E. L. Bohensky, J. R. A. Butler, R. Hill, J. Martin-Ortega, A. Quinlan, F. Ravera, I. Ruiz-Mallén, M. Thyresson, J. Mistry, I. Palomo, G. D. Peterson, T. Plieninger, K. A. Waylen, D. M. Beach, I. C. Bohnet, M. Hamann, J. Hanspach, K. Hubacek, S. Lavorel, and S. P. Vilardy. 2015. Participatory scenario planning in place-based social-ecological research: Insights and experiences from 23 case studies. Ecology and Society,20(4).

Palomo, I., Y. Dujardin, E. Midler, M. Robin, M. J. Sanz, and U. Pascual. 2019. Modeling trade-offs across carbon sequestration, biodiversity conservation, and equity in the distribution of global REDD+ funds. Proceedings of the National Academy of Sciences,116:22645-22650.

Petz, K., R. Alkemade, M. Bakkenes, C. J. E. Schulp, M. van der Velde, and R. Leemans. 2014. Mapping and modelling trade-offs and synergies between grazing intensity and ecosystem services in rangelands using global-scale datasets and models. Global Environmental Change,29:223-234.

Pickett, S. T. 1989. Space-for-time substitution as an alternative to long-term studies. In Likens, G. E., eds. Long-Term Studies in Ecology Approaches and Alternatives. Washington D. C.:Springer,110-135.

Potter, P. N., N. Ramankutty, E. M. Bennett, and S. D. Donner. 2011. Global Fertilizer and Manure, Version 1: Nitrogen Fertilizer Application. Palisades, NY: NASA Socioeconomic Data and Applications Center(SEDAC). https://doi. org/10.7927/H4Q81B0R. Accessed 7 December 2018.

Power, A. G. 2010. Ecosystem services and agriculture: Tradeoffs and synergies. Philosophical Transactions of the Royal Society of London B: Biological Sciences,365:2959-2971.

Qiao, X., Y. Gu, C. Zou, D. Xu, L. Wang, X. Ye, Y. Yang, and X. Huang. 2019. Temporal variation and spatial scale dependency of the trade-offs and synergies among multiple ecosystem services in the Taihu Lake Basin of China. Science of the Total Environment, 651:218-229.

Qiu, J. 2019. Effects of landscape pattern on pollination, pest control, water quality, flood regulation, and cultural ecosystem services: A literature review and future research prospects. Current Landscape Ecology Reports,4:113-124.

Qiu, J., S. R. Carpenter, E. G. Booth, M. Motew, S. C. Zipper, C. J. Kucharik, S. P. Loheide Ⅱ, and M. G. Turner. 2018. Understanding relationships among ecosystem services across spatial scales and over time. Environmental Research Letters,13:054020.

Qiu, J., and M. G. Turner. 2013. Spatial interactions among ecosystem services in an urbanizing agricultural watershed. Proceedings of the National Academy of Sciences,110:12149-12154.

Qiu, J., and M. G. Turner. 2015. Importance of landscape heterogeneity in sustaining hydrologic ecosystem services in an agricultural watershed. Ecosphere,6:1-19.

Queiroz, C., M. Meacham, K. Richter, A. V. Norström, E. Andersson, J. Norberg, and G. Peterson. 2015. Mapping bundles of ecosystem services reveals distinct types of multifunctionality within a Swedish landscape. AMBIO,44:89-101.

R Core Team. 2016. R: A language and environment for statistical computing. R Foundation for Statistical

Computing, Vienna, Austria.

Ramankutty, N., A. T. Evan, C. Monfreda, and J. A. Foley. 2008. Farming the planet: 1. Geographic distribution of global agricultural lands in the year 2000. Global Biogeochemical Cycles, 22: GB1003.

Rasmussen, L. V., B. Coolsaet, A. Martin, O. Mertz, U. Pascual, E. Corbera, N. Dawson, J. A. Fisher, P. Franks, and C. M. Ryan. 2018. Social-ecological outcomes of agricultural intensification. Nature Sustainability, 1: 275-282.

Raudsepp-Hearne, C., and G. Peterson. 2016. Scale and ecosystem services: How do observation, management, and analysis shift with scale—lessons from Québec. Ecology and Society, 21(3).

Raudsepp-Hearne, C., G. D. Peterson, and E. M. Bennett. 2010. Ecosystem service bundles for analyzing tradeoffs in diverse landscapes. Proceedings of the National Academy of Sciences, 107: 5242-5247.

Reyers, B., R. Biggs, G. S. Cumming, T. Elmqvist, A. P. Hejnowicz, and S. Polasky. 2013. Getting the measure of ecosystem services: A social-ecological approach. Frontiers in Ecology and the Environment, 11: 268-273.

Rodríguez, J. P., T. D. Beard Jr, E. M. Bennett, G. S. Cumming, S. J. Cork, J. Agard, A. P. Dobson, and G. D. Peterson. 2006. Trade-offs across space, time, and ecosystem services. Ecology and Society, 11(1).

Santos-Martín, F., P. Zorrilla-Miras, I. Palomo, C. Montes, J. Benayas, and J. Maes. 2019. Protecting nature is necessary but not sufficient for conserving ecosystem services: A comprehensive assessment along a gradient of land-use intensity in Spain. Ecosystem Services, 35: 43-51.

Scholes, R., R. Hassan, N. J. Ash, and T. W. Group. 2005. Summary: Ecosystems and their services around the year 2000. Millennium Ecosystem Assessment. Ecosystems and Human Well-Being: Current State and Trends, 1-24.

Schulte, L. A., J. Niemi, M. J. Helmers, M. Liebman, J. G. Arbuckle, D. E. James, R. K. Kolka, M. E. O'Neal, M. D. Tomer, J. C. Tyndall, H. Asbjornsen, P. Drobney, J. Neal, G. V. Ryswyk, and C. Witte. 2017. Prairie strips improve biodiversity and the delivery of multiple ecosystem services from corn-soybean croplands. Proceedings of the National Academy of Sciences, 114: 11247-11252.

Seppelt, R., M. Beckmann, S. Ceausu, A. F. Cord, K. Gerstner, J. Gurevitch, S. Kambach, S. Klotz, C. Mendenhall, H. R. P. Phillips, K. Powell, P. H. Verburg, W. Verhagen, M. Winter, and T. Newbold. 2016. Harmonizing biodiversity conservation and productivity in the context of increasing demands on landscapes. BioScience, 66: 890-896.

Seppelt, R., A. Manceur, J. Liu, E. Fenichel, and S. Klotz. 2014. Synchronized peak-rate years of global resources use. Ecology and Society, 19(4): 50.

Spake, R., R. Lasseur, E. Crouzat, J. M. Bullock, S. Lavorel, K. E. Parks, M. Schaafsma, E. M. Bennett, J. Maes, M. Mulligan, M. Mouchet, G. D. Peterson, C. J. E. Schulp, W. Thuiller, M. G. Turner, P. H. Verburg, and F. Eigenbrod. 2017. Unpacking ecosystem service bundles: Towards predictive mapping of synergies and trade-offs between ecosystem services. Global Environmental Change, 47: 37-50.

Tallis, H., and S. Polasky. 2009. Mapping and valuing ecosystem services as an approach for conservation and natural-resource management. Annals of the New York Academy of Sciences, 1162: 265-283.

Tscharntke, T., A. M. Klein, A. Kruess, I. Steffan-Dewenter, and C. Thies. 2005. Landscape perspectives on agricultural intensification and biodiversity-ecosystem service management. Ecology Letters, 8: 857-874.

Turner, B. L., and W. E. Doolittle. 1978. The concept and measure of agricultural intensity. The Professional Geographer, 30: 297-301.

Turner, K. G., M. V. Odgaard, P. K. Bøcher, T. Dalgaard, and J. C. Svenning. 2014. Bundling ecosystem services in Denmark: Trade-offs and synergies in a cultural landscape. Landscape and Urban Planning, 125: 89-104.

Václavík, T., S. Lautenbach, T. Kuemmerle, and R. Seppelt. 2013. Mapping global land system archetypes. Global Environmental Change, 23: 1637-1647.

Vallet, A., B. Locatelli, H. Levrel, S. Wunder, R. Seppelt, R. J. Scholes, and J. Oszwald. 2018. Relationships between ecosystem services: Comparing methods for assessing tradeoffs and synergies. Ecological Economics, 150: 96-106.

van Asselen, S., and P. H. Verburg. 2012. A Land System representation for global assessments and land-use modeling. Global Change Biology, 18: 3125-3148.

Vanlauwe, B., D. Coyne, J. Gockowski, S. Hauser, J. Huising, C. Masso, G. Nziguheba, M. Schut, and P. Van Asten. 2014. Sustainable intensification and the African smallholder farmer. Current Opinion in Environmental Sustainability, 8: 15-22.

Vesterinen, J., E. Pouta, A. Huhtala, and M. Neuvonen. 2010. Impacts of changes in water quality on recreation behavior and benefits in Finland. Journal of Environmental Management, 91: 984-994.

Vitousek, P. M., J. D. Aber, R. W. Howarth, G. E. Likens, P. A. Matson, D. W. Schindler, W. H. Schlesinger, and D. G. Tilman. 1997. Human alteration of the global nitrogen cycle: Sources and consequences. Ecological Applications, 7: 737-750.

West, P. C., H. K. Gibbs, C. Monfreda, J. Wagner, C. C. Barford, S. R. Carpenter, and J. A. Foley. 2010. Trading carbon for food: Global comparison of carbon stocks vs. crop yields on agricultural land. Proceedings of the National Academy of Sciences, 107: 19645-19648.

Zhang, W., T. H. Ricketts, C. Kremen, K. Carney, and S. M. Swinton. 2007. Ecosystem services and dis-services to agriculture. Ecological Economics, 64: 253-260.

流域土地利用/覆盖变化对生态系统服务的影响：进展、挑战和展望

张金茜[1,2]　何春阳[1,2]　刘志锋[1,2]
黄庆旭[1,2]

摘　　要

流域土地利用/覆盖变化(land use/cover change,LUCC)对生态系统服务的影响研究可为区域可持续发展提供科学指导。本研究目的是系统综述流域LUCC对生态系统服务影响的研究进展。在定性和定量分析的基础上,我们揭示了流域LUCC对生态系统服务影响研究的趋势和特征,总结了相关研究进展和主要挑战,并提出了未来的重要研究方向。我们发现,近20年来,流域LUCC对生态系统服务影响研究方面的中英文论文数量与被引频次呈上升趋势,全球相关研究的热点区域共7个,分别是密西西比-密苏里流域、尼罗河流域、拉普拉塔流域、长江流域、黄河流域、中国东南沿海诸河流域和内流区。目前,流域LUCC对生态系统服务的影响研究已基本形成格局-过程-服务-福祉的研究范式,但仍在系统观测、机理分析、影响评估和应用管理方面面临挑战。未来需要与景观可持续科学紧密结合,并将粮食-能源-水系统关联(food-energy-water nexus)融入进来,以服务于联合国可持续发展目标。

Abstract

Understanding the impacts of land use/cover change(LUCC)on ecosystem services at the watershed scale can provide important guidance for regional sustainable development. Here, we systematically reviewed the progresses on the impacts of LUCC on ecosystem

① 北京师范大学地表过程与资源生态国家重点实验室,北京,100875,中国;
② 北京师范大学地理科学学部自然资源学院,北京,100875,中国。

services at the watershed scale. Building on qualitative and quantitative analyses, we analyzed the characteristics of studies on the impacts of LUCC on ecosystem services at the watershed scale, and summarized main progresses. We also identified major challenges and proposed future research directions. We found that the number of publications on the impacts of watershed LUCC on ecosystem services and their total cites grew rapidly in the past 20 years. Seven watersheds around the world are research hotspots, namely the Mississippi-Missouri, Nile, La Plata, Yangtze, Yellow River, China Coast and China Inland watersheds. Nowadays, research on the impacts of watershed LUCC on ecosystem services has formed a pattern-process-service-wellbeing research paradigm. However, it also has difficulties in observing, understanding the mechanism, evaluating such impacts and applying these findings in managing watersheds. To move forward, research should be closely integrated with landscape sustainability science, and incorporate the food-energy-water nexus to support the attainment of the Sustainable Development Goals.

前言

流域是由分水岭分割而成的集水区域(Christopherson, 2011)。一方面,它是一个相对封闭的系统;另一方面,它是由水资源系统、生态系统与社会系统协同构成的、具有层次结构和整体功能的复杂系统,具有陆表系统所有的复杂性(程国栋等, 2011; Cheng et al., 2014)。这两个特点相辅相成,使得流域成为探索可持续发展的一个理想单元(程国栋和李新, 2015)。生态系统服务指人类从生态系统中获得的各种惠益(Costanza et al., 1997)。作为自然资本与人类福祉之间的桥梁,生态系统服务为可持续发展提供了新的视角(彭建等, 2017; Ouyang et al., 2016)。土地利用指人类对土地自然属性的利用方式和状况(傅伯杰, 2013)。土地覆盖指地球陆地表层和近地面层的自然状态(Turner et al., 1995)。土地利用/覆盖变化(land use/cover change, LUCC)驱动着生态系统服务提供能力的变化(MA, 2005),为可持续发展带来了挑战。目前,以流域为单元开展的LUCC对生态系统服务的影响研究表明了从行政边界向水文边界的范式转变,可以更有效地解决社会经济发展过程中的生态环境问题(Cohen and Davidson, 2011),已被广泛应用于生态系统管理。因此,认识流域LUCC对生态系统服务影响研究的趋势、特征、原理和挑战,十分必要。

目前,已有学者综述了LUCC对生态系统服务影响的研究进展。在国际上,Bryan(2013)详细阐述了农业生态系统中LUCC与生态系统服务之间一对多、多对一和多对多的复杂关系。Crossman等(2013)重点关注了全球尺度上土地利用变化和土地管理对生态系统服务的影响,以及土地系统和生态系统服务供给与使用之间的复杂关系。Deng等(2016)综述了面向可持续土地利用管理的生态系统服务权衡研究,主要涉及景观和生态系统尺度。在国内,傅伯杰和张立伟(2014)对土地利用变化与生态系统服务相关研究背景和概念进行了介绍,总结了生态系统服务评估方法的特点,提出了目前研究中存在的问题,并展望了未来的研究趋势。王军和顿耀龙(2015)综述了土地利用变化(面积、方式和空间格局)对生态系统服务的影响,归纳了全球、景观和生态系统尺度下的主要方法和模型。但是已有综述以定性为主,缺少定性与定量相结合的综述研究。同时,聚焦流域尺度的综述研究仍比较缺乏。

本研究从定性和定量的角度分析了流域 LUCC 对生态系统服务影响研究的趋势和特征,揭示了流域 LUCC 对生态系统服务影响的基本原理,总结了主要研究进展,提出了主要挑战和未来发展趋势。本综述可为 LUCC 对生态系统服务的影响研究提供流域尺度上的新视角,服务于流域可持续发展。

15.1 研究趋势和特征

15.1.1 研究趋势

2001—2019 年流域 LUCC 对生态系统服务影响研究的英文论文发文量和被引频次均呈上升趋势(图 15.1a)。2008 年以前,英文论文年均发文量 1 篇,增速缓慢;2008 年以后,英文论文数量快速增加,年均发文量增至 42 篇。同期,中文论文的发文量呈波动上升趋势,被引频次呈连续上升趋势(图 15.1b)。2008 年以前,中文论文的年发文量差别较小;2008 年以后,中文论文数量表现出明显的增加趋势。被引频次方面,排名前五的英文论文共被引 918 次,占总被引频次的 12.62%。排名前五的中文论文共被引 749 次,占总被引频次的 34.87%(表 15.1 和表 15.2)。

15.1.2 主要研究主题

英文论文主要以生态系统服务为研究主题,重点关注淡水供给、水质净化和土壤保持等多种涉水生态系统服务以及碳固持服务(图 15.2a)。研究内容主要是土地利用变化对多种生态系统服务以及服务间关系的影响。前 10 位高频词分别是 ecosystem services、land use change、climate change、land use、trade-offs、InVEST model、scenario、biodiversity、ecosystem services value 和 water yield。中文论文主要以生态系统服务价值为研究主题,评估土地利用变化对生态系统服务价值产生的影响(图 15.2b)。前 5 位高频词分别是生态系统服务价值、土地利用、生态服务价值、土地利用变化和生态系统服务。

15.1.3 主要研究区

英文论文对密西西比-密苏里流域、拉普拉塔流域、尼罗河流域、黄河流域、长江流域以及我国东南沿海诸河流域和内流区的关注度较高,发文量均超过 10 篇。中文论文主要关注长江流域、黄河流域、海河流域和西北内流区,发文量均超过 5 篇。其中,西北内流区包括准噶尔内流区、河西走廊-阿拉善内流区和塔里木河内流区。

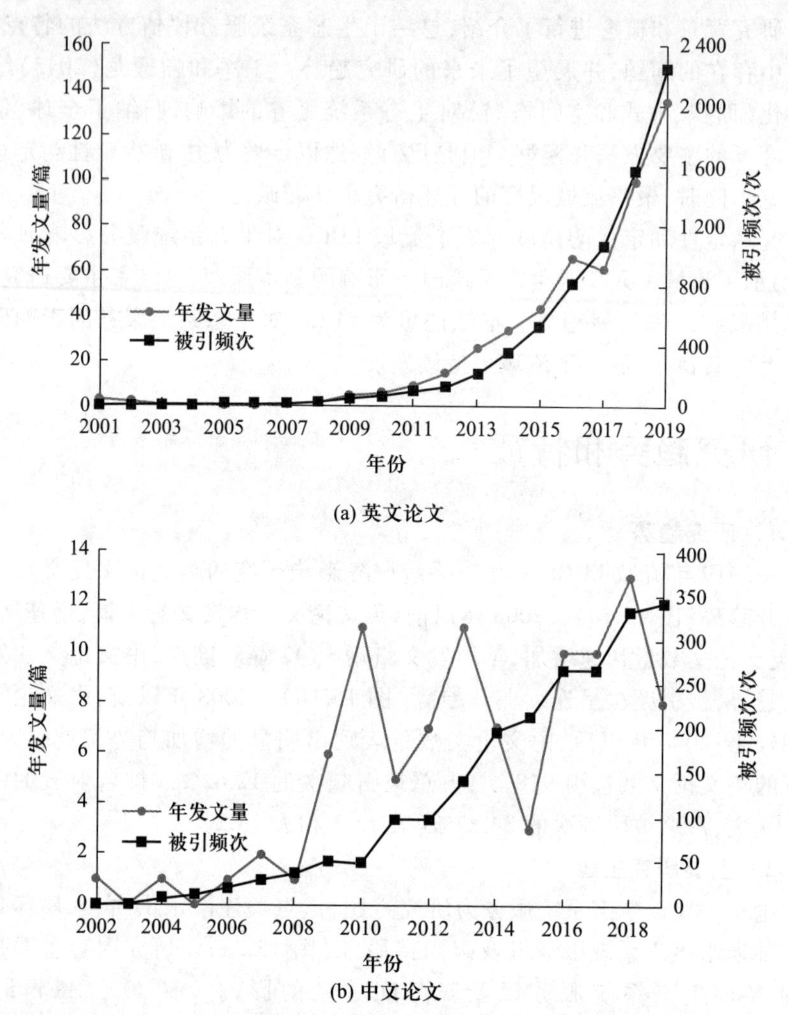

图 15.1 流域 LUCC 对生态系统服务影响研究方面的论文数量和被引频次的年际变化。

注:基于主题检索,分别在中国知网核心期刊数据库和 Web of Science 核心合集数据库进行检索(检索时间:2020 年 2 月 23 日)。英文论文的检索式为 TS=("watershed" OR "basin" OR "catchment") AND TS=(("land use" OR "land cover") AND("change" OR "dynamic")) AND TS=("ecosystem service" OR "ecosystem services"),文献类型为 Article,共计 693 篇。中文论文的检索式为 SU='流域' AND SU=('土地利用'+'土地覆被'+'土地覆盖')*'变化' AND SU='生态系统服务',共计 124 篇。通过阅读中英文论文摘要,最终筛选出英文论文 509 篇,中文论文 97 篇。

表 15.1 高被引的英文论文

作者	发表年份	论文题目	期刊	被引次数
Fu B J, Liu Y, Lu Y H, et al.	2011	Assessing the soil erosion control service of ecosystems change in the Loess Plateau of China	*Ecological Complexity*	258

续表

作者	发表年份	论文题目	期刊	被引次数
Kreuter U P, Harris H G, Matlock M D, et al.	2001	Change in ecosystem service values in the San Antonio area, Texas	*Ecological Economics*	242
Nelson E, Polasky S, Lewis D J, et al.	2008	Efficiency of incentives to jointly increase carbon sequestration and species conservation on a landscape	*Proceedings of the National Academy of Sciences of the United States of America*	209
Reyers B, O'Farrell P J, Cowling R M, et al.	2009	Ecosystem services, land-cover change, and stakeholders: Finding a sustainable foothold for a semiarid biodiversity hotspot	*Ecology and Society*	114
Little C, Lara A, McPhee J, et al.	2009	Revealing the impact of forest exotic plantations on water yield in large scale watersheds in South-Central Chile	*Journal of Hydrology*	95

表 15.2 高被引的中文论文

作者	发表年份	论文题目	期刊	被引次数
李屹峰,罗跃初,刘纲等	2013	土地利用变化对生态系统服务功能的影响——以密云水库流域为例	生态学报	243
孙慧兰,李卫红,陈亚鹏等	2010	新疆伊犁河流域生态服务价值对土地利用变化的响应	生态学报	155
高清竹,何立环,黄晓霞等	2002	海河上游农牧交错地区生态系统服务价值的变化	自然资源学报	129
胡和兵,刘红玉,郝敬锋等	2013	城市化流域生态系统服务价值时空分异特征及其对土地利用程度的响应	生态学报	122
王新华,张志强	2004	黑河流域土地利用变化对生态系统服务价值的影响	生态环境学报	100

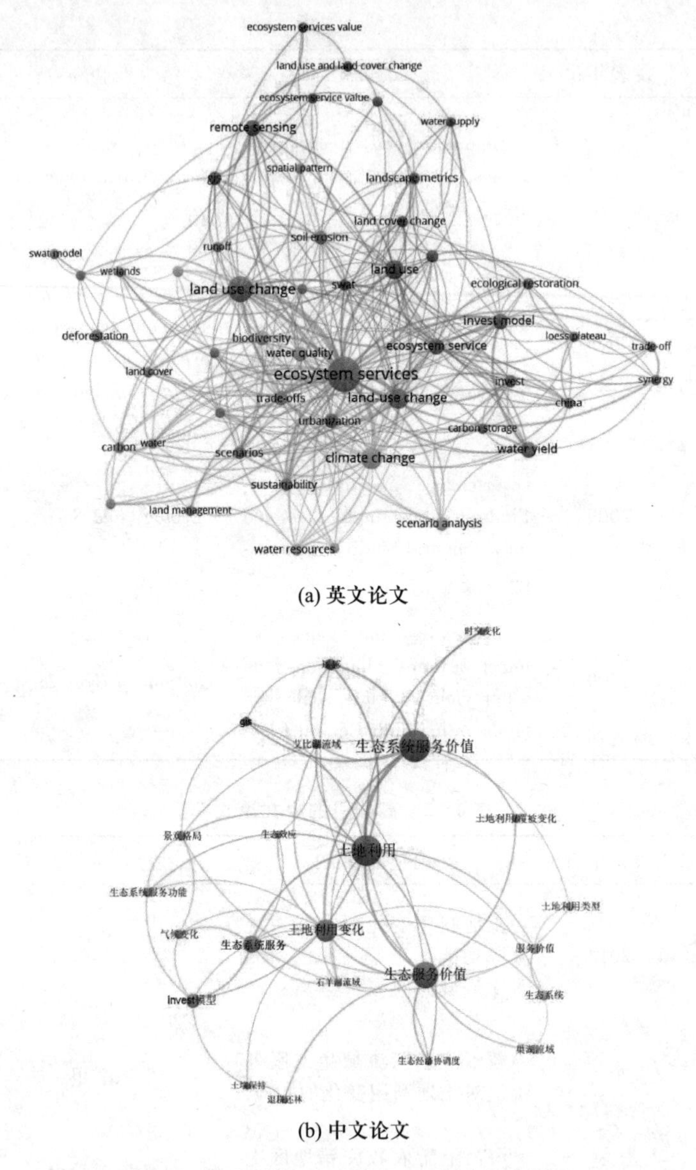

(a) 英文论文

(b) 中文论文

图 15.2 主题脉络关系分析。(参见书末彩插)

注:基于 VOSviewer 制作,圆圈大小表征关键词出现的频次,频次越高圆圈越大,并且根据关键词的共现关系将其用不同颜色聚类。

15.2 流域 LUCC 对生态系统服务的影响原理

LUCC(类型、强度、方式和规模)可以直接影响流域景观格局,改变生态水文过程,对生态系统服务的供给、权衡协同关系、供需关系和服务流产生影响,最终影响流域人类福祉和可持续性(图 15.3)。首先,LUCC 是流域景观格局变化最直接的影响因

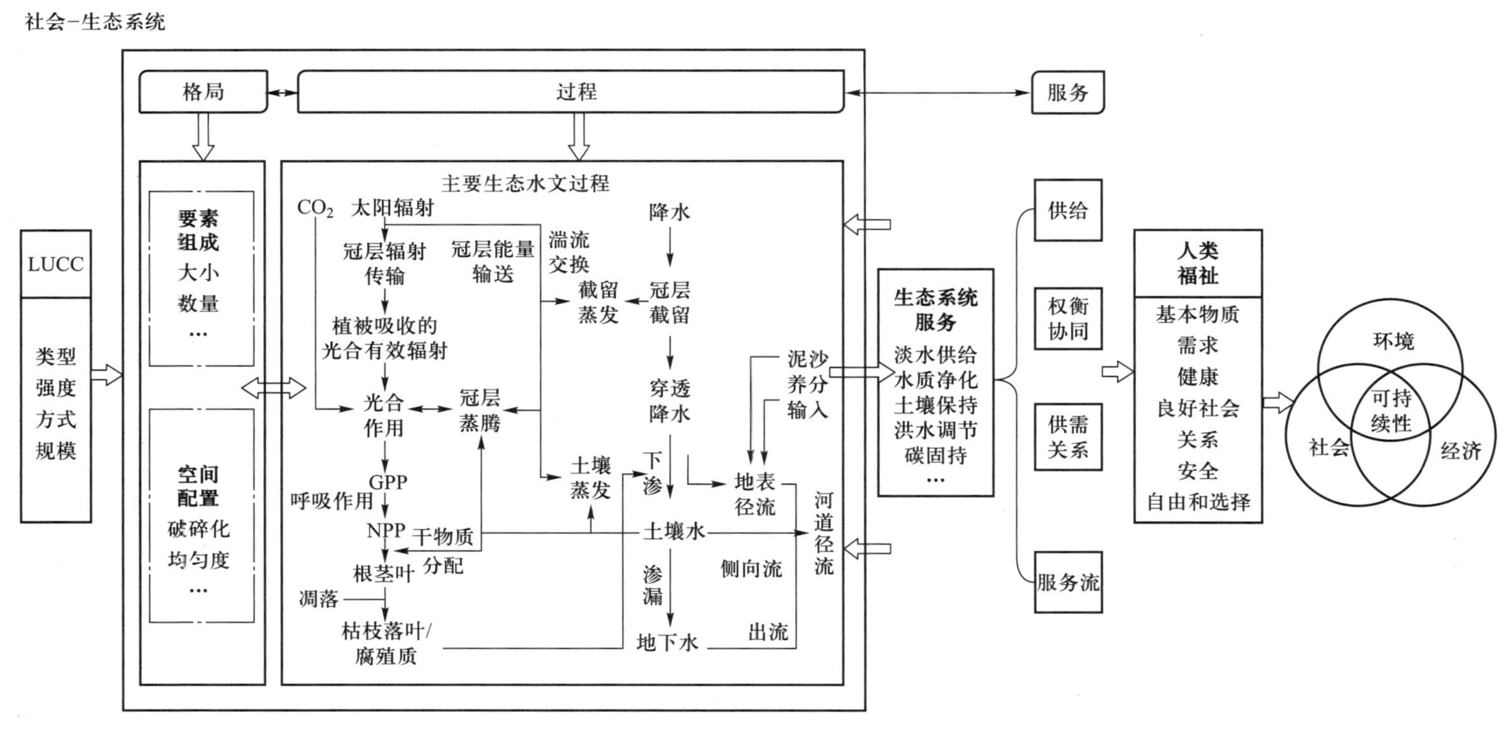

图 15.3　流域 LUCC 对生态系统服务的影响原理［根据 Fu 等（2013）修改重绘］。

子,既包括对景观要素组成的影响,也包括对景观要素空间配置的影响(Wu and Hobbs, 2002)。其次,生态水文过程是流域系统的关键过程,它包含气候、土壤、水文和植被的非线性耦合(Reiners and Driese, 2003),因为气候、土壤、水文和植被在多个时空尺度上进行着碳、水、能量和养分的交换(Rodriguez-Iturbe, 2000)。如图 15.3 所示,LUCC 主要通过影响根系吸水、冠层蒸腾、降雨的截留和重分配、土壤水渗漏等过程,同时改变伴随水分过程的能量分配过程,来影响流域的水循环(Bradshaw et al., 2007; Jiao et al., 2017; Eagleson, 2005)。土壤水的供给与光、热、碳等决定着植被的生长,使得植被在适应环境的过程中,形成了特定的分布格局(张树磊, 2018)。此外,在地表径流的作用下,一方面是流域 LUCC 通过改变下垫面环境对侵蚀产沙及泥沙输移过程产生影响(Fu et al., 2009; Bakker et al., 2008; 郭军庭等, 2012);另一方面是流域 LUCC 造成的人为养分输入远远超过自然养分来源,导致过量养分元素进入河道,影响养分循环(Thampi et al., 2010; Tilman et al., 2001; Manson, 2005)。基于 LUCC 对格局和生态水文过程的影响,流域多种生态系统服务及其关系发生改变,最终影响人类福祉和可持续性。

15.3 主要研究进展

目前,流域 LUCC 对生态系统服务的影响研究基本形成了格局-过程-服务-福祉的研究范式,并开始将理论成果应用于流域可持续性管理。因此,本文综述了流域 LUCC 对格局、过程、服务和人类福祉的影响研究,以及面向流域可持续性的土地利用优化和管理研究。

15.3.1 流域 LUCC 对格局的影响

流域 LUCC 对格局的影响主要表现在景观要素组成和景观空间配置两个方面。例如,在快速城市化流域,景观格局变化突出表现在不透水面增加、绿地和水体减少、景观破碎和离散化(陈利顶等, 2013)。目前,景观指数是反映流域景观格局变化最常用的方法(Li and Wu, 2004; Li et al., 2011)。例如,Feng 等(2011)通过优势度和破碎度等多个景观指数分析了新疆玛纳斯河流域土地利用变化对景观格局的影响,结果表明 1962—2008 年该流域的耕地和建设用地面积增加,林地和未利用地面积减少,草地和水域面积先增后减,这造成流域景观优势度降低,景观破碎化加剧,景观多样性增加。Huang 等(2019)以官厅水库流域为例,采用多个景观指数分析了未来城市扩展过程对湿地景观格局的影响,结果表明 2015—2040 年流域城市扩展过程将导致湿地景观越来越破碎。

15.3.2 流域 LUCC 对过程的影响

流域 LUCC 对生态水文过程的影响研究主要体现在水循环、侵蚀产沙及泥沙输移过程、养分循环和碳循环四个方面。

流域 LUCC 对水循环的影响研究主要包括径流、蒸散、入渗和地下水补给等。例如,研究表明,城市扩展过程使得不透水面增加,造成径流量增加,蒸散量和地下水减少(DeWalle et al., 2000; Hurkmans et al., 2009)。也有研究表明,林地变为农业用地和牧草地后,入渗量和蒸散量减少,增加了径流,减少了地下水量(Laurance, 2007; Bradshaw et al., 2007; James and Roulet, 2007)。目前,水文模型是流域 LUCC 对水循环影响研究的常用方法,也有学者通过多模型耦合开展相关研究。例如,Jiao 等(2017)以黄河中游的无定河流域为例,通过陆表-水文耦合模型分析了 LUCC 对水循环的影响。结果表明随着退耕还林工程的实施,该流域 LUCC 造成了较高的蒸散量、较低的径流量以及较干燥的表层土壤,并减缓了流域出口断面的流速。Fang 等(2020)以青海湖-湟水流域为例,通过耦合 LUSD-urban(Land Use Scenario Dynamics-urban)模型和 SCS-CN(Soil Conservation Service-Curve Number)模型评估未来城镇扩展过程对地表径流的影响,结果表明 2018—2050 年该流域将经历快速的城镇扩展过程,这将造成流域河谷地区的地表径流显著增加。

流域 LUCC 对侵蚀产沙及泥沙输移过程的影响研究主要表现在产沙量。研究表明土地利用方式的变化会影响土壤侵蚀产沙及泥沙输移过程。例如,在黄土丘陵沟壑区,将自然植被变为农田会更容易遭受侵蚀(Verstraeten et al., 2007; Wei et al., 2006; Fu et al., 2004)。产沙量可以简单且综合地表达流域侵蚀过程和泥沙输移之间的联系(Hassan et al., 2008),因此很多学者开展了流域 LUCC 对产沙量的影响研究。例如,郭军庭等(2012)发现潮河流域的年产沙量显著减少,土地利用变化对年产沙量减少的贡献率为 98.05%,是导致该流域年产沙量减少的重要原因。Gyamfi 等(2016)以南非 Olifants 河流域为例,分析了 LUCC 对产沙量的贡献率,结果表明在相同的气候条件下,该流域 LUCC 可以解释产沙量变化的 84.7%左右,农业用地、城市用地和林地是决定产沙量的关键因子,农业用地和城市用地与产沙量呈正相关关系,林地与产沙量呈负相关关系。

流域 LUCC 对养分循环的影响研究主要集中在水质方面。例如,Chaplin-Kramer 等(2016)关于全球 4 个流域的研究表明,与农业扩张有关的景观空间配置变化是影响水质的主要驱动因子,它比物理驱动因子(例如土壤类型、坡度和气候)的影响更重要。Mello 等(2018)发现,林地对水质净化发挥着重要作用,农业用地和城市用地会导致水质恶化,牧草地对水质的影响比较复杂,但总体上与水质恶化无关。Hesse 等(2008)基于 SWIM(Soil and Water Integrated Model)模型分析了主要由农业造成的非点源污染对流域水质(氮和磷)的影响程度,并通过不同情景对未来如何减少非点源污染和提升水质提供建议,研究表明河网水量对养分浓度有显著影响,氮污染主要由非点源污染造成,可以通过农业措施的应用得以减轻,而减少磷污染的最有效措施是控制点源排放量。

流域 LUCC 是影响碳循环最直接的驱动因子之一,主要取决于生态系统的类型和土地利用变化的方式,既可能成为碳源,也可能成为碳汇(葛全胜等, 2008)。例如,森林向草地和农田的转变会导致森林地上生物量的减少,进而降低土壤碳的输入,同时由于农田的耕种,会进一步引起土壤有机碳的减少,是一个碳排放的过程,发挥着碳源的作用(Houghton, 2012)。退耕还林可以促进森林的碳贮存,发挥着碳汇的作用(马晓哲和王铮, 2015)。目前,流域 LUCC 对碳循环的影响研究主要集中在总初级生产力(gross primary productivity, GPP)、净初级生产力(net primary productivity, NPP)和净生态系统生产力(net ecosystem productivity, NEP)方面。例如,Li 等(2020)发现城市扩展过程会造成 GPP 减少。Peng 等(2015)发现黄土高原泾河流域 4 种水土保持情景(坡耕地转为林地、裸地建林、荒地建林、裸地种草)均会增加年均 NPP 和 NEP。

15.3.3 流域 LUCC 对生态系统服务的影响

流域 LUCC 可以通过影响格局和过程改变生态系统服务的供给、权衡协同关系、供需关系和服务流。

在生态系统服务供给方面,价值量法和物质量法是评估流域 LUCC 对生态系统服务供给影响的主要方法。价值量法是从货币价值量的角度对生态系统服务供给进行评估(Costanza et al., 1997; 谢高地等, 2008),进而分析流域 LUCC 对生态系统服务供给的影响。例如,伍星等(2009)采用价值量法分析了长江上游土地利用变化对生态系统服务价值的影响,结果表明 1980—2000 年研究区的生态系统服务价值下降。Li 等(2015)使用价值量法评估了黑河中游土地利用变化对生态系统服务价值的影响,结果表明研究区耕地扩张造成了草地和林地的损失,是流域生态系统服务价值下降的主因。但价值量法仅通过土地利用/覆盖面积估算生态系统服务供给,忽视了生态学意义,受到很多质疑。

物质量法可以客观反映生态系统服务的形成机理(Fu et al., 2013),它从物质量的角度对生态系统服务供给进行评估,进而分析流域 LUCC 对生态系统服务供给的影响。目前,常用的物质量评估法是将定点实测数据与相关生态学模型相结合。例如,Elhassan 等(2016)结合水质数据和 SWAT(Soil and Water Assessment Tool)模型分析了美国圣安东尼奥河流域 LUCC 对水质净化服务的影响。从研究对象上看,已有文献主要侧重对涉水生态系统服务(淡水供给、水质净化、土壤保持、洪水调节和水源涵养等)和碳固持服务的研究。例如,Pan 等(2015)分析了黄河源区近 30 年来淡水供给服务的时空变化特征,并探讨了土地利用变化对淡水供给服务的相对贡献率,结果表明 1995—2000 年研究区的淡水供给服务显著下降,土地利用变化的贡献率为 58%左右;2005—2008 年淡水供给服务增加,土地利用变化的贡献率大约为 61%。Li 等(2019)发现 1958—2014 年黄河流域大部分区域的洪水调节服务总体上呈增加趋势,退耕还林对洪水调节服务的提升起到积极作用。Lü 等(2014)发现 1986—2007 年黑河中游农业用地和建设用地快速扩张,造成碳固持服务明显下降。Liu 等(2018)以太湖流域为例,通过情景分析的方法分析了未来土地利用变化对多种生态系统服务的影响,结果表明,与淡水供给和土壤保持服务相比,未来土地利用变化对水质净化的影响更大。

在生态系统服务权衡协同方面,首先,流域 LUCC 不仅可以直接造成生态系统服务之间的空间竞争,也可以间接损害多种服务供给之间的相互因果关系,从而引起多种生态系统服务之间不利的权衡关系(Lautenbach et al., 2010; 傅伯杰和张立伟,

2014)。相关研究已表明流域农业生产和调节服务(比如碳固持和土壤保持服务等)之间存在权衡关系(Crossman et al., 2011; Swallow et al., 2009; Wang et al., 2015)。其次,协同关系主要表现在支持服务与文化服务以及调节服务与文化服务之间(李双成等, 2013)。目前,基于 LUCC 的生态系统服务权衡/协同研究主要依赖空间制图(叠置分析和生态系统服务簇分析等)和统计分析(相关分析和局部统计分析等),实际研究中,往往将空间制图和统计分析相结合使用(彭建等, 2017; Xie et al., 2018)。例如,Yang 等(2018)以黄河中游延河流域为例,通过相关分析、均方根误差和情景设计等方法分析了土地利用变化对生态系统服务之间权衡关系的影响。结果表明,该流域农业用地的减少造成生态系统服务权衡/协同关系明显减弱。

在生态系统服务供需关系方面,流域 LUCC 往往会造成生态系统服务供给和需求之间的不平衡问题。例如,流域城市扩展过程一方面会带来更多的碳排放,增加了碳固持服务的需求,另一方面,增加的不透水面占用了可以进行固碳的植被,减少了碳固持服务的供给,最终导致流域碳固持服务的供需关系愈加紧张。在过去,基于 LUCC 的生态系统服务研究以生态系统供给为核心(Burkhard et al., 2012; Mensah et al., 2017),但近年来,人类社会对生态系统的需求成为生态系统服务研究的核心(Gissi et al., 2015; Castro et al., 2014)。当发现生态系统服务供给与需求存在空间错位后,学者们开始对生态系统服务的供需关系展开研究(Serna-Chavez et al., 2014)。目前,从研究对象上看,基于 LUCC 的流域生态系统服务供需关系研究较多针对供给服务(如食物和水等)和调节服务(如洪水调节等),对文化服务关注较少(Wei et al., 2017; Meng et al., 2020)。从研究方法上看,主要分为4类:土地利用估计、模型模拟、数据空间叠置和专家经验判别(马琳等, 2017)。从研究内容上看,多数研究以静态为主,重点分析某一年份供给和需求的空间和数量关系,少数研究涉及供需关系的动态变化。例如,白杨等(2017)基于土地利用/覆盖类型测算了白洋淀流域2010年生态系统服务的供给率和供需比,结果表明流域生态系统服务供给状态较好,处于盈余状态。Nedkov 和 Burkhard(2012)分析了保加利亚 Malki Iskar 河流域洪水调节服务的供需关系,结果表明该流域洪水调节服务的供给与需求之间存在空间错位,高需求区域的供给能力弱。

在生态系统服务流方面,当流域生态系统服务供给不能满足需求的时候,人们会通过 LUCC 来改变生态系统服务流以满足需求(Wei et al., 2017)。例如,黄河流域通过退耕还林工程影响土壤保持服务流来满足人们对该服务的需求。目前,流域 LUCC 对生态系统服务流的影响研究很少,处于概念阶段(Bagstad et al., 2013; Villamagna et al., 2013),但近年来,也有一些学者开始探索。例如,Chen 等(2020)以黄河中游的延河流域为例,通过构建综合框架量化了 LUCC 对淡水供给服务供需流的影响,结果表明该流域土地利用变化对淡水供给服务的需求区和供给区都有影响,并且供需之间存在明显的空间不匹配,上游和下游地区供给量较高,城区需求量较高,另外,作者还对淡水供给服务的空间流动过程进行制图。此外,在模拟生态系统服务空间流动过程方面,"服务路径属性网络"(Service Path Attribution Networks, SPANs)模型是现今最受关注的研究生态系统服务流的工具,它可以有效地表征路径分叉、耗散、阻塞和流动等特征(Johnson et al., 2012; 李双成等, 2018),但是该模型需要大量的数据支持,应用受限。当前,在流域尺度上,运用 SPANs 模型来直观表达某项生态系统服务空间流动路径和流量的研究很少。

15.3.4 流域 LUCC 对人类福祉的影响

流域 LUCC 可以通过改变生态系统服务来影响人类福祉。千年生态系统评估(Millennium Ecosystem Assessment, MA)报告明确指出生态系统服务对人类福祉的贡献(MA, 2005)。目前,以生态系统服务为桥梁开展流域 LUCC 对人类福祉的影响研究是主要手段。研究表明,LUCC、生态系统服务和人类福祉之间的关系可能更复杂,体现在更多层面(Horcea-Milcu et al., 2016)。迄今为止,流域尺度上关于 LUCC、生态系统服务和人类福祉三者关系的研究还比较少,但近年来,也有学者取得了一些进展。例如,Wang 等(2017)以新疆玛纳斯河流域为例分析了 LUCC、生态系统服务和人类福祉之间的关系,结果表明该流域农业用地和建设用地快速扩张,这一方面造成气候调节和土壤保持等服务明显下降,但另一方面也对人类福祉产生积极影响,特别是对经济收入,并且,作者指出该流域的这种土地利用变化会导致生态系统服务的结构性失衡以及人类福祉结构的异常发展。随着生态系统服务供需关系受到越来越多的关注,一些学者开始从供需的角度探讨流域生态系统服务与人类福祉之间的关系。例如,Wei 等(2018)通过对新疆玛纳斯河流域的研究发现,供给服务的供需空间错位对人类福祉的影响较大,而调节服务的供需空间错位对人类福祉的影响较小。

15.3.5 面向流域可持续性的土地利用优化和管理

生态系统服务为面向流域可持续性的土地利用优化和管理研究提供了新的途径,并且已经成为主流方向(Daily et al., 2009; de Groot et al., 2010; Hu et al., 2014; Wu et al., 2018)。目前,生态系统服务评估及其权衡/协同关系被广泛应用在面向流域可持续性的土地利用优化和管理研究中(de Groot et al., 2010; Doody et al., 2016; Kennedy et al., 2016)。例如,Wu 等(2018)以黄河中游的延河流域为例,基于生态系统服务评估开展土地利用优化研究,提出一种流域最适宜的土地利用优化方案,该方案不仅可以保证生态系统服务供给能力的提升,也可以满足一定程度上社会经济活动的需求。通过主动设计、优化和改造不同尺度的土地系统组成和空间结构(主要包括不同土地镶嵌体的类型、大小、形状、分布和连接度等要素)来维持和改善区域生态系统服务,从而有效适应以人类活动为代表的环境干扰,提高区域人类福祉的土地系统设计已经成为一种新兴的实现流域可持续发展的管理理念(Verburg et al., 2013)。党的十八大以来,习近平总书记从生态文明建设的宏观视野提出山水林田湖草沙是一个生命共同体的理念,强调了各自然要素之间并非相互隔离,而是一个互相依存的有机统一体(余新晓和贾国栋, 2019)。通过生态系统服务这一抓手才能提出流域山水林田湖草系统的管理途径,改善流域可持续性。

15.4　主要挑战与未来展望

15.4.1　主要挑战

在联合国可持续发展目标的推动下，流域综合治理与可持续发展受到越来越多的关注。目前，流域 LUCC 对生态系统服务的影响研究正面临系统观测、机理分析、影响评估和应用管理上的重要挑战（图 15.4）。

在系统观测方面，如何对流域进行多变量、多尺度、实时、可靠、遥感-地面一体化的系统观测正面临挑战。流域研究离不开系统的观测信息，只有构建一个现代化的流域观测系统，才能源源不断地将新的观测信息补充到流域中，才可能催生出更加成熟的流域研究。流域系统观测需要监测与控制试验并重、遥感和地面互相协同、与信息系统和模型高度集成。随着遥感技术、地面观测技术以及信息技术的快速发展，如何以水为主线，兼顾生态过程、水文过程和陆面过程，设计多时空尺度的流域自动观测网络以实现数字流域，已经成为新时代流域研究亟待解决的问题（李新等，2010）。

在机理分析方面，如何从多尺度视角揭示流域 LUCC 对生态水文过程的影响机理正面临挑战。基于流域生态水文过程的多尺度特征，从坡面、汇水区、子流域和流域多个尺度出发分析流域 LUCC 对生态水文过程的影响机理已十分必要。在新兴技术的加持下，流域观测信息越来越全面，可以为多尺度的流域研究提供数据支撑。因此，如何利用丰富的流域观测信息开展 LUCC 对生态水文过程的多尺度影响机理研究，已经成为未来研究值得思考的问题。

在影响评估方面，如何定量评估流域 LUCC、生态系统服务和人类福祉之间的复杂关系正面临挑战。在机理分析的基础上进行模型模拟是评估影响的有力研究手段，将 LUCC 模型、生态水文模型和生态系统服务评估模型紧密耦合是揭示流域 LUCC、生态系统服务和人类福祉之间关系的有效方法。随着将生态系统服务纳入土地利用决策需求的不断增加，LUCC、生态系统服务和人类福祉之间的深层次关系变得越来越重要（Wang et al., 2017）。如何依据流域特征识别关键的生态系统服务，并定量评估不同土地利用格局下生态系统服务与人类福祉之间的耦合关系已成为未来研究中的核心问题。

在应用管理方面，如何以流域可持续发展为目标导向，将理论成果应用于决策管理正面临挑战。流域可持续发展与生态系统服务和人类福祉耦合分析联系密切，如何将其研究成果从结构、格局和功能优化三个角度出发，应用于土地利用优化、生态安全格局构建、生态保护/修复以及生态补偿（Zhang et al., 2019; Wang and Pan, 2019; 彭建等, 2017），已成为未来研究在实现流域山水林田湖草沙系统的管理与生态修复过程中面临的重要问题。

15.4.2　未来展望

首先，流域 LUCC 对生态系统服务的影响研究需要与景观可持续科学紧密结合。景观可持续科学是聚焦于景观和区域尺度的，通过空间显示方法来研究景观格局、生

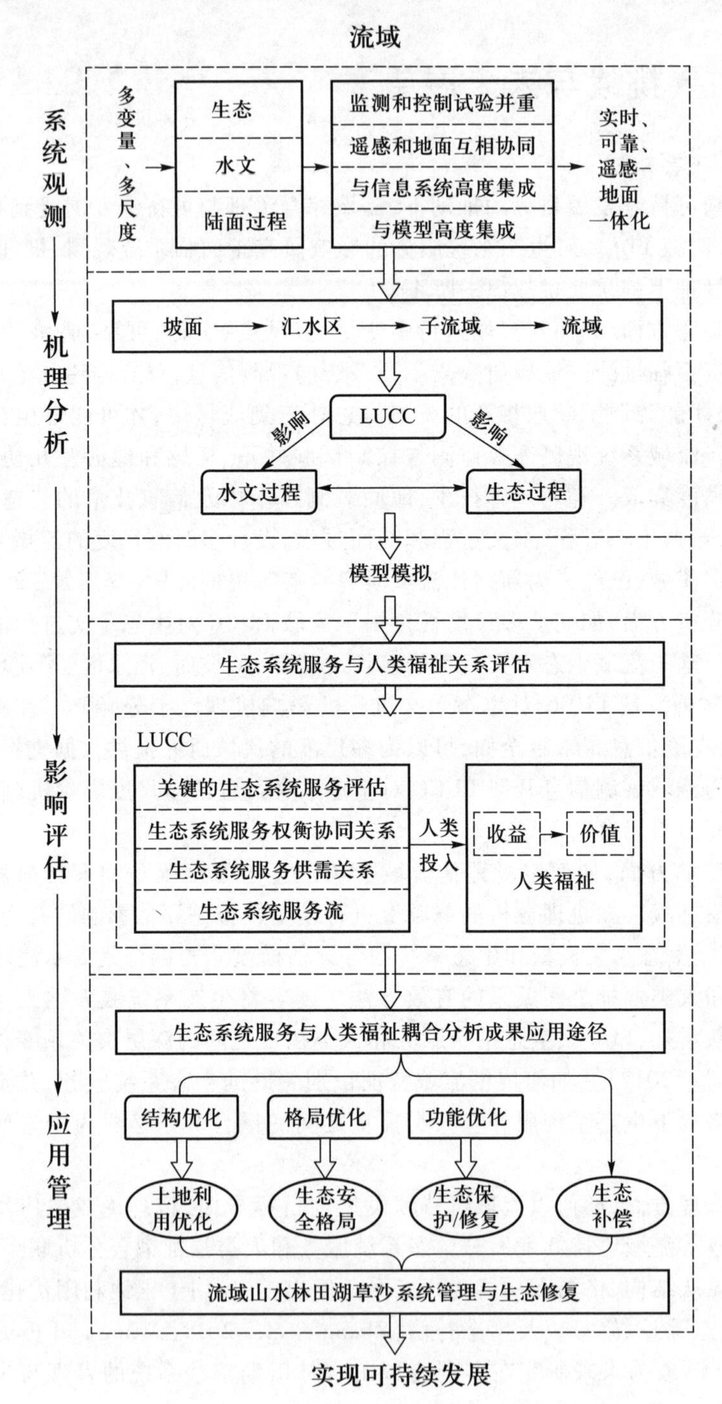

图 15.4　流域 LUCC 对生态系统服务影响研究所面临的主要挑战。

态系统服务和人类福祉之间相互关系的科学(Wu, 2013)。为了理解这种动态关系，在景观和区域中需要仔细考虑生物多样性、生态系统过程、气候变化、土地利用变化以及其他经济社会驱动因子对生态系统服务和人类福祉的影响(邬建国等, 2014)。流域作为一个典型的区域单元,景观可持续科学为流域 LUCC 对生态系统服务的影响研究提供了完善的理论框架,该框架可以系统地指导流域 LUCC 对生态系统服务影响研究的机理分析、影响评估和应用管理部分(图 15.4)。未来研究需要以维持和改善流域可持续性为基本目标,从供需关系的视角出发评估生态系统服务和人类福祉之间的相互关系,重点开展 LUCC 对生态系统服务供需流的影响机理及模型模拟研究。

其次,流域 LUCC 对生态系统服务影响研究的内容需要拓宽,需要将粮食-能源-水系统关联(food-energy-water nexus)融入进来。粮食、能源和水是人类生存和发展的必需资源,三者之间存在复杂关系。具体表现为,粮食的生产需要能源和水,粮食和水可以产能,水的供给需要能源的支持,粮食可以作为虚拟水的载体进行运输(图 15.5)。粮食-能源-水系统关联依赖于生态系统服务,核心是综合考量了粮食、能源和水三个领域之间的关联关系,并将这一关系融入决策过程中,提高区域的综合管理能力,实现区域可持续发展。流域是一个以水资源系统为核心的区域单元,LUCC 直接影响着粮食-能源-水系统关联,通过土地利用措施协调粮食、能源和水之间的相互关系是维持和改善流域可持续性的一种新方法。目前,粮食-能源-水系统关联正处于理论与实践相结合的阶段,将其融入流域 LUCC 对生态系统服务的影响研究可为流域可持续发展提供科学依据。未来研究需要以不同土地利用格局下的粮食-能源-水系统关联为核心,通过对这一关系的充分认知来实现土地利用优化和管理,提高流域可持续性。

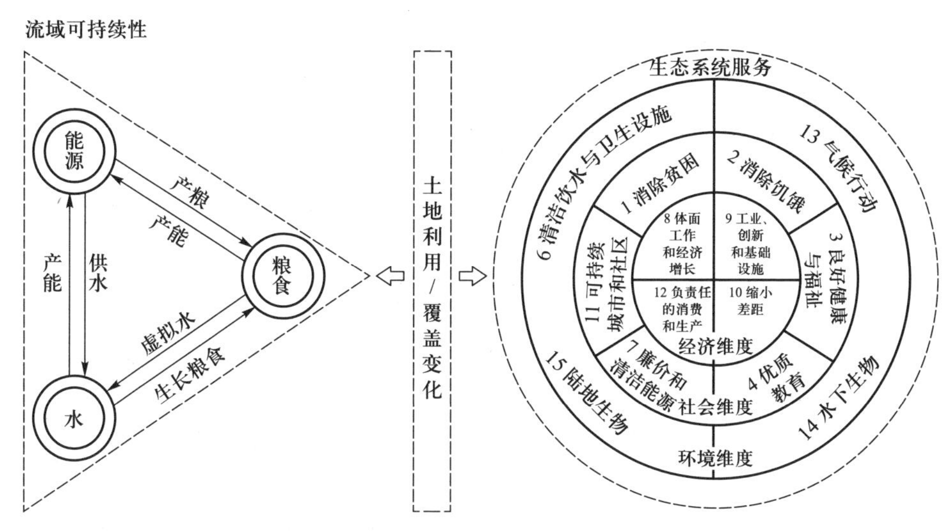

图 15.5 面向流域可持续性的 LUCC 对生态系统服务的影响研究[根据 Cochran 等(2020)修改重绘]。

最后,流域 LUCC 对生态系统服务的影响研究需要服务于联合国可持续发展目标。联合国可持续发展目标继千年发展目标之后继续指导全球发展工作,旨在从 2015 年到 2030 年以综合方式努力解决环境、社会和经济 3 个维度的发展问题,从而走上可持续发展道路(傅伯杰, 2020)。在17项可持续发展目标中,有14项目标与生态系统服务相关联(Cochran et al., 2020),其中,与LUCC密切相关的有7项,包括陆地生物、气候行动、消除贫困、消除饥饿、良好健康与福祉、可持续城市和社区以及工业、创新和基础设施,涉及环境、社会和经济3个维度(图15.5)。未来研究需要以这7项可持续发展目标为应用出口,开展流域土地系统综合研究,以努力解决流域中的环境、社会和经济问题,提高流域可持续性。

15.5 结论

近20年来,流域LUCC对生态系统服务影响研究的中英文论文数量与被引频次均呈上升趋势。其中,2001—2008年英文论文数量增速缓慢,但在2008年之后快速增加。中文论文数量呈波动上升趋势,也在2008年以后表现出明显的增加趋势。密西西比-密苏里流域、尼罗河流域、拉普拉塔流域、长江流域、黄河流域以及中国东南沿海诸河流域和内流区是热点研究区。

目前,流域LUCC对生态系统服务的影响研究基本形成格局-过程-服务-福祉的研究范式,并将理论成果应用于土地利用优化和管理研究,以提高和改善流域可持续性。但是,流域LUCC对生态系统服务的影响研究仍在系统观测、机理分析、影响评估和应用管理方面面临重要挑战。未来研究需要与景观可持续科学紧密结合,并将粮食-能源-水系统关联融入进来,服务于联合国可持续发展目标。

参考文献

白杨, 王敏, 李晖, 黄沈发, J. M. Alatalo. 2017. 生态系统服务供给与需求的理论与管理方法. 生态学报, 37(17): 5846-5852.

陈利顶, 李秀珍, 傅伯杰, 肖笃宁, 赵文武. 2014. 中国景观生态学发展历程与未来研究重点. 生态学报, 34(12): 3129-3141.

陈利顶, 孙然好, 刘海莲. 2013. 城市景观格局演变的生态环境效应研究进展. 生态学报, 33(4): 1042-1050.

程国栋, 李新. 2015. 流域科学及其集成研究方法. 中国科学: 地球科学, 45(6): 811-819.

程国栋, 徐中民, 钟方雷. 2011. 张掖市面向幸福的水资源管理战略规划. 冰川冻土, 33: 1193-1202.

傅伯杰. 2013. 生态系统服务与生态安全. 北京: 高等教育出版社.

傅伯杰. 2020. 联合国可持续发展目标与地理科学的历史任务. 科技导报, 38(13): 19-24.

傅伯杰, 张立伟. 2014. 土地利用变化与生态系统服务: 概念、方法与进展. 地理科学进展, 33(4): 441-446.

高清竹, 何立环, 黄晓霞, 江源. 2002. 海河上游农牧交错地区生态系统服务价值的变化. 自然资源学报, 17(6): 706-712.

葛全胜, 戴君虎, 何凡能, 潘嫄, 王梦麦. 2008. 过去300年中国土地利用、土地覆被变化与碳循环研究. 中国科学：地球科学，38(2)：197-210.

郭军庭，张志强，王盛萍，姚安坤，马松增. 2012. 气候和土地利用变化对潮河流域产流产沙的影响. 农业工程学报，28(14)：236-243.

胡和兵，刘红玉，郝敬锋，安静. 2013. 城市化流域生态系统服务价值时空分异特征及其对土地利用程度的响应. 生态学报，33(8)：2565-2576.

李双成，谢爱丽，吕春艳，郭旭东. 2018. 土地生态系统服务研究进展及趋势展望. 中国土地科学，32(12)：84-91.

李双成，张才玉，刘金龙，朱文博，马程，王珏. 2013. 生态系统服务权衡与协同研究进展及地理学研究议题. 地理研究，32(8)：1379-1390.

李新，程国栋，马明国，肖青，晋锐，冉有华，赵文智，冯起，陈仁升，胡泽勇，盖迎春. 2010. 数字黑河的思考与实践 4：流域观测系统. 地球科学进展，25(8)：866-876.

李屹峰，罗跃初，刘纲，欧阳志云，郑华. 2013. 土地利用变化对生态系统服务功能的影响——以密云水库流域为例. 生态学报，33(3)：726-736.

马琳，刘浩，彭建，吴健生. 2017. 生态系统服务供给和需求研究进展. 地理学报，72(7)：1277-1289.

马晓哲，王铮. 2015. 土地利用变化对区域碳源汇的影响研究进展. 生态学报，35(17)：5898-5907.

彭建，胡晓旭，赵明月，刘焱序，田璐. 2017. 生态系统服务权衡研究进展：从认知到决策. 地理学报，72(6)：960-973.

孙慧兰，李卫红，陈亚鹏，徐长春. 2010. 新疆伊犁河流域生态服务价值对土地利用变化的响应. 生态学报，30(4)：887-894.

王军，顿耀龙. 2015. 土地利用变化对生态系统服务的影响研究综述. 长江流域资源与环境，24(5)：798-808.

王新华，张志强. 2004. 黑河流域土地利用变化对生态系统服务价值的影响. 生态环境，13(4)：608-611.

邬建国，郭晓川，杨劼，钱贵霞，牛建明，梁存柱，张庆，李昂. 2014. 什么是可持续性科学？应用生态学报，25(1)：1-11.

伍星，沈珍瑶，刘瑞民，宫永伟. 2009. 土地利用变化对长江上游生态系统服务价值的影响. 农业工程学报，25(8)：236-241.

谢高地，甄霖，鲁春霞，肖玉，陈操. 2008. 一个基于专家知识的生态系统服务价值化方法. 自然资源学报，23(5)：911-919.

余新晓，贾国栋. 2019. 统筹山水林田湖草系统治理带动水土保持新发展. 中国水土保持，1：5-8.

张树磊. 2018. 中国典型流域植被水文相互作用机理及变化规律研究. 博士学位论文. 北京：清华大学.

Bagstad, K. J., G. W. Johnson, B. Voigt, and F. Villa. 2013. Spatial dynamics of ecosystem service flows: A comprehensive approach to quantifying actual services. Ecosystem Services, 4: 117-125.

Bakker, M. M., G. Govers, A. van Doorn, F. Quetier, D. Chouvardas, and M. Rounsevell. 2008. The response of soil erosion and sediment export to land-use change in four areas of Europe: The importance of landscape pattern. Geomorphology, 98(3/4): 213-226.

Bradshaw, C. J. A., N. S. Sodhi, K. S. H. Peh, and B. W. Brook. 2007. Global evidence that deforestation amplifies flood risk and severity in the developing world. Global Change Biology, 13(11):

2379-2395.

Bryan, B. A. 2013. Incentives, land use, and ecosystem services: Synthesizing complex linkages. Environmental Science and Policy, 27: 124-134.

Burkhard, B., F. Kroll, S. Nedkov, and F. Muller. 2012. Mapping ecosystem service supply, demand and budgets. Ecological Indicators, 21: 17-29.

Castro, A. J., P. H. Verburg, B. Martin-Lopez, M. Garcia-Llorente, J. Cabello, C. C. Vaughn, and E. Lopez. 2014. Ecosystem service trade-offs from supply to social demand: A landscape-scale spatial analysis. Landscape and Urban Planning, 132: 102-110.

Chaplin-Kramer, R., P. Hamel, R. Sharp, V. Kowal, S. Wolny, S. Sim, and C. Mueller. 2016. Landscape configuration is the primary driver of impacts on water quality associated with agricultural expansion. Environmental Research Letters, 11(7): 074012.

Chen, D. S., J. Li, X. N. Yang, Z. X. Zhou, Y. Q. Pan, and M. C. Li. 2020. Quantifying water provision service supply, demand and spatial flow for land use optimization: A case study in the Yanhe watershed. Ecosystem Services, 43: 101117.

Cheng, G. D., X. Li, W. Z. Zhao, Z. M. Xu, Q. Feng, S. C. Xiao, and H. L. Xiao. 2014. Integrated study of the water-ecosystem-economy in the Heihe River Basin. National Science Review, 1(3): 413-428.

Christopherson, R. W. 2011. Geosystems: An Introduction to Physical Geography (8th Edition). New Jersey: Pearson Prentice Hall.

Cochran, F., J. Daniel, L. Jackson, and A. Neale. 2020. Earth observation-based ecosystem services indicators for national and subnational reporting of the sustainable development goals. Remote Sensing of Environment, 244: 111796.

Cohen, A., and S. Davidson. 2011. The watershed approach: Challenges, antecedents, and the transition from technical tool to governance unit. Water Alternatives, 4(1): 1-14.

Costanza, R., R. d'Arge, R. de Groot, S. Farber, M. Grasso, B. Hannon, K. Limburg, S. Naeem, R. V. O'Neill, J. Paruelo, R. G. Raskin, P. Sutton, and M. van den Belt. 1997. The value of the world's ecosystem services and natural capital. Nature, 387: 253-260.

Crossman, N. D., B. A. Bryan, and D. M. Summers. 2011. Carbon payments and low-cost conservation. Conservation Biology, 25(4): 835-845.

Crossman, N. D., B. A. Bryan, R. S. de Groot, Y. P. Lin, and P. A. Minang. 2013. Land science contributions to ecosystem services. Current Opinion in Environmental Sustainability, 5(5): 509-514.

Daily, G. C., S. Polasky, J. Goldstein, P. M. Kareiva, H. A. Mooney, L. Pejchar, T. H. Ricketts, J. Salzman, and R. Shallenberger. 2009. Ecosystem services in decision making: Time to deliver. Frontiers in Ecology and the Environment, 7: 21-28.

de Groot, R. S., R. Alkemade, L. Braat, L. Hein, and L. Willemen. 2010. Challenges in integrating the concept of ecosystem services and values in landscape planning, management and decision making. Ecological Complexity, 7: 260-272.

Deng, X. Z., Z. H. Li, and J. Gibson. 2016. A review on trade-off analysis of ecosystem services for sustainable land-use management. Journal of Geographical Sciences, 26(7): 953-968.

DeWalle, D. R., B. R. Swistock, T. E. Johnson, and K. J. McGuire. 2000. Potential effects of climate change and urbanization on mean annual streamflow in the United States. Water Resources Research, 36 (9): 2655-2664.

Doody, D. G., P. J. A. Withers, R. M. Dils, R. W. McDowell, V. Smith, Y. R. McElarney, M. Dunbar, and D. Daly. 2016. Optimizing land use for the delivery of catchment ecosystem services. Frontiers in Ecology and the Environment, 14(6): 325-332.

Eagleson, P. S. 2005. Ecohydrology: Darwinian Expression of Vegetation Form and Function. Cambridge: Cambridge University Press.

Elhassan, A., H. J. Xie, A. A. Al-Othman, J. McClelland, and H. O. Sharif. 2016. Water quality modelling in the San Antonio River Basin driven by radar rainfall data. Geomatics Natural Hazards and Risk, 7 (3): 953-970.

Fang, Z. H., S. X. Song, C. Y. He, Z. F. Liu, T. Qi, J. X. Zhang, and J. Li. 2020. Evaluating the impacts of future urban expansion on surface runoff in an alpine basin by coupling the LUSD-Urban and SCS-CN models. Water, 12: 3405.

Feng, Y. X., G. P. Luo, L. Lu, D. C. Zhou, Q. F. Han, W. Q. Xu, C. Y. Yin, L. Zhu, L. Dai, Y. Z. Li, and C. F. Li. 2011. Effects of land use change on landscape pattern of the Manas River watershed in Xinjiang, China. Environmental Earth Sciences, 64(8): 2067-2077.

Fu, B. J., S. L. Liu, L. D. Chen, Y. H. Lü, and J. Qiu. 2004. Soil quality regime in relation to land cover and slope position across a highly modified slope landscape. Ecological Research, 19(1): 111-118.

Fu, B. J., S. Wang, C. H. Su, and M. Forsius. 2013. Linking ecosystem processes and ecosystem services. Current Opinion in Environmental Sustainability, 5(1): 4-10.

Fu, B. J., Y. F. Wang, Y. H. Lu, C. S. He, L. D. Chen, and C. J. Song. 2009. The effects of land-use combinations on soil erosion: A case study in the Loess Plateau of China. Progress in Physical Geography, 33(6): 793-804.

Fu, B. J., Y. Liu, Y. H. Lu, C. S. He, Y. Zeng, and B. F. Wu. 2011. Assessing the soil erosion control service of ecosystems change in the Loess Plateau of China. Ecological Complexity, 8(4): 284-293.

Gissi, E., B. Burkhard, and P. H. Verburg. 2015. Ecosystem services: Building informed policies to orient landscape dynamics. International Journal of Biodiversity Science Ecosystem Services and Management, 11: 185-189.

Gyamfi, C., J. M. Ndambuki, and R. W. Salim. 2016. Simulation of sediment yield in a semi-arid river basin under changing land use: An integrated approach of hydrologic modelling and principal component analysis. Sustainability, 8(11): 1133.

Hassan, M. A., M. Church, J. X. Xu, and Y. X. Yan. 2008. Spatial and temporal variation of sediment yield in the landscape: Example of Huanghe (Yellow River). Geophysical Research Letters, 35 (6): L06401.

Hesse, C., V. Krysanova, J. Pazolt, and F. F. Hattermann. 2008. Eco-hydrological modelling in a highly regulated lowland catchment to find measures for improving water quality. Ecological Modelling, 218: 135-148.

Horcea-Milcu, A. I., J. Leventon, J. Hanspach, and J. Fischer. 2016. Disaggregated contributions of ecosystem services to human well-being: A case study from Eastern Europe. Regional Environmental Change, 16: 1779-1791.

Houghton, R. A. 2012. Carbon emissions and the drivers of deforestation and forest degradation in the tropics. Current Opinion in Environmental Sustainability, 4(6): 597-603.

Hu, H. T., B. J. Fu, Y. H. Lü, and Z. M. Zheng. 2014. SAORES: A spatially explicit assessment and optimization tool for regional ecosystem services. Landscape Ecology, 30(3): 547-560.

Huang, Q. X., X. Zhao, C. Y. He, D. Yin, and S. T. Meng. 2019. Impacts of urban expansion on wetland ecosystem services in the context of hosting the Winter Olympics: A scenario simulation in the Guanting Reservoir Basin, China. Regional Environmental Change, 19: 2365-2379.

Hurkmans, R. T. W. L., W. Terink, R. Uijlenhoet, E. J. Moors, P. A. Troch, and P. H. Verburg. 2009. Effects of land use changes on streamflow generation in the Rhine basin. Water Resources Research, 45: W06405.

James, A. L., and N. T. Roulet. 2007. Investigating hydrologic connectivity and its association with threshold change in runoff response in a temperate forested watershed. Hydrological Processes, 21(25): 3391-3408.

Jiao, Y., H. M. Lei, D. W. Yang, M. Y. Huang, D. F. Liu, and X. Yuan. 2017. Impact of vegetation dynamics on hydrological processes in a semi-arid basin by using a land surface-hydrology coupled model. Journal of Hydrology, 551: 116-131.

Johnson, G. W., K. J. Bagstad, R. R. Snapp, and F. Villa. 2012. Service path attribution networks (SPANs): A network flow approach to ecosystem service assessment. International Journal of Agricultural and Environmental Information Systems, 3(2): 54-71.

Kennedy, C. M., P. L. Hawthorne, D. A. Miteva, L. Baumgarten, K. Sochi, M. Matsumoto, J. S. Evans, S. Polasky, P. Hamel, E. M. Vieira, P. F. Develey, C. H. Sekercioglu, A. D. Davidson, E. M. Uhlhorn, and J. Kiesecker. 2016. Optimizing land use decisionmaking to sustain Brazilian agricultural profits, biodiversity and ecosystem services. Biological Conservation, 204: 221-230.

Kreuter, U. P., H. G. Harris, M. D. Matlock, and R. E. Lacey. 2001. Change in ecosystem service values in the San Antonio area, Texas. Ecological Economics, 39(3): 333-346.

Laurance, W. F. 2007. Forests and floods. Nature, 449: 409-410.

Lautenbach, S., M. Volk, and B. Gruber. 2010. Quantifying ecosystem service trade-offs. International Environmental Modelling and Software Society(iEMSs) 2010 International Congress on Environmental Modelling and Software Modelling for Environment's Sake. Ottawa, Canada: July 5-8.

Li, C., G. Sun, E. Cohen, Y. D. Zhang, J. F. Xiao, S. G. McNulty, and R. K. Meentemeyer. 2020. Modeling the impacts of urbanization on watershed-scale gross primary productivity and tradeoffs with water yield across the conterminous United States. Journal of Hydrology, 583: 124581.

Li, H. B., and J. G. Wu. 2004. Use and misuse of landscape indices. Landscape Ecology, 19: 389-399.

Li, H. J., Z. H. Li, Z. H. Li, J. Yu, and B. Liu. 2015. Evaluation of ecosystem services: A case study in the middle reach of the Heihe River Basin, Northwest China. Physics and Chemistry of the Earth, 89-90: 40-45.

Li, P., M. Y. Sheng, D. W. Yang, and L. H. Tang. 2019. Evaluating flood regulation ecosystem services under climate, vegetation and reservoir influences. Ecological Indicators, 107: 105642.

Li, X. D., Y. Du, F. Ling, S. J. Wu, and Q. Feng. 2011. Using a sub-pixel mapping model to improve the accuracy of landscape pattern indices. Ecological Indicators, 11: 1160-1170.

Little, C., A. Lara, J. McPhee, and R. Urrutia. 2009. Revealing the impact of forest exotic plantations on water yield in large scale watersheds in South-Central Chile. Journal of Hydrology, 374(1-2): 162-170.

Liu, Y., J. Bi, and J. Lv. 2018. Future impacts of climate change and land use on multiple ecosystem services in a rapidly urbanizing agricultural basin, China. Sustainability, 10(12): 4575.

Lü, Y. H., Z. M. Ma. Z. J. Zhao, F. X. Sun, and B. J. Fu. 2014. Effects of land use change on soil carbon storage and water consumption in an oasis-desert ecotone. Environmental Management, 53(6): 1066-1076.

MA(Millennium Ecosystem Assessment). 2005. Ecosystems and human well-being. Washington D. C.: Island Press.

Manson, S. M. 2005. Agent-based modeling and genetic programming for modeling land change in the Southern Yucatán peninsular region of Mexico. Agriculture Ecosystems and Environment, 111: 47-62.

Mello, K. D., R. A. Valente, T. O. Randhir, A. C. A. dos Santos, and C. A. Vettorazzi. 2018. Effects of land use and land cover on water quality of low-order streams in Southeastern Brazil: Watershed versus riparian zone. Catena, 167: 130-138.

Meng, S. T., Q. X. Huang, L. Zhang, C. Y. He, L. Inostrozac, Y. S. Bai, and D. Yin. 2020. Matches and mismatches between the supply of and demand for cultural ecosystem services in rapidly urbanizing watersheds: A case study in the Guanting Reservoir basin, China. Ecosystem Services, 45: 101156.

Mensah, S., R. Veldtman, A. E. Assogbadjo, C. Ham, R. G. Kakai, and T. Seifert. 2017. Ecosystem service importance and use vary with socio-environmental factors: A study from household-surveys in local communities of South Africa. Ecosystem Services, 23: 1-8.

Nedkov, S., and B. Burkhard. 2012. Flood regulating ecosystem services-mapping supply and demand, in the Etropole municipality, Bulgaria. Ecological Indicators, 21: 67-79.

Nelson, E., S. Polasky, D. J. Lewis, A. J. Plantinga, E. Lonsdorf, D. White, D. Bael, and J. J. Lawler. 2008. Efficiency of incentives to jointly increase carbon sequestration and species conservation on a landscape. Proceedings of the National Academy of Sciences of the United States of America, 105(28): 9471-9476.

Ouyang, Z., H. Zheng, Y. Xiao, S. Polasky, J. Liu, W. Xu, Q. Wang, L. Zhang, Y. Xiao, E. Rao, L. Jiang, F. Lu, X. Wang, G. Yang, S. Gong, B. Wu, Y. Zeng, W. Yang, and G. C. Daily. 2016. Improvements in ecosystem services from investments in natural capital. Science, 352:1455-1459.

Pan, T., S. Wu, and Y. Liu. 2015. Relative contributions of land use and climate change to water supply variations over Yellow River source area in Tibetan Plateau during the past three decades. PLoS ONE, 10(4): e0123793.

Peng, H., Y. W. Jia, C. W. Niu, J. G. Gong, C. F. Hao, and S. Gou. 2015. Eco-hydrological simulation of soil and water conservation in the Jinghe River Basin in the Loess Plateau, China. Journal of Hydro-environment Research, 9(3): 452-464.

Reiners, W. A., and K. L. Driese. 2003. Transport of energy, information, and material through the biosphere. Annual Review of Environment and Resources, 28: 107-135.

Reyers, B., P. J. O'Farrell, R. M. Cowling, B. N. Egoh, D. C. Le Maitre, and J. H. J. Vlok. 2009. Ecosystem services, land-cover change, and stakeholders: Finding a sustainable foothold for a semiarid biodiversity hotspot. Ecology and Society, 14(1): 38.

Rodriguez-Iturbe, I. 2000. Ecohydrology: A hydrologic perspective of climate-soil-vegetation dynamics. Water Resources Research, 36: 3-9.

Serna-Chavez, H. M., C. J. E. Schulp, P. M. van Bodegom, W. Bouten, P. H. Verburg, and M. D. Davidson. 2014. A quantitative framework for assessing spatial flows of ecosystem services. Ecological Indicators, 39: 24-33.

Swallow, B. M., J. K. Sang, M. Nyabenge, D. K. Bundotich, A. K. Duraiappah, and T. B. Yatich. 2009. Tradeoffs, synergies and traps among ecosystem services in the Lake Victoria basin of East Africa. Environmental Science and Policy, 12(4): 504-519.

Tang, X. M., Y. Liu, and Y. C. Pan. 2020. An evaluation and region division method for ecosystem service supply and demand based on land use and POI Data. Sustainability, 12(6): 2524.

Thampi, S. G., K. Y. Raneesh, and T. V. Surya. 2010. Influence of scale on SWAT model calibration for streamflow in a river basin in the humid tropics. Water Resources Management, 24(15): 4567-4578.

Tilman, D., J. Fargione, B. Wolff, C. D' Antonio, A. Dobson, R. Howarth, D. Schindler, W. H. Schlesinger, D. Simberloff, and D. Swackhamer. 2001. Forecasting agriculturally driven global environmental change. Science, 292(5515): 281-284.

Turner II, B. L., D. Skole, S. Sanderson, G. Fischer, L. Fresco, and R. Leemans. 1995. Land-Use and Land-Cover Science/Research Plan, IGBP Report No.35 and IHDP Report No.7. Stochkholm: IGBP.

Verburg, P. H., K. H. Erb, O. Mertz, and G. Espindola. 2013. Land system science: Between global challenges and local realities. Current Opinion in Environmental Sustainability, 5:433-437.

Verstraeten, G., I. P. Prosser, and P. Fogarty. 2007. Predicting the spatial patterns of hillslope sediment delivery to river channels in the Murrumbidgee catchment, Australia. Journal of Hydrology, 334(3/4): 440-454.

Villamagna, A. M., P. L. Angermeier, and E. M. Bennett. 2013. Capacity, pressure, demand, and flow: A conceptual framework for analyzing ecosystem service provision and delivery. Ecological Complexity, 15: 114-121.

Wang, X. C., X. B. Dong, H. M. Liu, H. J. Wei, W. G. Fan, N. C. Lu, Z. H. Xu, J. H. Ren, and K. X. Xing. 2017. Linking land use change, ecosystem services and human well-being: A case study of the Manas River Basin of Xinjiang, China. Ecosystem Services, 27: 113-123.

Wang, Y., and J. H. Pan. 2019. Building ecological security patterns based on ecosystem services value reconstruction in an arid inland basin: A case study in Ganzhou District, NW China. Journal of Cleaner Production, 241: 118337.

Wang, Z. M., D. H. Mao, L. Li, M. M. Jia, Z. Y. Dong, Z. H. Miao, C. Y. Ren, and C. C. Song. 2015. Quantifying changes in multiple ecosystem services during 1992—2012 in the Sanjiang Plain of China. Science of the Total Environment, 514: 119-130.

Wei, H. J., H. M. Liu, Z. H. Xu, J. H. Ren, N. C. Lu, W. G. Fan, P. Zhang, and X. B. Dong. 2018. Linking ecosystem services supply, social demand and human well-being in a typical mountain-oasis-desert area, Xinjiang, China. Ecosystem Services, 31: 44-57.

Wei, H. J., W. G. Fan, X. C. Wang, N. C. Lu, X. B. Dong, Y. N. Zhao, X. J. Ya, and Y. F. Zhao. 2017. Integrating supply and social demand in ecosystem services assessment: A review. Ecosystem Services, 25: 15-27.

Wei, W., L. D. Chen, B. J. Fu, and J. Gong. 2006. Mechanism of soil and water loss under rainfall and earth surface characteristics in a semiarid loess hilly area. Acta Ecologica Sinica, 26(11): 3847-3853.

Wu, J. G. 2013. Landscape sustainability science: Ecosystem services and human well-being in changing landscapes. Landscape Ecology, 28: 999-1023.

Wu, J. G., and R. Hobbs. 2002. Key issues and research priorities in landscape ecology: An idiosyncratic synthesis. Landscape Ecology, 17: 355-365.

Wu, X. T., S. Wang, B. J. Fu, Y. Liu, and Y. Zhu. 2018. Land use optimization based on ecosystem service assessment: A case study in the Yanhe watershed. Land Use Policy, 72: 303-312.

Xie, W. X., Q. X. Huang, C. Y. He, and X. Zhao. 2018. Projecting the impacts of urban expansion on simultaneous losses of ecosystem services: A case study in Beijing, China. Ecological Indicators, 84: 183-193.

Yang, S. Q., W. W. Zhao, Y. X. Liu, S. Wang, J. Wang, and R. J. Zhai. 2018. Influence of land use change on the ecosystem service trade-offs in the ecological restoration area: Dynamics and scenarios in the Yanhe watershed, China. Science of the Total Environment, 644: 556-566.

Zhang, D., Q. X. Huang, C. Y. He, D. Yin, and Z. W. Liu. 2019. Planning urban landscape to maintain key ecosystem services in a rapidly urbanizing area: A scenario analysis in the Beijing-Tianjin-Hebei urban agglomeration, China. Ecological Indicators, 96: 559-571.

内蒙古草原家庭牧场可持续发展研究进展

第16章

张庆[1] 丁勇[2] 牛建明[1]

摘 要

内蒙古草原作为全球干旱、半干旱区的重要组成部分之一，是诸多研究关注的热点区域。家庭牧场作为内蒙古草原基本的生产和管理单元，探析其可持续发展有助于为实现区域可持续发展提供科学依据。本研究阐述了内蒙古草原家庭牧场的形成历程及定义，并分别侧重自然生态系统、社会经济系统、自然-经济-社会复合生态系统三个方面总结了其研究进展；最后分别在坚持草牧业发展理念、依托景观可持续指导、加强三个界面耦合研究、扩展沙地草原、关注未来发展模式、重视技术支撑六个方面就内蒙古草原家庭牧场进行了研究展望。希望本研究在为内蒙古草原可持续发展提供针对性建议的同时，亦能为全球干旱、半干旱草原区的可持续发展提供参考。

Abstract

The Inner Mongolian Grassland, an essential part of the arid and semi-arid region of the world, is the hotspot of a series of research fields. The family ranch is the primary production and management unit of the area. It is helpful to provide the scientific basis for regional sustainability by exploring the sustainable development of the family ranch. Firstly, this article expounded the formation process and definition of the family ranch in the Inner Mongolia Grassland. Then, it summarized relative research progress of family ranch sustainability based on the natural ecosystem, social-economic system, and natural-economic-social system, respectively. Finally, it discussed six aspects of research hotspots for further

---

① 内蒙古大学生态与环境学院，呼和浩特，010021，中国；

② 中国农业科学院草原研究所，呼和浩特，010010，中国。

enhancing the sustainability of family ranch, which included the adhering concept of grass-based livestock husbandry, relying on the guidance of the landscape sustainability, strengthening coupled research of 3 interfaces, expanding sandy grasslands, focusing on future development model and attaching importance of technical support. It hoped that this article could provide more targeted suggestions for the sustainable development of family ranch in the Inner Mongolian Grassland and provide a reference for the sustainability of arid and semi-arid grasslands worldwide.

前言

干旱区约占世界面积的 40%,承载了世界约 1/3 的人口,具有重要的生态生产功能(Reynolds et al., 2007)。草地生态系统是面积仅次于森林生态系统的第二大陆地生态系统,其面积约占陆地总面积的 24%,且集中分布于干旱、半干旱区(Suttie et al., 2005)。欧亚草原位于北半球的中纬度地区,东起我国东北,经蒙古、俄罗斯、乌克兰、匈牙利,直到多瑙河下游,绵延长达 8 000 km,是世界上面积最大且集中连片分布的草原(Coupland, 1993)。内蒙古草原面积约为 86.67 万平方千米,是欧亚草原乃至世界干旱区的重要组成部分。尽管该区人口密度相对较低,但曾经是游牧人群的主要聚居地,孕育了独特的游牧文化和生态知识(Wu and Loucks, 1992);同时,该区也是我国重要的肉、奶、皮、毛等畜产品基地,在维护生态环境稳定、资源供给等方面发挥着重要作用。因此内蒙古草原不仅是我国重要的草牧业基地和生态安全屏障,也是欧亚草原乃至世界干旱区的重要组成部分(Wu et al., 2015; 方精云等, 2018; Zhang et al., 2020)。

内蒙古草原主要为温带大陆性气候,夏季炎热短暂,冬季寒冷漫长;年平均温度介于-2 ℃到 6 ℃;降水主要发生在生长季,而且在空间上由东部的 350 mm 降至西部的 150 mm 左右。自东向西呈现出显著的水热梯度,依次分布有草甸草原、典型草原、荒漠草原等地带性生态系统,同时由于地形差异,草甸、沼泽、沙地等非地带性生态系统点缀其间(Wu and Loucks, 1992; Wu et al., 2015)。复杂多样的生态环境造就了较高的物种多样性,其中植物 2 781 种(约占我国植物的 7.7%),鸟类 467 种(约占我国鸟类的 31%),兽类 149 种(约占我国兽类的 25.3%)(中国科学院蒙古宁夏综合考察队, 1985)。内蒙古草原丰富的物种多样性产生了巨大的生态功能,碳汇总量约为 1.52 亿吨,占我国碳汇总量的 17%;内蒙古草原生态功能区防风固沙受益面积达 440 万平方千米,约占我国总面积的 46%;内蒙古草原同时还具有很强的水源涵养功能,输出了我国东北地区河流 50% 以上的水量,成为我国北方重要的生态屏障(白永飞等, 2020)。但由于气候变化、过度放牧和矿产开采等人为因素(Wang et al., 2017; Ma et al., 2018),内蒙古草原呈现出严重的草地退化,该区 90%左右的草地处于不同程度的退化之中,其中严重退化草地占 60%以上(李博,1997)。草地退化导致生物多样性降低(Bai et al., 2007)、生产力减少(Zhang et al., 2017)、土地退化(Mao et al., 2018)、生态系统功能衰退(Shang et al., 2019)、牧区贫困(Li and Huntsinger, 2011)等问题,对当地人民的生产生活造成了显著影响。

内蒙古草原一系列的生态环境问题引起了科学家的广泛关注,我国有大量学者开展了广泛研究(Jiang et al., 2006; Wu et al., 2015),同时也吸引了一些国外学者的关注(Schoenbach et al., 2009; Bryan et al., 2018)。关注的焦点范围广泛,涉及多样性格局(Zhang et al., 2016)、群落稳定性(Bai et al., 2004)、土壤特征(Zhao et al., 2007)、湖泊消失(Tao et al., 2015)、生态系统服务(Zhao et al., 2017)、人类福祉(Bennett et al., 2015)等方面;研究尺度不仅包括整个内蒙古草原(Bai et al., 2007),还包括旗县尺度(Li et al., 2014),甚至家庭牧户尺度(Zhao et al., 2019)。国家目前已经大量施行生态修复政策,如退耕还林还草(Jia et al., 2014)、"三北"防护林(Li et al., 2012)、荒漠化防治工程(Wu et al., 2013)等,这些政策在该区域起到积极的作用,显著改善了其生态环境(Bryan et al., 2018; Liu et al., 2020)。

为了应对多样性丧失、生态系统服务衰退等一系列问题,可持续发展的理念逐渐被提出(WCED,1987),并在21世纪初形成了为推动可持续发展提供理论基础和实践指导的新兴科学——可持续性科学(Kates et al., 2001)。在认识到可持续发展的三大支柱——自然、经济、社会的基础之上,联合国于2000年提出了千年发展目标,并于2015年在纽约召开的可持续发展峰会上,再次提出了承接千年发展目标的可持续发展目标,其中包含的17个可持续发展目标也成为世界各国2030年前的关键任务(张军泽等, 2019)。可持续性科学是高度跨学科的,需要基于生态学、经济学、环境科学和人类学等不同学科知识,才能够实现可持续发展的合理诊断,并进一步制定相应的发展策略(Wu, 2006)。家庭牧场是内蒙古草原基本的生产、管理单元,从家庭牧场视角探讨可持续发展,将有助于更加深入了解该地区可持续发展状况,并为实现可持续发展提供更为针对、可行的意见,从而最终为实现区域可持续发展提供科学依据。

16.1 家庭牧场的形成历程及定义

按照《大英百科全书》的介绍,牧场(ranch)一词隶属农业的范畴,专门指代在很大的草场上饲养牛、马、羊等牲畜。牧场的起源得益于欧洲畜牧业技术在美洲广阔草原上的应用。早在16世纪初,西班牙殖民者就把牛和马引入了阿根廷和乌拉圭的潘帕斯草原以及墨西哥的山脉,开展放牧活动,并且很快蔓延到现在美国的西南部。到了19世纪初,牧场已经成了北美地区的支柱型经济。尤其是随着东部牧场逐步开垦为农田,迫使牧场主西移以寻找新的牧场,牧场的重要性更是逐步提升。牛仔(cowboy)一词就是在这种背景下产生的,其本质上指的是骑在马背上的牧场主,他们在未围封的公共草地上由一个营地放牧到另一个营地,并且每年集中两次进行牲畜围捕,以便于给牛打上烙印,并将牛送往北部和东部育肥、屠宰。

在南美洲的潘帕斯草原上,这种自由的放牧方式持续了一个多世纪后,在18世纪中叶,由于布宜诺斯艾利斯地区生牛皮和牛脂能够提供高额利润,牛仔的对手高乔人

(Gaucho)出现了,他们开始在草原上追捕逃脱的牛群和马匹,这种活动一直持续到19世纪中叶。Estancia是位于阿根廷和乌拉圭的里奥德拉普拉塔地区的农村,主要从事养牛和一定的谷物种植。但从18世纪后期开始,Estancia的所有者Estancieros开始在阿根廷的潘帕斯草原上获得并围封草地,到了19世纪后期阿根廷大草原几乎全部被围封起来形成家庭牧场,至1900年时,在阿根廷大草原上出现了3 000多个超大规模的家庭牧场(每个牧场的规模有数十万英亩①),高乔人则成为家庭牧场雇佣的动物饲养员。同种情况也出现于乌拉圭的潘帕斯草原。美国在1862年颁布了《宅地法》(Homestead Act),促进了家庭牧场的出现,并且在19世纪晚期扩展到了美国的西部地区。家庭牧场的出现,彻底改变了北美草原和潘帕斯草原的面貌。

游牧是内蒙古草原最早采用的草地经营方式,其历史可追溯到新石器时代,牧民通过移动的方式逐水草而居,利用草地资源,开展畜牧业经营(陈巴特尔,2004)。这时候的草场主要归封建贵族所有,封建贵族们通过"各有领地"的模式将草场私有化,牧民通过税赋关系在领地内开展畜牧业经营。伴随着内蒙古自治区的解放,我国将草地分配给广大牧民,并将土地使用权分配给旗、苏木(乡镇)和嘎查(村),传统的游牧逐渐被中等规模的轮牧所取代,依据草地生长状况,将草场划分为四季(春、夏、秋、冬)或两季(冬春、夏秋)放牧场,进行季节性轮牧(王建革,2006)。伴随着十一届三中全会的召开,牧区实现了以"家庭联产承包责任制"为主的经营方式改革,生产力得到极大提升,广大牧区在1982—1985年开始实施草畜归户经营(草场、牲畜完全分配给个人)的"双权一制"政策,从而开始了定居放牧的草地经营方式,家庭牧场成为内蒙古草原畜牧业生产和管理的基本单元(丁勇和董建军, 2005; Bijoor et al., 2006)。

由于历史文化的差异及生产经营方式的不同,国内外关于家庭牧场的定义也不尽相同。美国农业部将家庭牧场归为家庭农场的范畴,是一个由农场主与其家庭通过大量劳动开展自行生产、销售,从而产生经济效益的基本生产单元(USDA,2009)。依据《农业部关于促进家庭农场发展的指导意见》的指导方针,《内蒙古自治区家庭农牧场认定工作意见》文件中定义家庭牧场为以牧户为基本组织单位,以家庭成员为主要劳动力,从事专业化牧业生产,以牧业收入为家庭主要收入来源,实行自主经营、自我积累、自我发展、自负盈亏和自我管理的新型牧业经营实体。很多学者也给出了家庭牧场的定义。道尔吉帕拉木(1996)认为家庭牧场是指以草场和牲畜的家庭经营为基础,以畜产品生产为目的,具有一定基础设施和畜群规模,能够获得稳定收入的畜牧业生产单位。谢晓村(1986)定义家庭牧场为以家庭关系为主,辅之以亲朋关系、邻里关系的具有一定规模,能够实现自主经营、自负盈亏,从事畜牧业商品性生产的相对独立的经济实体。李治国等(2015)将家庭牧场理解为以一定规模草地为基础,以恢复草地生态系统,提高家畜生产力和保持稳定增长的经济收入为基本原则,能够采用精细化系统管理方式抵抗外来风险(自然灾害和市场风险)的自主生产经营的适应性经营管理单元。

---

① 1英亩 = 4 046.86 m^2。

尽管家庭牧场的定义各不相同,但可以从中归纳出家庭牧场的基本特征。第一,家庭牧场是一个小尺度的复合生态系统,以家庭为基本单位,涉及土、草、畜、人4个不同对象(任继周等, 2000),关注草丛-地境、草地-动物、草畜-经营管理3个界面,以及前植物生产层、植物生产层、动物生产层、后生物生产层4个层次间的相互作用,通过耦合自然、经济、社会3个子系统,探究系统间各要素的物质循环、能量流动及信息传递,维系系统的运行。第二,以畜牧业经营为主,兼有其他多种经营方式。畜牧业经营是家庭牧场的主要经营方式和收入来源,其收入达到家庭牧场的80%以上;除采用传统的养殖牛、马、羊等畜牧业经营外,部分家庭牧场还采用新型的出售干草、奶制品和出租草地等畜牧业经营,同时,还兼有其他多种非畜牧业经营方式,如生态旅游收入、民族工艺品收入等(Zhang et al., 2019)。第三,具有适度稳定的经营规模。经营规模过小会导致劳动力盈余,无法实现规模效益,也不利于后续家庭牧场的集约化、产业化发展;经营规模过大则劳动力不足,经营难度提升,也会增加家庭牧场运营的风险,因此,家庭牧场需要适度稳定的规模。结合内蒙古城镇居民平均收入水平及家庭劳动力人口,《内蒙古自治区家庭农牧场认定工作意见》认定,内蒙古家庭牧场的适度规模为"养殖规模达到日历年度基础母羊存栏300只,或基础母牛存栏100头以上"。第四,既是生产单元,又是管理单元。一方面,家庭牧场不仅需要通过畜牧业等经营方式实现自给型生产,成为生产单元;同时,还要将市场引入家庭中实现市场型生产,成为管理单元。另一方面,家庭成员作为家庭牧场运行的核心劳动力的同时,还会通过雇佣非家庭成员增加劳动力,成为家庭牧场运行的管理者。因此,家庭牧场不仅仅是开展畜牧业经营的生产单元,也是集销售、经营策略、人员聘用等为一体的管理单元。综上所述,家庭牧场是以家庭为基本单位的小型复合生态系统,以畜牧业生产为主,兼有其他经营方式,具有适度稳定的经营规模的生产及管理单元。

16.2 内蒙古草原家庭牧场研究进展

作为内蒙古草原基本的生产管理单元,近三十年来,有关家庭牧场的研究呈现指数增长的趋势(图16.1)。不仅是我国学者在关注内蒙古草原家庭牧场的研究,国外学者对其也产生了广泛兴趣,如美国、澳大利亚、加拿大、荷兰、德国、日本等国的学者(图16.2)。学者们所关注的领域也非常广泛,分别侧重家庭牧场自然生态系统、社会经济系统、自然-经济-社会复合生态系统等不同方面(图16.3)。

16.2.1 侧重家庭牧场自然生态系统的研究

植被和土壤特征对不同放牧方式的响应,成为家庭牧场自然生态系统研究中最为关注的两个方面。割草场与放牧场具有相似的生物量动态,但前者生物量峰值高于后者;放牧场降低了多年生根茎禾草、多年生杂类草的比重,但增加了一二年生植物的比重;相较于放牧场,割草场具有较高的土壤全碳、全氮、土壤含水量、土壤粉粒含量以及更小的土壤容重(贾晋锋, 2007)。对于放牧场而言,不同的利用方式影响较大。相较于自由放牧,划区轮牧可以给予植物一定的恢复时间,因此群落盖度、高度、生物量普

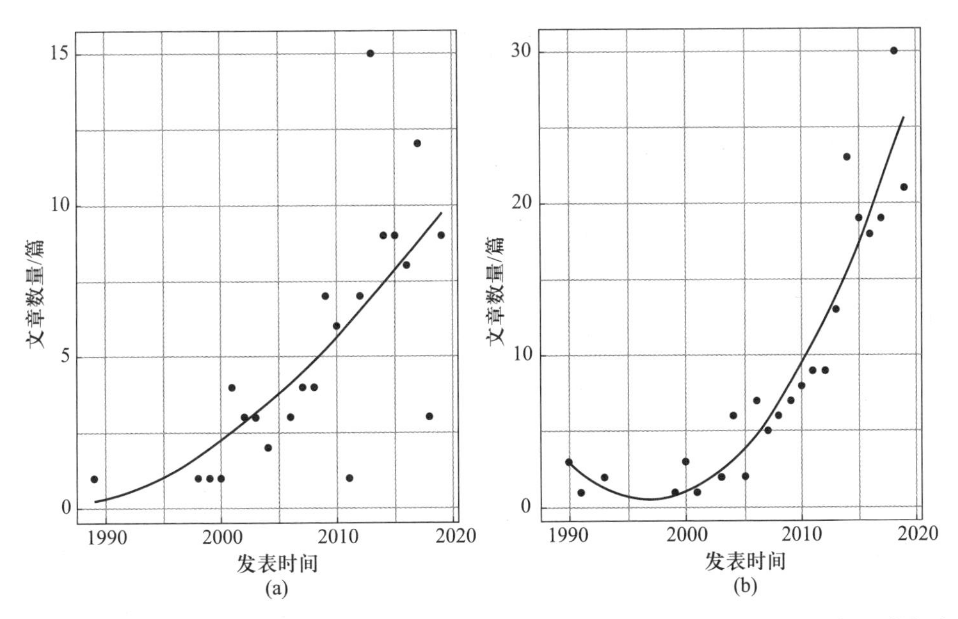

图 16.1 基于“内蒙古”“草原”“家庭牧场”检索的文章发表数量。(a) 基于中国知网数据库;(b) 基于 Web of Science 数据库。

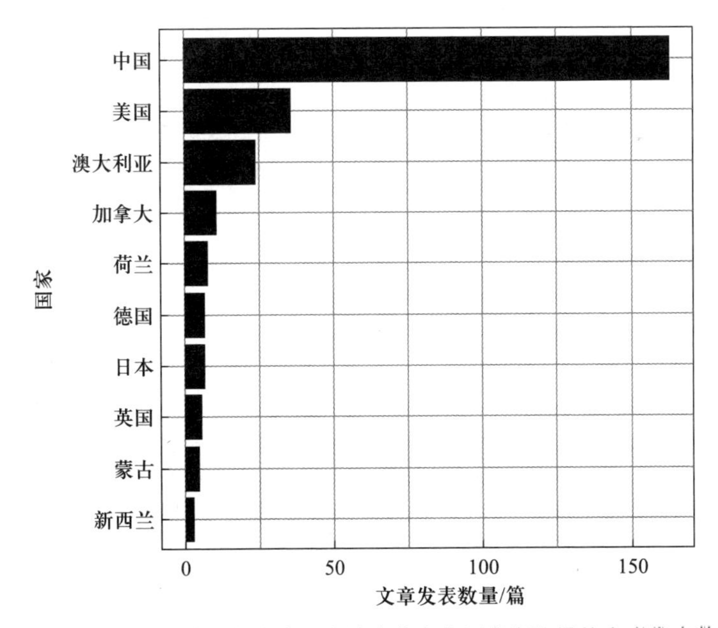

图 16.2 基于 Web of Science 数据库检索的有关内蒙古草原家庭牧场的文章发表数量国家排序。

遍高于自由放牧,而在自由放牧中则会出现更多裸露斑块;划区轮牧有利于植物分蘖及种子繁殖,从而具有更高的物种丰富度,其群落结构也更为复杂、稳定,自由放牧不仅物种数较少,群落结构相对简单,更为重要的是草地退化的指示种(如星毛委陵菜、

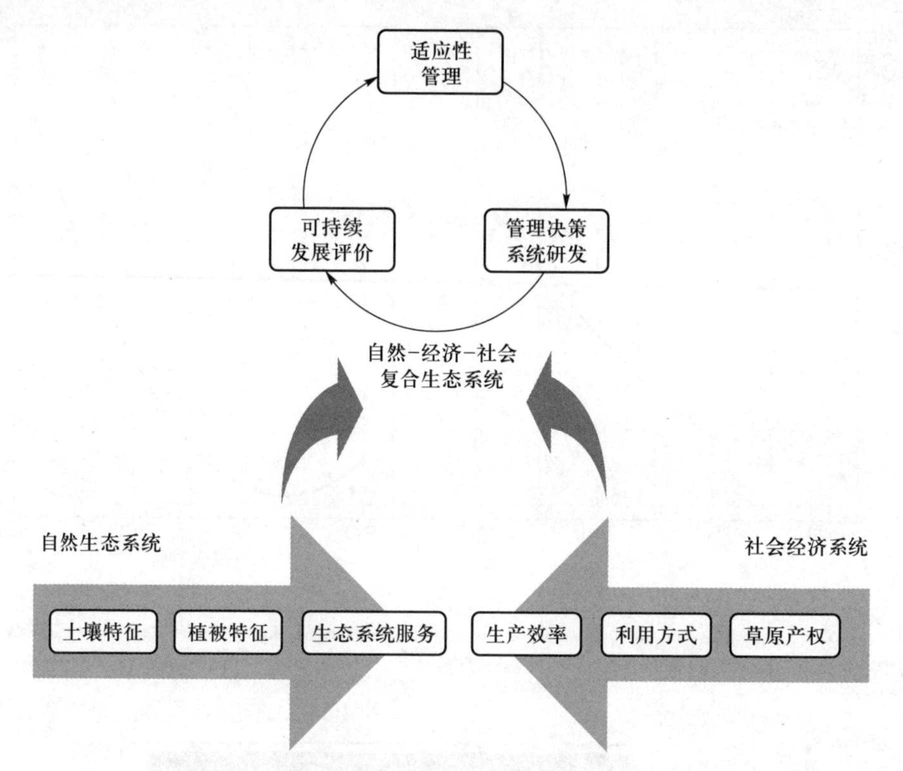

图 16.3 内蒙古草原家庭牧场可持续发展主要研究主题。

薹草等)在群落中的比重明显提高(卫智军,2003; 曲艳等,2019)。同样是划区轮牧,四季牧场相较于两季牧场,其植被特征更优(王雪峰等,2017),而且高强度放牧增加了 C_4植物的比重(Zhang et al., 2014)。与自由放牧相比,划区轮牧提高了土壤黏粒和粉粒含量,降低了土壤砂粒含量;划区轮牧较自由放牧降低了土壤容重,增加了土壤孔隙度,从而导致更高的土壤含水量;划区轮牧还具有更高的土壤有机质、全氮、全磷、全钾含量以及土壤 pH 值(闫瑞瑞,2008; 陈越,2013)。改良家庭牧场经营策略,采用放牧和舍饲结合的方式,对于植物多样性、生产力具有一定的改善作用,且这种改善在短期内效果不明显,长期效果显著(李治国等,2017)。

生态系统服务为人类的生存与发展提供了关键支撑(Costanza et al., 2014),近年来,围绕着家庭牧场尺度草地退化与生态系统服务开展了一系列研究。土壤碳储量作为生态系统的关键服务之一,明晰家庭牧场尺度的碳储量、固碳潜力对于缓解全球气候变暖具有重要作用。赵艳云(2018)基于内蒙古 400 余个家庭牧场的研究发现,内蒙古典型草原家庭牧场具有约 30% 的固碳潜力,且家庭牧场固碳潜力与草地退化关系密切,随着草地退化程度的增加,碳固持功能降低。草地退化不仅对家庭牧场碳固持这一生态系统服务产生影响,同时也会降低产草量、土壤保持、水源涵养等其他一系列生态系统服务(韩鹏,2019)。家庭牧场尺度的草地退化状况不仅受到气候、海拔等环境因子的影响,同时也受到家庭经营方式、家庭人口特征等因素的影响(韩鹏,

2019)。通过植被类型的退化状况研究,可以很好地实现家庭牧场及其他一系列景观尺度退化等级的评定(Tong et al., 2004)。

16.2.2　侧重家庭牧场社会经济系统的研究

明晰草原产权是草原管理的核心,内蒙古草原产权制度经历了巨大的变化(敖仁其,2003; 盖志毅, 2008; Li and Huntsinger, 2011; 赵澍, 2015; Robinson et al., 2017; Li et al., 2018)。最初,内蒙古草原上并未有明确的产权制度,游牧民族更多通过宗教信仰、文化习俗等进行草原的管理与保护。直到公元 9 世纪前后,草原产权才逐渐明朗化,很长的一段时间内,内蒙古草原实行的是封建领主制的产权制度,封建领主控制了绝大部分的草地资源。封建领主制的产权制度随着内蒙古自治区的解放而被取缔,草原经营废除了私有制,全面实行民族公有制(1947—1958 年)。这一时期大体可划分为两个阶段,第一个阶段是牧场公有制(1947—1954 年)时期,牧民对自己占有的草场拥有全面的占有、使用和处置权利;第二个阶段是全面的民族公有制时期(1954—1958 年),土地所有权被划分到旗县、苏木,统一进行牧场管理、调配。民族公有制本质上是集体所有制,满足了当时特定历史时期、特殊生产领域的需求。随着 1958 年全国农业合作化的浪潮,广大牧民也加入了人民公社,内蒙古草原开始实行全民所有制。考虑到民族所有制的局限,尤其是在民族杂居地区存在难以克服的矛盾,内蒙古自治区于 1960 年制定的《畜牧业八十条》中规定草原为全民所有,正式标志着内蒙古草原进入全民所有制时期。在“牧民不吃亏心粮”的号召下,内蒙古草原掀起了大规模的草原开垦活动,从 1958 年到 1976 年的十余年间,内蒙古共开垦草原 206.7 万公顷(盖志毅, 2008)。十一届三中全会后,在农区实行“家庭联产承包责任制”的巨大成功背景下,草原区也开始实行“草场共有、承包经营”的草原承包经营责任制,这一时期分为两个阶段,第一个阶段主要是将牲畜和草场承包到嘎查和联户,第二个阶段始于 1985 年,将草场和牲畜完全承包到户。为了进一步完善草原承包经营责任制,依据中共中央、国务院《关于当前农业和农村经济发展的若干政策措施》建议将草地承包年限延长至 30 年。同时,为进一步开展牧区改革,稳定牧区基本政策,在全区范围内落实“所有权归集体,使用权归牧民,实行草原承包经营责任制”(简称“双权一制”)的政策,并于 2002 年全面完成“双权一制”。为适应规模化经营的需求,牧民通过草场租赁的形式将草场资源向牧民合作社及专业养牧户等转交。为进一步明晰土地产权关系,完善土地经营,2018 年 12 月,十三届全国人大常委会第七次会议表决通过了关于修改农村土地承包法的决定,主要是为了将农村土地实行“三权分置”的制度法制化。“三权分置”制度,就是把草场集体所有权、牧户承包权、草场经营权“三权”分开,实施以“集体所有、家庭承包、多元经营”为核心的新型草地管理制度。

牲畜养殖是内蒙古草原最主要的经营方式,在近二十年间牲畜数量快速增长,同时牲畜结构也呈现大畜逐渐减少,小畜逐渐增多的趋势(Jiang et al., 2019)。在新型“三权分置”草原产权制度的支撑下,内蒙古草原家庭牧场呈现出多元化的经营方式。依据牧户收入来源,内蒙古草原家庭牧场呈现出 7 种主要经营模式,包括 3 种传统的经营方式——养殖小畜为主(包括绵羊、山羊等),养殖大畜为主(包括牛、马、骆驼等),大小畜混合养殖;2种新型的畜牧业经营方式——草地附属产品经营为主(包括出售干草、奶制品、工艺品等)、土地经营为主(草地租赁方式);此外,还包括非畜牧业经营(包括经商、外出打工等)以及养殖与非畜牧业混合经营。其中养殖小畜是最主要的经营方式,占所有家庭牧场收入的40%以上(Zhang et al., 2019; Liu et al., 2020)。7种经营方式间家庭总收入存在显著差异,养殖与非畜牧业混合经营家庭总收入最高,土地经营家庭总收入最低(Zhang et al., 2019)。家庭牧场选择何种经营方式既受到其自然禀赋(温度、降水等)的影响,更受到人造资本(家庭劳动力、草场面积等)的调控(Ding et al., 2018; Liu et al., 2020)。

传统的畜牧业经营以追求牲畜数量为主,牲畜数量的增加通常带来较高的毛收入,但净收入并不一定增加,甚至还会降低,同时也对生态环境造成一定的破坏(李治国, 2015),因此,生产效率的研究成为内蒙古草原家庭牧场一个重要的关注点。内蒙古草原家庭牧场生产效率整体偏低,提升空间很大,且存在较大的空间异质性(张晓敏, 2017)。从综合生产效率来看,沙地草原高于草甸草原和典型草原,但规模效率和生产效率呈现不同结果:草甸草原、典型草原的规模效率高于沙地草原,但生产效率却低于沙地草原(周艳青, 2018)。为此,一系列学者基于最优生产效率确定了不同草原区合理的放牧强度,如在呼伦贝尔草原区约为1.15标准羊单位/公顷(李江文等, 2016),在正镶白旗草原区约为0.82标准羊单位/公顷,在四子王旗草原区约为0.97标准羊单位/公顷(王瑞珍,2017)。学者们还提出了一系列优化改良措施以提升家庭牧场生产效率,如降低牧场载畜率(宋艳华,2012)、调整牲畜结构(李娜, 2009; 马乐, 2019)、冷季舍饲(张双阳等, 2010; 郑阳等, 2010)等。家庭牧场生产效率的提升对于缓解家庭贫困,遏制草地退化具有重要的作用(Briske et al., 2015)。

16.2.3 侧重家庭牧场自然-经济-社会复合生态系统的研究

开展家庭牧场可持续发展评价是推进牧区可持续发展,进行生态文明建设的前提。依据研究的侧重点不同,内蒙古草原家庭牧场的可持续发展评价大体上可以归纳为三类。第一类是综合考虑生态效益及生产效益,生态效益主要基于草畜平衡确定,生产效益主要基于家庭净收入确定,若两种效益均比较优化,则符合可持续发展(Kemp et al., 2013; 李治国, 2015; 王瑞珍, 2017)。第二类主要基于家庭牧场特征进行评估,一种方法主要考虑家庭牧场系统的固有属性和外部环境属性(王治轶, 2009; 丁勇等, 2010),另一种方法主要考虑家庭牧场的资本要素(李泰君等, 2009)。第三类基于能值理论,以能值为基础,探讨能量在不同系统中循环的效率(Odum, 1996)。Zhang等(2019)基于碳足迹分析了内蒙古典型草原不同经营方式下的碳效率,并提出草地附属产品经营和大小畜混合经营是两种优化的经营方式。

在明确家庭牧场可持续发展的基础上,学者们开发了相应的模型来辅助和支撑决策,从而确定内蒙古草原家庭牧场的优化管理模式。李治国等(2014)汇总了全球24个适用于家庭牧场的决策模型,并分别基于牧草生长、温室气体排放、放牧管理、经营管理四个方面阐述了不同模型的特点和适用性,发现ACIAR、GrassGro和SEPATOU模型适用于以天然放牧为主的家庭牧场,而综合农业系统模型(IFSM)适用于集约化管理的家庭牧场。其中,ACIAR 模型由澳大利亚国际农业研究中心联合内蒙古农业大学、甘肃农业大学、中国农业科学院草原研究所共同开发,充分考虑了我国草原状况,尤其适用于我国北方家庭牧场的生产经营。该模型包括四个子模型,前两个子模型是由我国韩国栋研究团队,带领内蒙古农业大学和中国农业科学院草原研究所联合开发的家畜生产优化管理模型(Optimized Management Models for Household Pasture Livestock Farm Production,OMMLP)。第 1 个子模型是草畜平衡模型,以代谢能为支撑,依据家庭牧场气候、草地及牲畜状况,评估草畜平衡状况。第 2 个子模型是优化生产模型,基于家庭牧场的投入与产出各个环节的综合考虑,评估家庭牧场净收入(李江文等,2016)。第 3 个子模型是由甘肃农业大学研究团队根据家畜性别、年龄、体重等开发的家畜精细化管理模型。第 4 个子模型更多考虑了草地生态状况,是以草地恢复、提高生产力和养殖家畜盈利为主要目的的动态生物经济模型。

为了更好地推动家庭牧场自然-经济-社会复合生态系统的发展,牧民也开展了一系列的适应性管理活动。针对家庭牧场草场和牲畜规模的差异,规模较大的家庭牧场相比规模小的家庭牧场往往采用高融资、多草地租赁的方式来扩大生产,而规模小的家庭牧场则更倾向采用超载的方式提高生产(何欣等, 2013; 冯秀等, 2019)。也有研究表明,对定居和半移动式放牧的家庭牧场而言,由于文化背景的相似,两种经营方式的牧民在草地管理、合作方面往往采用相同的应对态度(Conte, 2015)。极端气候是影响家庭牧场复合生态系统的关键,其对家庭牧场的影响主要作用于牲畜和草场界面,牧民往往采用主动保畜和被动减畜两种策略来适应气候变化,且牧民更多倾向于购买草料的主动保畜策略(Hou et al., 2012; 李西良等, 2013; Bai et al., 2019)。而对于政府提倡的一系列草地政策,如草畜平衡、退耕还草、固碳减排等,牧民具有非常高的参与意愿,更乐于响应政府草地生态保护的号召(Zhao et al., 2018)。

16.3 内蒙古草原家庭牧场研究展望

内蒙古草原家庭牧场的研究已经取得了丰硕成果,未来研究建议考虑以下六个方面(图 16.4)。

第一,坚持草牧业发展新理念,优化区域空间布局。改革开放以来,我国居民膳食结构发生巨大变化,粮食消耗显著减少,肉奶蛋等动物性食品需求明显增加,我国粮食安全本质上已经上升为饲料粮的安全(任继周, 2013; 方精云等, 2016)。若要从根本上解决饲料粮安全问题,构建“粮-经-饲”三元结构种植模式,必须加速发展现代草牧业,坚持草业和畜牧业统筹发展的“草牧业”新理念。草牧业包括饲草料生产、加工及畜禽养殖三个过程,建议采用“用小保大”的草牧业发展模式,即利用小面积(不超过区域 10%的土地)水热良好的优质草地发展集约化人工草地,从而保护区域大部分天然草地(超过区域 90%的土地)(方精云, 2016)。这就需要在草牧业发展空间格局优化的基础上,家庭牧场调整经营规模,引进优良牧草和特色经济作物,依托先进种植模式和技术,发展生态生产兼容的高效草牧业。

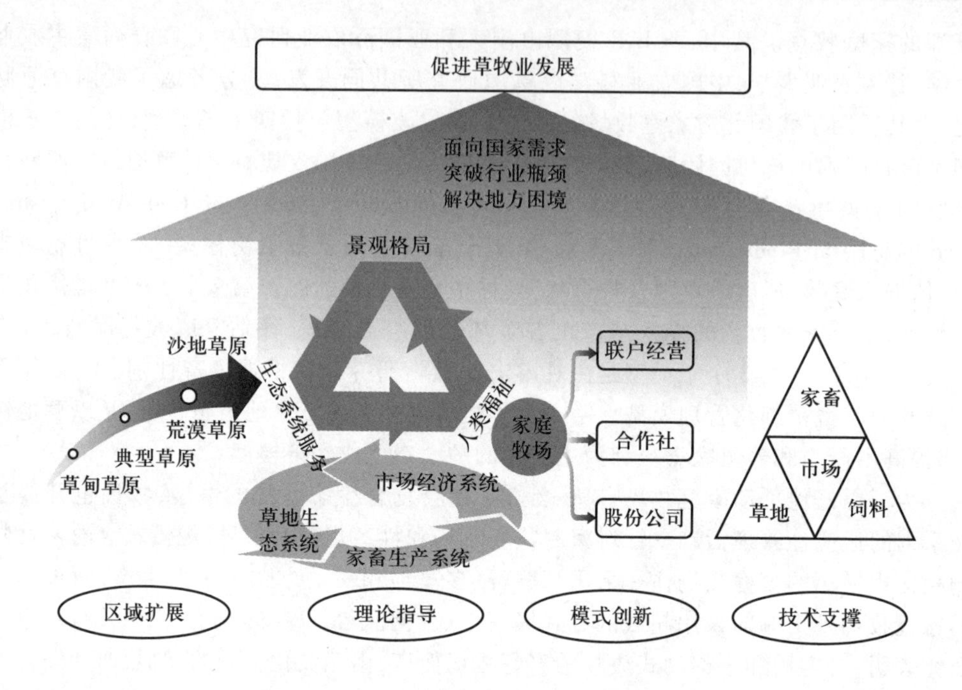

图 16.4　内蒙古草原家庭牧场研究展望。

第二,以景观可持续为指导,实现家庭牧场草场合理利用。草地利用单元是依托动态转换模型,基于草地非平衡态提出的草地管理单元,不仅充分体现了土壤、地形、植被的差异,而且反映了草地现状及演替趋势(Westoby and Noy-Meir, 1989; 乌兰等, 2014)。只有明晰家庭牧场的草地可利用单元状况,才能制定切实可行的草地利用和管理策略,实现草地资源的可持续利用。Wu(2013)认为景观是实现可持续发展最可操作的空间尺度,并首次提出了景观可持续性科学的内涵及相应的研究框架,被广泛应用于可持续性科学研究的各个领域(Opdam et al., 2018; Frazier et al., 2019)。针对家庭牧场,以景观可持续性科学为指导,将草地利用单元作为斑块,结合生物多样性和生态系统过程,探究景观格局、生物多样性、生态系统服务、人类福祉间的相互关系,从而确定草地利用单元的合理景观格局,最终提升家庭牧场的可持续性。

第三,加强草业系统 3 个界面耦合研究,重视政策市场调控作用。家庭牧场中草业系统的 3 个界面紧密联系,且呈现出不同的特性:草丛-地境界面是草业系统最基本界面,更多关注草地生态系统健康;草地-动物界面探讨草畜的时间、空间、种间一致性,聚焦草畜优化;草畜-经营管理界面是草业系统的最高一级,核心在于通过管理实现草业系统的可持续发展(任继周等, 2000)。尽管集中于某一个界面的研究会非常聚焦、有针对性,但只有 3 个界面的耦合研究才能更明确地揭示家庭牧场的运行特征,实现草地生态系统、家畜生产系统、市场经济系统和优化决策管理系统的有机结合。尤其要关注政策和市场对于家庭牧场的调控作用,政策与市场作为草畜-经营管理界面中两个关键的驱动因素,可以在较短时间和较大范围内对家庭牧场的经营方式及资源分配产生影响(Li et al., 2020),从而改变草地-动物界面的关联,并最终在草丛-地境界面影响草地生态系统的健康。

第四,进一步探讨家庭牧场未来发展模式。伴随着“三权分置”产权制度的确立、供给侧结构性改革的不断深入,内蒙古草原的经营方式也在逐渐发生转变。家庭牧场作为当前阶段内蒙古草原基本的生产和管理单元,是最为主要的经营方式,但同时也在逐渐向联户经营、合作社甚至是股份公司转变(萨础日娜, 2017)。其整体的转变方式是围绕草场、牲畜、劳动力等生产要素进行资源整合,从而提高生产效率,只不过整合过程的方式、规模、运行机制等存在差异。研究表明,未来家庭牧场的优化组合要素可能为 267 ~ 333.3 公顷草场、5 ~ 6 个劳动力,1 000 个标准羊单位(张晓敏, 2017)。到底何种经营模式是最优化的,取决于经济基础、生产要素、文化背景等诸多因素,因此,非常有必要探讨不同因素下的家庭牧场合理的发展模式。在进行资源要素整合的同时,不可避免会涉及围栏的拆除问题。围栏在明确产权,促进许多社会经济功能实现的同时,也带来了一系列负面生态效果,需要客观全面评价围栏的作用,谨慎对待围栏拆除(李昂和雒文涛, 2020)。

第五,扩展沙地草原家庭牧场的研究。草甸草原、典型草原、荒漠草原作为内蒙古草原三种典型的地带性草原,在家庭牧场的研究中得到了足够的重视(何欣等,2013;李治国, 2015; 李江文等, 2016)。沙地草原作为一种在隐域性的沙地中发育的植被类型,在内蒙古分布范围广泛,由东到西依次分布有呼伦贝尔沙地、科尔沁沙地、浑善达克沙地、毛乌素沙地。沙地草原在土壤、降水、植被特征等方面与草甸草原、典型草原、荒漠草原存在很大的差异。扩展内蒙古沙地草原家庭牧场的探讨,有助于完善内蒙古家庭牧场的研究。

第六,重视技术支撑。家庭牧场要逐步向集约化、现代化方向发展,其运营中所包含的人工草地建植、饲草料生产、畜群结构调整、科学化家畜养殖、市场化管理等各个环节都离不开科学技术的支撑。当前,内蒙古草原家庭牧场的科学技术含量相对较低,未来应该重视各个环节的技术研发,并加强牧民的培训与资金资助,从而推广一批与家庭牧场经营相适应的实用技术,促进家庭牧场更快更好地发展。

致谢

本研究获得内蒙古自治区重大专项项目(ZDZX2018020)资助。

参考文献

敖仁其. 2003. 草原产权制度变迁与创新. 内蒙古社会科学, 24(4):116-120.

白永飞, 赵玉金, 王扬, 周楷玲. 2020. 中国北方草地生态系统服务评估和功能区划助力生态安全屏障建设. 中国科学院院刊, 35:675-689.

陈巴特尔. 2004. 试论蒙古民族传统文化的形成、变迁及其特点. 内蒙古大学学报:人文社会科学版,

36:66-69.

陈越. 2013. 不同放牧制度对短花针茅草原群落特征和土壤的影响. 硕士学位论文. 呼和浩特:内蒙古农业大学.

道尔吉帕拉木. 1996. 集约化草原畜牧业. 北京:中国农业科技出版社.

丁勇, 董建军. 2005. 落实草牧场"双权一制"促进内蒙古草原牧区可持续发展. 北方经济, 10:7-8.

丁勇, 牛建明, 侯向阳, 张庆, 王海, 尹燕亭. 2010. 基于可持续发展评价的家庭牧场生产经营分异研究. 草业科学, 27:151-158.

方精云. 2016. 我国草原牧区呼唤新的草业发展模式. 科学通报, 61:137-138.

方精云, 白永飞, 李凌浩, 蒋高明, 黄建辉, 黄振英, 张文浩, 高树琴. 2016. 我国草原牧区可持续发展的科学基础与实践. 科学通报, 61:155-164+133.

方精云, 景海春, 张文浩, 高树琴, 段子渊, 王竑晟, 钟瑾, 潘庆民, 赵凯, 白文明, 李凌浩, 白永飞, 蒋高明, 黄建辉, 黄振英. 2018. 论草牧业的理论体系及其实践. 科学通报, 63:1619-1631.

冯秀, 李元恒, 李平, 丁勇, 王育青. 2019. 草原生态补奖政策下牧户草畜平衡调控行为研究. 中国草地学报, 41:132-142.

盖志毅. 2008. 制度视域下的草原生态环境保护. 沈阳:辽宁民族出版社.

韩鹏. 2019. 基于牧户的草地退化及其对生态系统服务的影响研究. 硕士学位论文. 呼和浩特:内蒙古大学.

何欣, 牛建明, 郭晓川, 张庆. 2013. 典型草原家庭牧场草地资源利用行为分异机制及管理策略研究. 草业学报, 22:257-265.

贾晋锋. 2007. 不同利用方式对典型草原家庭牧场植物群落和土壤理化性质的影响. 硕士学位论文. 呼和浩特:内蒙古大学.

李昂, 雒文涛. 2020. 谨慎评价围栏在我国草地治理体系中的作用. 内蒙古大学学报(自然科学版), 51:1-7.

李博. 1997. 中国北方草地退化及其防治对策. 中国农业科学, 30(6):1-9.

李江文, 王静, 李治国, 王瑞珍, 潘占磊, 武倩, 韩国栋. 2016. 内蒙古草甸草原家庭牧场模型模拟研究. 生态环境学报, 25:1146-1153.

李娜. 2009. 内蒙古荒漠草原家庭牧场优化经营管理模型研究. 硕士学位论文. 呼和浩特:内蒙古农业大学.

李泰君, 牛建明, 董建军, 丁勇. 2009. 典型草原区家庭牧场可持续发展评价与对策研究——以内蒙古白音锡勒牧场为例. 安徽农业科学, 37:14424-14427+14432.

李西良, 侯向阳, L. Ubugunov, 丁勇, 丁文强, 尹燕亭, 运向军, 张勇. 2013. 气候变化对家庭牧场复合系统的影响及其牧民适应. 草业学报, 22:148-156.

李治国. 2015. 内蒙古家庭牧场资源优化配置与适应性管理模拟研究. 博士学位论文. 呼和浩特:内蒙古农业大学.

李治国, 韩国栋, 赵萌莉, 王忠武, 王静. 2015. 家庭牧场研究现状及展望. 草业学报, 24:158-167.

李治国, 韩国栋, 赵萌莉, 袁清, 乔江, 王静. 2014. 家庭牧场模型模拟研究进展. 中国生态农业学报, 22:1385-1396.

李治国, 张富贵, 姚蒙, 韩国栋, 李江文, 王瑞珍. 2017. 生产管理策略转变对荒漠草原家庭牧场草地植被特征的影响. 中国草地学报, 39:105-110.

马乐. 2019. 半农半牧区家庭牧场草畜配置研究. 硕士学位论文. 呼和浩特:内蒙古农业大学.

曲艳，李青丰，段茹晖，樊如月，刘重阳，牛茹. 2019. 放牧方式对暖温型草原区短花针茅群落特征及 α 多样性的影响. 中国草地学报，41:87-93.

任继周. 2013. 我国传统农业结构不改变不行了——粮食九连增后的隐忧. 草业学报，22:1-5.

任继周，南志标，郝敦元. 2000. 草业系统中的界面论. 草业学报，9(1):1-8.

萨础日娜. 2017. 内蒙古牧区经营方式之变革：联户、合作、家庭牧场与股份公司. 干旱区资源与环境，31:56-63.

宋艳华. 2012. 荒漠草原家庭牧场资源优化配置管理经济模式分析. 硕士学位论文. 呼和浩特：内蒙古农业大学.

王建革. 2006. 定居游牧、草原景观与东蒙社会政治的构建(1950—1980). 南开学报(哲学社会科学版)，5:71-80.

王瑞珍. 2017. 内蒙古草原牧区家庭牧场草畜合理配置研究. 硕士学位论文. 呼和浩特：内蒙古农业大学.

王雪峰，王琛，胡敬萍，刘书润，曾昭海，胡跃高. 2017. 家庭牧场不同放牧方式对草甸草原植物群落的影响. 草地学报，25:466-473.

王治铁. 2009. 鄂尔多斯市牧户现状研究及可持续发展建议探讨. 硕士学位论文. 呼和浩特：内蒙古大学.

卫智军. 2003. 荒漠草原放牧制度与家庭牧场可持续经营研究. 博士学位论文. 呼和浩特：内蒙古农业大学.

乌兰，韩国栋，乔江，袁清，闫瑞瑞，王萨仁娜. 2014. 基于高分辨率影像的家庭牧场草地利用单元划分. 东北师大学报(自然科学版)，46:130-138.

谢晓村. 1986. 我国家庭牧场的特点. 中国草原与牧草，2:64.

闫瑞瑞. 2008. 不同放牧制度对短花针茅荒漠草原植被与土壤影响的研究. 博士学位论文. 呼和浩特：内蒙古农业大学.

张军泽，王帅，赵文武，刘焱序，傅伯杰. 2019. 可持续发展目标关系研究进展. 生态学报，39:8327-8337.

张双阳，韩国栋，赵萌莉，李治国，朝克图，乌日图. 2010. 冬季舍饲精喂对内蒙古典型家庭牧场乌珠穆沁羊日增重的影响. 畜牧与饲料科学，31:45-48.

张晓敏. 2017. 中国家庭牧场生产要素组合研究. 博士学位论文. 北京：中国农业大学.

赵澍. 2015. 草原产权制度变迁与效应研究. 博士学位论文. 北京：中国农业科学院.

赵艳云. 2018. 内蒙古典型草原碳特征及管理决策支持系统研究——基于家庭牧场视角. 博士学位论文. 呼和浩特：内蒙古大学.

郑阳，徐柱，郝峰，马玉宝，李临杭. 2010. 内蒙古典型草原家庭牧场暖棚舍饲养羊效益分析. 家畜生态学报，31:64-69.

中国科学院蒙古宁夏综合考察队. 1985. 内蒙古植被. 北京：科学出版社.

周艳青. 2018. 锡林郭勒盟不同草地类型地区家庭牧场生产效率比较研究. 硕士学位论文. 呼和浩特：内蒙古农业大学.

Bai, Y., X. Deng, Y. Zhang, C. Wang, and Y. Liu. 2019. Does climate adaptation of vulnerable households to extreme events benefit livestock production? Journal of Cleaner Production, 210: 358-365.

Bai, Y., J. Wu, Q. Pan, J. Huang, Q. Wang, F. Li, A. Buyantuyev, and X. Han. 2007. Positive linear relationship between productivity and diversity: Evidence from the Eurasian Steppe. Journal of Applied

Ecology, 44: 1023-1034.

Bai, Y. F., X. G. Han, J. G. Wu, Z. Z. Chen, and L. H. Li. 2004. Ecosystem stability and compensatory effects in the Inner Mongolia grassland. Nature, 431: 181-184.

Bennett, E. M., W. Cramer, A. Begossi, G. Cundill, S. Diaz, B. N. Egoh, I. R. Geijzendorffer, C. B. Krug, S. Lavorel, E. Lazos, L. Lebel, B. Martin-Lopez, P. Meyfroidt, H. A. Mooney, J. L. Nel, U. Pascual, K. Payet, N. P. Harguindeguy, G. D. Peterson, A. H. N. Prieur-Richard, B. Reyers, P. Roebeling, R. Seppelt, M. Solan, P. Tschakert, T. Tscharntke, B. L. Turner, P. H. Verburg, E. F. Viglizzo, P. C. L. White, and G. Woodward. 2015. Linking biodiversity, ecosystem services, and human well-being: Three challenges for designing research for sustainability. Current Opinion in Environmental Sustainability, 14: 76-85.

Bijoor, N., W. J. Li, Q. Zhang, and G. L. Huang. 2006. Small-scale co-management for the sustainable use of Xilingol Biosphere Reserve, Inner Mongolia. Ambio, 35: 25-29.

Briske, D. D., M. Zhao, G. Han, C. Xiu, D. R. Kemp, W. Willms, K. Havstad, L. Kang, Z. Wang, J. Wu, X. Han, and Y. Bai. 2015. Strategies to alleviate poverty and grassland degradation in Inner Mongolia: Intensification vs production efficiency of livestock systems. Journal of Environmental Management, 152: 177-182.

Bryan, B., L. Gao, Y. Ye, X. Sun, J. Connor, N. Crossman, M. Stafford Smith, J. Wu, C. He, D. Yu, Z. Liu, A. Li, Q. Huang, H. Ren, X. Deng, H. Zheng, J. Niu, G. Han, and X. Hou. 2018. China's response to a national land-system sustainability emergency. Nature, 559:103-204.

Conte, T. J. 2015. The effects of China's grassland contract policy on Mongolian herders' attitudes towards grassland management in northeastern Inner Mongolia. Journal of Political Ecology, 22:79-97.

Costanza, R., R. de Groot, P. Sutton, S. van der Ploeg, S. J. Anderson, I. Kubiszewski, S. Farber, and R. K. Turner. 2014. Changes in the global value of ecosystem services. Global Environmental Change-Human and Policy Dimensions, 26: 152-158.

Coupland, R. T. 1993. Natural Grasslands: Eastern Hemisphere and Resumé. Amsterdam: Elsevier.

Ding, W., S. O. Jimoh, Y. Hou, X. Hou, and W. Zhang. 2018. Influence of livelihood capitals on livelihood strategies of herdsmen in Inner Mongolia, China. Sustainability, 10: 11-17.

Frazier, A. E., B. A. Bryan, A. Buyantuev, L. D. Chen, C. Echeverria, P. Jia, L. M. Liu, Q. Li, Z. Y. Ouyang, J. G. Wu, W. N. Xiang, J. Yang, L. H. Yang, and S. Q. Zhao. 2019. Ecological civilization: Perspectives from landscape ecology and landscape sustainability science. Landscape Ecology, 34: 1-8.

Hou, X. Y., Y. Han, and F. Y. Li. 2012. The perception and adaptation of herdsmen to climate change and climate variability in the desert steppe region of northern China. Rangeland Journal, 34: 349-357.

Jia, X., B. Fu, X. Feng, G. Hou, Y. Liu, and X. Wang. 2014. The tradeoff and synergy between ecosystem services in the Grain-for-Green areas in Northern Shaanxi, China. Ecological Indicators, 43: 103-113.

Jiang, G., X. Han, and J. Wu. 2006. Restoration and management of the Inner Mongolia grassland require a sustainable strategy. Ambio, 35: 269-270.

Jiang, Y., Q. Zhang, J. Niu, and J. Wu. 2019. Pastoral population growth and land use policy has significantly impacted livestock structure in Inner Mongolia—A case atudy in the Xilinhot Region. Sustainability, 11: 1-17.

Kates, R. W., W. C. Clark, R. Corell, J. M. Hall, C. C. Jaeger, I. Lowe, J. J. McCarthy, H. J. Schellnhuber, B. Bolin, N. M. Dickson, S. Faucheux, G. C. Gallopin, A. Grubler, B. Huntley, J. Jager, N. S. Jodha, R. E. Kasperson, A. Mabogunje, P. Matson, H. Mooney, B. Moore, T. O'Riordan, and U. Svedin. 2001. Environment and development—Sustainability science. Science, 292: 641-642.

Kemp, D. R., G. Han, X. Hou, D. L. Michalk, F. Hou, J. Wu, and Y. Zhang. 2013. Innovative grassland management systems for environmental and livelihood benefits. Proceedings of the National Academy of Sciences of the United States of America, 110: 8369-8374.

Li, A., J. Wu, and J. Huang. 2012. Distinguishing between human-induced and climate-driven vegetation changes: A critical application of RESTREND in Inner Mongolia. Landscape Ecology, 27: 969-982.

Li, A., J. Wu, X. Zhang, J. Xue, Z. Liu, X. Han, and J. Huang. 2018. China's new rural "separating three property rights" land reform results in grassland degradation: Evidence from Inner Mongolia. Land Use Policy, 71: 170-182.

Li, P., J. Bennett, and B. Zhang. 2020. Ranking policies to achieve sustainable stocking rates in Inner Mongolia. Journal of Environmental Economics and Policy, 9: 421-429.

Li, W., and L. Huntsinger. 2011. China's grassland contract policy and its impacts on herder ability to benefit in Inner Mongolia: Tragic feedbacks. Ecology and Society, 16: 1-14.

Li, X., M. Tian, H. Wang, H. Wang, and J. Yu. 2014. Development of an ecological security evaluation method based on the ecological footprint and application to a typical steppe region in China. Ecological Indicators, 39: 153-159.

Liu, Y., Q. Zhang, Q. Liu, Y. Yan, W. Hei, D. Yu, and J. Wu. 2020. Different household livelihood strategies and influencing factors in the Inner Mongolian grassland. Sustainability, 12: 839-846.

Ma, Q., C. He, and X. Fang. 2018. A rapid method for quantifying landscape-scale vegetation disturbances by surface coal mining in arid and semiarid regions. Landscape Ecology, 33: 2061-2070.

Mao, D., Z. Wang, B. Wu, Y. Zeng, L. Luo, and B. Zhang. 2018. Land degradation and restoration in the arid and semiarid zones of China: Quantified evidence and implications from satellites. Land Degradation & Development, 29: 3841-3851.

Odum, H. T. 1996. Environmental Accounting—Emergy and Environmental Decision Making. New York: John Wiley & Sons.

Opdam, P., S. Luque, J. Nassauer, P. H. Verburg, and J. Wu. 2018. How can landscape ecology contribute to sustainability science? Landscape Ecology, 33:1-7.

Reynolds, J. F., D. M. Stafford Smith, E. F. Lambin, B. L. Turner, M. Mortimore, S. P. J. Batterbury, T. E. Downing, H. Dowlatabadi, R. J. Fernandez, J. E. Herrick, E. Huber-Sannwald, H. Jiang, R. Leemans, T. Lynam, F. T. Maestre, M. Ayarza, and B. Walker. 2007. Global desertification: Building a science for dryland development. Science, 316: 847-851.

Robinson, B. E., P. Li, and X. Hou. 2017. Institutional change in social-ecological systems: The evolution of grassland management in Inner Mongolia. Global Environmental Change-Human and Policy Dimensions, 47: 64-75.

Schoenbach, P., H. Wan, A. Schiborra, M. Gierus, Y. Bai, K. Mueller, T. Glindemann, C. Wang, A. Susenbeth, and F. Taube. 2009. Short-term management and stocking rate effects of grazing sheep on herbage quality and productivity of Inner Mongolia steppe. Crop & Pasture Science, 60:963-974.

Shang, C., T. Wu, G. Huang, and J. Wu. 2019. Weak sustainability is not sustainable: Socioeconomic and environmental assessment of Inner Mongolia for the past three decades. Resources Conservation and Recycling, 141: 243-252.

Suttie, J. M., S. G. Reynolds, and C. Batello. 2005. Grasslands of the World. Food and Agriculture Organization of the United Nations, Rome.

Tao, S., J. Fang, X. Zhao, S. Zhao, H. Shen, H. Hu, Z. Tang, Z. Wang, and Q. Guo. 2015. Rapid loss of lakes on the Mongolian Plateau. Proceedings of the National Academy of Sciences of the United States of America, 112: 2281-2286.

Tong, C., J. Wu, S. Yong, J. Yang, and W. Yong. 2004. A landscape-scale assessment of steppe degradation in the Xilin River Basin, Inner Mongolia, China. Journal of Arid Environment, 59: 133-149.

USDA. National Agricultural Statistics Service. 2009. 2007 Census of Agriculture. United States: Summary and State Data.

Wang, Z., X. Z. Deng, W. Song, Z. H. Li, and J. C. Chen. 2017. What is the main cause of grassland degradation? A case study of grassland ecosystem service in the middle-south Inner Mongolia. Catena, 150:100-107.

WCED. 1987. Our Common Furture. Oxford: Oxford University Press.

Westoby, M., and W. I. Noy-Meir. 1989. Opportunistic management for rangelands not at equilibrium. Journal of Range Management, 42: 266-274.

Wu, J. 2006. Landscape ecology, cross-disciplinarity, and sustainability science. Landscape Ecology, 21: 1-4.

Wu, J., and O. L. Loucks. 1992. Xilingele(The Xilingol Grassland). In The US National Research Council, eds. Grasslands and Grassland Sciences in Northern China. Washington D. C. :National Academy Press, 67-84.

Wu, J., Q. Zhang, A. Li, and C. Liang. 2015. Historical landscape dynamics of Inner Mongolia: Patterns, drivers, and impacts. Landscape Ecology, 30:1579-1598.

Wu, J. G. 2013. Landscape sustainability science: Ecosystem services and human well-being in changing landscapes. Landscape Ecology, 28:999-1023.

Wu, Z., J. Wu, J. Liu, B. He, T. Lei, and Q. Wang. 2013. Increasing terrestrial vegetation activity of ecological restoration program in the Beijing-Tianjin Sand Source Region of China. Ecological Engineering, 52: 37-50.

Zhang, Q., A. Buyantuev, X. Fang, P. Han, A. Li, F. Y. Li, C. Liang, Q. Liu, Q. Ma, J. Niu, C. Shang, Y. Yan, and J. Zhang. 2020. Ecology and sustainability of the Inner Mongolian grassland: Looking back and moving forward. Landscape Ecology, 35: 2413-2432.

Zhang, Q., Y. Ding, W. Ma, S. Kang, X. Li, J. Niu, X. Hou, X. Li, and S. Bai. 2014. Grazing primarily drives the relative abundance change of C4 plants in the typical steppe grasslands across households at a regional scale. Rangeland Journal, 36: 565-572.

Zhang, Q., J. Wu, A. Buyantuev, J. Niu, Y. Zhou, Y. Ding, S. Kang, and W. Ma. 2016. Plant species diversity is correlated with climatic factors differently at the community and the functional group levels: A case study of desert steppe in Inner Mongolia, China. Plant Biosystems, 150: 121-123.

Zhang, Q., Y. Zhao, and F. Y. Li. 2019. Optimal herdsmen household management modes in a typical steppe region of Inner Mongolia, China. Journal of Cleaner Production, 231:1-9.

Zhang, X. M., E. R. Johnston, A. Barberan, Y. Ren, X. T. Lu, and X. G. Han. 2017. Decreased plant productivity resulting from plant group removal experiment constrains soil microbial functional diversity. Global Change Biology, 23: 4318-4332.

Zhao, H. L., R. L. Zhou, Y. Z. Su, H. Zhang, L. Y. Zhao, and S. Drake. 2007. Shrub facilitation of desert land restoration in the Horqin Sand Land of Inner Mongolia. Ecological Engineering, 31: 1-8.

Zhao, Y., J. Wu, C. He, and G. Ding. 2017. Linking wind erosion to ecosystem services in drylands: A landscape ecological approach. Landscape Ecology, 32: 2399-2417.

Zhao, Y., Y. Yan, Q. Liu, and F. Y. Li. 2018. How willing are herders to participate in carbon sequestration and mitigation? An Inner Mongolian grassland case. Sustainability, 10: 1-10.

Zhao, Y., Q. Zhang, and F. Y. Li. 2019. Patterns and drivers of household carbon footprint of the herdsmen in the typical steppe region of inner Mongolia, China: A case study in Xilinhot City. Journal of Cleaner Production, 232: 408-416.

东北虎豹监测及保护生物学研究

第17章

王天明[①②③]　冯利民[①②③]　鲍蕾[①②③]
王红芳[①②③]　牟溥[①②③]　葛剑平[①②③]

摘　要

东北虎(*Panthera tigris altaica*)与东北豹(*P. pardus orientalis*)作为东北亚森林生态系统的旗舰种和顶级捕食者,对维持生态系统的质量和服务功能具有极为重要的作用。然而,随着人类活动的增加,东北虎豹种群数量和分布区急剧缩小,至20世纪末已在我国东北处于灭绝边缘。随着我国天然林保护工程的实施和国家公园的建设,当前东北虎豹的数量已在中俄跨境区逐渐恢复。长期定位监测平台的建设和基于科学的保护是这两个濒危物种恢复的重要基础。本研究介绍了东北虎豹生物多样性红外相机监测平台建设的历史和目标以及我们在虎豹监测、研究和保护方面取得的进展。该平台始建于2006年,位于我国东北温带针阔混交林区,覆盖老爷岭、张广才岭和完达山,面积超过1.5万平方千米。平台的监测目标是从生态系统水平上对东北虎、东北豹、有蹄类猎物及同域分布的其他哺乳动物、森林栖息生境、环境要素和人类活动等进行全面系统的调查和观测。截至2019年6月,平台产生视频记录超过78.5万条,多台相机累计工作时长超173.6万天,记录了28种野生兽类和32种野生鸟类。另外,我们利用红外相机平台已经在野生动物多样性本底调查,虎豹种群分布、数量与扩散限制,同域食肉动物种间关系,动物生境利用等方向取得了一些成果。目前,该监测平台已集成新技术创新体系,建成了"天地空"一体化监测系统,实现了红外相机等监测数据的实时传输、云端存储、在线访问和人工智能识别,为东北虎豹国家公园生物多样性监测、评估和管理提供了科技支撑。

① 东北虎豹国家公园保护生态学国家林草局重点实验室,北京,100875,中国;
② 东北虎豹生物多样性国家野外科学观测研究站,北京,100875,中国;
③ 北京师范大学生命科学学院,生物多样性与生态工程教育部重点实验室,北京,100875,中国。

Abstract

The Amur tigers (*Panthera tigris altaica*) and the Amur leopards (*P. pardus orientalis*) , flagship species and apex predators in Northeast Asia, play an important role in maintaining the quality and ecological funciotn of forest ecosystem. In recent decades, both tigers and leopards are under threat by increasing anthropogenic induced impacts and have experienced severe demographic and geographic range contractions. With the implementation of China's Natural Forest Protection Program and the construction of national parks, tigers and leopards have gradually recovered across the China-Russia border area. Ecosystem-level monitoring and science-based conservation are essential for the recovery of these two endangered species. The Long-term Tiger-Leopard Observation Network(TLON) is a camera trap-based program that was established in 2006 by Beijing Normal University. TLON covers an area of more than 15 000 km^2 and is located in the temperate broadleaf and mixed forest in Northeast China. This area covers the Laoye Mountains, Zhangguangcai Mountains, and Wanda Mountains. The goals of TLON are to monitor the status of the Amur tiger, the Amur leopard, ungulate prey, and other sympatric mammal species. Additionally, a goal for TLON is to study animal' s response to different environmental factors and human disturbances. As of June 2019, TLON has more than 785 000 video recordings that include recordings for 28 wild mammal species and 32 wild bird species that span 1 736 000 days of camera trapping. TLON has helped advance several fields of scientific research which include: surveying of wildlife diversity, studying population status of animals, understanding the distribution and threats for tigers and leopards, interactions between sympatric carnivore species, and mammal habitat use. Driven by the advancement of smart devices and the Internet of Things(IoT) , TLON has become an ecosystem monitoring IoT that integrates automatic data acquisition and transmission(e. g., camera trap images) , deep learning, real-time data sharing, and online data visualization and analysis. It also helped with monitoring, evaluation, and the management of biodiversity in the Northeast Tiger and Leopard National Park.

前言

野生虎(*Panthera tigris*)与豹(*P. pardus*)作为生物链顶端物种,对维持森林生态系统完整性和生态服务功能具有极为重要的作用(Sunquist, 2010; Luo et al., 2004)。它们不仅通过捕食调节被捕食动物的种群结构,而且它们自身需要充足的猎物和适宜的栖息地。因此,在保护虎和豹野外种群的同时,也保护了其他野生动物和大面积的自然植被。虎作为世界上最大的猫科动物,种群数量已由 21 世纪初的 10 万只减少到目前不到5 000只,现存分布区仅占历史分布区的7%,种群处于濒危状态(Dinerstein et al.,2007; Jhala et al., 2021)。尽管豹比虎有更广阔的地理分布范围,但该物种同样正经历着比大多数其他陆地大型食肉动物更严重的分布范围丧失。在亚洲,豹目前分布的区域不到历史分布区域的16%,许多处于小种群状态(Farhadinia et al., 2020)。由于濒临灭绝,野生虎和豹的生存和保护在20世纪就已是国际性议题。对所涉国家而言,保护工作开展得好坏,研究水平的高低,都具有重大国际影响(Dinerstein et al., 2007; Walston et al.,2010)。

作为亚洲温带针阔混交林旗舰种的东北虎(*P. t. altaica*)和东北豹(*P. p. orientalis*)曾广泛分布于我国东北、俄罗斯远东地区和朝鲜半岛的原始森林(田瑜等,2009; Miquelle et al.,2010a)。但在过去的一个世纪里,东北虎和东北豹种群与分布范围急剧衰退,人为猎杀、猎物匮乏和栖息地丧失(李钟汶等,2009; Miquelle et al., 2010b; Tian et al., 2014)是主要原因。目前,野生东北虎仅有500只左右,主要残存于俄罗斯锡霍特山脉和中俄边境地区,濒临灭绝(Miquelle et al.,2010a; Wang et al., 2016)。野生东北豹则更加濒危,它远不如野生东北虎那么受人关注,长期被忽视甚至被遗忘,21世纪初调查只发现25~35只残存于俄罗斯滨海边疆区西南部不足2 500平方千米的区域,随时可能有灭绝风险(Pikunov et al., 2003; Hebblewhite et al., 2011)。而且,由于种群和生境缩小、近交衰退,这些残存野生虎豹的生存质量仍在持续下降(Henry et al.,2009; Sugimoto et al.,2014; Wang et al.,2017,2018)。

我国东北广袤的温带针阔混交林曾是东北虎、东北豹的故乡,是它们最主要的历史分布区,分布面积曾达到约30万平方千米,占野生虎和豹(以下简称野生虎豹或虎豹)分布区总面积的60%(田瑜等,2009; Miquelle et al.,2010a)。20世纪90年代末期,野生虎豹在我国东北基本销声匿迹。21世纪初,中俄边境开始出现野生虎豹活动的相关报道。然而,这些报道只是基于零星的观测和短期的调查,对于我国东北境内是否还有野生虎豹长期活动,野生虎豹还有无可能在故土重新定居,缺乏科学回答。面对生境的退化和丧失,我国东北虎豹种群恢复和保护需要精确的生态信息,然而在我国这两个大型猫科动物的基础生态学研究非常匮乏。基于此,北京师范大学在原国家林业局支持下,与原吉林省林业厅、黑龙江省森林工业总局和边防部队等单位组成联合队伍,经过近15年的努力,已在我国东北逐步建立了一个东北虎豹生物多样性红外相机监测平台(Long-term Tiger-Leopard Observation Network based on camera traps in Northeast China, TLON)。

随着我国天然林保护工程的实施和东北虎豹国家公园的建设,当前东北虎豹已在中俄跨境区域形成居群,为我国虎豹种群恢复和生态系统修复提供了重大机遇(肖文宏等,2014;Wang et al.,2016; Jiang et al., 2017)。东北虎豹的保护将继大熊猫(*Ailuropoda melanoleuca*)保护之后,成为我国生物多样性保护的重要标志。大中型动物物种濒危机制的研究是生物多样性研究和保护中的重要课题,也是保护生物学所要解决的三大迫切问题之一(Kelt et al., 2019)。面对大量物种灭绝和濒临灭绝这一严峻的现实,我们对于物种,尤其是稀有和濒危物种的了解仍然相当贫乏,这使得现有的物种保护缺乏科学依据,给物种的保护和可持续利用带来了困难。东北温带针阔混交林支撑和维持着独特而多样的野生动物区系,特别是濒危的东北虎豹的存在使得该区域成为全球生物多样性关注和研究的热点区域,是建立生物多样性科学研究综合平台的最佳区域,占据着重要的科学地位。因此,在该区域开展生物多样性监测、物种濒危机制以及濒危物种种群恢复途径的研究具有重要的科学价值和现实意义。

17.1　东北虎豹生物多样性红外相机监测平台

17.1.1　平台简介、历史和监测目标

东北虎豹生物多样性红外相机监测平台始建于 2006 年,位于黑龙江和吉林两省东部,从中俄边境线开始,根据东北虎豹向我国可能的扩散路径,监测区域逐步向我国内陆扩展。经过十几年的发展,目前该平台覆盖了我国东北 5 个国家级自然保护区,13 个林业局,面积约 1.5×10^4 km^2。平台的监测目标是从生态系统水平上对东北虎豹、有蹄类猎物及同域分布的其他哺乳动物、森林栖息生境、环境要素和人类活动等进行全面系统的调查和观测,获取长期和系统性的生态监测数据,重点开展东北虎豹等野生动物的种群生态学、行为生态学、繁殖生物学、景观和保护生态学等领域研究,建成一个"动物与植物、宏观与微观、理论与应用"相结合的生物多样性监测网络,并成为具有国际重大影响力的生态学研究平台,同时为东北虎豹国家公园自然资源监测、评估和管理提供科技支撑,为我国国家公园与自然保护地的野生动物等自然资源监测提供示范。2018 年 12 月,该平台已建设成为国家野外科学观测研究站。

17.1.2　平台设计与数据库说明

(1) 数据采集。根据东北虎的主要猎物野猪(*Sus scrofa*)、梅花鹿(*Cervus nippon*)和狍(*Capreolus pygargus*)的家域面积,将监测区按照 3.6 km × 3.6 km 划分成单元网格。如果森林覆盖率达到 90%以上,就在网格中设置至少 1 台红外相机,相机间平均距离 2.36 km。另外,为了提高虎豹个体识别和探测率,在东北虎豹国家公园东部虎豹核心分布区(面积约 5 400 km^2)约 70%的位点设 2 个相机,双向安放,并在部分区域进行了相机补充,相机间距离大约 1 km。从 2006 年到 2019 年,我们在监测区内共设置了 910 个相机位点,架设的地点通常选择动物最可能出现的地方,包括兽道、山脊、土路、标记树、兽穴和补盐点等。相机安装在乔木树干上,离地面高度在 0.4~0.8 m,相机的镜头尽量顺着通道方向放置,避免阳光直射,清除镜头前的杂物和小灌木等遮挡物以保证最佳的拍摄动物角度,相机处不放置任何诱饵。使用的相机型号为猎科 Ltl-6210 M 被动式红外触发相机,相机设置为视频模式,长度为 15 秒,拍摄间隔为 1 分钟,全天 24 小时工作,敏感度设为低或中。所有相机加装铁壳和锁链以防被盗。由于研究区域交通不便,每隔 3~4 个月检查电池状态并更换数据存储卡。

(2) 数据处理和建库。首先将视频初步整理,删除空拍的视频(主要是没有任何动物的视频),然后鉴定有效视频中出现的野生动物、人类活动(包括人和车辆)和家养动物(牛、羊、马、狗和猫等)。随着分析技术的发展,2018 年之后的视频数据首先通

过人工智能进行处理,然后再进行人工校正。考虑到同一动物或人类活动在同一相机点短期内可能被重复拍摄,对视频进行独立事件判断,判断标准为:① 相同或不同物种的不同个体或车辆的连续视频;② 相同物种或车辆的连续视频时间间隔大于 30 分钟;③ 相同物种或车辆的不连续视频。符合以上任意一条即被定义为一次独立事件。确定独立事件后,将以上数据导入 Access 数据库,该数据库记录了每个视频拍摄的日期、时间、物种名、地理位置等信息。

目前,我们已经构建东北温带针阔混交林区哺乳动物物种多样性数据库,包括野生东北虎和东北豹个体识别数据库、足迹图片数据库、粪便样品数据库、栖息地(生境)数据库。另外,2015 年,我们与俄罗斯豹地国家公园开展了中俄跨境东北虎豹联合监测与研究,双方签署合作协议,建立了东北虎和东北豹种群的联合数据库(Feng et al.,2017; Vitkalova et al.,2018)。

17.2　研究进展

目前,我们通过东北虎豹生物多样性红外相机监测平台调查和分析了野生东北虎豹在我国境内的种群数量、分布、密度和跨境活动规律,系统评价了人类干扰特别是放牧活动对东北虎豹及其猎物多度、分布、行为和扩散的影响;分析了东北虎豹的食性构成和偏好,并通过分析虎豹与其主要猎物梅花鹿、野猪和狍的时空重叠,阐明了它们的捕食策略;从时间、空间和食物资源三个维度上分析了东北虎和东北豹的竞争与共存机制;分析了小型和大型食肉动物在人为干扰景观下的时空作用关系,进一步推动了对物种区域共存机制的理解。2015 年,我们完成的《关于实施中国野生东北虎和东北豹恢复与保护重大生态工程的建议》得到了国家领导人的重要批示,相关建议纳入了吉林省“十三五”规划(《吉林省野生东北虎、东北豹重大生态保护工程规划》),推动了我国东北虎豹国家公园体制试点建设,相关成果在“庆祝改革开放 40 周年大型展览”上展出。2018 年完成的《虎豹回归中国计划的建议》被吉林省政府采纳。2017 年完成的《东北虎豹国家公园自然资源监测标准》被原国家林业局采纳。有关东北虎和东北豹的研究成果被 *Science* 杂志专题报道,发表在 *Landscape Ecology* 杂志的虎豹研究论文(Wang et al., 2016)入选 2017 年 Springer Nature 集团发布的“可以改变世界的 180 篇年度杰出论文”。重要研究进展如下。

17.2.1　数据量和物种名录

从 2006 年 7 月至 2019 年 6 月,东北虎豹生物多样性长期定位监测平台共建立 6 个监测点,覆盖了长白山支脉老爷岭、张广才岭和完达山(附表 17.1),累计投入相机 4 000余台,相机累计工作时长超 1 736 000 天,产生视频记录超过 78.5 万条。目前每年产生红外相机监测数据 4 TB。

红外相机拍摄到 28 种野生兽类,隶属 5 目 12 科(附表 17.2),其中食肉目 4 科 13 种,偶蹄目 3 科 6 种,啮齿目 3 科 7 种,兔形目 1 科 1 种,劳亚食虫目 1 科 1 种。根据《国家重点保护野生动物名录》,在记录到的野生兽类中,受保护的哺乳动物占所有哺乳动物的 53.6%，国家Ⅰ级重点保护野生动物有东北虎、东北豹、紫貂（*Martes zibellina*）、原麝（*Moschus moschiferus*）和梅花鹿 5 种；Ⅱ级重点保护野生动物有豹猫（*Prionailurus bengalensis*）、猞猁（*Lynx lynx*）、赤狐（*Vulpes vulpes*）、貉（*Nyctereutes procyonoides*）、棕熊（*Ursus arctos*）、黑熊（*U. thibetanus*）、黄喉貂（*Martes flavigula*）、水獭（*Lutra lutra*）、马鹿（*Cervus elaphus*）和獐（*Hydropotes inermis*）10 种，其中獐是近二十年来在东北地区重新发现。东北豹被世界自然保护联盟（IUCN）红色物种名录列为极危物种（CR），东北虎被列为濒危物种（EN），黑熊、原麝和獐被列为易危物种（VU），水獭被列为近危物种（NT）。根据《中国生物多样性红色名录》（蒋志刚，2021），受威胁的哺乳动物共计 14 种，占监测到物种总数的 50%，其中东北虎、东北豹和原麝被列为极危物种（CR）；猞猁、水獭、梅花鹿和马鹿被列为濒危物种（EN）；豹猫、黑熊、棕熊、黄喉貂、紫貂、獐和小飞鼠（*Pteromys volans*）7 种被列为易危物种（VU）。此外，属于近危等级（NT）的哺乳动物有赤狐、貉、亚洲狗獾（*Meles leucurus*）、狍和松鼠 5 种，占所有哺乳动物的 17.9%。

红外相机拍摄到 32 种野生鸟类，隶属 8 目 15 科，其中鸡形目 1 科 2 种，雁形目 1 科 2 种，鸽形目 1 科 1 种，鸻形目 1 科 1 种，鹰形目 1 科 5 种，鸮形目 1 科 1 种，啄木鸟目 1 科 3 种，雀形目 8 科 17 种。在记录到的野生鸟类中，国家Ⅰ级重点保护野生动物有白尾海雕（*Haliaeetus albicilla*）和秃鹫（*Aegypius monachus*）2 种，Ⅱ级重点保护野生动物有鸳鸯（*Aix galericulata*）、松雀鹰（*Accipiter virgatus*）、苍鹰（*A. gentilis*）、普通鵟（*Buteo buteo*）、花尾榛鸡（*Tetrastes bonasia*）、北朱雀（*Carpodacus roseus*）和长尾林鸮（*Strix uralensis*）7 种。秃鹫被 IUCN 红色物种名录列为近危物种（NT）。白尾海雕被《中国生物多样性红色名录》（张雁云和郑光美，2021）列为易危物种（VU），鸳鸯、秃鹫、苍鹰和长尾林鸮被列为近危物种（NT）。

17.2.2　东北虎和东北豹种群数量和密度估计

监测平台于 2007 年 6 月以及 2010 年 10 月分别拍摄到我国第一张自然状态下东北虎以及东北豹的活动照片，证明了我国境内仍然有野生东北虎豹的活动（Feng et al., 2011）。监测平台于 2013 年 11 月在距离中俄边界 20 km 的吉林珲春腹地拍摄到 1 只雌性东北虎携带 4 只幼崽活动的影像资料，2014 年监测到 1 只雄性东北虎从俄罗斯豹地国家公园向我国腹地迁移的全过程（Wang et al., 2014, 2015），表明了东北虎种群向我国内陆扩散的趋势。2012 年 8 月至 2014 年 7 月，在我国境内共监测到至少 26 只东北虎和 42 只东北豹，并记录了部分个体从成功繁殖到子代成年，然后扩散定居的过程（Wang et al., 2016）。我们与俄罗斯豹地国家公园监测数据的联合分析表明，2014 年在约 9 000 km^2的中俄边境区域至少存在 87 只东北豹个体（36 只成年雌性，34 只成年雄性，8 只未知性别成体以及 9 只亚成体），其中有 31 只东北豹个体跨境活动；另外，在该区域还同期分布着至少 38 只东北虎个体，其中至少 14 只虎拥有“双国籍”（Feng et al., 2017）。空间捕获-再捕获模型（SECR）显示我国境内东北虎密度为 0.20~0.27 只/100 km^2（Xiao et al., 2016; Wang et al., 2018）；东北豹密度为 0.30~0.42 只/100km^2，显著低于俄罗斯种群的密度（大约 1.40 只/100km^2）。中俄联合监测数据进一步表明,部分在我国拍摄到的东北豹,其活动中心在俄罗斯(Vitkalova et al., 2018; Wang et al.,2017)。总之,中俄跨境合作研究首次完成了东北豹种群和东北虎1个小种群的生存状态评估,为这两个濒危物种的跨境保护提供了重要的科学基础。

17.2.3 人类活动对东北虎豹扩散的影响

监测数据表明,尽管东北虎豹种群有明显向我国内陆扩散的趋势,但大多数个体仍主要聚集于中俄边境线附近,林下放牧等各种人类干扰导致猎物短缺,严重制约了虎、豹种群向我国内陆的扩散和定居(Wang et al.,2016; 肖文宏等,2014)。研究表明,东北虎的生境利用远离高放牧区、居民点和主要道路,随着梅花鹿多度和森林覆盖率的增加而增加(Wang et al.,2018; Xiao et al.,2018; Yang et al.,2019)。同样,东北豹的生境利用与猎物的多样性显著相关,并且东北豹会避开道路和居民点,特别是避开放牧地区(Wang et al.,2017)。森林放牧显著降低林下灌草层植物生物量(减少约24%),进而减少了有蹄类动物灌草层食物资源(王乐等,2019);强烈的人类活动也显著降低了该地区野生哺乳动物的空间分布和多样性(Feng et al., 2021a)。总之,牛的长期放牧活动已导致森林质量和猎物生境退化,尤其是牛排除了虎豹最主要的猎物梅花鹿(Feng et al.,2021b)。该研究在猎物恢复、减少人类干扰等方面提出了具体的建议,强调逐步减少森林中的放牧活动和人类干扰,扩大梅花鹿的分布范围和增加其种群数量是优先的保护行动。

17.2.4 东北虎豹食性与捕食策略分析

为了准确获知我国境内东北虎和东北豹的食性,我们应用粪便分析法对采集的虎豹粪便内容物进行分析,确定其食物中猎物的组成。同时,结合红外相机技术估计环境中猎物种群的多度,确定虎豹食性偏好(Dou et al.,2019; Yang et al.,2018a)。另外,我们还评估了东北虎与猎物的时空重叠情况,进一步解释了东北虎的食物选择机制。研究表明,尽管东北虎豹食性存在不同的季节性变化,但野猪、梅花鹿和狍是对其生物量贡献率最高的猎物(占到75%~80%或以上)。东北虎豹的食物中也包括了家养动物狗和牛,这加剧了人兽冲突和疾病传播(如犬瘟热)的风险(Soh et al.,2014; Wang et al.,2016; Sulikhan et al.,2018)。食性偏好分析表明,东北虎极度偏好捕食野猪,其次为梅花鹿,对狍无明显偏好,而东北豹偏好狍。东北虎及其主要猎物的时空重叠分析结果显示,尽管梅花鹿与东北虎空间重叠度较高,但两者活动高峰明显错开;而野猪与东北虎虽然空间重叠度较低,但两者活动高峰明显一致。结合食性分析结果,我们认为东北虎与梅花鹿和野猪的这种时空分布模式是其捕食策略的一种权衡(Dou et al.,2019)。

17.2.5 东北虎豹竞争与共存

大型食肉动物种间竞争与共存是保护生物学的核心科学问题。我们应用大尺度红外相机监测数据和野外生境调查数据,首次从空间生态位和时间生态位等方面探究了东北虎豹在人为干扰以及猎物资源驱动下的竞争与共存机制(Li et al.,2019; Yang et al.,2018b)。双物种占域模型结果表明,东北虎豹在空间上表现出独立的占域关系,并且东北豹广泛利用高海拔和山脊,东北虎则主要出现在低海拔,并频繁利用林中土路，进一步促进了两者的共存（Yang et al.，2019）。时间生态位分析表明，东北虎表现出夜行性以及晨昏活动的节律，而东北豹则以昼行性活动为主，因此时间生态位分化是促进东北虎豹景观共存的重要因素（Li et al.，2019）。同时，时空相互作用分析结果也进一步证实了东北虎豹在时空生态位上的分化。东北虎与人类活动表现出较高的空间生态位重叠，但是东北虎白天活动较少，以此对人类活动产生时间上的规避（Xiao et al.，2018），东北豹则在空间上明显避开人类活动。放牧活动严重限制了东北虎豹和主要猎物的空间利用，并对东北豹产生了较大的空间排除作用。此外，有限的生境面积，以及这两种大型猫科动物对以有蹄类为主的猎物的竞争（Yang et al.，2018a），可能加剧两者之间的竞争。综上所述，东北虎豹的共存与竞争机制受到种间干涉性竞争、猎物资源可获得性、人类以及放牧活动等多重因素影响。

17.3　展望

生物多样性形成与维持机制是现代生态学的核心科学问题。如何对生物多样性进行实时精准的观测是制约生物多样性科学发展的瓶颈，也是国际生态学面临的重大难题。东北虎豹及生物多样性监测平台未来将立足于国际科学前沿，解决国家重大需求中的关键科学问题，充分考虑长期生态学研究的需求，应用现代监测技术建设长期观测与研究体系，从生态系统水平上对东北虎豹及其他野生动物、森林栖息生境和人类活动进行实时精准观测，获取长期和系统性的监测数据，重点开展东北虎豹等野生动物的种群生态学、行为生态学、繁殖生物学、保护生物学等领域研究，建成一个“动物与植物、宏观与微观、理论与应用”相结合的生物多样性长期定位研究平台。该平台将持续为东北虎和东北豹等濒危物种的跨境保护、景观规划和东北虎豹国家公园的建设提供科学支撑。平台未来将重点开展以下研究。

（1）食草动物和食肉动物生物与生态学研究。重点开展食肉和食草动物的种群动态、食性、生境选择、种群遗传学和行为生态学（例如觅食行为、警戒行为和通讯行为）等方面研究，探索生态系统中食物链、食物网及物种之间的相互作用关系，以及多尺度生境丧失、破碎化和退化等对关键动物物种生存的影响。研究重要物种的濒危和种群衰退的遗传学机制、动物濒危的生态学过程及其保护对策。

（2）动物群落组装与构建机制研究。探究形态与食性相似的同域物种竞争与共存问题一直是生态学与保护生物学的热门议题（李治霖等，2021）。空间、时间和营养生态位是物种生态位构建中 3 个典型的维度，独立地描述了动物的生态位置和资源使用。当多个物种共存于同一个群落时，它们在生态位的各个维度上就不可避免地发生相互作用，生态位分化是促进物种共存的重要机制（Donadio and Buskirk, 2006）。近年来，红外相机（O'Connell et al., 2010；李晟等, 2014）、环境 DNA（Bohmann et al., 2014）、高通量测序（high-throughput sequencing, HTS）与宏条形码（Monterroso et al., 2019；邵昕宁等, 2019）等数据采集技术和占域模型以及多物种模拟方法的发展（Richmond et al., 2010；Tobler et al., 2019），极大地促进了哺乳动物种间相互作用研究的发展。未来将采用上述的监测和统计技术,同时从空间、时间和营养生态位多维度探究食肉或食草动物之间的竞争与共存机制。同时,鼓励应用控制性实验探究食肉或食草动物的种间相互作用,从而推动这些物种之间的竞争与共存研究向精细化、精准化和全面化发展。通过种间关系的分析,将能够全面系统地识别影响哺乳动物群落组装和种群可持续生存的关键因子,研究结果也将为东北虎豹国家公园动物群落的保护提供科学基础。

(3) 监测技术创新与系统整合。红外相机技术已经在陆生哺乳动物的研究与保护中得到广泛利用(O'Connell et al., 2010; Steenweg et al., 2017),但近年来红外相机自动监测技术研发进展缓慢。红外相机长期处于记录声音和影像阶段,而在个体标记、声景记录监测、动物体重和移动速度评估、微距和三维立体拍摄等领域少有突破,制约了野生动物研究的发展。自然资源管理物联网系统可对红外相机、定位追踪设备、采样调查和其他传感器信息进行有效整合,结合云计算、大数据分析、机器视觉人工智能和地理信息等技术,使哺乳动物监测研究走向系统化、规范化、体系化,成为未来野生动物研究与保护的必然趋势。目前,东北虎豹生物多样性监测平台已集成新技术创新体系,依托中国广播电视有线网和700 MHz无线频谱资源,建成了"天地空"一体化监测系统。截至2021年底已在东北虎豹国家公园内实现了红外相机监测数据等信息资源的实时传输、云端存储、在线访问和人工智能识别,形成了"看得见虎豹、管得住人"的全新"互联网+生态"的国家公园自然资源信息化、智能化管理模式。平台未来将针对野生动物监测需求,研发实时智能红外相机、动物定位项圈、声音传感器等野生动物智能感知设备,研发野生动物个体形态与声音智能识别技术,建设新一代的自然资源监测系统。

致谢

本研究得到国家自然科学基金项目(31971539,31270567,31470566,31200410,31210103911)和科技基础性工作专项(2012FY112000,2019FY101700)支持。

参 考 文 献

蒋志刚. 2021. 中国生物多样性红色名录:脊椎动物. 第一卷,哺乳动物. 北京:科学出版社.

李晟,王大军,肖治术,李欣海,王天明,冯利民,王云. 2014. 红外相机技术在我国野生动物研究与保护中的应用与前景. 生物多样性,22: 685-695.

李治霖,多立安,李晟,王天明. 2021. 陆生食肉动物竞争与共存研究概述. 生物多样性,29: 81-97.

李钟汶,邬建国,寇晓军,田瑜,王天明,牟溥,葛剑平. 2009. 东北虎分布区土地利用格局与动态. 应用生态学报,20: 713-724.

邵昕宁,宋大昭,黄巧雯,李晟,姚蒙. 2019. 基于粪便DNA及宏条形码技术的食肉动物快速调查及食性分析. 生物多样性,27: 543-556.

田瑜，邬建国，寇晓军，李钟汶，王天明，牟溥，葛剑平. 2009. 东北虎种群的时空动态及其原因分析. 生物多样性，17：211-225.

王乐，冯佳伟，Amarsaikhan Tseveen，杨丽萌，黄春明，李栋，朱新亮，冯利民，王天明，葛剑平，牟溥. 2019. 森林放牧对东北虎豹国家公园东部有蹄类动物灌草层食物资源的影响. 兽类学报，39：386-396.

肖文宏，冯利民，赵小丹，杨海涛，窦海龙，程艳超，牟溥，王天明，葛剑平. 2014. 吉林珲春自然保护区东北虎和东北豹及其有蹄类猎物的多度与分布. 生物多样性，22：717-724.

张雁云，郑光美. 2021. 中国生物多样性红色名录：脊椎动物. 第二卷，鸟类. 北京：科学出版社.

Bohmann, K., A. Evans, M. T. P. Gilbert, G. R. Carvalho, S. Creer, M. Knapp, D. W. Yu, and M. de Bruyn. 2014. Environmental DNA for wildlife biology and biodiversity monitoring. Trends in Ecology & Evolution, 29: 358-367.

Dinerstein, E., C. Loucks, E. Wikramanayake, J. Ginsberg, E. Sanderson, J. Seidensticker, J. Forrest, G. Bryja, A. Heydlauff, S. Klenzendorf, P. Leimgruber, J. Mills, T. G. O' Brien, M. Shrestha, R. Simons, and M. Songer. 2007. The fate of wild tigers. BioScience, 57:508-514.

Dou, H. L., H. T. Yang, J. L. D. Smith, L. M. Feng, T. M. Wang, and J. P. Ge. 2019. Prey selection of Amur tigers in relation to the spatiotemporal overlap with prey across the Sino-Russian border. Wildlife Biology 2019: doi: 10.2981/wlb.00508.

Donadio, E., and S. W. Buskirk. 2006. Diet, morphology, and interspecific killing in Carnivora. The American Naturalist, 167: 524-536.

Farhadinia, M., S. Rostro-García, L. Feng, J. Kamler, A. Spalton, E. Shevtsova, I. Khorozyan, M. Al-Duais, J. P. Ge, and D. Macdonald. 2020. Big cats in borderlands: Challenges and implications for transboundary conservation of Asian leopards. Oryx, 55(3):452-460.

Feng, J. W., Y. F. Sun, H. L. Li, Y. Q. Xiao, D. D. Zhang, J. L. D. Smith, J. P. Ge, and T. M. Wang. 2021a. Assessing mammal species richness and occupancy in a Northeast Asian temperate forest shared by cattle. Diversity and Distribution, 27: 857-872.

Feng, L. M., E. Shevtsova, A. Vitkalova, D. S. Matyukhina, D. G. Miquelle, V. V. Aramilev, T. M. Wang, P. Mou, R. M. Xu, and J. P. Ge. 2017. Collaboration brings hope for the last Amur leopards. Cat News, 65:32.

Feng, L. M., T. M. Wang, P. Mou, X. J. Kou, and J. P. Ge. 2011. First image of an Amur leopard recorded in China. Cat News, 55: 9.

Feng, R. N., X. Y. Lu, W. H. Xiao, J. W. Feng, Y. F. Sun, Y. Guan, L. M. Feng, J. L. D. Smith, J. P. Ge, and T. M. Wang. 2021b. Effects of free-ranging livestock on sympatric herbivores at fine spatio-temporal scales. Landacpe Ecology, 36:1441-1457.

Hebblewhite, M., D. G. Miguelle, A. A. Murzin, V. V. Aramilev, and D. G. Pikunov. 2011. Predicting potential habitat and population size for reintroduction of the Far Eastern leopards in the Russian Far East. Biological Conservation, 144:2403-2413.

Henry, P., D. G. Miquelle, T. Sugimoto, D. R. McCullough, A. Caccone, and M. A. Russello. 2009. In situ population structure and ex situ representation of the endangered Amur tiger. Molecular Ecology, 18: 3173-3184.

Jhala, Y., R. Gopal, V. Mathur, P. Ghosh, H. S. Negi, S. Narain, S. P. Yadav, A. Malik, R. Garawad, and Q. Qureshi. 2021. Recovery of tigers in India: Critical introspection and potential lessons. People and Nature, 3: 281-293.

Jiang, G. S., G. M. Wang, M. Holyoak, Q. Yu, X. B. Jia, Y. Guan, H. Bao, Y. Hua, M. H. Zhang, and J. Z. Ma. 2017. Land sharing and land sparing reveal social and ecological synergy in big cat conservation. Biological Conservation, 211:142-149.

Kelt, D. A., E. J. Heske, X. Lambin, M. K. Oli, J. L. Orrock, A. Ozgul, J. N. Pauli, L. R. Prugh, S. Sollmann, and S. Sommer. 2019. Advances in population ecology and species interactions in mammals. Journal of Mammalogy, 100: 965-1007.

Li, Z. L., T. M. Wang, J. L. D. Smith, R. N. Feng, L. M. Feng, P. Mou, and J. P. Ge. 2019. Coexistence of two sympatric flagship carnivores in the human-dominated forest landscapes of Northeast Asia. Landscape Ecology, 34:291-305.

Luo, S. J., J. H. Kim, W. E. Johnson, J. van der Welt, J. Martenson, N. Yuhki, D. G. Miquelle, O. Uphyrkina, J. M. Goodrich, H. B. Quigley, R. Tilson, G. Brady, P. Martelli, V. Subramaniam, C. McDougal, S. Hean, S. Q. Huang, W. S. Pan, U. K. Karanth, M. Sunquist, J. L. D. Smith, and S. J. O' Brien. 2004. Phylogeography and genetic ancestry of tigers *Panthera tigris*. PLoS Biology, 2: 2275-2293.

Miquelle, D. G., J. M. Goodrich, L. L. Kerley, D. G. Pikunov, Y. M. Dunishenko, V. V. Aramiliev, I. G. Nikolaev, E. N. Smirnov, G. P. Salkina, Z. Endi, I. V. Seryodkin, C. Carroll, V. V. Gapanov, P. V. Fomenko, A. V. Kostyria, A. A. Murzin, H. B. Quigley, and M. G. Hornocker. 2010a. Science-based conservation of Amur tigers in the Russian Far East and Northeast China. In Tilson, R., Nyhus, P. J., eds. Tiger of the World: The Science, Politics, and Conservation of *Panthera*, 2nd. Oxford: Academic Press, 403-423.

Miquelle, D. G., J. M. Goodrich, E. N. Smirnov, P. A. Stephens, O. Y. Zaumyslova, G. Chapron, L. Kerley, A. A. Murzin, M. G. Hornocker, and H. B. Quigley. 2010b. The Amur tiger: A case study of living on the edge. In Macdonald, D., Loveridge, A., eds. Biology and Conservation of Wild Felids. Oxford: Oxford University Press, 325-339.

Monterroso, P., R. Godinho, T. Oliveira, P. Ferreras, M. J. Kelly, D. J. Morin, L. P. Waits, P. C. Alves, and L. S. Mills. 2019. Feeding ecological knowledge: The underutilised power of faecal DNA approaches for carnivore diet analysis. Mammal Review, 49: 97-112.

O'Connell, A. F., J. D. Nichols, and K. U. Karanth. 2010. Camera Traps in Animal Ecology: Methods and Analyses. Berlin: Springer Science & Business Media.

Pikunov, D. G., D. G. Miquelle, V. K. Abramov, I. G. Nikolaev, I. V. Seredkin, A. A. Murzin, and V. G. Korkishko. 2003. A survey of Far Eastern leopard and Amur tiger populations in Southwest Primorski Krai, Russian Far East. February 2003. Pacific Institute of Geography. FEB RAS, Wildlife Conservation Society, and Tigris Foundation, Vladivostok.

Richmond, O. M. W., J. E. Hines, and S. R. Beissinger. 2010. Two-species occupancy models: A new parameterization applied to co-occurrence of secretive rails. Ecological Applications, 20: 2036-2046.

Soh, Y. H., L. R. Carrasco, D. G. Miquelle, J. S. Jiang, J. Yang, E. J. Stokes, J. R. Tang, A. L. Kang, P. Q. Liu, and M. Rao. 2014. Spatial correlates of livestock depredation by Amur tigers in Hunchun, China: Relevance of prey density and implications for protected area management. Biological Conservation, 169: 117-127.

Sugimoto, T., V. V. Aramilev, L. L. Kerley, J. Nagata, D. G. Miquelle, and D. R. McCullough. 2014. Noninvasive genetic analyses for estimating population size and genetic diversity of the remaining Far Eastern leopard *Panthera pardus orientalis* population. Conservation Genetics, 15:521-532.

Sulikhan, N. S., M. Gilbert, E. Y. Blidchenko, S. V. Naidenko, G. V. Ivanchuk, T. Y. Gorpenchenko, M. V. Alshinetskiy, E. I. Shevtsova, J. M. Goodrich, J. C. M. Lewis, M. S. Goncharuk, O. V. Uphyrkina, V. V. Rozhnov, S. V. Shedko, D. McAloose, D. G. Miquelle, and T. A. Seimon. 2018. Canine distemper virus in a wild Far Eastern leopard (*Panthera pardus orientalis*). Journal of Wildlife Diseases, 54:170-174.

Sunquist, M. 2010. What is a tiger? Ecology and behavior. In Tilson, R., Nyhus, P. J., eds. Tiger of the World: The Science, Politics, and Conservation of *Panthera*, 2nd. Oxford: Academic Press, 19-33.

Steenweg, R., M. Hebblewhite, R. Kays, J. Ahumada, J. T. Fisher, C. Burton, S. E. Townsend, C. Carbone, J. M. Rowcliffe, J. Whittington, J. Brodie, J. A. Royle, A. Switalski, A. P. Clevenger, N. Heim, and L. N. Rich. 2017. Scaling-up camera traps: Monitoring the planet's biodiversity with networks of remote sensors. Frontiers in Ecology and the Environment, 15: 26-34.

Tian, Y., J. G. Wu, T. M. Wang, and J. P. Ge. 2014. Climate change and landscape fragmentation jeopardize the population viability of the Siberian tiger (*Panthera tigris altaica*). Landscape Ecology, 29: 621-637.

Tobler, M. W., M. Kéry, F. K. C. Hui, G. Guillera-Arroita, P. Knaus, and T. Sattler. 2019. Joint species distribution models with species correlations and imperfect detection. Ecology, 100: e02754.

Vitkalova, A. V., L. M. Feng, A. N. Rybin, B. D. Gerber, D. G. Miquelle, T. M. Wang, H. T. Yang, E. I. Shevtsova, V. V. Aramilev, and J. P. Ge. 2018. Transboundary cooperation improves endangered species monitoring and conservation actions: A case study of the global population of Amur leopards. Conservation Letters, 11:e12574.

Walston, J., J. G. Robinson, E. L. Bennett, U. Breitenmoser, G. A. B. da Fonseca, J. Goodrich, M. Gumal, L. Hunter, A. Johnson, K. U. Karanth, N. Leader-Williams, K. MacKinnon, D. Miquelle, A. Pattanavibool, C. Poole, A. Rabinowitz, J. L. D. Smith, E. J. Stokes, S. N. Stuart, C. Vongkhamheng, and H. Wibisono. 2010. Bringing the tiger back from the brink—The six percent solution. PLoS Biology, 8:e1000485.

Wang, T. M., L. M. Feng, P. Mou, J. P. Ge, C. Li, and J. L. D. Smith. 2015. Long-distance dispersal of an Amur tiger indicates potential to restore the North-east China/Russian Tiger Landscape. Oryx, 49: 578-579.

Wang, T. M., L. M. Feng, P. Mou, J. G. Wu, J. L. D. Smith, W. H. Xiao, H. T. Yang, H. L. Dou, X. D. Zhao, Y. C. Cheng, B. Zhou, H. Y. Wu, L. Zhang, Y. Tian, Q. X. Guo, X. J. Kou, X. M. Han, D. G. Miquelle, C. D. Oliver, R. M. Xu, and J. P. Ge. 2016. Amur tigers and leopards returning to China: Direct evidence and a landscape conservation plan. Landscape Ecology, 31:491-503.

Wang, T. M., L. M. Feng, H. T. Yang, B. Y. Han, Y. H. Zhao, L. Juan, X. Y. Lu, L. Zou, T. Li, W. H. Xiao, P. Mou, J. L. D. Smith, and J. P. Ge. 2017. A science-based approach to guide Amur leopard recovery in China. Biological Conservation, 210:47-55.

Wang, T. M., J. A. Royle, J. L. D. Smith, L. Zou, X. Y. Lu, T. Li, H. T. Yang, Z. L. Li, R. N. Feng,

Y. J. Bian, L. M. Feng, and J. P. Ge. 2018. Living on the edge: Opportunities for Amur tiger recovery in China. Biological Conservation, 217:269-279.

Wang, T. M., H. T. Yang, W. H. Xiao, L. M. Feng, P. Mou, and J. P. Ge. 2014. Camera traps reveal Amur tiger breeding in NE China. Cat News, 61:18-19.

Xiao, W. H., L. M. Feng, P. Mou, D. G. Miquelle, M. Hebblewhite, J. F. Goldberg, H. S. Robinson, X. D. Zhao, B. Zhou, T. M. Wang, and J. P. Ge. 2016. Estimating abundance and density of Amur tigers along the Sino-Russian border. Integrative Zoology, 11:322-332.

Xiao, W. H., M. Hebblewhite, H. Robinson, L. M. Feng, B. Zhou, P. Mou, T. M. Wang, and J. P. Ge. 2018. Relationships between humans and ungulate prey shape Amur tiger occurrence in a core protected area along the Sino-Russian border. Ecology and Evolution, 8:11677-11693.

Yang, H. T., S. Y. Han, B. Xie, P. Mou, X. J. Kou, T. M. Wang, J. P. Ge, and L. M. Feng. 2019. Do prey availability, human disturbance and habitat structure drive the daily activity patterns of Amur tigers *Panthera tigris altaica*? Journal of Zoology, 307:131-140.

Yang, H. T., H. L. Dou, R. K. Baniya, S. Y. Han, Y. Guan, B. Xie, G. J. Zhao, T. M. Wang, P. Mou, L. M. Feng, and J. P. Ge. 2018a. Seasonal food habits and prey selection of Amur tigers and Amur leopards in Northeast China. Scientific Reports, 8:6930.

Yang, H. T., X. D. Zhao, B. Y. Han, T. M. Wang, P. Mou, J. P. Ge, and L. M. Feng. 2018b. Spatiotemporal patterns of Amur leopards in northeast China: Influence of tigers, prey, and humans. Mammalian Biology, 92:120-128.

附表 17.1　东北虎豹生物多样性红外相机监测平台内各监测点基本信息列表

序号	名称	省区	保护状态	面积/km^2	中心经度/(°E)	中心纬度/(°N)	起始年份	截止年份	有效相机位点数/个	工作天数
1	东北虎豹国家公园	吉林和黑龙江	国家公园	10 300	130.851	43.259	2006	2019	674	1 338 158
2	凤凰山	黑龙江	国家级自然保护区	893	130.952	44.861	2010	2015	67	119 607
3	完达山	黑龙江	国家级自然保护区	2 300	133.507	46.657	2014	2019	56	73 130
4	桦南	黑龙江	—	375	131.173	46.365	2014	2019	25	44 664
5	张广才岭	吉林和黑龙江	国家级自然保护区	945	128.255	44.030	2010	2019	78	151 720
6	依兰	吉林	省级自然保护区	130	129.307	43.226	2012	2014	10	8 861

附表 17.2　东北虎豹生物多样性红外相机监测平台物种名录

物种	国家重点保护野生动物名录	IUCN 红色名录	中国脊椎动物红色名录	出现区域*
兽类　Mammals				
(一) 食肉目 Carnivora				
(1) 猫科 Felidae				
1. 东北虎 *Panthera tigris altaica*	Ⅰ	EN	CR	1, 3-5
2. 东北豹 *Panthera pardus orientalis*	Ⅰ	CR	CR	1
3. 豹猫 *Prionailurus bengalensis*	Ⅱ	LC	VU	1-5
4. 猞猁 *Lynx lynx*	Ⅱ	LC	EN	1,3
(2) 犬科 Canidae				
5. 赤狐 *Vulpes vulpes*	Ⅱ	LC	NT	1-5
6. 貉 *Nyctereutes procyonoides*	Ⅱ	LC	NT	1-5
(3) 熊科 Ursidae				
7. 棕熊 *Ursus arctos*	Ⅱ	LC	VU	1
8. 黑熊 *Ursus thibetanus*	Ⅱ	VU	VU	1-6
(4) 鼬科 Mustelidae				
9. 黄喉貂 *Martes flavigula*	Ⅱ	LC	VU	1-6
10. 紫貂 *Martes zibellina*	Ⅰ	LC	VU	1-3
11. 黄鼬 *Mustela sibirica*		LC	LC	1-6
12. 亚洲狗獾 *Meles leucurus*		LC	NT	1-6
13. 水獭 *Lutra lutra*	Ⅱ	NT	EN	1
(二) 偶蹄目 Artiodactyla				
(5) 猪科 Suidae				
14. 野猪 *Sus scrofa*		LC	LC	1-6
(6) 麝科 Moschidae				
15. 原麝 *Moschus moschiferus*	Ⅰ	VU	CR	1
(7) 鹿科 Cervidae				
16. 梅花鹿 *Cervus nippon*	Ⅰ	LC	EN	1,5,6
17. 马鹿 *Cervus elaphus*	Ⅱ	NA	EN	1-5
18. 狍 *Capreolus pygargus*		LC	NT	1-6

续表

物种	国家重点保护野生动物名录	IUCN 红色名录	中国脊椎动物红色名录	出现区域*
19. 獐 *Hydropotes inermis*	Ⅱ	VU	VU	1
(三) 啮齿目 Rodentia				
(8) 松鼠科 Sciuridae				
20. 松鼠 *Sciurus vulgaris*		LC	NT	1-6
21. 小飞鼠 *Pteromys volans*		LC	VU	1-6
22. 花鼠 *Tamias sibiricus*		LC	LC	1-6
(9) 仓鼠科 Cricetidae				
23. 棕背䶄 *Myodes rufocanus*		LC	LC	1-6
24. 大仓鼠 *Tscherskia triton*		LC	LC	1-6
(10) 鼠科 Muridae				
25. 大林姬鼠 *Apodemus peninsulae*		LC	LC	1-6
26. 黑线姬鼠 *Apodemus agrarius*		LC	LC	1-6
(四) 兔形目 Lagomorpha				
(11) 兔科 Leporidae				
27. 东北兔 *Lepus mandshuricus*		LC	LC	1-6
(五) 劳亚食虫目 Lipotyphla				
(12) 猬科 Erinaceidae				
28. 东北刺猬 *Erinaceus amurensis*		LC	LC	1-6
鸟类 Birds				
(一) 鸡形目 Galliformes				
(1) 雉科 Phasianidae				
1. 花尾榛鸡 *Tetrastes bonasia*	Ⅱ	LC	LC	1-6
2. 环颈雉 *Phasianus colchicus*		LC	LC	1-6
(二) 雁形目 Anseriformes				
(2) 鸭科 Anatidae				
3. 豆雁 *Anser fabalis*		LC	LC	1-5
4. 鸳鸯 *Aix galericulata*	Ⅰ	LC	NT	1-5
(三) 鸽形目 Columbiformes				

续表

物种	国家重点保护野生动物名录	IUCN红色名录	中国脊椎动物红色名录	出现区域*
(3) 鸠鸽科 Columbidae				
5. 山斑鸠 *Streptopelia orientalis*		LC	LC	1-6
(四) 鸻形目 Charadriiformes				
(4) 鹬科 Scolopacidae				
6. 丘鹬 *Scolopax rusticola*		LC	LC	1,3,4
(五) 鹰形目 Accipitriformes				
(5) 鹰科 Accipitridae				
7. 秃鹫 *Aegypius monachus*	Ⅱ	NT	NT	1
8. 松雀鹰 *Accipiter virgatus*	Ⅱ	LC	LC	1-6
9. 苍鹰 *Accipiter gentilis*	Ⅱ	LC	NT	1,3,4,5
10. 白尾海雕 *Haliaeetus albicilla*	Ⅰ	LC	VU	1
11. 普通鵟 *Buteo japonicus*	Ⅱ	LC	LC	1-5
(六) 鸮形目 Strigiformes				
(6) 鸱鸮科 Strigidae				
12. 长尾林鸮 *Strix uralensis*	Ⅱ	LC	NT	1-5
(七) 啄木鸟目 Piciformes				
(7) 啄木鸟科 Picidae				
13. 白背啄木鸟 *Dendrocopos leucotos*		LC	LC	1-6
14. 大斑啄木鸟 *Dendrocopos major*		LC	LC	1-5
15. 灰头啄木鸟 *Picus canus*		LC	LC	1-5
(八) 雀形目 Passeriformes				
(8) 鸦科 Corvidae				
16. 松鸦 *Garrulus glandarius*		LC	LC	1-6
17. 灰喜鹊 *Cyanopica cyanus*		LC	LC	1-6
18. 小嘴乌鸦 *Corvus corone*		LC	LC	1-6
19. 大嘴乌鸦 *Corvus macrorhynchos*		LC	LC	1-6
(9) 山雀科 Paridae				
20. 沼泽山雀 *Poecile palustris*		LC	LC	1-5

续表

物种	国家重点保护野生动物名录	IUCN红色名录	中国脊椎动物红色名录	出现区域*
21. 大山雀 *Parus major*		LC	LC	1-5
(10) 䴓科 Sittidae				
22. 普通䴓 *Sitta europaea*		LC	LC	1-5
(11) 鸫科 Turdidae				
23. 白眉地鸫 *Zoothera sibirica*		LC	LC	1-5
24. 虎斑地鸫 *Zoothera aurea*		LC	LC	1
25. 灰背鸫 *Turdus hortulorum*		LC	LC	1-5
26. 白腹鸫 *Turdus pallidus*		LC	LC	1-6
27. 斑鸫 *Turdus eunomus*		LC	LC	1-5
(12) 鹟科 Muscicapidae				
28. 红胁蓝尾鸲 *Tarsiger cyanurus*		LC	LC	1-6
(13) 鹡鸰科 Motacillidae				
29. 灰鹡鸰 *Motacilla cinerea*		LC	LC	1-5
(14) 燕雀科 Fringillidae				
30. 黑尾蜡嘴雀 *Eophona migratoria*		LC	LC	1
31. 北朱雀 *Carpodacus roseus*	Ⅱ	LC	LC	1
(15) 鹀科 Emberizidae				
32. 灰头鹀 *Emberiza spodocephala*		LC	LC	1-6

注：* 出现区域的代号参见附表 17.1。红色名录级别：CR，EN，VU，NT 和 LC 分别为极危，濒危，易危，近危和无危。

郑重声明

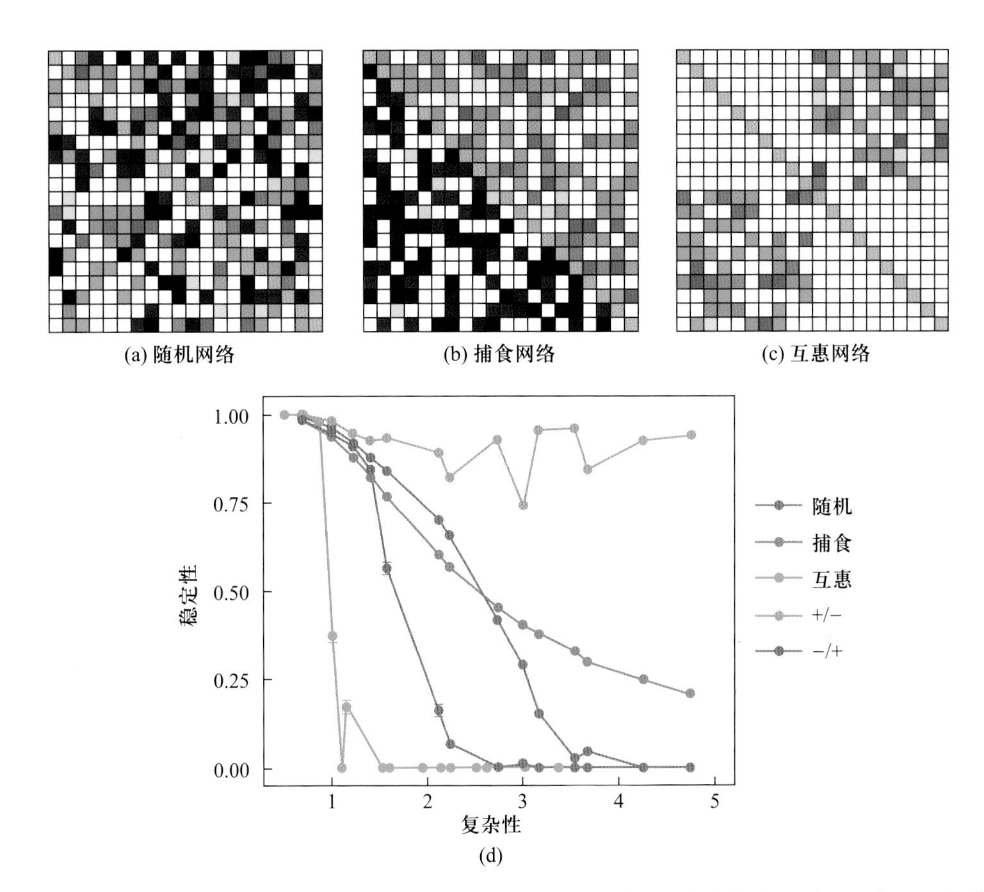

图 1.27　非单调关系对随机网络(a)、捕食网络(b)和互惠网络(c)稳定性的影响。正作用向负作用转变的密度依赖的非单调作用(+/-)可以显著增加系统的稳定性,但负作用向正作用转变的非单调作用不利于增加系统的稳定性(d)。+/-代表正/负函数,-/+代表负/正函数。(引自 Yan and Zhang,2014)

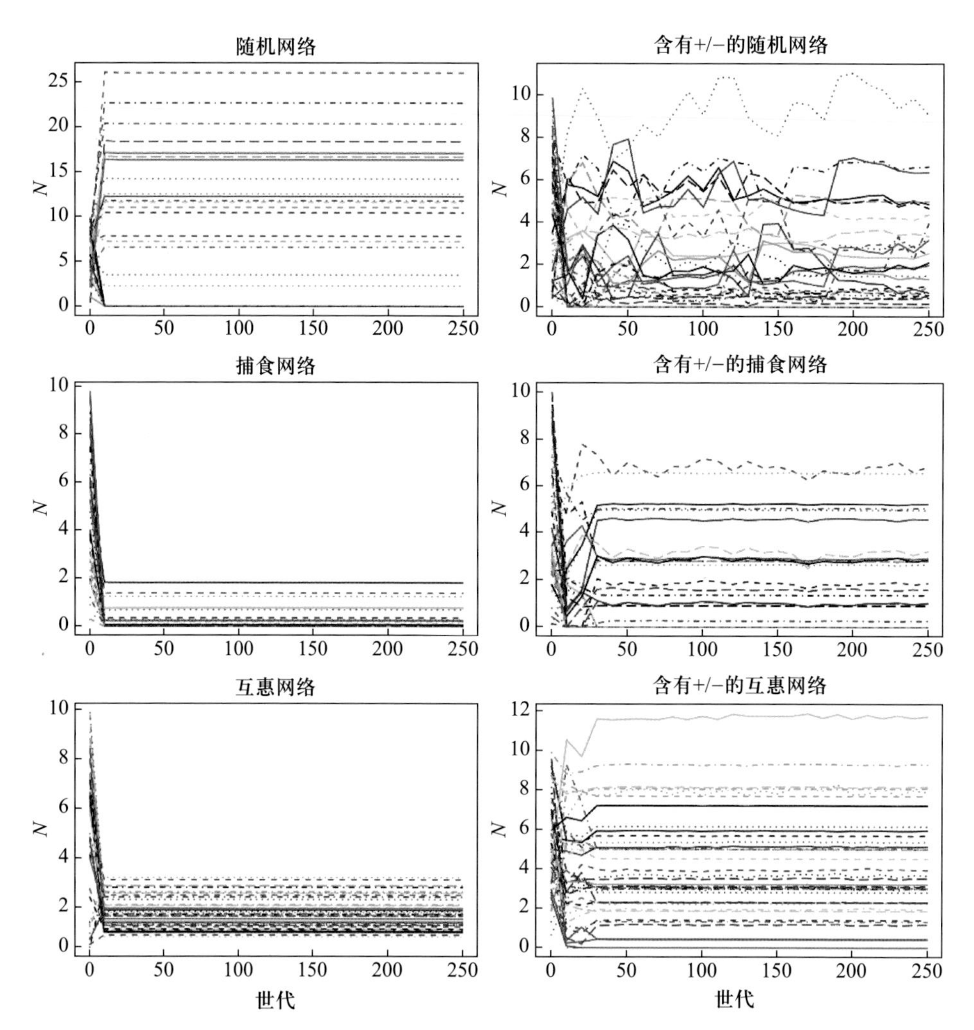

图 1.28　密度依赖的正/负作用非单调转变对种群波动性的影响。N 代表种群数量。左侧：线性种间作用。右侧：正/负函数（+/−）非单调作用。（引自 Yan and Zhang, 2014）

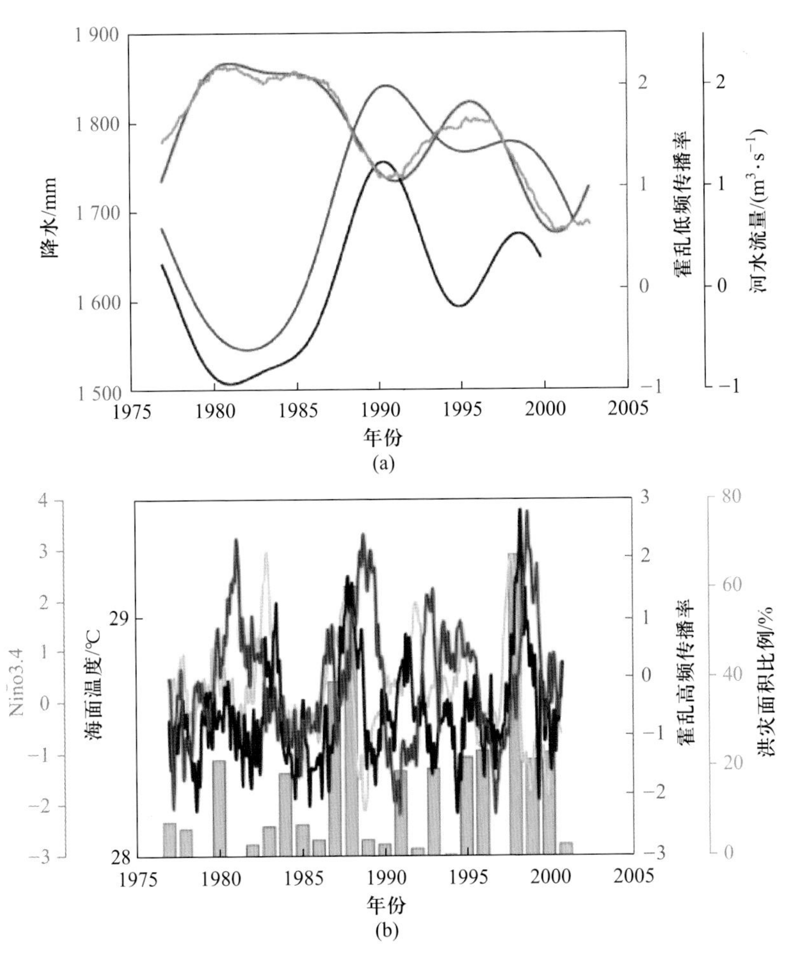

图 1.40　不同频率降水对印度霍乱发生频次的影响。(a) 长期低频降水减少了霍乱的发生。图中绿线代表霍乱传播率的非季节组分(含低频与高频变化),红线代表低频传播率,蓝线代表印度东北降水的低频变化,黑线代表布拉马普特拉河(上中游在中国境内,即雅鲁藏布江)流量的低频变化。(b) 短期高频降水增加了霍乱的发生。图中红线代表高频传播率,灰线代表厄尔尼诺指数,黑线代表孟加拉湾海面温度,蓝色柱形代表洪灾面积比例。(引自 Koelle et al.,2005)

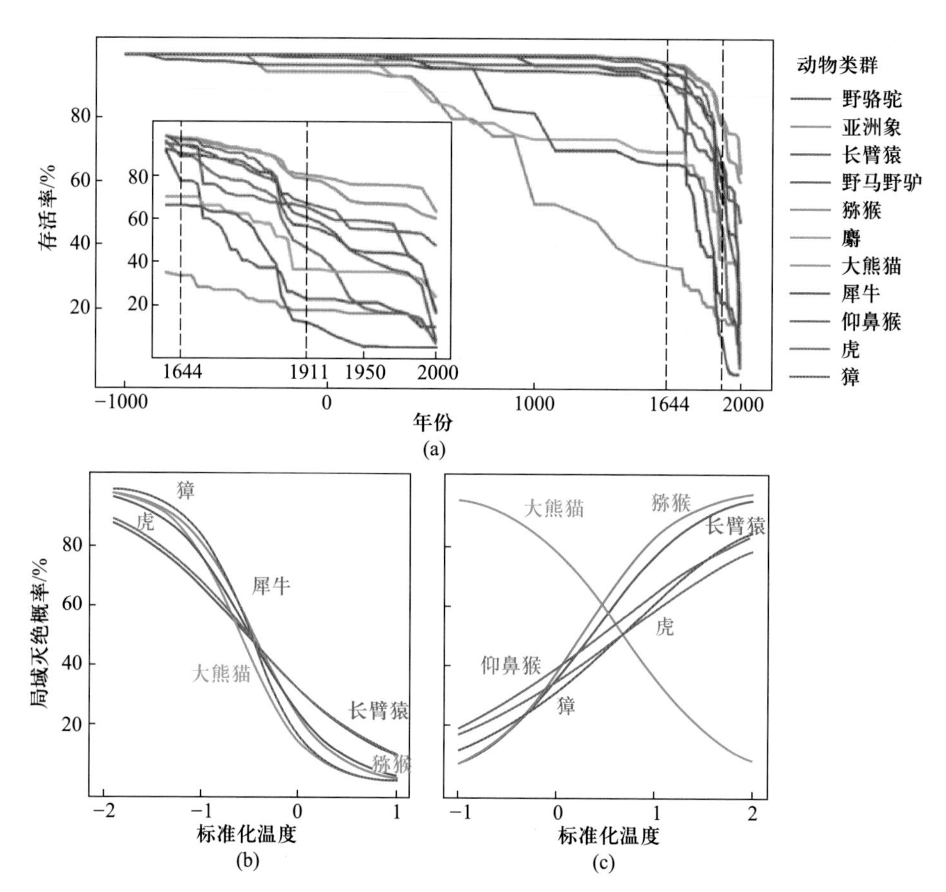

图 1.42　我国历史上 11 种大中型哺乳动物局域灭绝趋势(a) 及局域灭绝率与温度变化的关系(b,1911 年前;c,1911 年后)。(引自 Wan et al.,2019)

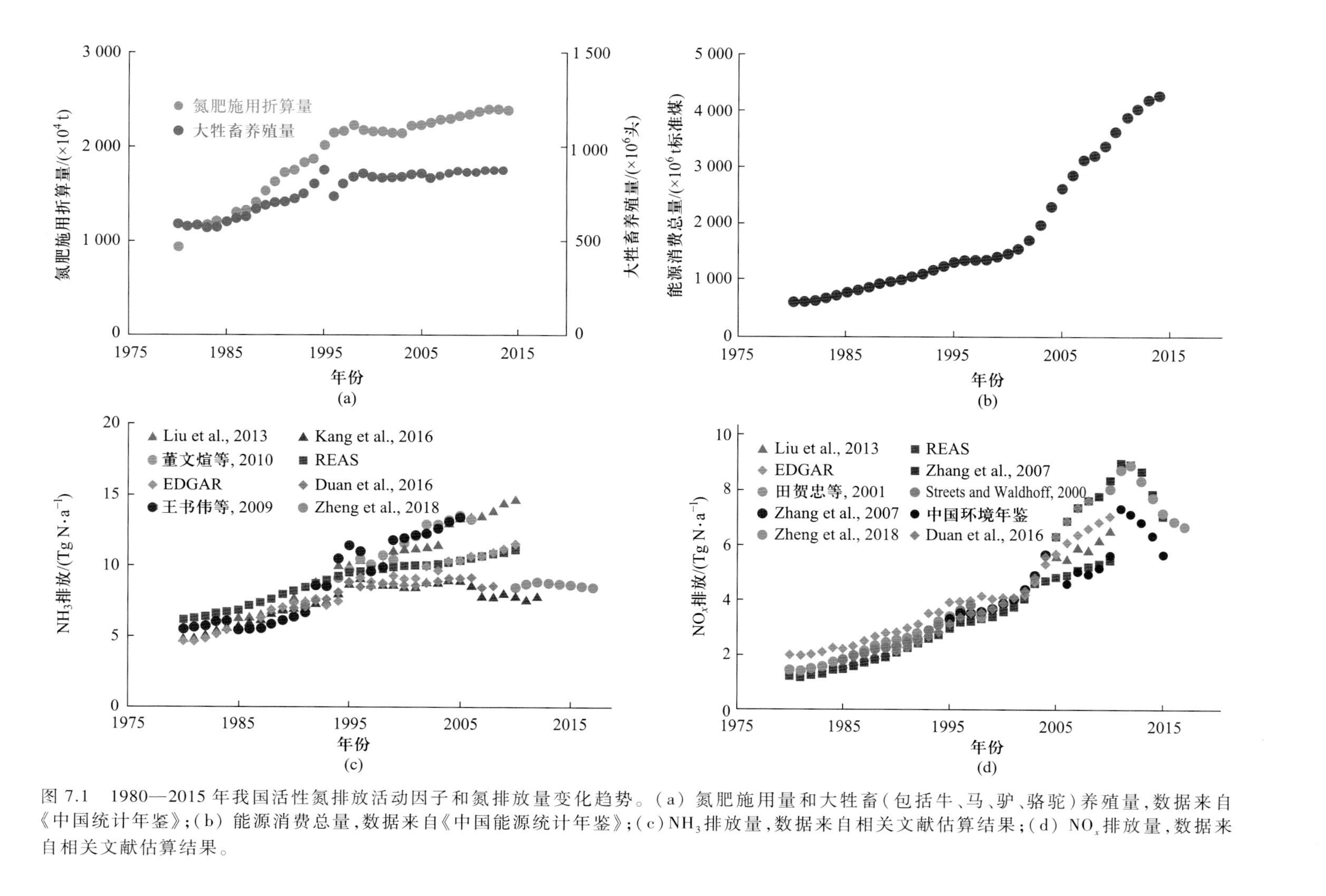

图 7.1　1980—2015 年我国活性氮排放活动因子和氮排放量变化趋势。(a) 氮肥施用量和大牲畜(包括牛、马、驴、骆驼)养殖量，数据来自《中国统计年鉴》；(b) 能源消费总量，数据来自《中国能源统计年鉴》；(c) NH_3 排放量，数据来自相关文献估算结果；(d) NO_x 排放量，数据来自相关文献估算结果。

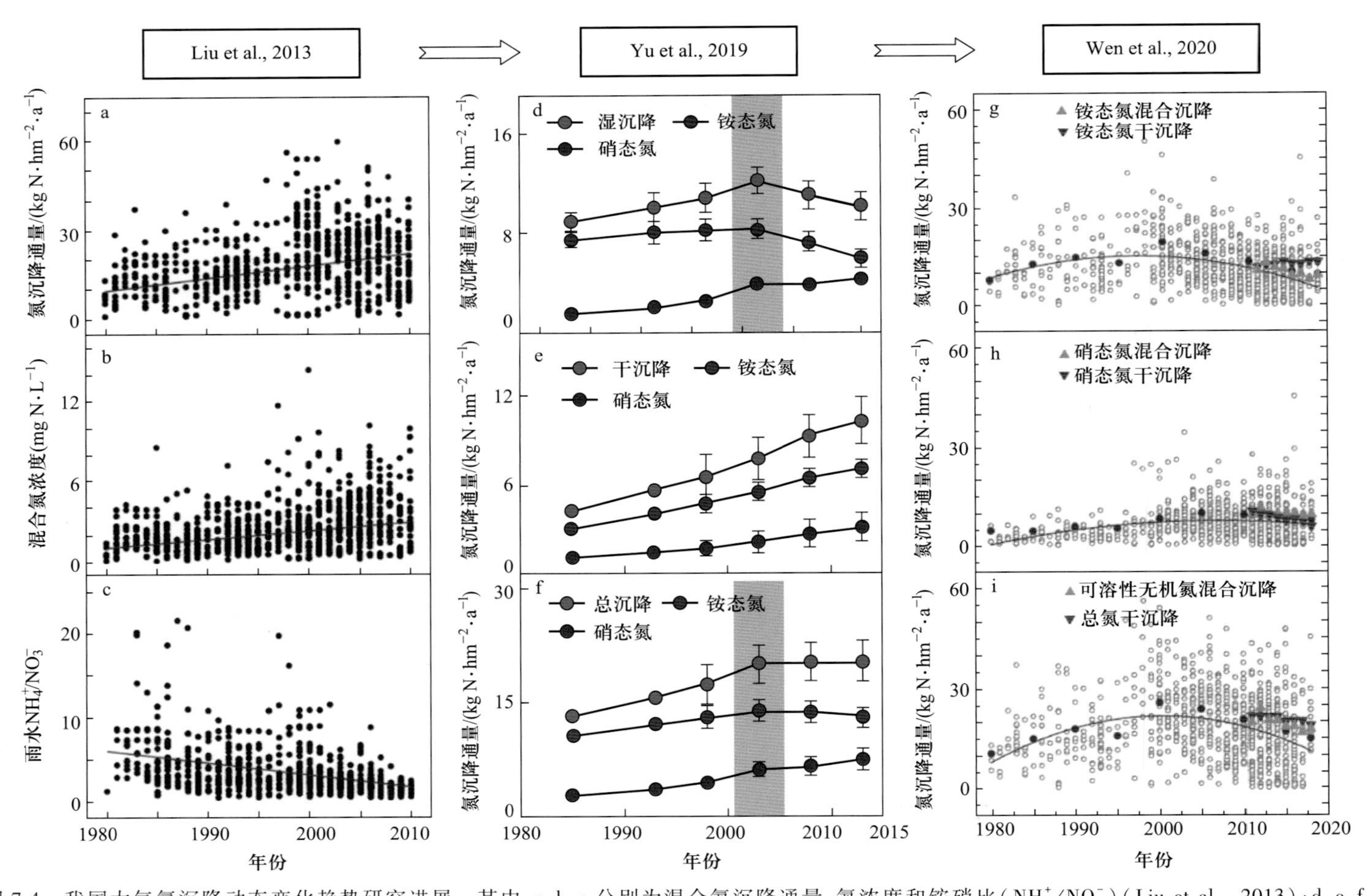

图 7.4　我国大气氮沉降动态变化趋势研究进展。其中，a、b、c 分别为混合氮沉降通量、氮浓度和铵硝比（NH_4^+/NO_3^-）（Liu et al., 2013）；d、e、f 分别为湿沉降通量、干沉降通量、总沉降通量（Yu et al., 2019）；g、h、i 分别为铵态氮混合沉降和铵态氮干沉降通量、硝态氮混合沉降和硝态氮干沉降通量、可溶性无机氮混合沉降和总氮干沉降通量（Wen et al., 2020）。

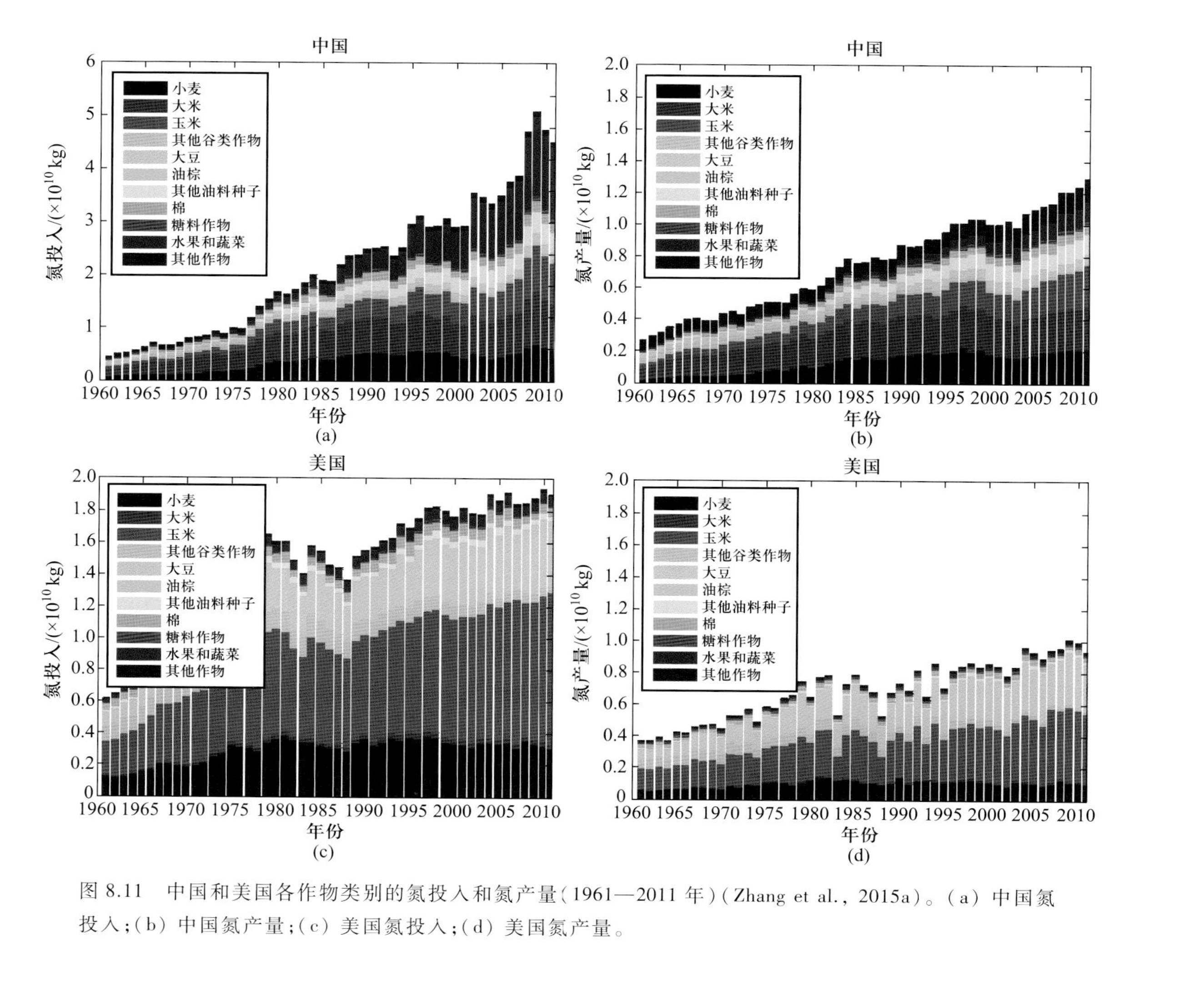

图 8.11　中国和美国各作物类别的氮投入和氮产量(1961—2011 年)(Zhang et al., 2015a)。(a) 中国氮投入;(b) 中国氮产量;(c) 美国氮投入;(d) 美国氮产量。

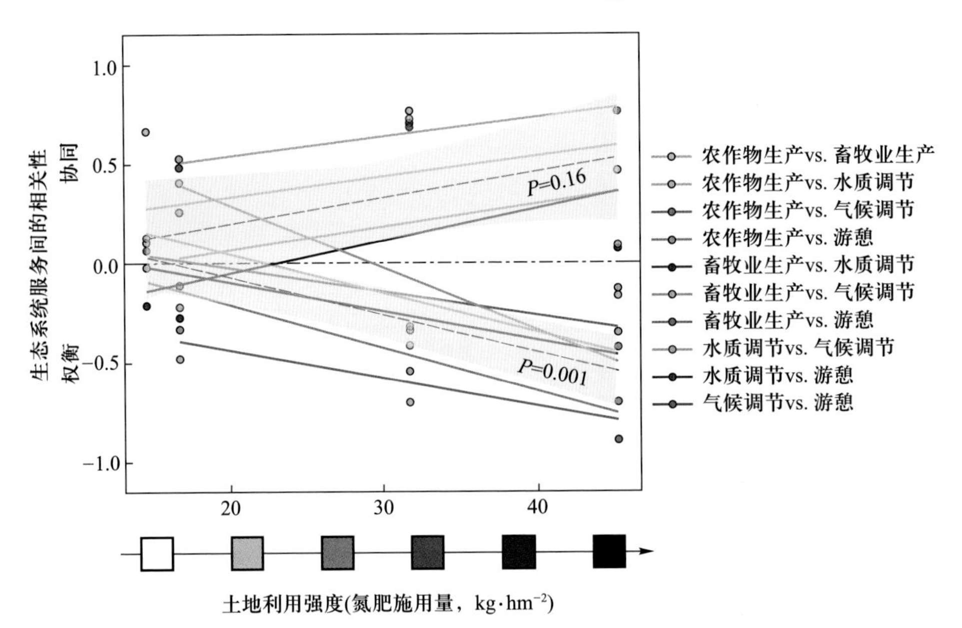

图 14.3　生态系统服务关系(即权衡或协同,量化为 Spearman 相关性)对于土地利用强度的响应关系。

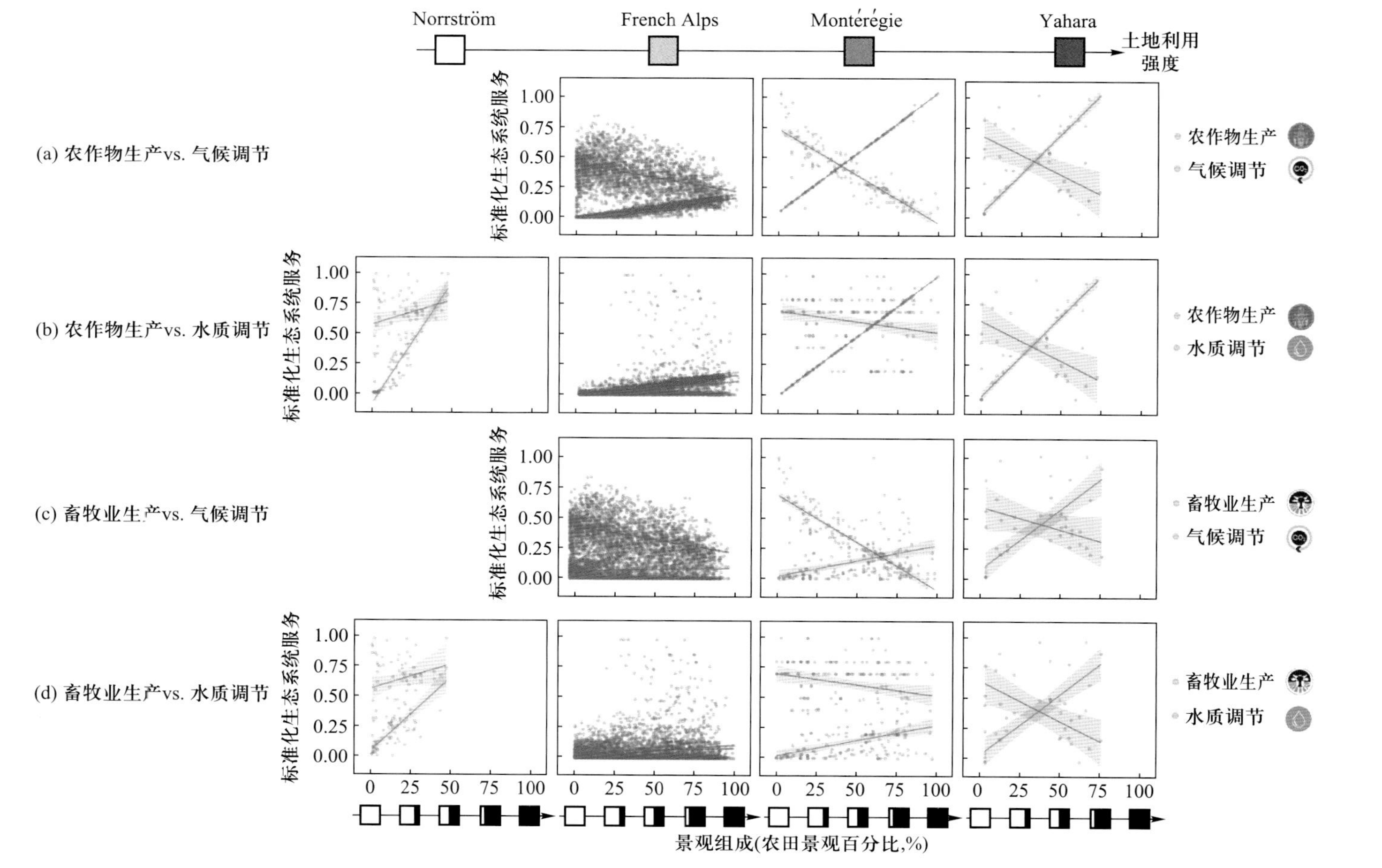

图 14.4 供给与调节生态系统服务之间的权衡点：(a) 农作物生产与气候调节；(b) 农作物生产与水质调节；(c) 畜牧业生产与气候调节；(d) 畜牧业生产与水质调节。

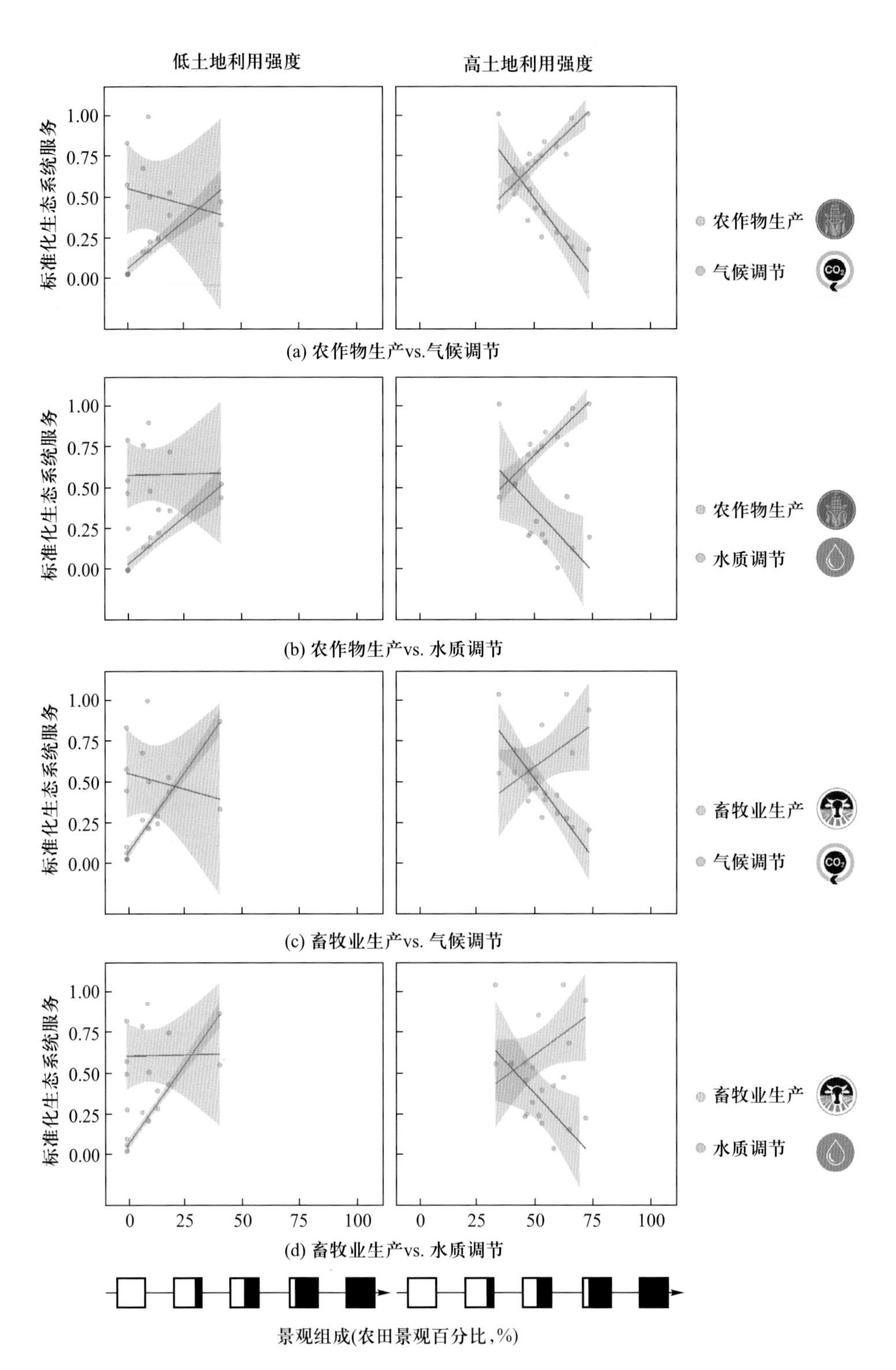

图 14.5 在 Yahara 研究区,两组低强度和高强度子流域之间供给与调节生态系统服务之间的权衡点:(a) 农作物生产与气候调节;(b) 农作物生产与水质调节;(c) 畜牧业生产与气候调节;(d) 畜牧业生产与水质调节。

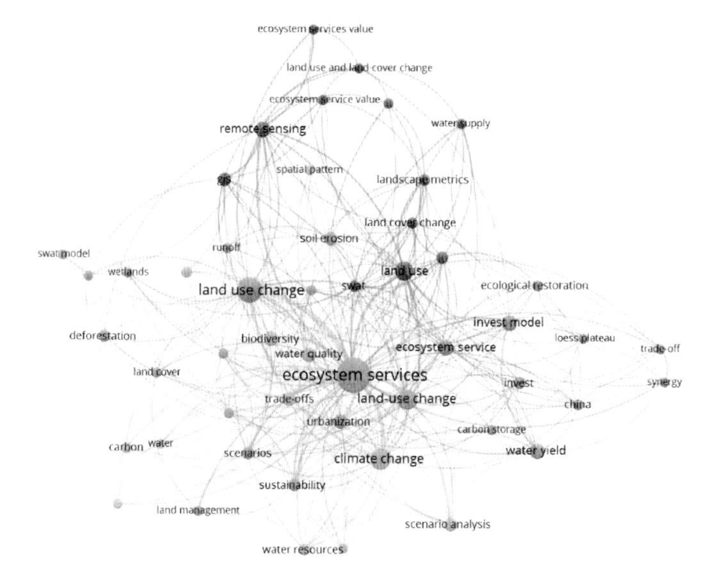

(a) 英文论文

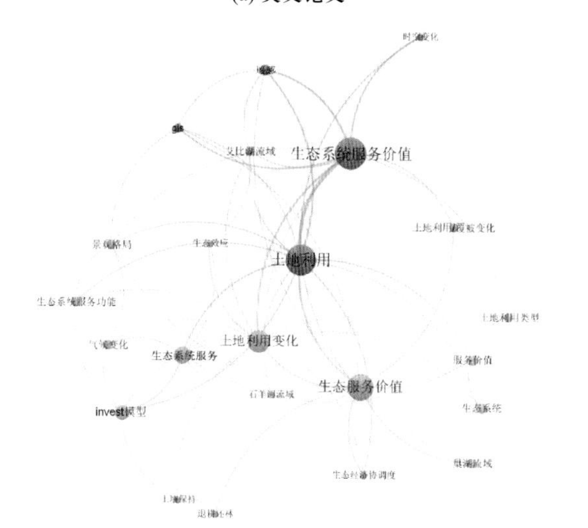

(b) 中文论文

图 15.2　主题脉络关系分析。

注:基于 VOSviewer 制作,圆圈大小表征关键词出现的频次,频次越高圆圈越大,并且根据关键词的共现关系将其用不同颜色聚类。